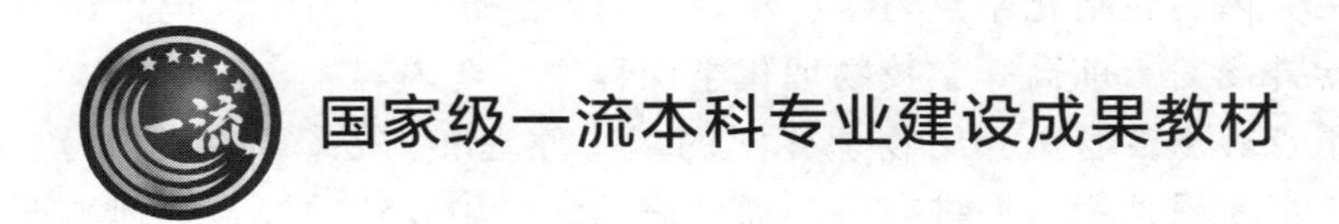

物理化学

第二版

孙 茜 主编

王媛媛 王 欢 副主编

孙仁义 审

化学工业出版社

·北京·

内容简介

《物理化学》（第二版）是编者根据多年教学经验编写的一部高等学校本科专业的物理化学教科书。内容包括化学热力学、统计热力学、化学动力学、电化学、界面与胶体化学，除结构化学外涵盖当前高等学校物理化学课程的主要内容。

本书重点突出，着重介绍物理化学的基本原理和方法。本书的特点是基本概念叙述清晰，理论论证逻辑性强，编排有序，通俗简明。书中介绍的混合溶剂沸点增高规则是编者根据热力学原理研究不挥发溶质对混合溶剂汽液平衡影响的结论。相律中介绍的基本单元法是一个确定体系中独立组分数的代数方法。编者针对学生学习时经常提出的问题在书中给予分析和解释，并根据教学内容的需要将必备的数学知识在书中予以简要介绍。书中的思考题和习题由浅入深，并附有与课程知识点相关的讲解视频和用于拓展学习的阅读材料（扫描二维码即可获取），帮助读者自学。

《物理化学》（第二版）适合高等学校化学类（化学、应用化学、化学教育）和相关专业（化工、轻工、材料、矿业、环境、医药、生物等）本科学生学习，也可供物理化学授课教师或其他科技工作者参考。

图书在版编目（CIP）数据

物理化学／孙茜主编；王嫒嫒，王欢副主编．—2版．北京：化学工业出版社，2024．8

国家级一流本科专业建设成果教材

ISBN 978-7-122-45631-1

Ⅰ．①物… Ⅱ．①孙… ②王… ③王… Ⅲ．①物理化学-高等学校-教材 Ⅳ．①O64

中国国家版本馆 CIP 数据核字（2024）第 094984 号

责任编辑：马泽林　杜进祥　　　文字编辑：向　东
责任校对：李雨晴　　　装帧设计：关　飞

出版发行：化学工业出版社
（北京市东城区青年湖南街 13 号　邮政编码 100011）
印　　装：大厂聚鑫印刷有限责任公司
787mm×1092mm　1/16　印张 24　字数 598 千字
2024 年 9 月北京第 2 版第 1 次印刷

购书咨询：010-64518888　　　售后服务：010-64518899
网　　址：http://www.cip.com.cn
凡购买本书，如有缺损质量问题，本社销售中心负责调换。

定　　价：59.00 元

前言

物理化学是通过物理运动和化学运动之间的相互联系与相互转化来研究物质结构及化学运动中的普遍性规律的学科。作为化学学科中的重要分支，物理化学在人才培养和化学学科基础建设中发挥着极其重要的作用。

本书是华东师范大学化学专业国家级一流本科专业建设成果教材。物理化学的理论性强，学习时需要一定的数理基础。初版时编者注意到这些特点，基本概念叙述清晰，理论论证逻辑性强，问题和习题由浅入深，出版十年以来得到读者普遍认可。同时也收到读者针对书中一些具体问题的建议，主要是对于一些较难理解的概念问题希望能阐述得更详细一些，便于学生理解和自学。此次再版，编者在保持上版优点的基础上做了修订。对于学生在学习过程中常常提出的疑问，编者结合教材内容在书中予以详细的说明，如克劳修斯方程与熵增加原理的关系、化学势判据的适用范围、液体压力与其蒸气压的关系、根据代数原理对独立组分数的计算等。另外，结合教学内容对于物理化学中常用的数学知识也做了简要的介绍。

物理化学中有个原则，即在纯溶剂中溶入一些不挥发溶质总会引起溶液的沸点增高或蒸气压降低，但在混合溶剂中情况并非如此。编者根据热力学原理研究不挥发溶质对混合溶剂汽液平衡的影响，总结为混合溶剂沸点增高规则。通过对规则的介绍，读者可以了解到这些新的汽液平衡知识，同时还能学习利用相平衡方程解决实际问题的方法。

编者根据当前物理化学教学学时有限的情况对教材内容做了适当的调整，部分通过自学可以掌握的知识以及涉及数学较多的理论论证过程被编入书中的阅读材料，读者可扫描书中的二维码查阅。另外增加了若干帮助理解概念、知识点及特色内容的视频讲解（扫描二维码观看），供读者自学。配合本书的再版，对书中的思考题和习题进行了重新编写。新编的《物理化学题解》（电子版）为书中的全部思考题和习题提供了解答，供读者学习时参考，需要的教师可扫描书后二维码获取。本书经修订后仍然保持通俗简明的特点，着重阐述物理化学基本原理和方法，增加的课外阅读材料中既有对相关知识点的引申，又有学科发展与化学前沿领域的介绍，有助于学生深入了解知识点、激发学习兴趣，培养开拓创新的思维方式。

华东师范大学的物理化学教学团队诸多教师对本教材的修订提出了许多宝贵的意见，本书的出版也得到了华东师范大学精品教材专项基金的立项支持，华东师范大学化学与分子工程学院也给予了极大的支持和帮助，在此一并致以诚挚的谢意。

经过修订，编者希望本书能满足当前物理化学教学的要求，帮助读者提高物理化学的学习水平。由于编者水平所限，书中疏漏之处难免，欢迎读者提出批评和建议。

编者

2024 年 3 月

第一版前言

我国的社会主义建设事业需要培养大量高素质的科技创新型人才。培养高素质人才必须打好基础。物理化学是高等学校化学、化工及其它相关专业的一门重要专业基础课，基础性是物理化学的显著特点，物理化学的基本原理反映了物质运动最基本的规律，被称为是大于原子的物理学。物理化学教学的目的，不仅要使学生了解物理化学的新发展、新成就和新应用，更重要的是使学生掌握物理化学的基本原理和方法，以致融会贯通、举一反三，在实践中创新。因此，提高物理化学的教学质量有助于学生打好坚实的理论基础，对于人才培养具有重要意义。

一部好的物理化学教材无疑对于教学是极其有益的。好的教材必定结合教学实际，这不仅包括教学的内容和要求，而且要与学生的学习能力相适应。本教材是为高等学校对物理化学课程学习有100～120学时要求的本科学生编写的，内容包括化学热力学、统计热力学、化学动力学、电化学、界面与胶体化学，除结构化学外涵盖当前国内高等学校基础物理化学的主要内容，可供化学、化工以及材料、环境等其它有同样学时要求的相关专业学生使用。

在物理化学的学习中，学生们普遍反映物理化学比较难学。这个问题固然源于物理化学自身的研究方法，但若能针对困难起因，在教材编写时照顾学生的需要，势必能帮助学生克服学习中的困难，这便是本书编写的主导思想。编者从教学实践中发现，这个普遍性问题的主要表现有：(1) 热力学部分比其它部分难学；(2) 物理化学中的一些概念较难理解；(3) 习题难做，特别是一些推导题和证明题；(4) 数学知识不够。为了有助于教学，本书始终把基本概念、基本理论、基本方法的讲述作为各章的重点内容。热力学部分是基础物理化学教学的重要内容，书中仍占有相当篇幅。对一些较难理解的概念，如可逆过程、熵、化学势、逸度与活度、玻尔兹曼分布律……力求做到讲透、交代清楚。书中备有一定数量的思考题和习题，其中适当增加了推导题和证明题的数量，并对完成这些题目所需的数学知识在教材中作简要介绍，书后附录给出教材中用到的主要数学知识。教材编排注意各章节的内在逻辑联系，力求整体体现物理化学基础理论体系的系统性和科学性，书中的物理量与单位贯彻实行国家标准。本书尚编有与之配套的《物理化学题解》(电子版)，为书中思考题和习题提供解答，以便读者学习时参考，需要的教师可登录化学工业出版社教学资源网 (www.cipedu.com.cn) 下载。

编者希望本书能帮助学生克服物理化学学习中遇到的困难，为提高教学质量做一份贡献。但由于编者水平所限，目的未必能够如愿，书中不足及不当之处，恳请读者批评、指正。

编者

2014年1月于上海

目录

绪论 / 001

第1章 热力学第一定律与热化学 / 004

第2章 热力学第二定律与热力学关系 / 036

第3章 多组分体系的热力学 / 059

第4章 相平衡 / 100

第5章 化学平衡 / 129

第6章 统计热力学基础 / 152

第7章 化学动力学基本原理 / 192

第 10 章 可逆电池 / 285

第 11 章 电解与极化 / 308

第 12 章 界面现象 / 321

第 13 章 胶体化学 / 341

附　录　/ 357

参考文献　/ 374

绪论

0.1 物理化学的目的和内容

化学变化包括相变化是物质从原子-分子水平直至聚集状态层面上发生的变化。化学变化发生时总伴随着物理变化的发生，如反应体系温度、压力、体积的变化，能量的变化，化学反应引起的热、光、电效应以及这些效应对化学反应的影响，化学变化中分子内部原子、电子运动状态的变化以及分子间力的变化等，均表明化学变化与物理变化之间有着不可分割的紧密联系。物理化学是从物理现象和化学现象的联系入手，运用物理学的原理和方法研究化学变化基本规律的学科。物理化学是化学科学的重要组成部分，它以研究化学体系遵循的最一般的宏观和微观规律为目的，为化学科学的其他学科，如无机化学、有机化学、分析化学……提供最基本的理论依据，因而成为整个化学科学的理论基础。物理化学亦称为理论化学。

物理化学的内容，概括而言，主要包括对以下三个方面基本理论问题的研究。

① 化学反应的方向和限度。即一定条件下反应能否发生？向何方向进行？什么条件可达平衡？平衡条件下体系遵循的规律是什么？这类问题属化学热力学包括统计热力学的研究范畴。

② 化学反应的速率和机理。即反应进行的快慢与反应条件（温度、浓度、催化剂等）对反应速率的影响如何？反应经历的具体途径和反应速率的规律性是什么？这类问题属于化学动力学的研究范畴。

③ 物质结构与性能的关系。物质的性质本质上是由其微观结构决定的。对化学键、分子结构及晶体结构的研究是物理化学另一方面的基本内容，它们属于量子化学和结构化学的研究范畴。

化学热力学、化学动力学和物质结构的理论是物理化学基础理论体系的三大支柱，它们虽然各具有其特点，但同时又是相互联系和相互补充的。物理化学中的其它分支，如热化学、电化学、光化学、界面和胶体化学等各有其特殊的研究对象，分别探讨各自特殊的规律，但无一不是以上述三大理论支柱为基础的。

0.2 物理化学的发展和作用

物理化学学科的形成以 1887 年德文版《物理化学杂志》创刊为标志，至今已有一百多年的发展历史。物理化学是随着生产实践和科学技术的发展不断发展的。19 世纪，科学技术快速发展，元素周期律的发现，原子-分子论与热力学第一、第二定律的建立为物理化学的形成和发展奠定了基础。19 世纪后期，物理化学的形成和发展就是从人们用热力学定律和气体分子运动论研究化学平衡和反应速率问题开始的。20 世纪初，物理学的发展取得一系列重大成果。热力学第三定律的建立使宏观化学热力学的理论日趋成熟。X 射线的发现，原子结构理论和量子力学的建立使物理化学研究从宏观进入微观领域。1927 年 Heitler 和 London 用量子力学处理氢分子，1931 年 Eying 和 Polanyi 对三原子体系势能面的理论计算标志着物理化学进入对物质微观结构和基元反应速率理论的探索阶段。从 20 世纪 60 年代至今的几十年里，现代科学技术迅猛发展，随着电子计算机的应用，新的研究工具与研究方法的不断创新，极大地促进了物理化学的发展。例如从超高速计算机对化学结构的量子化学计算，到不可逆过程热力学对远离平衡的耗散结构的研究；从闪光光解技术、纳秒甚至飞秒激光技术对化学反应过程的直接测量，到交叉分子束技术对态-态反应过程的研究；从光电子能谱、各种精细激光光谱对分子内部能态结构的精确测量，到单分子检测技术对单个分子化学行为的研究；从现代质谱技术、高分辨核磁共振光谱对生物分子质量的精确测量和生物成像的研究，到扫描显微技术、非线性光学技术对界面物理化学的深入探索……。当代物理化学正处于从宏观向微观，而侧重微观；从体相向表相，而侧重表相；从静态向动态，而侧重动态；从定性向定量，而侧重定量；从平衡向非平衡，而侧重非平衡的多领域、深层次的发展之中。

自然科学发展的根本任务是发现自然规律，掌握自然规律，造福人类社会。物理化学的发展同样也在不断地促进着生产的发展和科技进步。物理化学作为化学科学的理论基础具有基础性、先导性和广延性的特点。当今，在知识经济到来的时代，物理化学与国民经济的联系越来越密切，经济发展中的一些重大问题，如环境的保护、能源的开发和利用、功能材料的研制、生命过程奥秘的探索等，其核心的基础研究都是物理化学研究的中心课题。这些重大课题的研究成果将对未来的经济发展产生持久和深远的影响。与其它学科相比，基础研究在物理化学中具有特别重要的地位，物理化学与其它学科相互渗透和交叉，形成了许多新的学科和研究方向，如激光化学、药物化学、材料化学、环境化学、分子生物学、有机金属化学等。这些新兴学科的形成和发展也在推动着国民经济不断地向前发展。

物理化学对经济发展的影响不仅表现为科研成果直接转化为生产力，作为一门自然科学的基础理论，物理化学的发展还直接影响着人类的创新能力和思维方式。据统计，20 世纪 100 年间共 130 余位诺贝尔化学奖的获得者中有 86 位是物理化学家或从事物理化学研究的科学家。物理化学研究在出成果的同时，还在为社会培养大量的科学家、工程师等专业技术人员，间接地为国民经济建设服务。

0.3 物理化学课程的学习

物理化学是化学、化工、轻工、冶金、矿业、石油、地质、环境、医药等专业的一门重要专业基础课。课程内容除了物质结构按现行教学计划另行授课不包含在内之外，包括化学热力学、统计热力学、化学动力学、电化学及界面与胶体化学的基础知识。它们既是学习相关专业课程必备的理论基础，也是进一步学习物理化学专门化课程的必要准备。物理化学课程的学习对于夯实学生的专业理论基础，培养自学能力，提高科学文化素养都具有十分重要的意义。

教学实践中，学生普遍感到物理化学比其它几门化学基础课难学。究其原因是物理化学采用数学与物理的方法，逻辑严密，概念性强。物理化学中的概念、理论非常严格，其意义常常通过数学表达式反映出来，理解起来比较抽象。这就要求在学习中切忌死记硬背，必须在正确理解基本概念、基础理论、重要公式的物理意义上下功夫。为做到这一点，行之有效的方法是将抽象的理论与实际问题相结合。因此，学生除了应做好物理化学实验之外，演算习题是学好物理化学的重要环节。习题是对实际问题的模拟，通过做题可使抽象的理论具体化，既能加深对理论的理解，又能提高分析和解决实际问题的能力。

物理化学中的公式很多，推演过程涉及较多的数学知识。数学是极其有用的工具，许多复杂的物理化学问题通过数学可用简明的形式表达出来。所以，为了学好物理化学，学生应掌握必要的高等数学知识。本书附录Ⅰ列出课程中用到的一些数学知识，供学生学习时参考。另外也应当看到数学在物理化学中仅仅是一种工具，而不是目的。对于物理化学中的公式，弄懂数学演绎过程固然重要，然而其目的主要在于明了推演时引入的条件、推演结果的适用范围及其物理意义。应当认识到，明了这些内容比推演中涉及的数学知识更为重要，因为只有掌握了这些内容才能在实际应用中正确使用所得到的公式。

物理化学中的量与单位

物理化学由于学科本身的特殊性采用物理的研究方法，这些方法主要是热力学方法、量子力学方法和统计力学方法。此外，在物理化学的学科发展中还形成许多有价值的处理特殊问题的方法，如化学热力学中的状态函数法、微元法、极限法、标准状态法、偏离理想法、统计系综法，化学动力学中的控制步骤法、稳态近似法、弛豫法和线性化法等。所有这些方法虽然各具特点，但无一不是一般科学方法在解决具体问题中的应用。物理化学作为一门自然科学，必然遵循一般的科学方法。科学方法充满了辩证唯物主义的哲学观点，理论源于实践、指导实践、受实践检验、随实践而发展的唯物主义观点，矛盾的对立统一的观点，量变与质变、偶然与必然、主要矛盾与次要矛盾的观点等在科学方法中都有生动的体现。科学方法是人类认识自然、改造自然的强大思想武器。整个自然科学发展的历史就是唯物论与唯心论，辩证法与形而上学不断斗争并取得胜利的历史，物理化学也不例外。我国著名物理化学家傅鹰先生说：“一门科学的历史是那门科学中最宝贵的一部分，因为科学只能给我们知识，而历史却能给我们智慧。”通过物理化学课程的学习不仅要掌握物理化学的基础知识，而且要深刻领会并掌握一般的科学方法，这不仅有利于物理化学的学习，而且对于学习其它自然科学，提高学生自身的科学文化素养都是十分有益的。

第1章 热力学第一定律与热化学

1.1 热力学的基本概念

1.1.1 热力学方法

热力学是热现象的宏观理论，它的任务是研究热运动的规律及热运动对物质宏观性质的影响。热力学研究方法的显著特点是不管宏观物质的微观结构，直接通过观察与实验总结出热现象的经验规律，这就是热力学第一定律、第二定律和第三定律。实践证明热力学定律是自然界的普遍规律，具有高度的可靠性与普遍性。热力学以此为基础，通过数学演绎的方法得到各种物质宏观性质之间的关系、物质宏观变化过程的方向与限度。如果在演绎过程中没有引入其它假定，所得的结论也同样具有可靠性与普遍性，成为我们解决实际问题必须遵循的原则。热力学的局限性是它不能给出不同物质的具体特性。例如为何理想气体的状态方程是 $pV=nRT$？为何固体元素的摩尔热容大多接近 $3R$（R 为摩尔气体常数）？这些问题均与物质的微观结构有关。凡与物质微观结构有关的问题热力学都不能解决，这是热力学特有的研究方法决定的。

1.1.2 热力学体系

热力学研究的对象是由大量分子、原子等微观粒子组成的宏观物体，称为热力学体系，简称体系。体系周围与其有关的其它物体称为环境。体系与环境之间的关系是指二者之间的物质传递与能量传递。依照体系与环境间关系的不同，体系可以分为以下三类：

（1）开放体系　体系与环境既有能量传递，又有物质传递。

（2）关闭体系　体系与环境只有能量传递，没有物质传递。

（3）孤立体系　体系与环境既无能量传递，又无物质传递。

然而，绝对意义上的孤立体系是不存在的。没有任何一种材料能够绝对绝热，也不能绝对地屏蔽外界场态物质的影响。但相对而言，在实际问题中当环境对体系的影响小到足以忽略时，可以把体系视为孤立体系。例如封闭在杜瓦瓶中的水，与外界没有物质传递，体系与环境间不做功，在短时间内体系散热甚微，可近似认为是绝热的，因而可当作孤立体系。体系与环境是在研究

热力学基本概念

实际问题的过程中人为划分的。二者之间可以存在一个实际的物理界面，如容器的器壁，也可以是想象中划分某一空间的几何界面。恰当地划分体系与环境，有助于实际问题的解决。

1.1.3 平衡状态

热力学所研究的状态一般指平衡状态。在一定的外界条件下体系经历足够长时间的变化过程，会达到一种宏观性质，如温度、压力、体积、浓度等均不随时间而改变的状态。这时，若将体系从环境中孤立出来，即隔绝环境对体系的影响，如果体系的性质仍不随时间变化，那么体系所处的状态就是平衡状态。体系必须同时实现以下几个方面的平衡才能达到热力学平衡状态。

(1) 热平衡　体系内部各部分温度相同。若体系与环境间没有绝热间壁，体系与环境的温度也要相同。

(2) 力学平衡　体系内部各部分没有不平衡的力存在，体系与环境的边界不发生相对移动。

(3) 相[1]平衡　体系内部各相之间没有净的物质传递，即各相的组成及数量均不随时间而改变。

(4) 化学平衡　若体系内部有化学反应发生，则达到平衡后各相的组成和数量也不随时间而改变。

1.1.4 状态与状态函数

1.1.4.1 状态与状态参量

体系的状态本质上是由组成它的原子、分子等微观粒子的运动决定的。但在热力学中并不是通过对体系微观运动的描写规定体系所处的状态，而是用体系的宏观性质规定体系的状态，称为热力学状态的宏观描写。例如可用温度、压力和物质的量来规定理想气体的状态。一组相互独立且与体系平衡状态存在一一对应关系的宏观性质称为体系的状态参量。在热力学中体系的状态是用状态参量规定的，一组状态参量的值就表示体系的一个平衡状态。那么规定体系平衡状态的状态参量究竟应当包括多少个宏观性质呢？经验表明，对于一个只做体积功的多组分均相体系而言，其状态参量除了包括各个组分的数量之外尚需另外两个独立的宏观性质。例如乙醇的水溶液是两组分均相体系，当体系只做体积功不做表面功等其它功时，如果规定了体系中乙醇和水的物质的量，再规定体系的两个宏观性质，如温度和压力，则体系的状态便被确定。因此乙醇的水溶液的状态参量可取两组分的物质的量以及温度、压力 4 个宏观性质。对于只做体积功的组成一定的均相关闭体系，只需两个宏观性质便可规定体系的状态。例如 1mol 纯的液体水，1kg 具有固定组成的空气等，这种体系称为均匀体系或简单体系。如果体系除了做体积功之外尚可做其它功，那么每增加一种做功方式其状态参量就要相应地增加一个独立的宏观性质。例如当考虑做表面功时，1mol 液体水除温度、压力外尚需增加表面积作为状态参量。上述结论是热力学中的经验规律，称为状态公理。

1.1.4.2 状态函数

当体系的状态参量一定时，表明体系处于指定的平衡状态，其一切宏观性质都必有唯一

[1] 关于相的概念参看本书 1.7.1 的相关内容。

确定的值与该平衡状态或相应的状态参量相对应。当状态参量变化时，说明状态发生了变化，体系的性质也随之改变。因此体系的宏观性质均可视为状态参量的函数，称为状态函数。状态函数的重要特性是其变化仅由体系的初、末态决定，与体系由初态至末态的变化过程无关。状态函数 z 的微小变化对应于数学上的全微分 $\mathrm{d}z$，其积分

$$\Delta z=\int_1^2 \mathrm{d}z=z_2-z_1 \tag{1-1}$$

仅取决于初、末态的状态参量，与积分路线无关。数学上式(1-1) 也可以表示为

$$\oint \mathrm{d}z=0 \tag{1-2}$$

积分路线为任意循环过程。当 z 是 x、y 两个状态参量规定的状态函数时，具有以下关系：

$$\frac{\partial^2 z}{\partial y \partial x}=\frac{\partial^2 z}{\partial x \partial y} \tag{1-3}$$

即函数 z 对两个自变量的混合偏导数与求导的次序无关。

以上三式在数学上完全等价，均可作为状态函数的充分必要条件。根据以上条件我们不仅可以设计任意一条从始态至末态的变化过程计算状态函数的变化，而且可以帮助我们寻找新的状态函数。

1.1.4.3 广度性质与强度性质

体系的宏观性质分为广度性质与强度性质两类。广度性质与体系所含物质的数量有关，强度性质与体系所含物质的数量无关。若体系可分为若干部分，体系的广度性质等于各部分广度性质的总和，如物质的量、体积、热容等，因此广度性质具有加和性。而强度性质，如温度、压力、密度、摩尔体积等，则不具有加和性。对于一个不做其它功的 K 组分均相体系而言，根据状态公理，其广度性质或强度性质皆可表示为温度（T）、压力（p）和 K 个组分的物质的量（n_1，$\cdots n_i$，$\cdots n_K$）的 $K+2$ 元函数。在 T、p 不变条件下，若将上述体系成比例地扩大，广度性质将随之扩大同样的倍数，但强度性质却保持不变。即对任意的正数 λ，有

$$f_{\text{广度性质}}(T,p,\lambda n_1,\cdots \lambda n_i,\cdots \lambda n_K)=\lambda f_{\text{广度性质}}(T,p,n_1,\cdots n_i,\cdots n_K) \tag{1-4}$$

及

$$f_{\text{强度性质}}(T,p,\lambda n_1,\cdots \lambda n_i,\cdots \lambda n_K)=f_{\text{强度性质}}(T,p,n_1,\cdots n_i,\cdots n_K) \tag{1-5}$$

体系成比例扩大时，其物质的量从 $n=\sum_{i=1}^K n_i$ 变为 λn，但其组成并未改变。上式表明强度性质仅是温度、压力和组成的函数，与广度量 n 无关。例如摩尔体积 $V_\mathrm{m}=f$（T，p，x_1，$\cdots x_i$，$\cdots x_{K-1}$），可表示为 T、p 和组成的 $K+1$ 元函数。强度性质是体系的内在性质，反映体系质的特征，在热力学中有时体系的状态指的就是其强度性质。

1.1.5 状态方程

均匀体系的状态参量仅包括两个宏观性质，因而其压力 p、体积 V、温度 T 三个宏观性质之间有一隐函数关系：$f(p,V,T)=0$，此种关系称为体系的状态方程。状态方程与体系的微观结构有关，因而不能由热力学理论得到，而要通过实验测定。

1.1.5.1 理想气体

理想气体的概念是根据实际气体在低压（$p\to 0$）下的性质抽象出来的。在低压条件下，

气体分子间的平均距离很大，分子间相互作用力可以忽略，分子自身体积与气体体积相比也可以忽略。理想气体的微观模型包括以下两点：①理想气体分子之间没有相互作用力；②理想气体分子为没有体积的质点。理想气体的 p-V-T 关系，满足以下状态方程

$$pV=nRT \tag{1-6}$$

其中 $R=8.314\text{J}\cdot\text{K}^{-1}\cdot\text{mol}^{-1}$，称为普适气体常数。或者写为

$$pV_{\text{m}}=RT \tag{1-7}$$

$V_{\text{m}}=V/n$，为气体的摩尔体积。

1.1.5.2 混合理想气体

混合气体中 i 组分的分压 p_i 定义为混合气体的压力 p 与 i 组分在混合气体中摩尔分数 y_i 的乘积，即

$$p_i=py_i \tag{1-8}$$

因为 $\sum_i y_i=1$，所以

$$\sum_i p_i=p\sum_i y_i=p \tag{1-9}$$

因此混合气体的总压等于各组分分压之和。

混合理想气体是根据气体混合物在低压下的性质抽象出来的。在低压条件下混合气体不仅满足 $pV=nRT$ 的状态方程，而且由于分子之间没有相互作用力，混合气体中各组分对器壁产生的压力不因其它组分的存在而受到影响。这个结论已为如下低压气体的实验结果所验证。

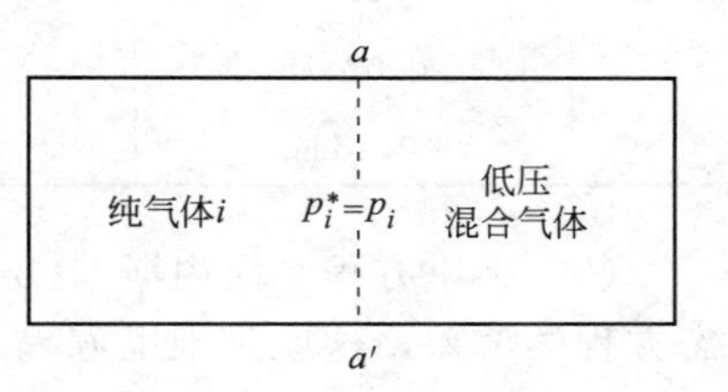

图 1-1 低压混合气体

如图 1-1 所示，用一个只允许 i 组分透过的半透膜 aa' 将低压混合气体与纯气体 i 隔开，因两边 i 分子可自由透过 aa'，因此纯气体 i 的压力 p_i^* 必等于混合气体中 i 组分对器壁产生的压力。实验发现纯气体 i 的压力 p_i^* 与混合气体中 i 组分的分压 p_i 相等。这说明低压混合气体中某组分的分压就是该组分分子碰撞器壁产生的压力。因此混合理想气体的定义包括以下两点：

① 满足 $pV=nRT$ 的状态方程；

② 用半透膜将两种混合理想气体隔开，不论气体组成如何，能透过膜的组分在膜两边的分压相等。

对于混合理想气体而言，$pV=nRT$ 成立，所以

$$p_i=\frac{nRT}{V}y_i=\frac{n_iRT}{V} \tag{1-10}$$

即混合理想气体中某组分的分压等于该组分在与混合气体温度、体积相同条件下单独存在时的压力，这就是道尔顿（Dalton）分压定律。道尔顿分压定律只适用于混合理想气体。

类似地，混合气体中 i 组分的分体积 V_i 定义为

$$V_i=Vy_i \tag{1-11}$$

V 是混合气体的体积。同样有

$$\sum_i V_i=V \tag{1-12}$$

即混合气体的总体积等于各组分分体积之和。对混合理想气体而言

$$V_i=\frac{nRT}{p}y_i=\frac{n_iRT}{p} \tag{1-13}$$

即混合理想气体中某组分的分体积等于该组分在与混合气体温度、压力相同条件下单独存在时的体积。这就是阿马加（Amagat）分体积定律，它只适用于混合理想气体。

1.1.5.3 实际气体

实际气体与理想气体的 p-V-T 关系有偏差。为了描述实际气体的 p-V-T 关系，人们提出许多不同的状态方程。由于任何实际气体当 $p \to 0$ 时都转化为理想气体，因而一切实际气体的状态方程在 $p \to 0$ 时都还原成理想气体的状态方程。

（1）范德华方程　范德华（van der Waals）将气体分子视为有一定大小的硬球，相互间有吸引力，根据这个简化的模型对理想气体状态方程进行修正，提出著名的范德华方程：

$$\left(p+\frac{a}{V_{\mathrm{m}}^{2}}\right)(V_{\mathrm{m}}-b)=RT \tag{1-14}$$

a、b 称为范德华常数，依次代表引力校正因子与体积校正因子，其数值视不同气体而异，可由实验测定。表 1-1 列出某些气体的范德华常数值。

表 1-1　某些气体的范德华常数值

气体	$a/\mathrm{Pa \cdot m^6 \cdot mol^{-2}}$	$b/10^{-6}\,\mathrm{m^3 \cdot mol^{-1}}$	气体	$a/\mathrm{Pa \cdot m^6 \cdot mol^{-2}}$	$b/10^{-6}\,\mathrm{m^3 \cdot mol^{-1}}$
He	0.00346	23.71	O_2	0.1377	32.58
H_2	0.02478	26.61	CO_2	0.3642	42.69
N_2	0.1364	38.52	H_2O	0.5539	30.52

（2）维里方程　昂内斯（Onnes）1901 年提出用幂级数形式表达实际气体对理想气体状态方程的偏差，这就是维里方程。维里方程有如下两种形式：

$$pV_{\mathrm{m}}=RT\left(1+\frac{B}{V_{\mathrm{m}}}+\frac{C}{V_{\mathrm{m}}^{2}}+\frac{D}{V_{\mathrm{m}}^{3}}+\cdots\right) \tag{1-15}$$

和

$$pV_{\mathrm{m}}=RT(1+B'p+C'p^{2}+D'p^{3}+\cdots) \tag{1-16}$$

式中，B、B'，C、C'，D、D'，……分别称为第二、第三、第四……维里系数。维里系数只是温度的函数，不同气体的维里系数可由实验测定。实际应用中往往只需取级数的前两项或前三项就能满足需要。

（3）对应状态原理　对于实际气体，由于 $pV_{\mathrm{m}}=RT$ 不成立，因此可以定义一个校正系数 z 使得

$$pV_{\mathrm{m}}=zRT \tag{1-17}$$

z 称为压缩因子。任何实际气体当 $p \to 0$ 时 $z=1$，一般 $z \neq 1$。经验表明，不同气体在相同的对比温度 T_{r}（$T_{\mathrm{r}}=T/T_{\mathrm{c}}$，$T_{\mathrm{c}}$ 为临界温度）与对比压力 p_{r}（$p_{\mathrm{r}}=p/p_{\mathrm{c}}$，$p_{\mathrm{c}}$ 为临界压力）下具有大致相同的压缩因子，这个结论称为对应状态原理。根据对应状态原理，z 可表示为 T_{r} 和 p_{r} 的普适函数，即

$$z=z(T_{\mathrm{r}},p_{\mathrm{r}}) \tag{1-18}$$

式(1-18) 的函数关系对各种气体具有普遍意义，可用普遍化的压缩因子图（图 1-2）表示。借助压缩因子图可以求得气体在指定 T、p 时的压缩因子。

1.1.6 过程

过程即体系状态的变化。根据状态变化的特点，热力学中常见的过程有以下几种：

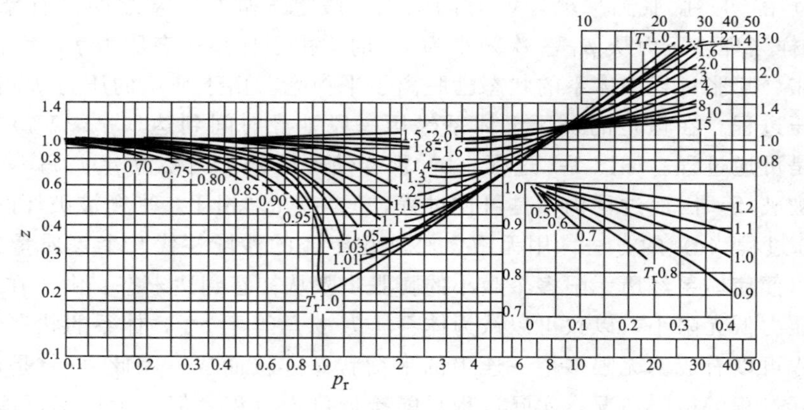

图 1-2　普遍化压缩因子图

（1）恒温过程　体系温度保持不变且等于环境温度的过程。其特点是：

$$T_1 = T_2 = T_{环} = 定值$$

例如将一个盛有反应物的烧瓶密封后置于恒温槽内，反应物在瓶内发生化学反应的过程。此时体系初态温度 T_1、末态温度 T_2 及环境温度 $T_{环}$ 皆等于某定值。恒温过程进行时，体系的状态可能弛豫在不同平衡状态之间而没有均一的温度。

（2）恒压过程　体系压力保持不变且等于环境压力的过程。其特点是：

$$p_1 = p_2 = p_{环} = 定值$$

例如在开口容器内发生的液相反应。此时体系初态压力 p_1、末态压力 p_2 及环境压力 $p_{环}$ 皆等于某定值。恒压过程进行时，体系的状态也可能弛豫在不同平衡状态之间而没有均一的压力。热力学中还有一种过程称为恒外压过程，即过程中环境压力保持恒定，但体系初态或末态压力与环境压力不相等。

（3）恒容过程　体系体积恒定不变的过程。

（4）绝热过程　体系与环境间隔绝了热量传递的过程。

（5）循环过程　体系周而复始返回初态的过程。

（6）可逆过程　可逆过程是热力学中的重要概念，我们首先给可逆过程下一个直观的定义，即无摩擦的准静态过程。这是一个没有摩擦或类似摩擦（如电流通过电阻产生热效应）的能量耗损，过程进行中的每一步骤体系与环境均无限接近热力学平衡状态的过程。

欲使体系的平衡状态发生变化，必须破坏平衡。但平衡被破坏的程度是有区别的。可逆过程是平衡被破坏的程度最小的过程，以致可以认为体系与环境之间仍未脱离平衡状态。如果在这样的准静态过程中，每个环节上都不存在摩擦或类似摩擦的能量耗损，这种过程就是可逆过程。例如图 1-3 中封闭在气缸中的理想气体在恒温条件下

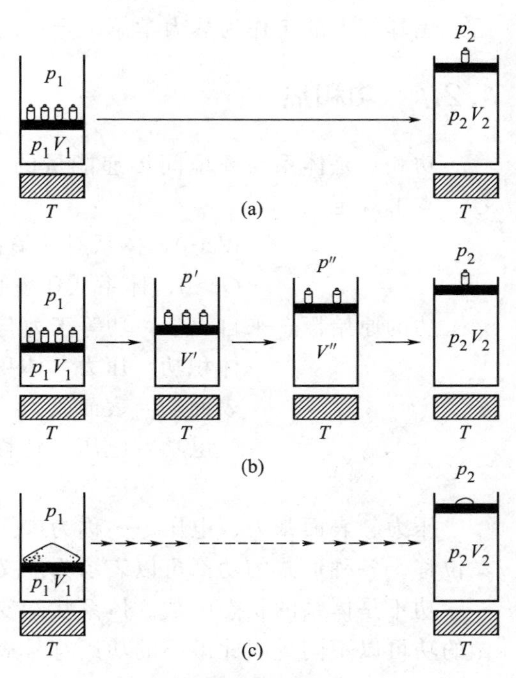

图 1-3　理想气体恒温膨胀过程

从（p_1，V_1）的初态膨胀到（p_2，V_2）的末态。假定气缸与活塞之间没有摩擦，如图 1-3 过程（a）那样当环境压力从 p_1 一次减小为 p_2 时，由于体系初态压力 p_1 大于 p_2，气体体积将迅速膨胀，膨胀过程中体系的状态已脱离了平衡态。由于环境的压力 p_2 保持恒定，该过程为恒外压过程。在恒定的外压下体系经历一段弛豫时间到达（p_2，V_2）的平衡状态，这个过程不是可逆过程。如图 1-3 过程（b）那样使外压分几次减为 p_2，每一次减压体系的平衡状态都被破坏，因而过程仍不是可逆过程，但与（a）相比，平衡被破坏的程度减弱了。如采用图 1-3 过程（c）的方法，用无限多小沙粒组成的沙堆替代几个等质量的砝码，将沙粒逐一拿去以便使体系经历无限多个微小的膨胀步骤从初态到达末态。由于在每一步膨胀中外压比体系压力低无限小，以致可以认为体系压力 p 总等于 $p_{环}$，体系的状态无限接近平衡状态，该过程可以看成由无限多个一连串的平衡状态连接而成，因此（c）是可逆过程。可逆过程是实际过程的极限情况，实际过程只能接近可逆过程，但永远也不可能真正达到它。因为任何实际发生的变化过程既不可能绝对地避免摩擦，也不可能始终不脱离平衡状态而经历无限漫长的变化时间。因此，一切实际过程都是不可逆过程。这里“可逆”二字的含义待学习过热力学第二定律之后再作说明。

1.2 热力学第一定律

热力学第一定律即能量守恒定律，是自然界的基本规律。它是人类长期实践活动的经验总结，不能用理论证明，只能通过实验检验。19 世纪以前，尽管历史上早已有人提出过朴素的能量守恒的观点，然而一个科学定律的建立必须有大量精确的实验数据为基础。热力学第一定律建立的时间被公认为在 19 世纪中叶焦耳（Joule）等人测定热功当量的工作完成之后。焦耳等人的工作为热力学第一定律的建立奠定了不可动摇的实验基础。

1.2.1 功和热

功和热是体系与环境间传递能量的不同形式，分别用 W 和 Q 表示。对于功和热的符号，本书规定：

$W>0$，体系对环境做功；$W<0$，环境对体系做功

$Q>0$，体系从环境吸热；$Q<0$，体系向环境放热

功的原始概念来自力学，功等于力与位移的乘积。在热力学中功有多种形式：

体积功＝压力×体积变化

表面功＝表面张力×面积变化

电功＝电压×迁移电荷量

……

压力、表面张力、电压……称为广义力，体积变化、面积变化、迁移电荷量……称为广义位移。各种形式的功都可以表示为广义力与广义位移的乘积。

功不是体系的状态函数。体系状态变化时从一定的初态到一定的末态经历的过程不同所做的功可以不同。因此微小的功用符号 δW 表示，用“δ”区别表示状态函数微小增量的全微分符号“d”。

体积功是体系在体积变化过程中所做的功。这时由于体系可能已经脱离了平衡状态，其压力未必有确定的值。但环境仅受到体系小的扰动，其状态可以认为仍处于平衡，例如图1-3(a) 中的膨胀过程。由于任何做功方式都可以通过适当装置将一重物举起，因此做功的多少可以通过做功的效果来度量。在图 1-3 过程（a）中体系做体积功的效果是将活塞及上面的一个砝码举高了，这个结果相当于环境压力 $p_{环}$（即活塞与砝码产生的压力，此例中等于体系终态压力 p_2）与体系体积变化 ΔV 的乘积。即体积功可表示为

$$W=p_{环}\Delta V \quad 或 \quad \delta W=p_{环}\mathrm{d}V \tag{1-19}$$

右边式子是体积发生微小变化时所做的功。对于可逆过程而言，如图 1-3 过程（c），由于体系与环境每一步都无限接近平衡，体系膨胀时体系压力 p 比 $p_{环}$ 高无限小，体系被压缩时体系压力 p 比 $p_{环}$ 低无限小，在数学上可以认为 $p=p_{环}$，因此可逆过程中体积功的计算公式为

$$\delta W=p\mathrm{d}V \tag{1-20}$$

热是由于体系与环境之间的温度差而引起的能量传递方式。热也不是体系的状态函数，微小的热量用 δQ 表示。严格地说，体系与环境之间传递的热量是通过引起同样热效应所需做的功来定义的。

1.2.2 热力学能

焦耳测定热功当量的实验结果表明，无论采用何种做功方式，使一定量的水在绝热条件下从指定的低温状态变化到指定的高温状态所需做的功是一定的。推而广之，使一关闭体系在绝热过程中从指定的初态到达指定的末态所需的功只为体系的初、末状态所决定，与具体的做功过程无关。这意味着体系处于平衡状态时有一个状态函数存在，其变化值等于体系从初态至末态的绝热过程中环境对体系所做的功。这个状态函数称为热力学能，又称内能，用符号 U 表示，即

$$\Delta U=U_2-U_1=-W_{绝热} \tag{1-21}$$

式(1-21) 是热力学能的定义式。由于对体系所做绝热功的多少与体系所含物质的多少成正比，因此热力学能是体系的广度性质，具有能量的量纲。从微观上看，热力学能是体系内部物质运动所拥有的能量的总和。如分子的平动能、转动能和振动能，分子间相互作用的势能等。热力学能不包括体系作为一个整体在力场中运动的动能和势能。由于体系内部物质运动的形式是不可穷尽的，因此热力学能的绝对值是不能确定的。

在非绝热条件下式(1-21) 不能成立，这是由于体系与环境之间发生热传递的结果。这种情况下体系从环境中吸收的热 Q 由下式定义，即

$$Q=\Delta U+W \tag{1-22}$$

式(1-22) 是热的定义式。其中的 ΔU 可以用绝热功来定义，所以热本质上是用功来定义的，从而避免了热质说的错误影响。在一般过程中体系与环境间既可以做功又可以传热，因此式(1-22) 也被作为热力学第一定律的数学表达式。通常表示为

$$\Delta U=Q-W \tag{1-23a}$$

对于微小的状态变化，可表示为

$$\mathrm{d}U=\delta Q-\delta W \tag{1-23b}$$

由于 U 是状态函数，在任何循环过程中

$$\oint dU = \oint \delta Q - \oint \delta W = 0$$

即

$$\oint \delta Q = \oint \delta W$$

这意味着体系经历循环过程之后对环境所做的功严格等于从环境中所吸收的热。能量既不会湮灭，也不会创生。历史上人们曾希望制造一种机器在周而复始的运行中能源源不断地向外界提供能量，帮助人们做功，自身并不消耗能量，这种机器被称为第一类永动机。热力学第一定律的建立给制造第一类永动机的幻想做出了最后的科学的判决。因此第一类永动机必败可以作为热力学第一定律的另一种表述。

【例 1-1】 1mol 理想气体从 25℃、0.1MPa 的初态经恒温可逆膨胀过程体积增大 1 倍，然后在 0.1MPa 的环境压力下被恒温压缩到原来的状态，求 W、Q、ΔU。

解 设体系初态体积为 V_1，末态体积为 V_2，则 $V_2=2V_1$。在恒温可逆膨胀过程中体系做功为

$$W=\int_{V_1}^{V_2} p\,dV=\int_{V_1}^{V_2}\frac{nRT}{V}dV=nRT\ln\frac{V_2}{V_1}=(1\times 8.314\times 298.15\times \ln 2)\text{J}=1718\text{J}$$

在恒外压压缩过程中体系做功为

$W=p_{环}\Delta V=p_1(V_1-V_2)=-p_1V_1=-nRT=-(1\times 8.314\times 298.15)\text{J}=-2479\text{J}$

体系经历循环过程后，$\Delta U=0$，所做总功为

$W=(1718-2479)\text{J}=-761\text{J}$，由第一定律知 $Q=W=-761\text{J}$。

1.3 焓与热容

1.3.1 恒压热与恒容热

热与体系状态变化的过程有关。通常条件下化学变化、相变化是在只做体积功的恒容过程（密闭容器）或恒压过程（开口容器）中进行的。对这种特定过程中热传递规律的研究具有重要实际意义。

由热力学第一定律知，一关闭体系在只做体积功的恒容过程中 $W=0$，所以

$$Q_V=\Delta U \quad 或 \quad \delta Q_V=dU \tag{1-24}$$

一关闭体系在只做体积功的恒压过程中，因为

$$p_1=p_2=p_{环}=定值$$

所以有以下结果：

$$W=p_{环}(V_2-V_1)=p_2V_2-p_1V_1$$

$$Q_p=\Delta U+W=(U_2+p_2V_2)-(U_1+p_1V_1)$$

$$=(U+pV)_2-(U+pV)_1$$

因为 $U+pV$ 是状态函数的复合函数，仍为体系的状态函数，故将其定义为焓（H），即

$$H=U+pV \tag{1-25}$$

H 与 U 一样也是体系的广度性质，具有能量的量纲。根据 H 的定义，有

$$Q_p = \Delta H \quad 或 \quad \delta Q_p = \mathrm{d}H \tag{1-26}$$

式(1-24)、式(1-26) 表示在上述特定过程中 Q_V、Q_p 皆等于体系状态函数的增量。因此只要体系的初、末态相同，不论上述特定过程是一步完成还是分几步完成，过程的总热是相同的。这个结论称为盖斯（Hess）定律。盖斯定律是热力学第一定律建立之前发现的，是热力学第一定律的早期实验基础之一。热力学第一定律建立之后，盖斯定律成为热力学第一定律在只做体积功的恒容过程或恒压过程中的推论。

式(1-24) 与式(1-26) 在热力学基础数据的测定及应用中具有重要意义：①由于 Q_V、Q_p 可以通过量热实验测定，因此体系的 ΔU、ΔH 也可通过量热实验测定；②由于 ΔU、ΔH 是状态函数的增量，因此不论设计任何过程只要计算出体系的 ΔU 或 ΔH，就计算出了在上述特定过程中的热。

1.3.2 热容

一般情况下加热可使体系温度升高。体系吸收的热与体系温度变化的比值称为其平均热容，即

$$\langle C \rangle = \frac{Q}{\Delta T} \tag{1-27}$$

符号〈 〉表示平均值。当 $\Delta T \to 0$ 时上式的极限称为体系的真热容，即

$$C = \frac{\delta Q}{\mathrm{d}T} \tag{1-28}$$

体系吸收的热与加热体系的过程有关。对均匀体系而言，在恒容过程中 $\delta Q_V = \mathrm{d}U$，在恒压过程中 $\delta Q_p = \mathrm{d}H$，因而其恒容热容（C_V）与恒压热容（C_p）的定义分别是

$$C_V = \frac{\delta Q_V}{\mathrm{d}T} = \left(\frac{\partial U}{\partial T}\right)_V \tag{1-29}$$

$$C_p = \frac{\delta Q_p}{\mathrm{d}T} = \left(\frac{\partial H}{\partial T}\right)_p \tag{1-30}$$

笼统地说，热容 C 不是体系的性质，因其值与加热过程有关。然而 C_V、C_p 因皆是体系状态函数的导函数，因此它们是体系的性质，且是体系的广度性质，SI 单位是 $\mathrm{J \cdot K^{-1}}$。均匀物质的恒容热容或恒压热容与其物质的量之比分别称为摩尔恒容热容（$C_{V,\mathrm{m}}$）和摩尔恒压热容（$C_{p,\mathrm{m}}$），即

$$C_{V,\mathrm{m}} = \frac{C_V}{n} = \left(\frac{\partial U_\mathrm{m}}{\partial T}\right)_V \tag{1-31}$$

$$C_{p,\mathrm{m}} = \frac{C_p}{n} = \left(\frac{\partial H_\mathrm{m}}{\partial T}\right)_p \tag{1-32}$$

式中，$U_\mathrm{m} = U/n$、$H_\mathrm{m} = H/n$。$C_{V,\mathrm{m}}$ 与 $C_{p,\mathrm{m}}$ 皆是体系的强度性质，SI 单位是 $\mathrm{J \cdot K^{-1} \cdot mol^{-1}}$。在一定压力下，$C_{p,\mathrm{m}}$ 仅是温度的函数。通常将 $C_{p,\mathrm{m}}$ 表示为关于 T 的多项式，即

$$C_{p,\mathrm{m}} = a + bT + cT^2 \tag{1-33}$$

或者

$$C_{p,\mathrm{m}} = a + bT + c'T^{-2} \tag{1-34}$$

相关手册中可查出各种物质的 a、b、c、c' 值。

为导出 C_V 与 C_p 的关系式，这里引入两个均匀体系的热力学方程，即

$$(1)\quad \left(\frac{\partial U}{\partial V}\right)_T = T\left(\frac{\partial p}{\partial T}\right)_V - p \tag{1-35}$$

$$(2)\quad \left(\frac{\partial H}{\partial p}\right)_T = V - T\left(\frac{\partial V}{\partial T}\right)_p \tag{1-36}$$

它们的证明留在 2.3 节给出。此外，还要介绍两个常用的数学公式(参看附录Ⅰ)。设 x、y、z、w 分别代表均匀体系或双变量体系的 4 个宏观性质，它们中仅有两个是独立变量。于是有：

$$(1)\quad \left(\frac{\partial x}{\partial y}\right)_z \left(\frac{\partial z}{\partial x}\right)_y \left(\frac{\partial y}{\partial z}\right)_x = -1 \quad 或者 \quad \left(\frac{\partial x}{\partial y}\right)_z = -\left[\left(\frac{\partial z}{\partial x}\right)_y \left(\frac{\partial y}{\partial z}\right)_x\right]^{-1} \tag{1-37}$$

$$(2)\quad \left(\frac{\partial x}{\partial y}\right)_w = \left(\frac{\partial x}{\partial y}\right)_z + \left(\frac{\partial x}{\partial z}\right)_y \left(\frac{\partial z}{\partial y}\right)_w \tag{1-38}$$

利用式(1-37) 可以改变求偏导的次序，利用式(1-38) 可以改变求偏导的条件。现在我们可以导出 C_V 与 C_p 的关系：

$$\begin{aligned}
C_p - C_V &= \left(\frac{\partial H}{\partial T}\right)_p - \left(\frac{\partial U}{\partial T}\right)_V \\
&= \left(\frac{\partial U}{\partial T}\right)_p - \left(\frac{\partial U}{\partial T}\right)_V + p\left(\frac{\partial V}{\partial T}\right)_p \\
&= \left[\left(\frac{\partial U}{\partial V}\right)_T + p\right]\left(\frac{\partial V}{\partial T}\right)_p \\
&= T\left(\frac{\partial p}{\partial T}\right)_V \left(\frac{\partial V}{\partial T}\right)_p \\
&= -T\left(\frac{\partial V}{\partial p}\right)_T^{-1} \left(\frac{\partial V}{\partial T}\right)_p^2
\end{aligned}$$

上面推导过程依次利用了焓的定义（$H=U+pV$）以及式(1-38)、式(1-35) 和式(1-37)。令

$$\alpha = \frac{1}{V}\left(\frac{\partial V}{\partial T}\right)_p \tag{1-39}$$

$$\beta = -\frac{1}{V}\left(\frac{\partial V}{\partial p}\right)_T \tag{1-40}$$

α 为体系的膨胀系数，β 为体系的压缩系数，分别代入前式后，得到

$$C_p - C_V = TV\alpha^2\beta^{-1} \tag{1-41}$$

式(1-41) 表示均匀体系 C_p 与 C_V 的相互关系。根据热力学稳定性[❶]，$C_V>0$ 且 $\beta>0$，因此 C_p 总大于 0 且不小于 C_V。利用式(1-41)，从体系的状态方程可以计算 C_p 与 C_V 之差。如对理想气体而言，$\alpha=T^{-1}$，$\beta=p^{-1}$，所以

$$C_p - C_V = nR \tag{1-42}$$

或者

$$C_{p,\mathrm{m}} - C_{V,\mathrm{m}} = R \tag{1-43}$$

根据统计热力学（参阅 6.8 节），理想气体的恒容热容可表示为分子平动、转动、振动

---

❶ 参看 4.2.3 注。

三种运动方式对热容的贡献之和。平动对 $C_{V,\mathrm{m}}$ 的贡献等于 $(3/2)R$。对双原子理想气体而言，转动对 $C_{V,\mathrm{m}}$ 的贡献等于 R，常温下振动对 $C_{V,\mathrm{m}}$ 的贡献甚微，除少数气体如 Cl_2(g)、Br_2(g) 之外一般可不予考虑。单原子理想气体没有转动和振动。因此单原子理想气体的 $C_{V,\mathrm{m}}=(3/2)R$，$C_{p,\mathrm{m}}=(5/2)R$；双原子理想气体的 $C_{V,\mathrm{m}}=(5/2)R$，$C_{p,\mathrm{m}}=(7/2)R$。这个结果可用于对理想气体摩尔热容的粗略估计。

如果已知均匀体系的热容，将式(1-29) 与式(1-30) 积分可计算体系的 ΔU 与 ΔH。即

$$\Delta U=\int_{T_1}^{T_2} nC_{V,\mathrm{m}}\mathrm{d}T \tag{1-44}$$

$$\Delta H=\int_{T_1}^{T_2} nC_{p,\mathrm{m}}\mathrm{d}T \tag{1-45}$$

其中式(1-44) 适用于恒容过程，式(1-45) 适用于恒压过程。

1.4 气体的热力学能与焓

1.4.1 焦耳定律

对一定量的理想气体，将其状态方程 $pV=nRT$ 代入式(1-35) 和式(1-36)，可得到

$$\left(\frac{\partial U}{\partial V}\right)_T=0 \tag{1-46}$$

$$\left(\frac{\partial H}{\partial p}\right)_T=0 \tag{1-47}$$

这意味着在温度不变条件下，改变体积或压力不会引起理想气体热力学能与焓的变化，即理想气体的热力学能与焓只是温度的函数。这个结论称为焦耳定律。

焦耳定律是由理想气体特殊的微观结构决定的。理想气体分子除发生弹性碰撞之外没有相互作用。在一定温度下气体的体积或压力改变时，意味着分子间平均距离发生了变化，由于分子之间无相互作用，这种变化不会引起分子间的势能发生变化。而分子的平动、转动、振动及其它内部运动方式的能量只与温度有关，因此理想气体的热力学能或焓（$H=U+nRT$）只由温度决定。

根据焦耳定律，理想气体状态变化时 ΔU 与 ΔH 的值仅取决于始、终态的温度，与始、终态的体积或压力无关，因此式(1-44)、式(1-45) 对理想气体而言，可以分别用于计算任何过程的 ΔU 与 ΔH。

【例 1-2】 2mol O_2(g) 从 273.15K，0.1MPa 的始态在绝热条件下反抗 0.05MPa 的恒定外压膨胀到压力等于 0.05MPa 的终态。设 O_2(g) 为双原子理想气体，求终态的温度及该过程的 W、ΔU、ΔH。

解 已知始态 $T_1=273.15\mathrm{K}$，$p_1=0.1\mathrm{MPa}$；终态 $p_2=p_{环}=(1/2)p_1$，设终态温度为 T_2；O_2(g) 的 $C_{V,\mathrm{m}}=(5/2)R$，$C_{p,\mathrm{m}}=(7/2)R$，$n=2\mathrm{mol}$，在绝热过程中 $Q=0$，$\Delta U=-W$，且

$$\Delta U=nC_{V,\mathrm{m}}(T_2-T_1)=(5/2)nR(T_2-T_1)$$

$$W=p_{环}(V_2-V_1)=p_2V_2-(1/2)p_1V_1=nR[T_2-(1/2)T_1]$$

所以 $(5/2)(T_2-T_1)=-[T_2-(1/2)T_1]$

$$T_2=(6/7)T_1=234.12\text{K}$$

故有 $\Delta U=nC_{V,\text{m}}(T_2-T_1)=[2\times(5/2)\times8.314\times(234.12-273.15)]\text{J}=-1622.5\text{J}$

$\Delta H=nC_{p,\text{m}}(T_2-T_1)=[2\times(7/2)\times8.314\times(234.12-273.15)]\text{J}=-2271.5\text{J}$

$W=-\Delta U=1622.5\text{J}$

1.4.2 绝热过程

下面讨论理想气体绝热可逆过程中 p、V、T 间的关系。在绝热过程中，$\delta Q=0$，$\text{d}U=C_V\text{d}T$，因为过程是可逆的，$\delta W=p\text{d}V$，于是由热力学第一定律

绝热过程
卡诺循环

$$C_V\text{d}T+p\text{d}V=0$$

由于 $p=nRT/V$，且 $C_p-C_V=nR$，代入上式且两边除以 T，即

$$\frac{C_V}{T}\text{d}T+\frac{C_p-C_V}{V}\text{d}V=0$$

令 $C_p/C_V=\gamma$，γ 称为绝热指数或热容比，两边除以 C_V，经整理后为

$$\frac{1}{T}\text{d}T+\frac{\gamma-1}{V}\text{d}V=0$$

温度变化不大时 γ 可视为常数，对上式作不定积分，得

$$TV^{\gamma-1}=\text{常量} \tag{1-48a}$$

与 $pV=nRT$ 联立，消去 T 或 V，可得到

$$pV^{\gamma}=\text{常量} \tag{1-48b}$$

与

$$T^{\gamma}p^{1-\gamma}=\text{常量} \tag{1-48c}$$

以上三式称为理想气体的绝热过程方程式，适用于理想气体绝热可逆过程。理想气体的恒温过程方程式即玻意耳定律的表达式：

$$pV=\text{常量} \tag{1-49}$$

它适用于理想气体的恒温可逆过程。

在理想气体的 p-V 图上，体系的平衡状态可用一个点表示，体系经历的可逆过程可用一条曲线表示。从同一始态出发经历恒温可逆过程与绝热可逆过程的两条曲线具有不等的斜率。即

$$\left(\frac{\partial p}{\partial V}\right)_{\text{绝热}}=-\gamma\frac{p}{V}$$

$$\left(\frac{\partial p}{\partial V}\right)_T=-\frac{p}{V}$$

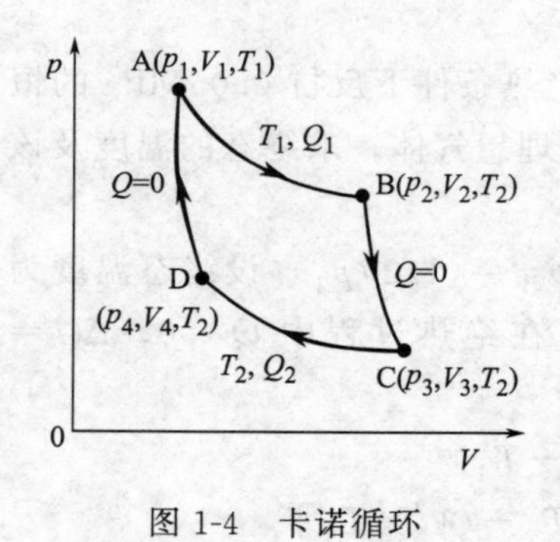

图 1-4 卡诺循环

因为 $\gamma>1$，所以同一点出发的绝热线比恒温线有更负的斜率。

历史上卡诺（Carnot）为研究热机的效率问题，以理想气体为工作物质使体系沿两条恒温线与两条绝热线经历一个循环过程（图 1-4），称为卡诺循环。其中 A→B 是恒温可逆膨胀过程，$\Delta U=0$，$Q_1>0$，体系从高温热源 T_1 吸热，同时

对外做等量的功；B→C 是绝热可逆膨胀过程，$Q=0$，体系对外做功；C→D 是恒温可逆压缩过程，$\Delta U=0$，$Q_2<0$，环境对体系做功，同时体系将等量的热传递给低温热源 T_2；D→A 是绝热可逆压缩过程，$Q=0$，环境对体系做功，体系又返回初态。在循环过程中体系的热力学能未变，设 W 为体系经历循环过程所做的总功，因此 $W=Q_1+Q_2$。热机的效率（η）被定义为

$$\eta=\frac{W}{Q_1}=\frac{Q_1+Q_2}{Q_1} \tag{1-50}$$

即体系所做总功与从高温热源吸收热量之比。对于卡诺热机而言，由于

$$Q_1=\int_{V_1}^{V_2} p\,\mathrm{d}V=nRT_1\ln\frac{V_2}{V_1}$$

$$Q_2=\int_{V_3}^{V_4} p\,\mathrm{d}V=nRT_2\ln\frac{V_4}{V_3}$$

而且 A 与 D，B 与 C 分别位于两条绝热线上，由式(1-48a) 知

$$T_1V_1{}^{\gamma-1}=T_2V_4{}^{\gamma-1}$$

$$T_1V_2{}^{\gamma-1}=T_2V_3{}^{\gamma-1}$$

两式相比，得

$$\frac{V_2}{V_1}=\frac{V_3}{V_4}$$

将 Q_1、Q_2 代入式(1-50)，注意到上述关系，得到

$$\eta=\frac{T_1-T_2}{T_1} \tag{1-51}$$

式(1-51) 表明卡诺热机的效率只取决于两个热源的温度。

如果使卡诺热机逆转，即沿着原过程相反的方向进行可逆循环，则 A→D 为绝热可逆膨胀，$Q=0$，体系对外做功；D→C 为恒温可逆膨胀，$\Delta U=0$，$Q_2'>0$，体系从低温热源 T_2 吸热，同时对外做等量的功；C→B 为绝热可逆压缩，$Q=0$，环境对体系做功；B→A 为恒温可逆压缩，$\Delta U=0$，$Q_1'<0$，环境对体系做功同时体系将等量的热传给高温热源 T_1。设反向可逆循环中体系所做总功为 W'，则有以下结果：

$$Q'_1=\int_{V_2}^{V_1} p\,\mathrm{d}V=nRT_1\ln\frac{V_1}{V_2}=-Q_1$$

$$Q'_2=\int_{V_4}^{V_3} p\,\mathrm{d}V=nRT_2\ln\frac{V_3}{V_4}=-Q_2$$

$$W'=Q_1'+Q_2'=-(Q_1+Q_2)\ =-W$$

仔细分析正、反两个可逆过程的每个微小步骤，就会发现正向过程若体系膨胀对外做功，反向过程体系就被压缩接受外力做功；膨胀时 $p_{环}$ 比 p 低无限小，被压缩时 $p_{环}$ 比 p 高无限小，正、反两个步骤 $p_{环}$ 皆等于 p；正向过程若体系从环境吸热，反向过程体系就向环境放热，吸热时 $T_{环}$ 比 T 高无限小，放热时 $T_{环}$ 比 T 低无限小，正、反两个步骤 $T_{环}$ 皆等于 T；即正向过程中体系与环境经历的状态都会在反向过程中得到重演。可逆过程发生后，体系只要沿着与原过程相反的方向，采取与原过程同样的步骤就能回复原态。因此，凡可逆过程必为直接可逆过程。而且当体系回到原态时，正向过程中体系对环境所做的功必等于反向过程中环境对体系所做的功，正向过程中体系从某热源吸收的热必等于反向过程中体系向该

热源传递的热。所以，可逆过程是在环境中不留影响的过程，这是可逆过程的特点。然而，不可逆过程发生后，体系虽可再变回原态，但体系回复原态后，根据热力学第二定律，环境中总会留下不能消除的影响（参看 2.1.2 节）。

在反向卡诺循环过程中，$Q_2'>0$，$Q_1'<0$ 且 $W'=-nR(T_1-T_2)\ln(V_3/V_4)<0$。这意味着体系从低温热源 T_2 吸热，向高温热源 T_1 传热，同时接受外力做功，这时卡诺热机变为卡诺致冷机。体系从低温热源吸收的热（Q_2'）与外力对体系所做的功（$-W'$）之比被定义为致冷机的致冷系数（β），对于卡诺致冷机而言，致冷系数可表示为

$$\beta=\frac{T_2}{T_1-T_2} \tag{1-52}$$

卡诺致冷机的致冷系数也只取决于两个热源的温度。

【例 1-3】 欲使 1.00kg 273.15K 的水变成冰，可逆过程中需对致冷机做功若干？致冷机对环境放热若干？设室温为 298.15K，冰的熔化热为 $334.7\text{kJ}\cdot\text{kg}^{-1}$。

解 （1）低温热源温度 $T_2=273.15\text{K}$，高温热源温度 $T_1=298.15\text{K}$，水结冰过程放热 $1.00\text{kg}\times334.7\text{kJ}\cdot\text{kg}^{-1}=334.7\text{kJ}$，为致冷机吸收，即 $Q_2'=334.7\text{kJ}$，根据式(1-52)

$$\frac{334.7\text{kJ}}{-W'}=\frac{273.15\text{K}}{(298.15-273.15)\text{K}}$$

所以 $-W'=30.6\text{kJ}$，$-W'$是可逆过程中外界对致冷机所做的功。

（2）致冷机传给高温热源（环境）的热为$-Q_1'$

因为 $Q_1'+Q_2'=W'$

所以 $-Q_1'=Q_2'-W'=(334.7+30.6)\text{kJ}=365.3\text{kJ}$

1.4.3 实际气体的热力学能与焓

理想气体分子间没有相互作用力，在一定温度下气体体积的变化对体系的热力学能没有影响。对于实际气体而言，由于分子间有相互作用的势能存在。势能大小与分子间距离有关。因此在一定温度下改变气体的体积或压力，气体的热力学能也会发生变化。这个结论被焦耳-汤姆逊（Joule-Thomson，J-T）实验所证实。

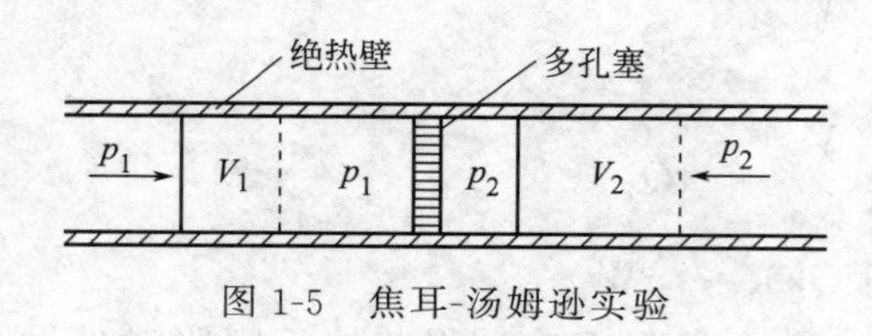

图 1-5 焦耳-汤姆逊实验

如图 1-5 所示，在一个绝热圆筒中用多孔塞将筒中气体分成两部分，使用活塞维持左边气体压力 p_1 大于右边气体压力 p_2。将左边活塞徐徐推进，使 V_1 体积的气体在恒压下流入右边，同时右边活塞被缓缓推出，以维持原来压力，被推出气体的体积为 V_2。多孔塞的作用是维持两边恒定的压力差，该过程称为节流膨胀过程。实验发现实际气体经节流膨胀后温度发生了变化，这个现象称为焦耳-汤姆逊效应。

以气体为体系，因为 $W=p_2V_2-p_1V_1$，且 $Q=0$，所以

$$\Delta U=U_2-U_1=-W=-p_2V_2+p_1V_1$$

即

$$U_2+p_2V_2=U_1+p_1V_1 \quad 或 \quad \Delta H=0$$

因此该过程是一个恒焓过程。节流过程中气体的温度随压力的变化率被定义为焦耳-汤姆逊

系数，即

$$\mu_{\text{J-T}}=\left(\frac{\partial T}{\partial p}\right)_H \tag{1-53}$$

$\mu_{\text{J-T}}>0$，表示节流膨胀后产生致冷效应；

$\mu_{\text{J-T}}<0$，表示节流膨胀后产生致热效应；

$\mu_{\text{J-T}}=0$，表示节流膨胀后温度不变。

由数学公式(1-37) 可以导出

$$\mu_{\text{J-T}}=-\frac{1}{C_p}\left(\frac{\partial H}{\partial p}\right)_T \tag{1-54}$$

或者

$$\mu_{\text{J-T}}=-\frac{1}{C_p}\left\{\left(\frac{\partial U}{\partial p}\right)_T+\left[\frac{\partial(pV)}{\partial p}\right]_T\right\} \tag{1-55}$$

一定温度下，理想气体的 H、U 及 pV 值皆为常数，因此其 $\mu_{\text{J-T}}$ 恒等于 0。对于实际气体而言，$\mu_{\text{J-T}}$ 通常不等于 0，实验结果说明实际气体的 H 及 U 在一定温度下仍会随压力或体积的变化而改变，即实际气体的焓和热力学能不只是温度的函数。

实际气体的密度除非十分稠密，分子间相互作用以引力为主。在一定温度下，气体压力减小时分子间距离增大，势能增加，因而气体的热力学能增加，式(1-55) 右边大括号中的第一个偏导数为负值。一定温度下气体的压缩因子或 pV 值随压力的变化如图 1-6 所示。每种气体都有一个特定温度称为玻意耳温度（T_B），高于玻意耳温度（图中 T_1），气体的压缩因子或 pV 值总是随压力的增加而单调增加；低于玻意耳温度（图中 T_2、T_3），气体的压缩因子或 pV 值则先随压力增加而减小，经过一个最小值再逐渐增加。在玻意耳温度下当压力很低时气体的压缩因子等于 1，其随温度的变化率等于 0，随着压力增加然后也逐渐增加。

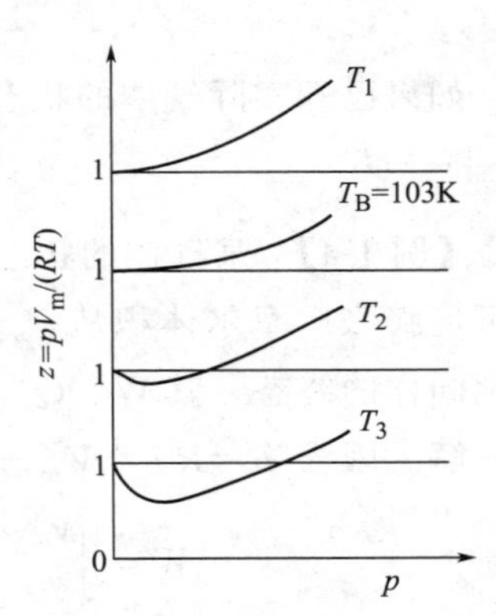

图 1-6　不同温度下 H_2 的 z-p 图

图 1-6 表示 H_2(g) 的 $T_B=103\text{K}$，气体不同其玻意耳温度也不同。由于 C_p 恒大于 0，由式(1-55) 知 $\mu_{\text{J-T}}$ 的符号取决于右边大括号中两个偏导数之和。由于氢气的玻意耳温度远低于 0℃，在 0℃其第二个偏导数为正，且绝对值超过第一个偏导数，因而氢气在 0℃时 $\mu_{\text{J-T}}$ 为负值，节流产生致热效应。但在较低温度下随着第二个偏导数减小，氢气的 $\mu_{\text{J-T}}$ 也变为正值，节流产生致冷效应。甲烷的玻意耳温度高于 0℃，在 0℃随压力增加第二个偏导数从较大的负值逐渐增大，经过零后变为正值，以致其 $\mu_{\text{J-T}}$ 从正变为 0，再变为负，即 0℃时随着压力增加甲烷经节流后会出现致冷、温度不变及致热的变化。所以，节流膨胀的后果既与实际气体的种类有关，也与节流膨胀的温度、压力有关。

$\mu_{\text{J-T}}$ 等于零的温度称为焦耳-汤姆逊转化温度，它是 T、p 的函数。在气体的 T-p 图上通过实验测定出一系列等焓线，如图 1-7 所示。曲线上斜率为零的点表示该状态下的 $\mu_{\text{J-T}}$ 为 0，其纵坐标即为焦耳-汤姆逊转化温度。将这些点用曲线连接起来，可围出一块 $\mu_{\text{J-T}}>0$ 的区域，称为致冷区。欲使气体通过节流膨胀降低温度必须使气体的状态位于致冷区以内。

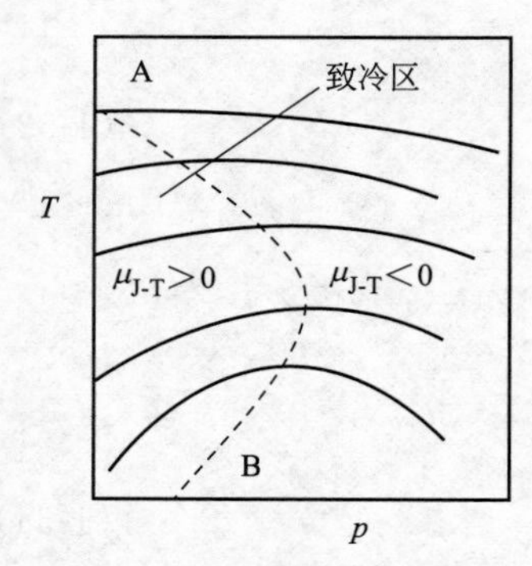

图 1-7　气体的转化温度曲线

对一定量的实际气体而言，将 U 视为 T、V 的函数，将 H 视为 T、p 的函数，在恒温条件下，有

$$\mathrm{d}U=\left(\frac{\partial U}{\partial V}\right)_T\mathrm{d}V,\quad \mathrm{d}H=\left(\frac{\partial H}{\partial p}\right)_T\mathrm{d}p$$

由式(1-35)，可得

$$\mathrm{d}U=\left[T\left(\frac{\partial p}{\partial T}\right)_V-p\right]\mathrm{d}V$$

以及

$$\Delta U=\int_{V_1}^{V_2}\left[T\left(\frac{\partial p}{\partial T}\right)_V-p\right]\mathrm{d}V \tag{1-56}$$

由式(1-36) 可得

$$\mathrm{d}H=\left[V-T\left(\frac{\partial V}{\partial T}\right)_p\right]\mathrm{d}p$$

以及

$$\Delta H=\int_{p_1}^{p_2}\left[V-T\left(\frac{\partial V}{\partial T}\right)_p\right]\mathrm{d}p \tag{1-57}$$

如果已知实际气体的状态方程，利用式(1-56)、式(1-57) 可计算实际气体恒温过程的 ΔU 与 ΔH。

【例 1-4】 某气体的状态方程为 $p(V_\mathrm{m}-b)=RT$，其中 b 为常数。设 1mol 该气体经恒温可逆膨胀后摩尔体积从 $V_{\mathrm{m},1}$ 变为 $V_{\mathrm{m},2}$，求 W、Q、ΔU_m、ΔH_m。若气体向真空膨胀后达到同样的终态，其 W、Q、ΔU_m、ΔH_m 又为若干?

解　因为 $p=RT/(V_\mathrm{m}-b)$，在恒温可逆膨胀时

$$W=\int_{V_{\mathrm{m},1}}^{V_{\mathrm{m},2}}p\,\mathrm{d}V_\mathrm{m}=\int_{V_{\mathrm{m},1}}^{V_{\mathrm{m},2}}\frac{RT}{V_\mathrm{m}-b}\mathrm{d}V_\mathrm{m}=RT\ln\frac{V_{\mathrm{m},2}-b}{V_{\mathrm{m},1}-b}$$

又

$$\text{因为}\quad \left(\frac{\partial U_\mathrm{m}}{\partial V_\mathrm{m}}\right)_T=T\left(\frac{\partial p}{\partial T}\right)_{V_\mathrm{m}}-p=\frac{RT}{V_\mathrm{m}-b}-p=0$$

$$\text{所以}\quad \Delta U_\mathrm{m}=\int_{V_{\mathrm{m},1}}^{V_{\mathrm{m},2}}\left(\frac{\partial U_\mathrm{m}}{\partial V_\mathrm{m}}\right)_T\mathrm{d}V_\mathrm{m}=0$$

由气体状态方程知

$$\text{因为}\quad \Delta(pV_\mathrm{m})=\Delta(RT+bp)=b\Delta p=bRT\left(\frac{1}{V_{\mathrm{m},2}-b}-\frac{1}{V_{\mathrm{m},1}-b}\right)$$

$$\text{所以}\quad \Delta H_\mathrm{m}=\Delta U_\mathrm{m}+\Delta(pV_\mathrm{m})=bRT\left(\frac{1}{V_{\mathrm{m},2}-b}-\frac{1}{V_{\mathrm{m},1}-b}\right)$$

由热力学第一定律知

$$Q=\Delta U_\mathrm{m}+W=RT\ln\frac{V_{\mathrm{m},2}-b}{V_{\mathrm{m},1}-b}$$

向真空膨胀时，体系状态变化相同，因此 ΔU_m、ΔH_m 与恒温可逆膨胀相同，但 $W=0$，所以 $Q=\Delta U_\mathrm{m}=0$。

1.5 化学反应热效应

1.5.1 化学反应热效应的概念

化学反应常伴随有吸热或放热现象。在不做其它功的条件下，反应体系在恒温过程中吸收或放出的热称为化学反应热效应。关于热效应的符号，规定吸热为正，放热为负。

化学反应热效应有恒容热效应（Q_V）与恒压热效应（Q_p）两种，分别用于恒容和恒压条件下的化学反应。根据式(1-24) 与式(1-26)，有

$$Q_V=\Delta_r U \tag{1-58}$$

$$Q_p=\Delta_r H \tag{1-59}$$

$\Delta_r U$、$\Delta_r H$ 分别为相应过程中反应体系的热力学能变化与焓变化。

如图 1-8 所示，假定反应物从同一始态经（1）恒温恒压反应与（2）恒温恒容反应后，所得产物又经（3）恒温变压过程变为同一终态的产物。在过程（3）中产物温度不变。产物中的气体物质可假定为理想气体，其热力学能不变。产物中的凝聚态（液态或固态）物质在恒温过程中因压力变化对其热力学能影响甚微，也可视为不变，因此 $\Delta U_{(3)}=0$。所以

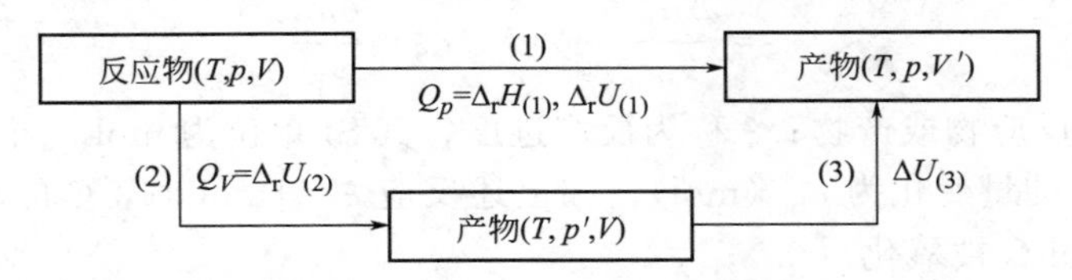

图 1-8 化学反应热效应示意图

$$Q_V=\Delta_r U_{(1)}=\Delta_r U_{(2)}$$

于是

$$Q_p-Q_V=\Delta_r H_{(1)}-\Delta_r U_{(1)}=\Delta_r (pV)_{(1)}$$

$\Delta_r (pV)_{(1)}$ 是图 1-8 过程（1）中产物与反应物的 pV 值之差。产物与反应物中凝聚态物质的体积与气体的体积相比可以忽略不计，pV 值仅计入气体的贡献，对于气体，假定 $pV=nRT$，则

$$\Delta_r (pV)_{(1)}=RT\Delta_r n(\mathrm{g})$$

$\Delta_r n(\mathrm{g})=n(\mathrm{g},产物)-n(\mathrm{g},反应物)$，是反应中气体物质的物质的量的增量，可表示为气相中各种物质的物质的量的增量 $\Delta n(\mathrm{g})$ 之和。因此 Q_p 与 Q_V 关系为

$$Q_p-Q_V=RT\sum_B \Delta n_B(\mathrm{g}) \tag{1-60}$$

式中，B 为遍及气相中的各种反应物和产物。上式也可以表示为

$$\Delta_r H-\Delta_r U=RT\sum_B \Delta n_B(\mathrm{g})$$

两边除以反应进度 ξ，相当于在 $\xi=1\mathrm{mol}$ 的情况下（参看 1.5.2），上式即

$$\Delta_r H_m-\Delta_r U_m=RT\sum_B \nu_B(\mathrm{g}) \tag{1-61}$$

$\sum_B \nu_B(\mathrm{g})$ 是反应方程式中气体物质计量系数的代数和。式(1-61) 表示化学反应恒压热效应与恒容热效应的关系。

1.5.2 反应进度与摩尔反应焓

1.5.2.1 反应进度

在物理化学中化学反应方程式习惯上被写为如下形式：

$$0=\sum_{B}\nu_{B}B \tag{1-62}$$

B是反应体系中的反应物或产物；ν_B 是B物质的计量系数，产物的计量系数为正，反应物的计量系数为负。例如反应

$$C+\frac{1}{2}O_2 = CO$$

可写为

$$0 = CO-C-\frac{1}{2}O_2$$

在反应中任何一种反应物或产物的物质的量的变化值与其计量系数之比都是相同的。例如上述反应中

$$\frac{\Delta n(CO)}{1}=\frac{\Delta n(C)}{-1}=\frac{\Delta n(O_2)}{-1/2}$$

因此定义

$$\xi=\frac{\Delta n_B}{\nu_B} \quad 或者 \quad d\xi=\frac{dn_B}{\nu_B} \tag{1-63}$$

式中，B表示任一反应物或产物；ξ 称为反应进度，其SI单位为mol。当 $\xi=1$mol 时表明反应过程中B的物质的量变化为 ν_B（mol）。如上述反应 $\xi=1$mol 时，C的物质的量的变化为-1mol，即有1mol C被氧化。

反应进度与反应方程式的写法有关。若上述反应的反应方程式写为

$$2C+O_2 = 2CO$$

当反应进度为1mol时，C的物质的量的变化为-2mol，即有2mol C被氧化。

1.5.2.2 摩尔反应焓

在化学反应中若将反应物及产物视为一个关闭体系，其某种广度性质 Z 的变化值 $\Delta_r Z$ 既与反应进行的程度有关，又与反应物及产物所处的状态有关。在一定温度下，反应体系中各物质的状态（指其强度性质）保持不变时，反应体系某广度性质的变化值与反应进度之比称为该反应的摩尔热力学函数变，记为 $\Delta_r Z_m$，即

$$\Delta_r Z_m=\frac{\Delta_r Z}{\xi} \tag{1-64}$$

化学反应的摩尔热力学函数变包括 $\Delta_r H_m$、$\Delta_r U_m$ 等，分别称为化学反应的摩尔焓变、化学反应的摩尔热力学能变等，简称为摩尔反应焓、摩尔反应热力学能等，$\Delta_r H_m$ 与 $\Delta_r U_m$ 的单位常用 $kJ \cdot mol^{-1}$。由于反应进度与反应方程式的写法有关，在使用 $\Delta_r Z_m$ 时应指明所对应的反应方程式，同时还应指明方程式中各反应物及产物所处的状态。例如，25℃ 时

$$SO_3(g,101.3kPa)+H_2O(l,101.3kPa) = H_2SO_4(l,101.3kPa)$$

$$\Delta_r H_m(298.15K)=-132.97kJ \cdot mol^{-1}$$

以上方程式表示当 $SO_3(g)$、$H_2O(l)$、$H_2SO_4(l)$ 三种物质强度性质不变，即纯气体 SO_3、纯液体 H_2O 与纯液体 H_2SO_4 皆处于25℃、101.3kPa的指定状态时，如果反应进度

为 1mol，反应体系焓的增量等于−132.97kJ。这时 1mol SO_3(g) 与 1mol H_2O(l) 反应生成了 1mol H_2SO_4(l)，因此，在指定状态下 1mol H_2SO_4(l) 减去 1mol SO_3(g) 与 1mol H_2O(l) 的焓差等于−132.97kJ。由于 $\Delta_r H_m$ 表示在方程式指定状态下反应进度等于 1mol 时产物与反应物之间的焓差，所以 $\Delta_r H_m$ 是状态函数的增量。对于指定的反应方程式，$\Delta_r H_m$ 仅仅依赖反应物与产物所处的状态，与反应中各物质强度性质不变的反应过程能否实现没有关系，可以认为上述反应是一个假想的反应过程。

1.5.3 热化学反应方程式

1.5.3.1 热化学反应方程式的写法

热化学反应方程式包括：注明反应物与产物状态的化学反应方程式和反应的摩尔焓变两部分。例如

$$C(石墨)+\frac{1}{2}O_2(g,p^\ominus) \longrightarrow CO(g,p^\ominus) \quad \Delta_r H_m(298.15K)=-110.5kJ \cdot mol^{-1}$$

$$H_2(g)+\frac{1}{2}O_2(g) \longrightarrow H_2O(l) \qquad \Delta_r H_m^\ominus(298.15K)=-285.8kJ \cdot mol^{-1}$$

物质的状态包括聚集状态、温度、压力、组成等。聚集状态用“g”“l”“s”“aq”依次表示气态、液态、固态与水溶液。对固态物质，有不同结晶的要注明晶型，如 C（石墨）、C（金刚石）等。反应温度可在 $\Delta_r H_m$ 旁的括号中或下标处注明。$p^\ominus=100kPa$，称为标准压力。若不注明压力，习惯上表示处于 $p^\ominus$ 压力下。摩尔热力学函数变右上角的“⊖”表示方程式中各物质均处于标准状态，称为标准摩尔热力学函数变。如 $\Delta_r H_m^\ominus$ 称为化学反应的标准摩尔焓变，简称标准摩尔反应焓。

由于物质的热力学性质强烈依赖物质所处的状态，为了便于热力学数据的汇集和交流，必须规定物质的标准状态。目前国际上通用的关于标准状态的规定是各种物质标准状态的压力均为 $p^\ominus$，关于各种物质标准状态的具体规定是：

① 气体的标准状态是 $p^\ominus$ 压力下的纯理想气体；

② 固体、液体的标准状态是 $p^\ominus$ 压力下的纯固体、纯液体。

溶液中各组分的标准状态参看 3.7 节内容。

气体的标准状态是一个虚拟的状态。纯组分实际气体经历以下步骤可以达到标准状态：首先经过恒温膨胀变为同温度下的无限稀（$p \to 0$）气体；从无限稀气体开始，假定气体服从理想行为（即 $pV=nRT$），然后再恒温压缩到压力等于 $p^\ominus$ 的状态，这个状态就是气体的标准状态。

【例 1-5】 1kg C_2H_5OH(l) 在 298.15K 的恒容反应器中与理论量 O_2(g)完全反应生成 CO_2(g)和 H_2O(g)，$Q_V=-26.91\times10^3$kJ，求反应 $C_2H_5OH(l)+3O_2(g) \longrightarrow 2CO_2(g)+3H_2O(g)$的 $\Delta_r U_m^\ominus(298.15K)$ 及 $\Delta_r H_m^\ominus(298.15K)$。假设气体是理想气体。

解 反应体系初态为纯液体 C_2H_5OH 与纯气体 O_2，终态为 CO_2 和 H_2O 的混合气体，因此反应体系的 $\Delta_r U$ 可用下列反应的 $\Delta_r U_m$ 表示，即 $\Delta_r U=\xi\Delta_r U_m$。

$$C_2H_5OH(l)+3O_2(g) \longrightarrow 2CO_2(混合气体)+3H_2O(混合气体)$$

以上反应的产物不是标准态，反应物压力可能不等于 $p^\ominus$，也不是标准态。但由于气体是理想气体，在恒定温度下无论气体混合或者改变压力其内能都不改变，液体内能可认为不受压力影响。因此反应的 $\Delta_r U_m$ 与反应物及产物皆处于标准态的 $\Delta_r U_m^\ominus$ 相同，所以

$$Q_V=\Delta_r U=\xi \ \Delta_r U_m^\ominus$$

因为　$\xi=\dfrac{\Delta n(C_2H_5OH)}{\nu(C_2H_5OH)}=(-1\text{kg}/0.04605\text{kg}\cdot\text{mol}^{-1})/(-1)=21.72\text{mol}$

所以　$\Delta_r U_m^{\ominus}=Q_V/\xi=-26.91\times10^3\text{kJ}/21.72\text{mol}=-1.239\times10^3\text{kJ}\cdot\text{mol}^{-1}$

$$\begin{aligned}\Delta_r H_m^{\ominus}&=\Delta_r U_m^{\ominus}+RT\textstyle\sum_B\nu_B(g)\\&=-1.239\times10^3\text{kJ}\cdot\text{mol}^{-1}+[8.314\times298.15\times\\&\quad(2+3-3)\times10^{-3}]\text{kJ}\cdot\text{mol}^{-1}\\&=-1.234\times10^3\text{kJ}\cdot\text{mol}^{-1}\end{aligned}$$

1.5.3.2　热化学反应方程式的线性组合

$\Delta_r H_m^{\ominus}$ 是状态函数的增量。每个标明反应物与产物状态的反应方程式都有确定的 $\Delta_r H_m^{\ominus}$ 与之相对应，因此，如果某个热化学反应方程式能够用其它一些热化学反应方程式的线性组合（即将每个方程式扩大或缩小若干后再相加或相减得到的结果）表示，那么它的 $\Delta_r H_m^{\ominus}$ 也能用与这些方程式相应的 $\Delta_r H_m^{\ominus}$ 的同样线性组合表示。例如 25℃时

(1) $C(石墨)+O_2(g)=\!=\!=CO_2(g)$　　$\Delta_r H_{m(1)}^{\ominus}=-393.5\text{kJ}\cdot\text{mol}^{-1}$

(2) $CO(g)+\frac{1}{2}O_2(g)=\!=\!=CO_2(g)$　　$\Delta_r H_{m(2)}^{\ominus}=-283.0\text{kJ}\cdot\text{mol}^{-1}$

(3) $C(石墨)+\frac{1}{2}O_2(g)=\!=\!=CO(g)$　　$\Delta_r H_{m(3)}^{\ominus}=?$

因为　反应(3)＝反应(1)－反应(2)

所以　$\Delta_r H_{m(3)}^{\ominus}=\Delta_r H_{m(1)}^{\ominus}-\Delta_r H_{m(2)}^{\ominus}=-110.5\text{kJ}\cdot\text{mol}^{-1}$

在计算热化学方程式的线性组合时，只有状态完全相同的物质才能进行同类项合并，这是因为状态不同，状态函数有可能不同。例如 25℃时

(1) $Na(s)+H_2O(l)=\!=\!=NaOH(s)+\frac{1}{2}H_2(g)$　　$\Delta_r H_{m(1)}^{\ominus}=-140.9\text{kJ}\cdot\text{mol}^{-1}$

(2) $H_2(g)+\frac{1}{2}O_2(g)=\!=\!=H_2O(g)$　　$\Delta_r H_{m(2)}^{\ominus}=-241.8\text{kJ}\cdot\text{mol}^{-1}$

(3) $H_2O(l)=\!=\!=H_2O(g)$　　$\Delta_r H_{m(3)}^{\ominus}=44.0\text{kJ}\cdot\text{mol}^{-1}$

令反应(4)＝反应(1)＋$\frac{1}{2}$反应(2)－$\frac{1}{2}$反应(3)，则反应(4) 为

$$Na(s)+\frac{1}{4}O_2(g)+\frac{1}{2}H_2O(l)=\!=\!=NaOH(s)$$

所以　$\Delta_r H_{m(4)}^{\ominus}=\Delta_r H_{m(1)}^{\ominus}+\frac{1}{2}\Delta_r H_{m(2)}^{\ominus}-\frac{1}{2}\Delta_r H_{m(3)}^{\ominus}=-283.8\text{kJ}\cdot\text{mol}^{-1}$

因为 $H_2O(l)$ 与 $H_2O(g)$ 的状态不同，焓也不同，在线性组合时，不可混同。

化学反应的摩尔焓变可通过相关反应摩尔焓变的线性组合进行计算，这种方法也可推广到其它化学反应热力学函数变的计算。

1.6　生成焓与燃烧焓

1.6.1　标准摩尔生成焓

由稳定的单质生成某物质的标准摩尔反应焓称为该物质的标准摩尔生成焓，记为

$\Delta_f H_m^{\ominus}$，单位常用 $kJ \cdot mol^{-1}$。例如25℃时 $C_2H_6(g)$ 的标准摩尔生成焓，即下列反应的标准摩尔反应焓：

$$2C(石墨)+3H_2(g) \longrightarrow C_2H_6(g)$$

$$\Delta_f H_m^{\ominus}[C_2H_6(g),298.15K]=\Delta_r H_m^{\ominus}(298.15K)=-84.67kJ \cdot mol^{-1}$$

稳定单质是指在反应温度及标准压力下单质稳定存在的聚集状态，包括固体稳定存在的晶型。如25℃、$p^{\ominus}$压力下，$O_2(g)$、$N_2(g)$、$H_2(g)$、Hg(l)、$Br_2(l)$、C（石墨）、S（正交硫）皆为稳定单质。显然稳定单质的标准摩尔生成焓等于0。25℃各种化合物的标准摩尔生成焓被汇集成表（参见附录Ⅴ），以备查用。

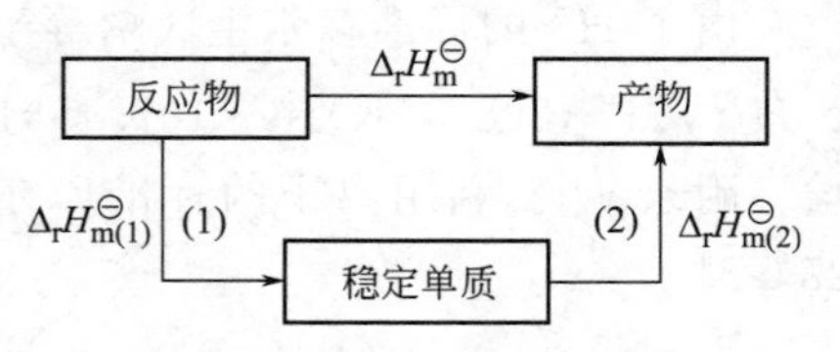

图1-9 标准摩尔反应焓计算过程

由于任何物质都可视为由稳定单质生成，因而任何化学反应的标准摩尔反应焓可采用图1-9所列过程计算。注意到在化学反应方程式中产物的计量系数为正，反应物计量系数为负，因此可得以下结果

$$\Delta_r H_{m(1)}^{\ominus}=\sum_B \nu_B(反应物)\Delta_f H_{m,B}^{\ominus}$$

$$\Delta_r H_{m(2)}^{\ominus}=\sum_B \nu_B(产物)\Delta_f H_{m,B}^{\ominus}$$

$$\Delta_r H_m^{\ominus}=\Delta_r H_{m(1)}^{\ominus}+\Delta_r H_{m(2)}^{\ominus}$$

所以

$$\Delta_r H_m^{\ominus}=\sum_B \nu_B \Delta_f H_{m,B}^{\ominus} \tag{1-65}$$

式(1-65)中的B遍及各种反应物和产物。利用上式可由各物质的标准摩尔生成焓计算化学反应的 $\Delta_r H_m^{\ominus}$。

【例1-6】 由标准摩尔生成焓计算25℃时下列反应的标准摩尔反应焓。

$$2C_2H_5OH(g) \longrightarrow C_4H_6(g)+2H_2O(l)+H_2(g)$$

解 由附录查得25℃各物质的标准摩尔生成焓：

$$\Delta_f H_m^{\ominus}[C_2H_5OH(g)]=-235.10kJ \cdot mol^{-1}$$

$$\Delta_f H_m^{\ominus}[C_4H_6(g)]=111.90kJ \cdot mol^{-1}$$

$$\Delta_f H_m^{\ominus}[H_2O(l)]=-285.83kJ \cdot mol^{-1}$$

$H_2(g)$ 的标准摩尔生成焓为0，由式(1-65)，有

$$\Delta_r H_m^{\ominus}(298.15K)=[111.90+2\times(-285.83)-2\times(-235.10)]kJ \cdot mol^{-1}$$
$$=10.44kJ \cdot mol^{-1}$$

水溶液中离子在标准状态的焓等于 $p^{\ominus}$ 压力下离子在无限稀溶液中的焓（3.7节）。离子的标准摩尔生成焓就是由标准状态下的稳定单质生成 $p^{\ominus}$ 下无限稀溶液中离子的摩尔焓变。例如水溶液中 H^+ 和 Cl^- 的 $\Delta_f H_m^{\ominus}$ 分别为下列反应的 $\Delta_r H_m^{\ominus}$

$$\frac{1}{2}H_2(g) \longrightarrow H^+(aq,\infty)+e \qquad \Delta_r H_m^{\ominus}=\Delta_f H_m^{\ominus}(H^+)$$

$$\frac{1}{2}Cl_2(g)+e \longrightarrow Cl^-(aq,\infty) \qquad \Delta_r H_m^{\ominus}=\Delta_f H_m^{\ominus}(Cl^-)$$

符号“aq，∞”表示在无限稀水溶液中。由于溶液总是电中性的，不可能制备出仅含一种离子的水溶液。因此，规定 H^+ 的标准摩尔生成焓等于0。在25℃，HCl(g) 的标准摩尔

生成焓等于$-92.31\text{kJ}\cdot\text{mol}^{-1}$，下列溶解过程的标准摩尔焓变可以测定，即

$$HCl(g) \longrightarrow H^+(aq,\infty)+Cl^-(aq,\infty) \qquad \Delta_r H_m^\ominus(298.15K)=-75.14\text{kJ}\cdot\text{mol}^{-1}$$

因此可以得到 H^+ 和 Cl^- 生成反应的标准摩尔反应焓：

$$\frac{1}{2}H_2(g)+\frac{1}{2}Cl_2(g) \longrightarrow H^+(aq,\infty)+Cl^-(aq,\infty)$$

$$\Delta_r H_m^\ominus(298.15K)=[(-92.31)+(-75.14)]\text{kJ}\cdot\text{mol}^{-1}=-167.45\text{kJ}\cdot\text{mol}^{-1}$$

由于 H^+ 的标准摩尔生成焓等于0，上述反应的 $\Delta_r H_m^\ominus$ 等于 Cl^- 的标准摩尔生成焓，即 $\Delta_f H_m^\ominus(Cl^-,298.15K)=-167.45\text{kJ}\cdot\text{mol}^{-1}$。此法类推可以得到各种离子的标准摩尔生成焓（附录Ⅴ）。利用离子的标准摩尔生成焓可以计算水溶液中离子间反应的 $\Delta_r H_m^\ominus$。例如25℃时

$$NaOH(aq,\infty)+HCl(aq,\infty) \longrightarrow NaCl(aq,\infty)+H_2O(l)$$

由于 Na^+、Cl^- 未参与反应，上述反应可写为

$$OH^-(aq,\infty)+H^+(aq,\infty) \longrightarrow H_2O(l)$$

查表知25℃时 $\Delta_f H_m^\ominus[H_2O(l)]=-285.83\text{kJ}\cdot\text{mol}^{-1}$，$\Delta_f H_m^\ominus(OH^-)=-229.99\text{kJ}\cdot\text{mol}^{-1}$，所以

$$\begin{aligned}\Delta_r H_m^\ominus(298.15K)&=[(-285.83)-(-229.99)]\text{kJ}\cdot\text{mol}^{-1}\\&=-55.84\text{kJ}\cdot\text{mol}^{-1}\end{aligned}$$

1.6.2 标准摩尔燃烧焓

某物质的标准摩尔燃烧焓是该物质在 $O_2(g)$ 中完全燃烧的标准摩尔反应焓，用符号 $\Delta_c H_m^\ominus$ 表示，单位常用 $\text{kJ}\cdot\text{mol}^{-1}$。例如25℃时 $C_6H_5NH_2(l)$ 的标准摩尔燃烧焓即下列反应的标准摩尔反应焓：

$$C_6H_5NH_2(l)+7\frac{3}{4}O_2(g) \longrightarrow 6CO_2(g)+3\frac{1}{2}H_2O(l)+\frac{1}{2}N_2(g)$$

$$\Delta_c H_m^\ominus[C_6H_5NH_2(l),298.15K]=\Delta_r H_m^\ominus(298.15K)=-3396\text{kJ}\cdot\text{mol}^{-1}$$

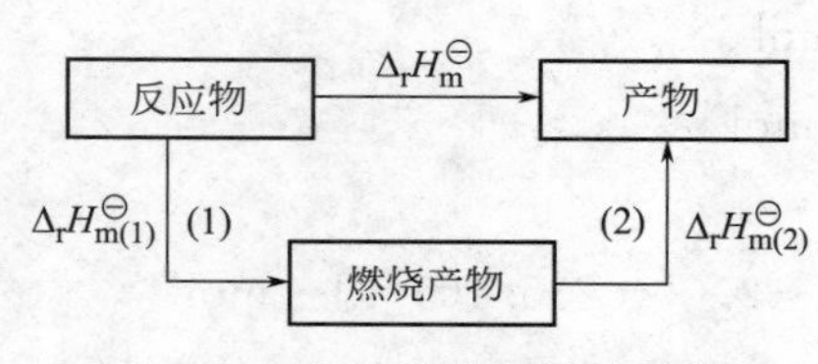

图1-10　标准燃烧焓计算过程

完全燃烧的含义是燃烧产物为 $CO_2(g)$、$H_2O(l)$、$SO_2(g)$、$N_2(g)$ 等，显然这些物质的标准摩尔燃烧焓等于0。一些物质在25℃的标准摩尔燃烧焓被汇集成表（参见附录Ⅶ），以备查用。为了用标准燃烧焓的数据计算化学反应的 $\Delta_r H_m^\ominus$，可设计如图1-10过程。

$$\Delta_r H_{m(1)}^\ominus=-\sum_B \nu_B(\text{反应物})\Delta_c H_{m,B}^\ominus$$

$$\Delta_r H_{m(2)}^\ominus=-\sum_B \nu_B(\text{产物})\Delta_c H_{m,B}^\ominus$$

$$\Delta_r H_m^\ominus=\Delta_r H_{m(1)}^\ominus+\Delta_r H_{m(2)}^\ominus$$

所以

$$\Delta_r H_m^\ominus=-\sum_B \nu_B \Delta_c H_{m,B}^\ominus \tag{1-66}$$

上式中的B遍及各种反应物和产物，利用式(1-66)可由各物质的标准摩尔燃烧焓计算化学反应的 $\Delta_r H_m^\ominus$。

【例 1-7】 25℃，$C_2H_5OH(l)$ 的标准摩尔燃烧焓为$-1367kJ\cdot mol^{-1}$，$CO_2(g)$、$H_2O(l)$ 的标准摩尔生成焓分别为$-393.5kJ\cdot mol^{-1}$、$-285.8kJ\cdot mol^{-1}$，求 $C_2H_5OH(l)$ 的标准摩尔生成焓。

解 $C_2H_5OH(l)$ 的生成反应为

$$2C(石墨)+3H_2(g)+\frac{1}{2}O_2(g) = C_2H_5OH(l)$$

由于 C（石墨）、$H_2(g)$ 的标准摩尔燃烧焓即 $CO_2(g)$、$H_2O(l)$ 的标准摩尔生成焓，$C_2H_5OH(l)$ 的 $\Delta_f H_m^\ominus$ 即以上反应的 $\Delta_r H_m^\ominus$，根据式(1-66)，所以

$$\begin{aligned}\Delta_f H_m^\ominus[C_2H_5OH(l)] &= -[(-1367)-2\times(-393.5)-3\times(-285.8)]kJ\cdot mol^{-1}\\ &= -277.4kJ\cdot mol^{-1}\end{aligned}$$

1.7 相变焓

自键焓估算反应焓

1.7.1 相的概念

相是体系内部物理性质与化学性质完全均匀的部分，相与相之间有界面。例如水与水蒸气，分属液相与气相。苯酚与水的混合物可形成两个液层，一层主要由水组成，其中溶解有苯酚；另一层主要由苯酚组成，其中溶解有水。两液层组成不同，性质也不同，分属两个不同的液相。液体凝固时形成的不同晶型因具有不同的性质也属于不同的相。雾是由大量小水滴分散在空气中形成的，每个小水滴由许多水分子组成，水滴与空气具有不同的性质，因此水滴与空气分属不同的相。然而分散在空气中的水分子不能单独成为一相，水分子与空气中的其它分子组成的气体混合物因具有均匀的性质成为均相体系。凡均相体系都是分子分散体系。

1.7.2 标准摩尔相变焓

物质从一相转变为另一相的过程称为相变。纯物质的相变有熔化与凝固、蒸发与冷凝、升华与凝华、晶型转变等。一定温度、压力下纯物质相变过程中体系的焓变与发生相变的物质的量之比称为该物质的摩尔相变焓，单位常用 $kJ\cdot mol^{-1}$。如果相变前后物质均处于标准状态，这时的摩尔相变焓称为该温度下的标准摩尔相变焓。如标准摩尔蒸发焓 $\Delta_{vap}H_m^\ominus$，标准摩尔熔化焓 $\Delta_{fus}H_m^\ominus$，标准摩尔升华焓 $\Delta_{sub}H_m^\ominus$，标准摩尔转变焓 $\Delta_{trs}H_m^\ominus$。由于焓是状态函数，显然标准摩尔冷凝焓为$-\Delta_{vap}H_m^\ominus$，标准摩尔凝固焓为$-\Delta_{fus}H_m^\ominus$，标准摩尔凝华焓为$-\Delta_{sub}H_m^\ominus$。在相同温度下且有：$\Delta_{sub}H_m^\ominus=\Delta_{fus}H_m^\ominus+\Delta_{vap}H_m^\ominus$。标准摩尔相变焓随温度而变。

相变时体系实际吸收或放出的热不一定能用标准摩尔相变焓表示。原因是：①热与相变过程有关，只有不涉及其它功的恒压相变过程，相变热才等于相变焓；②相变前后物质不一定处于标准状态。一般来说，对于凝聚态的相变，如熔化、凝固、晶型转变等，压力对焓的影响很小，可用标准摩尔相变焓代替摩尔相变焓。但对于涉及气相的相变过程，如蒸发、冷

凝、升华、凝华，随相变压力增加，蒸气越来越偏离理想气体，与标准态的焓差逐渐增大，摩尔相变焓不能简单地用标准摩尔相变焓代替。

在一定温度、压力下，两相处于相平衡时物质发生的相变过程称为可逆相变。例如100℃，101.325kPa下水与水蒸气之间的相变；0℃，101.325kPa下水与冰之间的相变为可逆相变。在101.325kPa的压力下，气、液两相平衡时的温度称为液体的正常沸点，固、液两相平衡时的温度称为液体的正常凝固点。在正常凝固点时的摩尔熔化焓可认为就是同温度下的标准摩尔熔化焓，在正常沸点时的摩尔蒸发焓，当蒸气可视为理想气体时，等于同温度下的标准摩尔蒸发焓。

【例 1-8】 在正常沸点100℃时，1mol $H_2O(l)$ 在101.325kPa的外压下汽化为同压力下的水蒸气。已知在100℃时 $H_2O(l)$ 的 $\Delta_{vap}H_m^{\ominus}=40.64kJ\cdot mol^{-1}$，(1) 求 Q、W、ΔU、ΔH；(2) 如果 $H_2O(l)$ 从同一初态经过向真空蒸发变为相同的终态，求 Q、W、ΔU、ΔH。假定蒸汽为理想气体，液体体积与蒸汽体积相比可忽略不计。

解 (1) 该过程为可逆相变，过程不仅恒压，且气体为理想气体，因此

$$Q=\Delta H=n\Delta_{vap}H_m^{\ominus}=(1\times 40.64)kJ=40.64kJ$$

$$\Delta U=\Delta H-p\Delta V=\Delta H-pV(g)=\Delta H-n(g)RT$$

$$=(40.64-1\times 8.314\times 373.15\times 10^{-3})kJ=37.54kJ$$

$$W=Q-\Delta U=(40.64-37.54)kJ=3.10kJ$$

(2) 该过程不是恒压过程，$Q\neq\Delta H$，体系克服零压膨胀，$W=0$，因初态、终态未变，ΔU、ΔH 与 (1) 相同，即 $\Delta U=37.54kJ$，$\Delta H=40.64kJ$，由热力学第一定律，因为 $W=0$，$Q=\Delta U=37.54kJ$。

1.8 基尔霍夫公式

一定压力下，将 $\Delta_r H_m$ 对温度求导，因为摩尔反应焓的定义是在一定温度下，反应体系中各物质强度性质不变时体系焓的增量与反应进度之比，利用式(1-32) 可得

$$\left(\frac{\partial\Delta_r H_m}{\partial T}\right)_p=\frac{1}{\xi}\left(\frac{\partial\Delta_r H}{\partial T}\right)_p=\frac{\Delta_r C_p}{\xi}=\Delta_r C_{p,m}$$

$\Delta_r C_p$ 是一定温度下，各物质强度性质不变时体系恒压热容的增量。根据化学反应热力学函数变的定义，$\Delta_r C_p/\xi$ 即反应的摩尔恒压热容变 $\Delta_r C_{p,m}$，因此在恒压条件下，有

$$d\Delta_r H_m=\Delta_r C_{p,m}dT \tag{1-67}$$

对上式进行定积分，积分限从 T_0 到 T，在 $T_0\sim T$ 之间各物质压力、组成及聚集状态均不改变，则有

$$\Delta_r H_m(T)=\Delta_r H_m(T_0)+\int_{T_0}^{T}\Delta_r C_{p,m}dT \tag{1-68}$$

式(1-68) 表示反应焓与温度的关系，称为基尔霍夫（Kirchhoff）公式。

$\Delta_r C_{p,m}$ 数值上等于反应进度为1mol时反应体系恒压热容的增量。如果体系中各物质皆为纯组分，则

$$\Delta_r C_{p,m} = \sum_B \nu_B C_{p,m,B} \tag{1-69}$$

$C_{p,m,B}$ 为B物质的摩尔恒压热容。

利用式(1-68) 可以从 T_0 时的反应焓计算 T 时的反应焓。T_0 通常取298.15K，在标准状态下，由附录中的数据可以计算出 $\Delta_r H_m^\ominus(298.15\text{K})$ 及 $\Delta_r C_{p,m}^\ominus$，因此可计算出 $\Delta_r H_m^\ominus(T)$。

作定积分计算时，$C_{p,m}^\ominus$ 一般是温度的函数（见附录Ⅵ），此时 $\Delta_r C_{p,m}^\ominus$ 也是温度的函数。当各物质的 $C_{p,m}^\ominus$ 表示平均热容时（见附录Ⅴ），$\Delta_r C_{p,m}^\ominus$ 作为常数可从积分号中提出。如果把积分上限 T 作为待定常数，则式(1-68) 表示 $\Delta_r H_m^\ominus$ 与 T 间的函数关系，即 $\Delta_r H_m^\ominus = f(T)$。

【例 1-9】 利用下列数据计算甲烷转化反应 $CH_4(g) + H_2O(g) \longrightarrow CO(g) + 3H_2(g)$ 标准摩尔反应焓与温度的关系：$\Delta_r H_m^\ominus = f(T)$。标准摩尔恒压热容与温度的关系为：

$$C_{p,m}^\ominus/\text{J}\cdot\text{K}^{-1}\cdot\text{mol}^{-1} = a + b(T/\text{K}) + c(T/\text{K})^2$$

物质	$CH_4(g)$	$H_2O(g)$	$CO(g)$	$H_2(g)$
$\Delta_f H_m^\ominus(298.15\text{K})/\text{kJ}\cdot\text{mol}^{-1}$	−74.81	−241.82	−110.52	0
a	14.15	29.16	26.537	26.88
$b\times10^3$	75.496	14.49	7.6831	4.347
$c\times10^6$	−17.99	−2.022	−1.172	−0.3265

解 $\Delta_r H_m^\ominus(298.15\text{K}) = \sum_B \nu_B \Delta_f H_{m,B}^\ominus(298.15\text{K})$

$$= [(-110.52)-(-74.81)-(-241.82)]\text{kJ}\cdot\text{mol}^{-1}$$

$$= 206.11\text{kJ}\cdot\text{mol}^{-1}$$

$$\Delta_r a = \sum_B \nu_B a_B = (3\times26.88 + 26.537 - 29.16 - 14.15) = 63.867$$

$$\Delta_r b = \sum_B \nu_B b_B = (3\times4.347 + 7.6831 - 14.49 - 75.496)\times10^{-3}$$

$$= -69.262\times10^{-3}$$

$$\Delta_r c = \sum_B \nu_B c_B = [3\times(-0.3265) + (-1.172) - (-2.022) - (-17.99)]\times10^{-6}$$

$$= 17.861\times10^{-6}$$

所以 $\Delta_r C_{p,m}^\ominus = [\Delta_r a + \Delta_r b(T/\text{K}) + \Delta_r c(T/\text{K})^2]\times10^{-3}\text{kJ}\cdot\text{K}^{-1}\cdot\text{mol}^{-1}$

$$= [63.867 - 69.262\times10^{-3}(T/\text{K}) + 17.861\times10^{-6}(T/\text{K})^2]\times10^{-3}\text{kJ}\cdot\text{K}^{-1}\cdot\text{mol}^{-1}$$

代入式(1-68)，即

$$\Delta_r H_m^\ominus(T)/\text{kJ}\cdot\text{mol}^{-1} = 206.11 + \int_{298.15\text{K}}^{T}[63.867 - 69.262\times10^{-3}(T/\text{K}) + 17.861\times10^{-6}(T/\text{K})^2]\times10^{-3}\text{d}(T/\text{K})$$

$$= 189.99 + 63.867\times10^{-3}(T/\text{K}) - 34.631\times10^{-6}(T/\text{K})^2 + 5.954\times10^{-9}(T/\text{K})^3$$

【例 1-10】 25℃，$H_2(g)$ 的 $\Delta_c H_m^\ominus = -285.84 kJ \cdot mol^{-1}$，水在正常沸点（100℃）下 $\Delta_{vap} H_m^\ominus = 40.64 kJ \cdot mol^{-1}$，$H_2O(l)$ 和 $H_2O(g)$ 的平均 $C_{p,m}^\ominus$ 分别为 $75.30 J \cdot K^{-1} \cdot mol^{-1}$ 和 $33.58 J \cdot K^{-1} \cdot mol^{-1}$。计算 $H_2O(g)$ 25℃的标准摩尔生成焓。

解 相变过程虽无新物质生成，但聚集状态发生了变化，可视为特殊"反应"过程，如水的蒸发可视为反应：$H_2O(l) = H_2O(g)$。

因为 $\Delta_{vap} H_m^\ominus(373.15K) = 40.64 kJ \cdot mol^{-1}$

且
$$\Delta_{vap} C_{p,m}^\ominus = (33.58 - 75.30) J \cdot K^{-1} \cdot mol^{-1} = -41.72 J \cdot K^{-1} \cdot mol^{-1}$$

所以
$$\Delta_{vap} H_m^\ominus(298.15K) = \Delta_{vap} H_m^\ominus(373.15K) + \int_{373.15K}^{298.15K} \Delta_{vap} C_{p,m}^\ominus dT$$
$$= [40.64 + (-41.72) \times 10^{-3} \times (298.15 - 373.15)] kJ \cdot mol^{-1}$$
$$= 43.77 kJ \cdot mol^{-1}$$

25℃ 时
$$\Delta_{vap} H_m^\ominus = \Delta_f H_m^\ominus(H_2O, g) - \Delta_f H_m^\ominus(H_2O, l)$$
$$= \Delta_f H_m^\ominus(H_2O, g) - \Delta_c H_m^\ominus(H_2, g)$$

所以
$$\Delta_f H_m^\ominus(H_2O, g) = [43.77 + (-285.84)] kJ \cdot mol^{-1}$$
$$= -242.07 kJ \cdot mol^{-1}$$

【例 1-11】 甲烷与过量100%的空气混合，于25℃、101.325kPa下恒压燃烧，求燃烧产物能达到的最高温度。已知25℃时 $CO_2(g)$、$H_2O(g)$、$CH_4(g)$ 的标准摩尔生成焓分别为 $-393.51 kJ \cdot mol^{-1}$、$-241.82 kJ \cdot mol^{-1}$、$-74.81 kJ \cdot mol^{-1}$，$N_2(g)$、$O_2(g)$、$H_2O(g)$、$CO_2(g)$ 的平均摩尔恒压热容分别为 $33.47 J \cdot K^{-1} \cdot mol^{-1}$、$33.47 J \cdot K^{-1} \cdot mol^{-1}$、$41.84 J \cdot K^{-1} \cdot mol^{-1}$、$54.39 J \cdot K^{-1} \cdot mol^{-1}$。

解 燃烧反应为：$CH_4(g) + 2O_2(g) = CO_2(g) + 2H_2O(g)$

甲烷与过量100%的空气混合，以1mol甲烷为基准，空气中含 $O_2(g)$ 为4mol，含 $N_2(g)$ 为 $4mol \times 0.79/0.21 = 15.05mol$，设体系末态温度为 t，燃烧过程初、末态体系的状态可由以下框图表示：

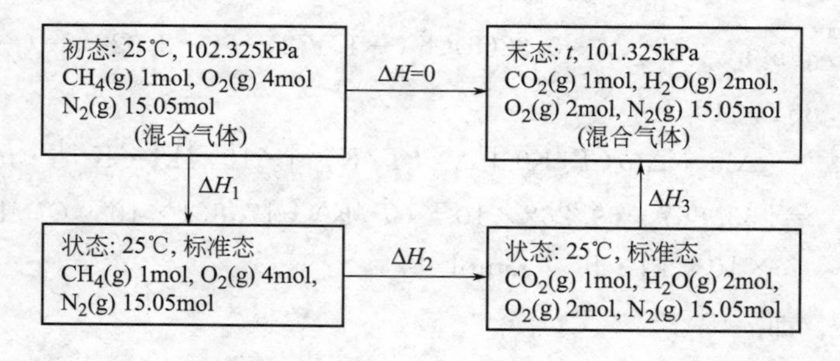

燃烧欲达到最高温度，体系必不向外传热，即燃烧为绝热恒压过程，因此 $\Delta H = 0$。假定气体为理想气体，初态焓值与各组分皆处于标准态的焓值相同，$\Delta H_1 = 0$，所以 $\Delta H_2 + \Delta H_3 = 0$。$\Delta H_2$ 与燃烧反应标准摩尔焓变间有如下关系：

$$\Delta H_2 = \xi \Delta_r H_m^\ominus(298.15K) = \xi[\sum_B \nu_B \Delta_f H_{m,B}^\ominus(298.15K)]$$

$$=1\text{mol}\times[(-393.51)+2\times(-241.82)-(-74.81)]\text{kJ}\cdot\text{mol}^{-1}$$
$$=-802.34\times10^{3}\ \text{J}$$

ΔH_3 可由式(1-45) 计算，即

$$\Delta H_3=\int_{298.15}^{T/\text{K}}\{[C_{p,\text{m}}^{\ominus}(CO_2)+2C_{p,\text{m}}^{\ominus}(H_2O)+2C_{p,\text{m}}^{\ominus}(O_2)+15.05C_{p,\text{m}}^{\ominus}(N_2)]\text{mol}\}\text{d}T$$
$$=(54.39+2\times41.84+2\times33.47+15.05\times33.47)[(T/\text{K})-298.15]\text{J}$$
$$=708.73[(T/\text{K})-298.15]\text{J}$$

所以 $-802.34\times10^{3}+708.73\ [(T/\text{K})\ -298.15]\ =0$

解得 $T=1430\text{K}$，即 $t=1157℃$

思考题

1. 状态改变了，状态函数是否一定改变？状态参量是否一定改变？状态函数改变了，状态是否一定改变？状态参量是否一定改变？

2. 下列体系中哪些可视为均匀体系？

(1) 充入气球中的一定量空气；

(2) 一定量的水与水蒸气；

(3) 盛在开口容器中的纯净水；

(4) 一定量分散在油中的小水滴。

3. 在不做其它功的条件下给出一组描写甲醇、乙醇、水组成的均相体系的状态参量。该体系最多有多少个独立可变的宏观性质？最多有多少个独立可变的强度性质？

4. 设 z' 和 z'' 是无其它功、多组分均相体系的两个广度性质，它们的比值是否就是体系的强度性质？为什么？

5. 理想气体的热力学能只是温度的函数。若 H_2(g) 和 N_2(g) 可视为理想气体，在相同温度下能否认为 1mol H_2(g) 与 1mol N_2(g) 具有相同的热力学能？两种气体恒温混合后能否认为气体的热力学能不变？试从热力学能的微观意义予以说明。

6. (1) 用打气筒向轮胎中充气的实际过程是不可逆过程。在什么条件下充气过程是可逆过程？

(2) 将一个低温铁球放入一个高温恒温槽中被加热的实际过程是不可逆过程。在什么条件下铁球被加热的过程是可逆过程？

7. 对于理想气体的可逆过程，试导出 $\delta Q=C_V\text{d}T+(nRT/V)\text{d}V$，并证明 δQ 不是全微分，而 $(\delta Q/T)$ 是全微分。

8. 设气体经过如图 1-11 所示 A→B→C→A 的可逆循环过程，应如何在图上表示下列各量：

(1) 体系循环过程所做的功；

(2) B→C 过程的 Q；

(3) B→C 过程的 ΔU。

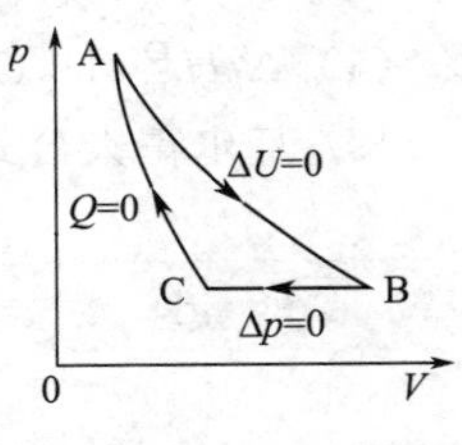

图 1-11 思考题 8

9. 如图 1-12 所示，A→B，A→C 分别表示理想气体的恒温可逆

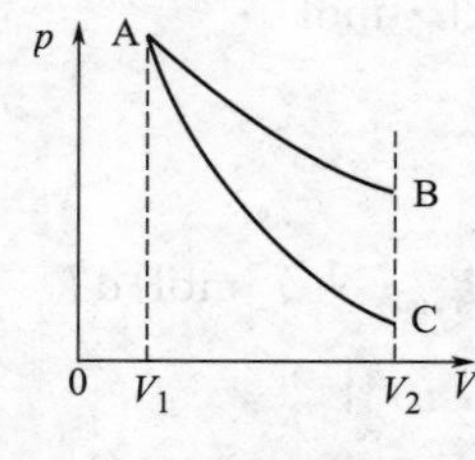

图 1-12 思考题 9

过程与绝热可逆过程。若体系从 A 开始进行绝热不可逆膨胀至终态体积为 V_2，终态的位置应在 B 之上？C 之下？或 B 与 C 之间？该过程可否用图上的一条曲线表示？

10. 恒温恒压条件下某化学反应在电池中进行时放热 10kJ，做电功 50kJ，做体积功 1kJ，那么 $\Delta_r U$、$\Delta_r H$ 各为多少？若使电池短路，假定反应初、末态相同，Q、W、$\Delta_r U$、$\Delta_r H$ 又各为多少？

11. 一气体状态方程是 $p(V_m - b) = RT$，b 为大于零的常数，在下列过程中气体的温度如何改变？

(1) 节流膨胀；

(2) 绝热自由膨胀。

12. 判断下列过程中 Q、W、ΔU、ΔH 的符号（+、−或 0）

过程	Q	W	ΔU	ΔH
理想气体恒温可逆膨胀				
理想气体绝热可逆膨胀				
理想气体节流膨胀				
理想气体绝热自由膨胀				
0℃，101325Pa 下水结冰				
$C(s) + O_2(g) \longrightarrow CO_2(g)$ 在绝热恒压条件下进行				

13. C_p 是否总大于 C_V？举例说明。

14. 理想气体的 C_V、C_p 是否也只是温度的函数？为什么？

15. 因为 $Q_p = \Delta H$，$Q_V = \Delta U$，能否得出结论：Q_p 与 Q_V 是状态函数？为什么？

16. 在导出公式 $\Delta_r H_m - \Delta_r U_m = RT\sum_B \nu_B(g)$ 时，做了哪些近似？

17. 在 25℃、常压下，以下哪个过程的焓变数值上等于下列反应的 $\Delta_r H_m$ (298.15K)？

$$SO_3(g, 101.3kPa) + H_2O(l, 101.3kPa) \longrightarrow H_2SO_4(aq, x=0.1, 101.3kPa)$$

(1) 将 1mol $SO_3(g)$ 通入 10mol 水中；

(2) 将 1mol $SO_3(g)$ 通入大量 $x=0.1$ 的 H_2SO_4 水溶液中；

(3) 将 1mol $SO_3(g)$ 和 1mol 水通入一定量 $x=0.1$ 的 H_2SO_4 水溶液中；

(4) 将 1mol $SO_3(g)$ 和 1mol 水通入大量 $x=0.1$ 的 H_2SO_4 水溶液中。

18. 判断下列关系式的正、误。

(1) $\Delta_c H_m^\ominus(C, 石墨) = \Delta_f H_m^\ominus(CO_2, g)$；

(2) $\Delta_c H_m^\ominus(H_2, g) = \Delta_f H_m^\ominus(H_2O, g)$；

(3) $\Delta_c H_m^\ominus(N_2, g) = \Delta_f H_m^\ominus(2NO_2, g)$；

(4) $\Delta_f H_m^\ominus(H_2O, g) = \Delta_f H_m^\ominus(H_2O, l) + \Delta_{vap} H_m^\ominus(H_2O)$。

19. 基尔霍夫公式适用的条件是什么？在什么条件下反应焓与温度无关？

习 题

1. 1mol 理想气体从 0.1MPa、20dm^3 的初态经恒容加热到压力为 1MPa，再恒压冷却

到体积为 $2dm^3$，求整个过程的 Q、W、ΔU 及 ΔH。

2. 已知 373.15K、101.325kPa 下 1kg $H_2O(l)$ 的体积为 $1.043dm^3$，1kg 水蒸气的体积为 $1677dm^3$，水蒸发为水蒸气过程的蒸发热为 $2257.8kJ\cdot kg^{-1}$。此时若 1mol 液体水完全蒸发为水蒸气，试求

(1) 蒸发过程中体系对环境所做的功；

(2) 假定液体水的体积忽略不计，蒸汽可视为理想气体，求蒸发过程中的功及所得结果的相对误差；

(3) 求 (1) 中变化的 $\Delta_{vap}U_m$、$\Delta_{vap}H_m$。

3. 1kg 空气由 25℃经绝热膨胀降温至 −55℃。设空气为理想气体，平均摩尔质量为 $0.029kg\cdot mol^{-1}$，$C_{V,m}=20.92J\cdot K^{-1}\cdot mol^{-1}$，求 Q、W、ΔU、ΔH。

4. 将 300K、100kPa 下的 2mol N_2（双原子理想气体）用 600kPa 的恒定压力绝热压缩到初态体积的一半，求终态温度及 ΔU、ΔH。

5. 2mol 初始压力为 2.0×10^5Pa 的理想气体经恒温可逆膨胀体积从 V 变为 $10V$，并对外做功 41.85kJ，求 V 及气体的温度。

6. 某理想气体热容比 $\gamma=1.31$，经绝热可逆膨胀由 1.01×10^5Pa、$3.0dm^3$、373K 的初态降压到 1.01×10^4Pa，求

(1) 终态气体的体积与温度；

(2) 膨胀过程的体积功；

(3) 膨胀过程的 ΔU 与 ΔH。

7. 1mol 单原子理想气体从 $2\times101.325kPa$、$11.2dm^3$ 的初态经 $pT=$ 常量的可逆过程压缩到压力为 $4\times101.325kPa$ 的终态。求

(1) 终态的体积与温度；

(2) 过程的 ΔU 与 ΔH；

(3) 体系所做的功。

8. 在一个内部为真空的恒容绝热箱上刺一小孔，外部空气将流入箱内。设空气为双原子理想气体，环境温度为 300K，求外部空气停止流入时箱内气体的温度。

9. 一个盛有高压（$7p^\ominus$）氦气的恒容绝热容器，由于阀门未关严以致气体缓慢向外泄漏，设环境压力为 $p^\ominus$，氦气可视为单原子理想气体，求泄漏停止时氦气损失的百分比。

10. 容积为 $27m^3$ 的绝热容器中置一小加热件，器壁上有缝隙与大气相通。利用加热件使容器内的空气维持压力不变条件下从 0℃升温到 20℃，设空气为理想气体，$C_{V,m}=20.92J\cdot K^{-1}\cdot mol^{-1}$，大气压力为 101325Pa。问加热件需提供给空气多少热量？

11. 当致冷机以环境为冷源时称为热泵。某动力-热泵联合体中热泵工作于 100℃和 20℃（环境温度）之间，热机工作于 1000℃和 20℃之间，假如热泵、热机都是可逆的，在 1000℃下每供给联合体 1kJ 热量所产生的加工工艺热量（即 100℃下联合体提供给的热量）是多少？

12. 证明范德华气体的第二维利系数 $B=b-\dfrac{a}{RT}$，玻意耳温度 $T_B=\dfrac{a}{bR}$。

13. 对 1mol 范德华气体，导出

(1) $\left(\dfrac{\partial p}{\partial T}\right)_{V_m}=\dfrac{R}{V_m-b}$

(2) $\left(\frac{\partial T}{\partial V_{\mathrm{m}}}\right)_p=\frac{T}{V_{\mathrm{m}}-b}-\frac{2a(V_{\mathrm{m}}-b)}{RV_{\mathrm{m}}^3}$

(3) $\left(\frac{\partial p}{\partial V_{\mathrm{m}}}\right)_T=\frac{2a}{V_{\mathrm{m}}^3}-\frac{RT}{(V_{\mathrm{m}}-b)^2}$

(4) 验证循环关系式$\left(\frac{\partial p}{\partial T}\right)_{V_{\mathrm{m}}}\left(\frac{\partial V_{\mathrm{m}}}{\partial p}\right)_T\left(\frac{\partial T}{\partial V_{\mathrm{m}}}\right)_p=-1$

14. 利用改变偏导条件公式：

$$\left(\frac{\partial x}{\partial y}\right)_w=\left(\frac{\partial x}{\partial y}\right)_z+\left(\frac{\partial x}{\partial z}\right)_y\left(\frac{\partial z}{\partial y}\right)_w$$

导出 (1) $\left(\frac{\partial U}{\partial T}\right)_p=C_V+\left[T\left(\frac{\partial p}{\partial T}\right)_V-p\right]\left(\frac{\partial V}{\partial T}\right)_p$

(2) $\left(\frac{\partial H}{\partial T}\right)_V=C_p-\left[T\left(\frac{\partial V}{\partial T}\right)_p-V\right]\left(\frac{\partial p}{\partial T}\right)_V$

15. 1mol范德华气体经恒温可逆膨胀后摩尔体积从$V_{\mathrm{m},1}$变为$V_{\mathrm{m},2}$，求Q、W、ΔU_{m}、ΔH_{m}。若气体向真空膨胀后到达同样的终态，其Q、W、ΔU_{m}、ΔH_{m}又为若干？

16. (1) 证明$\left(\frac{\partial H}{\partial p}\right)_T=V(1-T\alpha)$，$\alpha=\frac{1}{V}\left(\frac{\partial V}{\partial T}\right)_p$为膨胀系数。

(2) 温度一定时压力对凝聚相焓的影响甚微。以水为例，25℃、$p^{\ominus}$压力下，求压力不变、温度升高0.1℃引起的焓变与温度不变压力增加多少倍引起的焓变相等？已知水的$\alpha=2.6\times10^{-4}\mathrm{K}^{-1}$，$C_{p,\mathrm{m}}=75.3\mathrm{J\cdot K^{-1}\cdot mol^{-1}}$，$V_{\mathrm{m}}=18.0\times10^{-6}\mathrm{m^3\cdot mol^{-1}}$。

17. 某气体的状态方程是$p(V_{\mathrm{m}}-b)=RT$，b为常数，试导出以下结果：

(1) $C_{p,\mathrm{m}}$、$C_{V,\mathrm{m}}$皆只是温度的函数，且$C_{p,\mathrm{m}}-C_{V,\mathrm{m}}=R$；

(2) 在绝热可逆过程中$p(V_{\mathrm{m}}-b)^{\gamma}=$常数，$\gamma=C_p/C_V$；

(3) 气体相对标准状态的焓差$H_{\mathrm{m}}-H_{\mathrm{m}}^{\ominus}=bp$。

18. 在101325Pa下，把极小的一块冰投入100g、−5℃的过冷水中，结果有一定数量的水凝结为冰，而温度变为0℃，由于结冰过程很快，过程可视为绝热的。已知冰的熔化焓为333.5$\mathrm{J\cdot g^{-1}}$，水的平均比热容为4.230$\mathrm{J\cdot K^{-1}\cdot g^{-1}}$，求析出冰的质量。

19. 在25℃，将10g萘置于含有足够量O_2(g)的容器中进行恒容燃烧，最终产物是25℃的CO_2(g)及H_2O(l)，过程中放热401.727kJ。求下列反应的标准摩尔焓变$\Delta_r H_{\mathrm{m}}^{\ominus}$(298.15K)，气体视为理想气体。

$$C_{10}H_8(s)+12O_2(g)=\!=\!=10CO_2(g)+4H_2O(l)$$

20. 根据下列热化学反应方程式，求25℃ AgCl(s)的$\Delta_f H_{\mathrm{m}}^{\ominus}$。

(1) $Ag_2O(s)+2HCl(g)=\!=\!=2AgCl(s)+H_2O(l)$

$\Delta_r H_{\mathrm{m}}^{\ominus}(298.15\mathrm{K})=-324.72\mathrm{kJ\cdot mol^{-1}}$

(2) $2Ag(s)+\frac{1}{2}O_2(g)=\!=\!=Ag_2O(s)$　　$\Delta_r H_{\mathrm{m}}^{\ominus}(298.15\mathrm{K})=-30.59\mathrm{kJ\cdot mol^{-1}}$

(3) $\frac{1}{2}H_2(g)+\frac{1}{2}Cl_2(g)=\!=\!=HCl(g)$　　$\Delta_r H_{\mathrm{m}}^{\ominus}(298.15\mathrm{K})=-92.30\mathrm{kJ\cdot mol^{-1}}$

(4) $H_2(g)+\frac{1}{2}O_2(g)=\!=\!=H_2O(l)$　　$\Delta_r H_{\mathrm{m}}^{\ominus}(298.15\mathrm{K})=-285.85\mathrm{kJ\cdot mol^{-1}}$

21. 根据下列数据计算C_3H_8(g)的$\Delta_f H_{\mathrm{m}}^{\ominus}$(298.15K)。

$\Delta_c H_m^\ominus(C_3H_8, g, 298.15K) = -2220kJ \cdot mol^{-1}$

$\Delta_f H_m^\ominus(H_2O, l, 298.15K) = -285.9kJ \cdot mol^{-1}$

$\Delta_f H_m^\ominus(CO_2, g, 298.15K) = -393.5kJ \cdot mol^{-1}$

22. 25℃丙烯腈 CH_2CHCN(l)、C（石墨）、H_2（g）的标准摩尔燃烧焓分别为 $-1760.71kJ \cdot mol^{-1}$、$-393.51kJ \cdot mol^{-1}$ 和 $-285.84kJ \cdot mol^{-1}$；HCN(g) 和 C_2H_2(g) 的标准摩尔生成焓分别为 $129.70kJ \cdot mol^{-1}$ 和 $226.73kJ \cdot mol^{-1}$；丙烯腈的标准摩尔蒸发焓 $\Delta_{vap}H_m^\ominus(298.15K) = 32.84kJ \cdot mol^{-1}$。计算下列反应的 $\Delta_r H_m^\ominus(298.15K)$。

$$HCN(g) + C_2H_2(g) = CH_2CHCN(g)$$

23. 291.15K、100kPa 下，1mol 的 $MgCl_2$(s) 及 $MgCl_2 \cdot 6H_2O$(s) 各自溶于大量水中分别放热 150.12kJ 和 123.43kJ，该温度下水的 $\Delta_{vap}H_m^\ominus = 44.28kJ \cdot mol^{-1}$，求下列反应的 $\Delta_r H_m^\ominus(291.15K)$。

$$MgCl_2 \cdot 6H_2O(s) = MgCl_2(s) + 6H_2O(g)$$

24. 计算以下反应的 $\Delta_r H_m^\ominus$（383.15K），$CH_4(g) + 2O_2(g) = CO_2(g) + 2H_2O(g)$。已知下述各物质的 $\Delta_f H_m^\ominus$（298.15K）及平均 $C_{p,m}^\ominus$。

物质	$C_{p,m}^\ominus/J \cdot K^{-1} \cdot mol^{-1}$	$\Delta_f H_m^\ominus/kJ \cdot mol^{-1}$
CH_4(g)	38.40	−76.0
CO_2(g)	38.40	−393.5
H_2O(g)	33.90	−241.5
O_2(g)	29.70	0

25. 已知反应 $CO_2(g) + C(石墨) = 2CO(g)$ 在 20℃时 $\Delta_r H_m^\ominus = 173.2kJ \cdot mol^{-1}$，并已知有关热容数据如下：

$C_{p,m}^\ominus(CO_2, g) = [28.66 + 35.7 \times 10^{-3}(T/K) - 8.54 \times 10^5 (T/K)^{-2}] J \cdot K^{-1} \cdot mol^{-1}$

$C_{p,m}^\ominus(CO, g) = [26.54 + 7.68 \times 10^{-3}(T/K) - 0.46 \times 10^5 (T/K)^{-2}] J \cdot K^{-1} \cdot mol^{-1}$

$C_{p,m}^\ominus(C, 石墨) = [17.15 + 4.27 \times 10^{-3}(T/K) - 8.79 \times 10^5 (T/K)^{-2}] J \cdot K^{-1} \cdot mol^{-1}$

求该反应 $\Delta_r H_m^\ominus = f(T)$ 的关系式。

26. 25℃ NaCl(s) 的标准摩尔生成焓为 $-411.0kJ \cdot mol^{-1}$，Na^+ 与 Cl^- 的标准摩尔生成焓分别为 $-329.66kJ \cdot mol^{-1}$ 及 $-167 \cdot 46kJ \cdot mol^{-1}$，求 25℃将 1mol NaCl(s) 溶于大量水中的焓变。

27. 计算 CO(g) 在理论量空气中燃烧时火焰能达到的最高温度。设 CO(g) 和空气的初始温度为 25℃，空气中 O_2 与 N_2 的摩尔比为 1∶4，CO(g) 25℃的标准燃烧焓为 $-283.0kJ \cdot mol^{-1}$，CO_2（g）的 $C_{p,m}^\ominus/J \cdot K^{-1} \cdot mol^{-1} = 26.65 + 42.3 \times 10^{-3}(T/K)$，$N_2$(g) 的 $C_{p,m}^\ominus/J \cdot K^{-1} \cdot mol^{-1} = 28.28 + 7.61 \times 10^{-3}(T/K)$。

28. 1mol NaCl(s) 溶于适量水中生成 12.00% 的水溶液，该过程在 20℃时吸热 3241J，在 25℃ 时吸热 2932J。已知水和 NaCl(s) 的比热容分别为 $4.181J \cdot K^{-1} \cdot g^{-1}$、$0.870J \cdot K^{-1} \cdot g^{-1}$，求该溶液的比热容。

第 2 章

热力学第二定律与热力学关系

2.1 热力学第二定律

热力学第二定律

2.1.1 热力学第二定律的表述

热力学第一定律指出能量在转化过程中严格遵守守恒的原则，但并没有指出能量转化的方向。例如温度不同的铁球相接触，两球进行热传递时，第一定律指出一个球放出的热量必等于另一个球吸收的热量，但并没有指出哪个球放热、哪个球吸热。事实上我们总是看到温度高的球放热，温度低的球吸热，其相反的过程是不可能发生的。

类似的例子还有很多，比如一石块从高处自由落下，其势能变为动能，动能在石块与地面发生撞击时变为热能被环境吸收。第一定律指出石块失去的势能与环境得到的热能严格相等，但并未指出静止在地面的石块能否从环境中吸热使之变为等量的功将石块举起。虽然这个过程并不违反第一定律，但是它也是不能发生的。

再比如在一个恒温槽中置一容器，容器内有一隔板，隔板两边一边是真空，另一边盛有一定量理想气体。若将隔板上开一个孔，气体将自动充满整个容器。第一定律指出气体初、末态的热力学能是严格相等的，但并未指出末态的气体能否通过隔板上的孔自动地从一边聚集到另一边。这样的过程并不违反第一定律，但事实上也是不可能发生的。无数事实说明能量在转化过程中不仅严格遵守总量守恒的原则，而且总是沿着一定的方向进行的。这个方向就是热力学第二定律所揭示的能量转化的方向。

热力学第二定律是人类长期生产实践与科学研究的经验总结。它是 19 世纪人们对蒸汽机的应用进行深入研究过程中发现的。1824 年法国工程师卡诺（Carnot）分析了热机工作的基本过程，设想了一部理想热机（可逆热机），即卡诺热机，此热机的循环过程称为卡诺循环。卡诺在当时的历史条件下曾经证明如下结论："所有工作于两个温度一定的热源之间的热机，以可逆机的效率为最大。"并推论出"可逆热机的效率与工作物质无关"。这就是著名的卡诺定理及其推论。卡诺定理提出的时候，热力学第一定律尚未建立，当时卡诺对这个定理的证明采用了错误的"热质说"。19 世纪中叶在热力学第一定律建立以后，人们重新研究卡诺的工作，发现尽管卡诺定理的证明是错误的，但卡诺定理是不能违背的。而证明这个定理必定有一个新的自然规律存在，这就是热力学第二定律。

热力学第二定律有许多种不同的说法，这些说法尽管字面上看各不相同，但实质上是完全等价的。其中著名的两种经典说法是：

① 克劳修斯（Clausius）说：“不能把热从低温物体传给高温物体而不引起其它变化。”

② 开尔文（Kelvin）说：“不能从单一热源吸热使之全部转变为功而不引起其它变化。”

两种说法中“不引起其它变化”的含义是除了上述变化之外其它任何变化也没有。以通常的冷机为例，在循环操作过程中冷机将低温物体的热量传给高温物体，同时环境对冷机做了功。高温物体吸收的热量数值上等于低温物体放出的热量与环境所做功的总和。假定一普通冷机经历循环过程后从低温物体吸热 1J，接受环境做功 1J，将 2J 的热传给高温物体。伴随着 1J 热从低温物体传给高温物体的同时发生的“其它变化”就是环境做了 1J 的功，高温物体多吸收 1J 的热。第二定律指出，如果没有这样的“其它变化”，冷机无代价地将 1J 热从低温物体传给高温物体是不可能的。以通常的热机为例，经过循环操作过程热机从高温热源吸热，一部分转变为功，另一部分传给低温热源。从高温热源吸收的热数值上等于传给低温热源的热及对外做功的总和。假定一普通热机经历循环过程后从高温热源吸热 2J，对外做功 1J，向低温热源传热 1J。伴随 1J 高温热源的热转变为 1J 功的同时发生的“其它变化”是另 1J 的热从高温热源传给了低温热源。第二定律指出，如果没有这样的“其它变化”，热机无代价地将 1J 高温热源的热完全变为功是不可能的。两种说法虽然不同，但实质上完全是一回事。假如克氏说法错了，必然存在违反克氏说法的冷机，它可以无代价地将热从低温热源传给高温热源。将这种冷机与前述的普通热机联合工作，当热机经历一个循环后，用冷机无代价地将 1J 热从低温热源传给高温热源。联合热机工作的总结果是从高温热源吸热 1J 并使之完全变为功而无其它变化，因此开氏说法也错了。假如开氏说法错了，必然存在违反开氏说法的热机，它可以无代价地从一个热源吸热使之完全转变为功。将这种热机与前述的普通冷机联合工作，当冷机经历一个循环后，用热机无代价地从高温物体吸热 1J 使之全部变为功，以补偿冷机消耗的功。联合冷机工作的总结果是将 1J 低温物体的热传给了高温物体而无其它变化，因此克氏说法也错了。这说明两种说法的实质是相同的。热力学第二定律还有一些其它说法，各种说法都是断言某个过程不可能实现，这些过程不能实现的根本原因都可归结为热不能无代价地变为功，或者低温热源的热不能无代价地传给高温热源，因此各种不同说法在实质上是完全相同的。能量是物质运动的物理尺度，它不仅从数量上度量物质的运动，而且还具有一定的品位或“质量”。功的品位比热高，高温热源传递的热的品位比低温热源的高。如果没有其它变化，能量的品位只可能降低，不能升高。

2.1.2 实际过程的不可逆性

在 1.1 节我们曾给可逆过程一个直观的定义——无摩擦的准静态过程。这样的过程发生后体系只须沿着与原过程相反的方向，采取与原过程同样的步骤反演，当体系回复原态时，环境必然也回复原来的状态。

可逆过程的一般定义是：体系经历一个变化过程后，若能使体系与环境同时回复原来的状态，体系原先经历的过程就是可逆过程，否则就是不可逆过程。显然“可逆”二字的含义不是体系能否回复原态，而是体系复原的同时环境是否也能复原。

考虑到体系与环境之间有功和热的传递，可将环境抽象成一个储功器及一些具有一定温度的储热器。储功器只做功不吸热，储热器只吸热不做功。体系发生一个过程后，使体系复原是可以做到的，但体系复原时储功器与各储热器能否复原与体系原先经历的过程有关。例如，石块自由落下是一个实际过程，其势能最后变成等量的热被周围物体吸收，周围物体可视为一个储热器。欲使石块复原必须通过储功器对石块做功，将其重新举起。举起过程即使没有任何摩擦，储功器损失的功也要等于石块在初态具有的势能，因此石块复原后储功器损失了功、储热器获得了等量的热。欲从储热器吸热使之无代价地完全变为功以补偿储功器的损失违反热力学第二定律，是不可能的，因此环境不可能复原。这说明原来发生的石块自由落下的过程是不可逆过程。例如理想气体恒温自由膨胀是一个实际过程。膨胀后理想气体体积增加但热力学能不变。欲使气体复原必须通过储功器做功将其压缩，同时用与气体温度相同的储热器从气体吸热。压缩过程无论如何省功，气体复原时储功器损失的功至少等于可逆压缩功，同时储热器获得等量的热。根据热力学第二定律，欲使环境复原是不可能的。这说明理想气体恒温自由膨胀是不可逆过程。例如一定量的热从热球传给冷球也是一个实际过程。欲使体系复原，热球必须从储热器吸收传出的热，冷球必须将吸收的热传给储热器。向热球传热的储热器温度再低不能低于热球温度，从冷球吸热的储热器温度再高不能高于冷球温度。因此当两球回复原态时，高温储热器传出了热，低温储热器吸收了等量的热。根据热力学第二定律，欲使环境复原是不可能的，因此热从高温物体传给低温物体的实际过程也是不可逆过程。前一个实际过程实质上是摩擦生热的过程，后两个实际过程是在非平衡条件下发生的过程。自然界中实际发生的各种过程既不可能绝对地避免摩擦，也不可能无限趋近于平衡。只要在任何一个环节出现摩擦或类似摩擦的能量耗损，只要任何一个步骤体系与环境脱离了平衡状态，过程发生之后，不论采用何种曲折、复杂的方法都不可能使体系与环境同时回复原态。因此，可逆过程必是无摩擦的准静态过程。而一切实际发生的过程都是不可逆过程，这种不可逆性的根本原因在于热力学第二定律的支配作用。

一切实际发生的过程都是不可逆的。在不可逆过程中体系与环境之间能量转化的最终结果都可归结为能量品位的降低。从不违反热力学第二定律的原则上说，不可逆过程都是可以实现的。可逆过程是不可逆性为零的过程，是实际过程的极限情况。因此判断一个变化过程的不可逆性就是判断过程的方向与限度。对于较为简单的变化过程，如前面提到的一些实例，可以直接沿用热力学第二定律的文字表述对过程的不可逆性进行判断。然而对于一些复杂的其它过程，就需要找到热力学第二定律的数学表达式，以便对不可逆性作出定量的计算。

2.2 熵

2.2.1 熵的定义

热力学第一定律的建立使人们认识了热力学能函数，借助于热力学能函数热力学第一定律可用数学表达式［式(1-23)］表示。类似地，热力学第二定律的建立使人们认识了另一个状态函数——熵，借助于熵函数，可得到热力学第二定律的数学表达式。为了给出熵的定义，首先用热力学第二定律证明卡诺定理及其推论。

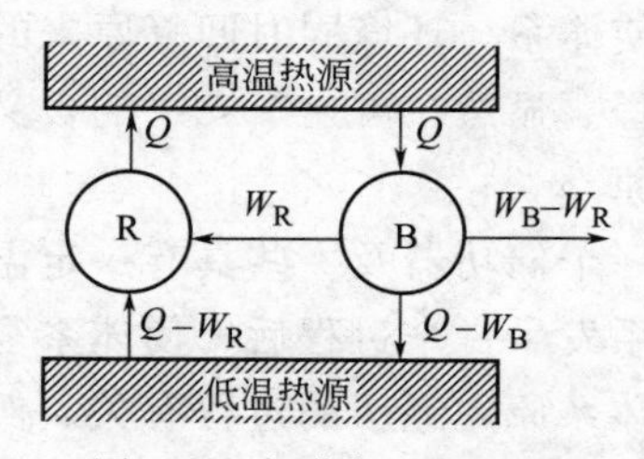

图 2-1　卡诺定理的证明

如图 2-1 所示，在高温与低温热源之间同时有 R 和 B 两部热机在工作，其中 R 是可逆机。假定经过循环过程两部热机从高温热源吸收等量的热 Q。可逆热机对外做功为 W_R，向低

温热源传热 $Q-W_R$。热机 B 对外做功为 W_B，向低温传热为 $Q-W_B$。两部热机的效率分别为

$$\eta_R=\frac{W_R}{Q} \quad \eta_B=\frac{W_B}{Q}$$

现证明 $\eta_R \geqslant \eta_B$。如果 $\eta_R<\eta_B$，则 $W_R<W_B$，可将 W_B 分为两部分，一部分为 W_R，用以带动可逆机 R 逆循环，另一部分 W_B-W_R 对外做功。经过循环过程，两部热机回复原态。高温热源向热机 B 传热 Q，从热机 R 吸热 Q，也回复原态。低温热源向热机 R 传热 $Q-W_R$，从热机 B 吸热 $Q-W_B$，净向联合热机传热 W_B-W_R。这意味着联合热机将低温热源的热 W_B-W_R 完全变为功而未引起其它变化，与第二定律的开氏说法相矛盾，因此，必有 $\eta_R \geqslant \eta_B$，即所有工作在两个温度一定的热源之间的热机，以可逆机的效率为最大。

设有 R_1 和 R_2 两个工作物质不同的可逆热机同时工作在两个温度一定的热源之间，它们的效率分别是 η_1 和 η_2。根据卡诺定理，因为 R_1 是可逆机，必有 $\eta_1 \geqslant \eta_2$；但 R_2 也是可逆机，又必有 $\eta_2 \geqslant \eta_1$。因此，必有 $\eta_2=\eta_1$。即所有工作于两个温度一定的热源之间的可逆热机，其效率相等。这样，卡诺定理及其推论在热力学第二定律的基础上皆得到证明。

根据卡诺定理及其推论，工作于两个温度一定的热源之间的所有热机中以卡诺热机的效率为最大。其效率由式(1-51) 给出。所有热机，不论是否可逆，总是从高温热源吸热对外做功，因此任何热机的效率都可以用式(1-50) 定义。由卡诺定理可得

$$\frac{T_1-T_2}{T_1} \geqslant \frac{Q_1+Q_2}{Q_1} \tag{2-1}$$

左边为可逆热机的效率，右边为热机的效率；Q_1、Q_2 分别为热机自高温热源（T_1）及低温热源（T_2）吸收的热；等号代表可逆循环，不等号代表不可逆循环。现将上式重排，即

$$\frac{Q_1}{T_1}+\frac{Q_2}{T_2} \leqslant 0 \tag{2-2}$$

“<”表示不可逆循环，“=”表示可逆循环。体系从热源吸收的热与热源温度的比值称为热温商。式(2-2) 表示可逆循环过程的热温商之和等于 0，不可逆循环过程的热温商之和小于 0。这个结论可以推广到任意的循环过程。

设体系经历了任意一个循环过程。在过程中体系从 n 个不同温度下的储热器 T_1、$T_2 \cdots T_i \cdots T_n$ 分别吸热 Q_1、$Q_2 \cdots Q_i \cdots Q_n$。现在用 n 个卡诺热机 R_1、$R_2 \cdots R_i \cdots R_n$ 在 n 个储热器与一个共同的储热器 T_0 之间进行可逆循环（如图 2-2），热机传给这些储热器的热量恰等于体系从这些储热器吸收的热量，以使这些储热器均回复原态。n 个卡诺热机经循环过程后从储热器 T_0 吸收的热分别为 Q_{10}、$Q_{20} \cdots Q_{i0} \cdots Q_{n0}$。这样，当体系完成循环过程后，体系、

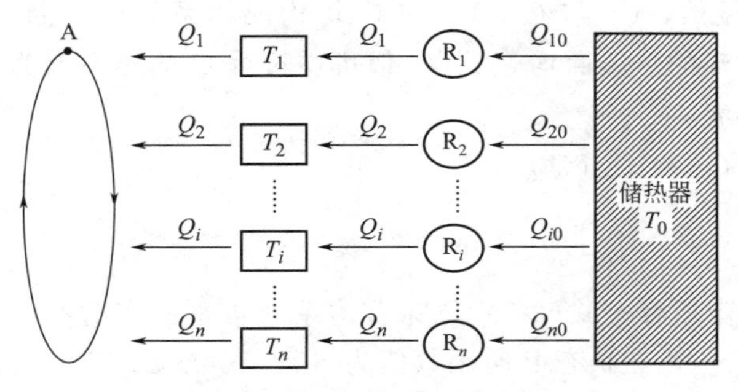

图 2-2　循环过程的热温商

n 个储热器及 n 个卡诺热机都回复原态，共同储热器 T_0 损失的总热量等于全部卡诺热机从储热器 T_0 吸热的总和，即 $\sum_{i=1}^{n} Q_{i0}$。由式(2-2) 知

$$\frac{Q_{i0}}{T_0} - \frac{Q_i}{T_i} = 0 \qquad (i=1\cdots n)$$

注意上式中 $-Q_i$ 是卡诺热机吸收的热。将上式对 n 个卡诺热机求和，即

$$\frac{1}{T_0}\sum_{i=1}^{n} Q_{i0} = \sum_{i=1}^{n} \frac{Q_i}{T_i}$$

假定共同储热器 T_0 损失的总热量为正，根据第一定律，这些热必定在体系及 n 个卡诺热机的循环过程中变为等量的功被环境中的储功器吸收，这个结果与第二定律的开氏说法相矛盾，因此上式右边不可能为正。即

$$\sum_{i=1}^{n} \frac{Q_i}{T_i} \leqslant 0 \tag{2-3a}$$

对于连续的变化过程，上式可用积分表示，即

$$\oint \frac{\delta Q}{T_{环}} \leqslant 0 \tag{2-3b}$$

式中，$\delta Q/T_{环}$ 为循环过程中一个微小步骤的热温商，δQ 为体系自环境吸收的热，$T_{环}$ 为环境温度。

关于式(2-3) 中的不等号可讨论如下。式(2-3) 表示任何循环过程的热温商恒不为正。若体系经历可逆循环，其直接逆循环必也是可逆循环，由于反向可逆循环中的每一步都是正向可逆循环过程的反演，反向可逆循环的热温商必等于正向可逆循环的热温商的负值。既然正、反可逆循环的热温商都不为正，也就都不能为负，所以可逆循环过程的热温商必等于0。若体系经历不可逆循环，假定循环过程热温商为 0，这意味着体系复原的同时，共同储热器 T_0 损失的热量为 0，储功器获得的功也为 0，因此环境也回复了原态，这与不可逆循环过程的定义相矛盾。因此，不可逆循环过程的热温商必小于 0。即式(2-3) 中等号代表可逆过程，小于号代表不可逆过程。

对于任意可逆循环过程，由式(2-3b) 知

$$\oint \frac{\delta Q_R}{T} = 0 \tag{2-4}$$

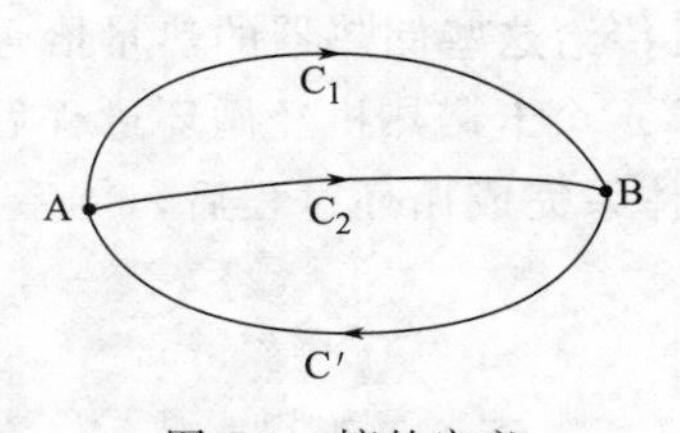

图 2-3 熵的定义

下标 R 表示可逆过程，在可逆过程中环境温度等于体系温度，因此式(2-3b) 中 $T_{环}$ 可用 T 代替。假设 C_1、C_2 是从状态 A 到状态 B 的任意两个可逆过程，C'是从 B 返回 A 的可逆过程(图 2-3)。显然，C_1 与 C'，C_2 与 C'均构成体系的可逆循环。两个可逆循环的热温商均等于 0，但可逆过程 C'的热温商为定值，因此必有

$$\underset{(C_1)}{\int_A^B \frac{\delta Q_R}{T}} = \underset{(C_2)}{\int_A^B \frac{\delta Q_R}{T}} \tag{2-5}$$

即从 A 到 B 任何两个可逆过程的热温商皆相等。式(2-5) 意味着体系处于平衡态时有一个状态函数 S 存在，在状态 A 时函数值为 S_A，在状态 B 时函数值为 S_B，S_B 与 S_A 之差可用体系从 A 到 B 的任何一个可逆过程的热温商来度量，这个状态函数就是熵函数。因此熵的

定义是

$$\Delta S = S_B - S_A = \int_A^B \frac{\delta Q_R}{T} \tag{2-6a}$$

或表示成微分的形式，即

$$dS = \frac{\delta Q_R}{T} \tag{2-6b}$$

dS 表示微小的熵变化。因热温商与体系所含物质的数量有关，因此熵是体系的广度性质，SI 单位是 $J \cdot K^{-1}$。

假定图 2-3 中 C_1 是可逆过程，C_2 是任何过程（可逆或不可逆）。由式(2-3) 知由 C_1 与 C' 构成的循环过程的热温商恒不小于 C_2 与 C' 构成的循环过程的热温商，因此过程 C_1 的热温商恒不小于过程 C_2 的热温商。过程 C_1 的热温熵即状态 A 至状态 B 的 ΔS，所以

$$\Delta S \geqslant \int_A^B \frac{\delta Q}{T_{环}} \quad 或 \quad dS \geqslant \frac{\delta Q}{T_{环}} \tag{2-7}$$

式(2-7) 表示任何过程的热温商不大于体系的熵变，“＞”代表不可逆过程，“＝”代表可逆过程。此式称为克劳修斯（Clausius）不等式。因为 S 是状态函数，只要体系初、末态的状态参量确定，ΔS 就有确定值。而热温商则与体系经历的具体过程有关，通过二者的比较即可判断具体变化过程的不可逆性。如果过程的热温商小于熵变，说明过程是不可逆过程，过程进行中必然造成能量品位的降低，因此是可以实现的过程。而且热温商比熵变小得越多，不可逆性越大，过程进行中能量品位降低越多。如果过程的热温商等于熵变，说明过程是可逆过程，是在无摩擦的准静态条件下发生的，因此体系与环境已达到平衡。如果过程的热温商大于熵变，说明该过程违反热力学第二定律，是不能实现的过程。这样，定量地计算一个变化过程的不可逆性，从而对变化过程的方向及限度做出判断原则上可通过克劳修斯不等式得到解决。因此式(2-7) 被称为热力学第二定律的数学表达式。

一切实际的变化过程都是不可逆的，这是热力学第二定律的通俗说法。物理化学中人们习惯将不需要环境对体系做功体系就能发生的过程称为“自发过程”，而将需要环境对体系做功体系才能发生的过程称为“非自发过程”。无论自发过程或非自发过程，实际进行时都必定是不可逆过程，必定引起能量品位的降低。

由克劳修斯不等式尚可得到如下推论：

① 对于绝热体系，由于 $\delta Q = 0$，所以

$$\Delta S_{绝热} \geqslant 0 \quad 或 \quad dS_{绝热} \geqslant 0 \tag{2-8}$$

② 对于孤立体系，其必然绝热，因此

$$\Delta S_{孤立} \geqslant 0 \quad 或 \quad dS_{孤立} \geqslant 0 \tag{2-9}$$

③ 一般情况下，体系不是孤立的。但将体系与环境合在一起可看成一个孤立体系，因此

$$\Delta S + \Delta S_{环境} \geqslant 0 \tag{2-10}$$

以上推论说明对于绝热体系或者孤立体系而言，无论经历任何变化过程，体系的熵只会增加，或者不变，决不减少，这个结论称为熵增加原理。熵增加原理是热力学第二定律的又一种说法。以上三式亦可作为热力学第二定律的数学表达式。其中“＝”表示可逆过程，“＞”表示不可逆过程。

2.2.2 熵变的计算

熵是状态函数，计算熵变只须明确体系的初态与末态，然后设计任何一个从初态至末态的可逆过程计算其热温商即可。以下给出一些体系熵变的计算结果，它们可以作为公式采用，与体系经由什么过程从初态至末态无关。

2.2.2.1 均匀体系变温过程的熵变

设均匀体系 V 不变时 T 从 T_1 变为 T_2。为计算 ΔS，假定体系在恒容过程中逐次与无限多个热源进行热传递。倘若 $T_2>T_1$，传热时使每个热源的温度比体系高无限小；反之，若 $T_2<T_1$，使每个热源的温度比体系低无限小，以使体系温度逐渐从 T_1 变为 T_2。热传递是在无限接近热平衡的条件下进行的，故为可逆传热过程。过程中体系吸收的微热 $\delta Q_R=C_V\mathrm{d}T$，且 $T=T_{环}$，由式(2-6a) 可得均匀体系恒容变温时的熵变为

$$\Delta S=\int_{T_1}^{T_2}\frac{C_V}{T}\mathrm{d}T \tag{2-11}$$

同理，可得均匀体系恒压变温时的熵变为

$$\Delta S=\int_{T_1}^{T_2}\frac{C_p}{T}\mathrm{d}T \tag{2-12}$$

2.2.2.2 大热源的熵变

有时体系因热容很大、吸热很少，以致吸热后温度不变，这种体系可称为大热源。通常周围环境是大热源。但大热源未必一定是大的物体，如将一金属小球在火上加热一瞬间，只要吸热后温度未变，小球就是大热源。大热源吸热后的熵变等于外界以可逆方式向大热源传递同样多热量过程的热温商，这时外界的温度必等于大热源的温度。因此大热源吸热过程的熵变等于所吸之热与大热源温度之比。即

$$\Delta S=\frac{Q}{T} \tag{2-13}$$

对通常的环境而言

$$\Delta S_{环}=\frac{Q_{环}}{T_{环}} \tag{2-14}$$

【例 2-1】 将一个 100℃的金属球投入 25℃的恒温槽，平衡时恒温槽温度未变。已知金属球的热容 $C_p=100\mathrm{J\cdot K^{-1}}$，求 $\Delta S_{球}$、$\Delta S_{槽}$，并判断过程的性质。

解 金属球为恒压变温过程，由式(2-12)

$$\Delta S_{球}=\int_{T_1}^{T_2}\frac{C_p}{T}\mathrm{d}T=C_p\ln\frac{T_2}{T_1}=\left(100\times\ln\frac{298.15}{373.15}\right)\mathrm{J\cdot K^{-1}}=-22.4\mathrm{J\cdot K^{-1}}$$

恒温槽为大热源，由式(2-13)

$$\Delta S_{槽}=\frac{Q_{槽}}{T_2}=-\frac{Q_{球}}{T_2}=-\frac{C_p(T_2-T_1)}{T_2}=\left(-100\times\frac{298.15-373.15}{298.15}\right)\mathrm{J\cdot K^{-1}}=25.2\mathrm{J\cdot K^{-1}}$$

因为 $\Delta S_{绝热}=\Delta S_{球}+\Delta S_{槽}=(25.2-22.4)\mathrm{J\cdot K^{-1}}=2.8\mathrm{J\cdot K^{-1}}>0$

所以该过程为不可逆过程。

式(2-7) 中的 $T_{环}$是环境温度，即环境中与体系间传热的储热器的温度。因为 δQ 是无

限小量，储热器传热后温度不变，是个大热源，其熵变 $dS_{环}=\delta Q_{环}/T_{环}=-\delta Q/T_{环}$，式(2-7) 即 $dS+dS_{环}\geqslant 0$。如果环境只包括储热器不包括储功器，体系＋环境就是一个绝热体系；如果环境既包括储热器也包括储功器，体系＋环境就是一个孤立体系。所以克劳修斯不等式与熵增加原理实质上是一回事。

2.2.2.3 理想气体的熵变

设一定量理想气体以 T、V 为状态参量，当状态变化时可设计以下可逆过程从初态 (T_1、V_1) 到末态 (T_2、V_2)

初态T_1, V_1 —(1)恒容可逆变温，ΔS_1→ 状态T_2, V_1 —(2)恒温可逆膨胀，ΔS_2→ 末态T_2, V_2

$$\Delta S=\Delta S_1+\Delta S_2$$

由式(2-11) 知

$$\Delta S_1=\int_{T_1}^{T_2}\frac{C_V}{T}dT$$

恒温可逆膨胀过程中 $\Delta U_2=0$，于是

$$Q_R=W_R=\int_{V_1}^{V_2}p\,dV=nRT_2\ln\frac{V_2}{V_1}$$

$$\Delta S_2=\frac{Q_R}{T_2}=nR\ln\frac{V_2}{V_1}$$

所以

$$\Delta S=\int_{T_1}^{T_2}\frac{C_V}{T}dT+nR\ln\frac{V_2}{V_1} \tag{2-15}$$

类似地，当以 T、p 为状态参量时，可得到理想气体熵变的计算公式为

$$\Delta S=\int_{T_1}^{T_2}\frac{C_p}{T}dT-nR\ln\frac{p_2}{p_1} \tag{2-16}$$

2.2.2.4 理想气体混合过程的熵变

如图 2-4 所示，设 A、B 两种理想气体混合前具有相同的温度与压力，中间隔板由 aa' 与 bb' 两个半透膜组成。左边半透膜 aa' 只许气体 A 通过不许气体 B 通过，右边半透膜 bb' 只许气体 B 通过不许气体 A 通过。维持体系温度不变，使 aa'、bb' 可逆地分别向左、右两边移动。因气体 B 可透过 bb'，作用于 bb' 左边的压力只是气体 A 的，因气体 A 可透过 aa'，作用于 aa' 右边的压力只是气体 B 的。因此移动过程就是 A、B 两种气体分别进行的恒温可逆膨胀过程，直至 bb' 与 GH 重合，aa' 与 EF 重合，移动结束，两种气体完成了混合过程。由式(2-15) 知体系的熵变为

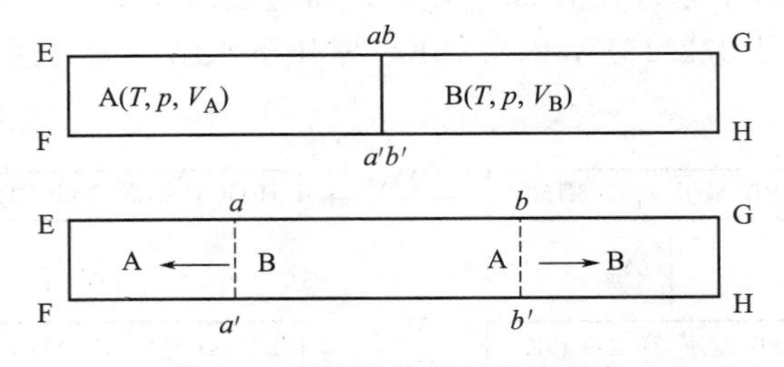

图 2-4 理想气体恒温恒压混合

$$\Delta S=\Delta S_A+\Delta S_B=n_A R\ln\frac{V_A+V_B}{V_A}+n_B R\ln\frac{V_A+V_B}{V_B}$$

即

$$\Delta S=-R(n_A\ln x_A+n_B\ln x_B)$$

式中，x_A、x_B 分别为 A、B 在混合气体中的摩尔分数。对于多种理想气体恒温恒压下的混合，上式可推广为

$$\Delta S=-R\sum_i n_i\ln x_i \tag{2-17}$$

【例 2-2】 设若干种理想气体在一定温度下混合，混合前每种气体的体积与混合后所得混合气体的体积都相同，导出混合熵的计算公式。

解 设计如下恒温混合过程：先将各种气体恒温压缩，使其压力皆与混合气体压力相同，再进行恒温恒压混合。气体被压缩后的体积等于气体在混合气体中的分体积，如图所示，其中 $n=n_1+n_2+\cdots$；$V_1=x_1V$，$V_2=x_2V$，$\cdots$；$V=V_1+V_2+\cdots$；x_1、$x_2\cdots$为各气体的摩尔分数。由式(2-15) 及式(2-17) 则

$n_1\ T\ V$ + $n_2\ T\ V$ + …… $\xrightarrow{\Delta S}$ $n\ T\ V\ p$

$\downarrow \Delta S_1$　　$\downarrow \Delta S_2$　　$\uparrow \Delta S_p$

$n_1\ T\ V_1\ p$ + $n_2\ T\ V_2\ p$ + ……

$$\begin{aligned}\Delta S&=(\Delta S_1+\Delta S_2+\cdots)+\Delta S_p\\&=n_1R\ln x_1+n_2R\ln x_2+\cdots-R(n_1\ln x_1+n_2\ln x_2+\cdots)\\&=0\end{aligned}$$

上式表示如果混合前各种理想气体的温度和体积皆与混合气体的温度和体积相同，则混合过程的熵变等于 0。这个结论称为恒温恒容混合定理。

2.2.2.5 相变熵

若无其它功，物质发生可逆相变时，$Q_R=\Delta H$（即相变焓），因此

$$\Delta S=\frac{\Delta H}{T}\quad 或者\quad \Delta S_m=\frac{\Delta H_m}{T} \tag{2-18}$$

式中，T 为相变温度。对于不可逆相变，因为 ΔH 是状态函数的增量，只要体系初、末态能达成相平衡，不可逆的原因是相变时体系与环境间传热及做功的不可逆引起的，上式仍可适用，否则不能适用。其 ΔS 需要设计一个包括可逆相变的过程来计算。

【例 2-3】 已知正常冰点时水的摩尔熔化焓 $\Delta_{fus}H_m=6.01\text{kJ}\cdot\text{mol}^{-1}$，在 263.15～273.15K 间 $C_{p,m}(H_2O,l)=75.30\text{J}\cdot\text{K}^{-1}\cdot\text{mol}^{-1}$，$C_{p,m}(H_2O,s)=37.60\text{J}\cdot\text{K}^{-1}\cdot\text{mol}^{-1}$，计算在 263.15K、常压下水结冰过程的 ΔS_m，并判断过程的性质。

解 水的正常冰点是 273.15K，273.15K、常压下水结冰为可逆相变，因此可设计如下过程

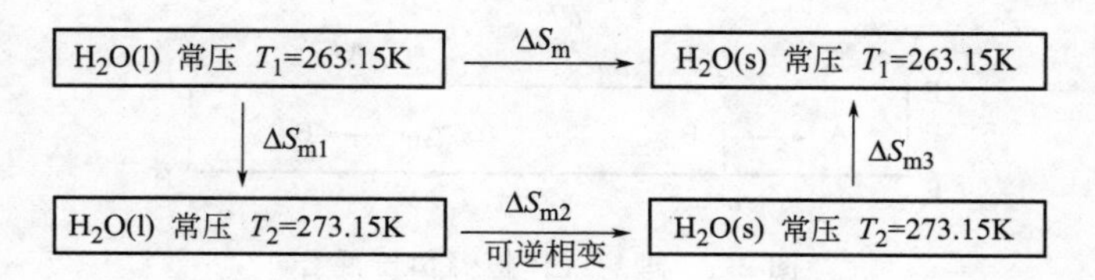

因为 $$\Delta S_{m2}=-\Delta_{fus}H_m/T_2$$

$$\Delta S_{m1}+\Delta S_{m3}=\int_{T_1}^{T_2}[C_{p,m}(H_2O,l)-C_{p,m}(H_2O,s)]T^{-1}dT$$
$$=[C_{p,m}(H_2O,l)-C_{p,m}(H_2O,s)]\ln(T_2/T_1)$$

所以 $$\Delta S_m=\Delta S_{m1}+\Delta S_{m2}+\Delta S_{m3}$$
$$=[(75.30-37.60)\ln(273.15/263.15)-(6.01\times10^3/273.15)]J\cdot K^{-1}\cdot mol^{-1}$$
$$=-20.60J\cdot K^{-1}\cdot mol^{-1}$$

由基尔霍夫公式

$$\Delta_{fus}H_m(263.15K)=\Delta_{fus}H_m(273.15K)+\int_{273.15K}^{263.15K}[C_{p,m}(H_2O,l)-C_{p,m}(H_2O,s)]dT$$
$$=[6.01\times10^3+(75.30-37.60)(263.15-273.15)]J\cdot mol^{-1}$$
$$=5633J\cdot mol^{-1}$$

以 1mol 水凝固为基准

$$\Delta S_{环}=Q_{环}/T_{环}=-Q/T_1=n\Delta_{fus}H_m(263.15K)/T_1$$
$$=(1\times5633/263.15)J\cdot K^{-1}=21.41J\cdot K^{-1}$$

故 $\Delta S_{孤立}=\Delta S_{环}+\Delta S=[21.41+1\times(-20.60)]J\cdot K^{-1}=0.81J\cdot K^{-1}>0$

即水在过冷条件下凝固是不可逆过程。

2.2.3 熵的统计意义

热力学第一定律指出孤立体系的能量是一个常量。热力学第二定律指出孤立体系的熵只会增加，或者不变，决不减少。熵是体系的状态函数，孤立体系中若发生了不可逆变化，尽管体系的总能量守恒，但其状态却回复不到原来的状态了。原因在于能量的品位降低了。功比热的品位高，从微观上看热是分子混乱运动的表现，而功则是分子有序运动的表现。功变为热是有序运动转化为无序运动的过程，该过程可以自发地进行，反之无序运动却不会自发地变为有序的运动。我们可以用一个常见的打台球的游戏来说明这个问题。假设台球盘中有许多小球，球与球及球与壁之间均属完全弹性碰撞，球与球之间无摩擦。设想我们用力打出一颗大球，在碰撞中大球将引起小球的混乱运动。虽然全部球的总动能与大球被打出时的动能相等，但所有小球在混乱的碰撞中刚好处于静止而将大球重新打出去的可能性几乎是不存在的。而且小球越多，这种可能性越小。一个宏观的热力学体系包含有 10^{20} 个以上大数目的分子，在这种条件下热力学第二定律的可靠性是不容怀疑的。一切不可逆过程都是从有序的运动向无序的运动转变，这就是热力学第二定律所阐明的不可逆过程的本质。

孤立体系在不可逆变化过程中有序程度不断减小，混乱度不断增大与其熵值的不断增加呈现同步的变化规律。熵是体系的宏观性质，混乱度反映了组成体系的微观粒子的运动状态，二者之间一定存在着某种必然的联系。统计热力学（第 6 章）证明熵与体系混乱度的关系满足以下玻尔兹曼（Boltzmann）关系式：

$$S=k\ln\Omega \tag{2-19}$$

式中，$k=1.38\times10^{-23}J\cdot K^{-1}$，称为玻尔兹曼常数；$\Omega$ 是体系的混乱度，亦称热力学概率，是与一定宏观状态相对应的体系的总微观状态数。

2.3 赫姆霍兹函数和吉布斯函数降低原理

耗散结构大意

赫姆霍兹（Helmholtz）函数（F）和吉布斯（Gibbs）函数（G）都是体系的广度性质，具有能量的量纲。赫姆霍兹函数亦称赫姆霍兹自由能，自由能；吉布斯函数亦称吉布斯自由能，自由焓。它们的定义是

$$F=U-TS \tag{2-20}$$

$$G=U-TS+pV=H-TS=F+pV \tag{2-21}$$

引入这两个状态函数，可使克劳修斯不等式在恒温恒容及恒温恒压过程中的形式变得更加简单。

在恒温过程中，$T=T_{环}$，克劳修斯不等式为 $\mathrm{d}S \geqslant \delta Q/T$，由第一定律 $\delta Q=\mathrm{d}U+\delta W$，代入后得

$$T\mathrm{d}S-\mathrm{d}U \geqslant \delta W$$

根据定义式(2-20)，在恒温过程中 $\mathrm{d}F_T=\mathrm{d}U-T\mathrm{d}S$，故

$$-\mathrm{d}F_T \geqslant \delta W \quad 或 \quad -\Delta F_T \geqslant W \tag{2-22}$$

上式表示在恒温过程中一关闭体系赫姆霍兹函数的减少值不小于对外所做的功，在可逆过程中等于体系对外所做的功，这个功称为最大功。这个结论称为最大功原理。

在恒温恒容过程中，体系不做体积功，$W=W'$，W'是体积功之外的其它功，如表面功、电功等。因此

$$-\mathrm{d}F_{T,V} \geqslant \delta W' \quad 或 \quad -\Delta F_{T,V} \geqslant W' \tag{2-23}$$

如果恒温恒容过程中体系不做其它功，即 $W'=0$，于是有

$$\mathrm{d}F_{T,V,W'=0} \leqslant 0 \quad 或 \quad \Delta F_{T,V,W'=0} \leqslant 0 \tag{2-24}$$

上式表示在恒温恒容且无其它功的过程中，一关闭体系的赫姆霍兹函数只能减少，或者不变，决不增加。这个结论称为赫姆霍兹函数降低原理。

在恒温恒压过程中，根据式(2-21)，$\mathrm{d}G_{T,p}=\mathrm{d}F_T+p\mathrm{d}V$，$p\mathrm{d}V$ 是体系对外所做的体积功，由式(2-22) 知 $-\mathrm{d}F_T \geqslant \delta W=p\mathrm{d}V+\delta W'$，二者联立，可得到

$$-\mathrm{d}G_{T,p} \geqslant \delta W' \quad 或 \quad -\Delta G_{T,p} \geqslant W' \tag{2-25}$$

如果在恒温恒压过程中体系不做其它功，即 $W'=0$，则

$$\mathrm{d}G_{T,p,W'=0} \leqslant 0 \quad 或 \quad \Delta G_{T,p,W'=0} \leqslant 0 \tag{2-26}$$

上式表示在恒温恒压且无其它功的过程中，一关闭体系的吉布斯函数只能减少，或者不变，决不增加。这个结论称为吉布斯函数降低原理。

一般的化学变化、相变化是在恒温恒容或恒温恒压的条件下发生的，在此条件下利用以上各不等式判断化学变化、相变化的方向和限度时，只须计算体系热力学函数的变化，因而比克劳修斯不等式更为方便。这些不等式中的不等号表示不可逆过程，是可以实现的过程；等号表示可逆过程，意味着体系处于平衡状态。

2.4 热力学关系

迄今为止，我们已引出U、H、S、F、G五个状态函数，连同可直接通过实验测定的p、V、T以及C_p，它们都是体系的宏观性质，这些性质之间的相互关系称为热力学关系。热力学关系包括以下内容。

2.4.1 关闭体系的基本方程

设一关闭体系不做其它功，且体系具有均匀的温度和压力，当体系经历一个微小的可逆过程时，由热力学第一定律，$dU=\delta Q-\delta W$；由热力学第二定律，$\delta Q=TdS$；因体系不做其它功，$\delta W=p dV$；所以

$$dU=TdS-pdV \tag{2-27}$$

另由H、F、G的定义：$dH=dU+pdV+Vdp$，$dF=dU-TdS-SdT$，$dG=dU+pdV+Vdp-TdS-SdT$，将式(2-27)代入后可得到另外三式：

$$dH=TdS+Vdp \tag{2-28}$$

$$dF=-SdT-pdV \tag{2-29}$$

$$dG=-SdT+Vdp \tag{2-30}$$

以上四式称为关闭体系的基本方程，适用于无其它功且内部达成平衡的关闭体系。该方程虽自可逆过程导出，但并不依赖可逆过程。如果体系进行的过程是不可逆的，只要关闭体系内部没有不可逆变化，不可逆的原因只能是环境与体系间传热和做功的不可逆引起的。这时，只需改变环境与体系之间传热和做功的方式，使$T_{环}=T$，$p_{环}=p$，就能使体系可逆地从初态变为终态。由于方程中涉及的都是体系状态函数的增量，因此基本方程仍然成立。

对于均匀体系而言，体系既无其它功，内部又无不可逆变化，因此关闭体系基本方程可用于均匀体系的任何过程。对于内部有相变化、化学变化的关闭体系而言，如果没有其它功，且内部已达相平衡、化学平衡，基本方程仍可适用。如果体系内部发生不可逆的相变化、化学变化，这时关闭体系的基本方程不能适用。例如，常压下100℃的液体水向真空蒸发变为常压下100℃的水蒸气，虽是不可逆过程，但初、终态可成相平衡，通过改变环境的温度与压力就能使水从初态可逆地变为终态，基本方程仍可适用。又如，恒温恒压下两种气体的混合，常压、−10℃条件下液体水结冰；都是不可逆过程，不可逆的原因是体系内部发生了不可逆的相变化，这时基本方程不能适用。

2.4.2 特征偏导数与麦克斯韦关系式

热力学关系

2.4.2.1 特征偏导数

对于均匀体系而言，体系的状态函数皆为双变量函数。但是当选取不同的状态参量时，状态函数对自变量的偏导数未必恰好等于体系的另一个状态函数。关闭体系的基本方程表明：U是S、V的特征函数，H是S、p的特征函数，F是T、V的特征函数，G是T、p

的特征函数。特征函数对特征自变量的偏导数恰好等于一个基本热力学函数，即有如下八个特征偏导数：

$$\left(\frac{\partial U}{\partial S}\right)_V=\left(\frac{\partial H}{\partial S}\right)_p=T \tag{2-31}$$

$$\left(\frac{\partial F}{\partial T}\right)_V=\left(\frac{\partial G}{\partial T}\right)_p=-S \tag{2-32}$$

$$\left(\frac{\partial U}{\partial V}\right)_S=\left(\frac{\partial F}{\partial V}\right)_T=-p \tag{2-33}$$

$$\left(\frac{\partial H}{\partial p}\right)_S=\left(\frac{\partial G}{\partial p}\right)_T=V \tag{2-34}$$

由式(2-32) 可以进一步导出

$$\left[\frac{\partial(G/T)}{\partial T}\right]_p=-\frac{H}{T^2} \tag{2-35}$$

$$\left[\frac{\partial(F/T)}{\partial T}\right]_V=-\frac{U}{T^2} \tag{2-36}$$

以上两式称为吉布斯-赫姆霍兹方程式，表示温度变化对吉布斯函数及赫姆霍兹函数的影响。

2.4.2.2 麦克斯韦（Maxwell）关系式

根据式(1-3)，均匀体系的特征函数对两个特征自变量的混合偏导数与求导次序无关。因 U 是 S、V 的特征函数，所以

$$\frac{\partial^2 U}{\partial V\partial S}=\frac{\partial^2 U}{\partial S\partial V}$$

将式(2-31) 及式(2-33) 代入，得

$$\left(\frac{\partial T}{\partial V}\right)_S=-\left(\frac{\partial p}{\partial S}\right)_V$$

上式称为麦克斯韦关系式。利用雅各比（Jacobi）函数行列式可将上式进一步简化，这里只引用其中两个数学公式。设 x、y、z 皆为均匀体系的性质，则有

$$\left(\frac{\partial x}{\partial y}\right)_z=\frac{\partial(x,z)}{\partial(y,z)} \tag{2-37}$$

与

$$\partial(x,y)=-\partial(y,x) \tag{2-38}$$

根据这两个数学公式，有

$$\left(\frac{\partial T}{\partial V}\right)_S=\frac{\partial(T,S)}{\partial(V,S)} \quad 及 \quad -\left(\frac{\partial p}{\partial S}\right)_V=-\frac{\partial(p,V)}{\partial(S,V)}=\frac{\partial(p,V)}{\partial(V,S)}$$

比较以上两式右边，得到

$$\partial(T,S)=\partial(p,V) \tag{2-39}$$

式(2-39) 是麦克斯韦关系式的简明形式(参阅附录Ⅰ)。运用式(2-39) 可将热力学偏导数中的 $\partial(T,S)$ 与 $\partial(p,V)$ 互换，从而得到新的偏导数。例如

$$\left(\frac{\partial T}{\partial p}\right)_S=\frac{\partial(T,S)}{\partial(p,S)}=\frac{\partial(p,V)}{\partial(p,S)}=\left(\frac{\partial V}{\partial S}\right)_p$$

$$\left(\frac{\partial S}{\partial V}\right)_T=\frac{\partial(S,T)}{\partial(V,T)}=\frac{\partial(V,p)}{\partial(V,T)}=\left(\frac{\partial p}{\partial T}\right)_V$$

$$\left(\frac{\partial S}{\partial p}\right)_T=\frac{\partial(S,T)}{\partial(p,T)}=\frac{\partial(V,p)}{\partial(p,T)}=-\frac{\partial(V,p)}{\partial(T,p)}=-\left(\frac{\partial V}{\partial T}\right)_p$$

以上各式表示的结果也称为麦克斯韦关系式，显然，式(2-39) 可作为各种麦克斯韦关系式的概括。

2.4.2.3 C_V 与 C_p 的表示式

式(1-29) 与式(1-30) 将 C_V、C_p 分别表示为 U、H 对 T 的偏导数，根据关闭体系的基本方程，恒容时 $dU=TdS$，恒压时 $dH=TdS$，所以

$$C_V=\left(\frac{\partial U}{\partial T}\right)_V=T\left(\frac{\partial S}{\partial T}\right)_V \tag{2-40}$$

$$C_p=\left(\frac{\partial H}{\partial T}\right)_p=T\left(\frac{\partial S}{\partial T}\right)_p \tag{2-41}$$

因此，只要有热容的数据，就能计算 U、H、S 随 T 的变化。

根据以上热力学关系，均匀体系热力学函数的偏导数都可表示为 p、V、T 及 C_p 的函数。在推导过程中采用数学公式(1-37)、式(1-38)、式(2-37) 和式(2-38) 可使运算得到简化。

【例 2-4】 将 $\left(\frac{\partial U}{\partial V}\right)_T$、$\left(\frac{\partial H}{\partial p}\right)_T$ 表示为 p、V、T 的函数。

解 因为 $dU=TdS-pdV$，T 不变时两边同除以 dV，即

$$\left(\frac{\partial U}{\partial V}\right)_T=T\left(\frac{\partial S}{\partial V}\right)_T-p=T\left(\frac{\partial p}{\partial T}\right)_V-p$$

第二步利用了麦克斯韦关系式。上式即式(1-35)。同样方法由 $dH=TdS+Vdp$ 可以导出

$$\left(\frac{\partial H}{\partial p}\right)_T=V-T\left(\frac{\partial V}{\partial T}\right)_p$$

此即式(1-36)。

【例 2-5】 将 $\left(\frac{\partial V}{\partial T}\right)_S$ 表示为 p、V、T 及 C_p 的函数。

解 $\left(\frac{\partial V}{\partial T}\right)_S=\left(\frac{\partial V}{\partial T}\right)_p+\left(\frac{\partial V}{\partial p}\right)_T\left(\frac{\partial p}{\partial T}\right)_S=\left(\frac{\partial V}{\partial T}\right)_p+\frac{\partial(V,T)\partial(p,S)}{\partial(p,T)\partial(p,V)}=\left(\frac{\partial V}{\partial T}\right)_p-\frac{C_p}{T}\left(\frac{\partial T}{\partial p}\right)_V$

第一步利用公式(1-38) 引入 p，目的是利用 C_p 的表示式消去 S。第二步利用了麦克斯韦关系式，第三步利用了 C_p 的表示式。

2.4.3 ΔG 的计算

大多数化学变化、相变化是在恒温恒压下发生的，应用吉布斯函数降低原理判断过程的性质是常用的方法，以下介绍几种计算 ΔG 的方法。

2.4.3.1 均匀体系恒温过程 ΔG 的计算

由关闭体系基本方程：$dG=-SdT+Vdp$，在恒温时，$dT=0$，所以

$$dG=Vdp \tag{2-42}$$

积分后为

$$\Delta G=\int_{p_1}^{p_2} Vdp \tag{2-43}$$

对于理想气体，$V=nRT/p$，代入上式，得

$$\Delta G=nRT\ln\frac{p_2}{p_1} \tag{2-44}$$

对于液体和固体，式(2-43) 中 V 随 p 的变化甚微，可视为常数从积分号中提出，即

$$\Delta G=V(p_2-p_1) \tag{2-45}$$

2.4.3.2 理想气体混合过程 ΔG 的计算

若干种理想气体在恒温恒压条件下混合，$\Delta H=0$。由式(2-17) 知 $\Delta S=-R\sum_i n_i\ln x_i$，在恒温过程中 $\Delta G=\Delta H-T\Delta S$，所以

$$\Delta G=RT\sum_i n_i\ln x_i \tag{2-46}$$

2.4.3.3 相变过程 ΔG 的计算

若无其它功，对于恒温恒压下的可逆相变，由吉布斯函数降低原理知

$$\Delta G=0 \tag{2-47}$$

使用上式时应当注意，由于 G 是状态函数，只要初、末态在一定温度、压力下可达成相平衡，即使相变过程中体系与环境之间做功及传热的方式不可逆，式(2-47) 仍成立。但对于非平衡条件下的相变，则要设计包括可逆相变在内的过程计算 ΔG。

【例 2-6】 水从 100℃、101.325kPa 的初态经过恒温向真空蒸发变为 100℃、101.325kPa 的水蒸气，求过程的 ΔG_m，并判断过程性质。

解 该过程的初、末态可以达成相平衡，所以 $\Delta G_m=0$。由于该过程恒温，但不恒压，因此不能应用吉布斯函数降低原理判断过程的性质，但可应用最大功原理进行判断。

$$\Delta F_m=\Delta G_m-p\Delta V_m=0-p[V_m(H_2O,g)-V_m(H_2O,l)]$$

由于水蒸气的摩尔体积比液体水大，$\Delta F_m<0$，但该过程不做功，$W=0$，所以 $-\Delta F_m>W$。由最大功原理知，该过程为不可逆过程。

【例 2-7】 1mol 298K、101.3kPa 的过冷水蒸气经恒温恒压过程变为 298K、101.3kPa 的液态水。已知该温度下水的饱和蒸气压为 3.168kPa，液体水的摩尔体积为 $18.0\times10^{-6}m^3\cdot mol^{-1}$，水蒸气可视为理想气体。求相变过程的 ΔG，并判断过程性质。

解 饱和蒸气压是指定温度下气液两相直接接触且达成相平衡的压力，即在 298K、3.168kPa 下水的气液两相成相平衡。令 $p_1=101.3kPa$，$p_2=3.168kPa$。设计过程如下：

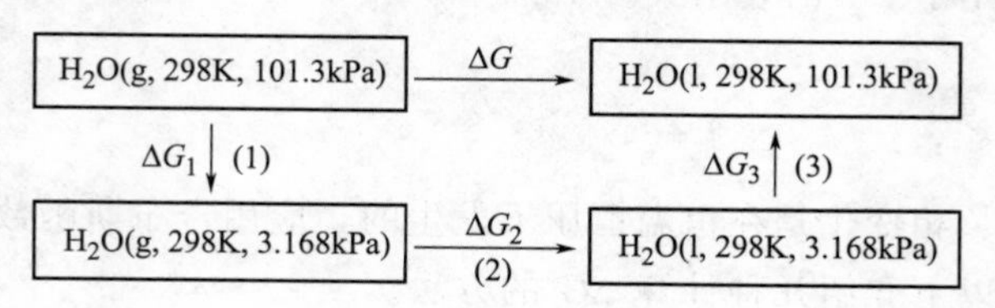

其中过程（1）、(3）为均匀体系的恒温过程，过程（2）为可逆相变，于是

$$\Delta G_1 = nRT\ \ln(p_2/p_1) = [1\times 8.314\times 298\times \ln(3.168/101.3)]\mathrm{J} = -8585\mathrm{J}$$

$$\Delta G_2 = 0$$

$$\Delta G_3 = nV_{\mathrm{m}}(p_1 - p_2) = [1\times 18.0\times 10^{-6}\times(101.3-3.168)\times 10^3]\mathrm{J} = 1.8\mathrm{J}$$

故　$\Delta G = \Delta G_1 + \Delta G_2 + \Delta G_3 = -8583\mathrm{J} < 0$

由吉布斯函数降低原理知该过程为不可逆过程。

此例说明，一定温度下，体系压力变化对其吉布斯函数的影响对气体而言非常显著，对液体而言则十分微小。因此，对气体而言，这种影响必须考虑；对液体而言，除非压力有很大变化，这种影响可以忽略。例如常压下的液体与饱和液体（或饱和蒸气）之间的 ΔG 可近似为 0。

2.4.3.4 温度对 ΔG 的影响

在一定压力下，相变化或化学反应的温度改变时，体系 ΔG 随温度的变化可由式(2-35）计算，这时公式变为

$$\left[\frac{\partial(\Delta G/T)}{\partial T}\right]_p = -\frac{\Delta H}{T^2} \tag{2-48}$$

将上式对温度积分，积分限从 T_1 到 T_2，得

$$\frac{\Delta G_2}{T_2} - \frac{\Delta G_1}{T_1} = -\int_{T_1}^{T_2}\frac{\Delta H}{T^2}\mathrm{d}T \tag{2-49}$$

式中 ΔH 一般可用基尔霍夫公式表示为 T 的函数，特别地，当 ΔH 为常数时可以从积分号中提出，公式简化为

$$\frac{\Delta G_2}{T_2} - \frac{\Delta G_1}{T_1} = \Delta H\left(\frac{1}{T_2} - \frac{1}{T_1}\right) \tag{2-50}$$

应用式(2-49）或式(2-50）可以从 T_1 时的 ΔG_1 计算 T_2 时的 ΔG_2。

【例 2-8】 利用【例 2-3】的已知条件计算 263.15K、常压下水结冰过程的 ΔG_{m}，并判断过程的性质。

本题有两种计算方法。其一是按照【例 2-3】的方法先求出过程的 $\Delta S_{\mathrm{m}} = -20.60\mathrm{J}\cdot\mathrm{K}^{-1}\cdot\mathrm{mol}^{-1}$，$\Delta H_{\mathrm{m}} = -5633\mathrm{J}\cdot\mathrm{mol}^{-1}$，再由 $\Delta G_{\mathrm{m}} = \Delta H_{\mathrm{m}} - T\Delta S_{\mathrm{m}}$ 计算 ΔG_{m}，其中 $T = 263.15\mathrm{K}$，得到 $\Delta G_{\mathrm{m}} = -213\mathrm{J}\cdot\mathrm{mol}^{-1}$。

另一种方法是利用基尔霍夫公式将相变过程 ΔH_{m} 表示为 T 的函数，即

$$\Delta H_{\mathrm{m}}(T) = \Delta H_{\mathrm{m}}(273.15\mathrm{K}) + \Delta C_{p,\mathrm{m}}(T - 273.15\mathrm{K}) = [4288 - 37.7(T/\mathrm{K})]\mathrm{J}\cdot\mathrm{mol}^{-1}$$

因为　$\Delta G_{\mathrm{m}}(273.15\mathrm{K}) = 0$　（可逆相变）

令 $T_1 = 273.15\mathrm{K}$，$T_2 = 263.15\mathrm{K}$，将 $\Delta H_{\mathrm{m}}(T)$ 代入式(2-49)，即

$$\frac{\Delta G_{\mathrm{m}}(263.15\mathrm{K})}{263.15} = -\int_{273.15\mathrm{K}}^{263.15\mathrm{K}}\frac{[4288 - 37.7(T/\mathrm{K})]\mathrm{J}\cdot\mathrm{mol}^{-1}}{(T/\mathrm{K})^2}\mathrm{d}(T/\mathrm{K})$$

解出 $\Delta G_{\mathrm{m}}(263.15\mathrm{K}) = -213\mathrm{J}\cdot\mathrm{mol}^{-1} < 0$，故 263.15K 下水结冰过程为不可逆过程。

2.5 热力学第三定律

2.5.1 热力学第三定律的表述

20 世纪初，人们通过低温条件下电池反应电动势的测定研究凝聚相反应 ΔH 与 ΔG 随温度的变化，发现随反应温度降低二者逐渐趋于相等。因为 $\Delta H-\Delta G=T\Delta S$，当 $T\to 0\text{K}$ 时只要 ΔS 为有限值，ΔH 与 ΔG 之差就趋于 0。然而，1906 年能斯特（Nernst）注意到 ΔH 与 ΔG 趋于相等的方式，提出了假设。即

$$\lim_{T\to 0}\Delta S=0 \tag{2-51}$$

以上假设称为能斯特热定理，是热力学第三定律的最初表述。

因为

$$\Delta S=\frac{\Delta H-\Delta G}{T}$$

应用数学中的罗必塔法则求取 $T\to 0\text{K}$ 时 ΔS 的极限，有

$$\lim_{T\to 0}\Delta S=\lim_{T\to 0}\frac{\Delta H-\Delta G}{T}=\lim_{T\to 0}\left(\frac{\partial \Delta H}{\partial T}\right)_p-\lim_{T\to 0}\left(\frac{\partial \Delta G}{\partial T}\right)_p=0$$

即

$$\lim_{T\to 0}\left(\frac{\partial \Delta H}{\partial T}\right)_p=\lim_{T\to 0}\left(\frac{\partial \Delta G}{\partial T}\right)_p=-\lim_{T\to 0}\Delta S=0$$

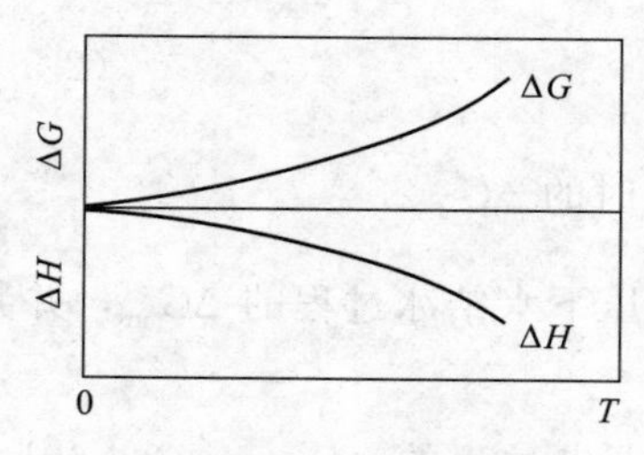

图 2-5 ΔH、ΔG 随温度的变化

因此，能斯特热定理意味着当 $T\to 0\text{K}$ 时 ΔH 和 ΔG 随温度变化的曲线相切，且切线与温度轴平行（图 2-5）。

科学家经过进一步的研究发现，只有当反应物及产物均属于纯物质的完善晶体时能斯特热定理才能成立。这时式 (2-51) 可以写为

$$\sum\nolimits_{\text{B}}\nu_{\text{B}}S_{\text{m,B}}(0\text{K},\text{eq})=0$$

式中，$S_{\text{m,B}}$ 是纯 B 物质的摩尔熵；eq 表示完善晶体。在满足上式的前提下，0K 时各纯物质完善晶体的摩尔熵可以任意选取。1912 年普朗克（Plank）作出了一个最方便的选择，即令 $S_{\text{m}}(0\text{K},\text{eq})=0$，由于 $S(0\text{K},\text{eq})=nS_{\text{m}}(0\text{K},\text{eq})$，所以

$$S(0\text{K},\text{eq})=0 \tag{2-52}$$

这就是普朗克假定，即 0K 时各纯物质完善晶体的熵等于 0。

能斯特热定理与普朗克假定都是热力学第三定律的表述形式，实质是相同的。应当注意的是普朗克假定只是对纯物质完善晶体在 0K 时熵值的一种最方便的规定，并非意味着 0K 时其熵的绝对值为 0。熵是体系内部物质运动混乱度的度量，由于物质内部的运动形式是不可穷尽的，从这个意义上说，即使在 0K 物质熵的绝对值仍是不能确定的。另外所谓完善晶

体是所有分子均处于最低能级，规则地排列在完全有序的点阵结构中，形成的一种完全有序的结晶状态。有些异核双原子分子在高温条件下分子在晶格上的排列是无序的，例如一氧化碳晶体 COOCCOCOOC……。当晶体趋于 0K 时，理论上虽然可变为完全有序的排列 CO-COCOCOCO……，但由于晶体中这种转变的速度太慢，以至高温条件下那种无序的状态常常被“冻结”下来，这样的晶体就不是完善晶体，其熵值在 0K 时大于 0。对于固态溶液，因不是纯物质，在 0K 时也具有正的熵值。

2.5.2 规定熵与标准熵

设纯物质从 0K 的完善晶体在恒压下变为某给定状态，其熵变为

$$S(T)-S(0\mathrm{K},\mathrm{eq})=\int_{0\mathrm{K}}^{T}\frac{nC_{p,\mathrm{m}}}{T}\mathrm{d}T \tag{2-53}$$

$S(0\mathrm{K},\mathrm{eq})$为纯物质初态的熵值。根据第三定律的普朗克假定，$S(0\mathrm{K},\mathrm{eq})=0$，于是终态的熵值 $S(T)$可以表示为

$$S(T)=\int_{0\mathrm{K}}^{T}\frac{nC_{p,\mathrm{m}}}{T}\mathrm{d}T \tag{2-54}$$

$S(T)$称为该物质在给定状态的规定熵。因此，规定熵就是纯物质从 0K 的完善晶体变至某给定状态的熵变。如果给定的状态是标准状态，相应的规定熵就是该物质的标准熵 $S^{\ominus}(T)$。标准熵与物质的量之比，称为该物质的摩尔标准熵，记为 $S_{\mathrm{m}}^{\ominus}$。

欲计算物质的规定熵或标准熵，需要测定物质热容与温度的关系，利用式(2-54) 经图解积分计算得到。在具体计算时需要注意以下情况：

① 在极低温度（0～16K）下，物质的热容难以测定，这时 $C_{p,\mathrm{m}}\approx C_{V,\mathrm{m}}$，$C_{V,\mathrm{m}}$ 可以用德拜（Debye）公式 $C_{V,\mathrm{m}}=\alpha T^3$ 计算。α 是物质的特性参数，与其德拜特征温度 θ_{D} 之间有如下关系：$\alpha=(12/5)\pi^4 R\theta_{\mathrm{D}}^{-3}$。

② 物质从 0K 的完善晶体变至某给定状态的过程中会出现相变，相变熵应计算在内。相变熵的计算采用式(2-18)，因而需要物质可逆相变焓的数据。

③ 如果所计算的是气体物质的标准熵，在计算物质从液态变为气态的蒸发熵时，应当采用正常沸点下的实际摩尔蒸发焓 $\Delta_{\mathrm{v}}H_{\mathrm{m}}$，而不用标准摩尔蒸发焓。这是因为正常沸点下与液体成平衡的气体是 101325Pa 下的实际气体而不是处于标准态下的气体。然后再计算从实际气体到标准态下气体的熵变，即 $\Delta S_{校正}$。$\Delta S_{校正}$ 的计算可设计以下过程：

实际气体101325Pa $\xrightarrow{\Delta S'_{\mathrm{m}}}$ 无限稀气体 $p\longrightarrow 0$ $\xrightarrow{\Delta S''_{\mathrm{m}}}$ 理想气体 $p^{\ominus}$

因为 $\left(\frac{\partial S_{\mathrm{m}}}{\partial p}\right)_T=-\left(\frac{\partial V_{\mathrm{m}}}{\partial T}\right)_p$，对于理想气体 $\left(\frac{\partial V_{\mathrm{m}}}{\partial T}\right)_p=\frac{R}{p}$

所以
$$\Delta S_{校正}=\Delta S'_{\mathrm{m}}+\Delta S''_{\mathrm{m}}=\int_0^{101325\mathrm{Pa}}\left(\frac{\partial V_{\mathrm{m}}}{\partial T}\right)_p\mathrm{d}p-\int_0^{p^{\ominus}}\left(\frac{R}{p}\right)\mathrm{d}p \tag{2-55}$$

计算时须将实际气体的状态方程代入上式，$\Delta S_{校正}$虽小，但不能忽略。标准熵的计算包括 $\Delta S_{校正}$的计算。以 HCl 气体 298.15K 的标准熵为例。计算公式为

$$S_m^\ominus(298.15K)=\int_{0K}^{16K}\alpha T^3\frac{dT}{T}+\int_{16K}^{98.4K}C_{p,m}^\ominus(s_1)\frac{dT}{T}+\frac{\Delta_{tr}H_m^\ominus}{98.4K}+\int_{98.4K}^{158.9K}C_{p,m}^\ominus(s_2)\frac{dT}{T}+\frac{\Delta_f H_m^\ominus}{158.9K}$$
$$+\int_{158.9K}^{188.1K}C_{p,m}^\ominus(l)\frac{dT}{T}+\frac{\Delta_v H_m}{188.1K}+\Delta S_{校正}+\int_{188.1K}^{298.15K}C_{p,m}^\ominus(g)\frac{dT}{T} \tag{2-56}$$

HCl 在 98.4K 发生晶型转变（$s_1 \to s_2$），158.9K、188.1K 分别是 HCl 的正常熔点和正常沸点，$\Delta_{tr}H_m^\ominus$、$\Delta_f H_m^\ominus$、$\Delta_v H_m$ 依次为其标准摩尔晶型转变焓、标准摩尔熔化焓及实际摩尔蒸发焓。表 2-1 给出了具体的计算结果。

表 2-1　HCl(g) 的摩尔标准熵

序号	温度范围/K	计算值/J·K^{-1}·mol^{-1}	序号	温度范围/K	计算值/J·K^{-1}·mol^{-1}
1	0～16	1.3	6	158.9～188.1	9.9
2	16～98.4	29.5	7	188.1	85.9
3	98.4	12.1	8	188.1	0.5(校正熵)
4	98.4～158.9	21.1	9	188.1～298.15	13.5
5	158.9	12.6		$S_m^\ominus$(298.15K)	186.4

根据热力学第三定律，0K 时反应体系中各产物及反应物（完善晶体）的熵皆为 0，因此，任一温度下化学反应的 $\Delta_r S_m$ 等于该温度下产物与反应物处于某给定状态的规定熵值之差。若反应中各物质皆处于标准状态，则反应的 $\Delta_r S_m^\ominus$ 可表示为

$$\Delta_r S_m^\ominus=\sum_B \nu_B S_m^\ominus \tag{2-57}$$

根据式(2-57)，利用物质的标准熵数据（见附录Ⅴ）可以计算化学反应的标准摩尔熵变。

【例 2-9】 利用 25℃下列标准熵数据计算化学反应：C(石墨)＋$2H_2O$(g) ═══ CO_2(g)＋$2H_2$(g)的 $\Delta_r S_m^\ominus$ (298.15K)。

物质	C(石墨)	H_2O(g)	CO_2(g)	H_2(g)
$S_m^\ominus$/J·K^{-1}·mol^{-1}	5.74	188.83	213.74	130.68

解　根据式(2-57)

$$\Delta_r S_m^\ominus(298.15K)=(213.74+130.68\times2-5.74-188.83\times2)J\cdot K^{-1}\cdot mol^{-1}$$
$$=91.70J\cdot K^{-1}\cdot mol^{-1}$$

思考题

1. “可逆过程”与“不可逆过程”中“可逆”二字的含义是什么？为什么说摩擦生热是不可逆的？

2. 理想气体恒温可逆膨胀过程中，体系从单一热源吸热并使之全部变为功，这是否违反热力学第二定律？

3. 在均匀体系的 p-V 图中，一条绝热线与一条恒温线能否有两个交点？为什么？

4. 热力学第二定律的本质是什么？它能否适用于少数微观粒子组成的体系？

5. 关于熵函数，下列说法皆不正确，指出错误原因。

(1) 只有可逆过程才有熵变，不可逆过程只有热温商，没有熵变。

(2) 可逆过程熵变等于0，不可逆过程熵变大于0。

(3) 绝热不可逆过程的熵变必须从初态至末态设计绝热可逆过程进行计算，因此其熵变等于0。

6. 克劳修斯不等式中 $\delta Q/T_{环}$ 是过程的热温商，它是否等于 $-\mathrm{d}S_{环}$？为什么？

7. 图2-6为一恒容绝热箱，箱中盛有大量水，水中置一电阻丝，电源为只做功不传热的功源。设电流通过电阻丝一瞬间，过程完成后电阻丝及水的温度均未改变，请用"+、−、0"填写下表。该过程性质如何？水与电阻丝的状态是否改变？为什么？

体系	Q	W	ΔU	ΔS
电阻				
水				
电阻+水				
电源+电阻+水				

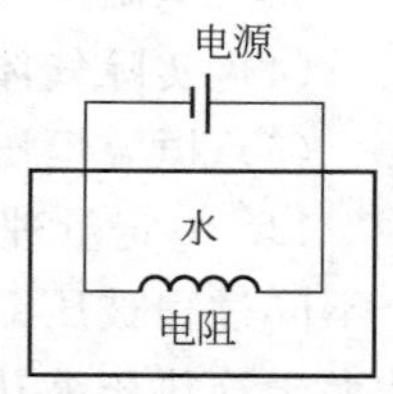

图2-6　思考题7

8. 指出下列过程中 ΔU、ΔH、ΔS、ΔF、ΔG 哪些为0？

(1) 理想气体恒温不可逆压缩；

(2) 理想气体节流膨胀；

(3) 实际气体节流膨胀；

(4) 实际气体绝热可逆膨胀；

(5) 实际气体不可逆循环过程；

(6) 饱和液体变为饱和蒸气；

(7) 绝热恒容无非体积功时的化学反应；

(8) 绝热恒压无非体积功时的化学反应。

9. 熵的统计意义是什么？根据熵的统计意义，判断下列过程 ΔS 的符号。

(1) 盐溶液中析出晶体盐；

(2) 分解反应 $N_2O_4(g) \longrightarrow 2NO_2(g)$；

(3) 乙烯聚合成聚乙烯；

(4) 气体在活性炭表面被吸附；

(5) HCl气体溶于水生成盐酸。

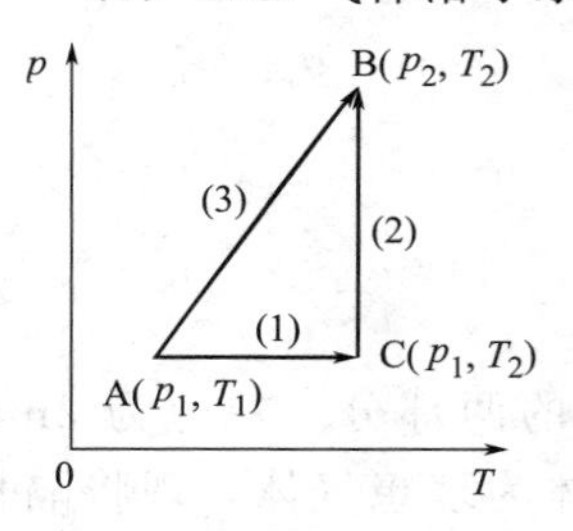

图2-7　思考题10

10. 理想气体经由图2-7中两条不同途径从A到B，证明

(1) $Q_1+Q_2 \neq Q_3$　　(2) $\Delta S_1+\Delta S_2=\Delta S_3$

11. 关闭体系基本方程 $\mathrm{d}G=-S\mathrm{d}T+V\mathrm{d}p$ 在下列哪些过程中不能适用？

(1) 气体绝热自由膨胀；

(2) 理想气体恒温恒压下混合；

(3) 水从101325Pa、100℃的初态向真空蒸发变为同温、同压下的水蒸气；

(4) 水在常压、$-5℃$条件下结冰；

(5) 在一定温度、压力下小水滴聚结成大水滴；

(6) 反应 $H_2(g)+(1/2)O_2(g) \longrightarrow H_2O(l)$在燃料电池中可逆地进行。

12. 在恒温（T）恒压（p）下，某化学反应在烧杯中进行时吸热 Q，在可逆电池中进行时吸热 Q_R，假定反应体系在两过程中的始、终态相同，那么

(1) 在烧杯中进行时环境及体系的总熵变为若干？

(2) 在可逆电池中进行时环境及体系的总熵变为若干？体系所做最大电功为多少？

13. 下列求熵变的公式哪些是正确的？哪些是错误的？

(1) 理想气体绝热自由膨胀 $\Delta S=nR\ \ln(V_2/V_1)$；

(2) 25℃、101325Pa 下水蒸气凝结为水 $\Delta S=(\Delta H-\Delta G)/T$；

(3) 恒温恒压下，可逆电池反应 $\Delta S=\Delta H/T$；

(4) 实际气体节流膨胀 $dS=(-V/T)dp$；

(5) 恒温恒压不可逆相变 $\Delta S=[\partial(-\Delta G)/\partial T]_p$。

14. 一定量理想气体从同一始态（p_1，V_1，T_1）经（1）恒温可逆和（2）绝热可逆两个不同过程被压缩到终态压力皆为 p_2 的状态，证明随着 p_2 的增大，所需的恒温压缩功将从大于绝热压缩功变为小于绝热压缩功。

15. 一定压力下，当反应焓与温度无关时反应熵也必与温度无关。这个结论是否正确？为什么？

16. 利用图 2-2 的方法，设环境的温度为 T_0，证明体系在不可逆过程中损失的做功能力为 $T_0(\Delta S+\Delta S_{环})$，即在不可逆过程中有与之等量的功转变为环境的热。

17. 反应 $CaCO_3(s) = CaO(s)+CO_2(g)$达平衡时，欲使反应向正方向进行：(1) 保持压力不变，应当升温还是降温？(2) 保持温度不变，应当加压力还是减压？

18. 根据热力学第三定律，当 $T\rightarrow 0K$ 时纯物质完善晶体的压力不同，其熵是否相同？为什么？

习题

1. 2mol $N_2(g)$（假设为理想气体）从 300K、10^6 Pa 的初态向真空膨胀；变为 300K、10^5 Pa 的末态，求 $\Delta S_{孤}$，并判断过程性质。

2. 10mol 某理想气体从 40℃冷却到 20℃，同时体积从 250dm^3 变为 50dm^3，该气体 $C_{p,m}=29.20J\cdot K^{-1}\cdot mol^{-1}$，求 ΔS。

3. 1mol 单原子理想气体经过下列变化后的 ΔS 为若干？

(1) 恒压下体积加倍；

(2) 恒容下压力加倍；

(3) 恒温下体积加倍；

(4) 恒温下压力加倍。

4. 在恒容绝热箱中有一个绝热隔板将箱子分隔为体积相等的两部分。左边为 2mol $O_2(g)$，温度为 250K；右边为 1mol $N_2(g)$，温度为 400K。设气体为理想气体，现将隔板抽去，求 ΔS。

5. (1) 在25℃，将1mol理想气体从$p^{\ominus}$的初态恒温可逆压缩至$6p^{\ominus}$的终态，求Q、W、ΔU、ΔH、ΔS、ΔF、ΔG和$\Delta S_{环}$；

(2) 上述过程若自始至终用$6p^{\ominus}$的外压压缩至同一终态，再求上述各物理量。

6. 将2mol H_2与1mol N_2的混合气体从300K、$p^{\ominus}$的初态分离后变为2mol H_2（500K、$2p^{\ominus}$）与1mol N_2（300K、$p^{\ominus}$）的终态，设气体为理想气体，求ΔS。

7. 一个温度为300K的恒温槽，发生以下变化后恒温槽温度未变，求孤立体系总熵变。

(1) 恒温槽向室内空气（$T=293K$）传热10J。

(2) 向槽内放入质量为1g、温度为273K的金属铜，铜的比热容为$0.388J\cdot K^{-1}\cdot g^{-1}$。

8. 1kg、10℃的水与1kg、－10℃的冰混合，绝热条件下达平衡后求体系的熵变。水的比热容为$4.184J\cdot K^{-1}\cdot g^{-1}$，冰的比热容为$2.067J\cdot K^{-1}\cdot g^{-1}$，0℃时冰的比熔化焓为$333.4J\cdot g^{-1}$。

9. 若以p、V作为理想气体的状态参量，证明其熵变可用下式表示：

$$\Delta S=\int_{V_1}^{V_2}\frac{C_p}{V}dV+\int_{p_1}^{p_2}\frac{C_V}{p}dp$$

10. 1mol 0℃、0.2MPa的理想气体沿着$p/V=$常数的可逆过程变为0.4MPa的终态，已知$C_{V,m}=(5/2)R$，求过程的Q、W、ΔU、ΔH、ΔS。

11. 在1mol双原子理想气体中放置一个金属球，已知金属球的热容等于$20J\cdot K^{-1}$，设体系从温度为300K、压力为2.5MPa的初态绝热可逆地膨胀至压力等于0.1MPa的终态，求体系终态的温度，对外所做的功以及金属球和气体的熵变。如果体系从同样初态经反抗0.1MPa的恒定外压绝热膨胀至压力等于0.1MPa的终态，气体和金属球的总熵变是多少？

12. 1mol过冷水在－10℃、101325Pa下凝结为冰，凝结过程放热$312.3J\cdot g^{-1}$，－10℃时过冷水和冰的饱和蒸气压分别为285.7Pa与260.0Pa，假定过冷水与冰的摩尔体积相同。计算ΔU、ΔH、ΔS、ΔF、ΔG。

13. 1mol液体甲苯在101325Pa、110.6℃（正常沸点）下蒸发为蒸气，已知摩尔蒸发焓为$33.38kJ\cdot mol^{-1}$，假定蒸气可作为理想气体，与蒸气相比液体体积可以忽略。求Q、W、ΔU、ΔH、ΔS、ΔF、ΔG，若蒸发过程克服50663Pa的恒定外压至同样终态，上述各量又当如何？

14. 苯的正常熔点为5℃，摩尔熔化焓为$9916J\cdot mol^{-1}$。假定摩尔熔化焓不随温度变化，计算常压下、0℃时过冷苯凝固过程的ΔG_m。

15. 将1mol Hg(l)在25℃的恒定温度下从0.1MPa压缩至10MPa，求ΔG和ΔS。已知25℃ Hg(l)的密度为$13.534g\cdot cm^{-3}$，膨胀系数$\alpha=1.82\times10^{-4}\ K^{-1}$，摩尔质量为$200.61g\cdot mol^{-1}$。

16. 常压、－5℃时，C_6H_6(l)凝固过程的$\Delta S_m=-35.65J\cdot K^{-1}\cdot mol^{-1}$，放热$9874J\cdot mol^{-1}$。已知该温度下$C_6H_6$(s)的饱和蒸气压为2280Pa，求－5℃时$C_6H_6$(l)的饱和蒸气压为多少？

17. 求下列恒温（80.1℃）过程的ΔS_m和ΔG_m，80.1℃是C_6H_6(l)的正常沸点，此温度下C_6H_6(l)的摩尔蒸发焓$\Delta_{vap}H_m=30.75kJ\cdot mol^{-1}$，$C_6H_6$(g)可视为理想气体。

(1) $C_6H_6(l,101325Pa)\longrightarrow C_6H_6(g,91193Pa)$

(2) $C_6H_6(l,101325Pa)\longrightarrow C_6H_6(g,111458Pa)$

18. 证明下列各式

(1) $\left(\frac{\partial U}{\partial T}\right)_p = C_p - p\left(\frac{\partial V}{\partial T}\right)_p$

(2) $\left(\frac{\partial U}{\partial V}\right)_p = C_p\left(\frac{\partial T}{\partial V}\right)_p - p$

(3) $\left(\frac{\partial p}{\partial V}\right)_S = \frac{C_p}{C_V}\left(\frac{\partial p}{\partial V}\right)_T$

(4) $\left(\frac{\partial H}{\partial V}\right)_T = T\left(\frac{\partial p}{\partial T}\right)_V + V\left(\frac{\partial p}{\partial V}\right)_T$

(5) $\left(\frac{\partial C_V}{\partial V}\right)_T = T\left(\frac{\partial^2 p}{\partial T^2}\right)_V$

(6) $\left[\frac{\partial(G/T)}{\partial(1/T)}\right]_p = H$

19. 证明均匀体系下列过程为不可逆过程：(1) 绝热向真空膨胀；(2) 节流膨胀。

20. 某实际气体的状态方程为 $pV(1-\beta p)=nRT$，式中 β 是仅与气体本性有关的常数，导出实际气体从 T、$p^\ominus$ 的状态变至该温度下标准态时 ΔG_m、ΔS_m、ΔH_m 的计算公式。

21. 计算下述反应 25℃时的 $\Delta_r S_m$ 和 $\Delta_r G_m$，已知 $\Delta_r H_m^\ominus(298.15K) = -311.4kJ \cdot mol^{-1}$，$C_2H_2(g)$、$H_2(g)$、$C_2H_6(g)$ 在 25℃的摩尔标准熵分别为 $200.9J \cdot K^{-1} \cdot mol^{-1}$、$130.7J \cdot K^{-1} \cdot mol^{-1}$ 和 $229.6J \cdot K^{-1} \cdot mol^{-1}$。假设气体为理想气体。

(1) $C_2H_2(g,p^\ominus) + 2H_2(g,p^\ominus) \longrightarrow C_2H_6(g,p^\ominus)$

(2) $C_2H_2(g,0.5p^\ominus) + 2H_2(g,0.5p^\ominus) \longrightarrow C_2H_6(g,p^\ominus)$

22. 查阅附录中的标准熵和 $C_{p,m}^\ominus$ 与温度的关系，计算下列反应 400℃时的 $\Delta_r S_m^\ominus$。

$$CO(g) + 2H_2(g) \longrightarrow CH_3OH(g)$$

23. 根据热力学第三定律，导出以下结论

(1) $\lim_{T\to 0}(\partial \Delta G/\partial T)_p = 0$

(2) $\lim_{T\to 0}(\partial \Delta H/\partial T)_p = 0$

(3) $\lim_{T\to 0}\Delta C_p = 0$

第3章

多组分体系的热力学

3.1 偏摩尔量和溶解焓

3.1.1 偏摩尔量

对于一个仅做体积功的 K 组分均相体系，其任一广度性质 Z 可表示为函数：

$$Z=Z(T,p,n_1,n_2\cdots n_i\cdots n_K)$$

若体系状态发生了微小变化，Z 的全微分为

$$\mathrm{d}Z=\left(\frac{\partial Z}{\partial T}\right)_{p,n}\mathrm{d}T+\left(\frac{\partial Z}{\partial p}\right)_{T,n}\mathrm{d}p+\sum_{i=1}^{K}\left(\frac{\partial Z}{\partial n_i}\right)_{T,p,n_j}\mathrm{d}n_i \tag{3-1}$$

下标 n 表示所有组分的物质的量都不变；n_j 表示除 n_i 外其余组分的物质的量不变。

广度性质 Z 的偏摩尔量被定义为

$$Z_i=\left(\frac{\partial Z}{\partial n_i}\right)_{T,p,n_j} \tag{3-2}$$

称为 i 组分的偏摩尔 Z。如

$$V_i=\left(\frac{\partial V}{\partial n_i}\right)_{T,p,n_j}$$

称为 i 组分的偏摩尔体积。体系的各种广度性质 U、S、H …都有其相应的偏摩尔量。偏摩尔量是热力学中的重要概念，以下几点须引起注意。

① 定义式中，T、p、n_j 不变时由于体系中 n_i 的增量 ∂n_i 是无限小量，体系组成并未改变，这说明 Z_i 是 T、p、组成一定条件下 Z 随 n_i 的变化率。因此 Z_i 是 T、p、组成的函数，是体系的强度性质，相当于在 T、p、组成一定的无限大量的体系中加入 1mol i 物质（此时体系组成未变）所引起的体系广度性质 Z 的增量。

② 在 T、p、组成不变条件下积分式(3-1)，这相当于在温度、压力不变条件下将体系成比例地扩大，即

$$\int_0^Z \mathrm{d}Z=\int_0^{n_i}\sum_{i=1}^{K}Z_i\,\mathrm{d}n_i$$

此时，由于 Z_i 为常数，可自积分号中提出，于是有

$$Z=\sum_{i=1}^{K}n_iZ_i \quad 或 \quad Z_\mathrm{m}=\sum_{i=1}^{K}x_iZ_i \tag{3-3}$$

其中 $Z_m = Z/n$，即多组分体系的广度性质 Z 与其总物质的量之比，称为体系的总体摩尔量。$x_i = n_i/n$，是 i 组分的摩尔分数。

式(3-3) 称为偏摩尔量的集合公式。式中各量皆为体系的状态函数，因此只要体系处于一定平衡状态，集合公式就能成立。一般而言，混合物的广度性质并不等于相同温度、压力下混合之前各纯组分广度性质之和。混合前体系的广度性质 Z_1 为

$$Z_1 = \sum_{i=1}^{K} n_i Z_{m,i}$$

$Z_{m,i}$ 表示纯组分 i 的摩尔量。混合后体系的广度性质 Z_2 可用式(3-3) 表示，因此混合过程中体系广度性质 Z 的变化为

$$\Delta_{mix} Z = Z_2 - Z_1 = \sum_{i=1}^{K} n_i (Z_i - Z_{m,i}) \tag{3-4}$$

例如在一定温度、压力下将水（1）与乙醇（2）混合，混合后体系的体积发生了变化。这说明溶液中组分的偏摩尔体积与纯组分的摩尔体积不等，即 $V_1 \neq V_{m,1}$，$V_2 \neq V_{m,2}$。

③ 将式(3-3) 微分，即

$$dZ = \sum_{i=1}^{K} Z_i dn_i + \sum_{i=1}^{K} n_i dZ_i$$

并与式(3-1) 联立，得

$$\sum_{i=1}^{K} n_i dZ_i = \left(\frac{\partial Z}{\partial T}\right)_{p,n} dT + \left(\frac{\partial Z}{\partial p}\right)_{T,n} dp \tag{3-5}$$

两边除以 n，即

$$\sum_{i=1}^{K} x_i dZ_i = \left(\frac{\partial Z_m}{\partial T}\right)_{p,n} dT + \left(\frac{\partial Z_m}{\partial p}\right)_{T,n} dp \tag{3-6}$$

在 T、p 不变时，上式变为

$$\sum_{i=1}^{K} x_i dZ_i = 0 \quad (T、p \text{ 不变}) \tag{3-7}$$

式(3-5)～式(3-7) 均称为吉布斯-杜亥姆（Gibbs-Duhem）方程。它表示 K 组分体系某广度性质的 K 个偏摩尔量连同 T、p 共 $K+2$ 个强度性质中仅有 $K+1$ 个是独立变量。运用吉布斯-杜亥姆方程可从 $K+1$ 个独立变量推算出第 $K+2$ 个变量。以两组分体系为例，T、p 不变时 Z_1、Z_2 中仅有 1 个独立变量，因此可以从一个偏摩尔量推算出另一个偏摩尔量。

【例 3-1】 在一定值温度、压力下，设二元溶液中组分 1 的偏摩尔体积 $V_1 = V_{m,1} + \alpha x_2^2$，$\alpha$ 为常数，求 V_2 及溶液总体摩尔体积 V_m 的表示式。

解 由式(3-7)，$x_1 dV_1 + x_2 dV_2 = 0$，且 $dx_2 = -dx_1$，所以

$$dV_2 = -(x_1/x_2)dV_1 = -(x_1/x_2)2\alpha x_2 dx_2 = 2\alpha x_1 dx_1$$

因为 $x_1 = 0$ 时，$V_2 = V_{m,2}$，积分上式，即

$$\int_{V_{m,2}}^{V_2} dV_2 = \int_0^{x_1} 2\alpha x_1 dx_1$$

所以

$$V_2 = V_{m,2} + \alpha x_1^2$$

由式(3-3) 可得：$V_m = x_1 V_1 + x_2 V_2 = x_1 V_{m,1} + x_2 V_{m,2} + \alpha x_1 x_2$

此例说明一定 T、p 时二元溶液的 Z_m、Z_1、Z_2 中只有 1 个独立变量。现由 Z_m 与组成的关系导出 Z_1、Z_2 与组成的关系。由式(3-3)，二元溶液的集合公式为

$$Z_m = x_1 Z_1 + x_2 Z_2$$

在 T、p 不变条件下微分两边，注意 $dx_2 = -dx_1$，并结合式(3-7) 得

$$\mathrm{d}Z_{\mathrm{m}}=(Z_1-Z_2)\mathrm{d}x_1 \quad (T、p\ 不变)$$

即

$$\left(\frac{\partial Z_{\mathrm{m}}}{\partial x_1}\right)_{T,p}=Z_1-Z_2$$

上式与集合公式联立，解出 Z_1、Z_2，即

$$Z_1=Z_{\mathrm{m}}-x_2\left(\frac{\partial Z_{\mathrm{m}}}{\partial x_2}\right)_{T,p} \tag{3-8a}$$

$$Z_2=Z_{\mathrm{m}}-x_1\left(\frac{\partial Z_{\mathrm{m}}}{\partial x_1}\right)_{T,p} \tag{3-8b}$$

利用以上两式可从体系的总体摩尔量 Z_{m} 求得它的两个偏摩尔量。

④ 同一组分的各种偏摩尔量之间有以下关系：凡对多组分均相体系整体成立的热力学公式，各项中的广度性质皆用组分的偏摩尔量代替，即可得到同一组分各偏摩尔量间的关系。例如

$$H=U+pV \qquad H_i=U_i+pV_i \tag{3-9}$$

$$G=H-TS \qquad G_i=H_i-TS_i \tag{3-10}$$

$$\left(\frac{\partial G}{\partial p}\right)_{T,n}=V \qquad \left(\frac{\partial G_i}{\partial p}\right)_{T,n}=V_i \tag{3-11a}$$

或表示为

$$\left(\frac{\partial \mu_i}{\partial p}\right)_{T,x}=V_i \tag{3-11b}$$

$$\left(\frac{\partial G}{\partial T}\right)_{p,n}=-S \qquad \left(\frac{\partial G_i}{\partial T}\right)_{p,n}=-S_i \tag{3-12a}$$

或表示为

$$\left(\frac{\partial \mu_i}{\partial T}\right)_{p,x}=-S_i \tag{3-12b}$$

$$\left[\frac{\partial\left(\frac{G}{T}\right)}{\partial T}\right]_{p,n}=-\frac{H}{T^2} \qquad \left[\frac{\partial\left(\frac{G_i}{T}\right)}{\partial T}\right]_{p,n}=-\frac{H_i}{T^2} \tag{3-13a}$$

或表示为

$$\left[\frac{\partial(\mu_i/T)}{\partial T}\right]_{p,x}=-\frac{H_i}{T^2} \tag{3-13b}$$

以式(3-11) 为例，在 T、n_j 不变时 G 是 n_i、p 的双变量函数，G 对它们的混合偏导数与求导次序无关，因此

$$\left(\frac{\partial G_i}{\partial p}\right)_{T,n}=\left[\frac{\partial}{\partial p}\left(\frac{\partial G}{\partial n_i}\right)_{T,p,n_j}\right]_{T,n_i,n_j}=\left[\frac{\partial}{\partial n_i}\left(\frac{\partial G}{\partial p}\right)_{T,n_i,n_j}\right]_{T,p,n_j}$$

$$=\left(\frac{\partial V}{\partial n_i}\right)_{T,p,n_j}=V_i$$

式(3-11)～式(3-13) 中的 G_i 是偏摩尔量，仅为 T、p、组成的函数，因此求偏导数的条件中 n 不变（即各组分的物质的量不变）也可用 x 不变代替，x 表示体系的组成 x_1，$x_2 \cdots x_{K-1}$ 不变。式(3-11)～式(3-13) 表示在组成一定条件下温度或压力对偏摩尔吉布斯函数（即化学势 μ_i）的影响，在热力学中有广泛应用，故将其表示为常用的形式。

3.1.2 溶解焓

在一定温度、压力下，溶解过程的焓变称为溶解焓。溶解焓包括积分溶解焓、积分稀释

焓、微分溶解焓和微分稀释焓。

3.1.2.1 摩尔积分溶解焓

一定量溶质溶于一定量溶剂中的焓变与溶质物质的量之比，称为摩尔积分溶解焓，用 $\Delta_s H_m$ 表示。摩尔积分溶解焓是对溶质而言，设 A 为溶剂，B 为溶质，则

$$\Delta_s H_m = \frac{(n_A H_A + n_B H_B) - (n_A H_{m,A} + n_B H_{m,B})}{n_B} = (H_B - H_{m,B}) + r(H_A - H_{m,A}) \tag{3-14}$$

其中 $r = n_A/n_B$，为溶剂与溶质的物质的量之比。当 r 一定时，溶液组成一定，H_A、H_B 皆为定值，因此 $\Delta_s H_m$ 是 r 的函数，相当于 1mol 溶质溶于 r(mol) 溶剂中的焓变。

3.1.2.2 摩尔积分稀释焓

摩尔积分稀释焓 $\Delta_d H_m$ 由下式定义，即

$$\Delta_d H_m = \Delta_s H_m(r_2) - \Delta_s H_m(r_1) \tag{3-15}$$

$\Delta_s H_m(r_2)$ 是 1mol 溶质溶于 r_2(mol) 溶剂中的焓变，若溶解过程分两步进行，先将 1mol 溶质溶于 r_1(mol) 溶剂中，再向溶液中加入 $(r_2 - r_1)$mol 溶剂进行稀释，第一步的焓变为 $\Delta_s H_m(r_1)$，两步的总焓变为 $\Delta_s H_m(r_2)$，因此第二步的焓变为 $\Delta_d H_m$。摩尔积分稀释焓也是对溶质而言，其意义相当于在含有 1mol 溶质的溶液中加入一定量溶剂的焓变。

3.1.2.3 摩尔微分溶解焓与摩尔微分稀释焓

摩尔微分溶解焓 $\Delta_s H_{m,B}$ 是对溶质 B 而言，摩尔微分稀释焓 $\Delta_s H_{m,A}$ 是对溶剂 A 而言，它们的定义分别是

$$\Delta_s H_{m,B} = H_B - H_{m,B} \tag{3-16}$$

$$\Delta_s H_{m,A} = H_A - H_{m,A} \tag{3-17}$$

因 H_B、H_A 皆与溶液组成有关，它们的意义是在具有一定组成的大量溶液中加入 1mol 溶质或 1mol 溶剂所引起的焓变。$\Delta_s H_{m,B}$ 与 $\Delta_s H_{m,A}$ 都是溶液浓度的函数。

在一定温度、压力下，将式(3-14) 微分，注意到 H_B、H_A、r 皆是变量，即

$$\mathrm{d}\Delta_s H_m = \mathrm{d}H_B + r\mathrm{d}H_A + (H_A - H_{m,A})\mathrm{d}r = \frac{n_B \mathrm{d}H_B + n_A \mathrm{d}H_A}{n_B} + (\Delta_s H_{m,A})\mathrm{d}r$$

由式(3-5) 知，T、p 一定时，$n_B \mathrm{d}H_B + n_A \mathrm{d}H_A = 0$，所以

$$\Delta_s H_{m,A} = \frac{\mathrm{d}\Delta_s H_m}{\mathrm{d}r} \tag{3-18}$$

代入式(3-14)，有

$$\Delta_s H_{m,B} = \Delta_s H_m - r\frac{\mathrm{d}\Delta_s H_m}{\mathrm{d}r} \tag{3-19}$$

利用式(3-18) 和式(3-19) 可从溶质的摩尔积分溶解焓计算溶剂的摩尔微分稀释焓和溶质的摩尔微分溶解焓。

【例 3-2】 25℃，常压下 H_2SO_4 溶于水的摩尔积分溶解焓 $\Delta_s H_m = [-74.73r/(r+1.789)]\mathrm{kJ \cdot mol^{-1}}$，$r$ 为水的物质的量与 H_2SO_4 物质的量之比，求 10% H_2SO_4 溶液中水的摩尔微分稀释焓和 H_2SO_4 的摩尔微分溶解焓。

解 以 100g 溶液为基准，10% 的溶液中含水 90g，含 H_2SO_4 10g，$r=(90/18)/(10/98)=49$。由式(3-18)，水的摩尔微分稀释焓为

$$\Delta_s H_m(\text{水}) = -\frac{d}{dr}\left(\frac{74.73r}{r+1.789}\right)_{r=49} \text{kJ}\cdot\text{mol}^{-1}$$

$$= \left[-\frac{74.73\times1.789}{(49+1.789)^2}\right]\text{kJ}\cdot\text{mol}^{-1} = -0.052\text{kJ}\cdot\text{mol}^{-1}$$

由式(3-19)，H_2SO_4 的摩尔微分溶解焓为

$$\Delta_s H_m(H_2SO_4) = \left[-\frac{74.73\times49}{49+1.789} - 49\times(-0.052)\right]\text{kJ}\cdot\text{mol}^{-1} = -69.55\text{kJ}\cdot\text{mol}^{-1}$$

化学势与化学势判据

3.2 化学势

3.2.1 多组分组成可变体系的热力学基本方程

根据状态公理，在无其它功条件下 K 组分均相体系有 $K+2$ 个状态参量，其热力学能可表示为如下函数：

$$U=U(S,V,n_1,n_2\cdots n_i\cdots n_K)$$

U 的全微分是

$$dU=\left(\frac{\partial U}{\partial S}\right)_{V,n} dS+\left(\frac{\partial U}{\partial V}\right)_{S,n} dV+\sum_{i=1}^{K}\left(\frac{\partial U}{\partial n_i}\right)_{S,V,n_j} dn_i$$

下标 n_j 表示除 n_i 外其它组分的物质的量不变；dS、dV 前的系数为特征函数偏导数，即

$$\left(\frac{\partial U}{\partial S}\right)_{V,n}=T \qquad \left(\frac{\partial U}{\partial V}\right)_{S,n}=-p$$

定义

$$\mu_i=\left(\frac{\partial U}{\partial n_i}\right)_{S,V,n_j} \tag{3-20}$$

μ_i 称为 i 组分的化学势，则

$$dU=TdS-pdV+\sum_{i=1}^{K}\mu_i dn_i \tag{3-21}$$

将 $dH=dU+pdV+Vdp$，$dF=dU-TdS-SdT$，$dG=dU+pdV+Vdp-TdS-SdT$ 依次与式(3-21) 联立，可得到

$$dH=TdS+Vdp+\sum_{i=1}^{K}\mu_i dn_i \tag{3-22}$$

$$dF=-SdT-pdV+\sum_{i=1}^{K}\mu_i dn_i \tag{3-23}$$

$$dG=-SdT+Vdp+\sum_{i=1}^{K}\mu_i dn_i \tag{3-24}$$

以上四式是无其它功的多组分组成可变体系的热力学基本方程。方程中各组分的物质的量 n_i 可以改变，因此方程既可用于关闭体系，也可用于开放体系。方程的导出要求体系的状态可用状态参量描述，因此只要不做其它功，体系温度、压力、组成是均匀的，无论发生的过程是否可逆，四个热力学基本方程都可适用。

3.2.2 化学势判据

将无其它功的多组分均相体系的 H、F、G 分别表示为它们的特征自变量及各组分物质的量的函数：

$$H=H(S,p,n_1,n_2\cdots n_i\cdots n_K)$$
$$F=F(T,V,n_1,n_2\cdots n_i\cdots n_K)$$
$$G=G(T,p,n_1,n_2\cdots n_i\cdots n_K)$$

写出它们的全微分表示式，其中的特征偏导数以相应热力学函数代替，即

$$\mathrm{d}H=T\mathrm{d}S+V\mathrm{d}p+\sum_{i=1}^{K}\left(\frac{\partial H}{\partial n_i}\right)_{S,p,n_j}\mathrm{d}n_i$$

$$\mathrm{d}F=-S\mathrm{d}T-p\mathrm{d}V+\sum_{i=1}^{K}\left(\frac{\partial F}{\partial n_i}\right)_{T,V,n_j}\mathrm{d}n_i$$

$$\mathrm{d}G=-S\mathrm{d}T+V\mathrm{d}p+\sum_{i=1}^{K}\left(\frac{\partial G}{\partial n_i}\right)_{T,p,n_j}\mathrm{d}n_i$$

以上三式依次与式(3-22)～式(3-24) 比较，可得

$$\mu_i=\left(\frac{\partial U}{\partial n_i}\right)_{S,V,n_j}=\left(\frac{\partial H}{\partial n_i}\right)_{S,p,n_j}=\left(\frac{\partial F}{\partial n_i}\right)_{T,V,n_j}=\left(\frac{\partial G}{\partial n_i}\right)_{T,p,n_j} \tag{3-25}$$

以上每个偏导数都可作为化学势的定义。由偏摩尔量的定义知化学势就是偏摩尔吉布斯函数，它是体系的强度性质，是 T、p、组成的函数。因前面三个偏导数的求导条件不是 T、p、n_j 不变，显然，化学势不是 U、H、F 的偏摩尔量。

【例 3-3】 证明 $\left(\frac{\partial S}{\partial n_i}\right)_{T,V,n_j}=S_i-V_i\left(\frac{\partial p}{\partial T}\right)_{V,n}$

对于多组分均相体系，体系的两个宏观性质 T、V 及 n_i、n_j 可视为体系的 4 个状态参量，当 n_j 与另一个状态参量恒定时，体系变为双变量体系，这时关于双变量体系状态函数的运算规则，即式(1-3)、式(1-37)、式(1-38) 均可适用。本题左边偏导数下标的 V 若变为 p，便可从中分离出 S_i，所以可视 T、n_j 为常量，S 是 V、n_i 的二元函数，利用式(1-38) 引进新的变量 p，得

$$\begin{aligned}\left(\frac{\partial S}{\partial n_i}\right)_{T,V,n_j}&=\left(\frac{\partial S}{\partial n_i}\right)_{T,p,n_j}+\left(\frac{\partial S}{\partial p}\right)_{T,n_i,n_j}\left(\frac{\partial p}{\partial n_i}\right)_{T,V,n_j}\\&=S_i-\left(\frac{\partial V}{\partial T}\right)_{p,n}\left[-\left(\frac{\partial V}{\partial p}\right)_{T,n_i,n_j}\left(\frac{\partial n_i}{\partial V}\right)_{T,p,n_j}\right]^{-1}\\&=S_i+\left(\frac{\partial V}{\partial T}\right)_{p,n}\left(\frac{\partial p}{\partial V}\right)_{T,n}V_i\\&=S_i-V_i\left(\frac{\partial p}{\partial T}\right)_{V,n}\end{aligned}$$

第二步利用了麦克斯韦关系式及式(1-37)，第四步再次利用了式(1-37)。

在无其它功条件下，假定多组分体系内部有化学反应或相变化发生，这时体系中各组分物质的量虽可改变，但由于反应物与产物均被划入体系内部，多组分体系为一关闭体系。将式(3-24) 用于该体系，设内部有反应 $0=\sum_{\mathrm{B}}\nu_{\mathrm{B}}\mathrm{B}$ 发生，则 $\mathrm{d}n_{\mathrm{B}}=\nu_{\mathrm{B}}\mathrm{d}\xi$，代入式(3-24) 得

$$\mathrm{d}G=-S\mathrm{d}T+V\mathrm{d}p+\left(\sum_{\mathrm{B}}\nu_{\mathrm{B}}\mu_{\mathrm{B}}\right)\mathrm{d}\xi \tag{3-26}$$

根据吉布斯函数降低原理，即式(2-26)，有

$$\mathrm{d}G_{T,p}=(\sum\nolimits_{\mathrm{B}}\nu_{\mathrm{B}}\mu_{\mathrm{B}})\mathrm{d}\xi\leqslant 0$$

“<”表示不可逆过程，“=”表示可逆过程，意味反应已达到平衡。其中

$$\sum\nolimits_{\mathrm{B}}\nu_{\mathrm{B}}\mu_{\mathrm{B}}=\left(\frac{\partial G}{\partial \xi}\right)_{T,p} \tag{3-27}$$

为 T、p 不变时反应体系吉布斯函数随 ξ 的变化率。当反应进度发生 $\mathrm{d}\xi$ 的微小变化时，体系组成可视为没有改变。右边偏导数的意义是反应物与产物在强度性质保持不变的条件下反应体系吉布斯函数的增量与反应进度之比。根据化学反应摩尔热力学函数变的定义，偏导数的值等于化学反应的摩尔吉布斯函数变。即

$$\Delta_{\mathrm{r}}G_{\mathrm{m}}=\sum\nolimits_{\mathrm{B}}\nu_{\mathrm{B}}\mu_{\mathrm{B}} \tag{3-28}$$

对于正向反应而言，$\mathrm{d}\xi>0$，因此

$$\Delta_{\mathrm{r}}G_{\mathrm{m}}\leqslant 0 \quad \begin{pmatrix} <\text{不可逆} \\ =\text{平衡} \end{pmatrix} \tag{3-29}$$

相变化可视为化学反应的特例。当组分 B 从 α 相进入 β 相时，相当于 $\mathrm{B}(\alpha) = \mathrm{B}(\beta)$ 的化学反应，因此

$$\Delta_{\mathrm{r}}G_{\mathrm{m}}=\mu_{\mathrm{B}}^{\beta}-\mu_{\mathrm{B}}^{\alpha}\leqslant 0$$

或表示为

$$\mu_{\mathrm{B}}^{\beta}\leqslant\mu_{\mathrm{B}}^{\alpha} \quad \begin{pmatrix} <\text{不可逆} \\ =\text{平衡} \end{pmatrix} \tag{3-30}$$

式(3-29)、式(3-30) 称为化学势判据，是判断化学变化、相变化方向与限度的条件。与熵判据、赫姆霍兹函数判据、吉布斯函数判据等广度性质判据不同，化学势判据是体系的强度性质判据。由式(3-28) 知，$\Delta_{\mathrm{r}}G_{\mathrm{m}}$ 与反应物及产物的化学势有关，化学势是强度性质，因此 $\Delta_{\mathrm{r}}G_{\mathrm{m}}$ 也是反应体系的强度性质。化学势判据虽然从吉布斯函数判据推导出来（化学势判据也可以从其它广度性质判据导出），但这并不意味该判据只能用于恒温恒压过程。不管反应是否在恒温恒压条件下进行，只要反应体系处于一定的状态，其强度性质 $\Delta_{\mathrm{r}}G_{\mathrm{m}}$ 就有确定的值。在此状态下，若 $\Delta_{\mathrm{r}}G_{\mathrm{m}}$ 为负，反应进行的方向必是正反应的方向；若 $\Delta_{\mathrm{r}}G_{\mathrm{m}}$ 为正，由于正、逆反应 $\Delta_{\mathrm{r}}G_{\mathrm{m}}$ 的符号相反，逆反应的 $\Delta_{\mathrm{r}}G_{\mathrm{m}}$ 必为负，因此反应进行的方向必是逆反应的方向；若 $\Delta_{\mathrm{r}}G_{\mathrm{m}}=0$，反应必处于平衡状态。在反应中，体系的状态，即体系中各相的强度性质可能随反应过程在不断变化，也可能保持不变。例如恒温恒容反应器中 $N_2O_4(g) \longrightarrow 2NO_2(g)$的反应过程，由于 N_2O_4 在减少、NO_2 在增加，气相的压力、组成在不断变化，因此 $\Delta_{\mathrm{r}}G_{\mathrm{m}}$ 也在不断变化。当 $\Delta_{\mathrm{r}}G_{\mathrm{m}}$ 从负变为 0 时，反应达到平衡。工业上用石灰石烧制生石灰的过程在石灰窑中进行，主要反应是 $CaCO_3(s) \longrightarrow CaO(s)+CO_2(g)$，由于窑内的温度、压力一定，三种纯物质的强度性质保持不变，因此，直至全部石灰石烧制完毕 $\Delta_{\mathrm{r}}G_{\mathrm{m}}$ 是恒定不变的负值。

化学势判据的导出利用了式(3-24)，它要求体系有均匀的温度与压力。对复相体系而言，有时各相压力可以不同。常见的是用膜（如素瓷片、动植物表皮等）将 α、β 两相隔开，两相温度相同且皆各有恒定的压力，但 $p^{\alpha}\neq p^{\beta}$。能透过膜的组分 B 可从一相进入另一相。两相均可采用式(3-23)，即

$$\mathrm{d}F^{\alpha}=-S^{\alpha}\mathrm{d}T-p^{\alpha}\mathrm{d}V^{\alpha}+\mu_{\mathrm{B}}^{\alpha}\mathrm{d}n_{\mathrm{B}}^{\alpha}$$

$$dF^{\beta}=-S^{\beta}dT-p^{\beta}dV^{\beta}+\mu_{B}^{\beta}dn_{B}^{\beta}$$

因两相温度相同，复相体系 $F=F^{\alpha}+F^{\beta}$，且 $dF=dF^{\alpha}+dF^{\beta}$，则在恒定温度下，

$$dF_{T}=-(p^{\alpha}dV^{\alpha}+p^{\beta}dV^{\beta})+\mu_{B}^{\alpha}dn_{B}^{\alpha}+\mu_{B}^{\beta}dn_{B}^{\beta}$$

该体系无其他功，$p^{\alpha}dV^{\alpha}+p^{\beta}dV^{\beta}$ 为相变时体系对外所做体积功，即 δW，由最大功原理，即 $dF_{T}\leqslant-\delta W$，所以

$$\mu_{B}^{\alpha}dn_{B}^{\alpha}+\mu_{B}^{\beta}dn_{B}^{\beta}\leqslant 0$$

若B从α相进入β相，$dn_{B}^{\beta}=-dn_{B}^{\alpha}>0$，必有 $\mu_{B}^{\beta}-\mu_{B}^{\alpha}\leqslant 0$，即化学势判据对于膜平衡仍能成立。

3.3 纯物质的两相平衡

3.3.1 克拉佩龙方程

纯物质的化学势即其摩尔吉布斯函数。由化学势判据知在一定温度、压力下纯物质在α、β两相间平衡的条件是

$$G_{m}^{\alpha}(T,p)=G_{m}^{\beta}(T,p)$$

G_{m} 是 T、p 的函数，当 T 或 p 发生微小变化时，都会引起 G_{m} 的改变，但两相 G_{m} 的总变化必须相等才能维持体系处于平衡。这相当于上式两边的全微分必须相等，即

$$dG_{m}^{\alpha}(T,p)=dG_{m}^{\beta}(T,p)$$

根据关闭体系的热力学基本方程，即式(2-30)，得

$$-S_{m}^{\alpha}dT+V_{m}^{\alpha}dp=-S_{m}^{\beta}dT+V_{m}^{\beta}dp$$

移项整理后，有

$$\frac{dp}{dT}=\frac{S_{m}^{\beta}-S_{m}^{\alpha}}{V_{m}^{\beta}-V_{m}^{\alpha}}=\frac{\Delta S_{m}}{\Delta V_{m}}$$

式中，$V_{m}^{\beta}-V_{m}^{\alpha}=\Delta V_{m}$；相平衡条件下，$S_{m}^{\beta}-S_{m}^{\alpha}=\Delta S_{m}=\Delta H_{m}/T$，所以

$$\frac{dp}{dT}=\frac{\Delta H_{m}}{T\Delta V_{m}} \tag{3-31}$$

上式称为克拉佩龙（Clapeyron）方程。它表示纯物质两相平衡时温度与压力的关系。自导出过程可知，克拉佩龙方程未引进任何近似，是一个严格的热力学方程，可用于气-液、气-固、固-液等各种纯物质的两相平衡。

【例 3-4】 已知0℃时冰的摩尔熔化焓为 $6008J\cdot mol^{-1}$，冰的摩尔体积为 $19.652cm^{3}\cdot mol^{-1}$，液体水的摩尔体积为 $18.018cm^{3}\cdot mol^{-1}$，求0℃时水的凝固点下降1℃所需的压力变化。

解 在0℃时，由式(3-31)

$$\frac{dp}{dT}=\frac{\Delta_{fus}H_{m}}{T\Delta_{fus}V_{m}}=\frac{\Delta_{fus}H_{m}}{T(V_{m}^{l}-V_{m}^{s})}$$

$$=\frac{6008}{273.15\times(18.018-19.652)\times10^{-6}}Pa\cdot K^{-1}$$

$$=-13.46\text{MPa}\cdot\text{K}^{-1}$$

即凝固点降低1℃需增大压力13.46MPa。

3.3.2 克劳修斯-克拉佩龙方程

将克拉佩龙方程用于凝聚相（液相、固相）与气相间的平衡，并做以下两点近似：①凝聚相摩尔体积与气相摩尔体积相比，可以忽略；②假定气相是理想气体。以气-液两相平衡为例，蒸发过程的 $\Delta_{\text{vap}}V_{\text{m}}=V_{\text{m}}^{\text{g}}=RT/p$，$p$ 是相平衡的压力，也是饱和蒸气的压力。则

$$\frac{\text{d}p}{\text{d}T}=\frac{\Delta_{\text{vap}}H_{\text{m}}}{T(RT/p)}$$

整理后得

$$\frac{\text{dln}\{p\}}{\text{d}T}=\frac{\Delta_{\text{vap}}H_{\text{m}}}{RT^2} \tag{3-32}$$

因为对数函数的真数只能是纯数，本书用符号 { } 和 [ ] 分别表示物理量的数值和单位，以 p 为例，$\{p\}=p/[p]$，皆为纯数，所以真数只能是 $\{p\}$ 或 $p/[p]$。式(3-32) 称为克劳修斯-克拉佩龙（Clausius-Clapeyron）方程，$\Delta_{\text{vap}}H_{\text{m}}$ 是液相的摩尔蒸发焓。推导过程表明克-克方程是一个近似方程，它表明凝聚相饱和蒸气压与温度的关系，对液相而言，即其沸点与压力的关系。将式(3-32) 积分时需知 $\Delta_{\text{vap}}H_{\text{m}}$ 与 T 的关系。若 $\Delta_{\text{vap}}H_{\text{m}}$ 可视为常数，式(3-32) 积分结果如下。

（1）不定积分式

$$\ln\{p\}=-\frac{\Delta_{\text{vap}}H_{\text{m}}}{RT}+C \tag{3-33}$$

式中，C 为积分常数。利用式(3-33) 测定液体在不同温度下的饱和蒸气压，以 $\ln\{p\}$ 对 $1/T$ 作图，从直线的斜率可以计算液体的 $\Delta_{\text{vap}}H_{\text{m}}$。

（2）定积分式

$$\ln\frac{p_2}{p_1}=\frac{\Delta_{\text{vap}}H_{\text{m}}}{R}\left(\frac{1}{T_1}-\frac{1}{T_2}\right) \tag{3-34}$$

利用式(3-34)，若知 $\Delta_{\text{vap}}H_{\text{m}}$，可以从液体 T_1 时的饱和蒸气压 p_1 计算 T_2 时的饱和蒸气压 p_2，或从两个不同温度下的饱和蒸气压求液体的 $\Delta_{\text{vap}}H_{\text{m}}$。

关于液体的摩尔蒸发焓，有如下近似规则，称为特鲁顿（Trouton）规则，即

$$\frac{\Delta_{\text{vap}}H_{\text{m}}}{T_{\text{b}}}\approx 88\text{J}\cdot\text{K}^{-1}\cdot\text{mol}^{-1} \tag{3-35}$$

式中，T_{b} 是液体的正常沸点。特鲁顿规则只适用于非缔合液体。

【例 3-5】 环己烷的正常沸点为 80.75℃，估计当外压为 98.7kPa 时环己烷的沸点是多少？

解 沸点是液体饱和蒸气压等于外压时的温度。令式(3-34) 中 $p_1=101.3\text{kPa}$，$T_1=(80.75+273.15)\text{K}=353.9\text{K}$（正常沸点），$p_2=98.7\text{kPa}$。环己烷为非缔合液体，用 $\Delta_{\text{vap}}H_{\text{m}}=88\,T_1\text{J}\cdot\text{K}^{-1}\cdot\text{mol}^{-1}$ 代入式(3-34)，即

$$\ln\frac{98.7}{101.3}=\frac{88\text{J}\cdot\text{K}^{-1}\cdot\text{mol}^{-1}}{R}\left(1-\frac{353.9\text{K}}{T_2}\right)$$

解得 $$T_2=353.0\text{K}$$

即环己烷的沸点为 353.0K (79.8℃)。

3.3.3 液体压力对其蒸气压的影响

液体压力对蒸气压的影响

液体的蒸气压即与液体成平衡的蒸气的压力。一定温度下，液体的蒸气压随液体压力而改变，但二者之值不一定相等。如图 3-1 所示，将水与水蒸气用素瓷片 aa′ 隔开，水分子可透过 aa′。温度一定时增加水的压力，水蒸气的压力也会增加，但两相压力不同。再例如将盛水的杯子上盖上盖子，室温下蒸发达平衡时，水的压力为常压（约 100kPa），液面上水蒸气的分压约 3kPa。假定空气不溶解于水，这种情况下空气的作用像上例中的素瓷片 aa′，可维持水与水蒸气的压力差。只有纯物质气液两相直接接触达到平衡时的压力既是液体的压力，也是蒸气的压力，称为液体的饱和蒸气压。液体的饱和蒸气压与温度有关，克-克方程讨论的就是这种关系。一定温度下，液体压力与其蒸气压的关系可由化学势判据导出。平衡条件为

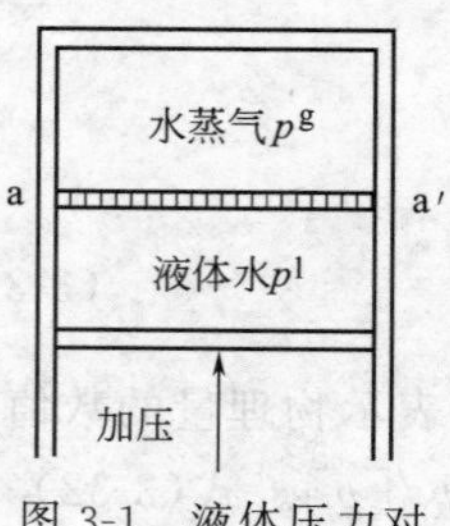

图 3-1 液体压力对蒸气压的影响

$$G_{\text{m}}^{\text{l}}(T,p^{\text{l}})=G_{\text{m}}^{\text{g}}(T,p^{\text{g}})$$

一定温度下，全微分上式，利用式(2-30)，即

$$V_{\text{m}}^{\text{l}}\text{d}p^{\text{l}}=V_{\text{m}}^{\text{g}}\text{d}p^{\text{g}}$$

假定蒸气是理想气体，$V_{\text{m}}^{\text{g}}=RT/p^{\text{g}}$，代入上式经整理后做定积分，积分下限取 $p^{\text{g}}=p^{\text{l}}=p^{\text{s}}$，$p^{\text{s}}$ 是该温度下液体的饱和蒸气压，上限 p^{l} 为液体压力，p^{g} 为与液体成平衡的蒸气压力，即

$$\int_{p^{\text{s}}}^{p^{\text{g}}}\frac{1}{p^{\text{g}}}\text{d}p^{\text{g}}=\int_{p^{\text{s}}}^{p^{\text{l}}}\frac{V_{\text{m}}^{\text{l}}}{RT}\text{d}p^{\text{l}}$$

液体摩尔体积 V_{m}^{l} 随 p^{l} 变化很小，可作为常数，从积分号中提出，于是得到

$$\ln\frac{p^{\text{g}}}{p^{\text{s}}}=\frac{V_{\text{m}}^{\text{l}}}{RT}(p^{\text{l}}-p^{\text{s}}) \tag{3-36}$$

或者

$$p^{\text{g}}=p^{\text{s}}\exp\left[\frac{V_{\text{m}}^{\text{l}}}{RT}(p^{\text{l}}-p^{\text{s}})\right] \tag{3-37}$$

式(3-37) 表示液体压力对其蒸气压的影响。右边指数项称为玻因丁（Poynting）因子。液体压力越高，其蒸气压也越高。但由于 V_{m}^{l} 很小，除非压力有很大增加，一般可以忽略压力对蒸气压的影响。

【例 3-6】 25℃水的饱和蒸气压为 3168Pa，摩尔体积为 $18.0\times10^{-6}\text{m}^3\cdot\text{mol}^{-1}$，求 101325Pa 下水的蒸气压，欲使水的蒸气压比饱和蒸气压增加 1 倍，需对水施加多大压力？

解 由式(3-37)，$p^{\text{l}}=101325\text{Pa}$ 时，

$$p^{\text{g}}=3168\text{Pa}\times\exp[18.0\times10^{-6}\times(101325-3168)/(298.2\times8.314)]=3170\text{Pa}$$

若 $p^{\text{g}}/p^{\text{s}}=2$ 时，有

$$2=\exp[18.0\times10^{-6}\times(p^{\text{l}}/\text{Pa}-3168)/(298.2\times8.314)]$$

解得 $p^1=95.5\text{MPa}$，在此压力（约为大气压的 1000 倍）下水的蒸气压增加 1 倍。

此例说明若忽略液体压力对其蒸气压的影响，第一种情况下的相对误差不足 1/1000，第二种情况下的相对误差则为 100%。

3.4 逸度

3.4.1 逸度的定义

化学势即偏摩尔吉布斯函数，吉布斯函数的定义中含有热力学能，因此在一定状态下组分化学势的绝对值是不能确定的。欲知某状态下组分化学势的高低，与电势、重力势等其它势能一样，必须规定参考状态，求相对值。μ_i 是体系的强度性质，是 T、p、组成的函数。为了度量体系在某状态下组分 i 的化学势 μ_i，规定以同温度下气体的标准状态作参考状态，即以与体系温度相同，压力等于 $p^{\ominus}$ 的纯理想气体 i 为比较标准，求相对值。路易斯（Lewis）定义

$$\mu_i=\mu_i^{\ominus}(\text{g})+RT\ln\frac{f_i}{p^{\ominus}} \tag{3-38}$$

f_i 称为组分 i 的逸度。逸度的定义式中包括以下内容：

① $\mu_i^{\ominus}(\text{g})$ 是气体标准态的化学势，标准态压力规定为 $p^{\ominus}$，因此 $\mu_i^{\ominus}(\text{g})$ 只是温度的函数。

② 式(3-38) 也可写为

$$\ln\frac{f_i}{p^{\ominus}}=\frac{\mu_i-\mu_i^{\ominus}(\text{g})}{RT} \tag{3-39}$$

显然逸度取决于相对值 $\mu_i-\mu_i^{\ominus}(\text{g})$，只要体系处于一定状态，$\mu_i-\mu_i^{\ominus}(\text{g})$ 就有确定值，f_i 也就有确定值。因此逸度是化学势的度量，具有压力的量纲，是体系的强度性质。

③ 一定温度下，i 组分任何两个状态的化学势之差可用两态的逸度之比表示：

$$\Delta\mu_i=\mu_i''-\mu_i'=RT\ln\frac{f_i''}{f_i'} \tag{3-40}$$

④ 在体系组成及压力恒定条件下，式(3-39) 两边对温度求偏导，根据式(3-13)，得

$$\left[\frac{\partial\ln(f_i/p^{\ominus})}{\partial T}\right]_{p,x}=\frac{H_{\text{m},i}^{\ominus}-H_i}{RT^2} \tag{3-41}$$

在体系组成及温度恒定条件下，式(3-39) 两边对压力求偏导，根据式(3-11)，得

$$\left[\frac{\partial\ln(f_i/p^{\ominus})}{\partial p}\right]_{T,x}=\frac{V_i}{RT} \tag{3-42}$$

式中，$H_{\text{m},i}^{\ominus}$ 是标准态下气体 i 的摩尔焓；H_i、V_i 分别是体系中 i 组分的偏摩尔焓和偏摩尔体积。以上两式分别表示温度、压力对逸度的影响。

3.4.2 理想气体的逸度

对纯理想气体 i 而言，化学势即其摩尔吉布斯函数。在一定温度下，设纯理想气体 i 从

压力为 $p^{\ominus}$ 的状态变至压力为 p_i^* 的状态，化学势的增量可由式(2-44) 计算，则终态化学势 μ_i^* 可表示为

$$\mu_i^* = \mu_i^{\ominus}(\mathrm{g}) + RT\ln\frac{p_i^*}{p^{\ominus}} \tag{3-43}$$

与式(3-38) 相比较，$p_i^* = f_i^*$，即纯理想气体的压力就是其逸度。

对混合理想气体而言，若用只允许 i 组分透过的半透膜将混合理想气体与纯理想气体隔开（如图 1-1)，根据混合理想气体的定义，纯理想气体 i 的压力 p_i^* 等于 i 组分在混合理想气体中的分压 p_i。即纯理想气体的化学势为

$$\mu_i^* = \mu_i^{\ominus}(\mathrm{g}) + RT\ln\frac{p_i}{p^{\ominus}}$$

根据化学势判据，混合理想气体中 i 组分的化学势 $\mu_i = \mu_i^*$。所以

$$\mu_i = \mu_i^{\ominus}(\mathrm{g}) + RT\ln\frac{p_i}{p^{\ominus}} \tag{3-44}$$

与式(3-38) 比较，$p_i = f_i$，即混合理想气体中 i 组分的分压就是其逸度。

3.4.3 实际气体的逸度

实际气体不满足 $pV = nRT$ 的状态方程，式(3-43)、式(3-44) 皆不能成立。为此定义

$$f_i = p_i\varphi_i \tag{3-45}$$

式中，φ_i 为 i 组分的逸度因子；f_i、p_i 分别为其逸度与分压。当 i 组分为纯气体时，f_i、p_i 分别为纯气体的逸度与压力，φ_i 为纯气体的逸度因子。显然理想气体的逸度因子恒等于 1。实际气体的逸度因子取决于气体偏离理想行为的程度，当气体压力趋于 0 时，气体服从理想行为，逸度因子等于 1。

假定某实际气体温度、组成恒定，其中 i 组分摩尔分数为 x_i。设气体压力从 $p'(p'\to 0)$ 变为 p，逸度从 f_i' 变为 f_i，该过程中 i 组分逸度的变化等于将式(3-42) 积分，即

$$\int_{f_i'}^{f_i}\mathrm{dln}\frac{f_i}{p^{\ominus}} = \ln\frac{f_i}{f_i'} = \int_{p'}^{p}\frac{V_i}{RT}\mathrm{d}p$$

因为 $f_i' = p'x_i\varphi_i'$，$f_i = px_i\varphi_i$，但是初态压力 $p'\to 0$，气体服从理想行为，$\varphi_i' = 1$，将 f_i'，f_i 代入上式，消去 x_i，得到

$$\ln\varphi_i = \int_{p'}^{p}\frac{V_i}{RT}\mathrm{d}p - \int_{p'}^{p}\frac{1}{p}\mathrm{d}p$$

由于 $p'\to 0$，所以

$$\ln\varphi_i = \int_0^p\left(\frac{V_i}{RT} - \frac{1}{p}\right)\mathrm{d}p \tag{3-46}$$

若 $x_i = 1$，气体为纯气体 i，则

$$\ln\varphi_i^* = \int_0^p\left(\frac{V_{\mathrm{m},i}}{RT} - \frac{1}{p}\right)\mathrm{d}p \tag{3-47}$$

如果已知一定温度下纯气体摩尔体积与压力的关系，即其状态方程。代入式(3-47) 可计算纯气体的逸度因子 φ_i^*。

【例 3-7】 气体压力低时可采用截项维利方程：$pV_{\mathrm{m}} = RT + bp$。参数 b 仅与温度有

关，求此时气体的 φ^* 及 f^*，并证明 $\varphi^* \approx z$（压缩因子）。

解 低压下的截项维利方程可重排为

$$\frac{V_m}{RT}-\frac{1}{p}=\frac{b}{RT}$$

代入式(3-47)，则有

$$\ln\varphi^*=\int_0^p \frac{b}{RT}dp=\frac{bp}{RT}$$

即
$$\varphi^*=\exp\frac{bp}{RT}，f^*=p\varphi^*=p\exp\frac{bp}{RT}$$

当气体压力低时，
$$\frac{bp}{RT}=z-1\to 0$$

利用近似公式：$x\to 0$ 时，$e^x\approx 1+x$，所以

$$\varphi^*=\exp(z-1)\approx 1+(z-1)=z$$

利用压缩因子 $z=pV_m/(RT)$ 及对比压力 $p_r=p/p_c$ 代换式(3-47）中变量 V_m 及 p，可得

$$\ln\varphi^*=\int_0^p \frac{z-1}{p}dp=\int_0^{p_r}\frac{z-1}{p_r}dp_r \tag{3-48}$$

根据对比状态原理，$z=z(T_r,p_r)$ 是对比温度、对比压力的普适函数。由上式知 φ^* 也是对比温度、对比压力的普适函数，即 $\varphi^*=\varphi^*(T_r,p_r)$。$\varphi^*$ 与 T_r、p_r 的函数关系可根据实验数据绘制成曲线表示，称为 Newton 图（图 3-2）。使用 Newton 图时，先由实际气体的 T_c、p_c 计算出 T_r、p_r，然后从图中找出相应的等对比温度线，再由等对比温度线找到相应对比压力下的逸度因子。

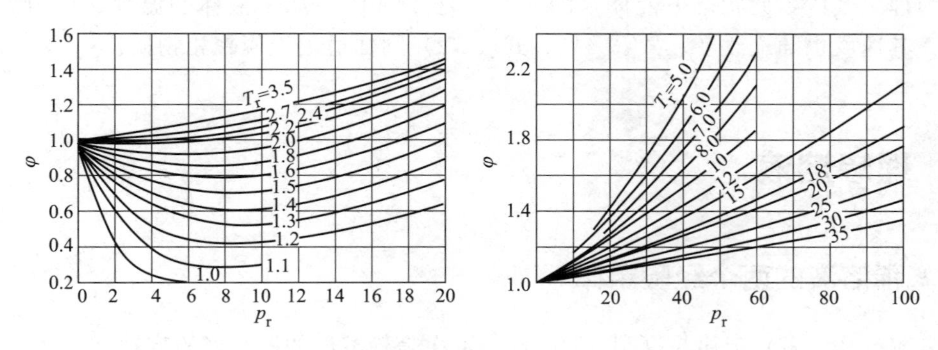

图 3-2 Newton 图

式(3-46）表明，计算混合气体中 i 组分的逸度因子需要一定温度下偏摩尔体积 V_i 随压力变化的数据，这样的数据不多，实用中常采用近似方法计算。路易斯-兰德尔（Lewis-Randall）规则就是一种近似方法。式(3-46）中的偏摩尔体积 V_i 如果能用压力 p 下纯 i 气体的摩尔体积 $V_{m,i}$ 代替，则式(3-46）右边的定积分就等于 $\ln\varphi_i^*$，这意味着

$$\varphi_i=\varphi_i^* \tag{3-49}$$

即混合气体中 i 组分的逸度因子等于在混合气体温度、压力下纯 i 气体的逸度因子。因为 $p_i\varphi_i=px_i\varphi_i=p\varphi_i^*x_i$，且 $p_i\varphi_i=f_i$，$p\varphi_i^*=f_i^*$，所以

$$f_i = f_i^* x_i \tag{3-50}$$

式(3-50)称为路易斯-兰德尔规则，它表示混合气体中 i 组分的逸度等于在混合气体的温度、压力下纯 i 气体的逸度与 i 组分在混合气体中的摩尔分数的乘积。

【例 3-8】 某气体混合物温度为 441.2K、压力为 30.3MPa，其中 N_2 的摩尔分数为 32.1%，已知 N_2 的临界温度为 126.1K、临界压力为 3.39MPa，用路易斯-兰德尔规则求气体混合物中 N_2 的逸度。

解 纯 N_2 气体在 441.2K、30.3MPa 下的 $T_r = T/T_c = 3.50$，$p_r = p/p_c = 8.94$，从 Newton 图中查得 $\varphi^* = 1.15$，因此纯 N_2 气体在混合气体温度、压力下的逸度 $f^* = p\varphi^*$，由路易斯-兰德尔规则知混合气体中 N_2 的逸度为

$$f = p\varphi^* x(N_2) = (30.3 \times 1.15 \times 0.321)\text{MPa} = 11.19\text{MPa}$$

3.4.4 凝聚相的逸度

逸度的概念不仅适用于气体，也适用于可挥发的液体和固体。定义式(3-38)中的 μ_i 如果是 i 组分在液相中的化学势，右边的 f_i 就是 i 组分在液相中的逸度。不管物质处于何种状态，由于逸度是以统一规定的气体的标准状态为参考态的基础上度量化学势的结果，因此逸度越大、化学势越高，逸度相等、化学势相等。当 α、β 两相平衡时，i 组分在两相中的逸度必然相等，即

$$f_i^{\alpha} = f_i^{\beta} \tag{3-51}$$

因此逸度相等也可作为相平衡的条件。

根据式(3-51)液体和固体的逸度等于与之成平衡的蒸气的逸度，当蒸气可作为理想气体时，等于平衡蒸气的压力。例如，25℃、101325Pa 下液态水的平衡蒸气压为 3170Pa，若水蒸气为理想气体，此状态下液体水的逸度就是 3170Pa。如果液体的温度、压力、组成发生变化，其逸度也随之改变。式(3-41)、式(3-42)同样适用于凝聚相物质。

3.5 理想溶液

3.5.1 稀溶液的两个经验定律

拉乌尔（Raoult）定律与亨利（Henry）定律是稀溶液的两个经验定律。

（1）拉乌尔定律　1887 年，拉乌尔在总结实验结果的基础上发现如下经验规律："在一定温度下，稀溶液中溶剂的蒸气压等于纯溶剂的蒸气压与溶剂摩尔分数的乘积。"此即拉乌尔定律。用数学公式可表示为

$$p_A = p_A^* x_A \tag{3-52}$$

式中，p_A^* 是纯溶剂 A 在溶液温度下的蒸气压；p_A 是稀溶液中溶剂 A 的蒸气压，当溶质可挥发时，p_A 是溶剂 A 在气相中的分压。

（2）亨利定律　1803 年，亨利根据实验结果总结出稀溶液的另一个经验规律："在一定温度下，稀溶液中溶质的蒸气压与溶质的浓度成正比。"此即亨利定律。由于溶质的浓度有

摩尔分数（x），质量摩尔浓度（b），摩尔浓度（c）等多种表示方法[1]，因此亨利定律的数学表达式也有多种。如

$$p_B = K_x x_B \tag{3-53}$$

$$p_B = K_b \frac{b_B}{b^\ominus} \tag{3-54}$$

$$p_B = K_c \frac{c_B}{c^\ominus} \tag{3-55}$$

式中，p_B 为溶质的蒸气压，当液面上有多种气体时，p_B 是混合气体中溶质的分压；K_x、K_b、K_c 称为亨利系数，因 x_B、$b_B/b^\ominus$、$c_B/c^\ominus$ 皆为纯数，亨利系数具有压力的量纲[2]，以后将会看到亨利系数有明确的物理意义。然而，当 $x_B=1$ 或 $b_B/b^\ominus=1$ 或 $c_B/c^\ominus=1$ 时，溶液已不是稀溶液，以上三式不再适用，因此 K_x、K_b、K_c 一般不等于上述浓度下溶质的蒸气压。

使用亨利定律时溶质在气、液两相的分子形态必须相同。例如 NH_3 溶于水，在水中有电离平衡：$NH_3 + H_2O \rightleftharpoons NH_4^+ + OH^-$。与液面上 NH_3 的平衡分压成正比的是溶液中以 NH_3 分子形态存在的溶质浓度，不包括 NH_4^+ 的浓度。

拉乌尔定律与亨利定律描述的都是汽液平衡条件下溶液中某组分 i（溶质或溶剂）的平衡蒸气压 p_i 与该组分液相浓度的关系，这种关系必须满足两相逸度相等的条件（图 3-3）。平衡条件下气相逸度就是液相逸度。既是液相逸度，逸度是液相温度、压力和浓度的函数，即便温度、浓度一定，液相压力的变化仍会引起逸度的变化。既是气相逸度，逸度就不能简单地用蒸气压代替，否则只能限于气相是理想的情况。两个经验定律建立时，实验涉及的蒸气是理想的，液相压力也没有大的变化。定律的建立对促进溶液热力学理论的发展起着重要作用。为了使它们广泛适用于各种不同情况，两个经验定律的严格表述应为："在一定温度、压力下的稀溶液中，溶剂的逸度等于纯溶剂的逸度与溶剂摩尔分数的乘积，溶质的逸度与溶质的浓度成正比。"用公式表示，即

气相	$f_i^g = p_i \varphi_i$
液相	$f_i^l(T, p^l, x_i)$

图 3-3　汽液平衡时 $f_i^g = f_i^l$

$$f_A = f_A^* x_A \quad (x_A \to 1) \tag{3-56}$$

$$f_B = K_x x_B \quad (x_B \to 0) \tag{3-57}$$

$$f_B = K_b \frac{b_B}{b^\ominus} \quad (b_B \to 0) \tag{3-58}$$

$$f_B = K_c \frac{c_B}{c^\ominus} \quad (c_B \to 0) \tag{3-59}$$

f_A^* 是溶液温度、压力下纯溶剂的逸度。当溶液温度、压力一定时亨利系数 K_x、K_b、K_c 为常数。应当指出，式(3-56)～式(3-59) 在严格的理论分析时是必须的，但在实际应用

---

[1] 溶质 B 的质量摩尔浓度的定义是 $b_B = n_B/W_A$，摩尔浓度的定义是 $c_B = n_B/V$。n_B 是溶液中 B 的物质的量；W_A 是溶液中溶剂的质量；V 是溶液的体积。b_B 的常用单位是 $mol \cdot kg^{-1}$，以 $b^\ominus$ 表示；c_B 的常用单位是 $mol \cdot dm^{-3}$，以 $c^\ominus$ 表示。

[2] 亨利系数的量纲与亨利定律的表示式有关，若将亨利定律表示为 $p_B = K_x x_B$，$p_B = K_b b_B$，$p_B = K_c c_B$，亨利系数就具有不同的量纲。然而亨利系数反映体系的重要性质，编者采用式(3-54)、式(3-55) 使各种亨利系数均具有压力的量纲，更便于反映体系的性质。

中，只要气相压力不大，就能以蒸气压代替逸度；只要液相压力不发生大的变化，液相压力对蒸气压及亨利系数的影响就可不予考虑。

凝聚相压力对其化学势或逸度的影响是个原则问题。但是，由于凝聚相偏摩尔体积很小，由式(3-11) 与式(3-42) 可知，凝聚相化学势或逸度随压力的变化率很小。如果压力变化不大，影响程度甚微，通常忽略压力的影响，目的是抓住问题中的主要矛盾。然而，当凝聚相压力发生大的变化时，量变引起质变，压力对化学势或逸度的影响就必须考虑。

【例 3-9】 25℃ 时，水的饱和蒸气压为 3168Pa，在甘油的水溶液中甘油的质量分数为 0.01，问常压下和 95.5MPa 压力下溶液的蒸气压各为多少？

解 甘油为不挥发溶质，溶入水后使溶液蒸气压降低，因溶液为稀溶液，可用拉乌尔定律计算。先将甘油的质量分数换算成摩尔分数，甘油、水的摩尔质量分别为 $0.092kg \cdot mol^{-1}$ 及 $0.018kg \cdot mol^{-1}$，以 100kg 溶液为基准，则

$$x_B = (1/0.092)/(1/0.0092 + 99/0.018) = 0.002$$

常压下纯水蒸气压可取水的饱和蒸气压 $p_A^* = 3168Pa$，则

$$p_A = p_A^*(1 - x_B) = 3168Pa \times (1 - 0.002) = 3162Pa$$

95.5MPa 下可计算出纯水的蒸气压 $p_A^* = 2 \times 3168Pa = 6336Pa$（参阅【例 3-6】），故

$$p_A = p_A^*(1 - x_B) = 6336Pa \times (1 - 0.002) = 6323Pa$$

如果用常压下水的蒸气压 $p_A^* = 3170Pa$ 计算，常压下 $p_A = 3164Pa$，此例说明当溶液压力变化不大时，可以不考虑 p_A^* 随压力的变化。

【例 3-10】 20℃ 水面上氧（A）、氮（B）的分压均为 101.3kPa 时，每 100g 水中能溶解 O_2：$3.11cm^3$，N_2：$1.57cm^3$（标准状况），问常压下被空气饱和的水中氧和氮的摩尔比为多少？空气中氧、氮分压之比为 1∶4。

解 空气中 O_2 和 N_2 的分压以 p_A、p_B 表示，则 $p_A : p_B = 1 : 4$，由亨利定律

$$\frac{p_A}{101.3kPa} = \frac{V_A}{3.11cm^3} \quad 且 \quad \frac{p_B}{101.3kPa} = \frac{V_B}{1.57cm^3}$$

V_A、V_B 分别为空气中每 100g 水溶解的氧和氮的体积，两式相比

$$\frac{n_A}{n_B} = \frac{V_A}{V_B} = \frac{3.11p_A}{1.57p_B} = 0.495 \approx \frac{1}{2}$$

即水中氧与氮的摩尔比约为 1∶2。

应用亨利定律时，溶质的浓度可有多种形式，此题中不必将一定量溶剂中溶解溶质的数量换算成其它浓度。

3.5.2 理想溶液的定义和性质

溶液是多组分的均相混合物，溶液的性质与溶液的组成有关。为了研究实际溶液，首先研究溶液性质与其组成具有简单关系的理想溶液，然后再研究实际溶液与理想溶液的偏差，从而达到研究实际溶液的目的。

理想溶液是溶液中任一组分 i 在全部浓度范围内都服从拉乌尔定律的溶液。对于理想溶液，式(3-56) 在任何浓度都能成立，即

$$f_i = f_i^* x_i \quad (x_i = 0 \sim 1) \tag{3-60}$$

设 μ_i 是溶液中组分 i 的化学势；μ_i^* 是纯组分 i 在溶液温度、压力下的化学势，两态的逸度分别是 f_i 和 f_i^*。因 $f_i / f_i^* = x_i$，根据式(3-40)，两态化学势之差可用两态逸度之比表示，即

$$\mu_i = \mu_i^*(T, p) + RT\ln x_i \quad (x_i = 0 \sim 1) \tag{3-61}$$

式(3-61) 的意义可理解为为了度量理想溶液中某组分 i 的化学势，如果取该纯组分在溶液温度、压力下的状态作为参考状态，则其化学势 μ_i 与参考态化学势 μ_i^* 之差可表示为 i 组分摩尔分数 x_i 的函数。显然，参考态化学势 μ_i^* 只是溶液温度、压力的函数。式(3-60) 或式(3-61) 均可作为理想溶液的定义式。

根据式(3-61)，可导出在一定温度、压力下由纯组分混合成理想溶液时体系热力学函数的变化具有以下特征：

① $$\Delta_{\text{mix}} G = \sum_{i=1}^{K} n_i \mu_i - \sum_{i=1}^{K} n_i \mu_i^* = RT \sum_{i=1}^{K} n_i \ln x_i \tag{3-62}$$

② $$\Delta_{\text{mix}} S = -\left(\frac{\partial \Delta_{\text{mix}} G}{\partial T}\right)_{p,n} = -R \sum_{i=1}^{K} n_i \ln x_i \tag{3-63}$$

③ $$\Delta_{\text{mix}} V = \left(\frac{\partial \Delta_{\text{mix}} G}{\partial p}\right)_{T,n} = 0 \tag{3-64}$$

④ $$\Delta_{\text{mix}} H = \Delta_{\text{mix}} G + T\Delta_{\text{mix}} S = 0 \tag{3-65}$$

且因为

$$\frac{\mu_i}{RT} = \frac{\mu_i^*}{RT} + \ln x_i$$

T、x（x 表示溶液组成）不变时两边对 p 求偏导，注意 μ_i^* 只是 T、p 的函数，由式(3-11) 可得

$$V_i = V_{\text{m},i} \tag{3-66}$$

p、x 不变时两边对 T 求偏导，由式(3-13)，可得

$$H_i = H_{\text{m},i} \tag{3-67}$$

将以上两式分别代入式(3-4)，也可以导出式(3-64) 和式(3-65)。

在一定温度、压力下由纯组分混合成理想溶液时没有热效应和体积变化，说明理想溶液中当一种组分的分子被另一种组分的分子取代时既没有能量的变化也没有空间结构的变化。从微观上看，理想溶液具有以下特征，以 A、B 两组分溶液为例：

① A-A，A-B，B-B 分子间作用力相同；

② A、B 分子大小相同。

前面说过，理想气体的微观特征是：①分子间没有相互作用力；②分子没有体积。与理想气体的微观特征相比较，理想溶液的微观特征是相对的。一些实际溶液，例如，结构异构体的混合物，如邻、对、间位二甲苯；同位素化合物的混合物，如水与重水；紧邻同系物的混合物，如甲醇与乙醇等；基本具备这些特征，它们的混合物可视为理想溶液。

溶液即均相混合物，不仅限于液态溶液，也包括气态溶液和固态溶液。理想溶液定义式(3-60) 用于气态溶液时，就变为式(3-50)，即服从路易斯-兰德尔规则的气体混合物就是气态理想溶液。气态理想溶液与混合理想气体不同，虽然混合理想气体也是气态理想溶液，式(3-62)～式(3-67) 对混合理想气体都能适用，但前者是实际气体，后者是理想气体。混合

理想气体满足 $pV=nRT$ 的状态方程，气态理想溶液由于混合前各组分均为实际气体，$pV_{m,i}\neq RT$，所以气态理想溶液不满足 $pV=nRT$ 的状态方程。实际气体混合物在相当高的压力下（$p<100\text{MPa}$）尚可视为气态理想溶液，然而只有在压力很低（$p\to 0$）的条件下才可视为混合理想气体。

【例 3-11】 苯（A）与甲苯（B）形成理想溶液。20℃时它们的饱和蒸气压分别为 9.96kPa 和 2.97kPa。求（1）液相摩尔分数 $x_A=0.200$ 时苯与甲苯的分压和蒸气总压；（2）当蒸气摩尔分数 $y_A=0.200$ 时，液相的 x_A 和蒸气总压。

解 （1）因苯、甲苯服从拉乌尔定律，所以

$$p_A=p_A^*x_A=9.96\text{kPa}\times 0.200=1.99\text{kPa}$$

$$p_B=p_B^*x_B=2.97\text{kPa}\times(1-0.200)=2.38\text{kPa}$$

$$p=p_A+p_B=(1.99+2.38)\text{kPa}=4.37\text{kPa}$$

（2）因为 $y_A=\dfrac{p_A}{p}=\dfrac{p_A^*x_A}{p_A^*x_A+p_B^*x_B}$

所以 $0.200=\dfrac{9.96x_A}{9.96x_A+2.97(1-x_A)}$

解得 $x_A=0.0694$，蒸气总压为

$$p=p_A^*x_A+p_B^*x_B=[9.96\times 0.0694+2.97\times(1-0.0694)]\text{kPa}$$
$$=3.46\text{kPa}$$

3.6 理想稀溶液

3.6.1 理想稀溶液中组分的化学势

设 A 与 B 组成二元溶液，当溶质 B 的浓度稀到一定程度，溶剂 A 服从拉乌尔定律，溶质 B 服从亨利定律，该溶液称为理想稀溶液。

理想稀溶液中溶剂服从拉乌尔定律，其化学势可用式(3-61) 表示，但此时溶剂摩尔分数 $x_A\to 1$，因此理想稀溶液中溶剂化学势的表示式为

$$\mu_A=\mu_A^*(T,p)+RT\ln x_A \quad (x_A\to 1) \tag{3-68}$$

μ_A^* 是溶液 T、p 下纯溶剂 A 的化学势。式(3-68) 表示当以溶液 T、p 下的纯溶剂为参考态时理想稀溶液中溶剂的化学势可表示为 x_A 的函数。参考态是真实的状态，参考态逸度就是纯溶剂的逸度 f_A^*。

应当注意，理想稀溶液并不是稀的理想溶液。在稀的理想溶液中溶质服从拉乌尔定律。在理想稀溶液中溶质服从亨利定律，$f_B=K_xx_B=K_b(b_B/b^\ominus)=K_c(c_B/c^\ominus)$成立，此时溶质浓度极稀，$x_B$、$b_B$、$c_B\to 0$。因此，严格而论只有浓度为无限稀的溶液才是理想稀溶液，但通常可以把较稀的溶液近似地作为理想稀溶液处理。从微观上看理想稀溶液中各组分分子间的相互作用（A-A，A-B，B-B）并不相同，分子大小也不相同，混合时产生热效应与体积变化。但由于溶液极稀，溶剂分子周围几乎全是溶剂分子，溶质分子周围几乎也全是溶剂

分子，这是理想稀溶液的微观特征。正因为如此，理想稀溶液中溶剂分子所处的环境与纯溶剂中相同，只是其中溶剂的分子数比纯溶剂减少了，所以溶剂蒸气压与其摩尔分数成正比，与溶质无关，溶剂服从拉乌尔定律。在理想稀溶液中，每个溶质分子的环境都是纯溶剂，只是溶液浓度不同单位体积中溶质分子的数目不同，所以溶质蒸气压与其浓度成正比，溶质服从亨利定律。

当溶质浓度以 x_B 表示时，f_B 与 x_B 的关系如图 3-4 所示，$f_B=K_x x_B$ 仅在 $x_B \to 0$ 的范围内成立。超出理想稀溶液范围，随着 x_B 增大，溶质偏离亨利定律。假定超出理想稀溶液的范围后溶质仍能服从亨利定律，其逸度将按照图 3-4 中的虚线变化，至 $x_B=1$ 时，溶质逸度为 K_x，因此 K_x 是假定溶质服从亨利定律（$f_B=K_x x_B$）条件下 $x_B=1$ 时的逸度。显然这时溶液的状态不是真实的，然而在这个虚拟的状态下溶质有确定的逸度 K_x，因而也就有确定的化学势，设以 $\mu_{x,B}^{\circ}$ 表示。理想稀溶液中溶质的化学势为 μ_B，二者之差可用溶质在两态的逸度之比表示，即

$$\mu_B-\mu_{x,B}^{\circ}=RT\ln\frac{f_B}{K_x}$$

由于理想稀溶液中 $f_B/K_x=x_B$，所以

$$\mu_B=\mu_{x,B}^{\circ}(T,p)+RT\ln x_B \qquad (x_B \to 0) \tag{3-69}$$

式(3-69) 是理想稀溶液中溶质化学势的表示式。$\mu_{x,B}^{\circ}$ 是溶质参考态的化学势，参考态是溶液 T、p 下假定溶质服从亨利定律 $f_B=K_x x_B$ 且 $x_B=1$ 的状态，因此 $\mu_{x,B}^{\circ}$ 只是溶液 T、p 的函数。

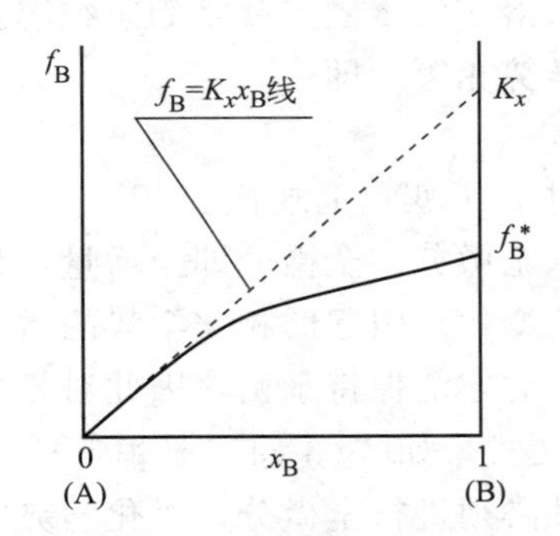

图 3-4　理想稀溶液中溶质逸度与浓度（x）的关系

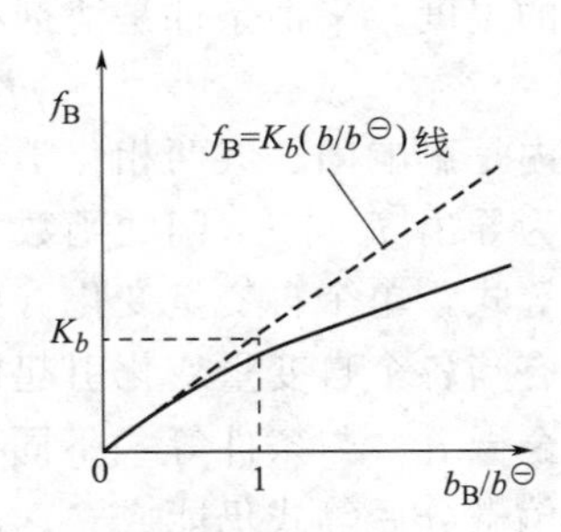

图 3-5　理想稀溶液中溶质逸度与浓度（b）的关系

溶质浓度以 b 表示时，理想稀溶液中的溶质服从亨利定律 $f_B=K_b(b_B/b^{\ominus})$，此时 $b_B \to 0$，超出此范围，溶质偏离亨利定律。若以溶液 T、p 下溶质服从亨利定律 $f_B=K_b(b_B/b^{\ominus})$ 且 $b_B/b^{\ominus}=1$ 的虚拟状态为参考态，则参考态逸度为 K_b，如图 3-5 所示。参考态的组成已经指定，其化学势 $\mu_{b,B}^{\circ}$ 只是溶液 T、p 的函数。理想稀溶液中溶质化学势 μ_B 与参考态化学势之差可用两态逸度之比表示，此时 $f_B/K_b=b_B/b^{\ominus}$，所以，理想稀溶液中溶质化学势的表示式为

$$\mu_B=\mu_{b,B}^{\circ}(T,p)+RT\ln(b_B/b^{\ominus}) \qquad (b_B \to 0) \tag{3-70}$$

类似地，当溶质浓度用 c 表示时，若以溶液 T、p 下溶质服从亨利定律 $f_B=K_c(c_B/c^{\ominus})$ 且 $c/c^{\ominus}=1$ 的虚拟状态为参考态，则参考态逸度为 K_c。参考态的组成已经指定，其化学势 $\mu_{c,B}^{\circ}$ 只是溶液 T、p 的函数，此时稀溶液中溶质化学势的表示式为

$$\mu_B=\mu^{\circ}_{c,B}(T,p)+RT\ln(c_B/c^{\ominus}) \quad (c_B\to 0) \tag{3-71}$$

溶液中组分的化学势与溶液组成的关系依赖于组成溶液的物质的特性。然而式(3-68)～式(3-71)表明，对于理想稀溶液中的组分，只要选取适当的状态作为度量化学势的参考状态，组分的化学势就可以简单地表示为组分浓度的函数。

3.6.2 稀溶液的依数性

将少量溶质溶解于纯溶剂中形成稀溶液，与纯溶剂相比，稀溶液中溶剂的蒸气压降低了；当溶液中有纯溶剂固体析出时，稀溶液的凝固点降低了；当溶质是不挥发物质时，稀溶液的沸点升高了；而且稀溶液与纯溶剂达到渗透平衡时两相间还呈现出压力差。以上变化的大小均与稀溶液中溶质的本性无关，只取决于稀溶液中溶质分子的数目，称为稀溶液的依数性。稀溶液的依数性是由于稀溶液中溶剂服从拉乌尔定律或溶剂化学势按照式(3-68)随其摩尔分数减小而降低引起的。

3.6.2.1 蒸气压降低

由拉乌尔定律知，稀溶液中溶剂A的蒸气压为 $p_A=p_A^*x_A$，所以

$$p_A^*-p_A=p_A^*(1-x_A)=p_A^*x_B \tag{3-72}$$

即溶剂的蒸气压降低值与溶质B的摩尔分数成正比，比例系数 p_A^* 与溶质无关。当溶质不挥发时 $p_A^*x_B$ 为溶液蒸气压降低值。

3.6.2.2 凝固点降低

当溶液凝固时如果从溶液中析出的是固态纯溶剂，溶液的凝固点就是固态纯溶剂与溶液两相平衡的温度，平衡条件是溶剂在固、液两相的化学势相等。即

$$\mu_A^s(T,p)=\mu_A^l(T,p,x_A)$$

括号内是影响固、液两相化学势的自变量。凝固时 p 不变，上式代表 T、x_A 间的隐函数关系。为导出 T 与 x_A 间的函数关系，必须对两边求全微分。全微分即全增量，相平衡条件是条件等式，单个自变量变化（如本例中 T 或 x_A 的变化）引起两相化学势的增量不一定相等，只有当各个自变量变化引起化学势的全增量相等时才能保持平衡，因此对相平衡条件必须进行全微分。与条件等式不同，组分化学势的定义式，如式(3-61)是恒等式，对恒等式两边求偏微分后等式仍能成立。这就是对相平衡条件必须进行全微分，对化学势定义式可以进行偏微分的原因。现在对上式求全微分，其中 μ_A^l 可用式(3-68)代入，即

$$\mu_A^s(T,p)=\mu_A^*(T,p)+RT\ln x_A$$

为简化计算，上式两边同除以 RT 后再求全微分，即

$$\mathrm{d}\frac{\mu_A^s}{RT}=\mathrm{d}\frac{\mu_A^*}{RT}+\mathrm{d}\ln x_A$$

注意到 μ_A^s、μ_A^* 分别为纯固体、纯液体化学势，凝固时 p 不变，根据热力学关系式(3-13)，微分结果为

$$\left(-\frac{H_{m,A}^s}{RT^2}\right)\mathrm{d}T=\left(-\frac{H_{m,A}^l}{RT^2}\right)\mathrm{d}T+\mathrm{d}\ln x_A$$

上式可重排为

$$\mathrm{d}\ln x_A=\frac{\Delta_{fus}H_{m,A}}{RT^2}\mathrm{d}T$$

其中 $\Delta_{fus}H_{m,A}=H^{l}_{m,A}-H^{s}_{m,A}$，是固体 A 的摩尔熔化焓。假定其不随温度变化，将上式左边从 $x_A=1$ 积分至 x_A，右边从 T_f^* 积分至 T_f，T_f^* 和 T_f 分别为纯溶剂和稀溶液的凝固点，则

$$\ln x_A=\frac{\Delta_{fus}H_{m,A}}{R}\left(\frac{1}{T_f^*}-\frac{1}{T_f}\right) \tag{3-73}$$

对于稀溶液，$x_A\to1$，$x_B\to0$，且 $T_f^*\approx T_f$，上式可作如下近似处理：

① $\ln x_A=\ln(1-x_B)\approx-x_B\approx-n_B/n_A=-n_BM_A/W_A=-b_BM_A$

式中，M_A、W_A 分别为 A 的摩尔质量和质量。

② 令 $\Delta T_f=T_f^*-T_f$ 为稀溶液的凝固点降低值，则

$$\frac{1}{T_f^*}-\frac{1}{T_f}=\frac{-\Delta T_f}{T_f^*T_f}\approx\frac{-\Delta T_f}{(T_f^*)^2}$$

以上结果代入式(3-73)，得

$$\Delta T_f=K_fb_B \tag{3-74}$$

其中

$$K_f=\frac{R(T_f^*)^2M_A}{\Delta_{fus}H_{m,A}} \tag{3-75}$$

K_f 称为溶剂的凝固点降低常数。其值仅取决于溶剂的正常熔点、摩尔熔化焓及摩尔质量，与溶质性质无关。表 3-1 给出几种常见溶剂的 K_f 值。

表 3-1　几种常见溶剂的 K_f 值

溶剂	水	醋酸	苯	环己烷	萘	三溴甲烷	樟脑
T_f^*/K	273.15	289.8	278.7	279.65	354	281	446
$K_f/K\cdot kg\cdot mol^{-1}$	1.86	3.9	5.12	20	6.9	14.4	40

【例 3-12】 在 25.00g 苯中溶入 0.245g 苯甲酸，测得凝固点降低 $\Delta T_f=0.206K$。求苯甲酸在苯中的分子式。

解　由表 3-1 查得苯的 $K_f=5.12K\cdot kg\cdot mol^{-1}$。由式(3-74)

$$\Delta T_f=K_fb_B=K_f\frac{W_B}{M_BW_A}$$

所以 $$M_B=\frac{K_fW_B}{\Delta T_fW_A}=\frac{5.12\times0.245\times10^{-3}}{0.206\times25.00\times10^{-3}}kg\cdot mol^{-1}$$
$$=0.244kg\cdot mol^{-1}$$

已知苯甲酸 C_6H_5COOH 的摩尔质量为 $0.122kg\cdot mol^{-1}$，故苯甲酸在苯中以双分子缔合体存在，分子式为 $(C_6H_5COOH)_2$。

3.6.2.3　沸点升高

沸点是液体饱和蒸气压等于环境压力时的温度。此时液体不仅从表面而且从内部可以同时进行汽化，即沸腾。若溶质不挥发，溶液的蒸气压低于纯溶剂的蒸气压，溶液的蒸气压曲线位于纯溶剂蒸气压曲线的下方，如图 3-6 所示。在纯溶剂的沸点 T_b^* 下，溶液的蒸气压因低于 $p_环$ 而不能沸腾。欲使溶液沸腾必须将溶液温度升高到 T_b，使其蒸气压等于 $p_环$。此时 $T_b>T_b^*$，$\Delta T_b=T_b-T_b^*$ 为溶液的沸点升高值。溶液沸腾时气液两相成相平衡，溶剂在两

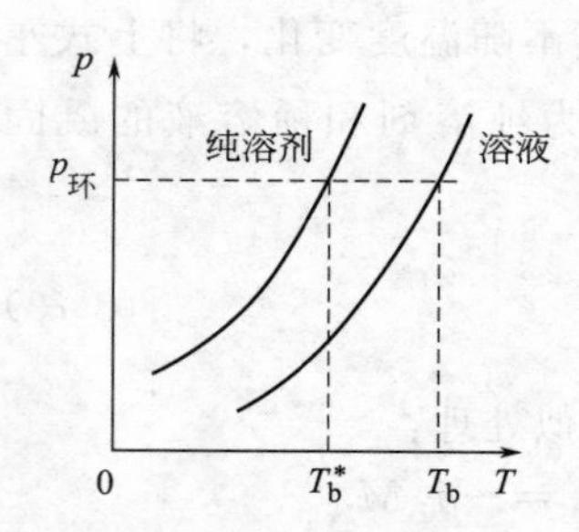

图 3-6　沸点升高示意图

相的化学势相等，即

$$\mu_A^g(T,p)=\mu_A^l(T,p,x_A)$$

其中 $p=p_{环}$ 为定值，μ_A^l 可用式(3-68)代入，采用推导凝固点降低公式的同样方法，假定溶剂的摩尔蒸发焓 $\Delta_{vap}H_{m,A}$ 不随温度变化，可导出

$$\ln x_A=-\frac{\Delta_{vap}H_{m,A}}{R}\left(\frac{1}{T_b^*}-\frac{1}{T_b}\right) \tag{3-76}$$

对于稀溶液，经过类似凝固点降低常数的近似处理可得到

$$\Delta T_b=K_b b_B \tag{3-77}$$

其中

$$K_b=\frac{R(T_b^*)^2M_A}{\Delta_{vap}H_{m,A}} \tag{3-78}$$

K_b 称为溶剂的沸点升高常数。其值仅取决于溶剂的正常沸点、摩尔质量及摩尔蒸发焓，与溶质性质无关。表 3-2 给出几种常见溶剂的 K_b 值。

表 3-2　几种常见溶剂的 K_b 值

溶剂	水	甲醇	乙醇	丙酮	氯仿	苯	四氯化碳
T_b^*/K	373	337.7	351.48	329.3	334.35	353.1	349.87
K_b/K·kg·mol^{-1}	0.52	0.83	1.19	1.73	3.85	2.60	5.02

3.6.2.4　渗透压

用一个只允许溶剂分子通过，不允许溶质分子通过的半透膜 aa′将溶液与纯溶剂隔开，在一定温度下若两相压力相等，溶剂分子将通过 aa′从纯溶剂向溶液渗透。欲阻止渗透需增大溶液的压力。当渗透平衡时溶液与纯溶剂两相间的压力差称为溶液的渗透压。

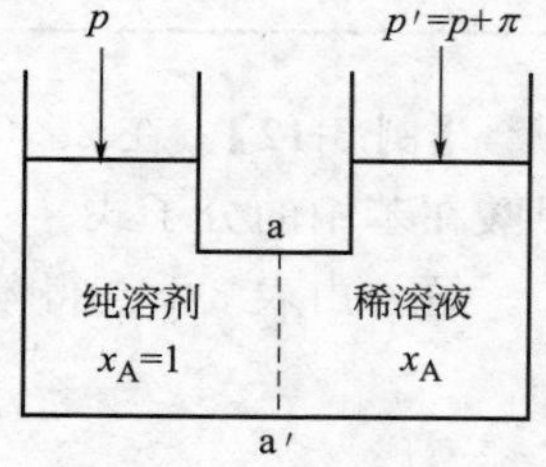

图 3-7　渗透平衡示意图

现以逸度作为相平衡条件导出渗透压公式。如图 3-7 所示，溶液压力 $p'=p$ 时，左边纯溶剂的逸度为 f_A^*，右边稀溶液中溶剂服从拉乌尔定律，逸度为 $f_A^*x_A$，因 $x_A<1$，渗透从左向右进行。为阻止渗透，需增加溶液的压力，假定 $p'=p+\pi$ 时渗透达到平衡，此时溶液中溶剂的逸度变为 $f_A^{*\prime}x_A$，$f_A^{*\prime}$是纯溶剂在压力等于 $p+\pi$ 时的逸度，根据式(3-42)，一定温度下纯溶剂逸度与压力的关系为

$$\mathrm{d}\ln\frac{f_A^*}{p^\ominus}=\frac{V_{m,A}}{RT}\mathrm{d}p$$

两边积分，左边从 f_A^* 积分到 $f_A^{*\prime}$，右边从 p 积分到 $p+\pi$，假定纯溶剂摩尔体积 $V_{m,A}$ 不随压力变化，得

$$\ln\frac{f_A^{*\prime}}{f_A^*}=\frac{V_{m,A}}{RT}\pi$$

渗透平衡时 $f_A^{*\prime}x_A=f_A^*$，所以

$$\ln\frac{1}{x_A}=\frac{V_{m,A}}{RT}\pi \tag{3-79}$$

对于稀溶液，可作如下近似处理：

$$\ln\frac{1}{x_A}=-\ln(1-x_B)\approx x_B\approx\frac{n_B}{n_A}=\frac{n_BV_{m,A}}{n_AV_{m,A}}\approx\frac{n_B}{V}V_{m,A}=c_BV_{m,A}$$

V 为溶液体积，对于稀溶液 $V\approx n_AV_{m,A}$；c_B 为溶质的摩尔浓度，以上结果代入式(3-79) 左边，得到

$$\pi=c_BRT \tag{3-80}$$

即稀溶液的渗透压与溶质的摩尔浓度成正比，与溶质本性无关。式(3-80) 称为范托夫(van't Hoff) 渗透压公式。

以上推导过程表明，式(3-73)、式(3-76)、式(3-79) 是在溶剂服从拉乌尔定律基础上得到的。即使溶液较浓，只要溶剂服从拉乌尔定律，以及满足推导过程中溶剂的相变焓及摩尔体积为常量的假定，三式均可适用。但式(3-74)、式(3-77)、式(3-80) 则只能用于稀溶液，若溶液较浓，即使溶剂服从拉乌尔定律，使用这三式也会引起误差。

【例 3-13】 某大分子溶质的平均摩尔质量为 $25.00\text{kg}\cdot\text{mol}^{-1}$。在 298.2K 测得含该溶质的水溶液的渗透压为 1540Pa，问 0.1dm^3 溶液中含该溶质多少千克？

解 由于渗透压很低，说明溶液极稀，用式(3-80) 计算，即

$$\pi=c_BRT=\frac{W_B}{M_BV}RT$$

所以 $W_B=\dfrac{\pi M_BV}{RT}=\dfrac{1540\times25.00\times0.1\times10^{-3}}{8.314\times298.2}\text{kg}$

$=1.553\times10^{-3}\text{kg}$

3.6.3 分配定律

在一定温度、压力下，将一种溶质与两种互不相溶的溶剂共混，当溶解达到平衡后，溶质在两相中的逸度相等。即

$$f_B^{\alpha}=f_B^{\beta}$$

若两相皆为稀溶液，溶质在两相中均服从亨利定律，即

$$f_B^{\alpha}=K_x^{\alpha}x_B^{\alpha},\quad f_B^{\beta}=K_x^{\beta}x_B^{\beta}$$

于是

$$\frac{x_B^{\alpha}}{x_B^{\beta}}=\frac{K_x^{\beta}}{K_x^{\alpha}}=K(T,p) \tag{3-81}$$

因亨利系数在一定温度、压力下为常数，K 为二者之比也为常数，称为分配系数。式(3-81) 表示在一定温度、压力下，溶质在两个互不相溶的溶剂之间分配平衡时，若两液相皆为稀溶液，溶质在两相中浓度之比为常数。这一结论称为能斯特（Nernst）分配定律。

当溶质用其它浓度表示时，亨利系数的值不同，因此分配系数也不同。但不论溶质采用何种浓度，分配系数除与溶质及两种溶剂本性有关外仅是 T、p 的函数。由于压力对亨利系数影响甚微，一般可忽略压力对分配系数的影响。

应用分配定律时需注意，若溶质在溶剂中有缔合或离解现象时，分配定律只适用于两相中分子形态相同的部分。

分配定律是化工生产中萃取分离方法的理论基础。选用与溶剂不相混溶且溶质在其中有

较高溶解度的液体作为萃取剂，可将溶液中的溶质萃取出来，以达到分离的目的。

设体积为 V 的水相中溶有溶质的质量为 W_0，现用与水不相混溶的萃取剂进行萃取。萃取剂体积为 V_0，分配平衡后水相中溶质的残留量为 W_1，浓度为 W_1/V，萃取相的浓度为 $(W_0-W_1)/V_0$，则

$$K=\frac{(W_0-W_1)/V_0}{W_1/V}$$

K 为分配系数。解出

$$W_1=\frac{V}{V+KV_0}W_0$$

两相分离后重复上述操作，进行第二次萃取，水相中溶质的残留量 W_2 为

$$W_2=\frac{V}{V+KV_0}W_1=\left(\frac{V}{V+KV_0}\right)^2 W_0$$

重复 n 次后，残留量 W_n 为

$$W_n=\left(\frac{V}{V+KV_0}\right)^n W_0$$

如果用上述萃取剂（体积为 nV_0）作一次萃取，残留量 W_1' 为

$$W_1'=\left(\frac{V}{V+nKV_0}\right)W_0$$

因有如下关系：

$$\frac{1}{W_n}=\left(1+\frac{KV_0}{V}\right)^n\frac{1}{W_0}=\left[1+\frac{nKV_0}{V}+\frac{n(n-1)}{2!}\left(\frac{KV_0}{V}\right)^2+\cdots\right]\frac{1}{W_0}>\left(1+\frac{nKV_0}{V}\right)\frac{1}{W_0}=\frac{1}{W_1'}$$

所以

$$W_n<W_1'$$

这说明使用同样多的萃取剂，一次萃取不如多次萃取的效率高。正是根据这个规律工业上常常采用多级萃取的工艺，即把若干单级萃取器串联起来，使萃取剂多次与水相接触，从而大大提高萃取效率。

3.7 实际溶液

活度的概念

3.7.1 活度的概念

截至目前，对于理想溶液中的组分，理想稀溶液中的溶剂和溶质，在所选定的参考态的基础上其化学势可通过式(3-61)、式(3-68)～式(3-71) 表示为溶液浓度的函数。那么对于一般的实际溶液，其中各组分的化学势应如何表示呢？这里让我们回顾一下逸度的概念。理想气体化学势与其压力之间存在简单的关系，即 $\mu_i=\mu_i^{\ominus}(\mathrm{g})+RT\ln(p_i/p^{\ominus})$。实际气体化学势与其压力之间的关系是由实际气体的特性决定的，实际气体千差万别，不可能用一个统一的公式表示。但根据逸度的定义，不管实际气体与理想气体有多大偏差，其化学势都可通过逸度用与理想气体化学势同样简洁的公式表示，即 $\mu_i=\mu_i^{\ominus}(\mathrm{g})+RT\ln(f_i/p^{\ominus})$，所不同的是用 f_i（或 $p_i\varphi_i$）代替了理想气体的压力 p_i，实际气体与理想气体的偏差全部包含在逸度

因子 φ_i 之中。这里，虽然实际气体化学势与压力的关系实质上并没有得到解决（不能解决此类问题是热力学的局限性），但是，凡用理想气体化学势表示式推导出的公式中将压力用逸度代替就可适用任何实际气体，从而促进了热力学在实际中的应用。这种处理问题的方法也可用于实际溶液中组分化学势的表示，为此路易斯提出了活度的概念。

活度的定义是

$$\mu_i=\mu_i^\circ+RT\ln a_i \tag{3-82}$$

式中，μ_i 是体系中 i 组分的化学势；μ_i° 是相同温度下参考状态的化学势。活度的定义中包括以下内容：

① 活度 a_i 取决于相对值 $\mu_i-\mu_i^\circ$，因此，活度与逸度一样也是化学势的度量，是体系的强度性质。但活度 a_i 是量纲为 1 的量，参考状态也不一定是气体的标准状态，在实际问题中可以本着方便的原则选取参考状态。

② 令 f_i 为 i 组分的逸度，f_i° 为 i 组分在参考态的逸度，由式(3-40)

$$\mu_i-\mu_i^\circ=RT\ln\frac{f_i}{f_i^\circ}$$

上式与式(3-82) 比较，得

$$a_i=\frac{f_i}{f_i^\circ} \tag{3-83}$$

式(3-83) 表示活度即相对逸度，其值等于逸度与参考态逸度之比，式(3-83) 也可以作为活度的定义。

③ 活度值与参考态的选取有关，参考态不同，活度也不同。设 $f_i^{\circ\prime}$、$f_i^{\circ\prime\prime}$为两个不同参考态的逸度，由式(3-83)，$a_i'=f_i/f_i^{\circ\prime}$，且 $a_i''=f_i/f_i^{\circ\prime\prime}$，所以

$$\frac{a_i'}{a_i''}=\frac{f_i^{\circ\prime\prime}}{f_i^{\circ\prime}} \tag{3-84}$$

即活度与参考态逸度成反比。

④ 活度的概念比逸度广，包括逸度。如果选取气体的标准状态作为参考态，这时参考态的逸度为 $p^\ominus$，$a_i=f_i/p^\ominus$，因此逸度的定义式(3-38) 也可视为以气体标准状态为参考态时化学势的活度表示式。

【例 3-14】 25℃，常压下某水溶液中水的蒸气压为 1250Pa，纯水的蒸气压为 3170Pa，以纯水为参考态求水溶液中水的活度，并计算大量水溶液中 1mol 水变为纯水过程的 ΔG。假定蒸气为理想气体。

解 根据式(3-83)，活度即相对逸度，因蒸气为理想气体，溶液中水的逸度为 1250Pa，参考态逸度为 3170Pa，所以溶液中水的活度为

$$a(\text{水})=1250/3170=0.394$$

因为 $\mu(\text{水})=\mu^\circ(\text{水})+RT\ln a(\text{水})$

所以 $\Delta G=n[\mu^\circ(\text{水})-\mu(\text{水})]=-nRT\ln a(\text{水})$

$=(-1\times8.314\times298.15\times\ln0.394)\times10^{-3}\text{kJ}$

$=2.308\text{kJ}$

3.7.2 实际溶液中常用的参考状态

实际溶液中常用的参考状态根据溶液中的溶质和溶剂分为几种基本类型。关于溶液中的溶质和溶剂，习惯上是将溶于液体中的气体或固体物质称为溶质，液体称为溶剂。如氧气溶解于水，固体碘溶解于水，氧和碘为溶质，水为溶剂。如果溶液由液体组分互溶形成，其中浓度高的为溶剂，浓度低的为溶质。如异丁醇溶解于水，由于异丁醇在水中溶解度所限，浓度比水低得多，这时称异丁醇为溶质，水为溶剂。有时两种液体能以任意比例完全互溶，如甲醇-苯，水-乙醇等，这时溶液中各组分可以不加区别。

3.7.2.1 溶剂型参考态

对于实际溶液中的溶剂，或者溶剂与溶质可以不加区别的情况，习惯上采用下述参考状态。

惯例Ⅰ：以溶液温度、压力下的纯溶剂为参考态。

按照惯例Ⅰ，该参考态是真实的纯物质，参考态化学势 μ_i^* 只是溶液 T、p 的函数（图3-8），参考态逸度为 f_i^*。在此参考态下，式(3-82) 中 $\mu_i^\circ=\mu_i^*$，将式(3-82) 与式(3-61) 和式(3-68) 相比较，可知对于理想溶液中的组分，或理想稀溶液中的溶剂，$a_{\mathrm{I},i}=x_i$。然而对于实际溶液，$a_{\mathrm{I},i}\neq x_i$，为此定义：

$$a_{\mathrm{I},i}=x_i\gamma_{\mathrm{I},i} \tag{3-85}$$

于是

$$\mu_i=\mu_i^*(T,p)+RT\ln(x_i\gamma_{\mathrm{I},i}) \tag{3-86}$$

$\gamma_{\mathrm{I},i}$ 称为活度因子。因为 $a_{\mathrm{I},i}=f_i/f_i^*$，所以

$$f_i=f_i^*x_i\gamma_{\mathrm{I},i} \tag{3-87}$$

在介绍活度的概念时，曾提到选取参考状态的原则是方便。因为仅从度量化学势的需要出发，选取任何状态作为参考态皆无不可，但是那样得到的活度就只是一个数值而已。如果参考态选取得当，以致活度可用浓度代替，当不能代替时，活度因子尚有一定物理意义，这就是“方便”二字的含义。由式(3-87) 知，采用惯例Ⅰ的方便之处有以下两点：

① 当 $x_i\to1$ 时，i 组分服从拉乌尔定律，必有 $\gamma_{\mathrm{I},i}=1$，$a_{\mathrm{I},i}=x_i$。

② $\gamma_{\mathrm{I},i}$ 反映了 i 组分对拉乌尔定律的偏差，$\gamma_{\mathrm{I},i}>1$ 为正偏差，$\gamma_{\mathrm{I},i}<1$ 为负偏差。

正因为如此，溶液中的溶剂常以惯例Ⅰ为参考态。

溶剂的标准态是溶液温度下，压力等于 $p^\ominus$ 的纯溶剂。标准态化学势记为 $\mu_i^\ominus$，仅为 T 的函数（图 3-8）。当溶液压力 $p=p^\ominus$ 时，溶剂的参考态就是标准态。溶剂参考态化学势与标准态化学势之差为

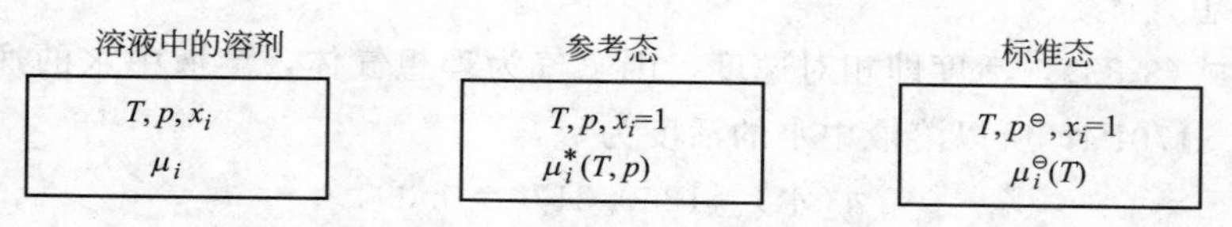

图 3-8 溶剂中的参考态和标准态

$$\mu_i^*-\mu_i^\ominus=\int_{p^\ominus}^{p}V_{\mathrm{m},i}\,\mathrm{d}p \tag{3-88}$$

$V_{\mathrm{m},i}$ 是纯溶剂 i 的摩尔体积。溶液中溶剂的化学势与其标准态化学势的关系为

$$\mu_i = \mu_i^{\ominus} + RT\ln(x_i\gamma_{\mathrm{I},i}) + \int_{p^{\ominus}}^{p} V_{\mathrm{m},i}\,\mathrm{d}p \tag{3-89}$$

如果 p 与 $p^{\ominus}$ 相差不大，右边的定积分值可以忽略，在这种情况下意味着可选取溶剂的标准态作为参考态。

3.7.2.2 溶质型参考态

对于溶质，根据其浓度的不同表示，习惯采用以下参考状态。

惯例Ⅱ：以溶液温度、压力下溶质服从亨利定律 $f_i=K_x x_i$ 且 $x_i=1$ 的状态为参考态。

惯例Ⅱ适用于溶质浓度用摩尔分数表示的情况。参考态是虚拟的纯溶质，参考态化学势 $\mu_{x,i}^{\circ}$ 只是溶液 T、p 的函数，参考态逸度为 K_x。在此参考态下，由式(3-69) 知理想稀溶液中溶质的摩尔分数就是其活度。一般情况下定义

$$a_{\mathrm{II},i} = x_i\gamma_{\mathrm{II},i} \tag{3-90}$$

则

$$\mu_i = \mu_{x,i}^{\circ}(T,p) + RT\ln(x_i\gamma_{\mathrm{II},i}) \tag{3-91}$$

$\gamma_{\mathrm{II},i}$ 称为活度因子。因为 $a_{\mathrm{II},i}=f_i/K_x$，所以

$$f_i = K_x x_i\gamma_{\mathrm{II},i} \tag{3-92}$$

由式(3-92) 知，采用惯例Ⅱ的方便之处是：

① 当 $x_i\to 0$ 时，i 组分服从亨利定律，即 $f_i=K_x x_i$，故必有 $\gamma_{\mathrm{II},i}=1$，$a_{\mathrm{II},i}=x_i$。

② $\gamma_{\mathrm{II},i}$ 反映了 i 组分对亨利定律 $f_i=K_x x_i$ 的偏差，$\gamma_{\mathrm{II},i}>1$ 为正偏差，$\gamma_{\mathrm{II},i}<1$ 为负偏差。

类似地，当溶质浓度以 b 或 c 表示时。习惯上分别采用以下参考状态：

惯例Ⅲ：以溶液温度、压力下溶质服从亨利定律 $f_i=K_b(b_i/b^{\ominus})$ 且 $b_i/b^{\ominus}=1$ 的状态为参考态。

惯例Ⅳ：以溶液温度、压力下溶质服从亨利定律 $f_i=K_c(c_i/c^{\ominus})$ 且 $c_i/c^{\ominus}=1$ 的状态为参考态。

在以上两种参考态下，溶质活度因子的定义分别是

$$a_{\mathrm{III},i} = (b_i/b^{\ominus})\gamma_{\mathrm{III},i} \tag{3-93}$$

$$a_{\mathrm{IV},i} = (c_i/c^{\ominus})\gamma_{\mathrm{IV},i} \tag{3-94}$$

两种参考态的逸度分别是 K_b 和 K_c，因此

$$f_i = K_b(b_i/b^{\ominus})\gamma_{\mathrm{III},i} \tag{3-95}$$

$$f_i = K_c(c_i/c^{\ominus})\gamma_{\mathrm{IV},i} \tag{3-96}$$

两种参考态的化学势 $\mu_{b,i}^{\circ}$、$\mu_{c,i}^{\circ}$ 只是溶液 T、p 的函数，溶质化学势的表示式为

$$\mu_i = \mu_{b,i}^{\circ}(T,p) + RT\ln\left(\frac{b_i}{b^{\ominus}}\gamma_{\mathrm{III},i}\right) \tag{3-97}$$

$$\mu_i = \mu_{c,i}^{\circ}(T,p) + RT\ln\left(\frac{c_i}{c^{\ominus}}\gamma_{\mathrm{IV},i}\right) \tag{3-98}$$

采用以上惯例的方便之处在于当溶液为理想稀溶液，即 $b_i\to 0$ 或 $c_i\to 0$ 时，溶质服从亨利定律，其活度因子 $\gamma_{\mathrm{III},i}$ 或 $\gamma_{\mathrm{IV},i}$ 必等于 1。当溶液变浓，溶质活度因子不为 1 时，活度因子分别表示对两种不同形式亨利定律的偏差，活度因子大于 1 为正偏差，小于 1 为负偏差。

根据选取溶质参考态的三种惯例，对无限稀溶液，溶质的活度因子 $\gamma_{\mathrm{II},i}$，$\gamma_{\mathrm{III},i}$，$\gamma_{\mathrm{IV},i}$ 皆为 1，其化学势 $\mu_i(\infty)$ 与各参考态化学势的关系为

$$\frac{\mu_i(\infty)}{RT}=\frac{\mu_{x,i}^{\circ}}{RT}+\ln x_i=\frac{\mu_{b,i}^{\circ}}{RT}+\ln\frac{b_i}{b^{\ominus}}=\frac{\mu_{c,i}^{\circ}}{RT}+\ln\frac{c_i}{c^{\ominus}} \tag{3-99}$$

各参考态化学势皆只是溶液 T、p 的函数，根据式(3-11)，在溶液组成、温度不变时上式对压力求偏导；根据式(3-13)，在溶液组成、压力不变时上式对温度求偏导，分别得到如下结果：

$$V_i(\infty)=V_{x,i}^{\circ}=V_{b,i}^{\circ}=V_{c,i}^{\circ} \tag{3-100}$$

$$H_i(\infty)=H_{x,i}^{\circ}=H_{b,i}^{\circ}=H_{c,i}^{\circ} \tag{3-101}$$

式中，$V_{x,i}^{\circ}$、$V_{b,i}^{\circ}$、$V_{c,i}^{\circ}$ 分别是溶质 i 在相应Ⅱ、Ⅲ、Ⅳ三种不同参考态下的偏摩尔体积；$H_{x,i}^{\circ}$、$H_{b,i}^{\circ}$、$H_{c,i}^{\circ}$ 分别是与其相应参考态对应的偏摩尔焓。以上结果表示溶质在三种不同参考态的偏摩尔体积皆等于其在无限稀溶液中的偏摩尔体积 $V_i(\infty)$，偏摩尔焓皆等于其在无限稀溶液中的偏摩尔焓 $H_i(\infty)$。

当溶质参考态的压力等于 $p^{\ominus}$ 时，此时的参考态就是溶质的标准态。标准态压力既然固定，其化学势 $\mu_{x,i}^{\ominus}$、$\mu_{b,i}^{\ominus}$、$\mu_{c,i}^{\ominus}$，就只是溶液温度的函数。参考态化学势与标准态化学势的关系为

$$\mu_{x,i}^{\circ}-\mu_{x,i}^{\ominus}=\mu_{b,i}^{\circ}-\mu_{b,i}^{\ominus}=\mu_{c,i}^{\circ}-\mu_{c,i}^{\ominus}=\int_{p^{\ominus}}^{p}V_i(\infty)\mathrm{d}p \tag{3-102}$$

因此溶质化学势与各标准态化学势间的关系为

$$\mu_i=\mu_{x,i}^{\ominus}(T)+RT\ln(x_i\gamma_{\mathrm{II},i})+\int_{p^{\ominus}}^{p}V_i(\infty)\mathrm{d}p \tag{3-103}$$

$$\mu_i=\mu_{b,i}^{\ominus}(T)+RT\ln\left(\frac{b_i}{b^{\ominus}}\gamma_{\mathrm{III},i}\right)+\int_{p^{\ominus}}^{p}V_i(\infty)\mathrm{d}p \tag{3-104}$$

$$\mu_i=\mu_{c,i}^{\ominus}(T)+RT\ln\left(\frac{c_i}{c^{\ominus}}\gamma_{\mathrm{IV},i}\right)+\int_{p^{\ominus}}^{p}V_i(\infty)\mathrm{d}p \tag{3-105}$$

如果 p 与 $p^{\ominus}$ 相差不大，右边的定积分可以忽略，这种情况下意味着可取溶质的标准态为参考态。

式(3-86)、式(3-91)、式(3-97) 和式(3-98) 表明，对于实际溶液的组分只要依照以上惯例选取参考态，都可借助活度的概念从形式上套用理想溶液或理想稀溶液中各组分化学势与浓度的关系。实际溶液与理想溶液或理想稀溶液的偏差完全包含在活度因子之中，这就是采用活度的好处。活度不仅能用于液态溶液，也能用于固态溶液和气态溶液。然而，对于气体中的组分，通常是用气体的标准态作为参考态，即以逸度作为化学势的度量。表 3-3 给出各种物态中组分常用的参考态及活度。

表 3-3　各种物态中组分常用的参考态及活度

物态			参考态	参考态化学势 μ_i°	参考态逸度 f_i°	活度 a_i	参考态与标准态化学势之差 $\mu_i^{\circ}-\mu_i^{\ominus}$
气体			气体的标准态	$\mu_i^{\ominus}(T)$	$p^{\ominus}$	$f_i/p^{\ominus}$	0
纯液体、纯固体			纯液体、纯固体本身	$\mu_i^{*}(T,p)$	f_i^{*}	1	$\int_{p^{\ominus}}^{p}V_{\mathrm{m},i}\mathrm{d}p$
溶液	溶剂		惯例Ⅰ	$\mu_i^{*}(T,p)$	f_i^{*}	$x_i\gamma_{\mathrm{I},i}$	
溶液	溶质	摩尔分数 x	惯例Ⅱ	$\mu_{x,i}^{\circ}(T,p)$	K_x	$x_i\gamma_{\mathrm{II},i}$	$\int_{p^{\ominus}}^{p}V_i(\infty)\mathrm{d}p$
溶液	溶质	质量摩尔浓度 b	惯例Ⅲ	$\mu_{b,i}^{\circ}(T,p)$	K_b	$(b_i/b^{\ominus})\gamma_{\mathrm{III},i}$	
溶液	溶质	摩尔浓度 c	惯例Ⅳ	$\mu_{c,i}^{\circ}(T,p)$	K_c	$(c_i/c^{\ominus})\gamma_{\mathrm{IV},i}$	

3.8 溶液组分的活度与活度因子

3.8.1 活度及活度因子间的关系

根据式(3-84)，不同参考态下的活度与参考态逸度有关，活度因子也与参考态逸度有关。以惯例Ⅱ、Ⅲ、Ⅳ为例，溶质B的参考态逸度 K_x、K_b、K_c 间存在一定关系。因为

$$b_B = \frac{n_B}{n_A M_A} = \frac{x_B}{(1-x_B)M_A}$$

$$c_B = \frac{n_B}{V} = \frac{n_B}{(n_A M_A + n_B M_B)/\rho} = \frac{x_B \rho}{(1-x_B)M_A + x_B M_B}$$

其中 V、ρ 分别表示溶液的体积和密度，从以上两式解出 x_B，即

$$x_B = \frac{b_B M_A}{1+b_B M_A} = \frac{c_B M_A}{\rho - c_B(M_B - M_A)} \tag{3-106}$$

当溶液无限稀释时，$b_B \to 0$，$c_B \to 0$，所以

$$x_B = b_B M_A = \frac{c_B M_A}{\rho_A^*} \tag{3-107}$$

ρ_A^* 为纯溶剂A的密度，且此时下式成立

$$f_B = K_x x_B = K_b \frac{b_B}{b^\ominus} = K_c \frac{c_B}{c^\ominus}$$

由以上两式可得参考态逸度之间有以下关系：

$$\frac{K_b}{K_x} = M_A b^\ominus \tag{3-108}$$

$$\frac{K_c}{K_x} = \frac{M_A c^\ominus}{\rho_A^*} \tag{3-109}$$

活度因子间的关系可根据式(3-92)、式(3-95)、式(3-96)，即

$$f_B = K_x x_B \gamma_{\mathrm{II},B} = K_b \frac{b_B}{b^\ominus}\gamma_{\mathrm{III},B} = K_c \frac{c_B}{c^\ominus}\gamma_{\mathrm{IV},B}$$

得到。上式与式(3-108)、式(3-109) 及式(3-106) 联立，有

$$\frac{\gamma_{\mathrm{II},B}}{\gamma_{\mathrm{III},B}} = \frac{K_b(b_B/b^\ominus)}{K_x x_B} = 1 + b_B M_A \tag{3-110}$$

$$\frac{\gamma_{\mathrm{II},B}}{\gamma_{\mathrm{IV},B}} = \frac{K_c(c_B/c^\ominus)}{K_x x_B} = \frac{\rho - c_B(M_B - M_A)}{\rho_A^*} \tag{3-111}$$

以上结果表明在无限稀释（$c_B \to 0$ 或 $b_B \to 0$）溶液中，三种活度因子皆等于1。此时亨利定律的三种表示式，即式(3-57)、式(3-58) 和式(3-59) 能够同时成立。超出无限稀的范围，三种活度因子并不相等，以上三种表示式不能同时成立。但在理想溶液中 $f_B = K_x x_B$ 仍可成立，这时 $K_x = f_B^*$，亨利定律 $f_B = K_x x_B$ 就是拉乌尔定律，$\gamma_{\mathrm{II},B} = 1$。然而 $\gamma_{\mathrm{III},B}$、$\gamma_{\mathrm{IV},B}$ 却不等于1，它们仅能反映对式(3-58)、式(3-59) 的偏差，不能作为衡量溶液不理想的数量。

【例 3-15】 某水溶液中溶质 B 的逸度与摩尔分数 x_B 的关系如图 3-9 所示，以惯例Ⅰ、Ⅱ、Ⅲ 为不同的参考态时，求

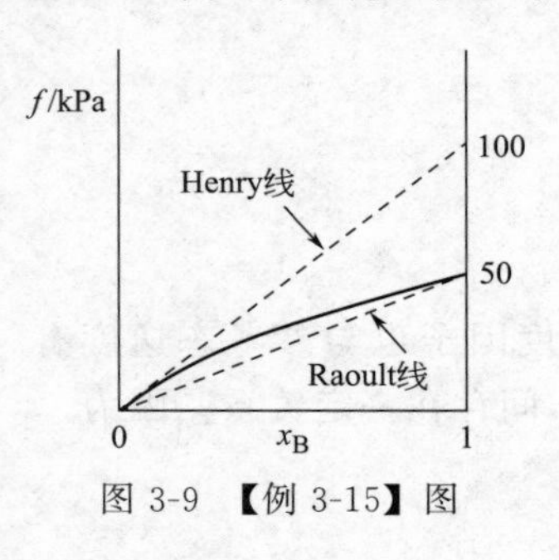

图 3-9 【例 3-15】图

（1）三种活度间的关系；

（2）$x_B=0$ 及 $x_B=1$ 时三种活度因子之值。

解 （1）$a_{Ⅰ,B}/a_{Ⅱ,B}=K_x/f_B^*=100/50=2:1$

$a_{Ⅱ,B}/a_{Ⅲ,B}=K_b/K_x=M_A b^{\ominus}$

$=0.018\text{kg}\cdot\text{mol}^{-1}b^{\ominus}=0.018:1$

所以 $a_{Ⅰ,B}:a_{Ⅱ,B}:a_{Ⅲ,B}=2:1:55.56$

（2）$x_B=1$ 时

$a_{Ⅰ,B}=1$ $\gamma_{Ⅰ,B}=1$

$a_{Ⅱ,B}=0.5$ $\gamma_{Ⅱ,B}=a_{Ⅱ,B}/x_B=0.5/1=0.5$

$a_{Ⅲ,B}=27.78$ $\gamma_{Ⅲ,B}=a_{Ⅲ,B}/(b_B/b^{\ominus})=27.78/\infty=0$

$x_B=0$ 时

$a_{Ⅰ,B}=0$ $\gamma_{Ⅰ,B}=a_{Ⅰ,B}/x_B=2a_{Ⅱ,B}/x_B=2\gamma_{Ⅱ,B}=2\times1=2$

$a_{Ⅱ,B}=0$ $\gamma_{Ⅱ,B}=1$

$a_{Ⅲ,B}=0$ $\gamma_{Ⅲ,B}=1$

3.8.2 活度与温度、压力的关系

活度是化学势的度量，是体系的强度性质，为 T、p、组成的函数。当溶液组成恒定时，活度与 T、p 的关系也就是活度因子与 T、p 的关系。如果采用惯例Ⅰ，活度表示式为

$$\ln x_i+\ln\gamma_{Ⅰ,i}=\frac{\mu_i-\mu_i^*(T,p)}{RT}$$

设组成恒定，两边分别对 T、p 求偏导，根据式(3-13)、式(3-11)，得

$$\left(\frac{\partial\ln\gamma_{Ⅰ,i}}{\partial T}\right)_{p,x}=-\frac{H_i-H_{m,i}}{RT^2}\tag{3-112}$$

$$\left(\frac{\partial\ln\gamma_{Ⅰ,i}}{\partial p}\right)_{T,x}=\frac{V_i-V_{m,i}}{RT}\tag{3-113}$$

$H_{m,i}$、$V_{m,i}$ 是参考态，即纯溶剂 i 的摩尔焓和摩尔体积。以上两式分别表示温度、压力对 $\gamma_{Ⅰ,i}$ 的影响。如果采用惯例Ⅱ，活度表示式为

$$\ln x_i+\ln\gamma_{Ⅱ,i}=\frac{\mu_i-\mu_{x,i}^{\circ}(T,p)}{RT}$$

同样方法可导出

$$\left(\frac{\partial\ln\gamma_{Ⅱ,i}}{\partial T}\right)_{p,x}=-\frac{H_i-H_i(\infty)}{RT^2}\tag{3-114}$$

$$\left(\frac{\partial\ln\gamma_{Ⅱ,i}}{\partial p}\right)_{T,x}=\frac{V_i-V_i(\infty)}{RT}\tag{3-115}$$

它们分别表示温度、压力对 $\gamma_{Ⅱ,i}$ 的影响。以上两式对于 $\gamma_{Ⅲ,i}$、$\gamma_{Ⅳ,i}$ 同样适用，这是因为惯例Ⅱ、Ⅲ、Ⅳ三种不同参考态的偏摩尔体积皆为 $V_i(\infty)$，偏摩尔焓皆为 $H_i(\infty)$。

3.8.3 活度及活度因子的测定

活度及活度因子的测定方法很多，现介绍以下几种。

3.8.3.1 蒸气压法

测定溶液中组分的蒸气压（蒸气不理想时测定其逸度），根据式(3-83) 计算活度及活度因子。以惯例Ⅰ、Ⅱ为例，因为

$$\frac{p_i}{p_i^*}=x_i\gamma_{\mathrm{I},i},\quad \frac{p_i}{K_x}=x_i\gamma_{\mathrm{II},i}$$

活度因子为

$$\gamma_{\mathrm{I},i}=\frac{p_i}{p_i^* x_i},\quad \gamma_{\mathrm{II},i}=\frac{p_i}{K_x x_i}$$

式中，p_i 是实际测定的 i 组分的蒸气压；p_i^* 是溶液温度、压力下纯 i 组分的蒸气压，溶液压力不大时可用纯 i 组分的饱和蒸气压代替。K_x 是 i 组分的亨利系数，可用外推法求得。即测定不同 x_i 时的 p_i，以（p_i/x_i）对 x_i 作图，外推到 $x_i=0$，则 $K_x=(p_i/x_i)x_i=0$。

【例 3-16】 29.2℃时，实验测得 CS_2(A) 与 CH_3COCH_3(B) 形成的二元溶液，当液相摩尔分数 $x_B=0.540$ 时气相总压 $p=69.79\mathrm{kPa}$，气相摩尔分数 $y_B=0.400$。已知纯组分饱和蒸气压 $p_A^*=56.66\mathrm{kPa}$，$p_B^*=34.93\mathrm{kPa}$，以惯例Ⅰ为参考态，求各组分活度与活度因子。

解

$$a_A=p_A/p_A^*=p(1-y_B)/p_A^*$$
$$=69.79\times(1-0.400)/56.66=0.739$$
$$\gamma_A=a_A/x_A=0.739/(1-0.540)=1.607$$
$$a_B=p_B/p_B^*=py_B/p_B^*$$
$$=69.79\times0.400/34.93=0.799$$
$$\gamma_B=a_B/x_B=0.799/0.540=1.480$$

A、B两组分皆是以惯例Ⅰ为参考态。

3.8.3.2 凝固点法

若以惯例Ⅰ为参考态，理想溶液化学势表示式中的 x_i 用 $a_{\mathrm{I},i}$ 代替，则可用于任何实际溶液。因此，凡在理想溶液化学势表示式基础上导出的公式中，用 $a_{\mathrm{I},i}$ 代替其中的 x_i，便成为对实际溶液也能适用的公式。前面曾导出稀溶液凝固点降低公式［式(3-73)］，其中 x_A 用 $a_{\mathrm{I,A}}$ 代替后，可得实际溶液凝固点降低与活度的关系：

$$\ln a_{\mathrm{I,A}}=\frac{\Delta_{\mathrm{fus}}H_{\mathrm{m,A}}}{R}\left(\frac{1}{T_f^*}-\frac{1}{T_f}\right) \tag{3-116}$$

根据上式，通过测定溶液的凝固点可以计算出组分 A 的活度 $a_{\mathrm{I,A}}$，$a_{\mathrm{I,A}}=x_A\gamma_{\mathrm{I,A}}(T_f)$，$\gamma_{\mathrm{I,A}}(T_f)$ 是组分 A 在溶液凝固点温度下的活度因子。即

$$\ln x_{\mathrm{I,A}}+\ln\gamma_{\mathrm{I,A}}(T_f)=\frac{H_{\mathrm{m,A}}^{\mathrm{l}}-H_{\mathrm{m,A}}^{\mathrm{s}}}{R}\left(\frac{1}{T_f^*}-\frac{1}{T_f}\right)$$

欲求在纯溶剂凝固点（T_f^*）时的活度 $a_{\mathrm{I,A}}^*$，需将式(3-112) 积分，即保持溶液压力、组成不变，温度从 T_f 变为 T_f^*，即

$$\int_{T_f}^{T_f^*} d\ln\gamma_{I,A} = \int_{T_f}^{T_f^*} -\frac{H_A - H_{m,A}^l}{RT^2} dT$$

$H_A - H_{m,A}^l$ 是溶剂 A 的摩尔微分溶解焓，假定其不随温度变化，则

$$\ln\gamma_{I,A}(T_f^*) - \ln\gamma_{I,A}(T_f) = \frac{H_A - H_{m,A}^l}{R}\left(\frac{1}{T_f^*} - \frac{1}{T_f}\right)$$

以上两式相加，得

$$\ln a_{I,A}^* = \frac{H_A - H_{m,A}^s}{R}\left(\frac{1}{T_f^*} - \frac{1}{T_f}\right) \tag{3-117}$$

其中，$a_{I,A}^* = x_A\gamma_{I,A}(T_f^*)$为溶液中溶剂在纯溶剂凝固点时的活度。上式表明，欲计算该温度下的活度，须知 $H_A - H_{m,A}^s$，即 A 组分的偏摩尔熔化焓，也是固体 A 的摩尔微分溶解焓。

【例 3-17】 $MgCl_2$-KCl 溶液在 $x(MgCl_2) = 0.826$ 时凝固点为 923K，凝固时析出纯 $MgCl_2$。已知 $MgCl_2$ 的正常凝固点为 984K，标准摩尔熔化焓 $\Delta_{fus}H_m^\ominus = 43.120 kJ \cdot mol^{-1}$，求溶液中 $MgCl_2$ 的活度与活度因子。

解 $MgCl_2$ 的 $\Delta_{fus}H_m = \Delta_{fus}H_m^\ominus = 43120 J \cdot mol^{-1}$，已知数据代入式(3-116) 即

$$\ln a_I = \frac{43120}{8.314}\left(\frac{1}{984} - \frac{1}{923}\right)$$

$T = 923K$ 时，$MgCl_2$ 的活度可从上式中解出，即 $a_I = 0.706$，所以活度因子为

$$\gamma_I = 0.706/0.826 = 0.855$$

γ_I 为 $MgCl_2$ 在溶液凝固点温度下的活度因子。

3.8.3.3 渗透压法

用 $a_{I,A}$ 代替式(3-79) 中的 x_A，即得实际溶液渗透压与活度的关系：

$$\ln\frac{1}{a_{I,A}} = \frac{V_{m,A}}{RT}\pi \tag{3-118}$$

根据式(3-118)，测定溶液的渗透压 π 可计算溶剂的活度 $a_{I,A}$，应当注意 $a_{I,A}$ 是渗透平衡时在溶液压力 $p' = p + \pi$ 下的活度，即

$$-\ln x_A - \ln\gamma_{I,A}(p') = \frac{V_{m,A}}{RT}\pi$$

欲求溶剂在纯溶剂压力 p 时的活度 $a_{I,A}^*$，需将式(3-113) 积分，即保持溶液温度、组成不变，压力从 p 变为 $p+\pi$，于是

$$\int_p^{p+\pi} d\ln\gamma_{I,A} = \int_p^{p+\pi} \frac{V_A - V_{m,A}}{RT} dp$$

即

$$\ln\gamma_{I,A}(p') - \ln\gamma_{I,A}(p) = \frac{V_A - V_{m,A}}{RT}\pi$$

以上两式相加，得

$$\ln\frac{1}{a_{I,A}^*} = \frac{V_A}{RT}\pi \tag{3-119}$$

其中，$a_{I,A}^* = x_A\gamma_{I,A}(p)$为溶液中溶剂在纯溶剂压力下的活度。上式表明，欲计算该压力

下的活度，须知 V_A，即溶剂 A 的偏摩尔体积。

3.8.3.4　分配系数法

当溶质在互不混溶的 α、β 两相中达分配平衡时，若溶液较浓，分配定律表示式(3-81)中浓度应以活度代替，即

$$\frac{a_B^{\alpha}}{a_B^{\beta}}=K(T,p) \tag{3-120}$$

利用上式可通过测定溶质在一相中的活度计算溶质在另一相中的活度。但计算时需要已知分配系数，因为

$$K(T,p)=\left(\frac{x_B^{\alpha}}{x_B^{\beta}}\right)_{x_B\to 0}$$

因此可测定不同浓度下的 x_B^{α}/x_B^{β}，以 x_B^{α}/x_B^{β} 对 x_B 作图，x_B 为任一相浓度，外推到 $x_B=0$ 求得分配系数 K。

3.9　超额函数与吉布斯-杜亥姆方程

3.9.1　超额函数

当以惯例Ⅰ为参考态时，实际溶液中某组分的活度因子仅反映该组分对拉乌尔定律的偏差。若要衡量整个实际溶液的不理想程度，通常采用超额函数的概念。实际溶液的热力学函数（广度性质 Z）与假定实际溶液是理想溶液时相应的热力学函数之差被定义为超额函数，以 Z^E 表示，即

$$Z^E=Z-Z^{id}\quad 或\quad Z^E=\Delta_{mix}Z-\Delta_{mix}Z^{id} \tag{3-121}$$

$\Delta_{mix}Z$ 是恒温恒压下由纯组分混合成溶液时 Z 的增量。以吉布斯函数为例

$$\Delta_{mix}G=\sum_i n_i(\mu_i-\mu_i^*)$$

$$\Delta_{mix}G^{id}=\sum_i n_i(\mu_i^{id}-\mu_i^*)$$

其中

$$\mu_i=\mu_i^*+RT\ln(x_i\gamma_i)$$

$$\mu_i^{id}=\mu_i^*+RT\ln x_i$$

由定义可得超额吉布斯函数、超额焓、超额熵、超额体积为

$$G^E=\sum_i n_i(\mu_i-\mu_i^{id})=RT\sum_i n_i\ln\gamma_i \tag{3-122}$$

$$H^E=-T^2\left[\frac{\partial(G^E/T)}{\partial T}\right]_{p,n}=-RT^2\sum_i n_i\left(\frac{\partial\ln\gamma_i}{\partial T}\right)_{p,n} \tag{3-123}$$

$$S^E=\frac{H^E-G^E}{T}=-R\sum_i n_i\ln\gamma_i-RT\sum_i n_i\left(\frac{\partial\ln\gamma_i}{\partial T}\right)_{p,n} \tag{3-124}$$

$$V^E=\left(\frac{\partial G^E}{\partial p}\right)_{T,n}=RT\sum_i n_i\left(\frac{\partial\ln\gamma_i}{\partial p}\right)_{T,n} \tag{3-125}$$

显然理想溶液的各种超额函数均等于 0。实际溶液中，$S^E=0$ 的溶液称为正规溶液，这

时 $G^{\mathrm{E}}=H^{\mathrm{E}}=\Delta_{\mathrm{mix}}H$，正规溶液不理想主要是混合焓不为 0 引起的；$H^{\mathrm{E}}=0$ 的溶液称为无热溶液，这时 $G^{\mathrm{E}}=-TS^{\mathrm{E}}$，无热溶液不理想主要是 $\Delta_{\mathrm{mix}}S\neq\Delta_{\mathrm{mix}}S^{\mathrm{id}}$ 引起的。一般非极性或极性很小的溶质，如碘、硫、磷、萘等溶于 CS_2、CCl_4、C_6H_{14}、C_6H_6 等不含羟基的溶剂中可视为正规溶液，而高分子溶液可视为无热溶液。

由于

$$\left(\frac{\partial G^{\mathrm{E}}}{\partial n_i}\right)_{T,p,n_j}=\left[\frac{\partial}{\partial n_i}(G-G^{\mathrm{id}})\right]_{T,p,n_j}=\mu_i-\mu_i^{\mathrm{id}}=RT\ln\gamma_i$$

所以 $RT\ln\gamma_i$ 是 G^{E} 的偏摩尔量，或 $\ln\gamma_i$ 是 $G^{\mathrm{E}}/(RT)$ 的偏摩尔量。根据偏摩尔量的集合公式，或由式(3-122)，有

$$\frac{G^{\mathrm{E}}}{RT}=\sum\nolimits_i n_i\ln\gamma_i \tag{3-126}$$

上式两边同除以 n，令

$$Q=\frac{G_{\mathrm{m}}^{\mathrm{E}}}{RT}=\sum\nolimits_i x_i\ln\gamma_i \tag{3-127}$$

Q 是溶液的总体摩尔量，称为超额自由焓函数。对于二元溶液，由式(3-8)可得

$$\ln\gamma_1=Q-x_2\left(\frac{\partial Q}{\partial x_2}\right)_{T,p} \tag{3-128a}$$

$$\ln\gamma_2=Q-x_1\left(\frac{\partial Q}{\partial x_1}\right)_{T,p} \tag{3-128b}$$

若知 Q 与二元溶液组成的关系，由上式可求得两组分的活度因子。

【例 3-18】 若二元溶液中超额自由焓函数 $Q=Cx_1x_2$，其中 C 是与温度有关的常数，求 $\ln\gamma_1$、$\ln\gamma_2$。

解 将 Q 代入式(3-128)，注意 $\mathrm{d}x_1/\mathrm{d}x_2=-1$，则

$$\ln\gamma_1=Cx_1x_2-x_2(Cx_1-Cx_2)=Cx_2^2$$

同理 $$\ln\gamma_2=Cx_1^2$$

【例 3-19】 证明无热溶液中各组分活度因子均不随温度变化。

证明 因为

$$\left[\frac{\partial(G^{\mathrm{E}}/T)}{\partial T}\right]_{p,n}=-\frac{H^{\mathrm{E}}}{T}$$

对于无热溶液 $H^{\mathrm{E}}=0$，在 T、p、n_j 不变时上式两边对 n_i 求偏导，即

$$\left[\frac{\partial}{\partial n_i}\left(\frac{\partial(G^{\mathrm{E}}/T)}{\partial T}\right)_{p,n}\right]_{T,p,n_j}=\left[\frac{\partial}{\partial T}\left(\frac{\partial(G^{\mathrm{E}}/T)}{\partial n_i}\right)_{T,p,n_j}\right]_{p,n_i}=0$$

由于 $\ln\gamma_i$ 是 $G^{\mathrm{E}}/(RT)$ 的偏摩尔量，所以

$$\left[\frac{\partial(G^{\mathrm{E}}/T)}{\partial n_i}\right]_{T,p,n_j}=R\ln\gamma_i$$

代入上式后得

$$\left[\frac{\partial}{\partial T}(R\ln\gamma_i)\right]_{p,n}=0$$

即活度因子 γ_i 与 T 无关。

3.9.2 吉布斯-杜亥姆方程

在式(3-5)～式(3-7) 中，令 $Z=G$，利用热力学关系可得到

$$\sum_i n_i \mathrm{d}\mu_i = -S\mathrm{d}T + V\mathrm{d}p \tag{3-129}$$

$$\sum_i x_i \mathrm{d}\mu_i = -S_\mathrm{m}\mathrm{d}T + V_\mathrm{m}\mathrm{d}p \tag{3-130}$$

$$\sum_i x_i \mathrm{d}\mu_i = 0 \quad (T、p\ 不变) \tag{3-131}$$

对于二元溶液，即

$$x_1 \mathrm{d}\mu_1 + x_2 \mathrm{d}\mu_2 = 0 \quad (T、p\ 不变) \tag{3-132}$$

将化学势的逸度和活度表示式，即式(3-38) 和式(3-82)，分别代入上式，有

$$x_1 \mathrm{dln}\frac{f_1}{p^\ominus} + x_2 \mathrm{dln}\frac{f_2}{p^\ominus} = 0 \quad (T、p\ 不变) \tag{3-133}$$

$$x_1 \mathrm{dln}a_1 + x_2 \mathrm{dln}a_2 = 0 \quad (T、p\ 不变) \tag{3-134}$$

若以惯例Ⅰ或Ⅱ为参考态，即 $a_1=x_1\gamma_1$，$a_2=x_2\gamma_2$，代入上式后可得

$$x_1 \mathrm{dln}\gamma_1 + x_2 \mathrm{dln}\gamma_2 = 0 \quad (T、p\ 不变) \tag{3-135}$$

式(3-129)～式(3-135) 各式皆是不同形式的吉布斯-杜亥姆（Gibbs-Duhem）方程，它们表示多组分均相体系中各组分化学势（或逸度、活度、活度因子）与体系温度、压力间的关系。特别地，在一定温度、压力下可从二元系中一个组分化学势（或逸度、活度、活度因子）与组成的关系推算出另一个组分化学势（或逸度、活度、活度因子）与组成的关系。

3.9.2.1 分压间的关系

假定与二元溶液成平衡的气相是理想气体，式(3-133) 中逸度可用组分的气相分压代替。温度、压力一定时，影响分压 p_1、p_2 的独立变量只有溶液浓度 x_1（或 x_2），即

$$\mathrm{dln}(p_1/p^\ominus) = \left[\frac{\partial \ln(p_1/p^\ominus)}{\partial x_1}\right]_{T,p} \mathrm{d}x_1 \quad \mathrm{dln}(p_2/p^\ominus) = \left[\frac{\partial \ln(p_2/p^\ominus)}{\partial x_2}\right]_{T,p} \mathrm{d}x_2$$

代入式(3-133)，注意 $\mathrm{d}x_1+\mathrm{d}x_2=0$，即 $\mathrm{d}x_1=-\mathrm{d}x_2$，整理后得

$$\left[\frac{\partial \ln(p_1/p^\ominus)}{\partial \ln x_1}\right]_{T,p} = \left[\frac{\partial \ln(p_2/p^\ominus)}{\partial \ln x_2}\right]_{T,p} \tag{3-136}$$

式(3-136) 是从液相的吉布斯-杜亥姆方程演变而来的，液相中两组分的化学势用逸度表示，两组分逸度分别与其在气相的分压 p_1、p_2 相等，下标 p 指溶液压力恒定。随着溶液组成的变化，p_1、p_2 在不断变化，严格而言，需要在体系中充入惰性气体或用半透膜将气、液两相隔开，才能保持液相 p 不变。然而，由于液相压力变化对其蒸气压的影响甚微，即使不用惰性气体或半透膜保持 p 不变，只要体系温度恒定，上式仍能成立，即式(3-136) 通常被表示为

$$\left[\frac{\partial \ln(p_1/p^\ominus)}{\partial \ln x_1}\right]_T = \left[\frac{\partial \ln(p_2/p^\ominus)}{\partial \ln x_2}\right]_T \tag{3-137a}$$

式(3-137a) 称为吉布斯-马居耳（Gibbs-Margules）方程，它表示一定温度下汽液平衡时分压与组成的关系。上式也可重排为

$$\frac{x_1}{p_1}\left(\frac{\partial p_1}{\partial x_1}\right)_T = \frac{x_2}{p_2}\left(\frac{\partial p_2}{\partial x_2}\right)_T \tag{3-137b}$$

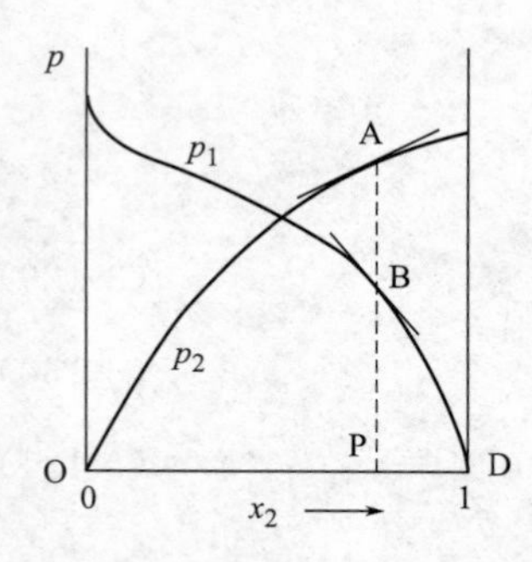

图 3-10 吉布斯-马居耳方程的应用

如果实验测得两组分的分压曲线，如图 3-10 所示，其中

$$\frac{x_1}{p_1}=\frac{\mathrm{DP}}{\mathrm{PB}},\quad \frac{\partial p_1}{\partial x_1}=\text{B 点斜率}$$

$$\frac{x_2}{p_2}=\frac{\mathrm{OP}}{\mathrm{PA}},\quad \frac{\partial p_2}{\partial x_2}=\text{A 点斜率}$$

因为 $\partial x_2=-\partial x_1$，当液相浓度变化时，如果 p_1 增加，p_2 必减小。在任何浓度下两条分压曲线都可以用式(3-137b) 进行检验。

如果在 $x_1\to1$ 的某个范围内组分 1 服从拉乌尔定律，即 $p_1=p_1^*x_1$，所以 $\mathrm{dln}(p_1/p^\ominus)=\mathrm{dln}x_1$，即式(3-137a) 左边为 1，此时右边也必为 1，这意味着在 $x_2\to0$ 的同样范围内 $\mathrm{dln}(p_2/p^\ominus)=\mathrm{dln}x_2$，两边求不定积分，得到 $p_2=cx_2$。c 为积分常数，它表示 $x_2\to0$ 时 p_2 与 x_2 成正比，因此 c 即组分 2 的亨利系数 K_x。这就证明了二元溶液中若某组分服从拉乌尔定律，另一组分必在同样的浓度范围内服从亨利定律。反之，若某组分服从亨利定律，同样可以推证另一组分必在同样的浓度范围内服从拉乌尔定律。

3.9.2.2 活度因子的推算

一定温度下，根据式(3-135)，有

$$\mathrm{dln}\gamma_2=-\frac{x_1}{1-x_1}\mathrm{dln}\gamma_1$$

设组分 2 以惯例Ⅰ为参考态，当 $x_2=1$（即 $x_1=0$）时，$\gamma_{\mathrm{I},2}=1$，将两边从 $x_1=0$ 积分至 x_1，则

$$\ln\gamma_{\mathrm{I},2}=-\int_0^{x_1}\frac{x_1}{1-x_1}\mathrm{dln}\gamma_1 \tag{3-138}$$

如果已知 $\ln\gamma_{\mathrm{I}}$ 与组成的函数关系式，代入上式可计算出 $\ln\gamma_{\mathrm{I},2}$。如果已知不同浓度下 γ_1 的实验数据，可采用图解积分法，即作 $x_1/(1-x_1)$ 对 $\ln\gamma_{\mathrm{I}}$ 的图，计算曲线下的面积可求出不同浓度下的 $\gamma_{\mathrm{I},2}$。若组分 2 以惯例Ⅱ为参考态，当 $x_2=0$（即 $x_1=1$）时，$\gamma_{\mathrm{II},2}=1$，欲求 $\ln\gamma_{\mathrm{II},2}$ 需将两边从 $x_1=1$ 积分至 x_1，即

$$\ln\gamma_{\mathrm{II},2}=-\int_1^{x_1}\frac{x_1}{1-x_1}\mathrm{dln}\gamma_1$$

当 $x_1\to1$ 时 $x_1/(1-x_1)\to\infty$，积分遇到困难，解决方法可通过 $\gamma_{\mathrm{I},2}$ 与 $\gamma_{\mathrm{II},2}$ 的关系由 $\gamma_{\mathrm{I},2}$ 计算出 $\gamma_{\mathrm{II},2}$。因为

$$\frac{\gamma_{\mathrm{II},2}}{\gamma_{\mathrm{I},2}}=\frac{a_{\mathrm{II},2}}{a_{\mathrm{I},2}}=\frac{f_2^*}{K_x}=\text{常数}$$

当 $x_2\to0$ 时，

$$\frac{\gamma_{\mathrm{II},2}(\infty)}{\gamma_{\mathrm{I},2}(\infty)}=\frac{f_2^*}{K_x}$$

“∞”表示 $x_2\to0$，此时 $\gamma_{\mathrm{II},2}(\infty)=1$，$1/\gamma_{\mathrm{I},2}(\infty)=f_2^*/K_x$，所以 $\gamma_{\mathrm{II},2}=\gamma_{\mathrm{I},2}/\gamma_{\mathrm{I},2}(\infty)$。一般地，对二元溶液中的任一组分 i，有

$$\gamma_{\mathrm{II},i}=\frac{\gamma_{\mathrm{I},i}}{\gamma_{\mathrm{I},i}(\infty)} \tag{3-139}$$

$\gamma_{\mathrm{I},i}(\infty)$ 的值可用外推法求得。即作 $1/\gamma_{\mathrm{I},i}$ 对 x_i 的图，将曲线外推到纵坐标（$x_i=0$）得到。

【例 3-20】 在一定温度、压力下，二元溶液中 $\ln\gamma_{\mathrm{I},1}=Ax_2^2$，$A$ 为常数，求 $\ln\gamma_{\mathrm{II},1}$、$\ln\gamma_{\mathrm{I},2}$ 和 $\ln\gamma_{\mathrm{II},2}$。

解

$$\ln\gamma_{\mathrm{I},2}=-\int_0^{x_1}\frac{x_1}{1-x_1}\mathrm{d}\ln\gamma_{\mathrm{I},1}=-\int_0^{x_1}\frac{x_1}{1-x_1}2Ax_2\mathrm{d}x_2$$

$$=2A\int_0^{x_1}x_1\mathrm{d}x_1=Ax_1^2$$

因为 $x_1\rightarrow0$（即 $x_2\rightarrow1$）时，$\ln\gamma_{\mathrm{I},1}(\infty)=A$

$x_2\rightarrow0$（即 $x_1\rightarrow1$）时，$\ln\gamma_{\mathrm{I},2}(\infty)=A$

由式(3-139) 可得

$$\ln\gamma_{\mathrm{II},1}=\ln\gamma_{\mathrm{I},1}-\ln\gamma_{\mathrm{I},1}(\infty)=Ax_2^2-A=A(x_2^2-1)$$

$$\ln\gamma_{\mathrm{II},2}=\ln\gamma_{\mathrm{I},2}-\ln\gamma_{\mathrm{I},2}(\infty)=Ax_1^2-A=A(x_1^2-1)$$

思考题

1. 以下偏导数中哪些表示化学势？哪些是偏摩尔量？它们是哪个广度性质的偏摩尔量？

（1）$\left(\frac{\partial F}{\partial n_i}\right)_{T,p,n_j}$　（2）$\left(\frac{\partial U}{\partial n_i}\right)_{S,V,n_j}$　（3）$\left(\frac{\partial H_i}{\partial T}\right)_{p,n}$　（4）$\left(\frac{\partial G}{\partial n_i}\right)_{T,p,n_j}$

2. 化学势判据是否只能适用于恒温恒压下的反应过程？是否必须无其它功？根据化学势判据说明为什么有些反应能够进行，但不能进行到底？

3. 比较以下几种状态下水的化学势的高低：

A. H_2O（l，100℃，101325Pa）　B. H_2O（g，100℃，110000Pa）

C. H_2O（l，100℃，110000Pa ）　D. H_2O（g，100℃，101325Pa）

E. H_2O（l，100℃，90000Pa ）　F. H_2O（g，100℃，90000Pa）

4. 在一定温度、压力下，A-B 两组分均相体系中当组成改变时，若 V_A 增大，V_B 将如何变化？若 V_A 不变，V_B 又将如何变化？

5. 在什么条件下溶质的摩尔微分溶解焓等于摩尔积分溶解焓？

6. 在推导克-克方程时做了哪两点近似处理？有人说如果气相压力很低，凝聚相的压力保持不变，克-克方程就是严格正确的方程，这种说法对吗？

7. 液体的蒸气压与液体的压力是否一定相同？它们之间的关系如何？

8. 什么是液体的逸度？在什么条件下液体的逸度等于其压力？

9. 拉乌尔定律的表示式 $p_A=p_A^*x_A$，在什么条件下 p_A^* 可以用液体 A 的饱和蒸气压代替？

10. 两组分溶液中，当溶剂服从拉乌尔定律时溶质必在同样浓度范围内服从亨利定律，这时亨利定律的表示式是什么？

11. 混合气体中 i 组分的逸度因子 φ_i 在什么条件下等于 1？

(1) 气体总压 $p \to 0$　　　(2) i 组分分压 $p_i \to 0$

12. 相平衡条件可用逸度表示为 $f_i^\alpha = f_i^\beta$，能否用活度表示为 $a_i^\alpha = a_i^\beta$？为什么？

13. 理想溶液中 $V_i = V_{m,i}$，$H_i = H_{m,i}$。是否 $U_i = U_{m,i}$，$S_i = S_{m,i}$，$G_i = G_{m,i}$ 也能成立，如不能成立，正确的关系是什么？

14. 在高压条件下如果用溶剂的标准态作为参考态，当溶剂服从拉乌尔定律时，其活度因子是否等于1？当溶剂活度因子为1时，溶剂对拉乌尔定律有何偏差？

15. 往冰水混合物中加入食盐，并快速搅拌，会发生什么现象？如何解释？

16. 对于液态和固态溶液中组分的参考态，以下说法是否正确，为什么？

(1) 参考态活度等于1；

(2) 活度为1的状态是参考态；

(3) 溶液压力等于 $p^\ominus$ 时，组分的参考态就是标准态。

(4) 标准态的逸度等于 $p^\ominus$，参考态的逸度等于 p；

(5) 同一组分选用不同参考态时活度之比与浓度无关；

(6) 同一组分选用不同参考态时活度因子之比与浓度无关。

17. 为什么溶液中的不挥发溶质也常用惯例Ⅲ作为参考态？

18. 什么是正规溶液？什么是无热溶液？其特点是什么？

19. A-B两组分溶液中，如果 $x_A \to 0$ 时组分A对拉乌尔定律呈现正偏差，那么 $x_A \to 1$ 时组分A对亨利定律呈现什么偏差？如果在全部浓度范围内组分A总对拉乌尔定律呈现正偏差，那么组分B能否总对拉乌尔定律呈现负偏差？

习题

1. 一定温度下，水和乙醇的均相混合物的密度为 $0.8494 \mathrm{g \cdot cm^{-3}}$，水的摩尔分数为0.4，乙醇的偏摩尔体积为 $57.5 \mathrm{cm^3 \cdot mol^{-1}}$，求混合物中水的偏摩尔体积。

2. 20℃、101.325kPa时，乙醇（1)-水（2）溶液的摩尔体积 $V_m = (58.36 - 32.64x_2 - 42.98x_2^2 + 58.77x_2^3 - 23.45x_2^4) \mathrm{cm^3 \cdot mol^{-1}}$。求

(1) 乙醇和水的偏摩尔体积 V_1，V_2；

(2) 5mol乙醇与5mol水混合后的体积变化。

3. 25℃时1kg H_2O（A）溶解 K_2SO_4（B）的物质的量为 n_B 时，$V_B/\mathrm{cm^3 \cdot mol^{-1}} = 32.280 + 18.216(n_B/\mathrm{mol})^{1/2} + 0.0222(n_B/\mathrm{mol})$，求 V_A 及溶液的体积 V，已知纯水的摩尔体积为 $18.068 \mathrm{cm^3 \cdot mol^{-1}}$。

4. 已知25℃，NaCl(s) 的标准摩尔生成焓为 $-411.0 \mathrm{kJ \cdot mol^{-1}}$，$Na^+$、$Cl^-$ 的标准摩尔生成焓分别为 $-329.66 \mathrm{kJ \cdot mol^{-1}}$ 及 $-167.46 \mathrm{kJ \cdot mol^{-1}}$，求25℃时NaCl(s) 在大量水中溶解的摩尔微分溶解焓。

5. 在一定温度、压力下，在大量盐-水溶液中溶解1mol盐放热65.2kJ，溶解1mol水放热0.035kJ，该盐-水溶液组成为 n(盐)∶n(水)=1∶400，若将1mol盐溶于400mol水中热效应为若干？

6. 证明以下各式

(1) $\mu_i = -T\left(\dfrac{\partial S}{\partial n_i}\right)_{V,U,n_j}$　　　(2) $\left(\dfrac{\partial \mu_i}{\partial T}\right)_{V,n} = -S_i + V_i\left(\dfrac{\partial p}{\partial T}\right)_{V,n}$

(3) $\sum_i n_i\left(\frac{\partial p}{\partial n_i}\right)_{T,V,n_j}=\frac{1}{\beta}$ $\left[\beta=-\frac{1}{V}\left(\frac{\partial V}{\partial p}\right)_T\right]$ (4) $\left(\frac{\partial G}{\partial n_i}\right)_{T,V,n_j}=\mu_i+V_i/\beta$

(5) $\left(\frac{\partial F}{\partial n_i}\right)_{T,V,n_j}=\left(\frac{\partial G}{\partial n_i}\right)_{T,p,n_j}$

7. 25℃某糖水溶液的蒸气压为2.9kPa，某盐水溶液的蒸气压为2.5kPa，设1mol水从大量糖水溶液进入大量盐水溶液，求ΔG。

8. 汞在101.325kPa下的熔点是－38.87℃，已知汞的密度是13.690g·cm^{-3}，固体汞的密度是14.193g·cm^{-3}，熔化焓为9.75J·g^{-1}，求

(1) 1013.25kPa下汞的熔点；

(2) 358.7MPa下汞的熔点。

9. 辛烷的正常沸点是125.7℃，假定辛烷遵守特鲁顿规则，求25℃辛烷的饱和蒸气压。

10. 合成氨生产中以$n(N_2):n(H_2)=1:3$的氮氢混合气自催化床通过后被导入冷凝器，冷凝器内压力与催化床相同为25.33MPa，温度为303.2K，进口气体中氨的摩尔分数为12%，在冷凝器中部分氨被冷凝成液体，已知303.2K时氨的饱和蒸气压为1.16MPa，液体氨密度为0.595g·cm^{-3}，求出口气体中氨的摩尔分数，在冷凝器中有多少氨被液化？

11. 已知水的饱和蒸气压方程为

$$\lg(p/\mathrm{Pa})=-2181.73\mathrm{K}/T+10.8525$$

求 (1) 在外压为41.85kPa时水的沸点；

(2) 水的摩尔蒸发焓及正常沸点下的摩尔蒸发熵。

12. 纯金在1336K熔化、3133K沸腾，$\Delta_{vap}H_m(3133\mathrm{K})=343\mathrm{kJ\cdot mol^{-1}}$，$C_{p,m}(\mathrm{Au,l})=29.3\mathrm{J\cdot K^{-1}\cdot mol^{-1}}$，$C_{p,m}(\mathrm{Au,g})=20.8\mathrm{J\cdot K^{-1}\cdot mol^{-1}}$，试求从熔点到沸点间金的饱和蒸气压与温度的关系。

13. 设气体的状态方程是$pV_m(1-\beta p)=RT$，β只是温度的函数，求其逸度。

14. 设气体的逸度$f=p+\alpha p^2$，α只是温度的函数，求其状态方程。

15. α、β两相平衡时，从$f^\alpha=f^\beta$的相平衡条件，导出克拉佩龙方程。

16. 用Newton图和路易斯-兰德尔规则求算698K、30.4MPa下，N_2、H_2、NH_3气体混合物中各物质的逸度因子和逸度，混合物中三种气体摩尔比为1:3:1。手册中查得临界常数如下

气体	N_2	H_2	NH_3
T_c/K	126.2	33.3	405.5
p_c/MPa	3.39	1.297	11.28

H_2的对比参数按下式计算：$T_r=T/(T_c+8\mathrm{K})$，$p_r=p/(p_c+810.6\mathrm{kPa})$。

17. 由式(3-42)导出液体逸度与压力的关系式

$$f^{\mathrm{l}}=p^{\mathrm{s}}\varphi^{\mathrm{s}}\exp\left[\frac{V_m^{\mathrm{l}}}{RT}(p^{\mathrm{l}}-p^{\mathrm{s}})\right]$$

p^s为液体的饱和蒸气压，φ^s为饱和蒸气的逸度因子，f^l、p^l、V_m^l分别为液体的逸度、压力和摩尔体积。

18. 20℃时$H_2(g)$在H_2O中的亨利系数$K_x=6.92\times10^3$MPa，某气体混合物中氢的

分压为26.7kPa，当大量气体混合物与水成平衡时，问20℃时100g水中能溶解多少$H_2(g)$？

19. 20℃时HCl气体溶于苯形成理想稀溶液。汽液平衡时，液相中HCl的摩尔分数为0.0385，气相中苯的摩尔分数为0.095，已知20℃时纯苯的饱和蒸气压为10.01kPa，求平衡时的气相总压及20℃时HCl在苯中的亨利系数。

20. 325℃时Hg的摩尔分数为0.497的铊汞齐，其汞蒸气压力是纯汞蒸气压的43.3%，以纯汞为参考态，求Hg在铊汞齐中的活度和活度因子。

21. 苯和氯苯形成理想溶液，90℃时，苯和氯苯的饱和蒸气压分别是135.06kPa和27.73kPa，若溶液的正常沸点是90℃，求理想溶液的组成及沸腾时的气相组成。

22. 35.17℃时，丙酮-氯仿溶液中氯仿的摩尔分数为0.5143，测得气相中其平衡分压为15.71kPa，已知此温度下氯仿的饱和蒸气压为39.08kPa，亨利系数K_x为19.70kPa。分别以惯例Ⅰ和Ⅱ为参考态，求氯仿的活度及活度因子。

23. 某液体A能溶解于液体B中少许，溶解度为$x_A=1\times10^{-4}$，但液体B不能溶解于液体A，分别以惯例Ⅰ和Ⅱ为参考态，求纯液体A及溶液中A的活度及活度因子。

24. 333K时苯胺（A）和水（B）的饱和蒸气压分别为0.760kPa和19.9kPa，在此温度苯胺和水部分互溶形成两相，苯胺在两相中的摩尔分数分别为0.732（苯胺层）和0.088（水层），求

（1）苯胺和水的亨利系数（假定每一层中溶剂服从拉乌尔定律）；

（2）水层中苯胺和水的活度及活度因子，分别以惯例Ⅰ和Ⅱ为参考态。

25. 萘溶于苯形成理想溶液，已知萘的熔点为80℃，摩尔熔化焓$\Delta_{fus}H_m=18.95kJ\cdot mol^{-1}$，计算25℃时萘在苯中的溶解度（以摩尔分数计）。

26. 在50.00g CCl_4中溶入0.5126g萘，萘的摩尔质量为$128.16g\cdot mol^{-1}$，实验测得溶液沸点升高为0.402K。若在同样溶剂中溶入0.6216g非挥发性物质，测得沸点升高为0.647K，求此物质的摩尔质量。

27. 纯δ铁的熔点是1808K，摩尔熔化焓与温度的关系为$\Delta_{fus}H_m(T)=[10838+2.49(T/K)]J\cdot mol^{-1}$，在1673K固体δ铁与铁-硫化铁的液体混合物成平衡，液相中铁的摩尔分数为0.870，求液相中铁的活度及活度因子，说明所用的参考态。

28. 0℃时蔗糖水溶液的蒸气压是纯水蒸气压的92.33%，水的偏摩尔体积是$17.78cm^3\cdot mol^{-1}$，求此蔗糖水溶液的渗透压。

29. 某水溶液含少量非挥发性溶质，凝固点为271.65K，已知水的$K_f=1.86K\cdot kg\cdot mol^{-1}$，$K_b=0.52K\cdot kg\cdot mol^{-1}$，25℃时纯水的蒸气压为3.168kPa，求

（1）水溶液的正常沸点；

（2）25℃时水溶液的蒸气压；

（3）25℃时水溶液的渗透压。

30. 25℃液体A在水中的溶解度为$0.001mol\cdot kg^{-1}$，假定水不溶于A，液面上A的蒸气分压为10.0kPa，以惯例Ⅰ、Ⅱ、Ⅲ为参考态，求

（1）A的三种参考态的逸度；

（2）每个参考态与气体A的标准态的化学势之差。

31. 一定温度、压力下，某两组分溶液中$\ln\gamma_{Ⅰ,1}=x_2^2+2x_2^3$，以惯例Ⅰ和Ⅱ为参考态，

求 $x_2=0.5$ 时组分 2 的 $\gamma_{\mathrm{I},2}$ 及 $\gamma_{\mathrm{II},2}$。

32. 25℃时 I_2 在 CCl_4 与水间的分配系数 $K=85$，K 等于 I_2 在 CCl_4 相与水相中的质量浓度之比，现有 1g I_2 溶于 $1dm^3$ 水中，若以 $1dm^3$ 的 CCl_4 进行萃取，设（1）CCl_4 一次用完；（2）分为两次，每次用一半；（3）分为 n 次，每次用 $1/n$；（4）$n\to\infty$ 时，求萃取后水中所含 I_2 的质量。

33. 一定温度、压力下某两组分溶液的超额吉布斯函数 $G^{\mathrm{E}}=nRTabx_{\mathrm{A}}x_{\mathrm{B}}/(ax_{\mathrm{A}}+bx_{\mathrm{B}})$，求 $\ln\gamma_{\mathrm{A}}$ 和 $\ln\gamma_{\mathrm{B}}$。

34. 一定温度、压力下两组分溶液的摩尔混合焓与溶液组成的关系为

$$\Delta H_{\mathrm{m}}/\mathrm{J\cdot mol^{-1}}=x_1x_2(40x_1+20x_2)$$

求 $x_1\to0$ 时组分 1 的摩尔微分溶解焓和 $x_2\to0$ 时组分 2 的摩尔微分溶解焓。

35. 证明对于正规溶液 $\ln\gamma_i$ 与 T 成反比。

36. 以惯例Ⅰ为参考态，证明两组分溶液在一定温度下活度因子间有以下关系

$$\int_0^1\ln\left(\frac{\gamma_{\mathrm{I},\mathrm{A}}}{\gamma_{\mathrm{I},\mathrm{B}}}\right)\mathrm{d}x_{\mathrm{B}}=0$$

37. 某两组分正规溶液的混合吉布斯函数为

$$\Delta_{\mathrm{mix}}G=RT(n_1\ln x_1+n_2\ln x_2)+(n_1+n_2)x_1x_2w$$

其中 w 为与组成无关的经验参数。

（1）证明各组分化学势为 $\mu_1=\mu_1^*+RT\ln x_1+wx_2^2$

$\mu_2=\mu_2^*+RT\ln x_2+wx_1^2$

活度因子为 $\ln\gamma_1=x_2^2[w/(RT)]$

$\ln\gamma_2=x_1^2[w/(RT)]$

（2）25℃苯和 CCl_4 形成以上正规溶液，测得此时 $w=324\mathrm{J\cdot mol^{-1}}$，求 50℃、$x_1=x_2=0.5$ 时，各个组分的活度因子及 $H_{\mathrm{m}}^{\mathrm{E}}$ 和 $G_{\mathrm{m}}^{\mathrm{E}}$。

38. 试导出以下形式的吉布斯-杜亥姆方程：

（1）$\sum_i x_i\mathrm{d}\left(\frac{\mu_i}{RT}\right)=-\frac{H_{\mathrm{m}}}{RT^2}\mathrm{d}T+\frac{V_{\mathrm{m}}}{RT}\mathrm{d}p$　　（2）$\sum_i x_i\mathrm{d}\ln\gamma_i=-\frac{H_{\mathrm{m}}^{\mathrm{E}}}{RT^2}\mathrm{d}T+\frac{V_{\mathrm{m}}^{\mathrm{E}}}{RT}\mathrm{d}p$

第4章 相平衡

4.1 相律

4.1.1 相律的表示式

相律要回答的是在相平衡条件下体系有多少个独立可变的强度性质。强度性质是体系的内在性质，它反映相平衡体系的质的特征。例如水与水蒸气两相平衡，平衡的温度和压力与参与平衡的水和水蒸气数量的多少无关。相平衡体系的状态实质上是用其强度性质描述的。然而在一定的相平衡条件下体系的温度、压力、组成等强度性质并非都是独立可变的，欲正确地建立与描述强度性质间的函数关系，首先要明确自变量或独立变量的数目有多少。相平衡体系独立可变的强度性质的数目称为自由度，用 f 表示。吉布斯最早（1876 年）研究了相平衡体系的自由度与相数及独立组分数之间的相互关系，提出了吉布斯相律。

相律的实质是以下代数原理在化学中的应用，即变量数－变量间的独立方程数＝独立变量数。就一个 K 组分均相体系而言，在无其它功的条件下仅受环境温度、压力的影响，体系共有 T，p，x_1，$x_2 \cdots x_{K-1}$ 即 $K+1$ 个独立可变的强度性质。若整个相平衡体系由 ϕ 个相组成，每相的 T、p 皆相同，假定 K 个组分在各相中都存在，则相平衡体系总的变量数目为 $\phi(K-1)+2$，其中 $\phi(K-1)$ 为浓度变量数。在相平衡条件下每个组分在各相中的化学势必须相等，则共有以下 $K(\phi-1)$ 个化学势的等式存在：

$$\mu_1^{\alpha}=\mu_1^{\beta}=\cdots=\mu_1^{\phi}$$

$$\mu_2^{\alpha}=\mu_2^{\beta}=\cdots=\mu_2^{\phi}$$

$$\cdots\cdots$$

$$\mu_K^{\alpha}=\mu_K^{\beta}=\cdots=\mu_K^{\phi}$$

化学势是体系的强度性质，为 T、p、组成的函数。每个化学势等式就意味着上述 $\phi(K-1)+2$ 个变量中某些变量间的一个独立方程，因此相平衡条件引起变量间的独立方程数为 $K(\phi-1)$。如果 K 个组分间有 R 个独立的化学反应存在，反应达到平衡的条件是

$$\sum_i \nu_i \mu_i = 0$$

同样因为 μ_i 可以表示为 T、p、组成的函数，每个独立反应的平衡条件相当于变量间的一个独立方程。此外若相平衡体系 $\phi(K-1)$ 个浓度变量间尚有 R' 个独立的浓度限制条

件，每增加1个独立的浓度限制条件就相当于减少1个浓度变量，因此R'个独立的浓度限制条件相当于浓度变量数减少R'。这样根据前述代数原理相平衡体系的自由度为

$$\begin{aligned} f &= \phi(K-1)+2-K(\phi-1)-R-R' \\ &= K-R-R'-\phi+2 \end{aligned} \tag{4-1}$$

令

$$C=K-R-R' \tag{4-2}$$

称为体系的独立组分数，则

$$f=C-\phi+2 \tag{4-3}$$

这个结果称为吉布斯相律，式(4-3)为相律的表示式。它表示体系的自由度与独立组分数及相数的普遍关系。

在推导相律时曾假定每个组分在各相中都存在，如果情况不是如此，相律表示式仍然不变。这是因为某相中若少一个组分，浓度变量就减少一个，同时由该组分引起的相平衡条件也减少一个，因此相律表示式不变。

4.1.2 相律应用中的若干问题

独立组分数确定

4.1.2.1 关于 *R*

R是K个组分间可发生的独立化学反应数，确定R可采用将独立反应写出的方法。例如CO、CO_2、H_2O、H_2、O_2 5个组分间可发生的反应有：

(1) $CO+H_2O \longrightarrow CO_2+H_2$

(2) $CO+(1/2)O_2 \longrightarrow CO_2$

(3) $H_2+(1/2)O_2 \longrightarrow H_2O$

但反应式(3)=(2)−(1)，其中独立反应只有2个，所以$R=2$。

上面是确定R的常用方法。因为体系中的任何反应都可用独立反应的线性组合表示，但独立反应中的任何反应都不能用其它反应的线性组合表示，所以写独立反应时既不能少写，也不能多写，否则都会引起R的计算错误。因此，理论上需要一个方便、准确地确定R的一般方法，下面给出这个方法。这个方法的前提是体系中的K个组分不存在由于动力学原因不能发生的化学反应，即K个组分之间凡能写出的反应方程式都是可以进行的，这时可采用以下一般方法直接计算$K-R$的值。

① 找出一组数目尽可能少的组成各组分的基本物质单元，基本单元应是在化学反应中能够独立存在的粒子，如原子或分子，设有m个；

② 若从K个组分中能找出任何m个独立组分（即m个组分中每个组分都不能用其余组分的线性组合表示），则$K-R=m$。

例如上述5个组分可视为由C、H、O原子3个基本单元组成，其中CO、CO_2、H_2O 3个组分中的每个组分都不可能通过另外两个组分乘以常数后再经相加或相减得到，因此为3个独立组分，于是$K-R=3$。

上述方法的理论依据是组分可视为由基本单元组成的向量，例如上述5个组分可视为由C、H、O 3个原子作为基本单元组成的5个向量：

$$CO \longrightarrow 1C+0H+1O$$

$$CO_2 \longrightarrow 1C+0H+2O$$

$$H_2O = 0C+2H+1O$$
$$H_2 = 0C+2H+0O$$
$$O_2 = 0C+0H+2O$$

组分间的独立反应就是向量间的独立方程，向量数减去向量间的独立方程数等于独立向量数，因此 $K-R$ 就是 K 个向量中的独立向量数。由代数原理知向量组中的独立向量数不大于组成向量组的基本单元数，同时又不小于子向量组中的独立向量数（参看附录Ⅰ）。例如由 C、H、O 3 个基本单元可以组成很多向量，其中的独立向量不超过 3 个；而且全部向量中的独立向量数不小于其中部分向量中的独立向量数。由方法①和②知，m 既是组成向量组的基本单元数，又是向量组中某子向量组的独立向量数，所以既有 $K-R \leqslant m$，又有 $K-R \geqslant m$，因此必有 $K-R=m$。

特别地，如果找出的基本单元是 K 个组分中的 m 个独立组分，则必有 $K-R=m$。

【例 4-1】 由 $CaO(s)$、$BaO(s)$、$CO_2(g)$、$CaCO_3(s)$、$BaCO_3(s)$ 组成的相平衡体系，求 C 与 f。

解 取 CaO、BaO、CO_2 3 个独立组分为组成体系的基本单元，则 $K-R=3$。因体系中各相皆为纯组分，所以 $R'=0$，故 $C=3-0=3$，$f=3-5+2=0$。

此例若以 Ca、Ba、C、O 为基本单元，体系中找不出 4 个独立组分，即任何 4 个组分中总有 1 个组分可表示为另外 3 个组分的线性组合。如 CaO、BaO、CO_2、$CaCO_3$ 4 个组分，其中 $CaCO_3 = 1CaO+1CO_2+0BaO$，说明 $K-R<4$。因此，所选基本单元的数目应尽可能少。加上第②点作为保证，$K-R$ 的值可以得到计算。

4.1.2.2 关于 R'

R' 是独立的浓度限制条件，因是独立的，此条件必与相平衡及化学平衡条件无关。例如，I_2 在水与 CCl_4 两相间达分配平衡时 I_2 在两相中浓度成比例，这个浓度限制条件是由于 I_2 在两相中化学势相等的条件引起的，在导出相律时已经用过，所以此浓度限制条件不是独立的，$R'=0$。但不能以此认为 R' 只能局限于同一相中的浓度限制条件。例如二元恒沸混合物汽液平衡时两相组成相同，此条件虽不限于同一相，但与相平衡条件无关，因为汽液平衡时两相组成未必相同，它是根据实际问题的特殊性额外附加的，因此 $R'=1$。R' 往往与实际问题的初始条件有关。如将 $NH_4Cl(s)$ 放入抽空的容器中，当分解反应 $NH_4Cl(s) = NH_3(g)+HCl(g)$ 达平衡时，因气相中 NH_3 与 HCl 浓度相同，$R'=1$。如果问题的初始条件改为 $NH_4Cl(s)$、$NH_3(g)$、HCl(g) 3 个组分间的化学平衡体系，因 $NH_3(g)$ 与 HCl(g) 并不一定是 $NH_4Cl(s)$ 分解而来，气相浓度就无限制条件，$R'=0$。若将 $CaCO_3(s)$ 放入抽空的容器中分解，虽有化学平衡 $CaCO_3(s) = CaO(s)+CO_2(g)$ 存在，且 CaO 与 CO_2 的摩尔比为 1∶1，但 $R'=0$。理由是体系中的 3 个相皆是纯组分，既无浓度变量，当然不会有浓度变量间的限制条件。

【例 4-2】 炼锌时用 C 还原 ZnO，平衡体系中有 C(s)、ZnO(s)、Zn(g)、CO(g)、$CO_2(g)$，求 f。

解 取 C、Zn、O 为组成体系的 3 个基本单元，因 Zn、CO、CO_2 为 3 个独立组分，所以 $K-R=3$。因为气相组分分子中的 Zn 和 O 皆来自 ZnO，故气相有以下浓度限制条件：

$$y(Zn)=y(CO)+2y(CO_2)$$

即 $R'=1$，所以 $C=3-1=2$，因为 $\phi=3$，故 $f=2-3+2=1$。

“用 C 还原 ZnO”是上述实际问题的初始条件。若无此条件，问题改为“由 C(s)、ZnO(s)、Zn(g)、CO(g)、CO_2(g) 5 种组分组成的平衡体系”，就不会有以上浓度限制条件，于是 $R'=0$，$C=3$，结果 $f=2$。

化学反应常有离子参加，因为离子带电，体系是电中性的，单一种类的离子在体系中不能独立存在，但这并不影响用基本单元法计算独立组分数时将离子视为组成体系的基本单元。这是因为，假设体系可以带电，显然这种条件下离子可以作为体系的基本单元。然而，实际体系总是电中性的，这意味着如果把离子视为体系的基本单元，实际体系就是一种受到电中性条件制约的带电体系，换言之，电中性成为实际体系必须满足的浓度限制条件。因此，如果选取的 m 个基本单元中包含离子，在 $K-R=m$ 确定后，用 $K-R$ 之值减去包括电中性在内的体系的独立浓度限制条件数就是体系的独立组分数。

例如，含有 Cl^-、H^+、OH^-、Na^+ 4 种离子的水溶液。由于 $H_2O = H^+ + OH^-$，可以选取这 4 种离子作为组成体系的基本单元。因为基本单元是体系的 4 个独立组分，所以 $K-R=4$，但 $R'=1$（电中性），所以 $C=4-1=3$。此例若改为：将 NaCl 溶于水后形成的溶液。考虑到溶液中仍有上述 4 种离子，也可以用 4 种离子作为基本单元，$K-R=4$，但此时除了电中性外尚有一个因初始条件引起的浓度限制条件$[Na^+]=[Cl^-]$，$R'=2$，因而 $C=4-2=2$。此例中虽然尚有$[H^+]=[OH^-]$存在，因为已有了电中性条件，它不再是独立的。

4.1.2.3 关于“+2”

自相律推导知“+2”源于各相有相同的 T、p 且不受其它因素（磁场、电场、重力场等）的影响。如果情况不是如此，则要对“+2”进行修正。常见的情况是用半透膜将两相隔开，两相压力可以不同。如图 4-1 用半透膜 aa′将 α、β 两相隔开，α 相是水中溶解有 NaCl，β 相是水中溶解有 NaCl 和高分子化合物。渗透平衡时水分子和 Na^+、Cl^- 皆可透过 aa′，高分子化合物不能透过 aa′，此时体系增加 1 个压力变量，相律表示式中的“+2”应改为“+3”。即 $C=3-0-0=3$，$\phi=2$，$f=3-2+3=4$。T、p^α、p^β、x^α(NaCl)、x^β(NaCl)、x^β（高分子）6 个强度性质中有 4 个是独立变量。处理此类问题也可以直接运用推导相律的依据，体系温度、压力、各相浓度共有以上 6 个变量，由于水和 NaCl 在两相中化学势相等，变量间有 2 个独立限制条件，故 $f=6-2=4$。

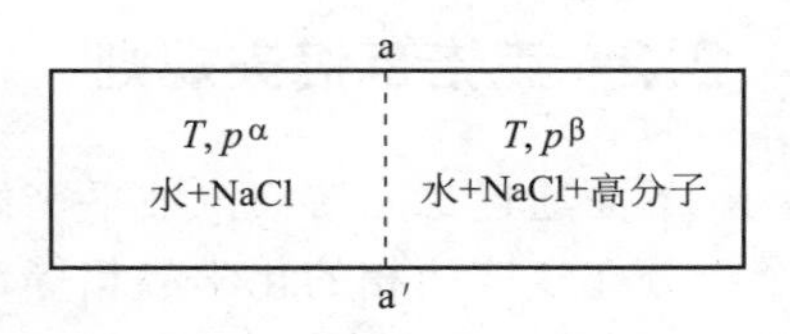

图 4-1 膜平衡中相律的应用

如果体系为凝聚相间的平衡，因压力对凝聚相化学势的影响很小，只要压力没有太大变化，对平衡的影响可以忽略，此时“+2”可改为“+1”，即 $f=C-\phi+1$。类似的这种自由度是体系在特定条件下的自由度，称为条件自由度。

4.2 相平衡方程

4.2.1 建立相平衡方程的一般方法

相平衡方程反映相平衡条件下体系温度、压力及各相组成之间的函数关系。在 3.3 节和

3.6 节曾经导出过单组分体系和理想稀溶液的相平衡方程。在相律基础上，本节对相平衡方程的建立做简单分析，给出建立相平衡方程的一般方法。

① 为了建立相平衡方程，首先要用相律对实际问题进行分析，明确要建立的相平衡方程反映体系温度、压力、组成中哪些变量间的函数关系。例如，单组分体系两相平衡，自由度为 1，温度、压力之间存在函数关系。但两组分两相平衡体系，自由度为 2，温度、压力以及两相浓度 4 个变量中任意 3 个变量间存在函数关系。欲知一相浓度与温度的关系必须固定压力或另一相浓度，欲知温度与压力的关系必须固定一相浓度，欲知两相浓度的关系必须固定温度或压力。

② 写出体系中的全部相平衡条件，相平衡条件是组分在两相的化学势相等。化学势是温度、压力、组成的函数，在这些变量中还要结合实际问题明确哪些变量是可变的，哪些变量是不变的，这样每个相平衡条件就可视为变量之间的隐函数关系。

③ 将相平衡条件全微分，化学势对温度的微分可利用式(3-13)，对压力的微分可利用式(3-11)，这样使每个相平衡条件转变为微分变量之间的微分方程。

④ 当相平衡条件不止一个时，将得到微分方程组。然后对微分方程组进行整理，导出所求变量间的微分方程。

⑤ 结合实际问题的初始条件将微分方程积分，如果方程中包括活度，将实际体系的活度因子代入后，即可得到针对具体体系的相平衡方程。

4.2.2 克诺瓦洛夫规则

下面通过二元溶液汽液平衡体系相平衡方程的建立对上述方法予以说明。平衡条件是每个组分在气液两相的化学势相等，相平衡时温度必然相等，为简化运算，相平衡条件表示为

$$\frac{\mu_i^{\mathrm{g}}}{RT}(T,p,y_i)=\frac{\mu_i^{\mathrm{l}}}{RT}(T,x_i) \qquad (i=1\text{ 或 }2) \tag{4-4}$$

括号中表示影响化学势的自变量，其中 T、p、y_i、x_i 分别为平衡时的温度、压力、i 组分气相和液相摩尔分数，汽液平衡时压力对液相化学势的影响甚微，可以忽略。式(4-4) 适用二元溶液的任一组分。平衡时两边的全微分相等，即

$$\mathrm{d}\left(\frac{\mu_i^{\mathrm{g}}}{RT}\right)=\mathrm{d}\left(\frac{\mu_i^{\mathrm{l}}}{RT}\right) \quad (i=1\text{ 或 }2)$$

函数的全微分等于对各自变量偏微分之和，上式即

$$\left[\frac{\partial}{\partial T}\left(\frac{\mu_i^{\mathrm{g}}}{RT}\right)\right]_{p,y}\mathrm{d}T+\left[\frac{\partial}{\partial p}\left(\frac{\mu_i^{\mathrm{g}}}{RT}\right)\right]_{T,y}\mathrm{d}p+\left[\frac{\partial}{\partial y_i}\left(\frac{\mu_i^{\mathrm{g}}}{RT}\right)\right]_{T,p}\mathrm{d}y_i$$

$$=\left[\frac{\partial}{\partial T}\left(\frac{\mu_i^{\mathrm{l}}}{RT}\right)\right]_{x}\mathrm{d}T+\left[\frac{\partial}{\partial x_i}\left(\frac{\mu_i^{\mathrm{l}}}{RT}\right)\right]_{T}\mathrm{d}x_i \quad (i=1\text{ 或 }2)$$

假定气相是理想气体，$\mu_i^{\mathrm{g}}=\mu_i^{\ominus}(T)+RT\ln(p/p^{\ominus})+RT\ln y_i$，将其代入上式计算气相化学势对各自变量的偏微分，化学势对 T 的偏微分利用式(3-13)，通过对体系中 1、2 两个组分的计算得到以下结果：

$$-\frac{H_1^{\ominus}}{RT^2}\mathrm{d}T+\frac{1}{p}\mathrm{d}p+\frac{1}{y_1}\mathrm{d}y_1=-\frac{H_1^{\mathrm{l}}}{RT^2}\mathrm{d}T+\frac{1}{RT}\left(\frac{\partial\mu_1^{\mathrm{l}}}{\partial x_1}\right)_T\mathrm{d}x_1 \tag{4-5a}$$

$$-\frac{H_2^{\ominus}}{RT^2}\mathrm{d}T+\frac{1}{p}\mathrm{d}p+\frac{1}{y_2}\mathrm{d}y_2=-\frac{H_2^{\mathrm{l}}}{RT^2}\mathrm{d}T+\frac{1}{RT}\left(\frac{\partial\mu_2^{\mathrm{l}}}{\partial x_2}\right)_T\mathrm{d}x_2 \tag{4-5b}$$

式中，$H_i^{\ominus}$、H_i^{l} 分别是组分 i（$i=1$ 或 2）气相的标准摩尔焓与液相的偏摩尔焓。以上两式均表示 dT、dp、dy_i、dx_i 4 个微分变量的函数关系。两式联立，可消去一个变量，同时减少一个方程，从而得到 3 个变量间的相平衡方程。与处理代数方程一样，原则上可以消去任何一个变量。但结合具体问题，有些变量消去后得到的相平衡方程除能反映剩余 3 个变量间的函数关系而外，并不便于使用。因为本例中液相满足 Gibbs-Duhem 方程，消去 dx_i 后得到的方程比较简单，便于使用，所以下面消去 dx_i，建立 T、p、y 之间的相平衡方程。

因液相化学势不受压力的影响，T 一定时液相的 Gibbs-Duhem 方程为 $x_1 d\mu_1 + x_2 d\mu_2 = 0$。此时液相仅有 x_1（或 x_2）一个独立变量，方程可表示为

$$x_1\left(\frac{\partial \mu_1^{l}}{\partial x_1}\right)_T dx_1 + x_2\left(\frac{\partial \mu_2^{l}}{\partial x_2}\right)_T dx_2 = 0 \tag{4-6}$$

现将式(4-5a) 两边同乘 x_1，式(4-5b) 两边同乘 x_2，两式相加并与式(4-6) 联立，消去 dx_i 后，注意到

$$(x_1 H_1^{\ominus} + x_2 H_2^{\ominus}) - (x_1 H_1^{l} + x_2 H_2^{l}) = \Delta_v H_m \tag{4-7a}$$

$\Delta_v H_m$ 是二元溶液的摩尔蒸发焓，且有以下关系

$$\frac{x_1}{y_1}dy_1 + \frac{x_2}{y_2}dy_2 = \frac{x_1 - y_1}{y_1(1-y_1)}dy_1 \tag{4-7b}$$

由此得到二元汽液平衡体系的相平衡方程：

$$\frac{x-y}{y(1-y)}dy = \frac{\Delta_v H_m}{RT^2}dT - \frac{1}{p}dp \tag{4-8}$$

因为二元溶液的两个组分是任意的，所以式(4-8) 中略去 x、y 的下标，它表示汽液平衡条件下 T、p、y 间的函数关系。

恒压下，式(4-8) 变为

$$\left(\frac{\partial T}{\partial y}\right)_p = \frac{(x-y)RT^2}{y(1-y)\Delta_v H_m} \tag{4-9a}$$

恒温下，式(4-8) 变为

$$\left(\frac{\partial p}{\partial y}\right)_T = \frac{(y-x)p}{y(1-y)} \tag{4-9b}$$

汽液平衡体系中气相组成 y 大于液相组成 x 的组分称为易挥发组分，反之为难挥发组分。气、液两相组成相同的溶液称为恒沸混合物。二元溶液的摩尔蒸发焓为正值，式(4-9) 两式中左边偏导数的符号皆取决于右边 x、y 的差值。如果 $x=y$，左边两个偏导数皆为 0，说明体系温度（即沸点）或蒸气压达到极值。因此，如果二元溶液可以形成恒沸混合物，恒压下，恒沸混合物的沸点必为最高或最低；恒温下，恒沸混合物的蒸气压必为最低或最高，上述结论称为克诺瓦洛夫（Коноԃалоԃ）第一规则。如果 $y>x$，式(4-9a) 左边的偏导数为负，式(4-9b) 左边的偏导数为正。因此，如果易挥发组分的气相组成增加，恒压下，必导致溶液沸点降低；恒温下，必导致溶液蒸气压升高，上述结论称为克诺瓦洛夫第二规则。

4.2.3 混合溶剂沸点增高规则

在纯溶剂里溶入一些不挥发溶质，必定引起溶液沸点增高（恒压下）或者蒸气压降

低（恒温下），称为纯溶剂的沸点增高规则。但在混合溶剂里情况并非如此。设将某种不挥发溶质溶入组成一定的二元混合溶剂（其中两组分摩尔分数分别为 x_1、x_2），下面推导三元汽液平衡体系中两个挥发组分的气相摩尔分数 y（y_1 或 y_2）与体系温度 T、压力 p 及液相中不挥发溶质的质量摩尔浓度 b_3 之间的相平衡方程。因为三元汽液平衡体系中 1、2 两组分气、液两相化学势相等，压力对液相化学势的影响可以忽略，所以相平衡条件为

$$\frac{\mu_i^{\mathrm{g}}}{RT}(T,p,y_i)=\frac{\mu_i^{\mathrm{l}}}{RT}(T,x_i,b_3) \quad (i=1 \text{ 或 } 2) \tag{4-10}$$

括号中表示影响化学势的自变量。平衡时两边的全微分相等，即

$$\mathrm{d}\left(\frac{\mu_i^{\mathrm{g}}}{RT}\right)=\mathrm{d}\left(\frac{\mu_i^{\mathrm{l}}}{RT}\right) \quad (i=1 \text{ 或 } 2)$$

溶质溶解时液相中 b_3 增加但 x_i 不变，所以液相化学势 μ_i^{l} 是 T、b_3 的函数，气相化学势 μ_i^{g} 是 T、p、y_i 的函数。假定气相是理想气体，$\mu_i^{\mathrm{g}}=\mu_i^{\ominus}(T)+RT\ln(p/p^{\ominus})+RT\ln y_i$，将其代入上式左边，计算方程两边的全微分，化学势对 T 的偏微分利用式(3-13)，采用前面同样的方法对 1、2 两个组分计算的结果为

$$-\frac{H_1^{\ominus}}{RT^2}\mathrm{d}T+\frac{1}{p}\mathrm{d}p+\frac{1}{y_1}\mathrm{d}y_1=-\frac{H_1^{\mathrm{l}}}{RT^2}\mathrm{d}T+\frac{1}{RT}\left(\frac{\partial \mu_1^{\mathrm{l}}}{\partial b_3}\right)_T\mathrm{d}b_3 \tag{4-11a}$$

$$-\frac{H_2^{\ominus}}{RT^2}\mathrm{d}T+\frac{1}{p}\mathrm{d}p+\frac{1}{y_2}\mathrm{d}y_2=-\frac{H_2^{\mathrm{l}}}{RT^2}\mathrm{d}T+\frac{1}{RT}\left(\frac{\partial \mu_2^{\mathrm{l}}}{\partial b_3}\right)_T\mathrm{d}b_3 \tag{4-11b}$$

式中，$H_i^{\ominus}$、H_i^{l} 分别是组分 i（$i=1$ 或 2）气相的标准摩尔焓与液相的偏摩尔焓。两式联立若消去 $\mathrm{d}b_3$，所得方程形式复杂，难以使用。下面建立 T、p、y、b_3 之间的相平衡方程。

因液相化学势不受压力的影响，T 一定时液相的 Gibbs-Duhem 方程对于三元系即

$$n_1\mathrm{d}\mu_1^{\mathrm{l}}+n_2\mathrm{d}\mu_2^{\mathrm{l}}+n_3\mathrm{d}\mu_3^{\mathrm{l}}=0$$

两边同除以(n_1+n_2)，注意到 $n_i/(n_1+n_2)=x_i$（$i=1$，2），$n_3/(n_1+n_2)=Mb_3$（$M=x_1M_1+x_2M_2$，是混合溶剂的摩尔质量），因液相 x_i 恒定，其中仅有 b_3 一个独立变量，上式可表示为

$$x_1\left(\frac{\partial \mu_1^{\mathrm{l}}}{\partial b_3}\right)_T\mathrm{d}b_3+x_2\left(\frac{\partial \mu_2^{\mathrm{l}}}{\partial b_3}\right)_T\mathrm{d}b_3+Mb_3\left(\frac{\partial \mu_3^{\mathrm{l}}}{\partial b_3}\right)_T\mathrm{d}b_3=0 \tag{4-12}$$

将式(4-11a) 两边同乘 x_1，式(4-11b) 两边同乘 x_2，两式相加并与式(4-12) 联立。注意到

$$(x_1H_1^{\ominus}+x_2H_2^{\ominus})-(x_1H_1^{\mathrm{l}}+x_2H_2^{\mathrm{l}})=\Delta_{\mathrm{v}}H \tag{4-13}$$

$\Delta_{\mathrm{v}}H$ 是液相中混合溶剂的偏摩尔蒸发焓，稀溶液条件下等于混合溶剂的摩尔蒸发焓。且根据式(4-7b) 的关系，从而得到上述三元汽液平衡体系的相平衡方程：

$$\frac{x-y}{y(1-y)}\mathrm{d}y+\frac{Mb_3}{RT}\left(\frac{\partial \mu_3^{\mathrm{l}}}{\partial b_3}\right)_T\mathrm{d}b_3=\frac{\Delta_{\mathrm{v}}H}{RT^2}\mathrm{d}T-\frac{1}{p}\mathrm{d}p \tag{4-14}$$

根据相律，体系自由度为 3，因液相 x_i 恒定，上式中的独立变量数为 2。在恒定温度或压力下，当溶质溶入混合溶剂时，因 b_3 增加，其余变量皆为 b_3 的连续函数。函数的增减取

决于其随 b_3 变化率的正负，即 $\mathrm{d}y$、$\mathrm{d}p$ 或 $\mathrm{d}T$ 的正负。因为溶质满足扩散稳定性条件[1]，上式左边第二项中的偏导数大于 0，且 $\mathrm{d}b_3>0$，该项恒为正值。左边第一项中，如果 $x>y$ 且 $\mathrm{d}y>0$，即难挥发组分气相组成增加，该项为正；如果 $x<y$ 且 $\mathrm{d}y>0$，即易挥发组分气相组成增加，该项为负；如果 $x=y$，即混合溶剂气液两相组成相同（或混合溶剂为恒沸混合物）时，无论气相组成如何变化，该项为 0。因为混合溶剂的摩尔蒸发焓为正值，如果 $\mathrm{d}T>0$（$\mathrm{d}p=0$），即溶液沸点增高（恒压下），或者 $\mathrm{d}p<0$（$\mathrm{d}T=0$），即溶液蒸气压降低（恒温下），上式右边的值为正；反之，右边的值为负。

根据以上分析，由式(4-14) 得到如下结论：在组成一定的二元混合溶剂中溶入一些不挥发溶质，如果难挥发组分的气相组成增加，或者混合溶剂是恒沸混合物时，左边的值为正，这时必定引起溶液沸点增高（恒压下）或蒸气压降低（恒温下）；如果溶液沸点降低（恒压下）或蒸气压增高（恒温下），右边的值为负，这时必定引起易挥发组分的气相组成增加。这个结论称为混合溶剂沸点增高规则。关于混合溶剂沸点增高规则的更多介绍可参阅二维码链接。

混合溶剂沸点增高规则

【例 4-3】 以惯例Ⅲ为参考态，导出渗透平衡时渗透压 π 与溶质质量摩尔浓度 b 的关系。

解 设平衡温度为 T，纯溶剂（A）、溶液的压力分别是 p_0 和 p，溶质 B 的质量摩尔浓度为 b。平衡条件为

$$\mu_{\mathrm{A}}^{*}(T,p_0)=\mu_{\mathrm{A}}(T,p,b) \tag{1}$$

平衡时 T、p_0 不变，纯溶剂化学势 μ_{A}^{*} 不变，溶液中溶剂的化学势 μ_{A} 只是 p、b 的函数。两边全微分，有

$$0=\left(\frac{\partial \mu_{\mathrm{A}}}{\partial p}\right)_{T,b}\mathrm{d}p+\left(\frac{\partial \mu_{\mathrm{A}}}{\partial b}\right)_{T,p}\mathrm{d}b=V_{\mathrm{A}}\mathrm{d}p+RT\left(\frac{\partial \ln a_{\mathrm{A}}}{\partial b}\right)_{T,p}\mathrm{d}b \tag{2}$$

μ_{A} 对 p 的偏微分利用式(3-11)，因为溶剂化学势 $\mu_{\mathrm{A}}=\mu_{\mathrm{A}}^{*}(T,p)+RT\ln a_{\mathrm{A}}$，代入后可计算出左边的偏导数。$T$、$p$ 一定时，溶液的 Gibbs-Duhem 方程是 $n_{\mathrm{A}}\mathrm{d}\ln a_{\mathrm{A}}+n_{\mathrm{B}}\mathrm{d}\ln a_{\mathrm{B}}=0$，此时溶液只有 b 一个独立变量，因此方程可表示为

$$n_{\mathrm{A}}\left(\frac{\partial \ln a_{\mathrm{A}}}{\partial b}\right)_{T,p}\mathrm{d}b+n_{\mathrm{B}}\left(\frac{\partial \ln a_{\mathrm{B}}}{\partial b}\right)_{T,p}\mathrm{d}b=0$$

即

$$\left(\frac{\partial \ln a_{\mathrm{A}}}{\partial b}\right)_{T,p}=-\frac{n_{\mathrm{B}}}{n_{\mathrm{A}}}\left(\frac{\partial \ln a_{\mathrm{B}}}{\partial b}\right)_{T,p} \tag{3}$$

---

[1] 体系处于平衡状态时，虽然满足热平衡、机械平衡、化学平衡与相平衡的条件，然而由于涨落原因，体系性质仍会有小的变化，热力学理论证明，平衡欲能稳定存在必须满足：

$$(1)\ C_V>0 \quad (2)\ \left(\frac{\partial p}{\partial V}\right)_T<0 \quad (3)\ \left(\frac{\partial \mu_i}{\partial x_i}\right)_{T,p}>0$$

当体系温度因涨落高于环境时，体系向外传热，如满足（1），传热将使体系温度降低，从而恢复平衡；当体系体积因涨落发生收缩时，如满足（2），体系压力将增大，促使体系膨胀而恢复平衡；当组分浓度因涨落而增大时，如满足（3），其化学势将增加，促使组分向外扩散而恢复平衡。（1）、（2）、（3）分别称为体系的热稳定性、机械稳定性和扩散稳定性条件。

将式(3) 代入式(2) 右边，得一微分方程，将方程积分，压力从 p_0 积分到 p，浓度从 0 积分到 b，得

$$\int_{p_0}^{p} V_A \mathrm{d}p = \int_0^b RT \frac{n_B}{n_A}\left(\frac{\partial \ln a_B}{\partial b}\right)_{T,p} \mathrm{d}b \tag{4}$$

式中，$n_B/n_A = M_A b$，M_A 是溶剂的摩尔质量。假定 V_A 不随压力变化，由于 $\pi = p - p_0$，最后得到

$$\pi = RT \frac{M_A}{V_A} \int_0^b \left(\frac{\partial \ln a_B}{\partial \ln\{b\}}\right)_{T,p} \mathrm{d}b \tag{5}$$

式(5) 即渗透压与溶质浓度的关系，如果已知溶质活度因子，代入式(5) 可计算出渗透压 π。对于理想稀溶液，活度因子为 1，定积分值为 b，$M_A b/V_A = n_B/(n_A V_A) \approx n_B/V = c_B$，$V$ 是溶液体积，故有 $\pi = c_B RT$，此即式(3-80)。

沸点升高规则

4.3 单组分体系相图

单组分体系由纯物质组成，体系内既无化学反应又无浓度变量。$C=1$，$f=1-\phi+2=3-\phi$。当 $\phi=1$ 时，$f=2$，称为双变量体系，T、p 皆可独立改变；当 $\phi=2$ 时，$f=1$，称为单变量体系，T、p 中仅有 1 个独立变量，二者间有函数关系存在；当 $\phi=3$ 时，$f=0$，称为无变量体系，T、p 皆为定值。因 f 不可能为负，单组分体系最多有三相平衡共存。

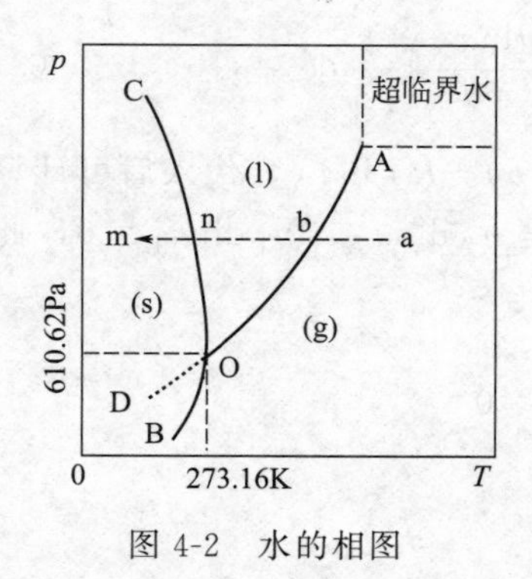

图 4-2　水的相图

以水的相图为例，水在中常压下可呈气态（水蒸气）、液态（水）和固态（冰）三种不同相态。通过实验测出每两相平衡的温度和压力，由表 4-1 列出。将它们画在 p-T 图上，可得到三条曲线，如图 4-2，即为水的相图（示意图）。图中三条曲线 OA、OB、OC 分别是水与水蒸气、冰与水蒸气、水与冰的两相平衡曲线，代表两相平衡时温度与压力的关系。三条曲线皆满足克拉佩龙方程。OA、OB 也可分别视为水与冰的饱和蒸气压曲线，可用克-克方程近似描述。由于水变为冰时 $\Delta H<0$ 但 $\Delta V>0$，由克拉佩龙方程知 $\mathrm{d}p/\mathrm{d}T<0$，所以 OC 线各处斜率皆为负值。三条曲线汇聚于 O 点，它将整个相图划分成 AOC、COB、BOA 三个区域。体系的状态（温度、压力）可用图中的点表示，称为物系点。当物系点落在曲线 OA、OB、OC 上时，依次表示体系中有水与水蒸气、冰与水蒸气、水与冰两相平衡共存，三条曲线也被称为两相线。当物系点落在 AOC、COB、BOA 三个区域中时，体系分别处于液态、固态和气态，三个区域被称为单相区。当物系点落在 O 点时，表示体系为气（水蒸气）、液（水）、固（冰）三相平衡共存。O 点所表示的状态叫做三相点。在三相点体系自由度为 0，温度、压力皆不能改变。水的三相点温度被定义为 273.16K，水的三相点压力是 610.62Pa。

表 4-1　水的相平衡数据

平衡温度 t/℃	平衡压力 p/kPa		
	水⇌水蒸气	冰⇌水蒸气	冰⇌水
−20	0.126	0.103	193.5×10^{3}
−10	0.287	0.260	110.4×10^{3}
0.01	0.61062	0.61062	0.61062
20	2.338		
60	19.916		
99.65	100.000		
200	1554.4		
300	8590.3		
374.2	22119.247		

水的冰点与水的三相点不同。如图 4-3 所示，冰点是常压下暴露于空气中的水（实为溶解有空气的水的稀溶液）与冰平衡共存的温度。空气可视为一个独立组分，这时体系的独立组分数 $C=2$，$\phi=3$，$f=2-3+2=1$，体系尚有 1 个自由度。即冰点受大气压力的影响。当大气压力为标准大气压（101325Pa）时，冰点略低于三相点温度。原因有两个，其一是压力对冰-水平衡温度的影响。在三相点附近冰-水平衡温度随压力的变化率（参见【例 3-4】）为

$$\frac{\mathrm{d}T}{\mathrm{d}p}=-7.429\times10^{-8}\mathrm{K}\cdot\mathrm{Pa}^{-1}$$

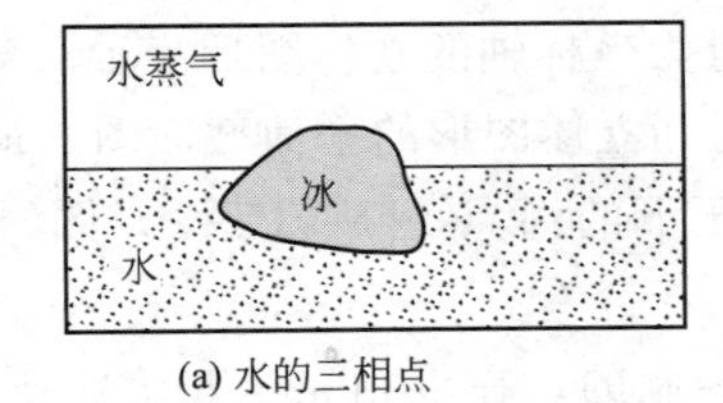

(a) 水的三相点

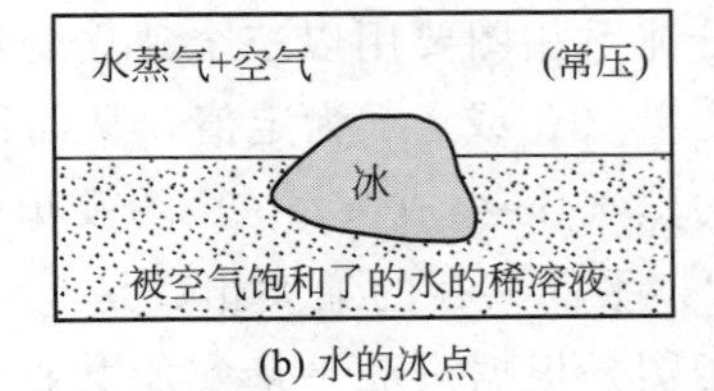

(b) 水的冰点

图 4-3　水的冰点与三相点的比较

当压力从三相点压力，即 610.62Pa，变为常压时平衡温度的变化为

$$\Delta T=[-7.429\times10^{-8}\times(101325-610.62)]\mathrm{K}=-0.00748\mathrm{K}$$

即常压下冰-水平衡温度比三相点温度下降 0.00748K。其二是水中溶有空气后导致水的凝固点下降。实验测得在三相点温度及常压下空气在水中的溶解度为 $0.00130\mathrm{mol}\cdot\mathrm{kg}^{-1}$，水的冰点降低常数 $K_{\mathrm{f}}=1.855\mathrm{K}\cdot\mathrm{kg}\cdot\mathrm{mol}^{-1}$，因此水被空气饱和后冰点变化值为

$$\Delta T=-1.855\times0.00130\mathrm{K}=-0.00241\mathrm{K}$$

两种效应引起冰-水平衡温度下降的总结果为 0.00989K≈0.01K。通常认为水的冰点为 0℃，因为根据热力学温度与摄氏温度的关系：$T/\mathrm{K}=t/℃+273.15$，0℃即 273.15K，比三相点温度低 0.01K。

由于水的冰点受大气压力的影响，如果用水的冰点作为热力学温标的定义显然是不科学的。正因为如此，热力学温标把水的三相点温度定义为 273.16K。

图 4-2 中 OD 是 OA 的延长线，是水和水蒸气的亚稳平衡曲线，代表过冷水的饱和蒸气

压与温度的关系。物系点沿 OA 缓慢降至 O 点时，由于新相（冰）难以形成，这时若维持体系中水与水蒸气两相平衡，使体系继续降温，物系点将沿 OD 变化。OD 位于 OB 上方，表明过冷水的蒸气压高于同温度下冰的蒸气压，只要稍受外界因素干扰（如振动或投入小冰粒），过冷水就立即变为冰，物系点将从 OD 回到固液平衡线 OB 上。

OB 线向下延伸理论上可接近 0K，OC 线向上延伸至 2×10^{8}Pa 和 -20℃左右将有冰的另外晶型出现。OA 线不能向上无限延伸，曲线终止于水的临界点（$T_c=647.4$K，$p_c=22.112$MPa）。在临界点气液两相的差别消失，超过临界点（$T>T_c$，$p>p_c$）体系处于超临界流体状态，这是物质存在的另一种状态。超临界流体恒温降压可变为气态，恒压降温可变为液态，变化过程中体系性质的变化是连续的，不会出现两相平衡。

在物系点沿图 4-2 中水平线从 a 变化到 m 的过程中，从 a 至 b 为水蒸气恒压降温过程。至 b 点蒸汽中有液体水冷凝出来，在 b 点气液两相平衡共存，体系自由度为 0，温度不变。蒸汽全部冷凝为水后，水的温度继续降低，物系点从 b 向 n 变化，b 至 n 为液体水的恒压降温过程，至 n 点水开始结冰，在 n 点冰、水两相平衡共存，温度不变。当全部水结为冰后，物系点从 n 向 m 变化，n 至 m 为冰的恒压降温过程。

硫的相图

4.4 两组分液态完全互溶体系的汽液平衡相图

两组分体系 $C=2$，$f=2-\phi+2=4-\phi$，最大相数为 4，体系最多可呈四相平衡共存；最大自由度数为 3，体系状态可由三个独立变量确定。通常以 T、p、x（组成）为独立变量，因此两组分体系相图要用以三个独立变量为坐标轴的立体图形表示。为讨论方便，常常保持一个独立变量（T 或 p）为定值，从而得到立体图形的平面截面图。最常用的平面图有两种：恒温下的蒸气压-组成（p-x）图及恒压下的沸点-组成（T-x）图。此时体系的条件自由度最大为 2，平衡共存的最大相数是 3。

汽液平衡相图是根据汽液平衡实验数据绘制的。在液相完全互溶的条件下，蒸气压-组成（p-x）图的绘制需要在恒定的温度下测定两组分混合物达到汽液平衡时的压力以及气、液两相的组成，得到压力 p 与液相组成 x、压力 p 与气相组成 y 的关系。在以 x（y）为横坐标，p 为纵坐标的平面图上将 p-x，p-y 间的关系以曲线表示，即得 p-x 图。沸点-组成（T-x）图的绘制是在恒定压力下测定两组分混合物达到汽液平衡时的温度及气、液两相的组成，得到温度 T 与液相组成 x、温度 T 与气相组成 y 的关系。在以组成 $x(y)$ 为横坐标，T 为纵坐标的平面图上将 T-x，T-y 间的关系以曲线表示，即得 T-x 图。

4.4.1 理想溶液的汽液平衡相图

图 4-4 为理想溶液甲苯（A）-苯（B）体系的汽液平衡相图。在图 4-4(a) 蒸气压-组成图中，纵坐标 p 代表体系的压力，p_A^*、p_B^* 为纯甲苯、纯苯组分的饱和蒸气压。经过 p_A^*、p_B^* 两点有两条曲线，L 线代表平衡压力与液相摩尔分数 x_B 的关系，称为液相线；G 线代表平衡压力与气相摩尔分数 y_B 的关系，称为气相线。理想溶液服从拉乌尔定律，两组分的气相分压为

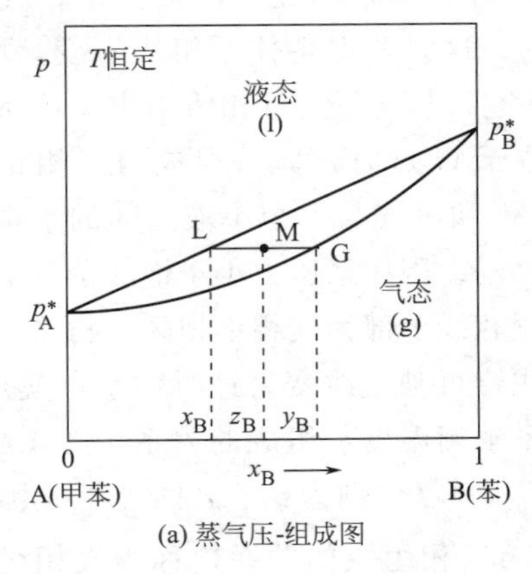

(a) 蒸气压-组成图

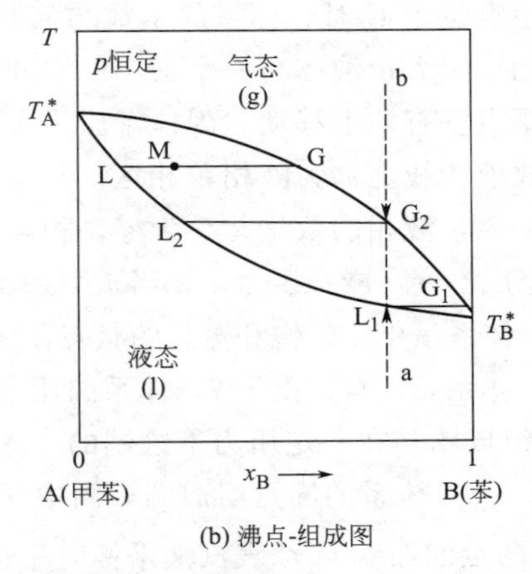

(b) 沸点-组成图

图 4-4　甲苯（A)-苯（B）体系的汽液平衡相图

$$p_A = p_A^* x_A = p_A^*(1 - x_B) \quad p_B = p_B^* x_B$$

溶液的蒸气总压即体系的平衡压力为

$$p = p_A + p_B = p_A^* + (p_B^* - p_A^*) x_B \tag{4-15}$$

在一定温度下 p_A^*、p_B^* 为常数，因此液相线即式(4-15）代表的曲线为连接 p_A^*、p_B^* 两点间的直线。汽液平衡时 $p_B^* x_B = p y_B$，因 B 为易挥发组分，$p_B^* > p_A^*$，但 p 总介于 p_B^* 与 p_A^* 之间，所以 $p < p_B^*$，$y_B > x_B$，即易挥发组分在气相中的组成总大于其在液相中的组成，因此蒸气压-组成图中气相线总位于液相线下方。液相线和气相线将相图划分成三个区域。相图中用于表示体系温度、压力、组成的点称为物系点；用于表示体系中某一相温度、压力、组成的点称为相点。蒸气压-组成图是在一定温度下绘制的，因此图中的物系点代表体系的压力和组成。当物系点 M 位于液相线和气相线之间的区域时［如图 4-4(a) 所示]，过 M 引水平线与液相线交于 L，与气相线交于 G，表明在体系压力下平衡液相的组成为 L 点的横标 x_B，平衡气相的组成为 G 点的横坐标 y_B，而 M 点的横坐标 z_B 为体系中 B 组分的摩尔分数。因为 $y_B > z_B > x_B$，体系中既不可能全是气相，也不可能全是液相，只能以气液两相平衡共存的状态存在，故液相线与气相线之间的区域为汽液平衡两相区。

L、G 是与物系点 M 相对应的两个相点，分别代表体系中液、气两相的压力和组成，L、G 之间的连线 LG 称为连接线。物系点位于两相平衡区时，$C=2$，$\phi=2$，体系的条件自由度为 1，p、x_B、y_B三个变量中只有一个是独立变量。当物系点 M 在连接线 LG 上的位置变动时，因相点不变，两相压力和组成皆不改变，但体系的组成发生了变化，说明两相的相对数量发生了变化。设 n^g、n^l 为气、液两相的物质的量，体系中 B 组分的物质的量满足 $n^g y_B + n^l x_B = (n^g + n^l) z_B$，所以

$$\frac{n^g}{n^l} = \frac{z_B - x_B}{y_B - z_B} = \frac{\overline{LM}}{\overline{GM}} \tag{4-16}$$

$\overline{LM}$、$\overline{GM}$ 分别是相图中线段 LM、GM 的长度。上式表明在两相平衡区各相物质的量与该相相点到物系点的距离成反比，这个结论称为杠杆规则。杠杆规则适用于相图中的两相平衡区，可用于任意两相间的平衡。当相图中的组成以质量分数（w）表示时，若各相的量以质量（W）表示，杠杆规则同样适用。

根据杠杆规则，连接线上物系点与某相点距离越近表明该相数量在体系中占有的份额越

大。当物系点位于 L 时，体系的组成与液相相同，这时体系仍处于汽液平衡，气相数量几乎为零，相当于大量液体与一个微小气泡间的平衡。这时若保持体系组成不变，增加压力，相当于物系点垂直向上移动。因体系压力大于液体饱和蒸气压，气相将消失，体系呈单一液相存在，故液相线上部为液相单相区。当物系点位于 G 点时，体系组成与气相相同，但仍处于汽液平衡，液相的数量几乎为零，相当于大量饱和蒸气与一个小液滴间的平衡。这时若保持体系组成不变，减小压力，相当于物系点向下移动。因体系压力小于饱和蒸气的压力，液相将消失，体系呈单一未饱和蒸气的状态存在，故气相线下部为气相单相区。物系点位于两个单相区时，体系条件自由度为 2，体系的压力和组成皆可独立改变，这时物系点就是相点。

沸点-组成图是在一定压力下绘制的，表示体系平衡温度与组成的关系。图 4-4(b) 为甲苯（A)-苯（B）体系的沸点组成图，图中 T_A^*，T_B^* 两点分别为 A、B 两纯组分沸点。连接 T_A^*、T_B^* 两点的曲线 G 代表汽液平衡时平衡温度与气相组成的关系，称为气相线；另一曲线 L 代表汽液平衡时平衡温度与液相组成的关系，称为液相线。与理想溶液的 p-x 图相比，T-x 图中的液相线不再是直线；在 p-x 图中蒸气压高的组分在 T-x 图中沸点低；而且在 T-x 图中总是气相线位于液相线之上。气相线和液相线之间的区域是汽液平衡两相区。物系点位于该区时条件自由度为 1。从物系点 M 引水平线与气相线交于 G，与液相线交于 L。G 为气相点，L 为液相点，两相点间的连线称为连接线。每条连接线对应着确定的平衡温度、气相组成和液相组成。利用杠杆规则，从物系点 M 在连接线上的位置可以确定气、液两相的相对数量。气相线以上是气相区，液相线以下是液相区。物系点位于 a 点时体系为液相。若保持体系组成不变升温至 L_1 点后液相开始沸腾起泡，所以物系点 L_1 又称为泡点，而液相线则称为泡点线，产生的第一个气泡的组成是气相点 G_1 的横坐标。当物系点位于 b 点时体系为气相。若保持体系组成不变温度降低至 G_2，气相中开始冷凝出液滴，所以物系点 G_2 又称为露点，气相线则称为露点线，产生的第一个液滴的组成是液相点 L_2 的横坐标。若 a、b 两物系点组成相同，继续冷却降温，物系点将从 G_2 变为 L_1，该过程中气相数量逐渐减少，液相数量逐渐增加，两相相对数量可由杠杆规则确定，气相点沿气相线从 G_2 变为 G_1，液相点沿液相线从 L_2 变为 L_1。

4.4.2 非理想溶液的汽液平衡相图

非理想溶液不能在全部浓度范围内遵守拉乌尔定律，某组分的气相分压大于拉乌尔定律计算值为正偏差，反之为负偏差。由于组分的不理想，非理想溶液与理想溶液的汽液平衡相图也产生偏差。偏差的原因根据具体情况各有不同，通常是由于分子间相互作用引起的。在由纯组分混合成溶液的过程中，如果分子间发生缔合作用，分子间引力增大，容易产生负偏差；反之，如果纯液体为缔合液体，混合时发生解缔作用，分子间引力减小，则容易产生正偏差。与理想溶液相图相比根据所产生偏差的大小，大致可分为以下两类。

① 正偏差或负偏差都不很大的体系。如图 4-5 中（a)、(b)，此类相图中气相线和液相线都不是直线。在蒸气压-组成图中液相线高于理想值（即连接两纯组分 p_A^*、p_B^* 间的直线）为正偏差体系，低于理想值为负偏差体系。图 4-5 中右边沸点-组成图与左边蒸气压-组成图相对应，纯组分蒸气压高其沸点低，蒸气压低其沸点高。图中实线为液相线，虚线为气相线。这类相图的特点是：p-x 图中平衡压力总是介于两纯组分蒸气压之间，T-x 图中平衡温度总是介于两纯组分沸点之间，相图中既不出现最高点也不出现最低点。如 CH_3OH-

H_2O，C_6H_6-CH_3OCH_3 体系等。

② 有很大正偏差或负偏差的体系。如图 4-5 中（c）、（d），在 p-x 图上液相线与气相线出现最高点或最低点，在极值点两线相切。相应地在 T-x 图上出现最低点或最高点，在极值点两线也相切。与切点组成对应的溶液即恒沸混合物。恒沸混合物气液两相组成相同，体系独立组分数为 1，条件自由度为 0。在一定压力（或温度）下恒沸混合物有确定的沸点（或蒸气压）和组成，但随着压力（或温度）的改变，不仅恒沸混合物的沸点（或蒸气压），而且其组成也发生相应的变化，因此恒沸混合物不满足定组成定律，不是化合物。能形成恒沸混合物的体系有 C_2H_5OH-H_2O，CH_3OH-C_6H_6，HCl-H_2O，HNO_3-H_2O 等。前两个体系 p-x 图上出现最高点，T-x 图上出现最低点，称为具有最低恒沸点的体系；后两个体系 p-x 图上出现最低点，T-x 图上出现最高点，称为具有最高恒沸点的体系。

无论体系出现很大正偏差或很大负偏差，当恒沸混合物形成时，一定温度下恒沸混合物的蒸气压或一定压力下恒沸混合物的沸点皆达到极值；在恒沸组成的两边，随着易挥发组分气相组成的增加，体系的沸点总在降低、蒸气压总在升高，相图表现的特征与克诺瓦洛夫规则完全相符。

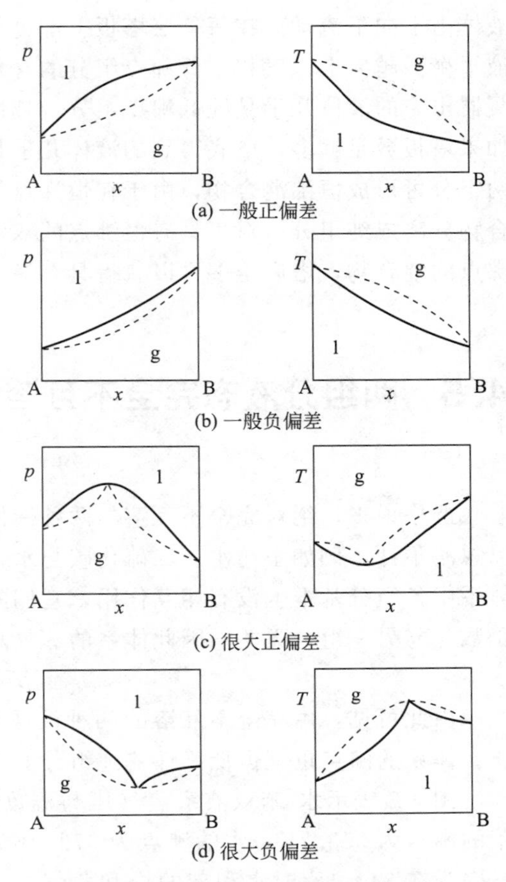

图 4-5 非理想溶液的汽液平衡相图

4.4.3 精馏原理

汽液平衡时气相组成一般不同于液相组成。利用两相组成的差异可把混合物分离成纯组分。在沸点组成图 4-6 中，设组成为 x 的溶液在恒压下加热到温度 T_2，此时体系呈两相平衡，液相组成是 x_2，气相组成是 y_2，显然 $y_2 > x_2$，即气相中易挥发组分 B 的组成大于其在液相中的组成。如果把气液两相分开，把气相冷却至 T_1，此时汽液平衡两相中气相的组成变为 y_1，且 $y_1 > y_2$，重复进行气、液两相的分离和气相的部分冷凝，最后得到的气相其组成可接近纯 B。如果把组成为 x_2 的液相加热至 T_3，此时汽液平衡两相中液相的组成为 x_3，且 $x_3 < x_2$。重复进行气、液两相的分离和液相的部分汽化，则最后得到的液相其组成可接近纯 A。

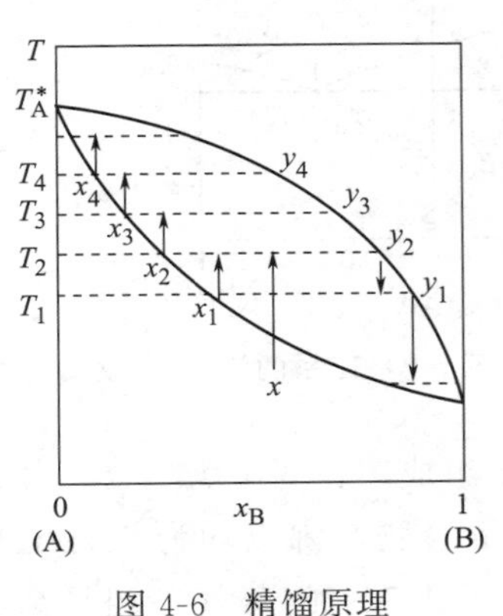

图 4-6 精馏原理

利用气液两相组成的差异，工业上经过多次部分冷凝与部分汽化从而使混合物得以分离的操作称为精馏。精馏在精馏塔中进行，塔内有许多层塔板，塔底装有加热器，塔顶装有冷凝器。物料（混合物）不断从塔中部进入，蒸气由下向上流动，液体由上向下流动。在每一层塔板上都进行着液相的部分汽化与气相的部分冷凝，并接近汽液平衡。越向上，气相中低沸点组分的含量越高，温度越低，如果塔板数足够多，由塔顶冷凝器出来的液体几乎是纯低沸点组分。越向下，液相中高沸点组分的含量越高，温度越高。如果塔板数足够多，塔底得到的液体几乎是纯高沸点组分，从而实现混合物的分离。但如果两组分可形成恒沸混合物，由于在恒沸点气液两相组成相同，用简单精馏方法不能把恒沸混合物分离成纯组分。对于具有恒沸点的双液系，采用精馏方法塔顶至多可以获得具有最低恒沸点的混合物，塔底至多可以获得具有最高恒沸点的混合物。

4.5 两组分液态完全不互溶体系的汽液平衡相图

严格说来，绝对完全不互溶的两种液体是没有的。但有时两种液体的相互溶解度小到可以忽略不计，例如汞与水、二硫化碳与水、氯苯与水等，可视为完全不互溶双液系。在这种体系中各组分基本上没有相互作用，它们的蒸气压与它们纯液体的蒸气压相同，只是温度的函数，与另一组分无关。因此体系的蒸气总压等于 A、B 两纯组分蒸气压之和，即

$$p=p_A^*+p_B^* \tag{4-17}$$

由此可见，由完全不互溶的两种液体组成的体系其蒸气总压恒大于任一纯组分的蒸气压，体系的沸点也就恒低于任一纯组分的沸点。

图 4-7 表示水-苯双液系蒸气压与温度的关系。图中表明，当压力 $p=101.325\text{kPa}$ 时，苯的沸点为 353.3K，水的沸点为 373.2K，而水-苯双液系的沸点为 343.1K（69.9℃）。这是因为在 343.1K 时水和苯的饱和蒸气总压已达 101.325kPa，等于外压，在液相内部可有气泡产生出来，发生沸腾现象。此时沸腾温度比两纯液体沸点都低。由分压定律可计算出沸腾时与液相平衡的蒸气组成。已知在 343.1K 时，$p^*(C_6H_6)=73359.3\text{Pa}$，$p^*(H_2O)=27965.7\text{Pa}$，于是

$$y(C_6H_6)=\frac{p^*(C_6H_6)}{p^*(C_6H_6)+p^*(H_2O)}=0.724$$

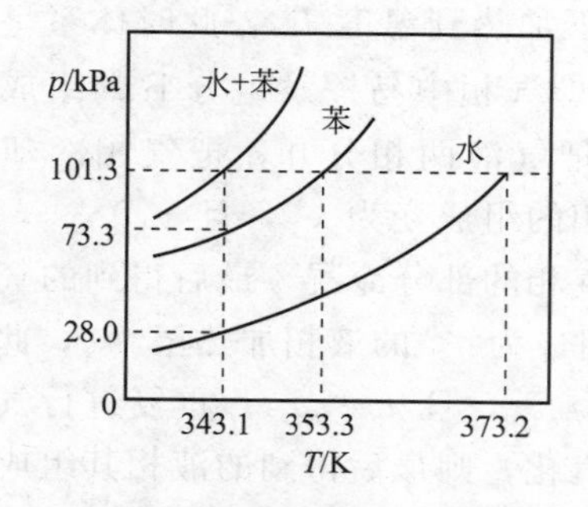

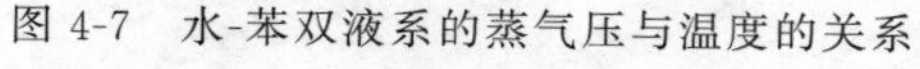
图 4-7 水-苯双液系的蒸气压与温度的关系

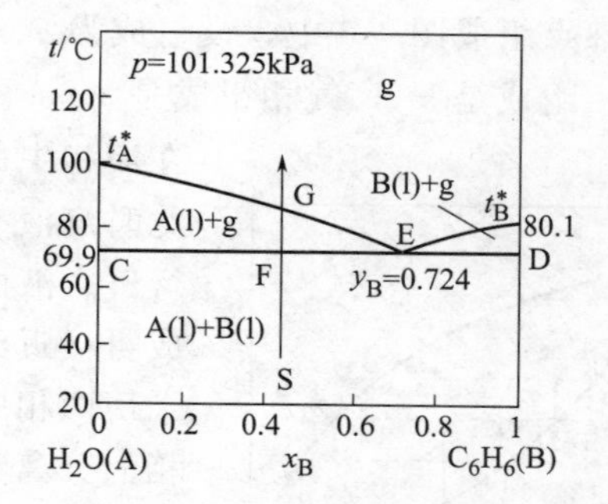

图 4-8 水（A）-苯（B）体系的沸点-组成图

图 4-8 是水（A）-苯（B）体系在 101.325kPa 压力下的沸点-组成图，图中 t_A^*，t_B^* 分别为水和苯的沸点，CED 线为恒沸点线（即任何比例的水和苯的混合物其沸点均为 69.9℃），物系点在恒沸点线上（不包括 C、D 两点）时呈现水、苯及 $y_B=0.724$ 的蒸气三相平衡共

存，此时条件自由度为0，只要压力不变平衡温度及气相组成均不会改变。CED也叫做三相线。t_A^*E线为液体水与蒸气成平衡时气相组成随温度的变化曲线，也可视为蒸气中冷凝出液体水时的露点线；t_B^*E线为液体苯与蒸气成平衡时气相组成随温度的变化曲线，也可视为蒸气中冷凝出液体苯时的露点线。夹在三相线与露点线之间的两个区域是汽液平衡两相区，露点线以上是气相单相区，三相线以下是两纯液体的两相区。物系点位于两相区自由度为1，位于单相区自由度为2。

当物系点位于S时，体系为水、苯两个纯液相。升高温度，物系点垂直向上。到达F时液相开始沸腾，出现气相，气相组成 $y_B=0.724$。随着汽化的不断进行，两液相不断减少，气相不断增多。但温度及气相组成均不改变。当苯完全汽化时，体系中为水与蒸气两相平衡，条件自由度为1，继续加热，体系温度升高，物系点垂直向上进入两相平衡区。随着汽化不断进行，气相中的含水量增加，气相点从E向G移动。液相点从C向上移动，液体水与蒸气的相对量可由杠杆规则确定。当物系点到达G时，蒸气中仅剩最后一滴水，温度再升高，水滴完全汽化，体系进入气相单相区。

利用混合物沸点低于互不相溶的两纯液体沸点的原理，可以把不溶于水的高沸点液体和水一起蒸馏，使两液体在略低于水的沸点下共沸，以保证高沸点液体不致因沸腾温度过高而分解。馏出物经冷却成为该液体和水，由于两者不互溶，所以很容易分开，从而达到提纯高沸点液体的目的。这种方法称为水蒸气蒸馏。对于易分解的高沸点有机物常采用此法进行提纯。蒸馏出单位质量有机物B所需水蒸气A的质量可根据组分蒸气压及其摩尔质量计算得到。因为共沸时

$$p_A^*=py_A=\frac{pn_A}{n_A+n_B}$$

$$p_B^*=py_B=\frac{pn_B}{n_A+n_B}$$

式中，n_A、n_B分别为气相（馏出物）中水与有机物的物质的量；p_A^*、p_B^*、p 分别为蒸馏温度下水、有机物的饱和蒸气压及气相蒸气总压；y_A、y_B 分别为气相中水与有机物的摩尔分数。以上两式相除，得

$$\frac{p_A^*}{p_B^*}=\frac{n_A}{n_B}=\frac{W_A/M_A}{W_B/M_B}=\frac{M_BW_A}{M_AW_B} \tag{4-18}$$

式中，M_A、M_B分别为水和有机物的摩尔质量；W_A、W_B 则分别为其质量，因此

$$\frac{W_A}{W_B}=\frac{p_A^*M_A}{p_B^*M_B} \tag{4-19}$$

W_A/W_B 为蒸馏出单位质量有机物所需水蒸气的质量，称为水蒸气消耗系数。此系数越小，表示水蒸气蒸馏的效率越高。上式表明有机物蒸气压越高，摩尔质量越大，水蒸气消耗系数越小。

4.6 两组分液态部分互溶体系的液液平衡及汽液平衡相图

4.6.1 两组分液态部分互溶体系的液液平衡相图

有些双液系，如 H_2O-C_6H_5OH，H_2O-$C_6H_5NH_2$，H_2O-n-C_4H_9OH 等，在一定温度

下两组分混合时仅在一定组成范围内相互溶解形成均一的液相，而在另外的组成范围只能部分互溶形成两个相互平衡的液相，这样的体系称为液相部分互溶体系。

以水（A）-苯酚（B）体系为例，在38.8℃时将少量苯酚滴入水中振摇，苯酚完全溶于水成一均相。继续滴加苯酚，当苯酚质量分数 $w_B=0.078$ 时，溶液达到饱和，为该温度下苯酚在水中的溶解度。如再加入苯酚，溶液将分成两个相互平衡的液层，下层为苯酚在水中的饱和溶液（称为水相），$w_B=0.078$；上层则是水在苯酚中的饱和溶液（称为酚相），$w_B=0.666$。这是两个相互平衡的液相，称为共轭相。进一步加入苯酚，两相的浓度不会改变，但酚相的质量增多，水相的质量减少。当体系中苯酚总组成达到 $w_B=0.666$ 时，水相消失，只留酚相。若再加入苯酚，则苯酚完全溶解，酚的浓度增大，体系成一均相。该过程也可以从在苯酚中滴加水开始，上述现象则倒过来发生。

图4-9画出部分互溶双液系两共轭相的组成随温度变化情况，称为液液平衡相图。其中CK线是水相中苯酚溶解度随温度变化曲线，C′K线是酚相中水的溶解度随温度变化曲线，曲线CKC′合称为溶解度曲线。随着温度升高，两共轭相的组成越来越接近，在68.0℃时，CK和C′K两条线会合于K点，这时两个液相组成趋于一致，成一均相，$w_B=0.34$。K点称为临界会溶点，其对应的温度称为临界会溶温度。高于临界会溶温度，水与苯酚可完全互溶。曲线CKC′之外为单相区，物系点位于单相区，体系呈均一液相。曲线CKC′之内为液液平衡两相区，如物系点O位于两相区，过O点的水平线与溶解度曲线交于D、D′两点，D、D′为两个相点，表示体系包括D和D′两个共轭的液相。连接两个共轭液相的线段DD′称为连接线。两共轭液相的相对数量可根据物系点O在连接线上的位置用杠杆规则确定。部分互溶双液系的液液平衡相图除了具有上临界会溶温度外还有具有下临界会溶温度及上、下两个临界会溶温度的情况。如图4-10所示，水-三乙基胺是具有下临界会溶温度的双液系，水-烟碱是具有上、下两个临界会溶温度的双液系。

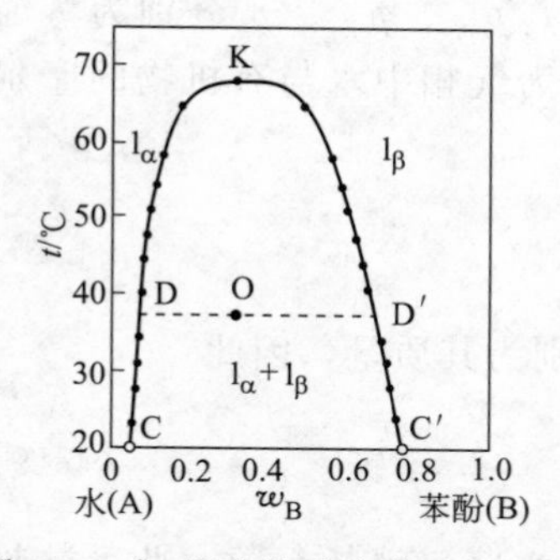

图4-9 水-苯酚体系液液平衡相图

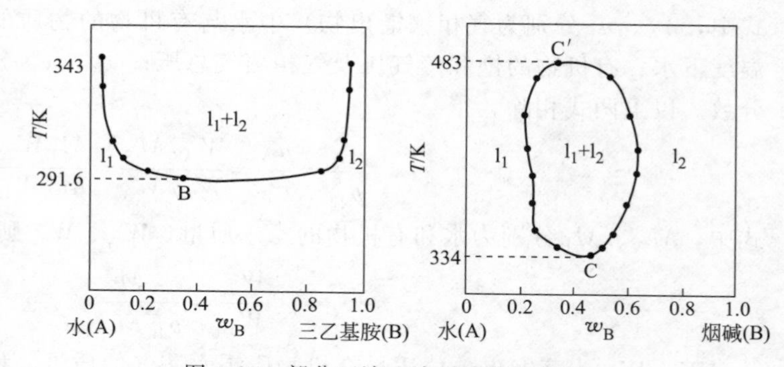

图4-10 部分互溶双液系液液平衡相图

4.6.2 两组分液态部分互溶体系的汽液平衡相图

图4-11中（a）、（b）是两组分液相部分互溶体系的汽液平衡相图。相图在一定压力下绘制。图的上半部是沸点-组成图，其中（a）是具有最低恒沸点的体系；图的下半部是液液平衡相图。当体系的压力减小时，下半部的液液平衡相图变化不大，由于沸点降低上半部的沸点组成图向下移动，两种相图交接后可形成（c）、（d）两种情况。相图（c）中的DHD′和（d）中的DD′H为三相平衡线。当物系点位于三相线上时体系呈液（l_1）、液（l_2）、蒸气三相平衡共存，条件自由度为0，各相组成及温度均不改变，D、D′、H分别为三个相

点。图 4-11（c）和（d）中 1、2 为两个汽液平衡两相区，3 为液液平衡两相区，4、5、6 分别为气相及两个共轭液相的单相区。图 4-11 中相图（c）、（d）与（a）、（b）相比显得较为复杂，实际上任何复杂的相图都可视为由较简单的基本相图组合而成，因此对基本相图中点、线、面意义的透彻了解是看懂复杂相图的关键。

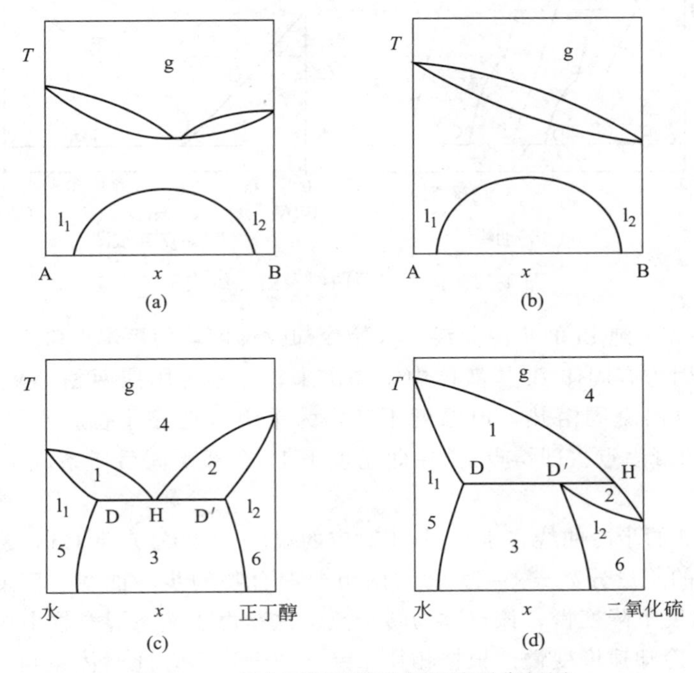

图 4-11　部分互溶双液系的汽液平衡相图

4.7　两组分固态完全不互溶体系的固液平衡相图

对于只包括液体和固体的凝聚相体系而言，压力对组分化学势影响很小，平衡时体系组成与温度的关系可认为不受压力影响，因此常压下测定的凝聚相体系温度-组成图中均不注明压力。讨论这类相图时相律的表示式为：$f=C-\phi+1$。对于两组分体系，$f=3-\phi$，$\phi=1$ 时 $f=2$；$f=0$ 时 $\phi=3$，体系最多呈三相平衡。

4.7.1　形成低共熔混合物体系的固液平衡相图

4.7.1.1　热分析法

热分析法是绘制凝聚相体系相图常用的基本方法，其原理是根据体系在冷却过程中温度随时间的变化情况来判断体系中发生的相变化。通常的做法是先将样品加热成液态，然后使其缓慢而均匀地冷却，记录冷却过程中温度随时间变化的数据，再以温度为纵坐标，时间为横坐标绘制出温度-时间曲线，称为步冷曲线。由若干条具有不同组成的液体的步冷曲线就可绘制出固液平衡相图，或称熔点-组成图。

以 Bi（A）-Cd（B）体系为例，将两个组分以各种比例配成一系列组成不同的混合物，分别由实验测定它们的步冷曲线，即图 4-12(a)，并绘制出熔点-组成图，即图 4-12(b)。

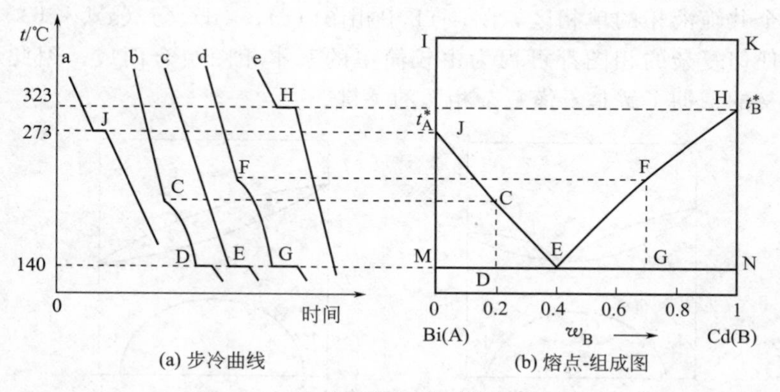

图 4-12　体系步冷曲线及熔点组成图

图 4-12(a) 中 a 是纯 Bi 的步冷曲线。开始冷却时温度均匀下降，降至 273℃时曲线上出现水平段 J。这是因为有固体 Bi 从液体中结晶出来，体系为固液两相平衡，$f=1-2+1=0$，冷却时体系释放出凝固潜热，但温度不变，为单组分两相平衡。水平段 J 对应的温度（273℃）就是 Bi 的凝固点（即熔点）。在此温度下 Bi 全部凝固后体系成单一固相 Bi，温度才继续下降。

同样 e 是纯 Cd 的步冷曲线，水平段 H 对应的温度（323℃）是 Cd 的凝固点。

曲线 b 是 Cd 的质量分数 $w_B=0.20$ 的两组分混合物的步冷曲线。到 C 点时出现转折，曲线坡度变小，温度下降变慢，该点称为转折点。这是由于液态混合物中析出了纯 Bi 晶体，放出的相变潜热使冷却速度变慢。根据相律 $f=2-2+1=1$，此时体系自由度为 1，所以纯 Bi 析出时，体系温度仍不断下降，且液相中 Bi 的组成不断减少。继续冷却，当达到水平段 D 时，液相混合物对 Cd 和 Bi 都已成为饱和溶液，Cd 和 Bi 同时结晶出来。此时体系为固、固、液三相平衡，$f=2-3+1=0$，温度（140℃）不再改变，一直到液相全部凝固后温度才继续下降。故转折点 C 对应的温度是一种组分开始结晶的温度，水平段 D 对应的温度是两种组分同时结晶的温度。

曲线 d 是 Cd 的质量分数 $w_B=0.70$ 的混合物的步冷曲线，与曲线 b 相似，有一个转折点 F 和一个水平段 G，所不同的是在 F 点先析出的固体是 Cd。水平段 G 与 D 相同，温度也是 140℃，此时两种固体同时析出。

曲线 c 是 $w_B=0.40$ 的混合物的步冷曲线，它的形状与纯物质步冷曲线相似，没有转折点，只有一个水平段 E。这是因为当温度降至 140℃，体系组成正好是两个组分都饱和的液相混合物的组成，故 Bi 与 Cd 一起析出，在此之前并无 Bi 或 Cd 析出。$w_B=0.40$ 的混合物具有最低的熔点，称为低共熔混合物。低共熔混合物析出的固体是 Bi 与 Cd 的微小晶体形成的混合物，称为混晶。混晶不是固溶体（固态溶液），固溶体是均一固相，混晶是两个纯固相。

把上述五条步冷曲线中晶体开始析出的温度 J、C、E、F、H 及全部凝固的温度 D、E、G 描绘于温度-组成的坐标图中，将它们分别连接起来，得到图 4-12(b) 中 Bi-Cd 体系的固液平衡相图或熔点-组成图。图中 J 与 H 分别为纯 Bi 与纯 Cd 的熔点，JEH 以上的区域为液相混合物的单相区。JE 线为纯固体 Bi 与液相混合物平衡时液相组成与温度的关系曲线，或 Bi 的凝固点降低曲线，称为液相线；同样，HE 则为 Cd 的凝固点降低曲线，是另一条液相线。E是两线交点，代表低共熔混合物熔化的状态（温度140℃，$w_B=0.40$），称为低共熔点。通过E点的水平线MEN称为三相平衡线，当物系点位于此线上（除M、N两端点外），体系呈纯固体Bi、Cd及液态低共熔混合物三相平衡，三相的相点分别为M、N和E。三相线以下的区域是Bi与Cd两种纯固体同时存在的两相区。JEM与HEN则为两相平衡区，分别表示固体Bi或Cd与溶液成两相平衡。

看懂相图的关键是弄清相图中点、线、面的意义。现将图4-12(b)中各相区的相态、相数及自由度列于表4-2中，其中液相线是两相区与单相区的界线，不是单独的相区，可看作两相区的一部分。对每个相图均应能做出类似的分析。

表4-2　Bi-Cd体系相图中的相区、相态与自由度

相区	相态	相数	自由度
JEH区	溶液(l)	1	$f=2-1+1=2$
JEM区	Bi(s)+溶液(l)	2	$f=2-2+1=1$
HEN区	Cd(s)+溶液(l)	2	$f=2-2+1=1$
MNBA区	Bi(s)+Cd(s)	2	$f=2-2+1=1$
J点(Bi熔点)	Bi(s)+Bi(l)	2	$f=1-2+1=0$
H点(Cd熔点)	Cd(s)+Cd(l)	2	$f=1-2+1=0$
JA线	Bi(s)	1	$f=1-1+1=1$
JI线	Bi(l)	1	$f=1-1+1=1$
HB线	Cd(s)	1	$f=1-1+1=1$
HK线	Cd(l)	1	$f=1-1+1=1$
MEN线	Bi(s)+Cd(s)+溶液	3	$f=2-3+1=0$

4.7.1.2　溶解度法

盐溶于水后可使溶液的凝固点降低。有些水-盐相图也属于具有低共熔混合物的体系，只要根据不同组成的盐水溶液中析出固体的温度数据，即测定不同温度下盐水溶液的溶解度，就可绘制出水-盐体系的固液平衡相图。表4-3给出不同温度下$(NH_4)_2SO_4$饱和水溶液析出固相时的液相组成。

表4-3　不同温度下$H_2O(A)-(NH_4)_2SO_4(B)$体系固液平衡实验数据

T/K	w_B	析出固相	T/K	w_B	析出固相
273.2	0	冰	273.2	0.414	$(NH_4)_2SO_4(s)$
266.2	0.286	冰	303.2	0.438	$(NH_4)_2SO_4(s)$
255.2	0.375	冰	373.2	0.508	$(NH_4)_2SO_4(s)$
254.1	0.384	冰+$(NH_4)_2SO_4(s)$	382.1(正常沸点)	0.518	$(NH_4)_2SO_4(s)$

由表4-3的数据绘出$H_2O-(NH_4)_2SO_4$体系的相图如图4-13所示。P点是水的凝固点，PL线是水的凝固点降低曲线。LQ是盐的溶解度曲线。L点是低共熔点，物系点位于L时，盐水饱和溶液中同时析出冰与固体$(NH_4)_2SO_4$的混晶，称为低共熔冰盐合晶。Q点对应的温度是常压（101325Pa）下饱和盐溶液的沸点。如温度再升高，液相将消失，体系以水蒸气和固体盐的状态存在。PLS_1是冰与盐溶液的两相平衡区，QLS_2是固体盐与盐溶液的

两相平衡区，S_1LS_2 是冰、L 点代表的盐溶液及固体盐的三相平衡线。三相线以下是冰与固体盐的两相区。

水-盐相图可应用于粗盐提纯的生产过程。先将粗盐溶于水制成溶液，滤除不溶性杂质，控制溶液中水的浓度，使 $w_B>0.384$，如物系点位于图 4-13 中 O 点。使溶液冷却至 M 点，开始有固体 $(NH_4)_2SO_4$ 析出，继续降温使物系点至 N 点，此时体系中为固液两相平衡。过滤后将晶体与母液分开，体系中只剩下母液，物系点从 N 移至 R。加热母液使之升温，物系点从 R 移至 Y。再溶入粗盐，滤去不溶性杂质，使物系点从 Y 到 O。重复以上循环操作，每次过滤可得到一些 $(NH_4)_2SO_4$ 晶体（精盐），溶入一些粗盐。经若干循环后，母液中可溶性杂质可能聚集较多，应对母液作一定处理或另换母液以减少杂质含量。

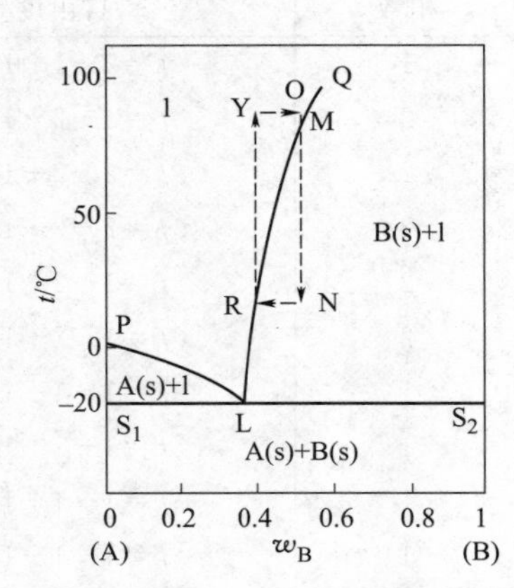

图 4-13　$H_2O(A)$-$(NH_4)_2SO_4(B)$体系固液平衡相图

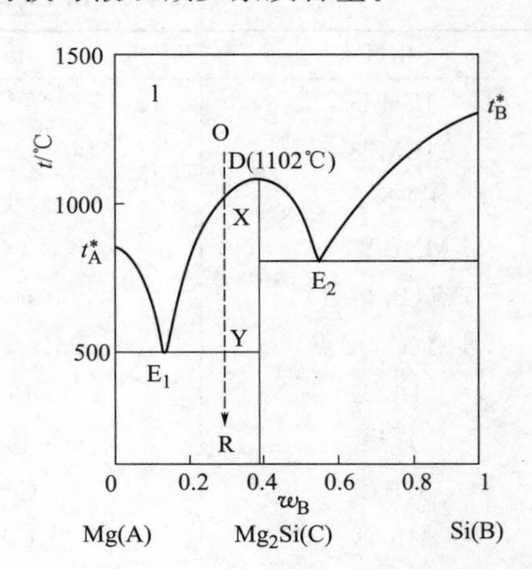

图 4-14　Mg(A)-Si(B)体系固液平衡相图

4.7.2 形成固态化合物体系的固液平衡相图

某些两组分体系可以生成固态化合物。每生成一种化合物，体系物种数增加 1，但同时独立反应数也增加 1，因此体系仍属两组分体系。固态化合物温度升高，熔化形成的液相仍是两组分溶液并不是液态化合物，根据化合物熔化时形成的液相的组成与化合物组成的关系，可分为以下两种情况。

4.7.2.1 生成稳定化合物的体系

图 4-14 中 Mg(A) 与 Si(B) 可以生成固态化合物 $Mg_2Si(C)$。当化合物温度升高到达 D 点时，开始熔化为液体。所得液体组成与化合物组成相同，且在熔化过程中液体组成始终保持不变，浓度限制条件 $R'=1$，此时独立组分数 $C=3-1-1=1$，自由度数 $f=1-2+1=0$，因此熔化过程的温度，即 D 点温度（1102℃）保持不变。该温度称为化合物的相合熔点，具有相合熔点的化合物称为稳定化合物。Mg(A) 与化合物（C），化合物（C）与 Si (B) 互不相溶，整个相图可视为由两个具有简单低共熔点的相图组合而成。左边是 A-C 体系，具有低共熔点 E_1；右边是 C-B 体系，具有低共熔点 E_2；液相是 A 与 B 的均相混合物。当物系点位于图中 O 点时，体系为 A-B 两组分溶液。温度下降时物系点向下移动，至 X 点时有化合物从液相中析出。继续降温，体系中化合物与液相呈两相平衡，液相点沿液相线从 X 向 E_1 变化。物系点达到 Y 时，液相相点移至 E_1，为液态低共熔混合物。此时开始有固

体 A 随 C 同时析出，但温度不变。当液相低共熔混合物全部变为 A、C 固体后，体系温度才继续下降，至 R 点时体系以 A 与 C 两纯固相的状态存在。

4.7.2.2 生成不稳定化合物的体系

图 4-15 是 CaF_2(A)-$CaCl_2$(B) 体系的固液平衡相图。两组分生成固态化合物 $CaF_2 \cdot CaCl_2$(C)，随着温度升高，当物系点达到 D 点，温度达到 $t_P=737℃$ 时，化合物开始分解，生成固体 CaF_2 与 P 点组成的溶液。溶液的组成与化合物不同，这种分解过程称为转熔反应。即

$$化合物(C) \longrightarrow 固体\ CaF_2+溶液(P)$$

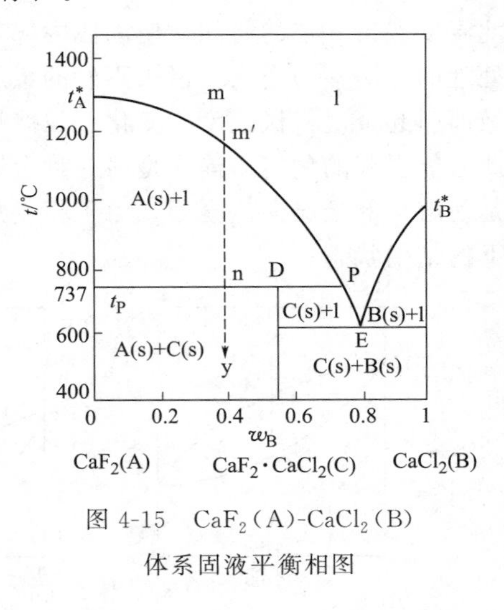

图 4-15 CaF_2(A)-$CaCl_2$(B) 体系固液平衡相图

P 点称为转熔点，该点对应的温度或转熔反应进行的温度 t_P 称为化合物的不相合熔点，具有不相合熔点的化合物称为不稳定化合物。不稳定化合物发生转熔反应时体系为三相平衡共存，自由度为 0，因此转熔温度及液相组成保持不变。当化合物全部转熔为固体 CaF_2 及 P 点溶液后，体系减少一相，自由度变为 1，温度才继续上升。这时体系为固体 CaF_2 与溶液成两相平衡。

如果冷却相图中的液相混合物 m，物系点至液相线上 m′ 时液相中开始析出固体 CaF_2。在降温过程中，随着 CaF_2 的不断析出，液相中 CaF_2 浓度减小，液相点从 m′ 沿液相线向 P 变化。当物系点到达三相线上 n 点时，体系中固体 CaF_2 与 P 点溶液反应生成固态化合物 C。此时体系为三相平衡，温度不变。当液相全部反应后，体系为 CaF_2 和化合物两个纯固相，温度才继续下降。物系点从 n 至 y，进入 CaF_2 和化合物的两相区。

4.8 两组分固态完全互溶或部分互溶体系的固液平衡相图

4.8.1 固态完全互溶体系的固液平衡相图

某些两组分体系固态可形成任意比例的固态溶液，如 Au-Ag，Cu-Au，Ag-Pt 等。当液相凝固时，从液体中析出的固体不是纯物质而是固溶体。其固液平衡相图类似于两组分体系的汽液平衡相图。图 4-16 是 Au-Ag 及 Cu-Au 体系的熔点-组成图。图（b）中出现了最低熔点，也有出现最高熔点的情况。这类相图也是用热分析法绘制的。相图与纵坐标的交点表示纯组分的熔点。上边的曲线是液相线，下边的曲线是固相线，分别表示固液平衡时平衡温度（即液相凝固点或固相熔点）与液、固两相组成的关系。液相线以上为液相单相区，固相线以下为固相单相区，两线之间围成的区域为固液平衡两相区。如图 4-16(a) 中物系点 S 在降温过程中垂直下降穿越两相区，至 M 点时开始有固熔体 N 析出，固液两相组成不同。继续降温固相点从 N 沿固相线向 O 点变化，液相点从 M 沿液相线向 P 点变化。固相逐渐增多，液相逐渐减少。当极少量的液相 P 凝固后，物系点从 O 点向下进入固相单相区。

实际上，晶体析出时由于在晶体内部不同浓度固溶体之间的扩散作用进行得很慢，所以

较早析出的晶体形成“枝晶”，而不易与熔化物建立平衡。枝晶的形成使固相组成不均匀，常常会影响合金的性能。为了使固相组成均匀，可将固体温度升高到接近熔化的温度，并在此温度保持一定的时间，使固体内部浓度不同的部分进行充分扩散，趋于平衡。这种金属热处理的方法称为退火。退火不好的金属材料处于介稳状态，长期使用可能由于体系内部的扩散而引起金属机械强度的变化。虽然扩散过程可能是漫长的，但必须考虑这一因素，以及由此可能引起的危害。淬火是另一种金属热处理的方法，就是使高温下的金属快速冷却。目的是使熔化的金属突然凝固，由于相变来不及达到平衡，虽然温度降低，但体系仍能保持高温下的结构状态。

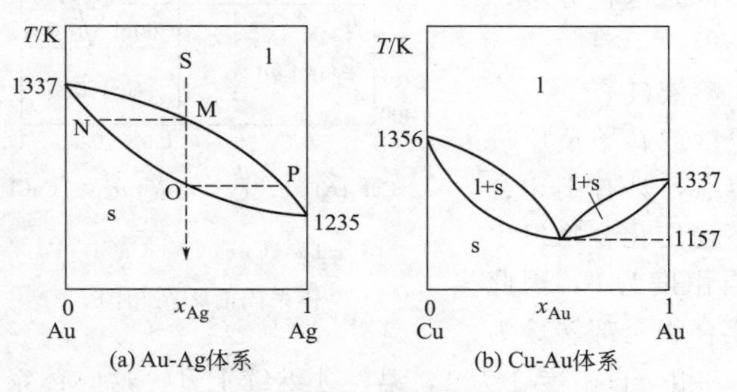

图 4-16　两组分固态完全互溶体系的熔点-组成图

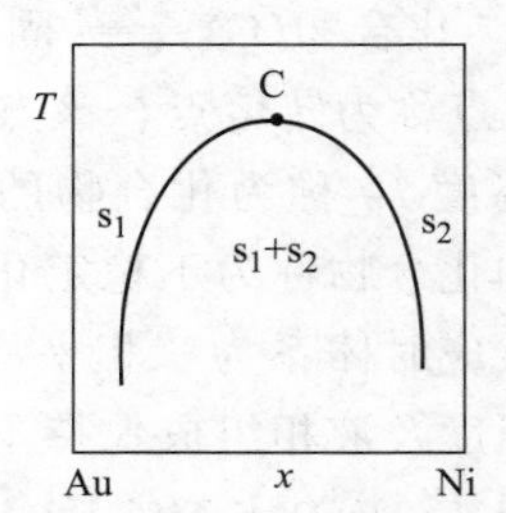

图 4-17　Au-Ni 体系固固平衡相图

4.8.2　固态部分互溶体系的固液平衡相图

与有些两组分液态溶液不能以任意比例完全互溶而分为两个共轭液相平衡共存相类似，有的两组分固态溶液也不能完全互溶而分为两个共轭的固溶体。图 4-17 是 Au-Ni 体系的固固平衡相图。在溶解度曲线外为单相区，Au 和 Ni 形成均相固态溶液。曲线左边是含 Au 较多的固溶体 s_1，曲线右边是含 Ni 较多的固溶体 s_2，曲线内是固溶体 s_1 与 s_2 的两相平衡区。曲线最高点 C 是临界会溶点，温度高于临界会溶温度，Au 和 Ni 固相可按任意比例完全互溶。

图 4-18 是两个固态部分互溶体系的熔点-组成图。类似于液态部分互溶体系的沸点组成图可视为高温下的汽液平衡相图与低温下的液液平衡相图组合而成一样，固态部分互溶体系的熔点-组成图也可视为由高温下的固液平衡相图与低温下的固固平衡相图组合而成。图 4-18 中 l、s_1、s_2 分别为液相及两个固溶体的单相区。图（a）中的 CED、（b）中的 ECD 为三相平衡线，它们皆表示固溶体 s_1、s_2 及液相平衡共存，C、D、E 依次表示三个相点。其余为三个两相平衡区，如图中标明的，分别为 s_1 与液相、s_2 与液相及 s_1 与 s_2 的两相平衡区。

图 4-18(a) 的特点是有一个低共熔点 E。具有 E 点组成的溶液降温过程中同时析出两种固溶体，此时的温度即三相线 CED 对应的温度（456.4K）。

图 4-18(b) 的特点是有一个转熔温度，即三相线 ECD 对应的温度（455K）。在转熔温度以上液相中只能析出固溶体 s_2，在转熔温度以下液相中只能析出固熔体 s_1。图中物系点 O 在降温过程中到达 M 时，固溶体 s_2 开始析出。继续降温，体系为溶液与固溶体 s_2 两相平衡。至 N 点时，固溶体 s_1 开始析出，体系为两种固溶体与溶液成三相平衡，自由度为 0，温度不变。在此温度下 D 点的固溶体 s_2 与 E 点的溶液发生如下转熔反应：

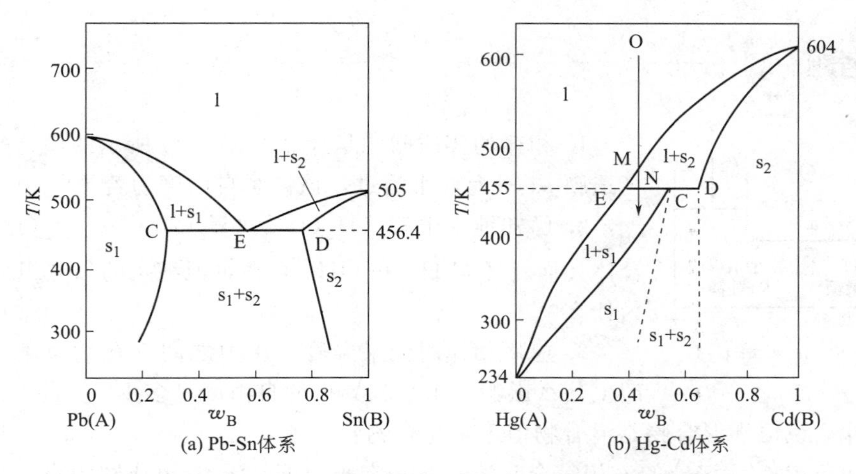

图 4-18　两组分固态部分互溶体系的熔点-组成图

$$s_2(\mathrm{D})+溶液(\mathrm{E}) \rightleftharpoons s_1(\mathrm{C})$$

当固溶体 s_2 全部转熔为 C 点的固溶体 s_1 后，体系中减少一相，自由度为 1，温度继续下降，物系点进入固溶体 s_1 与液相的两相平衡区。

4.8.3　两组分相图的组合

以上讨论了一些基本类型的两组分固液平衡相图。实用中的两组分相图有时是很复杂的，但任何复杂的相图都可看作由一些简单的基本类型的相图组合而成。要看懂复杂相图，除弄清基本类型相图中点、线、面的意义之外，掌握两组分相图的一些特点更有助于识别复杂相图。两组分相图适用相律 $f=2-\phi+1$，体系最大相数为 3，图中至多可出现 3 相平衡共存。在三相区条件自由度为 0，温度不变，相区必为水平线段。两组分体系两相区或单相区 $f \geqslant 1$，温度可独立改变，不可能是水平线段。因此，两组分体系相图中的水平线段皆为三相线，每条三相线必与三个不同的单相区相连。

图 4-19 是 Sn-SnO_2 体系的固液平衡相图。Sn 与 SnO_2 生成不稳定化合物 Sn_3O_4，E 是低共熔点。与 CaF_2-$CaCl_2$ 体系相图（图 4-15）相比多了 FGH、KL 两条水平线及 FG 上部的帽形区，相图变得较为复杂。水平线 FGH、KL 皆为三相线。FGH 线上 H 与化合物单相区相连，G、F 分别与溶液单相区相连，但 G 点溶液与 F 点溶液互不相溶，为两个共轭液相。因此 FGH 是溶液（F）、溶液（G）、化合物的三相平衡线，FG 以上的帽形区是液液平衡两相区。固态锡有两种晶型，KA 是灰锡单相区，KM 是白锡单相区，K 是灰锡与白锡的晶型转变点。KL 是化合物、灰锡、白锡的三相平衡线。KLCA 是灰锡与化合物的两相区。其它相区皆与图 4-15 相似，整个相图可视为由形成不稳定化合物的固液平衡相图与液相部分互溶的液液平衡相图组合而成。

T/K　D　2273　O　N　F　H　G　505　M　292　J　I　E　L　K　A (Sn)　w_B ⟶　C (Sn_3O_4)　B (SnO_2)

图 4-19　Sn-SnO_2 体系固液平衡相图

三组分体系相图

思考题

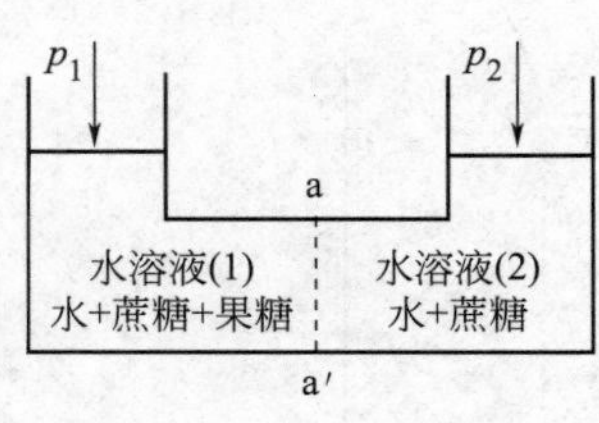

图 4-20　思考题 1

1. 相律的实质问题是什么？图 4-20 所示的渗透平衡体系中半透膜 aa′只允许水透过，该体系自由度为若干？

2. 已知纯水中有 $(H_2O)_2$，$(H_2O)_3$……$(H_2O)_n$ 许多种缔合体，而且还有 H^+ 和 OH^- 存在，但纯水的独立组分数仍为 1，为什么？

3. 应用相律时如果温度、压力之间存在约束条件会对结果产生什么影响？水在临界点的自由度是多少？

4. 为什么说恒沸混合物是混合物但不是化合物？

5. 已知 A-B 二元溶液的液相完全互溶，在一定压力下其沸点-组成图中有一个最高恒沸点，假如某不挥发溶质在二元溶液的全部浓度区间都能溶解且总使 A 的气相组成增加，溶质溶入液相后在什么浓度区间溶液的沸点一定增高？在什么浓度区间溶液的沸点有可能降低？

6. 什么是物系点？什么是相点？在什么条件下物系点与相点相重合？在什么条件下物系点与相点相分离？

7. 在 $0.5p^{\ominus}$ 的压力下，将以下四种固态物质加热，直接升华的物质有哪些？

物质	三相点温度/K	三相点压力/kPa	物质	三相点温度/K	三相点压力/kPa
汞	234.27	1.69×10^{-7}	氯化汞	550.20	57.3
苯	278.62	4.81	氩	92.95	68.5

8. 液体 A 与 B 完全不互溶，画出一定温度下 A-B 二元体系蒸气压-组成图的大致图形。

9. 图 4-21 中曲线 AB 为常压下 NaCl 在水中的溶解度曲线，在 B 点饱和溶液开始沸腾，在图 4-21 基础上画出体系沸点-组成图的大致图形。并说明点、线、面的意义。

10. 某盐-水体系相图如图 4-22 所示，物系点 a 经恒温蒸发直至 d 点的过程中，体系的相态发生了哪些变化？

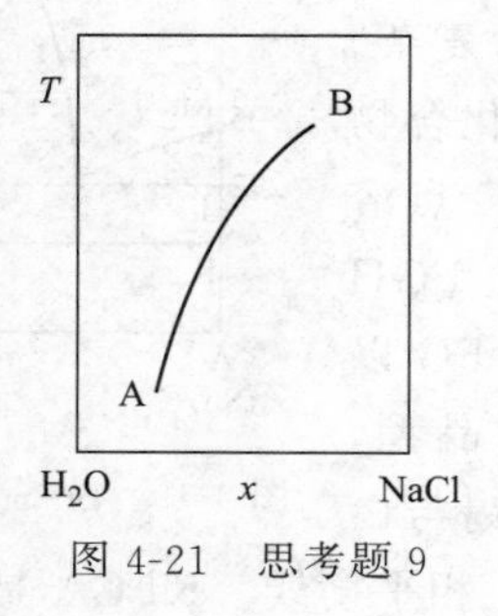

图 4-21　思考题 9

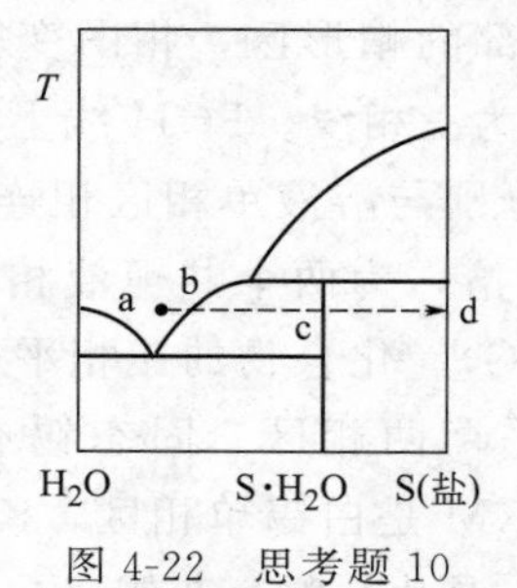

图 4-22　思考题 10

11. 101.325kPa 下 $CaCO_3$(s) 分解为 CaO(s) 和 CO_2(g) 的温度为 879℃，画出该压力下 CaO 和 CO_2 体系的温度-组成图，并指出各相区的相态。

12. 指出下列二元凝聚体系相图中的单相区，两相区和三相线，并说明各相区的相态。

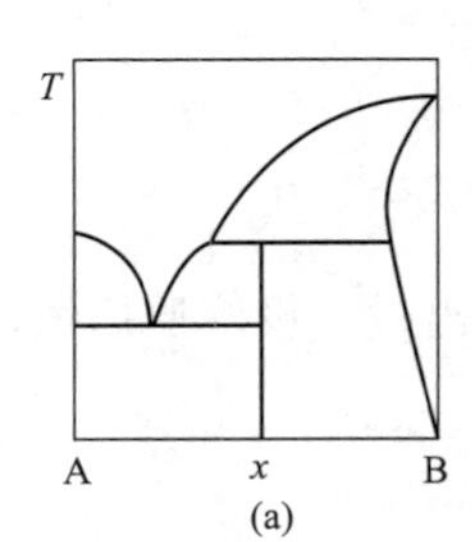

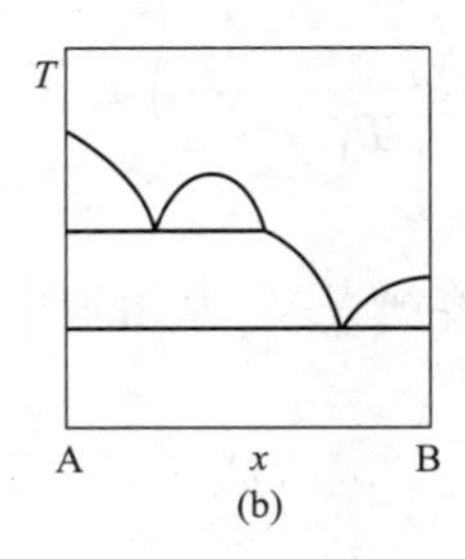

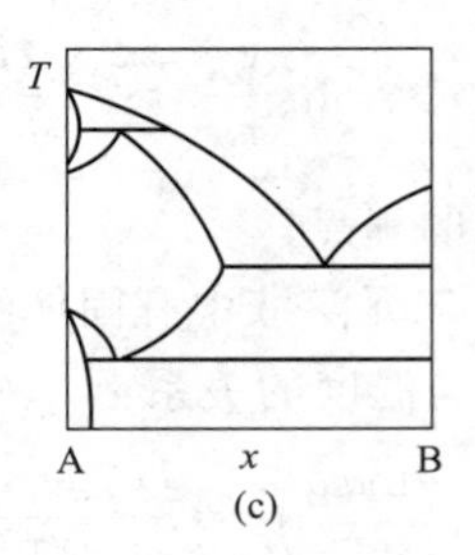

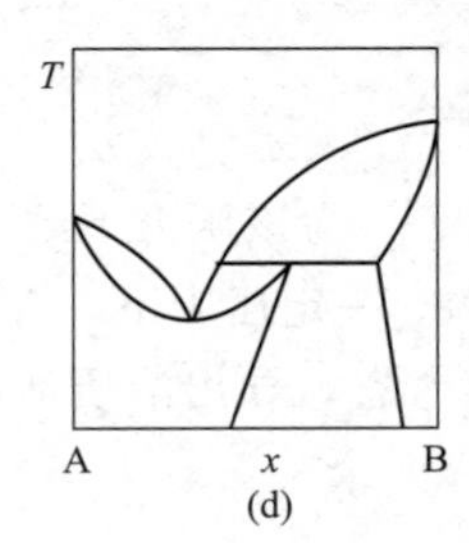

图 4-23 思考题 12

习 题

1. 指出下列各体系的独立组分数、相数和自由度。

(1) Ag_2O(s) 在抽空的容器中部分分解为 Ag(s) 和 O_2(g)；

(2) NH_4Cl(s) 在抽空的容器中部分分解为 NH_3(g) 和 HCl(g)；

(3) 水与苯酚形成的两个共轭液相；

(4) CO_2，CO 与 H_2O 形成的汽液平衡体系；

(5) NaCl(s) 和 KNO_3(s) 溶于水，形成 NaCl 的饱和溶液（有固体 NaCl 存在）；

(6) 含有 Na^+、K^+、Cl^- 和 NO_3^- 的水溶液中有固体 NaCl 析出；

(7) $AlCl_3$溶于水后发生水解并有 $Al(OH)_3$沉淀生成；

(8) 某水溶液（其中溶有 n 种溶质）与纯水间达渗透平衡，半透膜只许水通过。

2. 工业上用焦炭和水生产水煤气，煤气发生炉中 H_2O(g)，C(s)，CO(g)，CO_2(g)，H_2(g) 各组分达平衡时体系的独立组分数和自由度为多少？

3. Na_2CO_3 和 H_2O 可生成水合物 $Na_2CO_3 \cdot H_2O$(s)，$Na_2CO_3 \cdot 7H_2O$(s) 和 $Na_2CO_3 \cdot 10H_2O$(s)。(1) 在 0.1MPa 下与 Na_2CO_3 水溶液及冰成平衡的水合物最多有几种？(2) 20℃与水蒸气平衡共存的水合物最多有几种？

4. 某汽液平衡体系含下列物质，求其自由度。

(1) H_2O，N_2O，N_2O_4，NO，N_2O_3，HNO_3，HNO_2；

(2) H_2O，NH_3，CO_2，NH_4OH，H_2CO_3，$(NH_4)_2CO_3$，NH_4HCO_3。

5. 常压下，计算下列体系的独立组分数和自由度。

(1) 含有 Na^+，H^+，CO_3^{2-}，HCO_3^- 和 OH^-的水溶液。

(2) 含有 Ca^{2+}，H^+，CO_3^{2-}，Cl^-的水溶液。

(3) 体系 (2) 中有 CO_2 气泡生成。

6. 在一定温度下，纯 B 固体与溶液成平衡，以惯例Ⅰ为参考态，导出溶液中 B 组分活度与压力间的关系：

$$\ln \frac{a_{B2}}{a_{B1}} = \frac{(V_{m,B}^{s} - V_{m,B}^{l})(p_2 - p_1)}{RT}$$

a_{B2}、a_{B1} 分别是溶液中 B 组分在压力 p_2、p_1 下的活度。

7. 设两组分汽液平衡体系的气相为理想气体，液相为理想溶液，组分 A 的摩尔蒸发焓与温度无关，导出一定压力下，两相组成与温度的关系为

$$\ln \frac{y_A}{x_A}=\frac{\Delta_{vap} H_{m,A}}{R}\left(\frac{1}{T_b^*}-\frac{1}{T_b}\right)$$

T_b^* 为该压力下纯 A 的沸点。

8. 一定压力下，A-B二元溶液中有固体纯溶剂（A）从溶液中析出时，设溶质用惯例Ⅱ为参考态，导出溶质活度与温度的关系：

$$\left(\frac{\partial \ln a_B}{\partial T}\right)_p=\frac{H_{x,B}^{\circ}-H_B^l}{RT^2}-\frac{x_A}{x_B}\frac{H_A^l-H_{m,A}^s}{RT^2}$$

$H_{x,B}^{\circ}-H_B^l$ 是 1mol 溶质从大量溶液迁入大量溶剂中的焓变；$H_A^l-H_{m,A}^s$ 是固体 A 的摩尔微分溶解焓。

9. 设 A-B 两组分溶液中 A 不能挥发，当溶液与纯 A 固体和纯 B 气体成三相平衡时，假定可以忽略压力对凝聚相化学势的影响，且气体可作为理想气体，导出体系温度与压力间的关系式：

$$\frac{d\ln\{p\}}{dT}=\frac{H_{m,B}^g-H_B^l}{RT^2}+\frac{x_A}{x_B}\frac{H_{m,A}^s-H_A^l}{RT^2}$$

$H_B^l-H_{m,B}^g$，$H_A^l-H_{m,A}^s$ 分别等于气体 B 和固体 A 的摩尔微分溶解焓。

10. 恒压下，在组成一定的混合溶剂中溶入少量不挥发溶质，设其质量摩尔浓度为 b_3，溶液沸点变化为 ΔT_b。若将混合溶剂视为“纯液体”，其沸点增高常数 $K_b=R(T_b^*)^2M/\Delta_v H_m$，其中 T_b^*、M 和 $\Delta_v H_m$ 分别是混合溶剂的沸点、摩尔质量和摩尔蒸发焓。由书中式(4-14) 导出以下结果：

(1) 如果 $\Delta T_b>K_b b_3$，难挥发组分的气相组成增加；

(2) 如果 $\Delta T_b<K_b b_3$，易挥发组分的气相组成增加；

(3) 如果 $\Delta T_b=K_b b_3$，混合溶剂是恒沸混合物。

11. 六氟化铀固体(s) 和液体(l) 的蒸气压方程分别为

$$\lg(p^s/p^{\ominus})=7.767-2559.5\mathrm{K}/T$$

$$\lg(p^l/p^{\ominus})=4.659-1511.3\mathrm{K}/T$$

(1) 计算六氟化铀三相点的温度和压力；

(2) 计算六氟化铀的 $\Delta_{vap} H_m$，$\Delta_{fus} H_m$，$\Delta_{sub} H_m$。

12. CO_2 的临界温度为 304.2K，临界压力为 7386.6kPa，三相点为 216.4K、517.77kPa，固态 CO_2 比液态 CO_2 密度大。

(1) 画出 CO_2 的 p-T 图，并指出各相区的相态；

(2) 在 298.2K，估计装 CO_2 液体的钢瓶中压力有多大？

13. 试从下列数据绘制出醋酸的相图。固态有 α、β 两种晶型，密度均比液体大，且 β 型密度最大，α→β 为放热过程，α 型在 290K、1210Pa 下同时与气、液两相成平衡，液体的正常沸点为 319K，液体及 α、β 于 328K 和 200MPa 下成平衡。

14. 已知甲苯（A）、苯（B）在 90℃下的饱和蒸气压分别为 54.22kPa 和 136.12kPa，二者可形成理想溶液。取 0.200kg 甲苯和 0.200kg 苯置于带活塞的导热容器中，始态为一定压力下 90℃的液态混合物，在 90℃恒温下逐渐降低压力，问

(1) 压力降为多少时，开始产生气相，第一个气泡的组成如何？

(2) 压力降为多少时，液相开始消失，最后一个液滴的组成如何？

(3) 压力为 92.00kPa 时，体系内气、液两相的组成如何？两相的物质的量各为多少？

15. 101.325kPa 下 $H_2O(A)$-$HAc(B)$ 溶液的沸点与气、液两相组成如下：

t/℃	100.0	102.1	104.4	107.5	113.8	118.1
x_B	0	0.300	0.500	0.700	0.900	1.000
y_B	0	0.185	0.374	0.575	0.833	1.000

(1) 作出体系的温度-组成图；

(2) 由相图确定 $x_B=0.800$ 时溶液的泡点；

(3) 由相图确定 $y_B=0.800$ 时蒸气的露点；

(4) 由相图确定 105℃时气、液两相的组成；

(5) 把 0.5mol A 和 0.5mol B 组成的溶液加热到 105℃，求气、液两相中 B 的物质的量。

16. 某有机液体（B）用水蒸气（A）蒸馏时，在 101.325kPa 下于 90℃沸腾。馏出物中水的质量分数 $w_A=0.240$，已知 90℃水的饱和蒸气压为 70128Pa，试求有机液体的摩尔质量。

17. 在 101.325kPa 下使水蒸气通入固态碘（I_2）和水的混合物，蒸馏进行的温度为 371.6K，使馏出蒸气凝结，并分析馏出物的组成。已知每 0.10kg 水中有 0.0819kg 的碘，计算该温度时固态碘的蒸气压。

18. NaCl（B）和 H_2O（A）能形成不稳定化合物 $NaCl \cdot 2H_2O$。在 0.15℃时不稳定化合物分解，生成无水 NaCl 和 $w_B=0.2628$ 的氯化钠水溶液。在−21.1℃有一个最低共熔点，此时冰、$NaCl \cdot 2H_2O$ 和 $w_B=0.2322$ 的氯化钠水溶液平衡共存。又知无水氯化钠在水中的溶解度随温度升高而略有增加。

(1) 试画出此二元系相图的大致形状；

(2) 若将 1000g $w_B=0.2800$ 的氯化钠水溶液加以冷却，问最多可得到多少无水氯化钠？

(3) 若将（2）中残留的溶液加以冷却，问最多可得到多少纯的 $NaCl \cdot 2H_2O$？

19. Mg（熔点 924K）和 Zn（熔点 692K）的固液平衡相图具有两个低共熔点，一个为 641K，低共熔混合物中 Mg 的质量分数为 0.032；另一个为 620K，低共熔混合物中 Mg 的质量分数为 0.490，在体系的熔点曲线上有一个最高点 863K，对应 Mg 的质量分数为 0.157。

(1) 绘出 Mg 和 Zn 的 T-x 图，并注明各相区的相态；

(2) 绘出 80% Mg 和 30%Mg 的两个混合物从 973K 至 573K 的冷却曲线，指出曲线反映了冷却过程中体系的相态发生了什么变化。

20. A-B 两组分固态部分互溶体系的固液平衡相图如图 4-24 所示。M、N、O 三点的组成 w_B 分别为 0.30、0.50 和 0.80。

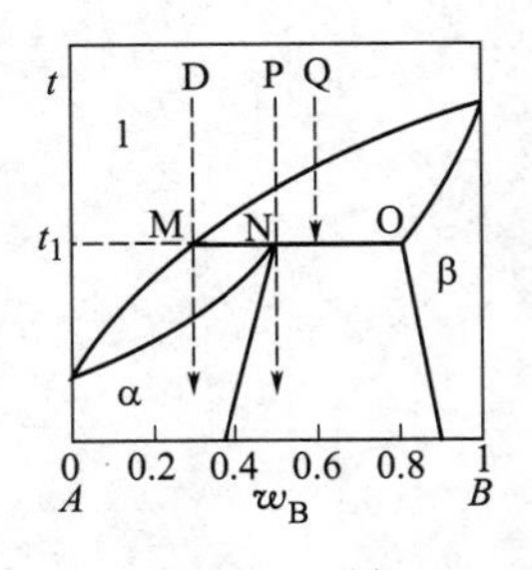

图 4-24　习题 20

(1) 画出以 D、P 为代表的体系的步冷曲线；

(2) 将 w_B 为 0.60 的体系 Q 210g 刚冷却到三相平衡温度 t_1 时，问此时有哪些相平衡？各相质量为多少？

(3) 如果（2）中的体系在平衡温度 t_1 时有 10g 固溶体 α 析出，

问此时另外两相的质量为多少？

21. 苯与萘的正常熔点分别为 278.5K 与 352.9K，标准摩尔熔化焓分别为 9.837kJ·mol^{-1} 和 19.08kJ·mol^{-1}，设苯与萘液态形成理想溶液，但固态完全不相溶。

（1）画出苯-萘体系常压下的熔点-组成图；

（2）求体系的低共熔点温度和低共熔混合物组成。

22. H_2O（A）和 $CH_3COOC_2H_5$（B）在 37.55℃部分互溶，其中水相组成和酯相组成分别为 $w_B=0.068$ 和 $w_B=0.962$，已知该温度下纯水和纯乙酸乙酯的饱和蒸气压分别为 6.40kPa 和 22.13kPa。假定拉乌尔定律对每相溶剂都适用。

（1）计算气相中水的分压，酯的分压及蒸气总压；

（2）假定体系由 100g 水和 100g 乙酸乙酯组成，其中水相和酯相各多少克？

（3）100g 水和 100g 乙酸乙酯混合过程中的 ΔG 为多少？

23. 水（A）和异丁醇（B）常温下部分互溶，两共轭溶液的正常沸点为 90℃，此时水层和醇层组成分别为 $x_B=0.021$ 和 $x_B=0.615$，假定水层中水服从拉乌尔定律，纯水的摩尔蒸发焓为 40.66kJ·mol^{-1}。

（1）求此时蒸气的组成；

（2）异丁醇的正常沸点为 107℃，画出部分互溶体系的沸点-组成图。

24. 测定 Mg-Si 体系不同组成时的步冷曲线得到以下数据：

w_{Si}	0	3	20	37	45	57	70	85	100
转折点温度/K			1273		1343		1423	1563	
水平段温度/K	924	911	911	1375	1223	1223	1223	1223	1693

（1）画出 Mg-Si 体系相图，确定 Mg 和 Si 生成化合物的化学式；

（2）将 5kg 含 Si 85%的溶液冷却到 1473K 时体系中有哪些相存在？各相重量为多少？

（3）将 Mg 和 Si 的溶液冷却，能否得到 Si 和 Mg 的共晶？

第 5 章

化学平衡

5.1 化学反应等温方程式与标准平衡常数的计算

5.1.1 化学反应等温方程式

对于任意的化学反应

$$0=\sum_{B}\nu_{B}B \tag{5-1}$$

若无其它功，化学势判据表明反应的方向与限度取决于 $\Delta_r G_m$ 的符号，即

$$\Delta_r G_m=\sum_{B}\nu_B\mu_B\leqslant 0\quad\begin{pmatrix}< & 向正方向进行\\ = & 达到平衡\end{pmatrix}$$

反应体系中各反应物或产物的化学势均可用活度表示，即

$$\mu_B=\mu_B^{\circ}+RT\ln a_B$$

μ_B° 为参考态化学势。代入 $\Delta_r G_m$，则

$$\begin{aligned}\Delta_r G_m&=\sum_{B}\nu_B\mu_B^{\circ}+RT\sum_{B}\nu_B\ln a_B\\&=\sum_{B}\nu_B\mu_B^{\circ}+RT\ln\prod_{B}a_B^{\nu_B}\end{aligned}$$

令

$$\Delta_r G_m^{\circ}=\sum_{B}\nu_B\mu_B^{\circ} \tag{5-2}$$

为反应物及产物皆处于参考态时反应的摩尔吉布斯函数变；且令

$$J_a=\prod_{B}a_B^{\nu_B} \tag{5-3}$$

称为反应的活度商。若式(5-1) 的反应为

$$aA+dD=\!=\!=gG+rR$$

则活度商为

$$J_a=\frac{a_G^g a_R^r}{a_A^a a_D^d}$$

将式(5-2) 及式(5-3) 代入 $\Delta_r G_m$ 的表示式，可得

$$\Delta_r G_m=\Delta_r G_m^{\circ}+RT\ln J_a \tag{5-4}$$

当反应达到平衡时，$\Delta_r G_m = 0$，所以

$$\Delta_r G_m = \Delta_r G_m^{\circ} + RT\ln(J_a)_e = 0$$

式中，$(J_a)_e$为平衡时的活度商；下标 e 表示平衡状态。定义

$$K_a = (J_a)_e \tag{5-5}$$

K_a 称为反应的热力学平衡常数。其值与 $\Delta_r G_m^{\circ}$ 有如下关系

$$\Delta_r G_m^{\circ} = -RT\ln K_a \quad 或 \quad K_a = \exp\left(-\frac{\Delta_r G_m^{\circ}}{RT}\right) \tag{5-6}$$

将式(5-6) 代入式(5-4)，根据化学势判据，得

$$\Delta G_m = RT\ln\frac{J_a}{K_a} \leqslant 0 \tag{5-7}$$

上式表明 $\Delta_r G_m$ 的符号取决于 J_a 与 K_a 之比，即

$J_a < K_a$，$\Delta_r G_m < 0$，反应向正方向进行；

$J_a = K_a$，$\Delta_r G_m = 0$，反应达到平衡；

$J_a > K_a$，$\Delta_r G_m > 0$，反应向逆方向进行。

式(5-7) 是严格的热力学方程，适用于任何条件下的化学反应。式(5-6) 表明 K_a 与 $\Delta_r G_m^{\circ}$ 有关，$\Delta_r G_m^{\circ}$ 与反应物及产物参考态的选择有关，当参考态选定后 K_a 有确定值。式(5-3) 表明 J_a 与各物质的活度有关，活度是化学势的度量，既与参考态的选择有关又与反应体系所处的状态有关，因此，参考态选定后 J_a 仅与反应体系所处的状态有关，为体系的强度性质。

表 3-3 给出了各种物质习惯上采用的参考态及相应活度的形式。根据各种物质选择参考态的惯例，气体组分的参考态即为其标准态；对于凝聚相组分（纯固体，纯液体，固态或液态溶液中的组分），当反应压力 p 等于 $p^{\ominus}$时参考态也是标准态。当 $p \neq p^{\ominus}$时，参考态与标准态不同，它们化学势间的关系为

$$\mu_{B(c)}^{\circ} = \mu_{B(c)}^{\ominus} + \int_{p^{\ominus}}^{p} V_{B(c)}^{\circ}\,dp \tag{5-8}$$

下标（c）表示凝聚相；$V_{B(c)}^{\circ}$为凝聚相组分参考态的偏摩尔体积。由于 $V_{B(c)}^{\circ}$ 很小，除非反应压力 p 很高，式(5-8) 右边的定积分其值甚微，可忽略不计。因此，对于气相化学反应，或者反应中虽有凝聚相组分参加但反应压力不很高的情况下，反应体系中各组分参考态化学势 μ_B° 皆等于标准态化学势 $\mu_B^{\ominus}$。其活度可用下式表示

$$\mu_B = \mu_B^{\ominus} + RT\ln a_B \tag{5-9}$$

在此情况下，由式(5-2) 知

$$\Delta_r G_m^{\circ} = \sum\nolimits_B \nu_B \mu_B^{\circ} = \sum\nolimits_B \nu_B \mu_B^{\ominus} = \Delta_r G_m^{\ominus} \tag{5-10}$$

$\Delta_r G_m^{\ominus}$ 是反应的标准摩尔吉布斯函数变。因 $\mu_B^{\ominus}$ 与压力、组成无关，只是温度的函数，$\Delta_r G_m^{\ominus}$ 也只是温度的函数。在此基础上进一步定义

$$\Delta_r G_m^{\ominus} = -RT\ln K^{\ominus} \quad 或 \quad K^{\ominus} = \exp\left(-\frac{\Delta_r G_m^{\ominus}}{RT}\right) \tag{5-11}$$

$K^{\ominus}$称为化学反应的标准平衡常数，显然 $K^{\ominus}$也只是温度的函数。因为 $\Delta_r G_m^{\ominus} = \Delta_r G_m^{\circ}$，所以 $K^{\ominus} = K_a$，由 K_a 的定义知

$$K^{\ominus} = K_a = (J_a)_e \tag{5-12}$$

此时 $K^{\ominus}$ 也可用平衡时的活度商表示，上式称为 $K^{\ominus}$ 的表示式。且式(5-4) 变为

$$\Delta_r G_m = \Delta_r G_m^{\ominus} + RT\ln J_a \tag{5-13}$$

因 $\Delta_r G_m^{\ominus}$ 只是温度的函数，式(5-13) 称为化学反应等温方程式。式(5-7) 变为

$$\Delta G_m = RT\ln \frac{J_a}{K^{\ominus}} \leqslant 0 \tag{5-14}$$

因此，对于气相反应或虽有凝聚相组分参加但反应压力不很高的情况下，有

$J_a < K^{\ominus}$，$\Delta_r G_m < 0$，反应向正方向进行；

$J_a = K^{\ominus}$，$\Delta_r G_m = 0$，反应达到平衡；

$J_a > K^{\ominus}$，$\Delta_r G_m > 0$，反应向逆方向进行。

必须区分 $\Delta_r G_m^{\circ}$ 与 $\Delta_r G_m^{\ominus}$，K_a 与 $K^{\ominus}$ 的情况是有凝聚相组分参加的高压下的化学反应。在这种情况下式(5-8) 中的定积分不可忽略。$\Delta_r G_m^{\circ}$ 与 $\Delta_r G_m^{\ominus}$ 的关系为

$$\Delta_r G_m^{\circ} = \Delta_r G_m^{\ominus} + \int_{p^{\ominus}}^{p} \Delta_r V_{m(c)}^{\circ} \, dp \tag{5-15}$$

其中

$$\Delta_r V_{m(c)}^{\circ} = \sum\nolimits_{B(c)} \nu_{B(c)} V_{B(c)}^{\circ} \tag{5-16}$$

下标（c）表示仅限凝聚相组分，$\Delta_r V_{m(c)}^{\circ}$ 为反应物及产物皆处于参考态时化学反应仅限于凝聚相组分的摩尔体积变化。将式(5-6) 及式(5-11) 代入式(5-15)，因 $\Delta_r V_{m(c)}^{\circ}$ 随压力变化很小，将其作为常数从积分号中提出，可得

$$K_a = K^{\ominus} \exp\left[\left(-\frac{\Delta_r V_{m(c)}^{\circ}}{RT}\right)(p - p^{\ominus})\right] \tag{5-17}$$

式(5-17) 表示高压下有凝聚相组分参加的反应其 K_a 与 $K^{\ominus}$ 的关系。

例如反应

$$C(石墨) \xlongequal{} C(金刚石)$$

反应物及产物皆为纯固体，其活度皆为 1，$J_a = 1$。25℃时反应的 $\Delta_r G_m^{\ominus} = 2.87 kJ \cdot mol^{-1}$，由式(5-11) 可算出 $K^{\ominus} = 0.314$。由于金刚石的摩尔体积小于石墨，反应的 $\Delta_r V_{m(c)}^{\circ} = -1.896 \times 10^{-6} m^3 \cdot mol^{-1}$，为很小的负值。根据式(5-17) K_a 随反应压力增加而增大。表 5-1 给出不同压力下 K_a 的计算结果。反应压力较低时 $J_a > K_a$，石墨不可能变为金刚石；当压力增大至 $p^{\ominus}$ 的约 1.5×10^4 倍，$J_a = K_a$，反应可达平衡；在更高的压力下石墨可转变为金刚石。表 5-1 的结果不仅说明对于有凝聚相组分参加的反应在高压下必须区别 K_a 与 $K^{\ominus}$，同时也说明如果反应压力不很高，一般为 $p^{\ominus}$ 的 10 倍甚至数十倍之内，K_a 与 $K^{\ominus}$，$\Delta_r G_m^{\circ}$ 与 $\Delta_r G_m^{\ominus}$ 相差甚微，区别它们没有实际意义。本章所讨论的反应除非特别说明均为气相反应或虽有凝聚相组分参加但压力不很高的反应。一般条件下发生的化学反应都属于这种情况，在此情况下 K_a 就是 $K^{\ominus}$，$\Delta_r G_m^{\circ}$ 就是 $\Delta_r G_m^{\ominus}$，反应进行的方向和限度可通过化学反应等温方程式进行判断。

表 5-1　25℃反应 C（石墨）══ C（金刚石）在不同压力下的 K_a

$p/p^{\ominus}$	$K_a/K^{\ominus}$	K_a	J_a/K_a	$\Delta_r G_m^{\circ}/kJ \cdot mol^{-1}$
1	1	0.314	3.185	2.87
10	1.0007	0.314	3.185	2.87

续表

$p/p^\ominus$	$K_a/K^\ominus$	K_a	J_a/K_a	$\Delta_r G_m^\circ/\text{kJ}\cdot\text{mol}^{-1}$
100	1.0076	0.316	3.163	2.85
1000	1.0794	0.339	2.950	2.68
10000	2.1486	0.674	1.483	0.98
15145	3.1846	1.000	1.000	0.00

5.1.2 标准平衡常数的计算

根据式(5-11)，标准平衡常数 $K^\ominus$ 可用 $\Delta_r G_m^\ominus$ 计算得到。$\Delta_r G_m^\ominus$ 是研究化学反应的重要热力学数据，其来源主要有以下几种途径：

① 将反应设计为可逆原电池，$\Delta_r G_m^\ominus$ 与电池标准电动势 $E^\ominus$ 的关系为 $\Delta_r G_m^\ominus=-zFE^\ominus$（参阅 10.1 节），通过测定 $E^\ominus$ 可计算 $\Delta_r G_m^\ominus$。

② 由 $K^\ominus=K_a=(J_a)_e$，通过测定平衡时的活度商得到 $K^\ominus$，再由式(5-11)计算 $\Delta_r G_m^\ominus$。

③ 通过量热实验测定 $\Delta_r G_m^\ominus$。前两种 $\Delta_r G_m^\ominus$ 的测定方法有很大局限。因为只有少数反应可以制成可逆原电池，对多数反应方法①不能采用。方法②要求反应中不能有副反应，反应速率不能太慢，平衡不能过分偏向一方，实验中有诸多困难。热力学第三定律的建立为采用量热数据计算 $\Delta_r G_m^\ominus$ 奠定了理论基础。根据吉布斯函数的定义，对于恒温反应过程，有

$$\Delta_r G_m^\ominus=\Delta_r H_m^\ominus-T\Delta_r S_m^\ominus \tag{5-18}$$

$\Delta_r H_m^\ominus$ 可根据式(1-65)由标准生成焓的数据计算，$\Delta_r S_m^\ominus$ 可根据式(2-57)由标准熵的数据计算。因而通过量热实验测定物质的标准熵及标准生成焓，可计算出 $\Delta_r G_m^\ominus$。

【例 5-1】 利用附录Ⅴ中标准熵及标准生成焓数据计算反应

$$\text{Ag(s)}+\frac{1}{2}\text{Cl}_2\text{(g)} = \text{AgCl(s)}$$

在 298.15K 时的 $\Delta_r G_m^\ominus$。

解 从附录Ⅴ中查得 298.15K 时以下数据：

物质	Ag(s)	Cl_2(g)	AgCl(s)
$\Delta_f H_m^\ominus/\text{kJ}\cdot\text{mol}^{-1}$	0	0	−127.07
$S_m^\ominus/\text{J}\cdot\text{K}^{-1}\cdot\text{mol}^{-1}$	42.55	223.07	96.2

因为 $\Delta_r H_m^\ominus=(-127.07-0-0)\text{kJ}\cdot\text{mol}^{-1}=-127.07\text{kJ}\cdot\text{mol}^{-1}$

$$\Delta_r S_m^\ominus=(96.2-42.55-223.07/2)\text{J}\cdot\text{K}^{-1}\cdot\text{mol}^{-1}=-57.89\text{J}\cdot\text{K}^{-1}\cdot\text{mol}^{-1}$$

298.15 K 时，

$$\begin{aligned}\Delta_r G_m^\ominus&=\Delta_r H_m^\ominus-T\Delta_r S_m^\ominus\\&=[-127.07-298.15\times(-57.89\times10^{-3})]\text{kJ}\cdot\text{mol}^{-1}\\&=-109.8\text{kJ}\cdot\text{mol}^{-1}\end{aligned}$$

由处于稳定状态的单质生成某化合物的标准摩尔吉布斯函数变叫做该化合物的标准摩尔生成吉布斯函数，记为 $\Delta_f G_m^\ominus$。上例中反应的标准摩尔吉布斯函数变即 298.15K 时 AgCl(s)

的标准摩尔生成吉布斯函数，可表示为 $\Delta_f G^{\ominus}_{m,298.15K}[AgCl(s)]=-109.8kJ \cdot mol^{-1}$。利用各物质的标准生成吉布斯函数数据（附录Ⅴ）也可以计算 $\Delta_r G^{\ominus}_m$，计算方法与由标准生成焓数据计算 $\Delta_r H^{\ominus}_m$ 的方法相同，即

$$\Delta_r G^{\ominus}_m = \sum\nolimits_B \nu_B \Delta_f G^{\ominus}_{m,B} \tag{5-19}$$

④ 某些反应的 $\Delta_r G^{\ominus}_m$ 可以用统计热力学的方法通过理论计算得到（参阅 6.9 节）。

除了以上几种获得 $\Delta_r G^{\ominus}_m$ 的途径外，还可以由相关反应的 $\Delta_r G^{\ominus}_m$ 进行推算。前面（1.5 节）曾给出由相关反应 $\Delta_r H^{\ominus}_m$ 推算某反应 $\Delta_r H^{\ominus}_m$ 的方法，此方法同样可用于 $\Delta_r G^{\ominus}_m$ 的推算。如果某个反应方程式可以用其它反应方程式的线性组合表示，该反应的 $\Delta_r G^{\ominus}_m$ 就可以用与这些反应方程式相应的 $\Delta_r G^{\ominus}_m$ 的同样线性组合表示。例如某温度下

（1）$2CO(g) = C(s)+CO_2(g)$ $\quad\Delta_r G^{\ominus}_{m(1)}$

（2）$C(s)+H_2O(g) = CO(g)+H_2(g)$ $\quad\Delta_r G^{\ominus}_{m(2)}$

（3）$CO(g)+H_2O(g) = CO_2(g)+H_2(g)$ $\quad\Delta_r G^{\ominus}_{m(3)}$

因为反应(3)=反应(1)+反应(2)，所以

$$\Delta_r G^{\ominus}_{m(3)} = \Delta_r G^{\ominus}_{m(1)} + \Delta_r G^{\ominus}_{m(2)}$$

将式(5-11)代入，可得

$$\ln K^{\ominus}_{(3)} = \ln K^{\ominus}_{(1)} + \ln K^{\ominus}_{(2)}$$

即

$$K^{\ominus}_{(3)} = K^{\ominus}_{(1)} K^{\ominus}_{(2)}$$

如果已知反应（1）、（2）的 $\Delta_r G^{\ominus}_m$ 或 $K^{\ominus}$，就可计算出反应（3）的 $\Delta_r G^{\ominus}_m$ 或 $K^{\ominus}$。采用这种方法计算 $\Delta_r G^{\ominus}_m$ 必须已知相关反应的 $\Delta_r G^{\ominus}_m$，因而不能算作一种独立地获得 $\Delta_r G^{\ominus}_m$ 数据的来源。但是它反映了相关化学反应间 $\Delta_r G^{\ominus}_m$ 的关系，利用这种关系，可进行化学反应间 $\Delta_r G^{\ominus}_m$ 或 $K^{\ominus}$ 的相互推算。

5.2 气相化学平衡

对于给定的化学反应，除了标准平衡常数 $K^{\ominus}$ 之外，结合具体反应体系以及具体要解决的实际问题，习惯上常常采用其它类型的平衡常数。对于气相化学反应，实用中采用的平衡常数主要是 K_f、K_p、K_y、K_c 等。本节讨论它们的定义，与 $K^{\ominus}$ 的关系以及在实际中的应用。

5.2.1 理想气体的化学平衡

对任一气相化学反应：$0=\sum\nolimits_B \nu_B B$，反应体系中各组分的化学势可表示为

$$\mu_B = \mu^{\ominus}_B(T) + RT\ln a_B \tag{5-20}$$

$\mu^{\ominus}_B$ 是气体标准状态的化学势。当反应体系压力较低时，体系可视为混合理想气体，则

$$a_B = \frac{p_B}{p^{\ominus}} = y_B \frac{p}{p^{\ominus}} = c_B \frac{RT}{p^{\ominus}} \tag{5-21}$$

式中，p 为体系总压；p_B、y_B、c_B 分别为 B 组分分压、摩尔分数及摩尔浓度。由式

(5-12) 知

$$K^{\ominus}=\left(\prod_{B} a_{B}^{\nu_B}\right)_{e}=\left(\prod_{B} p_{B}^{\nu_B}\right)_{e}(p^{\ominus})^{-\Delta\nu}$$
$$=\left(\prod_{B} y_{B}^{\nu_B}\right)_{e}\left(\frac{p}{p^{\ominus}}\right)^{\Delta\nu}$$
$$=\left(\prod_{B} c_{B}^{\nu_B}\right)_{e}\left(\frac{RT}{p^{\ominus}}\right)^{\Delta\nu} \tag{5-22}$$

式中，$\Delta\nu=\sum_{B}\nu_{B}$，为反应方程式中各物质计量系数的代数和，定义

$$K_{p}=\left(\prod_{B} p_{B}^{\nu_B}\right)_{e} \tag{5-23}$$

$$K_{y}=\left(\prod_{B} y_{B}^{\nu_B}\right)_{e} \tag{5-24}$$

$$K_{c}=\left(\prod_{B} c_{B}^{\nu_B}\right)_{e} \tag{5-25}$$

K_p、K_y、K_c 分别称为以分压、摩尔分数、摩尔浓度表示的平衡常数，在实际计算时常被采用。由式(5-22) 可知这些实用平衡常数与 $K^{\ominus}$的关系为

$$K^{\ominus}=K_{p}(p^{\ominus})^{-\Delta\nu}=K_{y}\left(\frac{p}{p^{\ominus}}\right)^{\Delta\nu}=K_{c}\left(\frac{RT}{p^{\ominus}}\right)^{\Delta\nu} \tag{5-26}$$

由于 $K^{\ominus}$是量纲为 1 的量，且只是温度的函数，因此 K_p、K_c 也只是温度的函数，$\Delta\nu\neq 0$ 时 K_p、K_c 的量纲皆不为 1。K_y 是量纲为 1 的量，$\Delta\nu\neq 0$ 时 K_y 不仅是温度的函数，而且是反应压力的函数。当 $\Delta\nu=0$ 时 $K^{\ominus}=K_p=K_y=K_c$。

5.2.2 实际气体的化学平衡

对于高压下的气相反应，反应体系偏离混合理想气体，式(5-20) 中活度应表示为

$$a_{B}=\frac{f_{B}}{p^{\ominus}}=\frac{p_{B}\varphi_{B}}{p^{\ominus}} \tag{5-27}$$

f_B、p_B、φ_B 分别为组分 B 的逸度、分压及逸度因子。因此

$$K^{\ominus}=\left(\prod_{B} a_{B}^{\nu_B}\right)_{e}=\left(\prod_{B} f_{B}^{\nu_B}\right)_{e}(p^{\ominus})^{-\Delta\nu}=\left(\prod_{B} p_{B}^{\nu_B}\right)_{e}\left(\prod_{B} \varphi_{B}^{\nu_B}\right)_{e}(p^{\ominus})^{-\Delta\nu} \tag{5-28}$$

定义

$$K_{f}=\left(\prod_{B} f_{B}^{\nu_B}\right)_{e} \tag{5-29}$$

$$K_{\varphi}=\left(\prod_{B} \varphi_{B}^{\nu_B}\right)_{e} \tag{5-30}$$

由式(5-23) 知

$$K_{p}=\left(\prod_{B} p_{B}^{\nu_B}\right)_{e}$$

则式(5-28) 可表示为

$$K^{\ominus}=K_{f}(p^{\ominus})^{-\Delta\nu}=K_{p}K_{\varphi}(p^{\ominus})^{-\Delta\nu} \tag{5-31}$$

K_f 是用逸度表示的平衡常数，它仅是温度的函数，当 $\Delta\nu\neq 0$ 时 K_f 的量纲不为 1。K_φ 称为逸度因子商，其形式上与平衡常数相同，但并非平衡常数。逸度因子不仅是温度的函数，而且与总压及组成有关，因此实际气体反应的 K_p 不仅取决于温度，还依赖于总压和组成。表 5-2 列出了气相反应$(1/2)N_2+(3/2)H_2$ $\!=\!=\!=$ NH_3 在 450℃时不同反应总压下的 K_p

与 K_φ，其中 K_φ 是根据路易斯-兰德尔规则的计算值。450℃时该反应 $K^\ominus=6.46\times10^{-3}$，由于 $\Delta\nu=-1$，$p^\ominus=100\text{kPa}$，所以 $K_f=K^\ominus\ (p^\ominus)^{-1}=6.46\times10^{-5}\text{kPa}^{-1}$。表中数据表明压力不很高（大约 1MPa 或几兆帕之内）时，$K_p\approx K_f$；压力升高，K_p 就逐渐变化，但 $K_pK_\varphi\approx K_f$；当压力很高（达到 100MPa）时，$K_pK_\varphi\neq K_f$，这是由于在如此高的压力下路易斯-兰德尔规则已经失效的缘故。路易斯-兰德尔规则假定气体混合物中组分的逸度因子与组成无关，等于纯组分气体在混合气体温度、压力下的逸度因子。因此，对于实际气体反应，在路易斯-兰德尔规则适用的范围内，即实际气体可视为气态理想溶液时，K_φ 只是温度和压力的函数，与组成无关；K_p 也只是温度和压力的函数，与组成无关。超出规则允许的压力范围，K_φ 不仅是温度、压力的函数，还与组成有关，必须采用其它方法计算 K_φ。这时 K_p 也不再是常数。式(5-31)表明无论在何种压力下 K_φ 与 K_p 之积恒等于 K_f。特别地，对于理想气体反应，$K_\varphi=1$，因此 $K_p=K_f$。

表 5-2　反应 $\frac{1}{2}N_2+\frac{3}{2}H_2 = NH_3$ 在不同压力下的 K_p 与 K_φ（450℃）

p/MPa	$K_p/10^{-5}\text{kPa}^{-1}$	K_φ	$K_pK_\varphi/10^{-5}\text{kPa}^{-1}$
1.01	6.47	0.99	6.41
5.07	6.74	0.94	6.35
10.1	7.11	0.88	6.26
30.4	8.62	0.75	6.46
60.8	12.71	0.51	6.48
101.3	22.60	0.43	9.72

5.2.3 平衡常数的应用

5.2.3.1 判断反应的方向

【例 5-2】 在合成甲醇过程中有一个水煤气变换工段，即把 $H_2(g)$ 变换成 $CO(g)$：

$$H_2(g)+CO_2(g) = CO(g)+H_2O(g)$$

已知 820℃时，反应的 $K^\ominus=1$。现有某混合气体，含有 H_2、CO_2、CO 和 H_2O，它们的体积分数分别为 0.2、0.2、0.5 和 0.1。问（1）在 820℃，上述变换反应能否进行？（2）如果把 CO_2 的体积分数提高到 0.4，CO 的体积分数降为 0.3，其余条件不变，情况又怎样？（假定气体为理想气体）

解　该反应为 $\Delta\nu=0$ 的理想气体反应，$a_B=p_B/p^\ominus=py_B/p^\ominus$。所以

$$J_a=\prod_B y_B^{\nu_B}\left(\frac{p}{p^\ominus}\right)^{\Delta\nu}=\prod_B y_B^{\nu_B}$$

（1）$J_{a(1)}=\dfrac{y_{H_2O}y_{CO}}{y_{H_2}y_{CO_2}}=\dfrac{0.1\times0.5}{0.2\times0.2}=1.25>K^\ominus$

变换反应不能进行；

（2）$J_{a(2)}=\dfrac{y_{H_2O}y_{CO}}{y_{H_2}y_{CO_2}}=\dfrac{0.1\times0.3}{0.2\times0.4}=0.375<K^\ominus$

此时变换反应可以进行。

5.2.3.2 计算平衡转化率

转化率是原料中某种物质反应后转化为产品的分数，反应达平衡时转化率理论上可达最大值，称为平衡转化率，以 α 表示，其定义为

$$平衡转化率=\frac{平衡时经反应转化为产品的原料的量}{反应前投入的原料总量} \tag{5-32a}$$

产率是某产品的实际产量与按反应方程式应得到的产量之比，反应达平衡时产率理论上可达最大值，称为平衡产率，其定义为

$$平衡产率=\frac{平衡时由原料生成的产品的量}{按反应方程式原料全部转化为产品的量} \tag{5-32b}$$

如果没有副反应，原料可全部转化为所指定的产品，平衡转化率就等于平衡产率。

【例 5-3】 已知 400K 时，反应 $C_2H_4(g)+H_2O(g)$ ══ $C_2H_5OH(g)$ 的 $\Delta_r G_m^{\ominus}=7.657kJ \cdot mol^{-1}$，若反应物由 1mol C_2H_4 和 1mol H_2O 组成，计算在该温度及压力 $p=1MPa$ 时 C_2H_4 的平衡转化率，并计算平衡时体系中各物质的摩尔分数（气体可当作理想气体）。

解 因为 $K^{\ominus}=\exp[-\Delta_r G_m^{\ominus}/(RT)]$

所以

$$K_y=K^{\ominus}(p/p^{\ominus})^{-\Delta\nu}$$

$$=\exp\left(-\frac{7.657\times10^3}{8.314\times400}\right)\times\left(\frac{1}{0.1}\right)^1$$

$$=1.0$$

设 C_2H_4 的平衡转化率为 α，平衡时各物质的物质的量为

$$C_2H_4(g)+H_2O(g) \text{══} C_2H_5OH(g)$$

$$(1-\alpha)mol \quad (1-\alpha)mol \qquad \alpha\ mol$$

混合物总的物质的量$=[2(1-\alpha)+\alpha]mol=(2-\alpha)mol$

平衡时各物质的摩尔分数：$y_{(C_2H_4)}=y_{(H_2O)}=\dfrac{1-\alpha}{2-\alpha}$， $y_{(C_2H_5OH)}=\dfrac{\alpha}{2-\alpha}$

所以

$$\left(\frac{\alpha}{2-\alpha}\right)\Big/\left(\frac{1-\alpha}{2-\alpha}\right)^2=\frac{\alpha(2-\alpha)}{(1-\alpha)^2}=1.0$$

解得平衡的转化率为：$\alpha=0.293$，从而计算出平衡时各物质摩尔分数为：

$$y_{(C_2H_4)}=y_{(H_2O)}=0.414 \quad y_{(C_2H_5OH)}=0.172$$

5.2.3.3 计算反应总压、惰性气体对平衡的影响

对于理想气体反应，由式(5-26) 知 $K_y=K_p(p)^{-\Delta\nu}$。一定温度下 K_p 为常数，若 $\Delta\nu\neq0$，则 K_y 随反应压力 p 而变化。平衡常数改变时，平衡状态必然发生变化。平衡常数增大说明平衡向正反应方向移动；反之，平衡向逆反应方向移动。对于分子数减少的反应，$\Delta\nu<0$，p 增加时 K_y 增大，平衡向正反应方向移动；对于分子数增加的反应，$\Delta\nu>0$，p 增加时 K_y 减小，平衡向逆反应方向移动。

反应体系中不参加反应的气体称为惰性气体。设体系总压为 p，惰性气体分压为 $p_{惰}$，$(p-p_{惰})$ 等于参加反应的各物质的总压。在一定温度下若保持反应压力 p 不变，对于分子数减少的反应，$\Delta\nu<0$，若 $p_{惰}$ 减小，相当于总压增大，平衡向正反应方向移动；若 $p_{惰}$ 增

大，相当于总压减小，平衡向逆反应方向移动。

【例 5-4】 已知乙苯脱氢制苯乙烯的反应 $C_6H_5C_2H_5(g) \rightleftharpoons C_6H_5C_2H_3(g)+H_2(g)$ 在 527℃时 $K_p=4.750\text{kPa}$，试计算乙苯的平衡转化率：(1) 反应压力为 101.325kPa；(2) 总压降为 10.1325kPa；(3) 在原料气中掺入水蒸气，使 $C_6H_5C_2H_5$ 与 H_2O 的摩尔比为 1∶9，总压仍为 101.325kPa。

解 (1) 设以 1mol 原料 $C_6H_5C_2H_5$ 为基准，平衡转化率为 α，平衡时 $C_6H_5C_2H_5$、$C_6H_5C_2H_3$、H_2 的物质的量分别为 $(1-\alpha)$mol、α mol 和 α mol，体系的总物质的量为 $(1+\alpha)$mol。因为

$$K_p=\left(\frac{\alpha}{1+\alpha}p\right)^2/\left(\frac{1-\alpha}{1+\alpha}p\right)=\frac{\alpha^2}{(1+\alpha)(1-\alpha)}p$$

其中 $K_p=4.750\text{kPa}$，以 $p=101.325\text{kPa}$ 代入，解得 $\alpha=0.211$。

(2) 以 $p=10.13\text{kPa}$ 代入，解得 $\alpha=0.565$。

(3) 加入水蒸气后，平衡时体系的总物质的量为 $(10+\alpha)$mol，所以

$$K_p=\left(\frac{\alpha}{10+\alpha}p\right)^2/\left(\frac{1-\alpha}{10+\alpha}p\right)=\frac{\alpha^2}{(10+\alpha)(1-\alpha)}p$$

以 $p=101.325\text{kPa}$ 代入，解得 $\alpha=0.497$。

此例说明对分子数增加的反应，减压或在总压不变的条件下掺入惰性气体均可提高平衡转化率，但在实际生产中为避免负压操作常采用后法。

5.2.3.4 计算配料比对平衡的影响

设理想气体反应为 $a_1A_1+a_2A_2+\cdots+a_iA_i+\cdots \rightleftharpoons G$

反应开始时各物质摩尔分数为： y_{10} y_{20} $\cdots$ y_{i0} $\cdots$ y_{G0}

反应进度为 ξ 时各物质摩尔分数为： y_1 y_2 $\cdots$ y_i $\cdots$ y_G

设反应开始时体系总的物质的量为 n_0，反应进度为 ξ 时，n_0 变为 n，对反应物 A_i 而言

$$n_0y_{i0}-ny_i=a_i\xi$$

如果反应开始时配料比与反应物计量系数成比例，即

$$\frac{y_{10}}{a_1}=\frac{y_{20}}{a_2}=\cdots\frac{y_{i0}}{a_i}=\cdots=C$$

C 是比例系数。因为

$$ny_i=n_0y_{i0}-a_i\xi=a_i(n_0C-\xi), \quad 所以 \quad \frac{y_i}{a_i}=\frac{n_0C-\xi}{n}$$

上式右边的值对各反应物皆相同，令其为 C'，即

$$\frac{y_1}{a_1}=\frac{y_2}{a_2}=\cdots=\frac{y_i}{a_i}=\cdots=C'$$

这说明反应过程中各反应物浓度也与反应物计量系数成比例。

如果反应开始时反应物的配料比与反应物的计量系数成比例，可以证明（参阅本章阅读材料），在此条件下产物的浓度 y_G 可达最大值。合成氨反应中，为使产物氨的浓度达到最高，总使原料气中 H_2 与 N_2 的配料比为 3∶1。有时，两种原料气中 B 气体比 A 气体便宜，为了充分利用 A 气体可以使 B 气体大大过量。这样做，虽然产物的浓度有所降低，但 A 的转化率提高了，节约了生产成本，经济上还是划算的。

【例 5-5】 乙烯水合制乙醇反应：$C_2H_4(g)+H_2O(g) \rightleftharpoons C_2H_5OH(g)$，在 200℃时 $K_f=0.240\times10^{-3}\mathrm{kPa}^{-1}$，试求该温度下压力为 3.45MPa 时的 K_y，并计算乙烯与水蒸气配料比为 1∶1（摩尔比）时乙烯的平衡转化率。设该混合气体适用路易斯-兰德尔规则，并已求得 200℃和 3.45MPa 时纯 C_2H_4、H_2O、C_2H_5OH 的逸度因子分别为 0.963、0.378、0.644。

解 根据路易斯-兰德尔规则，混合物中组分的逸度因子等于纯组分在与混合物同温同压下的逸度因子，所以

$$K_\varphi=\varphi_{C_2H_5OH}/(\varphi_{C_2H_4}\varphi_{H_2O})=0.644/(0.963\times0.378)=1.77$$

$$K_y=K_p p^{-\Delta\nu}=(K_f/K_\varphi)p$$
$$=(0.240\times10^{-3}/1.77)\times3.45\times10^3=0.468$$

设加入的 C_2H_4、H_2O 各为 1mol，平衡转化率为 α，平衡时 C_2H_4、H_2O、C_2H_5OH 的物质的量分别为 $(1-\alpha)$mol、$(1-\alpha)$mol、α mol，总物质的量为 $(2-\alpha)$mol，因此

$$K_y=\frac{\alpha/(2-\alpha)}{[(1-\alpha)/(2-\alpha)]^2}=\frac{\alpha(2-\alpha)}{(1-\alpha)^2}$$

以 $K_y=0.468$ 代入，解得平衡转化率 $\alpha=0.175$。

5.3 含凝聚相的化学平衡

如果反应中有凝聚相组分参加，根据 5.1 节的分析，只要反应压力不太高，凝聚相组分参考态的化学势等于其标准态化学势，$\mu^{\circ}_{B(c)}=\mu^{\ominus}_{(c)}$。因此凝聚相组分的化学势与气相组分的化学势一样可用式(5-9) 表示，即

$$\mu_B=\mu_B^{\ominus}(T)+RT\ln a_B$$

所不同的是气相组分活度的形式是 $a_B=f_B/p^{\ominus}$，而凝聚相组分的活度则根据物态的不同有不同的形式(见表 3-3)。因此，不同类型的含凝聚相的化学反应中常常采用不同类型的平衡常数。

5.3.1 纯液体、纯固体参加的气相化学平衡

如果气相反应中有纯液体、纯固体参加，由表 3-3 知，当以纯液体、纯固体为参考态时纯液体、纯固体的活度 $a_B=1$。化学反应等温方程式

$$\Delta_r G_m=\Delta_r G_m^{\ominus}+RT\ln J_a$$

中的

$$\Delta_r G_m^{\ominus}=\sum\nolimits_B \nu_B\mu_B^{\ominus}$$

其中 B 遍及全部反应物及产物，包括纯液体、纯固体在内。然而

$$J_a=\prod_B a_B^{\nu_B(g)}=\prod_B\left(\frac{f_B}{p^{\ominus}}\right)^{\nu_B(g)} \tag{5-33}$$

因为纯液体、纯固体 $a_B=1$，上式中 B 仅遍及气相各组分，不包括纯液体、纯固体在内。ν_B(g) 为气相组分在反应方程式中的计量系数。由标准平衡常数表示式

$$K^\ominus=(J_a)_e=\left[\prod_B\left(\frac{f_B}{p^\ominus}\right)^{\nu_B(g)}\right]_e=K_f(p^\ominus)^{-\Delta\nu(g)} \tag{5-34}$$

$\Delta\nu(g)=\sum_B\nu_B(g)$，为反应方程式中气相组分计量系数的代数和，$K_f$ 中不包括纯液体、纯固体的逸度。由于 $K^\ominus$ 仅是温度的函数，K_f 也仅是温度的函数。当 $\Delta\nu(g)\neq 0$ 时 K_f 的量纲不为 1。若气相可视为理想气体，则

$$K_f=K_p=\left[\prod_B p_B^{\nu_B(g)}\right]_e \tag{5-35}$$

同样，K_p 的表示式中只计入气相组分的分压。

例如下列反应的气体可视为理想气体，K_p 分别表示为如下形式：

（1）$CaCO_3(s) \rightleftharpoons CaO(s)+CO_2(g)$　　$K_p=(p_{CO_2})_e$

（2）$NH_4Cl(s) \rightleftharpoons NH_3(g)+HCl(g)$　　$K_p=(p_{NH_3}p_{HCl})_e$

（3）$SnS(s)+H_2(g) \rightleftharpoons Sn(l)+H_2S(g)$　　$K_p=(p_{H_2S}/p_{H_2})_e$

一定温度下反应（1）达平衡时 CO_2 压力为常数，该压力即 $CaCO_3$ 在该温度下的分解压力。随着温度升高，固体的分解压力增大。分解压力达到环境压力（通常为 101.325kPa）的温度称为分解温度。$CaCO_3$ 的分解温度为 897℃。反应（2）中 NH_4Cl 分解的气相产物有两种，若反应开始只有 NH_4Cl，则平衡时 p_{HCl} 与 p_{NH_3} 之和等于环境压力的温度称为 NH_4Cl 的分解温度。反应（3）的反应物与产物中各有一个气体组分，一定温度下反应达平衡时两气体组分分压之比为常数。

固体分解放出气体时，若气体在环境中的分压小于固体的分解压力，分解反应就可以缓慢进行；若已达分解温度，分解压力超过环境压力，分解过程中放出的气体得以顺利排出，分解反应可以剧烈进行。例如工业上煅烧石灰石（$CaCO_3$）制备生石灰（CaO）和 CO_2 的反应在石灰窑中进行，窑内为常压，当窑内温度稍高于分解温度时石灰石便剧烈分解。

【例 5-6】 $CaSO_4\cdot 5H_2O$ 晶体脱水分解可发生多个反应：

（1）$CaSO_4\cdot 5H_2O(s) \rightleftharpoons CaSO_4\cdot 3H_2O(s)+2H_2O(g)$

（2）$CaSO_4\cdot 3H_2O(s) \rightleftharpoons CaSO_4\cdot H_2O(s)+2H_2O(g)$

（3）$CaSO_4\cdot H_2O(s) \rightleftharpoons CaSO_4(s)+H_2O(g)$

50℃反应（1）、（2）、（3）的分解压力分别是 6.266kPa、4.000kPa、0.587kPa，求反应

（4）$CaSO_4\cdot 5H_2O(s) \rightleftharpoons CaSO_4(s)+5H_2O(g)$

的分解压力。

解　以上反应 K_p 与分解压力 p 的关系为 $K_{p(1)}=p_{(1)}^2$，$K_{p(2)}=p_{(2)}^2$，$K_{p(3)}=p_{(3)}$，$K_{p(4)}=p_{(4)}^5$，由于反应(4)=反应(1)+反应(2)+反应(3)，所以

$$\Delta_r G_{m(4)}^\ominus=\Delta_r G_{m(1)}^\ominus+\Delta_r G_{m(2)}^\ominus+\Delta_r G_{m(3)}^\ominus$$

$$K_{(4)}^\ominus=K_{(1)}^\ominus K_{(2)}^\ominus K_{(3)}^\ominus$$

$$K_{p(4)}(p^\ominus)^{-5}=K_{p(1)}(p^\ominus)^{-2}K_{p(2)}(p^\ominus)^{-2}K_{p(3)}(p^\ominus)^{-1}$$

$$p_{(4)}^5=p_{(1)}^2 p_{(2)}^2 p_{(3)}$$

$$p_{(4)}=(6.266^2\times 4.000^2\times 0.587)^{1/5}\text{kPa}=3.261\text{kPa}$$

【例 5-7】 银可能受到 H_2S 的腐蚀而发生以下反应：

$$2Ag(s)+H_2S(g) \rightleftharpoons Ag_2S(s)+H_2(g)$$

在 25℃、1MPa 下将 Ag 放在等体积的 H_2 和 H_2S 的混合气体中，问（1）银能否被腐蚀成硫化银？（2）混合气体中硫化氢的体积分数低于多少，才不至于发生腐蚀？已知 25℃，$Ag_2S(s)$ 和 $H_2S(g)$ 的标准摩尔生成吉布斯函数分别为 $-40.26kJ \cdot mol^{-1}$ 和 $-33.60kJ \cdot mol^{-1}$，气体假定为理想气体。

解 在 25℃时，

$$\Delta_r G_m^{\ominus}=[(-40.26)-(-33.60)]kJ \cdot mol^{-1}=-6.66kJ \cdot mol^{-1}$$

$$K^{\ominus}=\exp\left(-\frac{\Delta_r G_m^{\ominus}}{RT}\right)=\exp\frac{6.66\times 10^3}{8.314\times 298.15}=14.684$$

$$J_a=(p y_{H_2}/p^{\ominus})(p y_{H_2S}/p^{\ominus})^{-1}=y_{H_2}/y_{H_2S}$$

（1）因为 $y_{H_2}=y_{H_2S}$，所以 $J_a=1<K^{\ominus}$，银可能被腐蚀。

（2）因为 $y_{H_2}+y_{H_2S}=1$，若银不被腐蚀，则

$$J_a=\frac{1-y_{H_2S}}{y_{H_2S}}\geqslant 14.684$$

即 $y_{H_2S}\leqslant 0.0637$，因此硫化氢体积分数小于 6.37%时银才不被腐蚀。

5.3.2 溶液中的化学平衡

此处所讨论的溶液是液态溶液或者固态溶液。对溶液中的组分，其化学势可表示为 $\mu_B=\mu_B^{\ominus}(T)+RT\ln a_B$，但根据所选择的参考状态，活度的形式不同，平衡常数也不相同。若各组分皆根据惯例Ⅰ选择溶剂型的参考态，则

$$a_B=x_B\gamma_B$$

γ_B 是相应惯例Ⅰ的活度因子。由式(5-12)

$$K^{\ominus}=K_a=\left[\prod_B (x_B\gamma_B)^{\nu_B}\right]_e=\left(\prod_B x_B{}^{\nu_B}\right)_e\left(\prod_B \gamma_B^{\nu_B}\right)_e \tag{5-36}$$

定义

$$K_x=\left(\prod_B x_B^{\nu_B}\right)_e \tag{5-37}$$

$$K_\gamma=\left(\prod_B \gamma_B^{\nu_B}\right)_e \tag{5-38}$$

则

$$K^{\ominus}=K_x K_\gamma \tag{5-39}$$

K_x 是以浓度（摩尔分数）表示的平衡常数，K_γ 称为活度因子商，形式上虽与平衡常数相同，但并非平衡常数。活度因子与温度、压力、组成有关，由于反应压力不太高，K_γ 是温度和组成的函数。对于理想溶液，$K_\gamma=1$，因此 $K^{\ominus}=K_x$，此时 K_x 只是温度的函数。

溶液中参加反应的组分也可以根据惯例Ⅱ、Ⅲ、Ⅳ选取溶质型的参考态。这样对于浓度较稀的组分活度因子等于 1，活度可用浓度代替，从而使平衡常数的形式得以简化。如当反应中各组分根据惯例Ⅳ选取参考态时

$$a_B=\frac{c_B}{c^{\ominus}}\gamma_B$$

γ_B 是相应惯例Ⅳ的活度因子。由标准平衡常数表示式

$$K^{\ominus}=K_a=\left[\prod_B\left(\frac{c_B\gamma_B}{c^{\ominus}}\right)^{\nu_B}\right]_e=\left[\prod_B\left(\frac{c_B}{c^{\ominus}}\right)^{\nu_B}\right]_e\left(\prod_B \gamma_B^{\nu_B}\right)_e$$

定义

$$K_c=\left(\prod_{\mathrm{B}} c_{\mathrm{B}}^{\nu_{\mathrm{B}}}\right)_{\mathrm{e}} \tag{5-40}$$

则

$$K^{\ominus}=K_c(c^{\ominus})^{-\Delta\nu}K_{\gamma} \tag{5-41}$$

K_c 是溶液中以摩尔浓度表示的平衡常数，此时 K_{γ} 中的活度因子是溶质型参考态下的活度因子。若各组分皆为稀溶液中的溶质（$c_{\mathrm{B}}\to 0$），$K_{\gamma}=1$，因此 $K^{\ominus}=K_c(c^{\ominus})^{-\Delta\nu}$。此时 K_c 只是温度的函数。

溶液中参加反应的组分也可以根据不同惯例选取不同的参考态。一般充当溶剂的组分选取溶剂型参考态，充当溶质的组分选取溶质型参考态，这样选取参考态的优点是 $K_{\gamma}\approx 1$。应当注意的是，参考态不同，$\Delta_{\mathrm{r}}G_{\mathrm{m}}^{\ominus}$ 就不同，因此 $K^{\ominus}$ 就有不同的值。

【例 5-8】 某温度下，如下反应 A(醇)+D(酸) ══ 水+R(酯)在水溶液中进行，水很多，适用拉乌尔定律，A、D、R 浓度很稀，适用亨利定律。已知各组分皆根据惯例Ⅰ选取参考态时的标准平衡常数为 $K_{(\mathrm{I})}^{\ominus}$，当水根据惯例Ⅰ，A、D、R 根据惯例Ⅲ选取参考态时，标准平衡常数为 $K_{(\mathrm{I},\mathrm{III})}^{\ominus}$，求 $K_{(\mathrm{I},\mathrm{III})}^{\ominus}$ 与 $K_{(\mathrm{I})}^{\ominus}$ 的关系，并给出 $K_{(\mathrm{I},\mathrm{III})}^{\ominus}$ 的表示式。该温度下 A、D、R 纯组分的饱和蒸气压为 p_{A}^{*}、p_{D}^{*}、p_{R}^{*}，它们在水中的亨利系数为 $K_{b\mathrm{A}}$、$K_{b\mathrm{D}}$、$K_{b\mathrm{R}}$。

解 设以Ⅰ、Ⅲ代表各组分处于相应惯例下的参考状态。假定水处于参考态Ⅰ。A、D、R 处于参考态Ⅲ，它们的亨利系数分别为 $K_{b\mathrm{A}}$、$K_{b\mathrm{D}}$、$K_{b\mathrm{R}}$。反应为：

$$\mathrm{A(eq,III)+D(eq,III)} === \text{水}\mathrm{(eq,I)+R(eq,III)}$$

此时各组分活度皆为 1，活度商 $J_{a(\mathrm{I},\mathrm{III})}=1$，反应的 $\Delta_{\mathrm{r}}G_{\mathrm{m}}=\Delta_{\mathrm{r}}G_{\mathrm{m}(\mathrm{I},\mathrm{III})}^{\ominus}$。现假定各个组分皆以惯例Ⅰ为参考态，除水外由于 A、D、R 的参考态变了，它们的活度不再为 1，这时各组分活度为：

$$a_{\text{水}}=1,\ a_{\mathrm{A}}=K_{b\mathrm{A}}/p_{\mathrm{A}}^{*},\ a_{\mathrm{D}}=K_{b\mathrm{D}}/p_{\mathrm{D}}^{*},\ a_{\mathrm{R}}=K_{b\mathrm{R}}/p_{\mathrm{R}}^{*}$$

$$J_{a(\mathrm{I})}=\frac{a_{\text{水}}\,a_{\mathrm{R}}}{a_{\mathrm{A}}a_{\mathrm{D}}}=\frac{K_{b\mathrm{R}}p_{\mathrm{A}}^{*}p_{\mathrm{D}}^{*}}{p_{\mathrm{R}}^{*}K_{b\mathrm{A}}K_{b\mathrm{D}}}$$

$J_{a(\mathrm{I})}$ 是各组分皆以惯例Ⅰ为参考态时的活度商，根据化学反应等温方程式，即

$$\Delta_{\mathrm{r}}G_{\mathrm{m}}=\Delta_{\mathrm{r}}G_{\mathrm{m}(\mathrm{I},\mathrm{III})}^{\ominus}=\Delta_{\mathrm{r}}G_{\mathrm{m}(\mathrm{I})}^{\ominus}+RT\ln J_{a(\mathrm{I})}$$

其中：

$$\Delta_{\mathrm{r}}G_{\mathrm{m}(\mathrm{I})}^{\ominus}=-RT\ln K_{(\mathrm{I})}^{\ominus}$$

$$\Delta_{\mathrm{r}}G_{\mathrm{m}(\mathrm{I},\mathrm{III})}^{\ominus}=-RT\ln K_{(\mathrm{I},\mathrm{III})}^{\ominus}$$

将 $\Delta_{\mathrm{r}}G_{\mathrm{m}(\mathrm{I})}^{\ominus}$，$\Delta_{\mathrm{r}}G_{\mathrm{m}(\mathrm{I},\mathrm{III})}^{\ominus}$ 和 $J_{a(\mathrm{I})}$ 代入等温方程式，所以

$$K_{(\mathrm{I},\mathrm{III})}^{\ominus}=K_{(\mathrm{I})}^{\ominus}\frac{K_{b,\mathrm{A}}K_{b,\mathrm{D}}p_{\mathrm{R}}^{*}}{p_{\mathrm{A}}^{*}p_{\mathrm{D}}^{*}K_{b,\mathrm{R}}}$$

在稀溶液中，水、A、D、R 各物质活度因子皆为 1，因此平衡常数 $K_{(\mathrm{I},\mathrm{III})}^{\ominus}$ 的表示式是

$$K_{(\mathrm{I},\mathrm{III})}^{\ominus}=\left[\frac{x_{\text{水}}(b_{\mathrm{R}}/b^{\ominus})}{(b_{\mathrm{A}}/b^{\ominus})(b_{\mathrm{D}}/b^{\ominus})}\right]_{\mathrm{e}}=\left(\frac{x_{\text{水}}\,b_{\mathrm{R}}}{b_{\mathrm{A}}b_{\mathrm{D}}}\right)_{\mathrm{e}}b^{\ominus}$$

上式左边的标准平衡常数是选取多种参考态时的平衡常数，称为混合平衡常数。混合平衡常数不仅可用于溶液中的化学平衡，也可以用于复相化学平衡。例如反应

$$CO_2(g)+2NH_3(g) \longrightarrow H_2O(aq)+CO(NH_2)_2(aq)$$

其中气相组分以气体标准态为参考态，溶液中 H_2O 根据惯例Ⅰ，$CO(NH_2)_2$ 根据惯例Ⅲ选取参考态，则平衡常数表示式为

$$K^{\ominus}=\left\{\frac{(x_{H_2O}\gamma_{H_2O})[b_{CO(NH_2)_2}\gamma_{CO(NH_2)_2}/b^{\ominus}]}{(f_{CO_2}/p^{\ominus})(f_{NH_3}/p^{\ominus})^2}\right\}_e$$

若气相为理想气体 $f_{CO_2}=p_{CO_2}$，$f_{NH_3}=p_{NH_3}$，且液相为水的稀溶液，$\gamma_{H_2O}=1$，$\gamma_{CO(NH_2)_2}=1$，上式可简化为

$$K^{\ominus}=\left(\frac{x_{H_2O}b_{CO(NH_2)_2}}{p_{CO_2}p_{NH_3}^2}\right)_e\frac{(p^{\ominus})^3}{b^{\ominus}}$$

以上 $K^{\ominus}$ 为复相反应的混合平衡常数，其值取决于各组分处于指定参考状态时复相反应的 $\Delta_r G_m^{\ominus}$。

【例 5-9】 已知复相反应

$$CO_2(g)+2NH_3(g) \longrightarrow H_2O(aq)+CO(NH_2)_2(aq)$$

25℃达平衡时溶液中 $CO(NH_2)_2$ 的浓度为 $1mol \cdot kg^{-1}$，气相中 CO_2 分压为 0.01MPa，假定液相为理想稀溶液，气相为理想气体，求气相中 NH_3 的分压力。已知 25℃下列物质的标准摩尔生成吉布斯函数（单位：$kJ \cdot mol^{-1}$）为：$CO_2(g)$，−394.4；$NH_3(g)$，−16.5；$H_2O(l)$，−237.1；$CO(NH_2)_2(s)$，−197.2。且该温度下 $CO(NH_2)_2$ 在水中溶解度为 $16.67mol \cdot kg^{-1}$，饱和溶液活度因子为 0.877。

解 首先计算 H_2O 以惯例Ⅰ，$CO(NH_2)_2$ 以惯例Ⅲ为参考态时复相反应的混合平衡常数。由已知数据可计算下列反应的 $\Delta_r G_m^{\ominus}$。

(1) $CO_2(g)+2NH_3(g) \longrightarrow H_2O(l)+CO(NH_2)_2(s)$

$$\Delta_r G_{m(1)}^{\ominus}=[(-237.1)+(-197.2)-(-394.4)-(-16.5)\times 2]kJ \cdot mol^{-1}$$
$$=-6.9kJ \cdot mol^{-1}$$

(2) $CO(NH_2)_2(s) \longrightarrow CO(NH_2)_2(aq, Ⅲ)$

将固体在水中的溶解过程看成化学反应，则反应（2）的 $\Delta_r G_{m(2)}^{\ominus}=-RT\ln K_{(2)}^{\ominus}$，$K_{(2)}^{\ominus}$ 是 $CO(NH_2)_2$ 在固态以纯固体，在液态以惯例Ⅲ为参考态的标准平衡常数，反应达平衡即溶解达到平衡，由其溶解度数据知

$$K_{(2)}^{\ominus}=(J_a)_e=16.67\times 0.877/1=14.62$$

$$\Delta_r G_{m(2)}^{\ominus}=-RT\ln K_{(2)}^{\ominus}=(-8.314\times 298.15\times \ln 14.62)J \cdot mol^{-1}$$
$$=-6.65kJ \cdot mol^{-1}$$

反应（1）+反应（2）即

(3) $CO_2(g)+2NH_3(g) \longrightarrow H_2O(aq, Ⅰ)+CO(NH_2)_2(aq, Ⅲ)$

$$\Delta_r G_{m(3)}^{\ominus}=\Delta_r G_{m(1)}^{\ominus}+\Delta_r G_{m(2)}^{\ominus}=-13.55kJ \cdot mol^{-1}$$

$$K_{(3)}^{\ominus}=\exp[-\Delta_r G_{m(3)}^{\ominus}/RT]$$

$$=\exp\frac{13.55\times 10^3}{8.314\times 298.15}=236.6$$

平衡时：$a_{CO(NH_2)_2}=b_{CO(NH_2)_2}/b^{\ominus}=1$

$$a_{H_2O}=x_{H_2O}=\frac{1000/18}{1+1000/18}=0.982$$

$$a_{CO_2}=0.01\text{MPa}/p^{\ominus}=0.1$$

$$a_{NH_3}=p_{NH_3}/p^{\ominus}$$

所以

$$(J_a)_e=\frac{1\times0.982}{0.1\times(p_{NH_3}/p^{\ominus})^2}=236.6$$

解得：$p_{NH_3}/p^{\ominus}=0.2$ 即 $p_{NH_3}=0.02\text{MPa}$。

5.4 温度对平衡常数的影响

平衡是反应体系的一种状态。当反应体系的温度、压力或组成变化时，平衡状态就发生移动。显然，如果平衡常数发生了变化，平衡必然发生移动。但是，当平衡移动时，平衡常数未必发生变化。因此解决平衡移动问题首先应确定平衡常数是否改变。若平衡常数已改变，则要先计算出新的平衡常数，再由新的平衡常数确定体系中各相的组成。

各种反应的平衡条件皆可表示为 $J_a=K_a$。对于高压条件下有凝聚相参加的反应 K_a 是温度、压力的函数。K_a 与压力的关系由式(5-17) 给出，K_a 与温度的关系则取决于式中 $K^{\ominus}$ 与温度的关系。除此之外，各种反应的 K_a 皆等于 $K^{\ominus}$，只是温度的函数。而实用中采用的其它平衡常数皆与 $K^{\ominus}$ 之值有关，因此温度变化必然导致平衡常数的变化，从而使平衡发生移动。

式(5-11) 可表示为

$$\ln K^{\ominus}=-\Delta_r G_m^{\ominus}/(RT)$$

右边只是温度的函数。两边对 T 求导，利用式(3-13)，得

$$\frac{\mathrm{d}\ln K^{\ominus}}{\mathrm{d}T}=\frac{\Delta_r H_m^{\ominus}}{RT^2} \tag{5-42}$$

式(5-42) 称为范托夫（van't Hoff）方程，式中 $\Delta_r H_m^{\ominus}$ 为反应的标准摩尔焓变。显然，若 $\Delta_r H_m^{\ominus}>0$，为吸热反应，$K^{\ominus}$ 随温度升高而增大；反之，若 $\Delta_r H_m^{\ominus}<0$，为放热反应，$K^{\ominus}$ 随温度升高而减小。

在应用式(5-42) 计算不同温度的 $K^{\ominus}$ 时，如果温度变化范围较小，$\Delta_r H_m^{\ominus}$ 可近似地当作常数，在 T_1、T_2 之间积分时 $\Delta_r H_m^{\ominus}$ 可自积分号中提出，即有

$$\ln\frac{K^{\ominus}(T_2)}{K^{\ominus}(T_1)}=\frac{\Delta_r H_m^{\ominus}}{R}\left(\frac{1}{T_1}-\frac{1}{T_2}\right) \tag{5-43}$$

式中，$K^{\ominus}(T_1)$、$K^{\ominus}(T_2)$ 分别为 T_1、T_2 温度下的标准平衡常数。若进行不定积分，则有

$$\ln K^{\ominus}(T)=-\frac{\Delta_r H_m^{\ominus}}{RT}+C \tag{5-44}$$

式中，C 为积分常数，上式表明 $\ln K^{\ominus}(T)$ 与 $1/T$ 成直线关系，直线斜率等于 $-\Delta_r H_m^{\ominus}/R$。

如果温度变化范围较大，$\Delta_r H_m^{\ominus}$ 不能作为常数，式(5-42) 进行积分时首先要确定 $\Delta_r H_m^{\ominus}$ 与 T 的函数关系。由基尔霍夫公式

$$\Delta_r H_m^\ominus(T)=\Delta_r H_m^\ominus(T_0)+\int_{T_0}^{T}\Delta_r C_{p,m}^\ominus \mathrm{d}T$$

当T为待定值时，通过上式$\Delta_r H_m^\ominus$可表示为T的函数，一般取$T_0=298.15\mathrm{K}$。上式代入式(5-42)后再在T_1、T_2之间进行定积分计算。即

$$\ln\frac{K^\ominus(T_2)}{K^\ominus(T_1)}=\int_{T_1}^{T_2}\frac{\Delta_r H_m^\ominus(T)}{RT^2}\mathrm{d}T \tag{5-45}$$

上式中的T_2如果被视为待定值T，式(5-45)就表示$\ln K^\ominus$与温度T的关系，这时通常也取$T_1=298.15\mathrm{K}$。

【例 5-10】 利用下列数据将甲烷转化反应$CH_4(g)+H_2O(g) \rightleftharpoons CO(g)+3H_2(g)$的$K^\ominus$表示成温度的函数，并求1000K时的$K^\ominus$。已知下列数据：

物质	$CH_4(g)$	$H_2O(g)$	$CO(g)$	$H_2(g)$
$\Delta_f H_m^\ominus(298.15\mathrm{K})/\mathrm{kJ\cdot mol^{-1}}$	−74.81	−241.82	−110.52	0
$\Delta_f G_m^\ominus(298.15\mathrm{K})/\mathrm{kJ\cdot mol^{-1}}$	−50.72	−228.57	−137.17	0
$C_{p,m}^\ominus=a+bT+cT^2$				
$a/\mathrm{J\cdot mol^{-1}\cdot K^{-1}}$	14.15	29.16	26.537	26.88
$b\times10^3/\mathrm{J\cdot mol^{-1}\cdot K^{-2}}$	75.496	14.49	7.6831	4.347
$c\times10^6/\mathrm{J\cdot mol^{-1}\cdot K^{-3}}$	−17.99	−2.022	−1.172	−0.3265

解 根据已知数据可作如下计算：

$$\Delta_r G_m^\ominus(298.15\mathrm{K})=\sum\nolimits_B \nu_B\Delta_f G_{m,B}^\ominus(298.15\mathrm{K})=142.12\mathrm{kJ\cdot mol^{-1}}$$

$$\ln K^\ominus(298.15\mathrm{K})=-\Delta_r G_m^\ominus(298.15\mathrm{K})/(RT)=-57.334$$

$$\Delta a=\sum\nolimits_B \nu_B a_B=63.867\mathrm{J\cdot mol^{-1}\cdot K^{-1}}$$

$$\Delta b=\sum\nolimits_B \nu_B b_B=-69.262\times10^{-3}\mathrm{J\cdot mol^{-1}\cdot K^{-2}}$$

$$\Delta c=\sum\nolimits_B \nu_B c_B=17.861\times10^{-6}\mathrm{J\cdot mol^{-1}\cdot K^{-3}}$$

$$\Delta_r C_{p,m}^\ominus=\Delta a+\Delta bT+\Delta cT^2$$

即 $\Delta_r C_{p,m}^\ominus/\mathrm{J\cdot mol^{-1}\cdot K^{-1}}=63.867-69.262\times10^{-3}(T/\mathrm{K})+17.861\times10^{-6}(T/\mathrm{K})^2$

且$\Delta_r H_m^\ominus(298.15K)=\sum\nolimits_B \nu_B\Delta_f H_{m,B}^\ominus(298.15\mathrm{K})=206.11\mathrm{kJ\cdot mol^{-1}}$

根据基尔霍夫定律，有

$$\Delta_r H_m^\ominus(T)=\Delta_r H_m^\ominus(298.15\mathrm{K})+\int_{298.15\mathrm{K}}^{T}\Delta_r C_{p,m}^\ominus\mathrm{d}T$$

将积分上限T视为待定常量，将$\Delta_r H_m^\ominus$(298.15K)、$\Delta_r C_{p,m}^\ominus$代入后积分，得到

$$\Delta_r H_m^\ominus(T)/\mathrm{J\cdot mol^{-1}}=189990+63.867(T/\mathrm{K})-34.631\times10^{-3}(T/\mathrm{K})^2+5.953\times10^{-6}(T/\mathrm{K})^3$$

将$\Delta_r H_m^\ominus(T)$、$\ln K^\ominus$(298.15K)代入式(5-45)，从$T_1=298.15\mathrm{K}$积分至T_2，视$T_2=T$为待定常量，即

$$\ln K^\ominus(T)=\ln K^\ominus(298.15\mathrm{K})+\int_{298.15\mathrm{K}}^{T}\frac{\Delta_r H_m^\ominus(T)}{RT^2}\mathrm{d}T$$

$$=-23.247-22.852\times10^{3}(T/\mathrm{K})^{-1}+7.682\ln(T/\mathrm{K})-$$
$$4.165\times10^{-3}(T/\mathrm{K})+0.358\times10^{-6}(T/\mathrm{K})^{2}$$

$T=1000\mathrm{K}$ 时，计算出 $\ln K^{\ominus}(1000\mathrm{K})=3.159$，所以 $K^{\ominus}=23.547$。

范托夫方程不仅能用于化学平衡，也能用于相平衡。此时相变可作为特殊的化学变化处理。如纯液体与其蒸气的平衡可视为化学平衡：

$$\mathrm{B(l)} \xlongequal{} \mathrm{B(g)}$$

假定蒸气为理想气体，饱和蒸气压为 p_{B}，则标准平衡常数可表示为

$$K^{\ominus}=\frac{p_{\mathrm{B}}}{p^{\ominus}}$$

由范托夫方程，得

$$\frac{\mathrm{d}\ln\{p_{\mathrm{B}}\}}{\mathrm{d}T}=\frac{\Delta_{\mathrm{vap}}H_{\mathrm{m,B}}^{\ominus}}{RT^{2}}$$

$\Delta_{\mathrm{vap}}H_{\mathrm{m,B}}^{\ominus}$ 为物质 B 的标准摩尔蒸发焓。因气相为理想气体，$\Delta_{\mathrm{vap}}H_{\mathrm{m,B}}^{\ominus}=\Delta_{\mathrm{vap}}H_{\mathrm{m,B}}$，上式为克-克方程，即式(3-32)。

例如纯固体在溶液中的溶解平衡可视为化学平衡：

$$\mathrm{B(s)} \xlongequal{} \mathrm{B(溶液)}$$

假定 B 为溶剂，服从拉乌尔定律，平衡时浓度为 x_{B}，并根据惯例Ⅰ选取液相中 B 的参考态，则 $a_{\mathrm{B}}=x_{\mathrm{B}}$，标准平衡常数可表示为

$$K^{\ominus}=x_{\mathrm{B}}$$

由范托夫方程，得

$$\frac{\mathrm{d}\ln x_{\mathrm{B}}}{\mathrm{d}T}=\frac{\Delta_{\mathrm{fus}}H_{\mathrm{m}}^{\ominus}}{RT^{2}}$$

$\Delta_{\mathrm{fus}}H_{\mathrm{m,B}}^{\ominus}$ 为 B 的标准摩尔熔化焓，即常压下的摩尔熔化焓。将上式从 $x_{\mathrm{B}}=1$ 积分至 x_{B}，温度从 T_{f}^{*} 积分到 T_{f}，假定摩尔熔化焓为常量，即得式(3-73)，为理想溶液凝固点与浓度的关系。

反应配料比对平衡的影响

同时平衡与反应耦合

思考题

1. 在一定温度及压力 $p^{\ominus}$ 下，理想气体反应 A→B 的 $\Delta_{\mathrm{r}}G_{\mathrm{m}}^{\ominus}=\mu_{\mathrm{B}}^{\ominus}-\mu_{\mathrm{A}}^{\ominus}<0$。但不论从纯气体 A 或纯气体 B 开始，反应都会发生且达到同样的平衡状态。如图 5-1 所示，设体系的摩尔吉布斯函数为 G_{m}，试将 G_{m} 表示为气体摩尔分数 y_{B} 的函数，并证明平衡条件下 $\mu_{\mathrm{A}}^{\ominus}+RT\ln y_{\mathrm{A}}=\mu_{\mathrm{B}}^{\ominus}+RT\ln y_{\mathrm{B}}$，且 $G_{\mathrm{m}}-\mu_{\mathrm{B}}^{\ominus}$ 或 $G_{\mathrm{m}}-\mu_{\mathrm{A}}^{\ominus}$ 皆为负值。

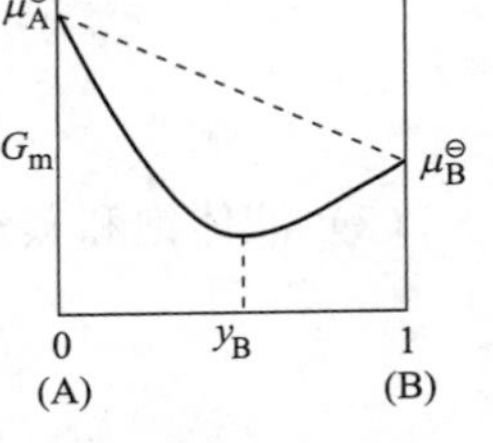

图 5-1　思考题 1

2. 化学反应的 $\Delta_{\mathrm{r}}G_{\mathrm{m}}^{\ominus}$ 和 $\Delta_{\mathrm{r}}G_{\mathrm{m}}$ 有何区别？判断反应进行的方向用哪一个？计算平衡常数用哪一个？

3. 化学热力学中有哪些方法可以求得反应的 $\Delta_{\mathrm{r}}G_{\mathrm{m}}^{\ominus}$？

4. 对于给定反应体系，在下列条件下反应的 $\Delta_r G_m$、$\Delta_r G_m^\ominus$、$K^\ominus$ 和 J_a 是否改变？

(1) 反应方程式中各物质计量系数扩大 1 倍；

(2) 改变反应体系中物质的参考状态；

(3) 改变反应体系的温度；

(4) 改变反应体系的压力；

(5) 改变反应体系的组成。

5. K_a 与 $K^\ominus$ 的关系如何？在什么条件下必须区别 K_a 与 $K^\ominus$？在此条件下如何判定反应的方向和限度？

6. 对于理想气体反应，K_f、K_p、K_y、K_c 与 $K^\ominus$ 的关系如何？其中哪些只是温度的函数？哪些还与压力有关？对于实际气体反应，K_f、K_p、K_y 与 $K^\ominus$ 的关系如何？其中哪些只是温度的函数？哪些还与压力有关？

7. 对于实际气体反应，在什么条件下 K_p、K_y 只是温度和压力的函数，与组成无关？

8. 工业上制取水煤气的反应

$$C(s)+H_2O(g) = CO(g)+H_2(g)$$

为吸热反应，为提高煤气产率，下列方法哪些是有效的？

(1) 保持碳和水蒸气的投料比为 1∶1（摩尔比）；

(2) 提高反应温度；

(3) 减小反应压力；

(4) 向体系中通入 N_2 气。

9. 以下两个复相反应

(1) $CO_2(g)+2NH_3(g) = H_2O(g)+CO(NH_2)_2(aq)$

(2) $CO_2(g)+2NH_3(g) = H_2O(l)+CO(NH_2)_2(aq)$

25℃时其 $\Delta_r G_m^\ominus$ 及 $K^\ominus$ 之值是否相同？如果两反应的 $K^\ominus$ 相同，反应温度应为多少？

10. 25℃，戊烷异构化反应：$n\text{-}C_5H_{14} = i\text{-}C_5H_{14}$ 既能在气相中进行又能在液相中进行。假定气相为理想气体，平衡常数为 K_y，液相为理想溶液，平衡常数为 K_x。两平衡常数是否相等？它们有何关系？假定该温度下异戊烷与正戊烷饱和蒸气压之比为 α。

11. 某反应 $\Delta_r H_m^\ominus > 0$，$\Delta_r S_m^\ominus < 0$，假定二者皆为与温度无关的常数，因为

$$\Delta_r G_m^\ominus = \Delta_r H_m^\ominus - T\Delta_r S_m^\ominus$$

如果降低反应温度，将导致 $\Delta_r G_m^\ominus$ 减小，有利于平衡向正反应方向移动，这种说法是否正确？为什么？

12. 什么是固体物质的分解压力和分解温度？它们与纯液体的蒸气压和正常沸点有何类似之处？

13. 观察化学热力学中的几个公式：

(1) 平衡常数 $K^\ominus$ 与温度的关系

$$\frac{\mathrm{d}\ln K^\ominus}{\mathrm{d}T} = \frac{\Delta_r H_m^\ominus}{RT^2}$$

(2) 液体饱和蒸气压与温度的关系

$$\frac{\mathrm{d}\ln\{p\}}{\mathrm{d}T} = \frac{\Delta_{vap} H_m^\ominus}{RT^2}$$

(3) 固体在理想溶液中溶解度与温度的关系

$$\frac{d\ln x_B}{dT}=\frac{\Delta_{fus}H_m^{\ominus}}{RT^2}$$

容易发现它们都具有相同的形式，说明其中的原因。

14. 一定温度下，增大反应压力，比如反应压力从常压变为 $1000p^{\ominus}$，以下两个反应的 K_f 是否发生变化？它们与常压下的 K_f 有何关系？

(1) $NH_4HS(s) \rightleftharpoons NH_3(g)+H_2S(g)$

(2) $COCl_2(g) \rightleftharpoons CO(g)+Cl_2(g)$

习 题

1. 已知 25℃反应 $N_2O_4(g) \rightleftharpoons 2NO_2(g)$ 的 $\Delta_rG_m^{\ominus}=4.75kJ \cdot mol^{-1}$，判断在此温度下，当 N_2O_4 和 NO_2 的分压依次为下列数值时反应进行的方向如何？

(1) N_2O_4 (100kPa)，NO_2 (1000kPa)；

(2) N_2O_4 (1000kPa)，NO_2 (100kPa)。

若反应在 $p^{\ominus}$ 压力下进行，达平衡时各组分摩尔分数为若干？

2. 在真空容器中放入固体 NH_4HS，于 25℃分解为 $NH_3(g)$ 和 $H_2S(g)$，平衡时体系的压力为 66.66kPa，求

(1) 反应 $NH_4HS(s) \rightleftharpoons NH_3(g)+H_2S(g)$ 的 $K^{\ominus}$ 及 $\Delta_rG_m^{\ominus}$；

(2) 如果放入 NH_4HS 之前容器中已有压力为 39.99kPa 的 H_2S，反应达平衡时体系的压力为多少？

3. 将 1mol SO_2 与 1mol O_2 的混合气体在 100kPa 及 903K 下通过盛有铂丝的玻璃管，控制气流速度，使反应达到平衡。把产生的气体快速冷却，并用 KOH 吸收 SO_2 和 SO_3，最后测得余下氧气在 273.15K、1013.25kPa 下的体积为 $13.78dm^3$，计算以下反应在 903K 时的 $K^{\ominus}$ 及 $\Delta_rG_m^{\ominus}$。

$$SO_2(g)+\frac{1}{2}O_2(g) \rightleftharpoons SO_3(g)$$

4. 在 523K、101.325kPa 下 PCl_5 分解反应为

$$PCl_5(g) \rightleftharpoons PCl_3(g)+Cl_2(g)$$

平衡时混合气体的密度为 $2.695kg \cdot m^{-3}$，求

(1) $PCl_5(g)$ 的离解度；

(2) 523K 时反应的 $K^{\ominus}$ 及 $\Delta_rG_m^{\ominus}$。

5. 将 $NaHCO_3(s)$ 放入真空容器中发生如下反应：

$$2NaHCO_3(s) \rightleftharpoons Na_2CO_3(s)+CO_2(g)+H_2O(g)$$

已知 25℃下列数据：

物质	$NaHCO_3$	Na_2CO_3	CO_2	H_2O
$\Delta_fH_m^{\ominus}/kJ \cdot mol^{-1}$	−947.7	−1130.9	−393.5	−241.8
$S_m^{\ominus}/J \cdot K^{-1} \cdot mol^{-1}$	102.1	136.6	213.6	188.7

(1) 求 25℃反应的 $\Delta_rG_m^{\ominus}$ 及 $K^{\ominus}$；

（2）求平衡时体系的总压；

（3）25℃大气中 H_2O 和 CO_2 的分压分别为 3168Pa 及 30.4Pa，判断 $NaHCO_3$ 在大气中能否分解。

6. 已知 25℃下列数据

物质	C(石墨)	$H_2(g)$	$N_2(g)$	$O_2(g)$	$CO(NH_2)_2(s)$
$S_m^\ominus/J \cdot K^{-1} \cdot mol^{-1}$	5.740	130.68	191.6	205.14	104.6
$\Delta_c H_m^\ominus/kJ \cdot mol^{-1}$	−393.51	−285.83	0	0	−631.66

物质	$NH_3(g)$	$CO_2(g)$	$H_2O(g)$
$\Delta_f G_m^\ominus/kJ \cdot mol^{-1}$	−16.5	−394.36	−228.57

求 25℃时 $CO(NH_2)_2(s)$ 的标准摩尔生成吉布斯函数 $\Delta_f G_m^\ominus$ 及反应

$$CO_2(g)+2NH_3(g) \longrightarrow H_2O(g)+CO(NH_2)_2(s)$$

在 25℃的标准平衡常数 $K^\ominus$。

7. 25℃液体溴的饱和蒸气压为 28.17kPa，求该温度下溴蒸气的标准摩尔生成吉布斯函数。

8. 973K 时反应 $CO_2(g)+C(s) \longrightarrow 2CO(g)$ 的 $\Delta_r G_m^\ominus=0.836kJ \cdot mol^{-1}$，假定反应压力为 $p^\ominus$，计算反应的 K_p、K_y 和 K_c。

9. 合成氨时所用氢和氮的摩尔比为 3∶1，在 400℃、1013.25kPa 下，平衡混合物中氨的摩尔分数为 3.85%，假设气体是理想气体，求

（1）反应 $N_2(g)+3H_2(g) \longrightarrow 2NH_3(g)$ 的 $K^\ominus$；

（2）在此温度下，若要得到 5%的氨，总压应为多大？

10. 已知 25℃下列反应的 $\Delta_r G_m^\ominus$：

（1）$CuSO_4 \cdot 3H_2O(s) \longrightarrow CuSO_4 \cdot H_2O(s)+2H_2O(l)$　$\Delta_r G_m^\ominus(1)=-1.16kJ \cdot mol^{-1}$

（2）$CuSO_4 \cdot H_2O(s) \longrightarrow CuSO_4(s)+H_2O(l)$　$\Delta_r G_m^\ominus(2)=4.18kJ \cdot mol^{-1}$

及水在 25℃的饱和蒸气压为 3.167kPa，求反应

$$CuSO_4 \cdot 3H_2O(s) \longrightarrow CuSO_4(s)+3H_2O(g)$$

在该温度下的分解压力。

11. 反应 $\frac{1}{2}N_2(g)+\frac{1}{2}O_2(g) \longrightarrow NO(g)$ 在 2500℃时的 $K^\ominus$ 是 0.0455。此温度下空气中的 $N_2(g)$ 和 $O_2(g)$ 反应达平衡时，空气中 NO(g) 的摩尔分数为多少？假定空气中 N_2 与 O_2 的摩尔比为 4∶1，其它气体可不考虑。

12. 炼铁炉中氧化铁在下列反应中被还原成铁：

$$FeO(s)+CO(g) \longrightarrow Fe(s)+CO_2(g)$$

已知 1120℃时 FeO(s) 的分解压力为 2.50×10^{-11}kPa，反应 $2CO_2(g) \longrightarrow 2CO(g)+O_2(g)$ 的 $K^\ominus$ 为 1.4×10^{-12}，该温度下欲使 1mol FeO(s) 在炼铁炉中被还原成 Fe(s) 需要 CO(g) 的量为多少？

13. 反应 $C_2H_4(g)+H_2O(g) \longrightarrow C_2H_5OH(g)$ 在 250℃的 $K^\ominus=5.84\times10^{-3}$。在 250℃和 3.45MPa 下，若 C_2H_4 和 H_2O 的初始摩尔比为 1∶5，求 C_2H_4 的平衡转化率。假定混

合气体服从路易斯-兰德尔规则，该温度、压力下纯 C_2H_4、H_2O 和 C_2H_5OH 的逸度因子分别为 0.98、0.89 和 0.82。

14. 在 80%乙醇的水溶液中，右旋葡萄糖的 α 型与 β 型之间的转化反应为：葡萄糖(α 型) ══ 葡萄糖(β 型)。以惯例Ⅳ作为溶液中葡萄糖的参考态，c 的单位用 $g \cdot cm^{-3}$ 表示，计算反应在 25℃时的平衡常数 K_c。已知 α 型在该溶液中的溶解度是 $0.020g \cdot cm^{-3}$，β 型在该溶液中的溶解度是 $0.049g \cdot cm^{-3}$，它们的无水固体 25℃时的标准生成吉布斯函数分别为：$\Delta_f G_m^{\ominus}(\alpha)=-902900J \cdot mol^{-1}$，$\Delta_f G_m^{\ominus}(\beta)=-901200J \cdot mol^{-1}$。假定溶质活度因子为 1。

15. 25℃固态甘氨酸的 $\Delta_f G_m^{\ominus}=-370.7kJ \cdot mol^{-1}$，在水中的溶解度 $b_s=3.33mol \cdot kg^{-1}$，水溶液中以惯例Ⅲ为参考态时甘氨酸的标准摩尔生成吉布斯函数 $\Delta_f G_m^{\ominus}=-372.9kJ \cdot mol^{-1}$，求甘氨酸饱和溶液中溶质的活度和活度因子。

16. 求下列反应在 298K 时的标准平衡常数

$$2Ag(s)+Hg_2Cl_2(aq) = 2AgCl(aq)+2Hg(l)$$

溶液中两种物质皆以惯例Ⅳ为参考态。已知该温度下 $Hg_2Cl_2(s)$ 和 $AgCl(s)$ 在水中的溶解度分别为 $6.5\times10^{-7}mol \cdot dm^{-3}$ 和 $1.3\times10^{-5}mol \cdot dm^{-3}$，其标准摩尔生成吉布斯函数分别为 $-210.66kJ \cdot mol^{-1}$ 和 $-109.72kJ \cdot mol^{-1}$，难溶盐活度因子皆为 1。

17. 高温下水蒸气通过灼热的煤层，按下列反应生成水煤气：

$$C(石墨)+H_2O(g) = H_2(g)+CO(g)$$

若在 1000K 及 1200K 时，$K^{\ominus}$ 分别为 2.505 及 38.08，计算此温度范围内的反应焓 $\Delta_r H_m^{\ominus}$ 及 1100K 时反应的 $K^{\ominus}$。

18. 利用下表数据计算反应

$$CO(g)+2H_2(g) \rightleftharpoons CH_3OH(g)$$

$\ln K^{\ominus}$ 与 T 的关系及 573K 时的 $K^{\ominus}$。表中物质的 $C_{p,m}^{\ominus}/J \cdot K^{-1} \cdot mol^{-1}=a+b(T/K)+c(T/K)^2$。

物质	$\Delta_f H_m^{\ominus}(298K)$ /$kJ \cdot mol^{-1}$	$S_m^{\ominus}(298K)$ /$J \cdot mol^{-1} \cdot K^{-1}$	a	$b\times10^3$	$c\times10^6$
$CO(g)$	−110.52	197.67	26.537	7.6831	−1.172
$H_2(g)$	0	130.68	26.88	4.347	−0.3265
$CH_3OH(g)$	−200.7	239.8	18.40	101.56	−28.68

19. 导出理想气体反应 K_c 与 T 的关系式：

$$\frac{d\ln\{K_c\}}{dT}=\frac{\Delta_r U_m}{RT^2}$$

20. 在甲醛生产中甲醇和空气的混合气体在银催化剂上进行反应，银表面失去金属光泽，试用下列数据判断银是否氧化为 Ag_2O。反应温度为 773K，压力为 101.325kPa，$Ag_2O(s)$ 的

$$\Delta_f G_m^{\ominus}(298K)=-10826J \cdot mol^{-1}$$

$$\Delta_f H_m^{\ominus}(298K)=-30556J \cdot mol^{-1}$$

平均摩尔恒压热容：　$C_{p,m}[Ag(s)]=26.8J \cdot K^{-1} \cdot mol^{-1}$

$$C_{p,\mathrm{m}}[\mathrm{Ag_2O(s)}]=65.6\mathrm{J\cdot K^{-1}\cdot mol^{-1}}$$

$$C_{p,\mathrm{m}}[\mathrm{O_2(g)}]=31.4\mathrm{J\cdot K^{-1}\cdot mol^{-1}}$$

21. 将 $NH_4Cl(s)$ 加热至 700K，其解离气体总压为 6.080×10^5 Pa，加热至 723K 时为 1.1146×10^6 Pa，计算解离反应

$$\mathrm{NH_4Cl(s)} \rightleftharpoons \mathrm{NH_3(g)+HCl(g)}$$

(1) 在 723K 时的 $K^{\ominus}$ 和 $\Delta_r G_m^{\ominus}$ 为多少？

(2) 设 $\Delta_r H_m^{\ominus}$ 与温度无关，求反应的 $\Delta_r H_m^{\ominus}$ 和 $\Delta_r S_m^{\ominus}$。

22. 实验测得反应 $H_2(g)+\frac{1}{2}S_2(g) \rightleftharpoons H_2S(g)$ 在不同温度下的标准平衡常数如下：

T/K	1023	1218	1362	1473	1667
$\ln K^{\ominus}$	4.663	3.005	2.077	1.481	0.663

计算 (1) 温度变化范围内的 $\Delta_r H_m^{\ominus}$ 和 $\Delta_r S_m^{\ominus}$；

(2) 1500K 时的 $K^{\ominus}$ 和 $\Delta_r G_m^{\ominus}$。

23. 反应 $I_2(g)$＋环戊烷(l) $\rightleftharpoons$ 2HI(g)＋1,3-环戊二烯(l)的标准平衡常数与温度的关系为

$$\ln K^{\ominus}=-11156\mathrm{K}/T+17.388$$

计算反应的 $\Delta_r H_m^{\ominus}$、$\Delta_r S_m^{\ominus}$ 和 573K 的 $K^{\ominus}$、$\Delta_r G_m^{\ominus}$。

24. 在通常压力下溶质 B 的亨利系数 K_{HB}（K_{H}可以是 K_x，K_b 或 K_c）仅受温度的影响，导出 K_{HB} 与 T 之间的函数关系式：

$$\frac{\mathrm{d}\ln\{K_{\mathrm{HB}}\}}{\mathrm{d}T}=\frac{H_{\mathrm{m,B}}^{\ominus}(\mathrm{g})-H_{\mathrm{B}}(\mathrm{aq},\infty)}{RT^2}$$

$H_{\mathrm{m,B}}^{\ominus}(\mathrm{g})$ 是低压气体 B 的摩尔焓；$H_{\mathrm{B}}(\mathrm{aq},\infty)$ 是无限稀溶液中溶质 B 的偏摩尔焓。

25. 工业上用乙苯脱氢制苯乙烯：

$$\mathrm{C_6H_5C_2H_5(g)} \rightleftharpoons \mathrm{C_6H_5C_2H_3(g)+H_2(g)}$$

反应在 900K 下进行时，$K^{\ominus}=1.51$。分别计算下述情况下乙苯的平衡转化率。

(1) 反应压力为 100kPa；

(2) 反应压力为 10kPa；

(3) 反应压力为 101.325kPa，且加入水蒸气使原料气中水与乙苯的摩尔比为 10∶1。

26. 液体蒸发 B(l) $\longrightarrow$ B(g)可视为化学反应。一定温度下，设液体 B 的饱和蒸气压为 $p_{\mathrm{B}}^{\mathrm{s}}$，饱和蒸气逸度为 $f_{\mathrm{B}}^{\mathrm{s}}$。通过将惰性气体充入体系的方法使液体蒸发在不同压力下进行，以致体系压力 p 可达很高。导出不同压力下液体逸度的表示式为

$$f_{\mathrm{B}}=f_{\mathrm{B}}^{\mathrm{s}}\exp\{[V_{\mathrm{m,B}}^{\mathrm{l}}/(RT)](p-p_{\mathrm{B}}^{\mathrm{s}})\}$$

27. CO_2 与 H_2S 在高温下有如下反应

$$\mathrm{CO_2(g)+H_2S(g)} \rightleftharpoons \mathrm{COS(g)+H_2O(g)}$$

在 610K 将 4.4×10^{-3} kg $CO_2(g)$ 充入 2.5dm^3 体积的空瓶中，然后再充 $H_2S(g)$ 使总压为 1013.25kPa。平衡后取样分析，其中水蒸气的摩尔分数为 0.02。在 620K 下重复上述实验，平衡后水蒸气的摩尔分数为 0.03，假定气体为理想气体，计算：

(1) 610K 时反应的 $K^{\ominus}$ 及 $\Delta_r G_m^{\ominus}$；

(2) 反应的 $\Delta_r H_m^{\ominus}$；

(3) 一定温度下若将等物质的量的 $CO_2(g)$ 和 $H_2S(g)$ 充入瓶中，改变反应压力，或保持反应压力不变，向体系内充入不参加反应的气体，问 COS 的产率是否受到影响？

28. 反应 $2Ca(l)+ThO_2(s) \longrightarrow 2CaO(s)+Th(s)$

$$1373K 时 \quad \Delta_r G_m^{\ominus}=-10.46kJ \cdot mol^{-1}$$

$$1473K 时 \quad \Delta_r G_m^{\ominus}=-8.37kJ \cdot mol^{-1}$$

试估计 Ca(l) 能还原 $ThO_2(s)$ 的最高温度为多少？

29. 已知反应 (1) $2NaHCO_3(s) \longrightarrow Na_2CO_3(s)+H_2O(g)+CO_2(g)$

$$\Delta_r G_m^{\ominus}(1)/J \cdot mol^{-1}=129076-334.2\ T/K$$

(2) $NH_4HCO_3(s) \longrightarrow NH_3(g)+H_2O(g)+CO_2(g)$

$$\Delta_r G_m^{\ominus}(2)/J \cdot mol^{-1}=171502-476.4\ T/K$$

求 (1) 298K 时 $NaHCO_3(s)$，$Na_2CO_3(s)$，$NH_4HCO_3(s)$ 三种固体平衡共存时氨的分压；

(2) 氨的分压 $p(NH_3)=50662.6Pa$ 时，使上述三种固体平衡共存的温度，超过此温度反应进行方向如何？

(3) 298K 时，将 $NaHCO_3(s)$、$Na_2CO_3(s)$ 两种固体和 $NH_4HCO_3(s)$ 共同放在一个容器中，能否避免使 $NH_4HCO_3(s)$ 受更大的分解？

第6章 统计热力学基础

6.1 概述

6.1.1 统计热力学的任务和方法

通过前5章热力学基础知识的学习，可以看到运用热力学方法能够推导出平衡条件下体系宏观性质之间的相互关系，结合必要的实验数据（如状态方程、热容、标准生成焓、标准熵等）可以进行宏观性质间的相互推算，判断体系宏观变化过程的方向和限度。然而，由于热力学方法不涉及体系的微观结构，它不能解决具体物质的特性与微观结构的关系。

统计热力学，又称统计力学，也是以物质的宏观性质作为研究对象的学科，但它的任务是从物质的微观运动阐明平衡状态下体系的热力学性质。统计热力学从宏观体系由大量原子、分子等微观粒子组成这一事实出发，认为物质的宏观性质是体系内部大量微观粒子运动的平均效果，宏观量是相应微观量的统计平均值。统计热力学由于深入到了热运动的本质，它不仅能够阐明热力学定律的统计意义，而且在对物质的微观结构及粒子性质作出假定，即建立微观模型的基础上，运用统计方法可以预测体系的宏观性质，如压力、热容、熵、平衡常数等。统计热力学是微观的理论，它在体系的宏观性质与微观结构之间架起了桥梁，成为热力学的补充和提高。应当指出，与任何科学理论都具有局限性一样，统计热力学也有自身的局限性。由于统计热力学所建立的微观模型总是包含一些使问题得以简化处理的假定，统计热力学的预测结果不可能与实际完全相符。但随着人们对物质结构认识的不断深入和理论方法的发展，理论预测的结果也将逐步更加接近实际。

6.1.2 统计体系的分类

统计热力学按照体系微观模型的不同特点将统计体系和方法作若干分类。

6.1.2.1 经典统计和量子统计

统计热力学根据组成宏观体系的分子、原子等微观粒子遵守的运动规律是经典力学还是量子力学将体系分为经典力学体系和量子力学体系，它们相应的统计方法称为经典统计和量子统计。两种统计的主要区别在于对体系微观运动状态的描述而不在于统计原理。概括地说两种描述的区别有以下两点：①在经典描述中粒子的状态和能量都是连续变化的，粒子的状态用广义坐标和广义动量表示；在量子描述中粒子的状态和能量都是量子化的，粒子的状态用波函数表示，能够满足量子力学方程的（本征）波函数及其能量（本征值）都是分立的，可用一组量子数表征。②在经典描述中粒子的运动遵守经典力学定律，是一种轨道运动，原则上是可以跟踪的，因此在经典力学体系中全同粒子是可以分辨的。全同粒子是具有完全相同属性（如大小、形状、质量、电荷等）的同类粒子。在这样的体系中如果确知每个粒子在初始时刻的位置，根据经典力学方程原则上就能确定每个粒子在其后任何时刻的位置，因此全同粒子可沿轨道分辨它们。在量子描述中粒子具有波粒二象性，粒子的运动不是轨道运动，粒子的波函数只能告诉我们粒子在某位置出现的概率。按照量子力学原理，两个全同粒子的波函数发生重叠时互换两粒子的坐标并不引起新的量子态，这意味着在量子力学体系中全同粒子是不可分辨的，此即微观粒子的全同性原理。量子力学还按照全同粒子波函数重叠后呈现的不同特征将自然界的微观粒子分为费米（Fermion）子和玻色（Boson）子两种基本类型。费米子服从泡利（Pauli）不相容原理，即粒子的一个量子态上最多只能容纳一个费米子。玻色子则不受泡利不相容原理的限制，粒子的一个量子态上可以容纳任意数目的玻色子。

从原则上说微观粒子遵守的运动规律是量子力学而不是经典力学，但是在一定的极限条件下量子力学可以过渡为经典力学，因此经典统计可以视为量子统计的极限情况。本章作为统计热力学的基础知识，主要介绍经典统计即玻尔兹曼统计。这不仅是因为量子统计是在经典统计基础上发展起来的，掌握经典统计的概念和方法有助于对量子统计的学习，而且在于经典统计的结果在很多条件下对于化学中遇到的问题都是适用的。由于两种统计所依据的统计原理并无区别，本章不刻意区别经典统计与量子统计，在介绍玻尔兹曼统计时仍借用量子力学中的一些概念和术语（如能级和量子态），因为用这些概念和术语去阐明统计热力学的基本原理往往更容易为初学者接受。

6.1.2.2 定域子体系和离域子体系

统计热力学按照体系中粒子的运动是否围绕固定的位置将体系分为定域子体系和离域子体系。如晶体中的每个原子均被固定在某特定的晶格范围内振动，因此晶体称为定域子体系；如气体、液体中的分子没有固定的位置，处于自由运动的状态，因而气体、液体称为离域子体系。虽然微观粒子遵守的力学规律是量子力学，这并不意味着遵守量子力学的全同粒子体系都必须当作不可分辨的粒子体系。对于定域子体系而言，其中每个粒子都有固定的位置，粒子的波函数不发生相互重叠，我们可以通过将粒子所处位置编号的方法分辨它们，因此定域子体系是可辨粒子体系，而且粒子的一个量子态上可容纳的粒子数目不受限制。对于离域子体系而言，由于粒子的波函数相互重叠，全同粒子一定是不可分辨的，因此离域子体系是不可分辨粒子体系，而且粒子的一个量子态上可容纳粒子的数目对于费米子而言还要受泡利原理的限制。

6.1.2.3 独立子体系和相依粒子体系

在统计热力学中粒子间几乎没有相互作用的体系称为独立子体系。因为粒子之间绝对没有相互作用是不可能的，这种体系仅仅是指粒子间的相互作用与粒子自身具有的能量相比可以忽略不计，确切地应称为近独立子体系，如理想气体。粒子间相互作用不能忽略的体系称为相依粒子体系，如真实气体、液体等。对于独立子体系而言，由于粒子间的相互作用可以忽略，因而整个体系的热力学能 U 等于单个粒子能量的总和。设体系中含有 N 个粒子，ε_i

为第 i 个粒子的能量，则有

$$U=\sum_{i=1}^{N}\varepsilon_i \tag{6-1}$$

对于相依粒子体系而言，由于粒子间有不可忽略的相互作用，其总能量可表示为

$$U=\sum_{i=1}^{N}\varepsilon_i+V(x_1,y_1,z_1\cdots x_N,y_N,z_N) \tag{6-2}$$

体系的热力学能除包括单个粒子能量之外还包括粒子间相互作用的势能 V，它是粒子位置坐标 x、y、z 的函数。

6.1.3 统计热力学的基本假定

统计热力学要解决的基本问题是如何从体系的微观量计算宏观量。当体系的一组状态参量确定后，意味着体系在一定的宏观约束下达到热力学意义上的平衡状态，即一个确定的宏观态。然而从微观上看，组成体系的大量粒子仍在一刻不停地运动着，体系可能出现的微观运动状态显然是多种多样的。在统计热力学中宏观量被作为微观量的统计平均值，这种平均是对一个宏观状态所有可及微观状态的平均。由于一个宏观状态所拥有的微观状态的数目是极其庞大的，我们不能肯定体系在某一时刻一定处于或者一定不处于某个微观状态，而只能确定体系在某一时刻处于各种微观状态的概率。对于这样一个统计热力学的基本问题，玻尔兹曼提出如下著名的等概率原理：对于处于平衡状态的孤立体系，它的所有可及微观状态的出现具有相等的概率。等概率原理是一个先验性的基本假定，它的正确性是由它的种种推论都与实验事实相符而得到肯定的。等概率原理是统计热力学的基础。

统计热力学采用的基本方法是求平均值。在等概率原理基础上统计热力学有两种求算平均值的方法。其一是最概然分布法，这种方法最早是玻尔兹曼处理经典统计问题时倡导的，即玻尔兹曼统计法。它在研究孤立体系的独立粒子的基础上求出体系最概然分布的微观状态数，并以最概然分布代替平衡分布，然后计算体系最概然分布时的热力学性质并用它们代表平衡态的热力学性质。这种方法比较容易为初学者接受，并能以直接的方式给出化学工作者感兴趣的结果。然而玻尔兹曼统计法只能处理独立子体系，对相依粒子体系无能为力。统计热力学另一种求算平均值的方法是吉布斯系综方法。它研究组成系综的宏观标本体系处于各种微观状态的概率，计算热力学性质按这些概率出现的加权平均值，以此代表体系平衡态的热力学性质。系综方法是统计热力学的普遍方法，不仅能处理独立子体系，也能处理相依粒子体系。本章主要介绍玻尔兹曼统计法，最后一节对吉布斯系综方法作简要介绍。

6.2 粒子的运动形式、自由度、能级和简并度

6.2.1 粒子的运动形式和自由度

体系中的微观粒子有多种运动形式，如离域子体系中的分子有在空间内的平动（t）、分子绕质心的转动（r）、分子内原子围绕平衡位置的振动（v）、分子内部电子的运动（e）及原子核的运动（n）等，除平动外分子的其它运动形式称为分子的内部运动（in）。如果各种

运动形式相互不受影响，可以认为它们是彼此独立的，这时粒子的能量 ε 可表示为各种运动形式能量的总和，即

$$\varepsilon=\varepsilon_t+\varepsilon_r+\varepsilon_v+\varepsilon_e+\varepsilon_n+\cdots \tag{6-3}$$

分子的平动、转动和振动均引起原子的机械运动，这三种运动形式的自由度数就是确定每个原子的空间位置所需的独立坐标数，因此一个 n 原子分子的总自由度数为 $3n$。单原子分子只有平动，没有转动和振动，平动自由度为 3。多原子分子除具有 3 个平动自由度外，对于非线形分子，如 H_2O、NH_3 分子可绕三个相互垂直且通过分子质心的坐标轴转动，对于双原子分子或其它线形分子，如 CO_2 分子可绕两个与分子线轴垂直且通过分子质心的坐标轴转动，绕线轴的转动不引起原子空间位置的变化，因此非线形分子有 3 个转动自由度和 $(3n-6)$ 个振动自由度，线形分子有 2 个转动自由度和 $(3n-5)$ 个振动自由度。例如双原子分子是线形分子，每个分子除 3 个平动自由度外，还有 2 个转动自由度和 1 个振动自由度。晶体中每个晶格内的原子没有平动和转动，只能围绕平衡位置在三个相互垂直的方向上振动，因此每个原子有 3 个振动自由度。

6.2.2 粒子的能级和简并度

微观粒子的运动遵守量子力学。在量子力学中粒子的状态用波函数 Ψ 表示，波函数满足量子力学方程，通过求解量子力学方程可得到粒子的状态（本征函数）和能量（本证值），它们都是不连续的，可用一组量子数表征。粒子的能量只能是 ε_0、ε_1、ε_2……一系列能量值中的一个，这些从低到高排列的能量称为能级，其中的最低能级 ε_0 称为基态能级，ε_1、ε_2……称为第一、第二……激发态能级。当粒子处于某个能级 ε_i 时，粒子的状态也是不连续的，它只能是 Ψ_{i1}、Ψ_{i2}、Ψ_{i3}……中的某一个，一个能级所允许的量子态数 g_i 称为这个能级的简并度。如果 $g_i=1$，即能级 ε_i 上只有 1 个量子态，这时称该能级是非简并能级。如果 $g_i>1$，则称该能级是简并能级，例如 $g_i=3$，表示能级 ε_i 上有 3 个量子态，是三重简并能级。以下给出粒子各种运动形式的能级和简并度，它们皆是求解量子力学方程得到的结果。

6.2.2.1 三维平动子

一个质量为 m，在体积为 V 的空间内运动的三维平动子，其能级公式为

$$\varepsilon_t=\frac{h^2}{8mV^{2/3}}(x^2+y^2+z^2) \quad (x,y,z=1,2,3\cdots) \tag{6-4}$$

式中，$h=6.626\times10^{-34}\,\mathrm{J\cdot s}$，称为普朗克常数；$(x,\ y,\ z)$ 是三维平动子的一组平动量子数，它们只能取 1，2，3…正整数。当平动量子数的一组值确定后，表示平动子处于一个确定的量子态。三维平动子的能级取决于 3 个平动量子数的平方和，能级的简并度取决于 $\frac{8mV^{2/3}\varepsilon_t}{h^2}$ 能表示成 3 个量子数平方和 $(x^2+y^2+z^2)$ 的方式数。例如当 $x^2+y^2+z^2=3$ 时，平动子能量最低，处于基态，3 个量子数只能取 $x=1$，$y=1$，$z=1$ 一组数值，因此基态是非简并的，$g_0=1$。当 $x^2+y^2+z^2=6$ 时，平动子处于第一激发态，3 个量子数有 3 种取值方式，每组量子数中有 1 个量子数为 2，其余两个为 1，因此第一激发态是三重简并的，能级简并度 $g_1=3$，以此类推。常温下平动子的简并度很大，以 1 个在 $1\mathrm{dm}^3$ 容器中运动的 H_2 分子为例，其 $x^2+y^2+z^2\approx4\times10^{18}$，显然能满足这一关系的平动量子数的取值方式数

是非常大的。

在统计热力学中，对于任何一种运动形式，如果任意两个相邻能级的能量差 $\Delta\varepsilon$ 与 kT（k 为玻尔兹曼常数）相比是很小的数，即

$$\frac{\Delta\varepsilon}{kT} \ll 1 \tag{6-5}$$

则粒子的能量就可以视为连续变化的，这时我们习惯称该运动形式的能级或该运动自由度是完全开放的。平动子相邻能级的差值很小，能级非常密集，平动能级是完全开放的。

【例 6-1】 在 300K 和 101.325kPa 条件下的 1mol 氢气中，求 H_2 分子第一激发态与基态的能量差 $\Delta\varepsilon$ 与 kT 之比。

解 $H_2(g)$ 可视为理想气体，其体积

$$V = \frac{nRT}{p} = \frac{1 \times 8.314 \times 300}{101325}\text{m}^3 = 0.02462\text{m}^3$$

H_2 的摩尔质量 $M = 2.016 \times 10^{-3}\text{kg} \cdot \text{mol}^{-1}$，$H_2$ 分子的质量为

$$m = M/L = (2.016 \times 10^{-3} / 6.022 \times 10^{23})\text{kg} = 3.348 \times 10^{-27}\text{kg}$$

由式(6-4) 知，基态 $x^2 + y^2 + z^2 = 3$，第一激发态 $x^2 + y^2 + z^2 = 6$，所以

$$\Delta\varepsilon = \varepsilon_{t,1} - \varepsilon_{t,0} = \frac{h^2}{8mV^{2/3}}(6-3) = \left[\frac{3 \times (6.626 \times 10^{-34})^2}{8 \times 3.348 \times 10^{-27} \times 0.02462^{2/3}}\right]\text{J} = 5.811 \times 10^{-40}\text{J}$$

$$kT = (1.38 \times 10^{-23} \times 300)\text{J} = 4.14 \times 10^{-21}\text{J}$$

$$\Delta\varepsilon/(kT) = (5.811 \times 10^{-40})/(4.14 \times 10^{-21}) = 1.40 \times 10^{-19}$$

6.2.2.2 刚性线形转子

若双原子分子或其它线形分子转动时原子间距保持不变，可视为刚性线形转子，其能级公式为

$$\varepsilon_r = J(J+1)\frac{h^2}{8\pi^2 I} \quad (J = 0, 1, 2\cdots) \tag{6-6}$$

式中，J 是转动量子数，只能取 0、1、2…分立值；I 为转子的转动惯量，对于双原子分子而言，

$$I = \mu r_e^2 \tag{6-7}$$

式中，r_e 为原子间距；μ 为分子的折合质量，令 m_1、m_2 为两原子的质量，则

$$\mu = \frac{m_1 m_2}{m_1 + m_2} \tag{6-8}$$

转子的能级由 J 确定。当 J 一定时，转子有 $2J+1$ 个不同的量子态，所以转动能级的简并度 $g_J = 2J+1$。基态简并度 $g_0 = 1$，能级是非简并的，转动能 $\varepsilon_0 = 0$。激发态都是简并的。

刚性转子与平动子相比，相邻能级的差值增大，但与 kT 相比，仍比较小。温度不太低时转子的 $\Delta\varepsilon/(kT)$ 约为 10^{-2}，量子效应不很明显，转动能级一般也可视为完全开放的。

刚性转子的转动特征温度（θ_r）被定义为

$$\theta_r = \frac{h^2}{8\pi^2 Ik} \tag{6-9}$$

θ_r 是转动惯量 I 的函数。表 6-1 给出若干双原子分子的转动特征温度，转动特征温度越

低，能量量子化效应越不显著。

表 6-1　一些双原子分子的转动特征温度（θ_r）与振动特征温度（θ_v）

分子	θ_r/K	θ_v/K	分子	θ_r/K	θ_v/K
H_2	85.4	6100	CO	2.78	3070
HD	65.8	5500	NO	2.45	2745
D_2	43.8	4490	O_2	2.07	2256
HCl	15.2	4330	Cl_2	0.351	810
HBr	12.2	3820	Br_2	0.116	470
N_2	2.89	3390	I_2	0.054	310

【例 6-2】 CO 分子核间距离 $r_e=1.1282\times10^{-10}$m，C 和 O 的摩尔质量分别为 $0.012\text{kg}\cdot\text{mol}^{-1}$ 和 $0.016\text{kg}\cdot\text{mol}^{-1}$，求 CO 分子的转动特征温度。

解　粒子质量 m 与摩尔质量 M 的关系为：$m=M/L$，所以

$$\mu=\frac{m_1m_2}{m_1+m_2}=\frac{M_1M_2}{M_1+M_2}\frac{1}{L}=\frac{0.012\times0.016}{0.012+0.016}\times\frac{1}{6.02\times10^{23}}\text{kg}=1.139\times10^{-26}\text{kg}$$

$$I=\mu r_e^2=[1.139\times10^{-26}\times(1.1282\times10^{-10})^2]\text{kg}\cdot\text{m}^2=1.450\times10^{-46}\text{kg}\cdot\text{m}^2$$

$$\theta_r=\frac{h^2}{8\pi^2Ik}=\frac{(6.626\times10^{-34})^2}{8\times3.14^2\times1.450\times10^{-46}\times1.38\times10^{-23}}\text{K}=2.78\text{K}$$

6.2.2.3　一维简谐振子

双原子分子中原子沿化学键方向的振动可近似视为一维简谐振子的运动，晶格中原子围绕平衡位置的振动可分解为在三个相互垂直方向上的三个一维简谐振子的运动。一维简谐振子的能级公式为

$$\varepsilon_v=\left(\upsilon+\frac{1}{2}\right)h\nu\quad(\upsilon=0,1,2\cdots)\tag{6-10}$$

式中，υ 为振动量子数，只能取 0、1、2…分立值；ν 是振子的简谐振动频率。振子在简谐振动时，受到的恢复力与振子离开平衡位置的距离成正比。比例系数 f 称为弹力常数，简谐振动频率与弹力常数及振子质量 m 的关系为

$$\nu=\frac{1}{2\pi}\sqrt{\frac{f}{m}}\tag{6-11}$$

对于双原子分子的简谐振动而言，上式中的 m 应以两个原子的折合质量 μ 代替。一维简谐振子的能级由 υ 确定，$\upsilon=0$ 时振子处于基态，$\varepsilon_0=h\nu/2$。一维简谐振子的能级都是非简并的。

振动特征温度（θ_v）的定义是

$$\theta_v=\frac{h\nu}{k}\tag{6-12}$$

θ_v 与振动频率 ν 有关。由于相邻振动能级的差值 $h\nu$ 较大，振动特征温度较高，通常振动能级不能按连续变化处理。表 6-1 给出一些双原子分子的振动特征温度。

6.2.2.4　电子运动及核运动

电子运动相邻能级的差值 $\Delta\varepsilon$ 很大，核运动的 $\Delta\varepsilon$ 更大。在一般物理、化学变化过程中

粒子的这两种运动形式都处于基态，基态的简并度与粒子种类有关。但也有一些粒子其电子运动的基态与第一激发态能量相差不太大，常温下电子可被激发进入激发态，如 NO 分子、Cl 原子等。本章作为统计热力学知识的基础，在处理电子和核运动时均假定粒子皆处于基态，即能级完全没有开放，对于平动和转动则认为能级是完全开放的（可作连续化处理）。

6.3 宏观态与微观态

能级分布与微观态

6.3.1 能级分布与微观态

对于一个由大量全同粒子组成的孤立体系而言，其状态参量可用 U（体系热力学能）、V（体系体积）和 N（粒子数）表示。当 U、V、N 一定时体系处于一个确定的宏观态。假定体系由 N 个独立子组成，根据量子力学，粒子的能量都是分立的，设 n_i 表示能级 ε_i 上的粒子数，则 n_i 必满足以下两式

$$N=\sum_i n_i \tag{6-13}$$

$$U=\sum_i n_i \varepsilon_i \tag{6-14}$$

两式中的加和号表示对所有能级加和。从微观上看，能实现一个宏观态（U，V，N）的微观状态的数目非常之多，即在满足以上两式的条件下 N 个粒子可以有许多不同的方式分配在各个量子态上，其中每一种分配方式称为一个特定的配容或微观态。

现以 3 个一维简谐振子组成的独立的定域子体系为例，体系的总能量 $U=9h\nu/2$，体系的体积为 V，这时体系的宏观态可通过状态参量表示为 $(U,V,N)=(9h\nu/2,V,3)$。

从微观上看，粒子的能级必满足式(6-10)，能级皆是非简并的，3 个定域子可以分辨，设以 a、b、c 表示，在满足式(6-13)、式(6-14）的条件下，体系在各量子态上的分配方式如表 6-2 所示。

表 6-2　宏观状态 $(9h\nu/2,V,3)$ 的可及微观状态

$\varepsilon_3=7h\nu/2$		c	b	a						
$\varepsilon_2=5h\nu/2$					c	b	a	c	b	a
$\varepsilon_1=3h\nu/2$	abc				b	c	c	a	a	b
$\varepsilon_0=h\nu/2$		ab	ac	bc	a	a	b	b	c	c
微观状态的编号	1	2	3	4	5	6		8	9	10
分布	Ⅰ	Ⅱ			Ⅲ					
各分布的微观状态数	1	3			6					

从表 6-2 中看出一个宏观状态所有可及微观状态可以按照各个能级上分布的粒子数目的不同分为若干不同的类型，每种类型称为体系的一个能级分布，简称分布，例如表中的分布Ⅰ、Ⅱ、Ⅲ。每个分布由一套能级分布数 $\{n_i\}$ 定义，每套能级分布数即按照能级从低到高由分配在各能级上的粒子数目组成的数列。如表中 3 个不同分布的能级分布数依次为 $\{n_i\}_{\mathrm{I}}=\{0,3,0,0\}$，$\{n_i\}_{\mathrm{II}}=\{2,0,0,1\}$，$\{n_i\}_{\mathrm{III}}=\{1,1,1,0\}$。分布这个概念所关心的是每个

能级上分布多少个粒子，并不关心这些粒子是哪些粒子，如果能级是简并的，也不关心这些粒子是如何占据各个量子态的，因此一个分布拥有的微观状态数仍可以是大量的，这与粒子是否可以分辨以及各能级的简并度有关。上例中的粒子是可分辨的，能级都是非简并的，一个分布 X 所拥有的微观状态数 t_X 就是按照能级分布数将 N 个可辨粒子分配到各个能级上的方式数，由排列组合规则知

$$t_X = \frac{N!}{\prod_i n_i} \tag{6-15}$$

而一个宏观态所拥有的总微观状态数 Ω 等于各种分布拥有的微观状态数的总和，即

$$\Omega = \sum_X t_X \tag{6-16}$$

式中的加和号是对所有分布加和，例如上例中 $\Omega = t_{\mathrm{I}} + t_{\mathrm{II}} + t_{\mathrm{III}} = 1+3+6=10$。

根据等概率原理，对于平衡状态下的孤立体系，每个微观状态出现的概率都相等，因此拥有微观状态数最大的分布出现的概率最大，称为最概然分布。在统计热力学中微观状态数也称为热力学概率。概率是一个数学概念，其值必小于 1，而热力学概率可以是很大的整数。由等概率原理，每个微观状态出现的概率 P 应当是

$$P = 1/\Omega \tag{6-17}$$

对于微观状态数为 t_X 的一个分布 X 而言，它出现的概率应为

$$P_X = t_X/\Omega \tag{6-18}$$

上例中分布Ⅲ的微观状态数为 6，概率 $P_{\mathrm{III}} = 0.6$，是 3 个分布中的最概然分布。

6.3.2 玻尔兹曼关系式

对于一个实际的宏观体系而言，平衡状态下它所拥有的总微观状态数是极其庞大的。体系的总微观状态数 Ω 与体系的一组状态参量 U、V、N 有关，当状态参量确定后，Ω 也随之确定，因此 Ω 是体系的状态函数，可表示为

$$\Omega = \Omega(U, V, N) \tag{6-19}$$

体系的宏观性质熵也可以表示为以 U、V、N 为状态参量的状态函数，即

$$S = S(U, V, N) \tag{6-20}$$

根据热力学第二定律，在不可逆过程中孤立体系的熵总是增加的，直至体系达到平衡状态，熵达到最大。从微观角度看，体系的状态一定向着出现概率越来越大的方向变化，平衡状态相当于出现概率最大的状态。根据等概率原理，孤立体系中某宏观态出现的概率正比于它拥有的总微观状态数，即热力学概率，因此不可逆性是体系从热力学概率较小的状态向热力学概率较大的状态变化的一种体现。

既然不可逆性总是伴随着熵的增加，又伴随着热力学概率的增加，在熵和热力学概率之间必然存在着某种联系。玻尔兹曼首先注意到这种联系。数学上可以把这种联系表示为函数关系，即

$$S = f(\Omega)$$

按照热力学中熵的定义，熵是一个广度性质，体系的总熵等于各部分熵的加和，它满足加法规则。根据概率论中概率的运算法则，体系总的热力学概率等于各部分的热力学概率之积，它满足乘法规则。可以证明能够兼容熵与热力学概率属性的函数关系就是前面（2.2 节）提到的玻尔兹曼关系式，即

$$S = k\ln\Omega \tag{2-19}$$

其中 k 为玻尔兹曼常数。玻尔兹曼关系式的详细论证过程可参阅本章阅读材料 8。

玻尔兹曼关系式是自然科学中最重要的关系式之一，它的重要性在于沟通了熵与体系微观状态数的定量关系，成为连接热力学与统计热力学两个学科的桥梁。玻尔兹曼关系式具有普遍的意义，对任何平衡体系均可适用。因此热力学方程中的 S 若用玻尔兹曼关系式代入，即可得到 Ω 与体系宏观性质的关系。例如根据单组分体系的热力学基本方程：$dU = TdS - pdV + \mu dn$，$n = N/L$，可以得到

$$\left(\frac{\partial \ln\Omega}{\partial U}\right)_{N,V} = \frac{1}{kT} \tag{6-21}$$

6.4 玻尔兹曼统计

玻尔兹曼关系式

6.4.1 定域子与离域子体系能级分布的微观状态数

设独立子体系的状态参量 U、V、N 为定值，体系处于确定的宏观状态。现考虑体系的一个能级分布，在各个能级上分布的粒子数及能级的简并度为

能级：ε_0，ε_1，$\varepsilon_2 \cdots \varepsilon_i \cdots$

简并度：g_0，g_1，$g_2 \cdots g_i \cdots$

粒子数：n_0，n_1，$n_2 \cdots n_i \cdots$

该分布所拥有的微观状态数是保持各能级上粒子数不变的前提下从微观上可以区别的数目。以下分两种情况予以讨论。

6.4.1.1 定域子体系

对于定域子体系，粒子可以分辨，确定微观状态必须确定每个粒子的个体量子态，因此对于给定的分布必须确定每一个能级 ε_i 上的 n_i 个粒子是哪些粒子，以及这些粒子占据 g_i 个量子态的方式。首先我们将 N 个可辨别粒子按照各能级的能级分布数分配到各个能级上，根据排列组合规则共有 $N! / \prod_i n_i!$ 种分配方式。对于其中的一种分配方式，再考虑每个能级上的粒子占据各量子态的方式数。以 ε_i 能级上 n_i 个粒子占据 g_i 个量子态为例，因为每个量子态上容纳定域子的数目不受限制，因此每个粒子可占据任意一个量子态。1 个粒子占据量子态的方式数为 g_i，n_i 个粒子占据量子态的方式数为 $g_i^{n_i}$，全部能级上粒子占据量子态的总方式数为 $\prod_i g_i^{n_i}$。考虑到 N 个粒子分配到各能级的方式数为 $N! / \prod_i n_i!$，根据独立事件概率相乘原则，因此该分布的微观状态数为

$$t_{\mathrm{D}} = N! \prod_i \frac{g_i^{n_i}}{n_i!} \tag{6-22}$$

式(6-22) 是计算定域子体系任一分布可及微观状态数的通式。特别地，若各能级都是非简并能级的条件，$g_i = 1$，式(6-22) 还原为式(6-15)。

6.4.1.2 离域子体系

对于离域子体系，粒子不可分辨，确定微观状态必须确定每个个体量子态上的粒子数，

因此对于给定的分布必须确定每一个能级 ε_i 上的 n_i 个粒子占据 g_i 个量子态的方式数。

离域子可以分为两类，一类是费米子，如电子、质子和中子；另一类是玻色子，如光子。至于原子核、原子、分子等微观粒子，它们包含的电子、质子和中子的数目为奇数时属于费米子，为偶数时属于玻色子。如 ^2H 原子为费米子，^1H 原子为玻色子。

能级 ε_i 上 n_i 个粒子占据 g_i 个量子态时，对费米子而言，每个量子态至多可容纳 1 个粒子，n_i 个粒子占据 g_i 个量子态（此时 $g_i > n_i$）的方式数相当于从 g_i 个量子态中取出 n_i 个量子态的取法，根据排列组合规则，共有 $g_i!/[n_i!(g_i-n_i)!]$ 种。所有能级上粒子占据量子态的总方式数，即该分布拥有的微观状态数，应为

$$t_F = \prod_i \frac{g_i!}{n_i!(g_i-n_i)!} \tag{6-23}$$

对玻色子而言，每个量子态可容纳任意数目的粒子。为计算 n_i 个粒子占据 g_i 个量子态的方式数，我们用❶、❷……表示量子态 1、2……，用○表示粒子，把它们混合排成一行，使每个量子态中的粒子紧靠着量子态排在量子态的右边。例如以下排列

❶ ○ ○ ❷ ○ ❸ ❹ ○ ○ ○ ❺ ○ ○ ○ ○

表示在量子态 1 中有 2 个粒子，量子态 2 中有 1 个粒子，量子态 3 中没有粒子，量子态 4 中有 3 个粒子，量子态 5 中有 4 个粒子。因为量子态❶排在最左边的位置是固定的，剩余量子态和粒子的总数是（g_i+n_i-1）个，它们从左至右共占据（g_i+n_i-1）个位置，从这些位置中任意取出（g_i-1）个供从左至右依次放入量子态❷、❸……的取法共有 $(g_i+n_i-1)!/[n_i!(g_i-1)!]$ 种，每种取法相当于 n_i 个粒子占据 g_i 个量子态的一种方式。所有能级上粒子占据量子态的总方式数，即该分布拥有的微观状态数，应为

$$t_B = \prod_i \frac{(g_i+n_i+1)!}{n_i!(g_i-1)!} \tag{6-24}$$

以上我们导出了两种离域子体系能级分布的微观状态数。在推导过程中粒子被认为是不可分辨的，这是粒子的全同性原理决定的，在讨论粒子怎样占据量子态时，还考虑了泡利原理的限制，因此式(6-23) 和式(6-24) 是对体系进行量子描述的结果。在两式基础上运用统计原理可以得到两类量子体系适用的统计规律——费米-狄拉克（Fermi-Dirac）分布律和玻色-爱因斯坦（Bose-Einstein）分布律，本章对此不作进一步讨论。

以下仅讨论式(6-23) 和式(6-24) 的一种极限情况，即对任一能级

$$\frac{g_i}{n_i} \gg 1 \tag{6-25}$$

式(6-25) 意味着各能级的简并度均大大超过分配在能级上的粒子数。以后我们可以看到在离域子体系（气体）的温度不太低、密度不太高、粒子质量不太小的情况下式(6-25) 都是可以满足的，该式称为离域子体系的非简并性条件。非简并性条件亦可表示为

$$g_i \pm n_i \approx g_i$$

在非简并性条件下，式(6-23) 和式(6-24) 可分别化为

$$t_F = \prod_i \frac{g_i!}{n_i!(g_i-n_i)!} = \prod_i \frac{g_i(g_i-1)\cdots(g_i-n_i+1)}{n_i!} \approx \prod_i \frac{g_i^{n_i}}{n_i!} \tag{6-26}$$

$$t_B = \prod_i \frac{(g_i+n_i+1)!}{n_i!(g_i-1)!} = \prod_i \frac{(g_i+n_i-1)(g_i+n_i-2)\cdots g_i}{n_i!} \approx \prod_i \frac{g_i^{n_i}}{n_i!} \tag{6-27}$$

式(6-26) 和式(6-27) 说明在满足非简并性条件下能级 ε_i 上的量子态绝大部分未被占

据，这时同一量子态有多个粒子占据的概率几乎为0，泡利原理的限制已没有必要。这是一种粒子量子化效应并不显著的场合，在这种场合下无论费米子或玻色子几乎与定域子一样可以占据任意一个量子态，因此两种离域子体系的微观状态数（t_F、t_B）与定域子体系的微观状态数（t_D）相比皆缩小至$1/N!$。这是由于离域子的不可分辨性使得任何两个粒子交换不引起新的微观状态所致。

6.4.2 玻尔兹曼分布率

下面推导定域子体系及非简并性条件下离域子体系最概然分布的能级分布数。首先考虑定域子体系。最概然分布是微观状态数最大的分布。由式(6-22)知定域子体系能级分布的微观状态数是能级分布数的函数，即

$$t_D = N! \prod_i \frac{g_i^{n_i}}{n_i!} = f(n_1, n_2 \cdots n_i \cdots)$$

应当指出，目前所讨论的分布是对体系某个确定的宏观状态而言，因此该分布的能级分布数必须满足式(6-13)和式(6-14)两个宏观约束条件，即

$$N - \sum_i n_i = 0 \tag{1}$$

$$U - \sum_i n_i \varepsilon_i = 0 \tag{2}$$

这样求最概然分布的能级分布数问题就化为在满足以上两个守恒条件下使函数t_D取得极大值的能级分布数是什么？这是一个条件极值问题，可用拉格朗日（Lagrange）未定乘数法（参阅附录Ⅰ）求解。由于t_D取得极大值时$\ln t_D$也取得极大值，但数学上求$\ln t_D$的极大值容易，为计算$\ln t_D$取得极大值时的能级分布数，分别用α、β两个未定乘数乘式(1)、式(2)左边并与$\ln t_D$相加，即引入新的函数F（n_1，$n_2 \cdots n_i \cdots$）：

$$F = \ln t_D + \alpha(N - \sum_i n_i) + \beta(U - \sum_i n_i \varepsilon_i) \tag{3}$$

在式(1)、式(2)两式得到满足的条件下，只要F取得极值，$\ln t_D$也必取得极值。根据拉格朗日未定乘数法，使F取得极值的能级分布数$\{n_i\}$必满足

$$\frac{\partial F}{\partial n_i} = 0 \quad (i \text{ 遍布所有能级}) \tag{4}$$

为计算式(4)中的偏导数，需要利用以下斯特林（Stirling）近似公式(参阅附录Ⅰ)。当N很大时，

$$N! = \sqrt{2\pi N}(N/\mathrm{e})^N \quad \text{或} \quad \ln N! = N\ln N - N + \ln\sqrt{2\pi N} \tag{6-28}$$

当N非常大时，上式右边第三项可以略去，即

$$N! = (N/\mathrm{e})^N \quad \text{或} \quad \ln N! = N\ln N - N \tag{6-29}$$

将t_D代入式(3)，利用斯特林公式［式(6-29)］，函数F可表示为

$$F = \ln N! + \alpha N + \beta U + \sum_i (n_i \ln g_i - n_i \ln n_i + n_i - \alpha n_i - \beta \varepsilon_i n_i)$$

上式对n_i求偏导，注意N、U皆为定值，所以得到

$$\frac{\partial F}{\partial n_i} = \ln g_i - \ln n_i - \alpha - \beta\varepsilon_i = 0 \tag{5}$$

由式(5)解出n_i，即

$$n_i = g_i \mathrm{e}^{-\alpha - \beta\varepsilon_i} \quad (i \text{ 遍布所有能级}) \tag{6-30}$$

由式(5) 尚可得到

$$\frac{\partial^2 F}{\partial {n_i}^2}=-\frac{1}{n_i}<0 \tag{6}$$

根据多元函数极值的判定法则，由式(6) 可知式(6-30) 的能级分布数是与极大值相应的能级分布数，即最概然分布的能级分布数。

式(6-30) 的推导过程表明 t_D 中的常数 $N!$ 对导出的结果没有影响，若以非简并性条件下的 t_F 或 t_B 代替 t_D 也可得到同样的结果，因此式(6-30) 不仅适用于定域子体系，也适用于满足非简并性条件的离域子体系。

关于式(6-30) 中的未定乘数，其中 α 可自守恒条件 (1) 求出，因为

$$\sum_i n_i = e^{-\alpha} \sum_i g_i e^{-\beta\varepsilon_i} = N$$

所以

$$e^{-\alpha} = N/q \tag{6-31}$$

其中

$$q = \sum_i g_i e^{-\beta\varepsilon_i} \tag{6-32}$$

称为粒子的配分函数。加和号下的 i 表示对所有能级求和，其中每一项中的 $e^{-\beta\varepsilon_i}$ 称为玻尔兹曼因子。将式(6-31) 代入式(6-30)，可得

$$n_i = \frac{N}{q} g_i e^{-\beta\varepsilon_i} \tag{6-33}$$

关于未定乘数 β，以后 (6.7 节) 将证明 β 与 T 间有以下关系：

$$\beta = \frac{1}{kT} \tag{6-34}$$

式(6-33) 和式(6-32) 中的 β 以 $1/(kT)$代替后两式可重写为

$$n_i = \frac{N}{q} g_i e^{-\varepsilon_i/(kT)} \tag{6-35}$$

$$q = \sum_i g_i e^{-\varepsilon_i/(kT)} \tag{6-36}$$

式(6-35) 中的 n_i 与 g_i 之比等于能级 ε_i 上平均分配在一个量子态上的粒子数，设以 n_j 表示，j 表示量子态，量子态的能量 ε_j 就是量子态所属能级的能量 ε_i，因此 n_j 的表示式是

$$n_j = \frac{N}{q} e^{-\varepsilon_j/(kT)} \tag{6-37}$$

将式(6-37) 两边对所有量子态求和，注意左边求和结果等于 N，所以

$$q = \sum_j e^{-\varepsilon_j/(kT)} \tag{6-38}$$

加和号下 j 表示对所有量子态求和，式(6-38) 表示配分函数 q 即全部量子态的玻尔兹曼因子之和。

式(6-35) 或式(6-37) 的导出尽管采用了能级和量子态的概念，但这并不意味着它们代表了量子体系的统计规律。前面已经提到经典统计与量子统计的区别不仅在于能量的变化是否连续，而且还在于粒子是否可以分辨。粒子能量的连续变化和量子化的差别并不是绝对的，如果粒子的能级非常密集，相邻能级的间隔满足 $\Delta\varepsilon \ll kT$ 的要求，量子化的能级也可以视为连续变化的。区别经典统计与量子统计的另一标志是粒子是否可以分辨。式(6-35) 或式(6-37) 最早是由玻尔兹曼从经典统计中得到的，被称为玻尔兹曼分布律。显然，玻尔兹

曼分布律是建立在可辨粒子体系基础上的统计规律。自然界中的微观粒子原则上遵守量子力学的运动规律，经典力学可视为量子力学的极限情况，因此服从玻尔兹曼分布律的经典粒子应是这种极限场合下的微观粒子。对于定域子而言，粒子被限于固定位置，波函数不互相重叠，这时粒子的全同性原理以及泡利原理都没有考虑的必要。对于离域子而言，在非简并性条件下两个粒子进入同一量子态的概率几乎为 0，泡利原理的限制也不必考虑。正是在这种特定的场合下两种粒子体系表现出可辨粒子体系的统计规律，因此玻尔兹曼分布律既适用于定域子体系，也适用于非简并性条件下的离域子体系。后者通常称为离域经典子体系或者非简并气体。

6.1 节曾指出经典统计是量子统计的极限情况。从以上讨论，可以将这种极限情况归结为以下两点：①体系服从玻尔兹曼分布律，即满足式(6-35) 或式(6-37)；②粒子能级完全开放，即满足式(6-5)。这时体系既具有可辨粒子体系的分布特征，又满足能量连续化的要求，量子统计将过渡为经典统计。这种极限情况通常称为经典场合。

6.4.3 最概然分布与平衡分布

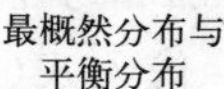
最概然分布与平衡分布

最概然分布与平衡分布

在一定的宏观约束下体系达到平衡状态时，凡满足式(6-13) 和式(6-14) 两个守恒条件的分布原则上都是可以出现的，最概然分布只是其中一个特殊的分布。根据等概率原理，在求算微观量的统计平均值时还必须知道平衡状态下其它分布出现的概率如何？最概然分布或玻尔兹曼分布的微观状态函数 t^* 与体系总的微观状态数 Ω 之间的关系如何？下面我们通过分析一个实例对这两个问题作出回答，详细的论证过程可观看视频或参阅本章阅读材料 9。

例如，将 N 个可分辨粒子随机地分配到同一能级的两个量子态上。显然最概然分布是每个量子态各分配 $N/2$ 个粒子的平均分布。N 越大，最概然分布出现的概率越小。N 很大时，最概然分布出现的概率很小，但是在最概然分布周围，包括那些与最概然分布有微小偏差的分布，它们出现的概率可趋近于 1。比如将 10 万枚硬币从空中随机抛下，地上恰出现 5 万枚硬币正面向上的概率非常小。但无论试验多少次，硬币正面向上的数目总与 5 万（平均分布）偏差不大。这说明在最概然分布周围包括允许与最概然分布有微小偏差的那些分布出现的概率趋近于 1。N 越大，允许偏差的范围就越小。对于含有极大数目分子的宏观体系而言，偏差范围可以小到微乎其微以致宏观上不能觉察的程度，这种条件下，最概然分布完全可以作为偏差范围内各种分布的代表。这些分布的出现拥有几近 100%的概率，说明平衡状态下热力学体系的微观状态尽管瞬息万变，但它总是辗转经历在以最概然分布为代表的那些分布之中。由此可以得出结论：体系的平衡分布就是最概然分布。

对于宏观体系而言，由于 N 很大，最概然分布的概率，即 t^* 与 Ω 之比是个很小的数。就以上实例而言，若 $N=10^{24}$，t^* 与 Ω 之比约为 10^{-12}，t^* 与 Ω 相比小了 12 个数量级。然而，体系的微观状态数都是非常庞大的天文数字，比如在这个实例中

$$\Omega=2^N=10^{(\lg 2)N}\simeq 10^{3\times 10^{23}}, \quad t^*=10^{3\times 10^{23}-12}$$

对于这样庞大的数字，即使相差一二十个甚至更多的数量级，也丝毫不会影响对它所要求的精确度。我们能从 Ω 中获得的信息完全可以从 t^* 中得到。在统计热力学里，与体系宏观量熵（S）相沟通的是 Ω 的对数，由于

$$\ln\Omega = \ln t^* + \ln\frac{\Omega}{t^*} = \ln t^* + x\ln t^* \tag{6-39}$$

其中

$$x = \frac{\ln(\Omega/t^*)}{\ln t^*} = \frac{\ln 10^{12}}{(3\times 10^{23} - 12)\ln 10} = 4.0\times 10^{-23}$$

这个结果说明式(6-39) 右边第二项与第一项相比可谓沧海之一粟。由此可得出另一结论：体系的总微观状态数可以用最概然分布的微观状态数代替。确切地用数学公式可表示为

$$\ln\Omega = \ln t^* \tag{6-40}$$

式(6-40) 称为撷取最大项原理。

6.5 配分函数

6.5.1 配分函数的意义和性质

由配分函数的定义，即式(6-36) 或式(6-38) 可知，配分函数 q 等于粒子所有量子态的玻尔兹曼因子之和。某量子态的玻尔兹曼因子亦称该量子态的有效容量或有效状态，配分函数即粒子所有量子态的有效容量或有效状态的总和，简称状态和。根据玻尔兹曼分布律，平衡状态下体系的 N 个粒子是平均分配在每个有效量子态上的。N/q 即每个有效量子态上分配的粒子数，因此配分函数求和号中各项之比等于所属能级或量子态上分配的粒子数目之比。设以 i 表示能级，j 表示量子态，则

$$\frac{n_{i1}}{n_{i2}} = \frac{g_{i1}\exp[-\varepsilon_{i1}/(kT)]}{g_{i2}\exp[-\varepsilon_{i2}/(kT)]} \tag{6-41}$$

$$\frac{n_{j1}}{n_{j2}} = \frac{\exp[-\varepsilon_{j1}/(kT)]}{\exp[-\varepsilon_{j2}/(kT)]} \tag{6-42}$$

正因为配分函数反映了粒子在各个可能的能级或量子态上的分配特性，所以 q 被称为粒子的配分函数。

配分函数是统计热力学中的重要概念，以后将会看到体系的所有热力学函数都可以通过配分函数计算出来。根据定义，配分函数具有以下性质：

① 配分函数是量纲为 1 的量。在玻尔兹曼因子中含有温度 T 和粒子能量 ε_i，式(6-4) 表明平动能 ε_t 与体系体积 V 有关，因此，配分函数 q 是 T、V 的函数。

② 假定粒子的各种运动形式是相互独立的，粒子的能量可表示为各种运动形式能量的总和。由于一个粒子的状态是通过粒子各种运动形式所处状态的总和定义的，因此粒子在某状态下的能量可表示为

$$\varepsilon_j = \varepsilon_{j(t)} + \varepsilon_{j(r)} + \varepsilon_{j(v)} + \varepsilon_{j(e)} + \varepsilon_{j(n)} \tag{6-43}$$

上式中的下标 $j(t)$、$j(r)$、$j(v)$、$j(e)$、$j(n)$ 依次表示粒子平动、转动、振动、电子运动和核运动所处的状态。在配分函数定义式(6-38) 中对粒子所有状态 j 的玻尔兹曼因子求和应对应于对所有状态指标 $j(t)$、$j(r)$、$j(v)$、$j(e)$、$j(n)$ 求和。于是有

$$q = \sum_j e^{-\varepsilon_j/(kT)} = \sum_{j(t)}\sum_{j(r)}\sum_{j(v)}\sum_{j(e)}\sum_{j(n)} e^{-[\varepsilon_{j(t)}+\varepsilon_{j(r)}+\varepsilon_{j(v)}+\varepsilon_{j(e)}+\varepsilon_{j(n)}]/(kT)} \tag{6-44}$$

根据数学公式

$$\sum_i \sum_j \sum_k \cdots X_i Y_j Z_k \cdots = (\sum_i X_i)(\sum_j Y_j)(\sum_k Z_k)\cdots \tag{6-45}$$

式(6-44) 可表示为

$$\begin{aligned} q &= (\sum_{j(\mathrm{t})} \mathrm{e}^{-\varepsilon_{j(\mathrm{t})}/(kT)})(\sum_{j(\mathrm{r})} \mathrm{e}^{-\varepsilon_{j(\mathrm{r})}/(kT)})(\sum_{j(\mathrm{v})} \mathrm{e}^{-\varepsilon_{j(\mathrm{v})}/(kT)})(\sum_{j(\mathrm{e})} \mathrm{e}^{-\varepsilon_{j(\mathrm{e})}/(kT)})(\sum_{j(\mathrm{n})} \mathrm{e}^{-\varepsilon_{j(\mathrm{n})}/(kT)}) \\ &= q_{\mathrm{t}} q_{\mathrm{r}} q_{\mathrm{v}} q_{\mathrm{e}} q_{\mathrm{n}} \end{aligned} \tag{6-46}$$

其中

$$q_{\mathrm{t}} = \sum_{j(\mathrm{t})} \mathrm{e}^{-\varepsilon_{j(\mathrm{t})}/(kT)} = \sum_{i(\mathrm{t})} g_{i(\mathrm{t})} \mathrm{e}^{-\varepsilon_{i(\mathrm{t})}/(kT)} \tag{6-47}$$

$$q_{\mathrm{r}} = \sum_{j(\mathrm{r})} \mathrm{e}^{-\varepsilon_{j(\mathrm{r})}/(kT)} = \sum_{i(\mathrm{r})} g_{i(\mathrm{r})} \mathrm{e}^{-\varepsilon_{i(\mathrm{r})}/(kT)} \tag{6-48}$$

$$q_{\mathrm{v}} = \sum_{j(\mathrm{v})} \mathrm{e}^{-\varepsilon_{j(\mathrm{v})}/(kT)} = \sum_{i(\mathrm{v})} g_{i(\mathrm{v})} \mathrm{e}^{-\varepsilon_{i(\mathrm{v})}/(kT)} \tag{6-49}$$

$$q_{\mathrm{e}} = \sum_{j(\mathrm{e})} \mathrm{e}^{-\varepsilon_{j(\mathrm{e})}/(kT)} = \sum_{i(\mathrm{e})} g_{i(\mathrm{e})} \mathrm{e}^{-\varepsilon_{i(\mathrm{e})}/(kT)} \tag{6-50}$$

$$q_{\mathrm{n}} = \sum_{j(\mathrm{n})} \mathrm{e}^{-\varepsilon_{j(\mathrm{n})}/(kT)} = \sum_{i(\mathrm{n})} g_{i(\mathrm{n})} \mathrm{e}^{-\varepsilon_{i(\mathrm{n})}/(kT)} \tag{6-51}$$

依次表示粒子的平动、转动、振动、电子运动和核运动配分函数。式(6-46) 表明，如果粒子的能量能够表示为若干独立运动形式的能量之和，那么粒子的配分函数就能分解为这些独立运动形式的配分函数之积。这个结论称为配分函数的析因子性质。

③ 配分函数的值与基态能量的选取有关。由于粒子各能级的能量皆是相对基态而言，当基态能量的取值改变后，各激发态能量也相应改变，但各能级间的差值 $\Delta\varepsilon$ 保持不变。设基态能量为 ε_0 时各激发态能量从低至高依次为 ε_1、ε_2、ε_3…，相应的配分函数记为 q，由式(6-36)，则

$$\begin{aligned} q &= g_0 \mathrm{e}^{-\varepsilon_0/(kT)} + g_1 \mathrm{e}^{-\varepsilon_1/(kT)} + g_2 \mathrm{e}^{-\varepsilon_2/(kT)} + \cdots \\ &= [g_0 + g_1 \mathrm{e}^{-(\varepsilon_1-\varepsilon_0)/(kT)} + g_2 \mathrm{e}^{-(\varepsilon_2-\varepsilon_0)/(kT)} + \cdots] \mathrm{e}^{-\varepsilon_0/(kT)} \end{aligned}$$

如果基态能量为 0，相应的各激发态的能量应为 $\varepsilon_1-\varepsilon_0$、$\varepsilon_2-\varepsilon_0$、$\varepsilon_3-\varepsilon_0$…，因此上式中方括号中的加和值等于基态能量为 0 时的配分函数，以 q_0 表示，则

$$q = q_0 \mathrm{e}^{-\varepsilon_0/(kT)} \tag{6-52}$$

式(6-52) 表示基态能量选取的不同对配分函数的影响。

6.5.2 配分函数的计算

根据配分函数的析因子性质，粒子的配分函数可分解为平动、转动、振动……各种独立运动形式配分函数的乘积，以下给出这些配分函数的计算结果。

6.5.2.1 平动配分函数

在体积 V 内运动的一个质量为 m 的三维平动子的能级公式可用式(6-4) 表示，平动配分函数 q_{t} 为

$$q_{\mathrm{t}} = \sum_{x=1}^{\infty} \sum_{y=1}^{\infty} \sum_{z=1}^{\infty} \exp\left[-\frac{h^2}{8mV^{2/3}kT}(x^2+y^2+z^2)\right]$$

令

$$a=\frac{h^2}{8mV^{2/3}kT}$$

利用数学公式(6-45)，q_t 可表示为

$$q_t=\left(\sum_{x=1}^{\infty}e^{-ax^2}\right)\left(\sum_{y=1}^{\infty}e^{-ay^2}\right)\left(\sum_{z=1}^{\infty}e^{-az^2}\right)$$

由于平动能级间隔很小，$a\ll 1$，上式中的加和可近似用积分代替，即

$$q_t=\left(\int_0^{\infty}e^{-ax^2}\mathrm{d}x\right)\left(\int_0^{\infty}e^{-ay^2}\mathrm{d}y\right)\left(\int_0^{\infty}e^{-az^2}\mathrm{d}z\right)$$

式中三个定积分的值相同。它们的计算可采用数学公式(见附录Ⅰ)：

$$\int_0^{\infty}e^{-a^2x^2}x^n\mathrm{d}x=\frac{1}{2\alpha^{n+1}}\Gamma\left(\frac{n+1}{2}\right)\quad(n>-1)\tag{6-53}$$

右边的 Γ 函数满足下列关系

$$\Gamma(m+1)=m\Gamma(m)\quad(m>0)\tag{6-54}$$

两个特殊的 Γ 函数值是

$$\Gamma(1)=1$$

$$\Gamma\left(\frac{1}{2}\right)=\sqrt{\pi}$$

统计热力学中常遇到 m 为整数，即 $m=1,2,3\cdots$，或半整数，即 $m=\frac{1}{2},\frac{3}{2},\frac{5}{2}\cdots$的情况，这时由式(6-54) 知，当 m 为整数时

$$\Gamma(m)=(m-1)!\tag{6-55}$$

当 m 为半整数时

$$\Gamma(m)=(m-1)(m-2)\cdots\frac{3}{2}\frac{1}{2}\sqrt{\pi}\tag{6-56}$$

利用式(6-53) 和式(6-56)，有

$$\int_0^{\infty}e^{-ax^2}\mathrm{d}x=\frac{1}{2}\sqrt{\frac{\pi}{a}}=\left(\frac{2\pi mkT}{h^2}\right)^{1/2}V^{1/3}\tag{6-57}$$

因此

$$q_t=\left(\frac{2\pi mkT}{h^2}\right)^{3/2}V\tag{6-58}$$

这就是三维平动子的配分函数。由于平动能级非常密集，可以认为式(6-58) 是在基态能量为 0 的基础上得到的配分函数。

【例 6-3】 求 1mol O_2(g) 在 101325Pa、273.15K 时的平动配分函数。已知 $M(O_2)=31.99\text{g}\cdot\text{mol}^{-1}$。

解 O_2 分子质量为

$$m=\frac{31.99\times10^{-3}}{6.023\times10^{23}}\text{kg}=5.312\times10^{-26}\text{kg}$$

1mol O_2(g) 在标准状况下的体积 $V=22.414\times10^{-3}\text{m}^3$。由式(6-58)，有

$$q_t=\frac{(2\pi\times5.312\times10^{-26}\times1.38\times10^{-23}\times273.15)^{3/2}}{(6.626\times10^{-34})^3}\times22.414\times10^{-3}=3.44\times10^{30}$$

前面曾指出 $g_i/n_i \gg 1$ 是气体的非简并性条件，现在我们讨论在什么条件下气体可以满足这个条件。由式(6-35) 知

$$\frac{g_i}{n_i}=\frac{q}{N}\exp\frac{\varepsilon_i}{kT}$$

由于 $\varepsilon_i \geqslant 0$，$\exp[\varepsilon_i/(kT)] \geqslant 1$，所以

$$\frac{g_i}{n_i} \geqslant \frac{q}{N}$$

因此气体的非简并性条件可以表示为

$$\frac{q}{N}=\left(\frac{2\pi mkT}{h^2}\right)^{3/2}\left(\frac{V}{N}\right) \geqslant 1 \tag{6-59}$$

以上例题说明 1mol 气体常温常压下分子配分函数的数量级约为 10^{30}，气体分子数目的数量级约为 10^{23}，q 与 N 的比值约为 10^7，因此非简并性条件可以得到满足。式(6-59) 表示 q/N 的值与气体的温度 T、(数) 密度 N/V 及分子质量 m 有关。一般情况下只要气体温度不太低、(数) 密度不太高、分子质量不太小，非简并性条件都可以得到满足，玻尔兹曼分布律都是能够适用的。然而确实也有一些离域子体系 q/N 的值并不很大，如金属中的电子气，不能满足非简并性条件，玻尔兹曼分布律对它们不能适用，需采用量子统计法处理。

6.5.2.2 转动配分函数

根据刚性线形转子的能级公式(6-6)，转动配分函数 q_r 为

$$q_r=\sum_{J=0}^{\infty}(2J+1)\exp\left[-\frac{J(J+1)h^2}{8\pi^2 IkT}\right]=\sum_{J=0}^{\infty}(2J+1)\exp\left[-\frac{J(J+1)\theta_r}{T}\right]$$

式中，$\theta_r=h^2/(8\pi^2 Ik)$ 为转动特征温度；$(2J+1)$ 为转动能级简并度。常温下转动能级可视为连续变化的，上式中求和可用积分代替，即

$$q_r=\int_0^{\infty}(2J+1)\exp\left[-\frac{J(J+1)\theta_r}{T}\right]\mathrm{d}J$$

作变量代换，令 $x=J(J+1)$，$\mathrm{d}x=(2J+1)\mathrm{d}J$，故

$$q_r=\int_0^{\infty}\exp\left(-\frac{\theta_r}{T}x\right)\mathrm{d}x=\frac{T}{\theta_r} \tag{6-60}$$

式(6-60) 只适用于非对称线形转子，如异核双原子分子。对于同核双原子分子或对称线形分子 (如 CO_2)，光谱实验结果表明，J 只能是 0,2,4…偶数或 1,3,5…奇数，式(6-60) 中有效的微观状态数多算了一倍，其配分函数应除以 2。因此 q_r 可表示为如下统一公式

$$q_r=\frac{8\pi^2 IkT}{\sigma h^2}=\frac{T}{\sigma\theta_r}\quad\begin{pmatrix}\sigma=1,\text{非对称线形分子}\\ \sigma=2,\text{对称线形分子}\end{pmatrix} \tag{6-61}$$

σ 称为分子的转动对称数。至于刚性非线形多原子分子的转动配分函数，推导过程比较复杂，以下给出能级完全开放条件下的计算公式

$$q_r=\frac{\sqrt{\pi}}{\sigma}\left(\frac{T^3}{\theta_{r,x}\theta_{r,y}\theta_{r,z}}\right)^{1/2} \tag{6-62}$$

其中

$$\theta_{r,x}=\frac{h^2}{8\pi^2 I_x k},\ \theta_{r,y}=\frac{h^2}{8\pi^2 I_y k},\ \theta_{r,z}=\frac{h^2}{8\pi^2 I_z k}$$

式中，I_x、I_y、I_z 分别是分子绕质心转动时相对 x、y、z 三个主轴的转动惯量；$\theta_{r,x}$、$\theta_{r,y}$、$\theta_{r,z}$ 分别是三个相应的转动特征温度；σ 是分子的转动对称数，如 H_2O 是 2，NH_3 是 3，C_2H_4 是 4，C_6H_6、CH_4 是 12。上述转动配分函数中基态能量皆取为 0。

【例 6-4】 N_2 分子的摩尔质量 $M=28.01\text{g}\cdot\text{mol}^{-1}$，原子间距 $r_e=109.5\times10^{-12}\text{m}$，计算 N_2 分子的转动特征温度和 298.15K 时的转动配分函数。

解 首先计算转动惯量。原子质量为：$m_1=m_2=m=M/(2L)$，所以

$$I=\frac{m_1m_2}{m_1+m_2}r_e^2=\frac{m}{2}r_e^2=\frac{Mr_e^2}{4L}=\frac{28.01\times10^{-3}\times(109.5\times10^{-12})^2}{4\times6.022\times10^{23}}\text{kg}\cdot\text{m}^2=1.394\times10^{-46}\text{kg}\cdot\text{m}^2$$

转动特征温度为

$$\theta_r=\frac{h^2}{8\pi^2 Ik}=\frac{(6.626\times10^{-34})^2}{8\times3.14^2\times1.394\times10^{-46}\times1.38\times10^{-23}}\text{K}=2.89\text{K}$$

转动配分函数为

$$q_r=\frac{T}{2\theta_r}=\frac{298.15}{2\times2.89}=51.58$$

6.5.2.3 振动配分函数

根据一维简谐振子的能级公式［式(6-10)］，双原子分子的振动配分函数 q_v 为

$$\begin{aligned}q_v&=\sum\nolimits_{\upsilon=0}^{\infty}\exp\left[-\left(\upsilon+\frac{1}{2}\right)h\nu/(kT)\right]=\sum\nolimits_{\upsilon=0}^{\infty}\exp\left[-\left(\upsilon+\frac{1}{2}\right)\theta_v/T\right]\\&=\exp\left(-\frac{\theta_v}{2T}\right)\left[1+\exp\left(-\frac{\theta_v}{T}\right)+\exp\left(-\frac{2\theta_v}{T}\right)+\cdots\right]\end{aligned}\tag{6-63}$$

一维简谐振子的能级是非简并的，式中 $\theta_v=h\nu/k$ 是振动特征温度，由于振动特征温度很高，通常振动能级不能作连续化处理。利用级数展开公式

$$(1-x)^{-1}=1+x+x^2+\cdots\tag{6-64}$$

并作变量代换，令 $x=\exp(-\theta_v/T)$，式(6-63) 变为 $q_v=x^{1/2}/(1-x)$，即

$$q_v=\frac{\exp[-\theta_v/(2T)]}{1-\exp(-\theta_v/T)}\tag{6-65}$$

在导出上式时，振动基态的能量 $\varepsilon_0=h\nu/2$，如果选取基态能量 $\varepsilon_0=0$，振动配分函数应为

$$q_v=\frac{1}{1-\exp(-\theta_v/T)}\tag{6-66}$$

多原子分子的振动不止一个振动自由度，每个自由度的振动可以近似视为一个一维简谐振子的振动，因此多原子分子的振动配分函数可以分解成若干一维简谐振子振动配分函数的乘积。n 原子线形分子有 $3n-5$ 个振动自由度，非线形分子有 $3n-6$ 个振动自由度，它们的振动配分函数可表示为

$$q_v=\prod_{i=1}^{3n-5\text{或}3n-6}\left[1-\exp\left(-\frac{h\nu_i}{kT}\right)\right]^{-1}=\prod_{i=1}^{3n-5\text{或}3n-6}\left[1-\exp\left(-\frac{\theta_{v,i}}{T}\right)\right]^{-1}\tag{6-67}$$

上述振动配分函数的基态能量为 0，其中 ν_i、θ_{vi} 代表第 i 个简谐振子的振动频率和相应的振动特征温度。

【例 6-5】 CO 和 I_2 的振动特征温度分别为 3070K 和 310K，计算室温（300K）下 CO 气体和 I_2 固体中分子的振动配分函数及处于振动基态上的分子分数。

解 以基态能量为0，两种分子的振动配分函数为

$$CO: q_v = \frac{1}{1-\exp(-3070/300)} = 1.000036$$

$$I_2: q_v = \frac{1}{1-\exp(-310/300)} = 1.5524$$

因为基态能量为0时，基态的玻尔兹曼因子为1，根据玻尔兹曼分布律，基态上的分子数与全部分子数之比为 $1/q_v$，所以

CO 气体中处于振动基态的分子分数 $= 1.000036^{-1} = 0.99996$

I_2 固体中处于振动基态的分子分数 $= 1.5524^{-1} = 0.6442$

一维简谐振子的配分函数等于一个等比级数的各项之和，振动能级的间距越大，级数收敛越快，配分函数越小，分配在基态上的分子数目越多。当能级间距大到一定程度，以致 $\Delta\varepsilon \gg kT$，这时几乎全部分子都处于基态，激发态的分子数接近为0，配分函数近似等于基态的玻尔兹曼因子。如上例中的CO，此时振动能级可认为完全没有开放。

6.5.2.4 电子及核配分函数

通常电子和核运动的能级完全没有开放，若将基态能量取为0，这两种运动的配分函数皆等于基态的简并度，即

$$q_e = g_{0,e} \tag{6-68}$$

$$q_n = g_{0,n} \tag{6-69}$$

分子和稳定离子的电子基态常常是非简并的，$g_{0,e}=1$。但也有少数例外，如 O_2 的 $g_{0,e}=3$，NO 的 $g_{0,e}=2$。自由原子的电子基态常常是简并的，简并度 $g_{0,e}=2J+1$。J 是电子基态的总角动量量子数，J 的值标在原子基态光谱项符号的右下角，如 H 的基态光谱项符号为 $^2S_{1/2}$，则基态 $J=1/2$，$g_{0,e}=2\times(1/2)+1=2$。

在一般的物理化学变化中 q_n 为常数，通常核运动对体系热力学函数的影响可以不予考虑。

6.6 麦克斯韦速率分布律

6.6.1 分布函数与平均值

玻尔兹曼分布律是一个统计规律。在其表示式(6-35)及式(6-37)中，n_i 与 N 之比为1个粒子处于能级 i 的概率，n_j 与 N 之比为1个粒子处于量子态 j 的概率。设它们分别以 P_i、P_j 表示，则

$$P_i = \frac{n_i}{N} = \frac{g_i}{q}\exp\left(-\frac{\varepsilon_i}{kT}\right) \tag{6-70}$$

$$P_j = \frac{n_j}{N} = \frac{1}{q}\exp\left(-\frac{\varepsilon_j}{kT}\right) \tag{6-71}$$

分别称为粒子的能量分布函数与状态分布函数。有了分布函数，从微观量计算宏观量的问题就能得到解决。设 A 是体系的宏观量，与 A 相应的微观量即1个粒子的性质 a，a_i 为粒子

处于能级 i 的值，a_j 为粒子处于状态 j 的值，则 a 的统计平均值为

$$\langle a\rangle=\sum_i P_i a_i \tag{6-72}$$

或者

$$\langle a\rangle=\sum_j P_j a_j \tag{6-73}$$

符号〈〉表示统计平均值，加和号下的 i、j 分别表示对全部能级和量子态求和。

在分布函数连续变化时，加和可用积分代替。以能量分布函数为例，式(6-70) 可表示为

$$P(\varepsilon)=\frac{g(\varepsilon)}{q}\exp\left(-\frac{\varepsilon}{kT}\right) \tag{6-74}$$

这时能量分布函数 $P(\varepsilon)$ 代表概率密度，$g(\varepsilon)$ 是量子态密度，它们分别表示在能量为 ε 的单位能量间隔内粒子出现的概率和粒子的量子态数。设粒子能量为 ε 时 a 的值为 $a(\varepsilon)$，则平均值的计算公式为

$$\langle a\rangle=\int_0^{\infty}P(\varepsilon)a(\varepsilon)\mathrm{d}\varepsilon \tag{6-75}$$

宏观量 A 等于全部粒子统计平均值的总和，即

$$A=N\langle a\rangle \tag{6-76}$$

在用分布函数计算体系各种热力学函数之前，我们首先用它讨论气体分子的能量分布和速率分布问题。

6.6.2 气体分子的能量分布和速率分布

在一个由大量分子组成的气体中，由于分子的频繁碰撞，分子的速率可以有各种各样的值（0～∞）。气体分子的运动已完全随机化，虽然不能确定某个时刻个别分子的速率，但可以确定分子以某个速率出现的概率，因为大量分子的速率分布受统计规律的支配，呈现出规律性，这就是麦克斯韦（Maxwell）速率分布律。麦克斯韦最早从气体分子运动论导出气体分子的速率分布公式，其后玻尔兹曼用统计力学的方法也导出了相同的公式。麦克斯韦和玻尔兹曼对气体分子速率分布的研究成为早期经典统计在实际应用中的成功范例，因此玻尔兹曼分布律也常被称为麦克斯韦-玻尔兹曼（Maxwell-Boltzmann）分布律。

对于气体分子的平动而言，由于平动自由度已完全开放，能量分布函数采取式(6-74)，其中 q 为平动配分函数，即

$$q=\left(\frac{2\pi mkT}{h^2}\right)^{3/2}V$$

为计算量子态密度 $g(\varepsilon)$，可建立以 x、y、z 为坐标轴的空间直角坐标系，并令

$$R=(x^2+y^2+z^2)^{1/2} \tag{6-77}$$

为一个以圆点为球心的圆球半径。由平动子的能级公式(6-4) 知

$$R=\left(\frac{8mV^{2/3}}{h^2}\right)^{1/2}\varepsilon^{1/2} \tag{6-78}$$

上式表示圆球半径 R 与平动能 ε 间的函数关系，两边微分，即

$$\mathrm{d}R=\left(\frac{8mV^{2/3}}{h^2}\right)^{1/2}\frac{1}{2}\varepsilon^{-1/2}\mathrm{d}\varepsilon \tag{6-79}$$

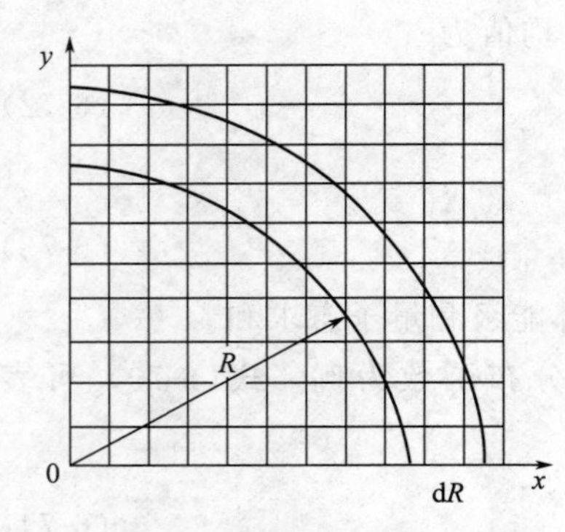

图 6-1 量子态密度分布示意图

当能量从 ε 变为 $\varepsilon+\mathrm{d}\varepsilon$ 时，圆球半径相应地从 R 变为 $R+\mathrm{d}R$。每一组平动量子数可以用空间坐标系中的一个代表点表示，由于 x、y、z 皆为正整数，在此能量范围内满足式(6-4)的量子态数即夹在第一卦限内厚度为 $\mathrm{d}R$ 的球壳内的代表点数，如图 6-1 所示。由于每个代表点占据的体积为 1，因此夹在第一卦限内球壳的体积即此能量范围内的量子态数。故

$$g(\varepsilon)=\frac{1}{8}\times 4\pi R^2\mathrm{d}R \tag{6-80}$$

将 R 和 $\mathrm{d}R$ 的值代入，得到量子态密度为

$$g(\varepsilon)=\frac{4\sqrt{2}\,\pi m^{3/2}V}{h^3}\varepsilon^{1/2} \tag{6-81}$$

将式(6-81)代入式(6-74)，注意到 q 为平动配分函数，结果得到气体分子的能量分布函数为

$$P(\varepsilon)=4\sqrt{2}\pi\left(\frac{1}{2\pi kT}\right)^{3/2}\varepsilon^{1/2}\exp\left(-\frac{\varepsilon}{kT}\right) \tag{6-82}$$

在经典场合下气体分子的平动能可以用分子运动的速率 c 表示，即

$$\varepsilon=\frac{1}{2}mc^2 \tag{6-83}$$

当分子的平动能位于 $\varepsilon\sim\varepsilon+\mathrm{d}\varepsilon$ 范围内时，其相应的速率位于 $c\sim c+\mathrm{d}c$ 范围内。设分子的速率分布函数为 $P(c)$，$P(c)$ 为分子在速率为 c 的单位速率范围内出现的概率，那么在 $c\sim c+\mathrm{d}c$ 范围内分子出现的概率就是 $P(c)\mathrm{d}c$。根据分子能量分布函数的定义，在 $\varepsilon\sim\varepsilon+\mathrm{d}\varepsilon$ 范围内分子出现的概率应为 $P(\varepsilon)\mathrm{d}\varepsilon$，显然有以下关系

$$P(c)\mathrm{d}c=P(\varepsilon)\mathrm{d}\varepsilon$$

即

$$P(c)=P(\varepsilon)\frac{\mathrm{d}\varepsilon}{\mathrm{d}c} \tag{6-84}$$

由式(6-83)知

$$\frac{\mathrm{d}\varepsilon}{\mathrm{d}c}=mc \tag{6-85}$$

将式(6-82)、式(6-85)代入式(6-84)，并用式(6-83)代换其中的能量 ε，可得到分子的速率分布函数为

$$P(c)=4\pi\left(\frac{m}{2\pi kT}\right)^{3/2}c^2\exp\left(-\frac{mc^2}{2kT}\right) \tag{6-86}$$

式(6-86)即麦克斯韦速率分布律。

根据麦克斯韦速率分布律，可以求得分子出现概率最大的速率，即最概然速率。分子具有最概然速率时

$$\frac{\mathrm{d}P(c)}{\mathrm{d}c}=0$$

将式(6-86)代入，由此可解得分子的最概然速率为

$$c^* = \left(\frac{2kT}{m}\right)^{1/2} \tag{6-87}$$

根据麦克斯韦速率分布律，可以计算与分子速率 c 有关的物理量 $a(c)$ 的统计平均值，由于 c 的变化范围为 $0 \sim \infty$，所以计算公式为

$$\langle a \rangle = \int_0^{\infty} P(c)a(c)\mathrm{d}c \tag{6-88}$$

例如

分子的平均速率 $$\langle c \rangle = \left(\frac{8kT}{\pi m}\right)^{1/2} \tag{6-89}$$

分子的方均根速率 $$\langle c^2 \rangle^{1/2} = \left(\frac{3kT}{m}\right)^{1/2} \tag{6-90}$$

计算过程需要利用数学公式［式(6-53)］。

6.7 热力学函数与配分函数

前面已给出从分子的微观模型计算各种运动形式配分函数的方法。为了能够从物质的微观运动计算体系的热力学性质，必须确定热力学函数与配分函数的关系。

6.7.1 热力学能

热力学能即体系的总能量，对于独立子体系，它等于全部粒子的能量之和。即

$$U = \sum_i n_i \varepsilon_i$$

i 表示对所有能级加和。在平衡态下，n_i 服从玻尔兹曼分布律，故有以下结果：

$$n_i = \frac{N}{q} g_i \exp\left(-\frac{\varepsilon_i}{kT}\right)$$

$$U = \frac{N}{q} \sum_i \varepsilon_i g_i \exp\left(-\frac{\varepsilon_i}{kT}\right) \tag{6-91}$$

分子配分函数 q 中 ε_i 与体系体积有关，V 一定时，ε_i 为常数，所以

$$\left(\frac{\partial q}{\partial T}\right)_V = \frac{\sum_i g_i \varepsilon_i \exp[-\varepsilon_i/(kT)]}{kT^2}$$

上式与式(6-91)联立，可得体系热力学能与配分函数的关系式

$$U = NkT^2 \left(\frac{\partial \ln q}{\partial T}\right)_V \tag{6-92}$$

我们也可以从另一个角度理解式(6-91)，因为分子的能量分布函数为

$$P_i = \frac{1}{q} \sum_i g_i \exp\left(-\frac{\varepsilon_i}{kT}\right)$$

因此式(6-91)即

$$U = N \sum_i P_i \varepsilon_i = N \langle \varepsilon \rangle \tag{6-93}$$

这相当于把热力学能视为全部分子能量平均值的总和。

6.7.2 熵

体系的宏观性质熵是一个热力学量，与热力学能的情况不同，微观上没有一个力学量直接与熵相对应。要导出熵与配分函数的关系，必须从玻尔兹曼关系式入手，先导出总微观状态数 Ω 与 q 的关系。根据撷取最大项原理，即式(6-40)，Ω 与 q 的关系可视为最概然分布的微观状态数与 q 的关系。根据玻尔兹曼分布律

$$\frac{g_i}{n_i}=\frac{q}{N}\exp\left(\frac{\varepsilon_i}{kT}\right)$$

对定域子体系而言，

$$\begin{aligned}\Omega_{\mathrm{D}}&=N!\prod_i\frac{g_i^{n_i}}{n_i!}=\left(\frac{N}{\mathrm{e}}\right)^N\prod_i\left(\frac{g_i\mathrm{e}}{n_i}\right)^{n_i}=\left(\frac{N}{\mathrm{e}}\right)^N\left(\frac{q\mathrm{e}}{N}\right)^N\prod_i\left[\exp\left(\frac{\varepsilon_i}{kT}\right)\right]^{n_i}\\&=q^N\exp\frac{U}{kT}\end{aligned}\qquad(6\text{-}94)$$

导出过程利用了斯特林近似公式 $N!=(N/\mathrm{e})^N$，$n_i!=(n_i/\mathrm{e})^{n_i}$ 和 $\sum_i n_i=N$ 及 $\sum_i n_i\varepsilon_i=U$ 两个守恒条件。对于离域子体系而言，同法可得到

$$\Omega_{\mathrm{L}}=\prod_i\frac{g_i^{n_i}}{n_i!}=\frac{q^N}{N!}\exp\frac{U}{kT}\qquad(6\text{-}95)$$

将式(6-94) 和式(6-95) 分别代入玻尔兹曼关系式：

$$S=k\ln\Omega$$

得到

$$S_{\mathrm{D}}=Nk\ln q+\frac{U}{T}\qquad(6\text{-}96)$$

$$S_{\mathrm{L}}=Nk\ln\frac{q\mathrm{e}}{N}+\frac{U}{T}\qquad(6\text{-}97)$$

以上两式中 U 与 q 的关系可由式(6-92) 表示。它们就是熵与配分函数的关系式。

在导出其它热力学函数与配分函数的关系之前，这里我们要交代玻尔兹曼分布律公式中乘数 β 的取值问题。6.4 节曾指出 $\beta=1/(kT)$，但未给予证明，现在证明这个关系。显然，在未做出证明之前玻尔兹曼分布律中的 $1/(kT)$ 应为 β，因此 q、U、Ω 的表达式应为

$$q=\sum_j\exp(-\beta\varepsilon_j)$$

$$U=-N\left(\frac{\partial\ln q}{\partial\beta}\right)_V$$

$$\Omega_{\mathrm{D}}=q^N\exp(\beta U)\quad\text{及}\quad\Omega_{\mathrm{L}}=\frac{q^N}{N!}\exp(\beta U)$$

前面曾指出 Ω 是体系 U、V、N 的函数。在 N、V 一定的条件下，Ω 是 U 的函数。从以上 Ω 的表示式可以看出这时 q 和 β 应是 U 的函数（在 β 的取值确定后，可以明确 q 是 T 的函数，而 T 与 U 紧密相关）。前面曾由玻尔兹曼关系式导出 Ω 与 U 的关系，即

$$\left(\frac{\partial\ln\Omega}{\partial U}\right)_{N,V}=\frac{1}{kT}\qquad(6\text{-}21)$$

将 Ω_{D} 或 Ω_{L} 代入上式，因 $N!$ 为常数，微分后得到相同的结果，即

$$
\begin{aligned}
\left(\frac{\partial \ln \Omega}{\partial U}\right)_{N,V} &= N\left(\frac{\partial \ln q}{\partial U}\right)_{N,V} + \beta + U\left(\frac{\partial \beta}{\partial U}\right)_{N,V} \\
&= N\left(\frac{\partial \ln q}{\partial \beta}\right)_{N,V}\left(\frac{\partial \beta}{\partial U}\right)_{N,V} + \beta + U\left(\frac{\partial \beta}{\partial U}\right)_{N,V} \\
&= -U\left(\frac{\partial \beta}{\partial U}\right)_{N,V} + \beta + U\left(\frac{\partial \beta}{\partial U}\right)_{N,V} \\
&= \beta
\end{aligned}
\tag{6-98}
$$

与式(6-21) 比较，得

$$\beta = \frac{1}{kT} \tag{6-34}$$

6.7.3 其它热力学函数

在熵函数的配分函数表达式基础上，根据以下热力学关系

$$F = U - TS \qquad p = -\left(\frac{\partial F}{\partial V}\right)_T$$

$$H = U + pV \qquad C_V = \left(\frac{\partial U}{\partial T}\right)_V$$

$$G = F + pV$$

可以导出其它热力学函数与配分函数的关系，即热力学函数的统计表达式。所得结果于表 6-3 中列出。

表 6-3 热力学函数的统计表达式

热力学函数	定域子体系	离域子体系
U	$NkT^2\left(\frac{\partial \ln q}{\partial T}\right)_V$	$NkT^2\left(\frac{\partial \ln q}{\partial T}\right)_V$
F	$-NkT\ln q$	$-NkT\ln\frac{qe}{N}$
p	$NkT\left(\frac{\partial \ln q}{\partial V}\right)_T$	$NkT\left(\frac{\partial \ln q}{\partial V}\right)_T$
S	$Nk\ln q + \frac{U}{T}$	$Nk\ln\frac{qe}{N} + \frac{U}{T}$
H	$NkT\left[\left(\frac{\partial \ln q}{\partial \ln\{T\}}\right)_V + \left(\frac{\partial \ln q}{\partial \ln\{V\}}\right)_T\right]$	$NkT\left[\left(\frac{\partial \ln q}{\partial \ln\{T\}}\right)_V + \left(\frac{\partial \ln q}{\partial \ln\{V\}}\right)_T\right]$
G	$-NkT\left[\ln q - \left(\frac{\partial \ln q}{\partial \ln\{V\}}\right)_T\right]$	$-NkT\left[\ln\frac{qe}{N} - \left(\frac{\partial \ln q}{\partial \ln\{V\}}\right)_T\right]$
C_V	$2NkT\left(\frac{\partial \ln q}{\partial T}\right)_V + NkT^2\left(\frac{\partial^2 \ln q}{\partial T^2}\right)_V$	$2NkT\left(\frac{\partial \ln q}{\partial T}\right)_V + NkT^2\left(\frac{\partial^2 \ln q}{\partial T^2}\right)_V$

【例 6-6】 试导出独立定域子体系中，$S = N\langle -k\ln P_j\rangle$

解 P_j 为粒子出现在量子态 j 上的概率，所以

$$P_j = \exp[-\varepsilon_j/(kT)]/q \quad 即 \quad -k\ln P_j = \varepsilon_j/T + k\ln q$$

其统计平均值为

$$\langle -k\ln P_j\rangle = -k\sum_j P_j \ln P_j = \sum_j P_j\varepsilon_j/T + k\ln q\sum_j P_j = \langle\varepsilon\rangle/T + k\ln q$$

因此

$$N\langle -k\ln p_j\rangle = Nk\ln q + N\langle \varepsilon\rangle/T = Nk\ln q + U/T$$

上式与定域子体系熵的统计表达式相比较，可得 $S=N\langle -k\ln P_j\rangle$。

此例说明在独立定域子体系中，每个统计单元（1个粒子）与宏观量熵相应的微观量是 $-k\ln P_j$。

6.8 热力学函数的统计计算

通过热力学函数的统计表达式，从计算分子的配分函数可以计算体系的热力学函数。本节讨论体系热力学能、热容以及熵的统计计算。

6.8.1 热力学能与热容的统计计算

6.8.1.1 热力学能

由式(6-92) 知，热力学能与分子配分函数的关系为

$$U = NkT^2\left(\frac{\partial \ln q}{\partial T}\right)_V$$

设 q 是基态能量为 ε_0 的配分函数，它与基态能量为 0 的配分函数 q_0 之间满足关系式(6-52)，即

$$q = q_0\exp\left(-\frac{\varepsilon_0}{kT}\right)$$

代入热力学能的统计表达式后得到

$$U = U^0 + U_0 \tag{6-99}$$

其中

$$U^0 = NkT^2\left(\frac{\partial \ln q_0}{\partial T}\right)_V \tag{6-100}$$

式(6-99) 中的 U 和 U^0 分别是基态能量取为 ε_0 及 0 时相应的热力学能，$U_0=N\varepsilon_0$ 是全部分子都处于基态时的能量。在 0K 时，分子的各种运动形式都处于最低能级，因此 U_0 可认为是体系 0K 时的热力学能。

式(6-99) 说明热力学能与配分函数一样也与基态能量的取值有关。可以证明，其它的能量函数，焓（H）、赫姆霍兹函数（F）和吉布斯函数（G）同样具有这种特点。即

$$H = H^0 + U_0 \tag{6-101}$$

$$F = F^0 + U_0 \tag{6-102}$$

$$G = G^0 + U_0 \tag{6-103}$$

与 U^0 类似，H^0、F^0 和 G^0 分别表示在基态能量为 0 的基础上体系的焓、赫姆霍兹函数和吉布斯函数。$U_0=N\varepsilon_0$ 是全部分子都处于基态时的能量。然而体系的热容（C_V）、压力（p）和熵（S）均与基态能量的取值无关。

根据配分函数的析因子性质，基态能量为 0 时分子的全配分函数为

$$q_0 = q_{0,t} q_{0,r} q_{0,v} q_{0,e} q_{0,n}$$

代入热力学能的统计表达式，得

$$U^0 = U_t^0 + U_r^0 + U_v^0 + U_e^0 + U_n^0 \tag{6-104}$$

其中

$$U_t^0 = NkT^2 \left(\frac{\partial \ln q_{0,t}}{\partial T}\right)_V \tag{6-105}$$

$$U_r^0 = NkT^2 \frac{\mathrm{d}\ln q_{0,r}}{\mathrm{d}T} \tag{6-106}$$

$$U_v^0 = NkT^2 \frac{\mathrm{d}\ln q_{0,v}}{\mathrm{d}T} \tag{6-107}$$

……

分别为平动、转动、振动……对热力学能的贡献。其中由于核配分函数为常数，电子配分函数通常也为常数，因此通常温度下核与电子运动对热力学能的贡献为0，一般只需计算平动、转动、振动对热力学能的贡献。以双原子理想气体为例，分子的配分函数可表示为三维平动子，线形转子和一维简谐振子配分函数之积，它们分别为

$$q_{0,t} = \left(\frac{2\pi mkT}{h^2}\right)^{3/2} V$$

$$q_{0,r} = \frac{T}{\sigma\theta_r}$$

$$q_{0,v} = (1 - e^{-x})^{-1} \qquad \left(x = \frac{\theta_v}{T}\right)$$

将它们依次代入式(6-105)～式(6-107)，对于1mol气体而言，Nk 以 R 代替，则

$$U_{m,t}^0 = \frac{3}{2}RT \tag{6-108}$$

$$U_{m,r}^0 = RT \tag{6-109}$$

$$U_{m,v}^0 = \frac{RTx}{e^x - 1} \qquad \left(x = \frac{\theta_v}{T}\right) \tag{6-110}$$

它们分别是平动、转动和振动对双原子理想气体摩尔热力学能的贡献。

根据能量按自由度均分定理，对1mol分子而言，在经典场合下分子的每个自由度平均具有(1/2)RT 的能量。需要说明的是这里的自由度与前面（6.2节）提到的运动自由度不完全相同，是指能量的经典表示式中平方项的个数。对平动和转动而言，在能量的经典表示式中每个运动自由度的能量都可以用1个动能平方项表示，故两种自由度数相同。但对振动而言，由于一维简谐振子能量的经典表示式中包括动能和势能两个平方项之和，因此应当平均具有 RT 的振动能。式(6-108)～式(6-110）的结果说明平动能和转动能完全符合能量均分定理，但振动能与能量均分定理不符。这是由于在常温下平动和转动自由度已完全开放，但振动的能量量子化效应还相当显著所致。假定体系的温度可以充分升高，以致 $\theta_v \ll T$，从而 $x \to 0$，且 $e^x \approx 1 + x$，结果 $U_{m,v}^0 = RT$，这时振动能也与能量均分定理相符。

6.8.1.2 热容

恒容热容（C_V）与基态能量取值无关，根据其定义

$$C_V=\left(\frac{\partial U}{\partial T}\right)_V$$

将 U 的统计表达式或统计计算结果代入上式，C_V 也可分解成各种运动形式的贡献之和。通常温度下电子和核运动对 C_V 的贡献为 0。以 1mol 物质为基准，$C_{V,\mathrm{m}}$ 可表示为

$$C_{V,\mathrm{m}}=C_{V,\mathrm{m,t}}+C_{V,\mathrm{m,r}}+C_{V,\mathrm{m,v}} \tag{6-111}$$

(1) 理想气体的热容　以双原子理想气体为例，将式(6-108)～式(6-110) 逐个代入热容的定义式，可得

$$C_{V,\mathrm{m,t}}=\frac{3}{2}R \tag{6-112}$$

$$C_{V,\mathrm{m,r}}=R \tag{6-113}$$

$$C_{V,\mathrm{m,v}}=\frac{Rx^2\mathrm{e}^x}{(\mathrm{e}^x-1)^2}\qquad\left(x=\frac{\theta_\mathrm{v}}{T}\right) \tag{6-114}$$

常温下振动特征温度 $\theta_\mathrm{v}\gg T$，$x\to\infty$，$x^2\mathrm{e}^x/(\mathrm{e}^x-1)^2\approx x^2/\mathrm{e}^x\approx 0$，这意味着振动自由度完全没有开放，$C_{V,\mathrm{m,v}}\approx 0$，因此双原子理想气体的 $C_{V,\mathrm{m}}\approx(5/2)R$。对单原子理想气体而言，因分子没有转动和振动，所以 $C_{V,\mathrm{m}}=(3/2)R$。显然上述结论是在振动自由度完全没有开放的情况下得到的。然而，有些分子的振动特征温度并不是很高，常温下振动自由度已有一定程度的开放，这时振动对 $C_{V,\mathrm{m}}$ 的贡献就不可忽略。在充分高的温度下假定分子不发生分解，$T\gg\theta_\mathrm{v}$，$x\to 0$，$\mathrm{e}^x\approx 1+x$，则 $C_{V,\mathrm{m,v}}=R$，这时振动自由度对热容的贡献也遵守经典热容理论，即每个自由度对 $C_{V,\mathrm{m}}$ 的贡献为 $(1/2)R$。

【例 6-7】 双原子分子 Cl_2 的振动特征温度 $\theta_\mathrm{v}=803.1\mathrm{K}$，不计电子及核运动的贡献，用统计热力学方法计算 323K 时 $Cl_2(g)$ 的 $C_{V,\mathrm{m}}$。在充分高的温度下，假定 Cl_2 分子不发生分解，该气体的 $C_{V,\mathrm{m}}$ 应为多少？

解　在充分高温下，分子的运动自由度完全开放，按照经典热容理论，双原子分子平动能有 3 个平方项，转动能有 2 个平方项，振动能有 2 个平方项，每个平方项对 $C_{V,\mathrm{m}}$ 的贡献是 $(1/2)R$，所以

$$C_{V,\mathrm{m}}=(3+2+2)\times(1/2)R=3.5R=29.10\mathrm{J\cdot K^{-1}\cdot mol^{-1}}$$

$T=323\mathrm{K}$ 时，平动、转动按经典热容理论处理 $C_{V,\mathrm{m,t}}=(3/2)R$，$C_{V,\mathrm{m,r}}=R$，振动对 $C_{V,\mathrm{m}}$ 的贡献按下式计算：

$C_{V,\mathrm{m,v}}=Rx^2\mathrm{e}^x/(\mathrm{e}^x-1)^2$，其中 $x=\theta_\mathrm{v}/T=803.1/323=2.486$，$\mathrm{e}^x=12.013$

所以

$$C_{V,\mathrm{m,v}}=[2.486^2\times 12.013/(12.013-1)^2]R=0.612R$$

故

$$C_{V,\mathrm{m}}=(1.5+1+0.612)R=3.112R=25.87\mathrm{J\cdot K^{-1}\cdot mol^{-1}}$$

(2) 晶体的热容　晶体不是独立子体系，晶体中的原子被束缚在固定的晶格上只能围绕平衡位置做微小的振动。然而在任一瞬间，各原子的振动可近似看成相互独立的简谐振动。由于每个三维简谐振子的振动可以分解为三个在相互垂直方向上的一维简谐振子的振动，因此，晶体的 $C_{V,\mathrm{m}}$ 等于 3mol 一维简谐振子对热容的贡献之和。爱因斯坦假设各个简谐振子具有相同的振动频率 ν_E 或振动特征温度 θ_E ($\theta_\mathrm{E}=h\nu_\mathrm{E}/k$)，$\nu_\mathrm{E}$、$\theta_\mathrm{E}$ 分别称为爱因斯坦振动频率与爱因斯坦振动特征温度。由式(6-114) 知

$$C_{V,\mathrm{m}}=\frac{3Rx^2\mathrm{e}^x}{(\mathrm{e}^x-1)^2} \qquad \left(x=\frac{\theta_\mathrm{E}}{T}\right) \tag{6-115}$$

此即爱因斯坦晶体热容公式。按照式(6-115)，在高温（$T\gg\theta_\mathrm{E}$）下 $C_{V,\mathrm{m}}=3R$，这个结果与经典的杜隆-柏蒂（Dulong-Petit）定律相符。在 $T\to0\mathrm{K}$ 时，$C_{V,\mathrm{m}}\to0$，也与实验结果一致。总的来看理论与实验较为符合。但在接近 0K 的低温下，理论值低于实验值，这是由于爱因斯坦公式在导出时采用了所有原子具有同一个振动频率的假定所致。后来德拜（Debye）对此作了进一步修正，他认为晶体中的原子可以有不同的振动频率，而且存在一个频率上限 ν_D（ν_D 称为德拜振动频率）。德拜在对爱因斯坦的模型进行修改后提出了新的晶体热容公式，德拜公式在全部温度范围内与实验符合得很好，在 $T\ll\theta_\mathrm{D}$（$\theta_\mathrm{D}=h\nu_\mathrm{D}/k$，称为德拜振动特征温度）的低温下化为

$$C_{V,\mathrm{m}}/\mathrm{J\cdot K^{-1}\cdot mol^{-1}}=\frac{12\pi^4R}{5}\left(\frac{T}{\theta_\mathrm{D}}\right)^3=1944\left(\frac{T}{\theta_\mathrm{D}}\right)^3 \tag{6-116}$$

式(6-116) 称为德拜晶体热容公式，又称为 T^3 定律。在缺少低温下热容数据的情况下，常用该式作近似计算（如 2.5 节中标准熵的计算）。

6.8.2 熵的统计计算

根据配分函数的析因子性质，将分子的全配分函数代入熵的统计表达式，可将体系的熵分解为各种运动形式的贡献之和。熵与配分函数中基态能量的取值无关。以离域子体系为例，将 q 代入式(6-96) 分别得下列公式。

$$S=S_\mathrm{t}+S_\mathrm{r}+S_\mathrm{v}+S_\mathrm{e}+S_\mathrm{n}$$

其中

$$S_\mathrm{t}=Nk\ln\frac{q_{0,\mathrm{t}}}{N}+\frac{U_\mathrm{t}^0}{T}+Nk \tag{6-117}$$

$$S_\mathrm{r}=Nk\ln q_{0,\mathrm{r}}+\frac{U_\mathrm{r}^0}{T} \tag{6-118}$$

$$S_\mathrm{v}=Nk\ln q_{0,\mathrm{v}}+\frac{U_\mathrm{v}^0}{T} \tag{6-119}$$

$$S_\mathrm{e}=Nk\ln q_{0,\mathrm{e}}+\frac{U_\mathrm{e}^0}{T} \tag{6-120}$$

$$S_\mathrm{n}=Nk\ln q_{0,\mathrm{n}}+\frac{U_\mathrm{n}^0}{T} \tag{6-121}$$

分子的各种运动形式对熵都有一定的贡献。其中平动、转动和振动对熵的贡献随温度变化，这三种运动形式，称为分子的热运动。一般的电子运动和核运动，以及分子内部尚未被认识的其它运动形式对熵的贡献不随温度变化。随温度变化的这部分熵可以通过量热实验测定，测定结果称为量热熵。2.5 节中提到的由实验测定的规定熵就是量热熵，它实际上是从 0K 完善晶体到某温度下指定状态的 ΔS。显然那些不随温度变化的熵在 ΔS 中相互抵消，因此量热熵不是绝对熵。微观上与量热熵相应的这部分熵也可以用光谱数据通过统计计算得到，计算的结果称为统计熵或光谱熵，它主要包括平动熵、转动熵和振动熵。少数分子的电子基态简并度不为 1，统计熵还包括这些物质的电子熵。即

$$S_{统计}=S_\mathrm{t}+S_\mathrm{r}+S_\mathrm{v}+S_\mathrm{e} \tag{6-122}$$

下面给出理想气体统计熵的具体计算公式。将平动配分函数代入式(6-117)，由于$U_{t}^{0}=(3/2)NkT$且$V/N=kT/p$，所以平动熵可表示为

$$S_{t}=Nk\left\{\ln\left[\left(\frac{2\pi mkT}{h^{2}}\right)^{3/2}\frac{kT}{p}\right]+\frac{5}{2}\right\} \tag{6-123}$$

对1mol气体而言，平动熵仅与m、T、p有关，将物理常数代入计算，上式化为

$$S_{m,t}=R\left(\frac{3}{2}\ln\frac{M}{g\cdot mol^{-1}}+\frac{5}{2}\ln\frac{T}{K}-\ln\frac{p}{p^{\ominus}}-1.152\right) \tag{6-124}$$

式中$M=mL$为分子的摩尔质量，式(6-124)是计算理想气体平动熵的常用公式，称为沙克尔-泰特洛德（Sackur-Tetrode）方程。

将转动配分函数代入式(6-118)，由于直线形转子与非直线形转子的摩尔转动能（$U_{m,r}^{0}$）分别为RT和$(3/2)RT$，所以双原子分子和直线形分子的转动熵为

$$S_{m,r}=R\left(\ln\frac{T}{\sigma\theta_{r}}+1\right) \tag{6-125}$$

非直线形分子的转动熵为

$$S_{m,r}=R\left(\frac{1}{2}\ln\frac{T^{3}}{\theta_{r,x}\theta_{r,y}\theta_{r,z}}-\ln\sigma+2.072\right) \tag{6-126}$$

将单维简谐振子的配分函数代入式(6-119)，其中摩尔振动能以式(6-110)表示，可得计算单维简谐振子振动熵的公式为

$$S_{m,v}=R\left[\frac{x}{e^{x}-1}-\ln(1-e^{-x})\right]\quad\left(x=\frac{\theta_{v}}{T}\right) \tag{6-127}$$

对于一般电子运动，由于$U_{m,e}^{0}=0$，$q_{0,e}=g_{0,e}$，电子熵的计算公式为

$$S_{m,e}=R\ln g_{0,e} \tag{6-128}$$

【例6-8】 O_2(g)的摩尔质量为32g·mol^{-1}，转动特征温度为2.07K，振动特征温度为2256K，电子基态能级简并度为3，计算298.15K时O_2(g)的标准摩尔统计熵。

解 在标准状态$p/p^{\ominus}=1$，所以

$$S_{m,t}^{\ominus}=R[(3/2)\ln32+(5/2)\ln298.15-1.152]=152.07\text{J}\cdot\text{K}^{-1}\cdot\text{mol}^{-1}$$

$$S_{m,r}=R\{\ln[298.15/(2\times2.07)]+1\}=43.87\text{J}\cdot\text{K}^{-1}\cdot\text{mol}^{-1}$$

因为$x=\theta_{v}/T=2256/298.15=7.567$，所以

$$S_{m,v}=R[7.567/(e^{7.567}-1)-\ln(1-e^{-7.567})]=0.04\text{J}\cdot\text{K}^{-1}\cdot\text{mol}^{-1}$$

$$S_{m,e}=R\ln3=9.13\text{J}\cdot\text{K}^{-1}\cdot\text{mol}^{-1}$$

O_2(g)的标准摩尔统计熵为

$$\begin{aligned}S_{m,统计}^{\ominus}&=S_{m,t}^{\ominus}+S_{m,r}+S_{m,v}+S_{m,e}=(152.07+43.87+0.04+9.13)\text{J}\cdot\text{K}^{-1}\cdot\text{mol}^{-1}\\&=205.11\text{J}\cdot\text{K}^{-1}\cdot\text{mol}^{-1}\end{aligned}$$

这个结果与同温度下O_2(g)的标准摩尔量热熵205.4J·K^{-1}·mol^{-1}非常接近。一些物质标准统计熵与标准量热熵的比较于表6-4中列出。其中有些物质统计熵与量热熵的差值超出了实验误差能够解释的范围，这个差值称为残余熵。残余熵的出现是由于物质在$T\to0$K时未能形成完善晶体的状态。残余熵可通过玻尔兹曼关系式计算。前面（2.5节）曾说过CO在降温过程中会被冻结在COOCCOCOOC……的无序结晶状态，由于每个CO分子

的空间取向有两种可能，N 个 CO 分子的空间取向共有 2^N 种可能，残余在晶体中的微观状态数 $\Omega=2^N$。由玻尔兹曼关系式，可知

$$S_{残余}=k\ln 2^N=Nk\ln 2$$

1mol CO 的残余熵为 $R\ln 2=5.77\text{J}\cdot\text{K}^{-1}\cdot\text{mol}^{-1}$，将它加在量热熵上便与统计熵大大相近了。

表 6-4 一些物质的标准统计熵与标准量热熵的比较

物质	$S_m^{\ominus}(298.15\text{K})/\text{J}\cdot\text{K}^{-1}\cdot\text{mol}^{-1}$		
	统计熵	量热熵	残余熵
H_2	130.66	124.0	6.66
Ne	146.23	146.5	—
N_2	191.59	192.0	—
O_2	205.11	205.4	—
HCl	186.77	186.2	—
HI	206.69	207.1	—
Cl_2	223.05	223.1	—
CO	197.95	193.3	4.65
CO_2	213.68	213.8	—
NO	211.00	207.9	3.10
NH_3	192.09	192.2	—
C_2H_4	219.53	219.6	—
C_6H_5	269.28	269.7	—

6.9 气相反应平衡常数的统计计算

6.9.1 平衡常数的统计表达式

对于气相化学反应

$$0=\sum_{\text{B}}\nu_{\text{B}}\text{B}$$

由式(5-11）知，其标准平衡常数与标准摩尔反应吉布斯函数间的关系为

$$K^{\ominus}=\exp\left(-\frac{\Delta_r G_m^{\ominus}}{RT}\right)$$

表 6-3 中给出了离域子体系 G 的统计表达式。在一定温度下分子的全配分函数中只有平动配分函数与 V 有关，且与 V 成正比。因此在 G 的表达式中

$$\left(\frac{\partial\ln q}{\partial\ln\{V\}}\right)_T=1$$

所以理想气体的吉布斯函数可表示为

$$G=-NkT\ln\frac{q}{N}$$

吉布斯函数与基态能量的取值有关，对于1mol B气体，吉布斯函数即其化学势，所以

$$\mu_B=G_{m,B}=-RT\ln\left(\frac{q_0}{N}\right)_B+U_{m,0,B} \tag{6-129}$$

其中$U_{m,0}=L\varepsilon_0$，为1mol分子处于基态或在0K时的能量。在$p=p^\ominus$的标准状态下，则

$$\mu_B^\ominus=G_{m,B}^\ominus=-RT\ln\left(\frac{q_0^\ominus}{N}\right)_B+U_{m,0,B} \tag{6-130}$$

其中$q_0^\ominus$为气体在标准状态下的配分函数。一定温度下，气体分子各种形式的配分函数中只有平动配分函数与气体压力有关，根据配分函数的析因子性质，标准配分函数可表示为

$$q_0^\ominus=q_{0,t}^\ominus q_{0,in} \qquad (\text{其中 } q_{0,in}=q_{0,r}q_{0,v}q_{0,e}) \tag{6-131}$$

$q_{0,in}$为基态能量为0时的内部运动配分函数，在一般化学反应中核运动对热力学函数的贡献可不予考虑。式(6-131)中$q_{0,t}^\ominus$称为标准平动配分函数。在标准状态时$V=NkT/p^\ominus$，所以

$$\frac{q_{0,t}^\ominus}{N}=\left(\frac{2\pi mkT}{h^2}\right)^{3/2}\frac{kT}{p^\ominus} \tag{6-132}$$

式(6-130)代入式(5-11)，则有

$$K^\ominus=\prod_B\left(\frac{q_0^\ominus}{N}\right)_B^{\nu_B}\exp\left(-\frac{\Delta_r U_{m,0}}{RT}\right) \tag{6-133}$$

其中

$$\Delta_r U_{m,0}=\sum\nolimits_B \nu_B U_{m,0,B} \tag{6-134}$$

为0K时的摩尔反应热力学能。

在化学动力学中常常采用以粒子数密度c^*为单位的平衡常数K_{c^*}，c^*与压力的关系为

$$c^*=\frac{N}{V}=\frac{p}{kT} \tag{6-135}$$

K_{c^*}可表示为

$$K_{c^*}=\prod_B\left(\frac{p_B}{kT}\right)_e^{\nu_B}=\prod_B\left(\frac{p_B}{p^\ominus}\right)_e^{\nu_B}\left(\frac{p^\ominus}{kT}\right)^{\Delta\nu}=K^\ominus\left(\frac{p^\ominus}{kT}\right)^{\Delta\nu}$$
$$=\prod_B\left(\frac{q_0^\ominus p^\ominus}{NkT}\right)_B^{\nu_B}\exp\left(-\frac{\Delta_r U_{m,0}}{RT}\right)$$

令

$$q^*=\frac{q_0^\ominus p^\ominus}{NkT}=\left(\frac{2\pi mkT}{h^2}\right)^{3/2}q_{0,in} \tag{6-136}$$

配分函数q^*具有［体积］$^{-1}$的量纲，称为单位体积的配分函数。所以

$$K_{c^*}=\prod_B(q_B^*)^{\nu_B}\exp\left(-\frac{\Delta_r U_{m,0}}{RT}\right) \tag{6-137}$$

式(6-133)和式(6-137)是理想气体反应的两种常用平衡常数的统计表达式。

欲计算平衡常数，除计算反应物分子及产物分子的配分函数外，尚需计算0K时的摩尔反应热力学能。以下给出由分子解离能计算$\Delta_r U_{m,0}$的方法。1个处于基态的分子解离成处于基态的孤立原子所需的能量叫做该分子的解离能，用符号D表示。根据分子解离能的定

义，由处于基态的反应物分子变为处于基态的产物分子的能量变化 $\Delta\varepsilon_0$ 可沿下列途径计算：

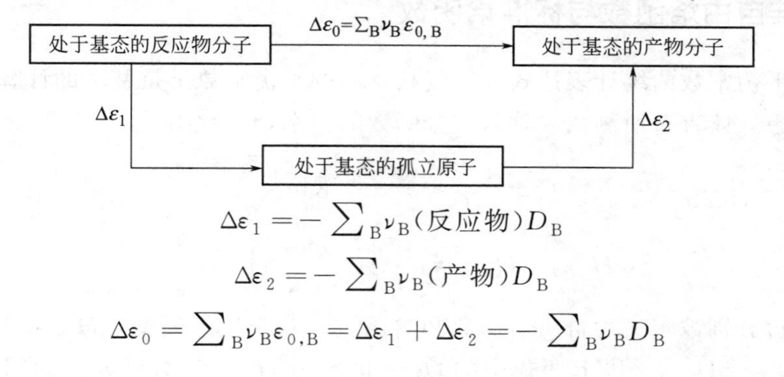

$$\Delta\varepsilon_1=-\sum_B\nu_B(\text{反应物})D_B$$

$$\Delta\varepsilon_2=-\sum_B\nu_B(\text{产物})D_B$$

$$\Delta\varepsilon_0=\sum_B\nu_B\varepsilon_{0,B}=\Delta\varepsilon_1+\Delta\varepsilon_2=-\sum_B\nu_B D_B$$

所以

$$\Delta_r U_{m,0}=L\Delta\varepsilon_0=-L\sum_B\nu_B D_B \tag{6-138}$$

【例 6-9】 已知 H_2、I_2 和 HI 的分子参数如下表所示，计算反应 $H_2(g)+I_2(g)=\!=\!=2HI(g)$在 298.15K 时的 $K^\ominus$

分子	$M/g\cdot mol^{-1}$	θ_r/K	θ_v/K	$D/10^{-19}J$	$g_{0,e}$
$H_2(g)$	2.016	85.4	6100	7.171	1
$I_2(g)$	253.81	0.0538	310	2.470	1
HI(g)	127.91	9.43	3200	4.896	1

解 反应的 $\Delta\nu=0$，所以

$$K^\ominus=K_{c^*}=\prod_B(q_B^*)^{\nu_B}\exp\left(-\frac{\Delta_r U_{m,0}}{RT}\right)$$

将 q_B^* 的表示式［式(6-136)］代入，注意各分子中电子基态简并度皆为 1，电子配分函数均为 1，所以

$$K^\ominus=\left(\frac{M_{HI}^2}{M_{H_2}M_{I_2}}\right)^{3/2}\frac{4\theta_{r,H_2}\theta_{r,I_2}}{\theta_{r,HI}^2}\frac{q_{0,v,HI}^2}{q_{0,v,H_2}q_{0,v,I_2}}\exp\left(-\frac{\Delta_r U_{m,0}}{RT}\right)$$

由已知数据可计算出：$(M_{HI}^2/M_{H_2}M_{I_2})^{3/2}=127.91^3/(2.016\times253.81)^{3/2}=180.81$

$$4\theta_{r,H_2}\theta_{r,I_2}/\theta_{r,HI}^2=4\times85.4\times0.0538/9.43^2=0.207$$

由于 H_2 和 HI 的 $\theta_v\gg T$，因此 $q_{0,v,H_2}\approx1$，$q_{0,v,HI}\approx1$，而

$$q_{0,v,I_2}=[1-\exp(-310/298.15)]^{-1}=1.546$$

所以

$$q_{0,v,HI}^2/(q_{0,v,H_2}q_{0,v,I_2})=1^2/(1\times1.546)=0.646$$

由式(6-138)，有

$$\Delta_r U_{m,0}=L(D_{H_2}+D_{I_2}-2D_{HI})=6.02\times10^{23}\times(7.171+2.470-2\times4.896)\times10^{-19}J\cdot mol^{-1}$$
$$=-9.09\times10^3J\cdot mol^{-1}$$

$$\exp\left(-\frac{\Delta_r U_{m,0}}{RT}\right)=\exp\frac{9.09\times10^3}{298.15\times8.314}=39.14$$

故 $K^\ominus=180.81\times0.207\times0.646\times39.14=946.3$

6.9.2 标准自由焓函数与标准焓函数

直接采用平衡常数的统计表达式计算气相反应的平衡常数虽是基本的计算方法，但比较麻烦。根据理想气体吉布斯函数、焓与配分函数的关系，可导出

$$\frac{G^{\ominus}_{m,T}-U_{m,0}}{T}=-R\ln\frac{q^{\ominus}_{0}}{N} \tag{6-139}$$

$$H^{\ominus}_{m,T}-U_{m,0}=RT\left[\left(\frac{\partial \ln q^{\ominus}_{0}}{\partial \ln\{T\}}\right)_{V}+1\right] \tag{6-140}$$

以上两式的左边分别被定义为自由焓函数和焓函数。对于理想气体，$H_{m}=U_{m}+RT$，由于 $T=0\text{K}$ 时，$H_{m,0}=U_{m,0}$，以上两式中的 $U_{m,0}$ 也可用 $H_{m,0}$ 代替。人们利用已知的光谱数据根据式(6-139) 和式(6-140) 计算出气体的自由焓函数和焓函数，汇集成表（附录Ⅷ），以备计算平衡常数时查用，从而简化了计算过程，提高了计算精度。

由热力学公式

$$-R\ln K^{\ominus}=\frac{\Delta_{r}G^{\ominus}_{m}(T)}{T}=\Delta_{r}\left(\frac{G^{\ominus}_{m,T}-H_{m,0}}{T}\right)+\frac{\Delta_{r}H_{m,0}}{T} \tag{6-141}$$

式(6-141) 右边第一项可采用自由焓函数值计算，第二项中 $\Delta_{r}H_{m,0}$ 即 $\Delta_{r}U_{m,0}$，可由解离能数据或采用某温度 T（如 298.15K）的焓函数值计算，计算公式为

$$\Delta_{r}H_{m,0}=\Delta_{r}H^{\ominus}_{m,298.15\text{K}}-\Delta_{r}(H^{\ominus}_{m,298.15\text{K}}-H_{m,0}) \tag{6-142}$$

其中 $\Delta_{r}H^{\ominus}_{m,298.15\text{K}}$ 可采用量热值，如由标准生成焓计算。

【例 6-10】 利用下表中数据计算反应 $CO(g)+H_2O(g) = H_2(g)+CO_2(g)$ 在 1000K 时的 $K^{\ominus}$。

气体	$\left(-\frac{G^{\ominus}_{m,T}-U_{m,0}}{T}\right)/\text{J}\cdot\text{K}^{-1}\cdot\text{mol}^{-1}$ (T=1000K)	$(H^{\ominus}_{m,T}-U_{m,0})/\text{kJ}\cdot\text{mol}^{-1}$ (T=298.15K)	$\Delta_{f}H^{\ominus}_{m}/\text{kJ}\cdot\text{mol}^{-1}$ (T=298.15K)
CO_2	226.40	9.364	−393.51
H_2	136.98	8.468	0
CO	204.05	8.673	−110.52
H_2O	196.74	9.910	−241.82

解　$T=298.15\text{K}$ 时，

$$\Delta_{r}H^{\ominus}_{m,298.15\text{K}}=\sum_{i}\nu_{i}\Delta_{f}H^{\ominus}_{m,298.15\text{K}}=(-393.51+0+110.52+241.82)\text{kJ}\cdot\text{mol}^{-1}$$
$$=-41170\text{J}\cdot\text{mol}^{-1}$$

$$\Delta_{r}(H^{\ominus}_{m,298.15\text{K}}-U_{m,0})=\sum_{i}\nu_{i}(H^{\ominus}_{m,298.15\text{K}}-U_{m,0})_{i}$$
$$=(9.364+8.468-8.673-9.910)\text{kJ}\cdot\text{mol}^{-1}$$
$$=-751\text{J}\cdot\text{mol}^{-1}$$

$$\Delta_{r}U_{m,0}=\Delta_{r}H^{\ominus}_{m,298.15\text{K}}-\Delta_{r}(H^{\ominus}_{m,298.15\text{K}}-U_{m,0})=(-41170+751)\text{J}\cdot\text{mol}^{-1}$$
$$=-40419\text{J}\cdot\text{mol}^{-1}$$

$T=1000\text{K}$ 时，

$$\Delta_r\left(-\frac{G^{\ominus}_{m,T}-U_{m,0}}{T}\right)=\sum_i\nu_i\left(-\frac{G^{\ominus}_{m,T}-U_{m,0}}{T}\right)_i$$

$$=(226.40+136.98-204.05-196.74)\text{J}\cdot\text{K}^{-1}\cdot\text{mol}^{-1}$$

$$=-37.41\text{J}\cdot\text{K}^{-1}\cdot\text{mol}^{-1}$$

$$R\ln K^{\ominus}=\Delta_r\left(-\frac{G^{\ominus}_{m,T}-U_{m,0}}{T}\right)-\frac{\Delta_r U_{m,0}}{T}=[-37.41-(-40419/1000)]\text{J}\cdot\text{K}^{-1}\cdot\text{mol}^{-1}$$

$$=3.009\text{J}\cdot\text{K}^{-1}\cdot\text{mol}^{-1}$$

所以　$K^{\ominus}=\exp(3.009/8.314)=1.436$。

6.10 统计系综

前面介绍了独立子体系的统计理论和方法。对于独立子体系，在等概率假设的基础上可以导出粒子的分布函数，计算粒子的配分函数，通过玻尔兹曼关系式给出体系的熵函数和其它热力学函数。对相依粒子体系而言，每个粒子的能量和状态都受到其它粒子的影响，这时单个粒子的能级、简并度、分布函数和配分函数均失去意义。那么应该怎样解决相依粒子体系的统计问题呢？为此吉布斯（1902 年）创立了系综方法，它是统计力学中的普遍方法，对于独立子体系和相依粒子体系均可适用。

统计热力学的基本观点是把宏观量作为相应微观量的统计平均值。当体系在一定宏观约束下达到平衡状态时，体系的微观状态随着时间的进行仍在不断地千变万化，体系的宏观量相当于体系辗转经历各个微观状态时相应微观量表现出来的时间平均值。然而统计热力学并不直接计算这种时间平均值，而是通过计算与宏观量相应的微观量对各个微观状态的平均值来代替时间平均值。前述玻尔兹曼统计法就是通过计算微观量对粒子所有量子态的统计平均值计算宏观量的。既然时间平均可用状态平均代替，那么我们可以不把注意力集中在被研究体系的一切可及微观状态上，而是集中在与被研究体系“相似”的大量标本体系上。这里，每个标本体系可视为在时间进程中对实际体系的随机抽样，这些标本体系之所以“相似”，是因为它们都是从具有相同宏观约束的实际体系中抽取出来的，因而具有相同的宏观性质。不同的是每个标本体系各处在某个特定的微观状态上，因此各标本体系既是可以分辨的，彼此之间也是相互独立的。标本体系的数目理论上可以任意庞大（$\boldsymbol{N}\rightarrow\infty$），但一经认定就确定不变。系综就是这种满足相同宏观约束条件的大量彼此独立的标本体系的集合，其中每个标本体系都处在被研究体系的一个可及微观状态上。

系综是一种用于统计计算的概念工具。有了系综的概念，时间平均值转而可用系综平均值代替。这就好比用 t 时刻对 $\boldsymbol{N}$ 个相同体系的观测结果取代 Δt 时间内对其中一个体系 $\boldsymbol{N}$ 个观测的结果。

按照系综中各标本体系满足的宏观约束条件的不同，系综可分为不同的类型。最主要而且最常用的有三种系综：

① 微正则系综——由具有相同 U、V、N 值的标本体系组成的系综，它是为研究孤立体系设计的系综。

② 正则系综——由具有相同 T、V、N 值的标本体系组成的系综，它是为研究与热源

接触的关闭体系设计的系综。

③ 巨正则系综——由具有相同 T、V、μ 值的标本体系组成的系综，它是为研究与热源及物质源接触的开放体系设计的系综。

采用系综方法进行统计计算时必须首先依据等概率原理确定系综分布函数，以下我们以正则系综为例讨论系综分布函数的确定及体系热力学函数的计算。

正则系综是为研究以 T、V、N 为状态参量的体系设计的，该体系是与大热源相接触并达到热平衡的关闭体系。由于体系与热源温度相同但仍有能量传递，体系的能量仍可围绕平均值上下浮动。设将体系与大热源视为一个复合的孤立体系，孤立体系具有固定的能量 E_0，E_0 可表示为热源能量 E_r 与体系能量 E 之和。即

$$E_0=E_r+E \tag{6-143}$$

由于热源能量很大，$E_0 \gg E$ 或 $E_0 \approx E_r$。大热源是体积一定的关闭体系，其微观状态数 Ω_r 只是热源能量的函数。当体系处在能量为 E_j 的微观态 j 时，热源可处于能量为 $E_r=E_0-E_j$ 的任何一个微观态。因热源的微观态数为 $\Omega_r(E_0-E_j)$，体系处于微观态 j 时复合孤立体系的微观态数仍为 $\Omega_r(E_0-E_j)$。根据等概率原理，平衡条件下孤立体系每个可及微观状态出现的概率皆相等。所以体系处于微观状态 j 的概率 P_j 与 $\Omega_r(E_0-E_j)$ 成正比，即

$$P_j \propto \Omega_r(E_0-E_j) \tag{6-144}$$

为计算 $\Omega_r(E_0-E_j)$ 的值，可将 $\ln\Omega_r(E_0-E_j)$ 看成能量 E_r 的函数，将函数 $\ln\Omega_r$ 在 $E_r=E_0$处展成级数且只取前两项，得

$$\ln\Omega_r(E_0-E_j)=\ln\Omega_r(E_0)+\left(\frac{\partial \ln\Omega_r}{\partial E_r}\right)_{E_r=E_0}(-E_j) \tag{6-145}$$

对 V、N 一定的大热源而言，根据前面介绍的公式(6-21)，上式中的偏导数为

$$\left(\frac{\partial \ln\Omega_r}{\partial E_r}\right)_{E_r=E_0}=\frac{1}{kT}$$

其中 T 是热源的温度，也是体系的温度。因 $\ln\Omega_r(E_0)$ 是常量，由式(6-144) 和式(6-145) 知

$$P_j=\frac{N_j}{\boldsymbol{N}}=\frac{1}{Q}\exp\left(-\frac{E_j}{kT}\right) \tag{6-146}$$

P_j 是体系处于微观状态 j 的概率，称为正则系综的分布函数，等于系综中微观态为 j 的标本体系数 N_j 与标本体系总数 $\boldsymbol{N}$ 之比，上式中 Q 为常数，式(6-146) 即正则系综分布函数的表示式。将上式两边对所有微观态 j 加和，由分布函数的归一性条件，可计算出 Q 的值：

$$Q=\sum_j \exp\left(-\frac{E_j}{kT}\right) \tag{6-147}$$

Q 是体系全部微观态的玻尔兹曼因子之和，称为体系的配分函数或正则配分函数。

有了系综分布函数，由体系的微观量计算宏观量的问题就能解决。对于体系的任一宏观性质 A，其相应的微观量即正则系综中一个标本体系的性质 a，A 是 a 的系综平均值。由系综分布函数计算体系宏观量 A 的公式为

$$A=\langle a \rangle=\sum_j P_j a_j \tag{6-148}$$

前面介绍玻尔兹曼统计时，式(6-71) 曾给出独立子体系的状态分布函数，即

$$P_j=\frac{n_j}{N}=\frac{1}{q}\exp\left(-\frac{\varepsilon_j}{kT}\right)$$

式(6-73) 和式(6-76) 曾给出由独立子体系的状态分布函数计算体系宏观量 A 的公式为

$$A=N\langle a\rangle=N\sum_j P_j a_j \tag{6-149}$$

将式(6-148) 与式(6-149) 相比，可以说正则系综相当于一个经过合理放大的独立可辨粒子体系。在独立子体系中每个统计单元是一个粒子，在正则系综中每个统计单元是一个标本体系。对独立子体系而言，体系的宏观性质等于全部统计单元相应微观量的状态平均值的总和，对于正则系综而言，体系的宏观性质等于一个统计单元相应微观量的系综平均值。因此，在独立可辨粒子体系热力学函数（Z）与粒子配分函数的关系式中，若将 Z/N 换成 Z，q 换成 Q，即可得到热力学函数的正则配分函数表示式。如独立可辨粒子体系赫姆霍兹函数与粒子配分函数的关系为

$$F=-NkT\ln q$$

则体系赫姆霍兹函数与正则配分函数的关系就可表示为

$$F=-kT\ln Q \tag{6-150}$$

同样可得

$$U=kT^2\left(\frac{\partial \ln Q}{\partial T}\right)_{N,V} \tag{6-151}$$

$$p=kT\left(\frac{\partial \ln Q}{\partial V}\right)_{N,T} \tag{6-152}$$

$$S=k\ln Q+kT\left(\frac{\partial \ln Q}{\partial T}\right)_{N,V} \tag{6-153}$$

$$H=kT\left[\left(\frac{\partial \ln Q}{\partial \ln\{T\}}\right)_{N,V}+\left(\frac{\partial \ln Q}{\partial \ln\{V\}}\right)_{N,T}\right] \tag{6-154}$$

$$G=-kT\left[\ln Q-\left(\frac{\partial \ln Q}{\partial \ln\{V\}}\right)_{N,T}\right] \tag{6-155}$$

有了上述热力学函数与正则配分函数的关系，相依粒子体系热力学性质的统计计算自然归结为正则配分函数 Q 的计算，本章作为统计热力学的初步知识，对此不再作进一步介绍。但我们可以计算出独立子体系的正则配分函数，从而对以上各式进行验证。

首先考虑一个独立定域子体系，每个定域子的运动可视为体系的一个独立的运动方式，体系的总能量即 N 个独立运动方式的能量之和。根据配分函数的析因子性质，所以

$$Q_{\mathrm{D}}=q_1q_2\cdots q_N=q^N \tag{6-156}$$

对于独立离域子体系而言，由于 N 个独立子不可分辨，任何两个粒子互换不引起体系新的量子态。假定 N 个粒子是可以辨别的，离域子体系的任何一个量子态都会变成 $N!$ 个具有同样玻尔兹曼因子的量子态，这意味着体系的配分函数扩大 $N!$ 倍后，其值等于 q^N。因此独立离域子体系的配分函数应为

$$Q_{\mathrm{L}}=\frac{q^N}{N!} \tag{6-157}$$

将式(6-156) 和式(6-157) 分别代入式(6-150)～式(6-155) 各式，可导出独立可辨及独立不可辨子粒子体系热力学函数与粒子配分函数 q 的关系，所得结果与玻尔兹曼统计法给出的结果（即表 6-3）相同。

统计系综

思考题

1. 对物质微观运动的两种描述——经典描述与量子描述的主要区别是什么？

2. 粒子能级在什么条件下可以作连续化处理？

3. 三维简谐振子的能级公式为

$$\varepsilon_v=\left(\upsilon+\frac{3}{2}\right)h\nu$$

其中 $\upsilon=\upsilon_x+\upsilon_y+\upsilon_z$，且 υ_x，υ_y，$\upsilon_z=0,1,2\cdots$，能级 ε_v 是否简并？简并度为若干？

4. 双原子分子 H_2、HD、D_2 的核间距离和弹力常数都相同，它们的转动惯量、转动特征温度，振动基本频率和振动特征温度之比各为若干？

5. 什么是分布？什么是微观状态？如果 1 个分布只有 1 个可及的微观状态，这时能级和粒子的性质应属哪种情况？

粒子：(1) 定域子，(2) 离域子；

能级：(1) 非简并能级，(2) 简并能级。

6. 下列粒子哪些是费米子？哪些是玻色子？

(1) α 粒子　　(2) ^2H　　(3) $^6Li^+$　　(4) $^7Li^+$

7. 根据玻尔兹曼关系式证明体系微观状态数 Ω 满足以下关系：

(1) $\left(\frac{\partial \ln\Omega}{\partial V}\right)_{U,N}=\frac{p}{kT}$　　(2) $\left(\frac{\partial \ln\Omega}{\partial N}\right)_{U,V}=-\frac{\mu}{RT}$

8. 体系所含粒子数越多，最概然分布出现的概率越小。当粒子数达到宏观的量级（$N\approx10^{24}$）时，为什么说平衡分布就是最概然分布？

9. 玻尔兹曼分布律适用的范围是什么？

10. 在什么条件下量子统计过渡为经典统计？

11. 金属中的电子可以自由运动，1mol 电子是否具有$(3/2)RT$ 的平动能？

12. 什么是粒子的配分函数？什么是粒子的分布函数？二者间有何区别和联系？

13. 分子配分函数 q 是 T、V 的函数，这是否意味着分子各种运动形式的配分函数都与 T 和 V 有关？

14. 热力学能与配分函数的关系为 $U=NkT^2(\partial\ln q/\partial T)_V$，这是否意味着从分子的配分函数可计算出热力学能的绝对值？

15. 常温下为何一些重金属如金、银、铂、铁、铜等能很好符合杜隆-柏蒂定律，而金刚石及一些原子量较小的固体如硼、铍的 $C_{V,m}$ 明显低于 $3R$？

16. “单原子理想气体 $C_{V,m}=(3/2)RT$，双原子理想气体 $C_{V,m}=(5/2)RT$”。这个结论为何对单原子理想气体能很好符合，对双原子理想气体常有偏差？假定 n 原子非线形分子理想气体的热运动（平动、转动和振动）自由度完全开放，其 $C_{V,m}$ 应为若干？

17. 关于统计系综，指出以下说法的正误。

(1) 统计系综是统计热力学的研究模型；

(2) 统计系综是统计热力学的研究方法；

(3) 统计系综是统计热力学的研究对象；

(4) 统计热力学的研究对象是系综中的一个标本体系。

18. 某混合理想气体中 A、B 的分子个数分别为 N_A、N_B，分子配分函数分别为 q_A、q_B，体系的配分函数是什么？

习题

1. N_2 的转动惯量为 $1.407\times10^{-46}\mathrm{kg\cdot m^2}$、振动频率为 $7.065\times10^{13}\mathrm{s^{-1}}$，求转动与振动第一激发态与基态的 $\Delta\varepsilon$，以及 $\Delta\varepsilon$ 与室温（298K）下 kT 之比。

2. 在边长为 0.3m 的立方容器中盛有气体 O_2，O_2 分子的平均平动能为 $(3/2)kT$，设 $T=298\mathrm{K}$，这时 O_2 的三个平动量子数平方和（$x^2+y^2+z^2$）的平均值是多少？

3. 设有 50 个定域子，总能量为 5ε，在能量分别为 0、1ε、2ε、3ε、4ε、5ε 的 6 个非简并能级上分配。共有多少种分布？每种分布的微观状态数是多少？

4. 有 4 个粒子，在两个能级上各分配两个粒子，两个能级的简并度分别为 $g_1=2$，$g_2=3$，该分布的微观状态数是多少？

（1）粒子彼此可分辨；

（2）粒子为全同的费米子；

（3）粒子为全同的玻色子。

5. 某分子的一种运动方式仅有基态和激发态两个能级，且 $g_0=3$，$g_1=1$，激发态比基态能量高 $4.11\times10^{-21}\mathrm{J}$，在 $T=298.15\mathrm{K}$ 时求分子的配分函数 q_0 以及分配在激发态与基态上的分子数之比。

6. N 个可辨别粒子在 $\varepsilon_0=0$，$\varepsilon_1=kT$，$\varepsilon_2=2kT$ 三个能级上分布，三个能级简并度均为 1，平衡时体系热力学能为 $1000kT$，求 N 的值。

7. 证明双原子分子中处于振动激发态的比例是 $\exp(-\theta_v/T)$。

8. 某双原子分子转动特征温度 $\theta_r=1.33\mathrm{K}$，当体系温度为 300K 时在哪一个转动能级（$J=?$）上分配的分子数最多？

9. HCl 分子的 $\theta_r=15.24\mathrm{K}$，$\theta_v=4302\mathrm{K}$。求 1000 时 HCl 分子在 $\upsilon=2$，$J=5$ 能级与 $\upsilon=1$，$J=2$ 能级上的分子数之比。

10. 将 N_2(g) 在电弧中加热，从光谱中观察到处于基态及第一、第二……各激发态的分子数之比 $n_0:n_1:n_2:n_3\cdots=1:0.26:0.068:0.0176\cdots$，$N_2$ 的振动频率 $\nu=7.075\times10^{13}\mathrm{s^{-1}}$。

（1）证明该气体处于振动能级的平衡分布；

（2）求气体的温度。

11. O_2 分子的摩尔质量为 $0.032\mathrm{kg\cdot mol^{-1}}$，核间平均距离为 $1.2074\times10^{-10}\mathrm{m}$，振动基本频率为 $4.740\times10^{13}\mathrm{s^{-1}}$，电子能级完全没有开放，基态简并度为 3。在 $T=298\mathrm{K}$，$V=24.45\times10^{-3}\mathrm{m^3}$ 的氧气中，设基态能量为 0，O_2 的平动、转动、振动和电子配分函数各为多少？

12. 分别计算 300K、101.325kPa 下气体氩与氢的平动配分函数与分子数之比。说明通常条件下气体均符合非简并性条件。

13. CO_2 分子的 4 种基本振动频率（$\nu/10^{13}\ \mathrm{s^{-1}}$）为：4.131、2.001、2.001 和 7.047，取基态能量为 0 计算 298K 时 CO_2 的振动配分函数。

14. 根据麦克斯韦速率分布律，导出

(1) 分子平均速率$\langle c \rangle=\sqrt{\dfrac{8kT}{\pi m}}$；

(2) 分子的方均根速率$\langle c^2 \rangle^{1/2}=\sqrt{\dfrac{3kT}{m}}$。

15. 在面积为 A 的平面内运动的二维平动子的能级公式为

$$\varepsilon_t=\frac{h^2}{8mA}(x^2+y^2) \quad (x,y=1,2,3\cdots)$$

x，y 为二维平动子的平动量子数，平动能级完全开放，导出以下结果：

(1) 量子态密度 $g(\varepsilon)=\dfrac{2\pi mA}{h^2}$　　(2) 平动配分函数 $q_t=\dfrac{2\pi mkT}{h^2}A$

(3) 平动能分布函数 $P(\varepsilon)=\dfrac{1}{kT}e^{-\varepsilon/(kT)}$

(4) 平动能超过 ε_0 的概率 $P(\varepsilon \geqslant \varepsilon_0)=e^{-\varepsilon_0/(kT)}$

16. 根据独立子体系压力与配分函数的关系导出

(1) 理想气体的状态方程：$pV=NkT$；

(2) $p=-N\langle d\varepsilon_j/dV \rangle$，$\varepsilon_j$ 为分子平动能。即与宏观量 p 相应的分子的微观量是 $-d\varepsilon_j/dV$。

17. Br_2 和 N_2 的振动特征温度分别是 470K 和 3390K，计算 300K 时两种气体分子振动对 $C_{V,m}$ 的贡献，并求该温度下 Br_2 的 $C_{V,m}$ 值。

18. 已知晶体 Be 的爱因斯坦振动频率为 $1.6247\times10^{13}\,s^{-1}$，用爱因斯坦晶体热容公式计算 300K 时晶体 Be 的摩尔热容。

19. 证明在熵的统计热力学表示式中，基态能量的选取对熵没有影响。

20. 计算 Ar(g) 的标准统计熵 $S_m^\ominus$ (298.15K)，Ar 的摩尔质量为 $0.040\,kg\cdot mol^{-1}$，电子基态简并度为 1。

21. 计算 I_2 和 HI 两种气体的标准统计熵 $S_m^\ominus$ (298.15K)，已知两种分子的光谱数据如下：

分子	$M/g\cdot mol^{-1}$	θ_r/K	θ_v/K	$g_{0,e}$
I_2	253.8	0.054	310	1
HI	127.9	9.0	3200	1

22. NO 晶体在降温过程中会形成二聚物 (N_2O_2) 晶体，二聚物分子在晶格中呈两种随机取向 (N—O / O—N，上下以竖线相连) 和 (O—N / N—O，上下以竖线相连)，计算 NO 的残余熵。

23. 某种气体分子被吸附在固体表面上时可以在表面上进行二维平动，导出此二维理想气体的摩尔平动熵为

$$S_m=R[\ln(M/g\cdot mol^{-1})+\ln(T/K)+\ln(a/cm^2)+33.12]$$

式中，M 是气体的摩尔质量；a 是平均 1 个分子占据的面积。

24. 根据以下数据计算反应 $3C_2H_2(g) \longrightarrow C_6H_6(g)$ 在 $T=1000K$ 时的 $K^\ominus$。

物质	$-[(G^{\ominus}_{m,T}-U_{m,0})/1000K]$ /J·K^{-1}·mol^{-1}	$(H^{\ominus}_{m,298K}-U_{m,0})$ /kJ·mol^{-1}	$\Delta_f H^{\ominus}_m(298K)$ /kJ·mol^{-1}
C_6H_6	320.37	14.230	82.93
C_2H_2	271.61	10.008	226.73

25. 求同位素交换反应 $H_2(g)+D_2(g) = 2HD(g)$在 $T=400K$ 时的 $K^{\ominus}$，已知光谱数据如下：

分子	M/g·mol^{-1}	$I/10^{-48}$kg·m^2	θ_v/K	$D/10^{-19}$J
H_2	2.016	4.6030	5986	7.173
D_2	4.028	9.1955	4308	7.295
HD	3.022	6.1303	5226	7.229

26. 已知 Na_2 分子的振动频率 $\nu=4.77\times10^{12}s^{-1}$，核间距离 $r_e=0.3078nm$，解离能 $D=1.17\times10^{-19}J$，Na_2 分子的电子基态为非简并态，Na 原子的基态光谱项为 $^1S_{1/2}$，Na 的摩尔质量为 0.023kg·mol^{-1}。计算反应 $Na_2(g) = 2Na(g)$在 1000K 时的 $K^{\ominus}$。

27. 设固体物质 B 的原子为三维各向同性的简谐振子，与固体 B 平衡的气相为单原子理想气体，且气、固相中原子 B 均处于非简并的电子基态，试导出以下固体 B 的饱和蒸气压公式：

$$p=(2\pi m/h^2)^{3/2}(kT)^{5/2}[1-e^{-h\nu/(kT)}]^3\exp[-\Delta_s^g U_{m,0}/(RT)]$$

m、ν 分别是原子的质量和振动频率；$\Delta_s^g U_{m,0}$ 是原子气、固基态的摩尔热力学能变。

28. 正则系综中与体系熵 S 相应的微观量是标本体系的 $-k\ln p_j$；$p_j=\exp[-E_j/(kT)]/Q$ 是正则系综的分布函数，U 是体系的热力学能，证明体系 S 的正则配分函数表达式为

$$S=k\ln Q+\frac{U}{T}$$

第 7 章

化学动力学基本原理

化学反应的基本理论问题有两个，一是反应的方向和限度问题，另一个是反应的速率和机理问题。第一个问题属于化学热力学的研究范围，我们通过前六章的学习已经了解解决这个问题的基本理论和方法。第二个问题则属于化学动力学的研究范围，化学动力学是以反应速率和反应机理为研究对象的学科。它研究化学反应进行的速率，研究浓度、压力、温度、催化剂等各种因素对反应速率的影响以及反应所经历的真实步骤，即所谓机理问题。

化学动力学与化学热力学既有联系又有区别。对于一个给定条件下的化学反应，只有首先通过热力学计算，判定反应可以进行的条件下，对其进行动力学的研究才是有意义的，否则必将是徒劳的。但对于热力学判定能够进行的反应，其反应速率的大小则是动力学的研究范围，是热力学不能解决的。例如反应 $H_2(g)+(1/2)O_2(g) \longrightarrow H_2O(l)$ 在 298.15K 时 $\Delta_r G_m^{\ominus}=-287.2\text{kJ}\cdot\text{mol}^{-1}$。若将 H_2 和 O_2 按计量系数比混合在一起，常温常压下这个反应进行的可能性非常大，但实际上反应速率却十分缓慢，几乎觉察不到反应的进行。如果在混合气体中引入催化剂（如铂黑）或火花点燃，化合反应可很快进行甚至发生爆炸。这说明化学反应的可能性与现实性是两个性质不同的问题。在化学热力学中不涉及时间的概念，在化学动力学中则必须把时间作为一个变量。

化学动力学的发展经历了从复合反应到基元反应，再到态-态反应的不同研究阶段。19 世纪到 20 世纪初对复合反应的研究是宏观反应动力学的发展时期，主要研究成果是质量作用定律和阿伦尼乌斯（Arrhenius）方程的建立，并由此提出活化能的概念。20 世纪上半叶对基元反应的研究是宏观反应动力学向微观反应动力学的过渡时期，主要成果是链反应的发现以及碰撞理论与过渡状态理论的建立。20 世纪 50 年代以来，由于激光、分子束、电子计算机等新技术的应用以及量子化学理论研究的发展，化学动力学进入研究态-态反应的更深入层次，即微观反应动力学的发展时期。目前，虽然已经获得许多有意义的成果，但总的说来，由于化学动力学涉及问题较多，已形成的理论远没有化学热力学那样成熟。当前，化学动力学正处在蓬勃发展之中，从实验到理论，许多方面都有待人们继续为之付出努力。

本书中化学动力学分为第 7 章化学动力学基本原理和第 8 章特殊反应的动力学两个部分，着重介绍化学动力学的基本概念、基本方法和基础理论。

7.1 化学反应的速率和速率方程

7.1.1 反应速率的表示方法

以下讨论限于在均相封闭体系中发生的化学反应。设反应的计量方程为

$$0=\sum_{B}\nu_{B}B$$

反应速率的定义是

$$r=\frac{1}{V}\frac{d\xi}{dt} \tag{7-1}$$

式中，ξ 是反应进度；t 是反应时间；V 是体系体积。在非恒容的条件下，V 也是 t 的函数，情况变得比较复杂。为简化起见，本章仅讨论恒容反应，例如刚壁容器中的气相反应或稀溶液中发生的反应。此时 V 为定值，因 $d\xi=dn_{B}/\nu_{B}$，且 $c_{B}=n_{B}/V$，为 B 的摩尔浓度，于是反应速率可由下式定义

$$r=\frac{1}{\nu_{B}}\frac{dc_{B}}{dt} \tag{7-2}$$

例如气相反应 $H_2+I_2 = 2HI$，反应速率可表示为

$$r=-\frac{d[H_2]}{dt}=-\frac{d[I_2]}{dt}=\frac{1}{2}\frac{d[HI]}{dt}$$

式中，[ ] 表示摩尔浓度。对于气相反应，压力比浓度容易测定，因此也可以用计量方程中某物质的分压表示反应速率，如上述反应的速率可表示为

$$r'=-\frac{dp_{H_2}}{dt}=-\frac{dp_{I_2}}{dt}=\frac{1}{2}\frac{dp_{HI}}{dt}$$

式中，p_{H_2}、p_{I_2}、p_{HI} 分别为体系中 H_2、I_2、HI 的分压。反应速率 r 的量纲是 [浓度][时间]$^{-1}$，r'的量纲是 [压力][时间]$^{-1}$。对于理想气体，$p_{B}=c_{B}RT$，所以 $r'=rRT$。一定温度下，二者之比为定值。

根据定义式(7-2)，不论用计量方程中哪种物质计算反应速率，所得结果都相同。有时，也以计量方程中某反应物浓度减小的速率或某产物浓度增加的速率表示反应速率。如以

$$r_{H_2}=-\frac{d[H_2]}{dt}$$

或 $$r_{I_2}=-\frac{d[I_2]}{dt}$$

或 $$r_{HI}=\frac{d[HI]}{dt}$$

表示前述反应的速率。r 的下标是表示反应速率时所参照的物质。显然 $r_{H_2}=r_{I_2}=r$，$r_{HI}=2r$。一般地

$$r_{B}=|\nu_{B}|r \tag{7-3}$$

即当反应物或产物的计量系数$|\nu_{B}|\neq 1$时，应注意相应的反应速率与定义式(7-2) 的差别。

对于多相催化反应，反应速率的定义是

$$r=\frac{1}{Q}\frac{\mathrm{d}\xi}{\mathrm{d}t} \tag{7-4}$$

Q 表示催化剂的量。Q 可以是催化剂的质量 W，堆体积 V（包括催化剂颗粒自身的体积和颗粒的间隙）或表面积 S。反应速率可依次表示为

$$r_W=\frac{1}{W}\frac{\mathrm{d}\xi}{\mathrm{d}t} \tag{7-5}$$

$$r_V=\frac{1}{V}\frac{\mathrm{d}\xi}{\mathrm{d}t} \tag{7-6}$$

$$r_S=\frac{1}{S}\frac{\mathrm{d}\xi}{\mathrm{d}t} \tag{7-7}$$

分别称为单位质量、单位体积、单位表面积催化剂的反应速率，r_S 亦称为表面反应速率。

7.1.2 反应速率的测定

欲测定化学反应的速率，必须测定不同反应时刻某反应物或产物的浓度，绘制出浓度随时间的变化曲线，如图 7-1 所示，称为 c-t 曲线或动力学曲线。在不同的反应时刻求出曲线的斜率，即可得到相应时刻的反应速率。反应开始（$t=0$）时的速率，即 $-(\mathrm{d}c_\mathrm{R}/\mathrm{d}t)_{t=0}$ 称为反应的初始速率，初始速率在化学动力学中有时是很重要的数据。

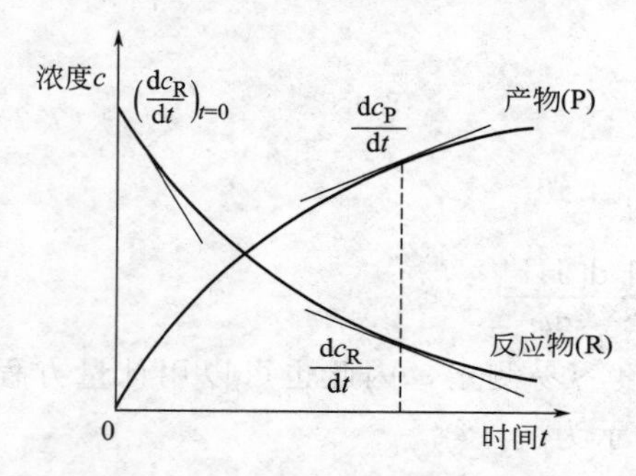

图 7-1 反应物和产物的动力学曲线

测定反应的动力学曲线有两种不同的方法。一是化学方法，即在反应的不同时刻直接从反应体系中取样做化学分析，测定样品浓度。为防止样品取出后继续发生反应，必须对样品采取骤冷、冲稀、去除催化剂等措施。化学方法操作繁琐，目前已很少采用。另一种方法是物理方法，即利用物理仪器跟踪反应进程，测定体系某物理性质 Y 随时间变化的数据。这种物理性质在反应前后应有明显的改变，且随反应进度或反应物浓度呈线性变化。假定某反应物 A 在反应开始和 t 时刻的浓度分别为 $c_{\mathrm{A}0}$ 和 c_A，该物理性质在反应开始、t 时刻和反应完成后的值分别为 Y_0、Y_t 和 Y_∞，设反应完成后 A 可消耗殆尽，则有

$$\frac{c_\mathrm{A}}{c_{\mathrm{A}0}}=\frac{Y_t-Y_\infty}{Y_0-Y_\infty} \tag{7-8}$$

因此，如果已知反应物 A 的起始浓度 $c_{\mathrm{A}0}$，通过测量反应体系的物理性质 Y 可监测到任何时刻反应物 A 的浓度 c_A。物理方法简便、迅速，得到广泛应用。常用的能满足上述要求的物理性质有稀溶液的电导率、吸光度、旋光度，溢出气体的体积和气相反应的压力等。

反应速率与反应温度有关，为了消除温度对反应速率的影响，测定动力学曲线的实验必须在恒温条件下进行。

7.1.3 速率方程和反应级数

化学反应的速率方程，也称为反应的动力学方程，广义上是表示反应速率与物质浓度、反应温度、催化条件等影响反应速率的因素间相互关系的方程。在反应温度、催化条件等因

素固定时，速率方程表示反应速率与物质浓度的关系，即 $r=f(c)$ 或 $c=f(t)$。前者为速率方程的微分形式，后者即反应的动力学曲线，为速率方程的积分形式。

速率方程必须由实验确定。对于计量方程为 $a\mathrm{A}+b\mathrm{B}=\!=\!=e\mathrm{E}+f\mathrm{F}$ 的化学反应，如果实验测定的速率方程具有如下浓度的幂函数形式：

$$r=kc_{\mathrm{A}}^{\alpha}c_{\mathrm{B}}^{\beta}c_{\mathrm{E}}^{\gamma}c_{\mathrm{F}}^{\delta} \tag{7-9}$$

这时，上式中各物质浓度的指数 α、β、γ、δ 分别称为反应对物质 A、B、E、F 的级数，其总和 $\alpha+\beta+\gamma+\delta=n$ 称为反应的总级数。反应级数是实验测定的结果，它们一般不与计量系数 a、b、e、f 相同。其值既可以是整数，也可以是分数；既可以是正数，也可以是负数。在远离平衡状态的条件下，许多反应对产物的级数 γ、δ 皆为 0，即反应速率只与反应物浓度有关，与产物浓度无关。但对于一些复杂反应，产物的浓度也可以出现在速率方程中。

式(7-9) 中的 k 是一个与浓度无关的比例常数，称为速率常数。但 k 并不是一个绝对常数，它和温度、反应介质、催化条件，有时甚至和反应器的形状、性质皆有关系，只有当这些变量均固定时 k 才成为一个常数。k 的量纲与反应的总级数有关，对于 n 级反应，k 的量纲为 $[\text{浓度}]^{1-n}[\text{时间}]^{-1}$。

当反应速率用不同形式表示时，相应的速率常数也会有所区别。以式(7-9) 为例，其中 r 是按照式(7-2) 定义的反应速率，k 是与 r 相应的速率常数。若反应速率以 $r_{\mathrm{A}}=-\mathrm{d}c_{\mathrm{A}}/\mathrm{d}t$ 表示，速率方程应为 $r_{\mathrm{A}}=k_{\mathrm{A}}c_{\mathrm{A}}^{\alpha}c_{\mathrm{B}}^{\beta}c_{\mathrm{E}}^{\gamma}c_{\mathrm{F}}^{\delta}$，$k_{\mathrm{A}}$ 是与 r_{A} 相应的速率常数。由式(7-3) 知，$r_{\mathrm{A}}=ar$，所以 $k_{\mathrm{A}}=ak$。

实验结果表明并非任何反应都具有幂函数型的速率方程。例如三种卤素气体与氢气的化合反应

(1) $H_2(g)+Cl_2(g)=\!=\!=2HCl(g)$

(2) $H_2(g)+Br_2(g)=\!=\!=2HBr(g)$

(3) $H_2(g)+I_2(g)=\!=\!=2HI(g)$

实验测得它们的速率方程分别为

$$r_{(1)}=k\,[H_2]\,[Cl_2]^{1/2}$$

$$r_{(2)}=\frac{A\,[H_2]\,[Br_2]^{1/2}}{1+B([HBr]/[Br_2])}$$

$$r_{(3)}=k\,[H_2]\,[I_2]$$

反应 (1)、反应 (3) 的速率方程与式(7-9) 形式相同，它们的总级数分别是 1.5 和 2。反应 (2) 的速率方程不是幂函数形式，因此也就没有简单的总级数。方程式中的 A 和 B 是两个经验常数，产物 HBr 的浓度也出现在速率方程中。在反应初始阶段，$[HBr]\to 0$ 时，方程右边的分母近似为 1，这时速率方程变为浓度的幂函数形式，总级数为 1.5，A 也就成为反应的速率常数。这说明当浓度在大范围内变化时速率方程的形式也可能会改变。

7.2 速率方程的积分

式(7-9) 是速率方程的微分形式，将其积分，结合实际问题的初始条件可得到浓度与时

间的关系，即速率方程的积分形式。反应级数的测定和速率常数的计算主要是依据积分式完成的。下面以若干常见的具有简单整数级的反应进行讨论，这些常见反应不仅总级数为整数，而且对各物质的分级数也为整数。

7.2.1 零级反应

零级反应并不多见，已知的零级反应有光化学中的初级反应和一些表面催化反应。例如氨在钨上的分解反应

$$2NH_3 \xrightarrow{W(催化)} N_2 + 3H_2$$

是零级反应。这些零级反应只有一种反应物，其形式可表示为

$$A \longrightarrow P \quad -\frac{dc_A}{dt}=k_A \tag{7-10}$$

即反应速率是与浓度无关的常数。将上式中的速率方程分离变量后积分，由 $t=0$，$c_A=c_{A0}$ 的初始条件，可得

$$c_A=c_{A0}-k_At \tag{7-11}$$

对于只有一种反应物的化学反应，反应物浓度减少为起始浓度 1/2 所需的时间称为反应的半衰期，记为 $t_{1/2}$，以 $c_A=c_{A0}/2$ 代入上式，得零级反应的半衰期为

$$t_{1/2}=\frac{c_{A0}}{2k_A} \tag{7-12}$$

由以上讨论知零级反应具有以下特征：

① 速率常数 k_A 的量纲为［浓度］［时间］$^{-1}$；

② 反应物浓度 c_A 对 t 作图为一直线，直线斜率等于 $-k_A$；

③ 反应的半衰期 $t_{1/2}$ 与反应物起始浓度 c_{A0} 成正比。

7.2.2 一级反应

常见的一级反应可表示为以下形式：

$$A \longrightarrow P \quad -\frac{dc_A}{dt}=k_Ac_A \tag{7-13}$$

例如放射性元素蜕变，五氧化二氮的分解，环丙烷的异构化，蔗糖水解等，均属这种形式的一级反应。反应仅涉及一种反应物（蔗糖水解为准一级反应，反应物水的浓度可视为定值），反应速率与反应物浓度成正比。将式(7-13) 的速率方程分离变量后积分，由 $t=0$ 时 $c_A=c_{A0}$ 的初始条件，可得

$$\ln\{c_A\}=\ln\{c_{A0}\}-k_At \tag{7-14}$$

或者重排为

$$c_A=c_{A0}e^{-k_At} \tag{7-15}$$

将 $c_A=c_{A0}/2$ 代入上式，可得一级反应半衰期为

$$t_{1/2}=\frac{\ln 2}{k_A}\approx\frac{0.693}{k_A} \tag{7-16}$$

由以上讨论可知，一级反应的特征为

① 速率常数的量纲为［时间］$^{-1}$；

② $\ln\{c_A\}$对 t 作图为一直线，直线斜率等于$-k_A$；

③ 反应的半衰期 $t_{1/2}$ 与反应物起始浓度无关。

特征③意味着反应物浓度从 c_{A0} 变为 $c_{A0}/2$，再变为 $c_{A0}/4$，$c_{A0}/8\cdots$，每段变化所需的时间皆相同。对一级反应而言，不仅半衰期如此，因反应物浓度以 c_A/c_{A0} 的形式出现在积分式(7-15) 中，反应的任何分数衰期 t_θ（$\theta<1$，t_θ 为反应物浓度从 c_{A0} 减为 θc_{A0} 所需的时间）均与反应物的初始浓度无关。并且，凡与反应物浓度 c_A 成线性关系的物理量，如溶液电导率、吸光度、旋光度以及气相反应体系的压力等均可用式(7-8) 的形式代替速率方程中的 c_A/c_{A0} 而不影响速率常数的值。

【例 7-1】 某金属钚的同位素进行β放射，经 14d 后，同位素的活性降低 6.85%，求此同位素的蜕变常数和半衰期，要蜕变 90%需多长时间？

解 14d 后同位素的量与起始量之比为

$$\frac{c_A}{c_{A0}}=\frac{1-6.85\%}{1}=0.9315$$

代入式(7-15)，有

$$k_A=-\frac{1}{t}\ln\frac{c_A}{c_{A0}}=-\left(\frac{1}{14}\ln 0.9315\right)\text{d}^{-1}=0.00507\text{d}^{-1}$$

且有 $t_{1/2}=\dfrac{0.693}{0.00507}\text{d}=136.7\text{d}$

当蜕变 90%时，$\dfrac{c_A}{c_{A0}}=\dfrac{1-90\%}{1}=0.1$，所以需历时

$$t=-\frac{1}{k_A}\ln\frac{c_A}{c_{A0}}=-\left(\frac{1}{0.00507}\ln 0.1\right)\text{d}=454.2\text{d}$$

【例 7-2】 经研究知，在酸作用下的蔗糖水解反应：

$$C_{12}H_{22}O_{11}(\text{蔗糖})+H_2O\longrightarrow C_6H_{12}O_6(\text{果糖})+C_6H_{12}O_6(\text{葡萄糖})$$

水解反应也称为蔗糖转化，为一级反应（对蔗糖级数为 1）。由于蔗糖溶液对光线有右旋作用，水解产物果糖和葡萄糖混合液是左旋的，可用旋光仪跟踪反应过程。实验测得 25℃时在 $0.5\text{mol}\cdot\text{dm}^{-3}$ 乳酸作用下蔗糖转化的半衰期为 215.6h，反应开始和反应完成后溶液的旋光度 α_0 和 α_∞ 分别为 34.5°和 −10.77°，计算当溶液的旋光度 $\alpha=0$ 时反应经历了多长时间？

解 由式(7-8)，$\alpha=0$ 时蔗糖浓度与起始浓度之比为

$$\frac{c_A}{c_{A0}}=\frac{\alpha_t-\alpha_\infty}{\alpha_0-\alpha_\infty}=\frac{0-(-10.77)}{34.5-(-10.77)}=0.2379$$

设反应经过 n 个半衰期后 $\alpha=0$，即

$$\frac{c_A}{c_{A0}}=0.2379=\left(\frac{1}{2}\right)^n \quad \text{解得 } n=2.0716$$

所以反应历时为 $t=nt_{1/2}=2.0716\times215.6\text{h}=446.6\text{h}$

7.2.3 二级反应

二级反应最为常见，主要有以下两种形式：

$$甲\quad 2A \longrightarrow P \quad -\frac{dc_A}{dt}=k_A c_A^2 \tag{7-17}$$

$$乙\quad A+B \longrightarrow P \quad -\frac{dc_A}{dt}=k_A c_A c_B \tag{7-18}$$

甲类只有一种反应物，例如碘化氢、甲醛的热分解，乙烯、丙烯、异丁烯的二聚作用等。属于乙类的有氢与碘蒸气的化合，乙酸乙酯的皂化反应等。将式(7-17) 的速率方程分离变量后积分，由式 $t=0$ 时 $c_A=c_{A0}$ 的初始条件，可得

$$\frac{1}{c_A}=\frac{1}{c_{A0}}+k_A t \tag{7-19}$$

将 $c_A=c_{A0}/2$ 代入上式，得到

$$t_{1/2}=\frac{1}{k_A c_{A0}} \tag{7-20}$$

式(7-17)、式(7-19) 和式(7-20) 表明甲类二级反应的特征是

① 速率常数 k_A 的量纲为 [浓度]$^{-1}$[时间]$^{-1}$；

② $1/c_A$ 对 t 作图为一直线，直线斜率等于 k_A；

③ 反应半衰期 $t_{1/2}$ 与 c_{A0} 成反比。

对于乙类，若 A、B 两种反应物的起始浓度相同，即 $c_{A0}=c_{B0}$，则反应中 A、B 的浓度将始终保持相同，即 $c_A=c_B$。此时式(7-18) 中的速率方程就变为式(7-17) 中的速率方程，乙类就转变为甲类。

若 A、B 的初始浓度不同，注意到任一时刻有：

$$c_{A0}-c_A=c_{B0}-c_B=x$$

即

$$c_A=c_{A0}-x, \quad c_B=c_{B0}-x \tag{7-21}$$

x 为 t 时刻反应物 A 或 B 减少的浓度，也可视为产物 P 的浓度，上式代入式(7-18)，即

$$\frac{dx}{dt}=k_A[(c_{A0}-x)(c_{B0}-x)]$$

将上式分离变量，并经分项后得

$$\left(\frac{1}{c_{A0}-x}-\frac{1}{c_{B0}-x}\right)dx=(c_{B0}-c_{A0})k_A dt$$

对上式积分，根据 $t=0$ 时 $x=0$ 的初始条件，并利用式(7-21) 的关系，积分结果为

$$\ln\frac{c_B}{c_A}=\ln\frac{c_{B0}}{c_{A0}}+(c_{B0}-c_{A0})k_A t \tag{7-22a}$$

式(7-22a) 也可重排为

$$\ln\frac{c_{A0}c_B}{c_{B0}c_A}=(c_{B0}-c_{A0})k_A t \tag{7-22b}$$

由于反应中 A 和 B 的浓度不会同时减少一半，所以乙类二级反应的半衰期没有定义。由以上讨论可知，乙类二级反应除速率常数量纲与甲类二级反应相同外，另一特征是 $\ln(c_B/c_A)$对 t 作图为一直线，直线斜率等于$(c_{B0}-c_{A0})k_A$。

乙类二级反应的一个特例是两反应物的起始浓度相差悬殊，设 $c_{B0}\gg c_{A0}$，则 $c_{B0}-c_{A0}\approx c_{B0}$，因 x 不超过 c_{A0}，故有 $c_B=c_{B0}-x\approx c_{B0}$。在此情况下，式(7-22b) 近似为

$$c_A=c_{A0}e^{-k'_A t} \tag{7-23}$$

其中 $k'_A = c_{B0}k_A$，式(7-23) 为一级反应的速率方程。这说明二级反应在 $c_{B0} \gg c_{A0}$ 的情况下可近似为一级反应，此种反应称为准一级反应，k'_A 为准一级反应的速率常数。例如蔗糖水解反应中，反应对蔗糖和水均为一级，然而由于水的浓度远大于蔗糖，因而水解反应表现出准一级反应的特征。

【例 7-3】 乙酸乙酯在水溶液中的皂化反应为

$$CH_3COOC_2H_5(A) + OH^-(B) \longrightarrow CH_3COO^- + C_2H_5OH$$

25℃时酯和碱的起始浓度分别为 $0.01211\text{mol}\cdot\text{dm}^{-3}$ 和 $0.02578\text{mol}\cdot\text{dm}^{-3}$，用酸碱滴定法测得反应不同时刻溶液中碱浓度如下，证明该反应为对酯和碱各为一级，总级数为二级反应。

t/s	224	377	629	816
$c_B/\text{mol}\cdot\text{dm}^{-3}$	0.02256	0.02101	0.01912	0.01821

解 已知 $c_{A0} = 0.01211\text{mol}\cdot\text{dm}^{-3}$，$c_{B0} = 0.02578\text{mol}\cdot\text{dm}^{-3}$，所以

$$c_A = c_B + c_{A0} - c_{B0} \tag{1}$$

假定反应为对 A、B 皆为一级，总级数为二级反应，由式(7-22b) 知

$$k_A = \frac{1}{t(c_{B0} - c_{A0})}\ln\frac{c_{A0}c_B}{c_{B0}c_A} \tag{2}$$

将已知数据代入式(1) 和式(2)，计算出 c_A 和 k_A，于下表中列出，结果表明 k_A 基本为常量，说明反应为二级，其平均值 $k_A = 5.71\times10^{-2}\text{dm}^3\cdot\text{mol}^{-1}\cdot\text{s}^{-1}$。或由表中 $\ln(c_B/c_A)$ 的值对 t 作图，结果得一直线，如图 7-2 所示，故为二级反应。直线斜率为 $7.80\times10^{-4}\text{s}^{-1}$，由式(7-22a) 知

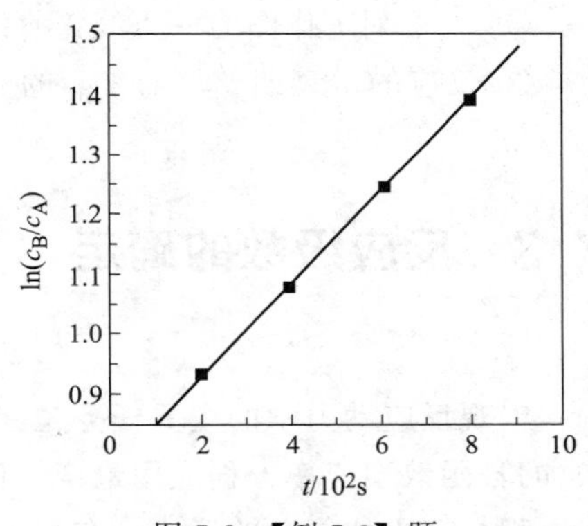

图 7-2 【例 7-3】题

$$k_A = \left(\frac{7.80\times10^{-4}}{0.02578-0.01211}\right)\text{dm}^3\cdot\text{mol}^{-1}\cdot\text{s}^{-1} = 5.71\times10^{-2}\text{dm}^3\cdot\text{mol}^{-1}\cdot\text{s}^{-1}$$

t/s	224	377	629	816
$c_B/\text{mol}\cdot\text{dm}^{-3}$	0.02256	0.02101	0.01921	0.01821
$c_A/\text{mol}\cdot\text{dm}^{-3}$	0.00889	0.00734	0.00554	0.00454
$\ln(c_B/c_A)$	0.9313	1.0517	1.2434	1.3890
$k_A/\text{dm}^3\cdot\text{mol}^{-1}\cdot\text{s}^{-1}$	0.0573	0.0574	0.0567	0.0568

7.2.4 n 级反应

以下讨论 n 级反应的最简单形式，即假定反应速率只与反应物有关，且只有一种反应物，或者虽有多种反应物但各反应物的起始浓度与反应方程式中的计量系数成比例。即对于反应

$$aA + bB + \cdots \longrightarrow P$$

有 $c_{A0}:c_{B0}:\cdots=a:b:\cdots$。前面（5.2 节）曾证明，在此情况下反应进行中各反应物浓度仍与计量系数成比例，即 $c_A:c_B:\cdots=a:b:\cdots$，因此

$$c_B=\frac{b}{a}c_A,\cdots$$

即反应中各反应物浓度皆与 c_A 相差固定倍数。在这两种情况下反应的速率方程都可表示为

$$-\frac{dc_A}{dt}=k_Ac_A^n \tag{7-24}$$

将上式分离变量后积分，由 $t=0$ 时 $c_A=c_{A0}$ 的初始条件，假定 $n\neq1$，可得到

$$c_A^{1-n}=c_{A0}^{1-n}+(n-1)k_At \tag{7-25}$$

令 $c_A=c_{A0}/2$，代入上式可得到反应的半衰期为

$$t_{1/2}=\frac{2^{n-1}-1}{(n-1)k_Ac_{A0}^{n-1}} \tag{7-26}$$

现将 $n(n\neq1)$ 级反应的特征总结如下：

① 速率常数 k_A 的量纲为 $[浓度]^{1-n}[时间]^{-1}$；

② c_A^{1-n} 对 t 作图为一直线，直线斜率等于 $(n-1)k_A$；

③ 反应的半衰期 $t_{1/2}$ 与 c_{A0} 的 $n-1$ 次方成反比。

7.3 反应级数的确定

宏观反应动力学的主要任务是建立反应的速率方程。速率方程有多种形式，其中式(7-9）的幂函数型速率方程应用最广。许多反应的速率方程属于这种形式。即使有些反应的速率方程具有更加复杂的形式，在实用中为了便于计算也常在一定的浓度范围内按式(7-9）的形式回归动力学实验数据，建立反应的速率方程。在幂函数型的速率方程中，动力学参数只有速率常数 k 和反应级数 n，确定速率方程就是确定这两种参数。但是 k 和 n 对速率方程积分式的影响不同，积分式的形式(即 c-t 间的函数关系）主要是由反应级数 n 决定的，k 只是积分式中的一个常数，所以确定速率方程的关键是确定反应级数。下面给出几种常用的用动力学数据，即 c-t 数据确定反应级数的方法。

7.3.1 积分法

积分法又称尝试法。即首先假定反应级数是简单整数级，如零级、一级、二级等，将动力学数据代入相应级数速率方程的积分式中，计算速率常数 k，若在实验误差范围内 k 值保持恒定，该反应的级数即被确定。

也可以用作图的方法进行尝试。即先假定反应为某整数级，并将该整数级的速率方程线性化，然后将实验测得的动力学数据代入绘制成图形，在实验误差范围内如果所得曲线呈一直线，该反应的级数即被确定。

尝试法是常用的确定反应级数的方法。优点是只需一组实验数据就能进行尝试，比较简便。缺点是不够灵敏，特别是实验的浓度范围不够宽时，很可能按一级、二级或三级反应作

图都能得到线性关系。另外，该法对分数级反应也不适用。

【例 7-4】 64℃时实验测得在纯乙醇中以下反应的动力学数据：

$$NaOC_2H_5(A)+C_2H_5S(CH_3)_2I(B) \longrightarrow NaI+C_2H_5OC_2H_5+S(CH_3)_2$$

t/s	$c_A\times10^2$/mol·dm^{-3}	$c_B\times10^2$/mol·dm^{-3}	t/s	$c_A\times10^2$/mol·dm^{-3}	$c_B\times10^2$/mol·dm^{-3}
0	9.625	4.920	2520	6.985	2.283
720	8.578	3.876	3060	6.709	2.005
1200	8.046	3.342	3780	6.386	1.682
1800	7.485	2.783	∞	4.704	0

求反应级数和速率常数。

解 设反应的速率方程为

$$r=-\frac{dc_A}{dt}=kc_A^{\alpha}c_B^{\beta}$$

令 α、β 分别取下列各组值，并由相应的积分式计算 k。

(1) $\alpha=0$，$\beta=0$；$k=\frac{c_{A0}-c_A}{t}$

(2) $\alpha=1$，$\beta=0$；$k=\frac{1}{t}\ln\frac{c_{A0}}{c_A}$

(3) $\alpha=0$，$\beta=1$；$k=\frac{1}{t}\ln\frac{c_{B0}}{c_B}$

(4) $\alpha=2$，$\beta=0$；$k=\frac{1}{t}\left(\frac{1}{c_A}-\frac{1}{c_{A0}}\right)$

(5) $\alpha=0$，$\beta=2$；$k=\frac{1}{t}\left(\frac{1}{c_B}-\frac{1}{c_{B0}}\right)$

(6) $\alpha=1$，$\beta=1$；$k=\frac{1}{t}\frac{\ln[(c_{A0}c_B)/(c_{B0}c_A)]}{c_{B0}-c_{A0}}$

计算结果列于下表：

t/s	(1)	(2)	(3)	(4)	(5)	(6)
	$k\times10^5$/mol·dm^{-3}·s^{-1}	$k\times10^4$/s^{-1}		$k\times10^3$/dm^3·mol^{-1}·s^{-1}		
0						
720	1.454	1.599	3.313	1.761	7.603	3.641
1200	1.316	1.493	3.223	1.699	7.997	3.676
1800	1.189	1.397	3.165	1.650	8.671	3.759
2520	1.048	1.272	3.047	1.558	9.316	3.772
3060	0.953	1.179	2.934	1.476	9.657	3.729
3780	0.857	1.085	2.839	1.394	10.35	3.728

从表中可以看出，只有第（6）组计算的 k 值接近常数，因此 $\alpha=1$，$\beta=1$，速率常数 k 取平均值为 3.72×10^{-3}dm^3·mol^{-1}·s^{-1}。

7.3.2 微分法

假定速率方程可表示为式(7-24)，即

$$r_A=-\frac{dc_A}{dt}=k_A c_A^n$$

c_A 为反应物浓度。两边取对数，得

$$\lg\{r_A\}=\lg\{k_A\}+n\lg\{c_A\} \tag{7-27}$$

可见 $\lg\{r_A\}$-$\lg\{c_A\}$ 的图为直线，直线斜率等于反应级数 n，截距等于 $\lg\{k_A\}$。作图所需不同 c_A 时的反应速率 $-dc_A/dt$，如图 7-3(a) 所示，通过作曲线 c_A-t 的切线可以求得。若知两个不同浓度 c'_A、c''_A 时的反应速率 r'_A、r''_A，根据式(7-27) 可由下式计算反应级数，即

$$n=\frac{\lg(r'_A/r''_A)}{\lg(c'_A/c''_A)} \tag{7-28}$$

微分法的优点是可用于分数级反应。但是，需要测定一条浓度变化范围较宽的 c_A-t 曲线。反应中随着产物浓度的增加，当有逆反应发生或者产物在反应中起催化或阻化作用时，就难以得到可靠的结果。

为了避免产物在反应后期的干扰，通常测定若干条 c_A-t 曲线，如图 7-3(b) 所示。每条曲线上反应物的起始浓度 c_{A0} 各不相同，由每条曲线求出反应的初始速率 r_{A0}。由于 $r_{A0}=k_A c_{A0}^n$，所以

$$\lg\{r_{A,0}\}=\lg\{k_A\}+n\lg\{c_{A,0}\} \tag{7-29}$$

因此，作 $\lg\{r_{A0}\}$ 对 $\lg\{c_{A0}\}$ 的图，反应级数 n 即为所得直线的斜率，这种方法称为初速法。由初速法求得的反应级数与产物无关，被称为反应的真级数。

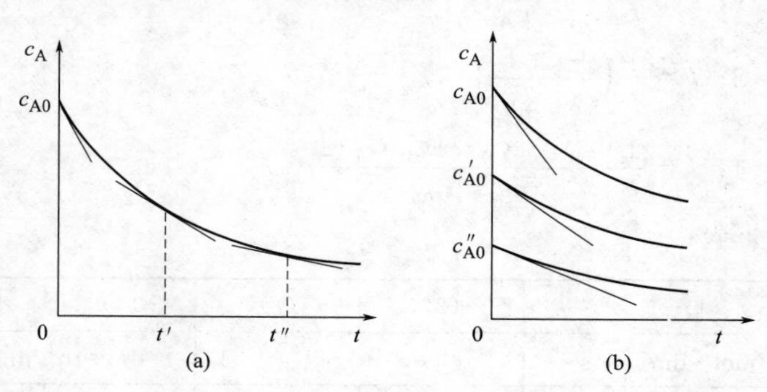

图 7-3 微分法确定反应级数

7.3.3 半衰期法

设反应速率方程如式(7-24) 所示，根据式(7-26) 知

$$t_{1/2}\propto c_{A0}^{1-n}$$

实验测得反应物不同起始浓度 c'_{A0}、c''_{A0}、c'''_{A0}……时的半衰期 $t'_{1/2}$、$t''_{1/2}$、$t'''_{1/2}$……，以 $\lg\{t_{1/2}\}$ 对 $\lg\{c_{A0}\}$ 作图，应为一直线，因为

$$\lg\{t_{1/2}\}=(1-n)\lg\{c_{A0}\}+常数 \tag{7-30}$$

故由直线斜率 $(1-n)$ 可求得反应级数 n。

根据上式，原则上可用两组实验数据计算出反应级数，即

$$n=1-\frac{\lg(t'_{1/2}/t''_{1/2})}{\lg(c'_{A0}/c''_{A0})} \tag{7-31}$$

此法并不限于半衰期，也可用于反应的其它分数衰期，如 $t_{1/3}$、$t_{1/4}$ 等进行计算。设反应物起始浓度为 c'_{A0}、c''_{A0}时的分数衰期分别为 t'_θ、t''_θ，同样可得

$$n=1-\frac{\lg(t'_\theta/t''_\theta)}{\lg(c'_{A0}/c''_{A0})} \tag{7-32}$$

【例 7-5】 二甲醚气相分解反应为

$$CH_3OCH_3(A) \longrightarrow CH_4(B)+H_2(C)+CO(D)$$

25℃时，将纯二甲醚气体充入真空反应球内，反应可进行完全，测得不同时刻球内气体压力数据如下：

t/min	6.5	13.0	26.5	52.6	∞
p/kPa	54.4	65.1	83.2	103.9	124.1

求反应级数和速率常数。

解 试用半衰期法求解。该反应中反应物 A 的分压 p_A 每减少 1 个单位，体系总压 p 就增加 2 个单位，即 p 随 p_A 呈线性变化。由式(7-8) 知

$$\frac{p_A}{p_{A0}}=\frac{p_t-p_\infty}{p_0-p_\infty}$$

因为 $p_{A0}=p_0$，且 $p_\infty=3p_0$，所以

$$p_A=\frac{p_\infty-p_t}{2}$$

将已知数据代入上式，算出不同时刻的 p_A，列表如下，并绘制出 p_A-t 曲线（图 7-4）。在曲线上取不同 p_{A0} 时的半衰期，结果如表中所列，$t_{1/2}$几乎不变，因此反应为一级，取其平均值为 $t_{1/2}=25.9\text{min}$，故 $k=\ln2/t_{1/2}=2.68\times10^{-2}\text{min}^{-1}$。

t/min	0	6.5	13.0	26.5	52.6
p_A/kPa	41.4	34.9	29.5	20.5	10.1

p_{A0}/kPa	40.0	30.0	20.0
$0.5p_{A0}$/kPa	20.0	15.0	10.0
$t_{1/2}$/min	25.6	25.7	26.5

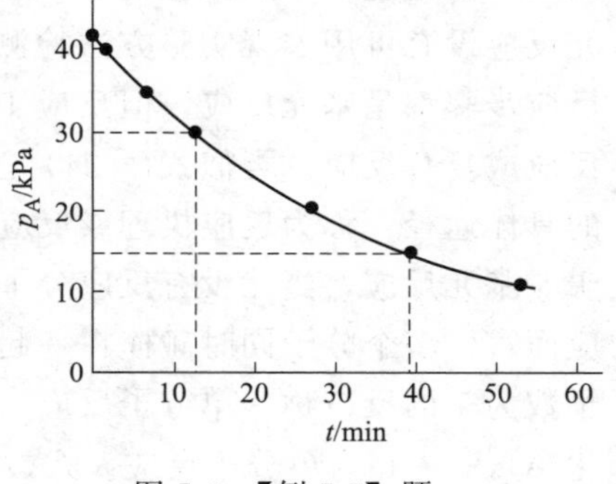

图 7-4 【例 7-5】题

7.3.4 孤立变量法

当速率方程中不只包括一种物质的浓度时，例如

$$r=kc_A^\alpha c_B^\beta c_C^\gamma \tag{7-33}$$

为使方程简化，反应时除按化学计量比进料，使方程变为单组分 n 级反应的速率方程外，尚可采用孤立变量法。该法选择这样的实验条件，即除了使一种物质的浓度（例如 c_A）变化外，其余物质的浓度 c_B、c_C 均为过量，以致反应进程中它们可作为常量处理。因此式

中 $kc_B^{\beta}c_C^{\gamma} \approx kc_{B0}^{\beta}c_{C0}^{\gamma} = k'$，可视为新的速率常数，反应从 $\alpha+\beta+\gamma$ 级变为 α 级。采用上述几种方法可以求出反应对 A 的级数 α。用类似的方式，再依次求出对 B 和 C 的级数 β 和 γ，并最终求出反应的总级数。这是动力学中最常用的一种方法。

7.4 基元反应

化学反应的计量方程式表示反应物与产物的数量关系，并没有给出反应物变为产物的具体途径。例如氢和溴的气相化合反应

$$H_2 + Br_2 \xlongequal{} 2HBr$$

以上计量方程表示 1 个 H_2 分子和一个 Br_2 分子反应后生成两个 HBr 分子，但它并不代表反应的真实步骤。实际上并不是一个 H_2 分子和一个 Br_2 分子经一次碰撞就能生成两个 HBr 分子。经研究知上述反应是经过下列一系列步骤完成的：

$$\left.\begin{aligned}
&(1)\ Br_2 + M \xrightarrow{k_1} Br + Br + M \\
&(2)\ Br + H_2 \xrightarrow{k_2} HBr + H \\
&(3)\ H + Br_2 \xrightarrow{k_3} HBr + Br \\
&(4)\ H + HBr \xrightarrow{k_4} H_2 + Br \\
&(5)\ Br + Br + M \xrightarrow{k_5} Br_2 + M
\end{aligned}\right\} \tag{7-34}$$

Br 和 H 是反应过程中的中间产物，它们在只表示反应始态与终态的计量方程式中并不出现。由计量式中的反应物经一次碰撞过程就转化为计量式中产物的反应称为基元反应。基元反应没有可用宏观实验方法检测到的中间产物，否则为非基元反应。式(7-34) 中的每个反应步骤都是基元反应，但反应 $H_2 + Br_2 \longrightarrow 2HBr$ 不是基元反应，这种反应称为总（包）反应或复合反应。类似式(7-34) 这种基元反应的组合，用以表示总反应的反应物变为产物的具体途径，称为反应机理或反应历程。基元反应中反应物分子的个数称为反应分子数。对于非基元反应，当然没有反应分子数的概念。显然，反应分子数只能是自然数。对于气相反应而言，多个分子同时碰撞在一起发生反应的概率很小，反应分子数最多不超过 3。反应分子数为 1 的反应称为单分子反应。例如一个激发态 A^*（* 表示激发态）分子的分解或异构化 $A^* \longrightarrow P$ 为单分子反应。式(7-34) 中的反应（1）～（4）皆为双分子反应。反应（1）中的 M 表示第三体分子，其作用是借分子碰撞把 Br_2 分子分解所需的能量传递给 Br_2。反应（5）是三分子反应，第三体 M 的作用是在碰撞中将 Br 原子复合释放出的能量带走，否则在 Br—Br 键形成后的第一次振动中 Br_2 又将分解。

每个基元反应都是可逆的，反应（5）和反应（4）分别是反应（1）和反应（2）的逆反应。这是因为基元反应是一个分子过程，根据力学原理，如果在描述体系的力学方程中将时间 t 用 $-t$ 代换，所有粒子的速度均与原过程反号，这就宛如一部电影从后往前放映一样，一切动作恰是正向放映时动作的逆转。所以，基元反应的逆反应必也是基元反应，且正、逆反应经历相同的过渡状态，这个结论称为微观可逆性原理。反应（3）的逆反应也是基元反

应，只是由于其反应速率很慢，所以反应机理中可不予考虑。根据微观可逆性原理，下述气相中的反应

$$Pb(C_2H_5)_4 \longrightarrow Pb + 4C_2H_5$$

必不是基元反应，因其逆反应不可能在一次碰撞中完成。

经验证明基元反应的速率可表示为反应物浓度的幂函数形式，即基元反应速率与反应物浓度（带有相应指数）的乘积成正比，各物质浓度的指数就是基元反应方程式中相应物质的计量系数。例如对于基元反应（1）～(5)，有

（1）$r_1 \propto [Br_2][M]$　或　$r_1 = k_1[Br_2][M]$

（2）$r_2 \propto [Br][H_2]$　或　$r_2 = k_2[Br][H_2]$

……

（5）$r_5 \propto [Br]^2[M]$　或　$r_5 = k_5[Br]^2[M]$

上述规律称为质量作用定律。它是 19 世纪中期由挪威化学家瓦格（Waage）和数学家古德贝格（Guldberg）在总结前人大量实验工作基础上提出来的。

根据质量作用定律，基元反应的级数等于反应分子数。对于非基元反应而言，质量作用定律不能适用，反应级数和反应物计量系数一般不同，必须由实验确定。例如 7.1 节提到的三种卤素气体与氢的化合反应，实验测定只有 $H_2 + I_2 \longrightarrow 2HI$ 为二级反应。过去该反应长期被认为是双分子反应，1967 年沙利文（Sullivan）通过实验证实反应机理涉及碘原子参与，且根据分子轨道理论的研究成果，H_2 和 I_2 分子不能直接生成 HI 分子，因此 H_2 与 I_2 的化合反应也是一个包括多个基元反应的复合反应。这个实例说明反应机理的确定需要做大量的实验和理论研究工作，速率方程的测定只是工作的一个方面，往往要经过实践、认识、再实践，再认识这样的反复过程，才能对反应机理获得较深刻的认识。目前，多数反应的机理还只能被认为是合理的假设。

7.5 典型的复合反应

自然界和实验室中观察到的大多数反应都是由基元反应组成的复合反应。其中基元反应的组合方式各不相同，但可以分为几种有代表性的类型。研究、掌握这几种典型复合反应的特征有助于了解一般复合反应的动力学特征和反应机理，下面分别讨论这些反应。讨论中假定组成这些复合反应的每个步骤既可以是基元反应也可以是非基元反应。

7.5.1 对峙反应

对峙反应即以显著速率进行的可逆反应。最简单的对峙反应是正、逆反应均为一级的反应。例如苯乙烯顺式与反式的异构化反应，可表示为

$$A \underset{k_{-1}}{\overset{k_1}{\rightleftharpoons}} B \tag{7-35}$$

k_1，k_{-1} 分别为正、逆反应速率常数。正反应速率为 k_1c_A，逆反应速率为 $k_{-1}c_B$，总反应速率为正、逆反应速率之差，即

$$r=-\frac{dc_A}{dt}=k_1c_A-k_{-1}c_B$$

若 $r=0$，反应达到平衡，对峙反应的平衡常数为

$$K_c=\frac{c_{B,e}}{c_{A,e}}=\frac{k_1}{k_{-1}} \tag{7-36}$$

反应中 $c_A+c_B=c_{A,e}+c_{B,e}=$常数，或者 $c_A-c_{A,e}=c_{B,e}-c_B$，下标 e 表示平衡状态。

因平衡时 $k_1c_{A,e}=k_{-1}c_{B,e}$，总反应速率可表示为

$$\begin{aligned}r=-\frac{dc_A}{dt}&=k_1c_A-k_1c_{A,e}+k_{-1}c_{B,e}-k_{-1}c_B\\&=(k_1+k_{-1})(c_A-c_{A,e})\end{aligned}$$

将上式分离变量后积分，时间从 0 积分到 t，$t=0$ 时 $c_A=c_{A0}$，结果如下

$$\ln\frac{c_A-c_{A,e}}{c_{A0}-c_{A,e}}=-(k_1+k_{-1})t \tag{7-37}$$

若总反应速率用 $r=dc_B/dt$ 表示，注意到 $c_A-c_{A,e}=c_{B,e}-c_B$ 的关系，同样可以导出 B 物质对平衡浓度的偏离与时间 t 之间也有类似式(7-37) 的关系。一般地，令对峙反应中 A 或 B 的浓度 x 对平衡浓度的偏离 $\Delta x=x-x_e$，$t=0$ 时的偏离 $(\Delta x)_0=x_0-x_e$，均有

$$\ln\frac{\Delta x}{(\Delta x)_0}=-(k_1+k_{-1})t \tag{7-38}$$

对峙反应趋向平衡的过程称为弛豫过程，$\Delta x/(\Delta x)_0=e^{-1}$ 的时间称为弛豫时间 τ，显然

$$\tau^{-1}=k_1+k_{-1} \tag{7-39}$$

以上讨论表明，一级对峙反应趋向平衡的弛豫过程具有一级反应的动力学特征，即

① 反应中任一物质对平衡浓度的偏离 Δx 与时间 t 的关系满足式(7-38)；

② 弛豫过程速率常数等于正、逆反应速率常数之和，与弛豫时间的关系为 $\tau^{-1}=k_1+k_{-1}$；

③ 测定反应的动力学数据，即 Δx 与 t 的关系，或测定反应的弛豫时间 τ，都可得到 k_1+k_{-1}，然后与平衡常数和速率常数的关系式，即式(7-36) 联立，可求得 k_1 和 k_{-1}。

【例 7-6】 一级对峙反应 $A \underset{k_{-1}}{\overset{k_1}{\rightleftharpoons}} B$ 在一定温度下从纯 A 开始进行，$c_{A0}=1.00mol \cdot dm^{-3}$，100min 后测得 $c_A=0.709mol \cdot dm^{-3}$，已知反应的平衡常数 $K_c=0.5$，求正、逆反应的速率常数。

解 因 $K_c=c_{B,e}/c_{A,e}=0.5$，且 $c_{B,e}+c_{A,e}=1.00mol \cdot dm^{-3}$，解得 $c_{A,e}=0.667mol \cdot dm^{-3}$。由式(7-37) 知

$$\ln\frac{0.709-0.667}{1-0.667}=-(k_1+k_{-1})\times 100min$$

解得
$$k_1+k_{-1}=0.0207min^{-1}$$

而且
$$\frac{k_1}{k_{-1}}=K_c=0.5$$

两式联立解得：$k_{-1}=0.0138min^{-1}$，$k_1=0.0069min^{-1}$。

7.5.2 弛豫方法在快速反应中的应用

弛豫方法在快速反应中的应用

当正、逆反应为其它级数的反应时，采用类似方法也可建立反应的速率方程，不过所得方程的积分形式要复杂得多。以下讨论对峙反应从偏离平衡不远的状态趋向平衡的特定情况。这时，随着反应逐渐接近平衡，对峙反应的速率将逐渐减小，达到平衡时速率为0。设 x 为反应中任一物质的浓度，令 $\Delta x = x - x_e$，为该物质对平衡浓度 x_e 的偏离。反应趋向平衡的速率 $\mathrm{d}\Delta x/\mathrm{d}t$ 因与 Δx 有关，可视为 Δx 的函数$f(\Delta x)$，即

$$\frac{\mathrm{d}\Delta x}{\mathrm{d}t} = f(\Delta x) = f(0) + f'(0)\Delta x + f''(0)(\Delta x)^2/2! + \cdots$$

上式右边是将 $f(\Delta x)$ 展成 Δx 的级数。当反应接近平衡，即 Δx 较小时，可忽略 Δx 的高次项，仅保留线性项。因为 $f(0)$ 是反应达到平衡时的速率，其值为0，于是得到

$$-\frac{\mathrm{d}\Delta x}{\mathrm{d}t} = k\Delta x \tag{7-40}$$

式中

$$k = -f'(0) \tag{7-41}$$

式(7-40) 表示当对峙反应偏离平衡不远时，不管正、逆反应级数如何，反应趋向平衡的弛豫过程都会显示一级反应的特征。将式(7-40) 分离变量后积分，结果为

$$\ln\frac{\Delta x}{(\Delta x)_0} = -kt \tag{7-42}$$

其中 $(\Delta x)_0 = x_0 - x_e$，为 $t=0$ 时的 Δx。式(7-42) 中 $\Delta x/(\Delta x)_0 = 1/\mathrm{e}$ 的时间称为弛豫时间 τ，则 $\tau^{-1} = k$，为反应在弛豫过程中的速率常数。为了导出 k 或 τ 与正、逆反应速率常数的关系，可将反应的速率方程用 $\mathrm{d}\Delta x/\mathrm{d}t$ 的形式表示，并将其视为函数 $f(\Delta x)$。根据式(7-41)，求出 $\Delta x=0$ 时的导数 $f'(0)$，可得 $k=-f'(0)$。因 $f'(0)$ 与正逆反应的速率常数有关，故得到 k 与正逆反应速率常数的关系。下面以正反应为一级、逆反应为二级的对峙反应为例，即

$$\mathrm{A} \underset{k_{-1}}{\overset{k_1}{\rightleftharpoons}} \mathrm{B} + \mathrm{C}$$

$$r = -\frac{\mathrm{d}c_\mathrm{A}}{\mathrm{d}t} = k_1 c_\mathrm{A} - k_{-1} c_\mathrm{B} c_\mathrm{C}$$

令 $c_\mathrm{A} = x$，且 $\Delta x = c_\mathrm{A} - c_{\mathrm{A,e}}$，则有

$$-\frac{\mathrm{d}\Delta x}{\mathrm{d}t} = -f(\Delta x) = k_1 c_\mathrm{A} - k_{-1} c_\mathrm{B} c_\mathrm{C}$$

因 c_A、c_B、c_C 皆随 Δx 变化，上式表示弛豫速率是 Δx 的函数。将 $f(\Delta x)$ 对 Δx 求导，再令 $\Delta x \to 0$，计算时需利用各物质浓度与 Δx 间的关系，即

$$-\mathrm{d}c_\mathrm{A} = \mathrm{d}c_\mathrm{B} = \mathrm{d}c_\mathrm{C} = -\mathrm{d}\Delta x$$

或者

$$\frac{\mathrm{d}c_\mathrm{A}}{\mathrm{d}\Delta x} = 1,\quad \frac{\mathrm{d}c_\mathrm{B}}{\mathrm{d}\Delta x} = -1,\quad \frac{\mathrm{d}c_\mathrm{C}}{\mathrm{d}\Delta x} = -1$$

以及 $\Delta x = 0$ 时，$c_\mathrm{A} = c_{\mathrm{A,e}}$，$c_\mathrm{B} = c_{\mathrm{B,e}}$，$c_\mathrm{C} = c_{\mathrm{C,e}}$ 的边界条件，运用复合函数求导法则，可得

$$-f'(0)=\lim_{\Delta x\to 0}\left(k_1\frac{\mathrm{d}c_A}{\mathrm{d}\Delta x}-k_{-1}c_B\frac{\mathrm{d}c_C}{\mathrm{d}\Delta x}-k_{-1}c_C\frac{\mathrm{d}c_B}{\mathrm{d}\Delta x}\right)$$
$$=k_1+k_{-1}(c_{B,e}+c_{C,e})$$

所以

$$k=\frac{1}{\tau}=k_1+k_{-1}(c_{B,e}+c_{C,e}) \tag{7-43}$$

若测得反应的弛豫时间 τ，即可得到 k。再利用平衡常数与正、逆反应速率常数的关系：$K_c=k_1/k_{-1}$，即可联立解出 k_1 和 k_{-1}。这个方法在快速反应的动力学实验中得到应用，称为弛豫法。

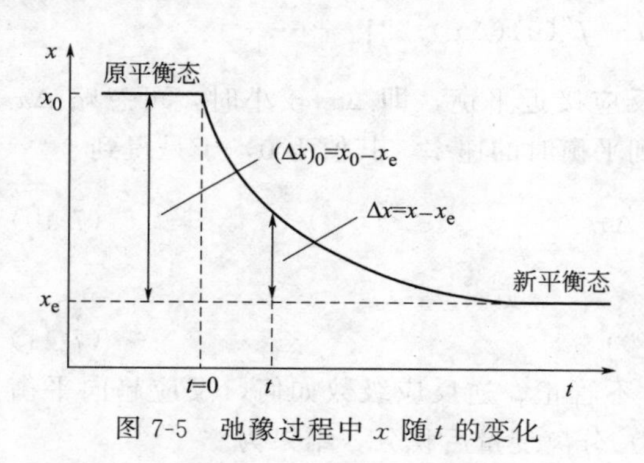

图 7-5　弛豫过程中 x 随 t 的变化

有些化学反应速率很快，例如酸碱中和反应，瞬间即可完成，不可能先将反应物混合再测动力学数据。弛豫法可避开反应物的混合。其原理是在一定条件下先使对峙反应达到平衡状态（x_0），然后用快速扰动技术给体系一个扰动（例如体系的温度或压力被突然改变，浓度被突然稀释等）使体系偏离原来的平衡状态。在体系朝着新的平衡态（x_e）恢复平衡时（如图 7-5 所示），采用快速检测技术（如光谱、电导的测定等）测出弛豫时间，由此求得正、逆反应的速率常数。

【例 7-7】 用脉冲激光突然作用于电导池中的纯水试样，实验测得水解离反应 $H_2O \underset{k_{-1}}{\overset{k_1}{\rightleftharpoons}} H^+ + OH^-$ 在 25℃时的弛豫时间为 36μs，求正、逆反应的速率常数。

解　已知 25℃时$[H^+]_e=[OH^-]_e=10^{-7}\,\mathrm{mol\cdot dm^{-3}}$，$[H_2O]_e=(1000/18)\,\mathrm{mol\cdot dm^{-3}}$，所以

$$K_c=\frac{k_1}{k_{-1}}=\frac{[H^+]_e[OH^-]_e}{[H_2O]_e}=1.8\times10^{-16}\,\mathrm{mol\cdot dm^{-3}}$$

由式(7-43) 知

$$\tau^{-1}=k_1+k_{-1}([H^+]_e+[OH^-]_e)$$

利用 $k_1=k_{-1}K_c$ 消去上式中的 k_1，可先解得 k_{-1}，再解得 k_1，即

$$k_{-1}=[\tau(K_c+[H^+]_e+[OH^-]_e)]^{-1}$$
$$=[36\times10^{-6}\times(1.8\times10^{-16}+2\times10^{-7})]^{-1}\,\mathrm{dm^3\cdot mol^{-1}\cdot s^{-1}}$$
$$=1.4\times10^{11}\,\mathrm{dm^3\cdot mol^{-1}\cdot s^{-1}}$$
$$k_1=k_{-1}K_c=(1.4\times10^{11}\times1.8\times10^{-16})\,\mathrm{s^{-1}}=2.5\times10^{-5}\,\mathrm{s^{-1}}$$

结果表明酸碱中和反应的速率非常之快，水的解离速率却很慢。

7.5.3　平行反应

如果反应物能同时进行两个或多个反应，这些反应的组合称为平行反应。最简单的平行反应是一级平行反应，即

$$A \begin{cases} \xrightarrow{k_1} B \\ \xrightarrow{k_2} C \end{cases} \tag{7-44}$$

两个支反应对反应物 A 均为一级。各支反应及总反应的速率方程为

$$r_1=\frac{\mathrm{d}c_B}{\mathrm{d}t}=k_1c_A$$

$$r_2=\frac{\mathrm{d}c_C}{\mathrm{d}t}=k_2c_A$$

$$r=r_1+r_2=-\frac{\mathrm{d}c_A}{\mathrm{d}t}=(k_1+k_2)c_A$$

对以上三式积分，设 $t=0$ 时 $c_A=c_{A0}$，$c_B=c_C=0$，可得

$$c_B=k_1\int_0^t c_A\mathrm{d}t \tag{7-45}$$

$$c_C=k_2\int_0^t c_A\mathrm{d}t \tag{7-46}$$

$$c_A=c_{A0}\mathrm{e}^{-(k_1+k_2)t} \tag{7-47}$$

将式(7-45) 和式(7-46) 相比，可得

$$\frac{c_B}{c_C}=\frac{k_1}{k_2} \tag{7-48}$$

由于

$$c_B+c_C=c_{A0}-c_A$$

因此

$$c_B=\frac{k_1(c_{A0}-c_A)}{k_1+k_2} \tag{7-49}$$

$$c_C=\frac{k_2(c_{A0}-c_A)}{k_1+k_2} \tag{7-50}$$

由以上讨论可知，一级平行反应的特征是

① 总反应，即反应物消耗的过程是一级反应，总反应的速率常数等于各支反应速率常数之和；

② 各支反应速率常数之比等于各支反应产物浓度之比。

根据上述特征，测定总反应的动力学数据，即 c_A-t 的关系，可计算出 (k_1+k_2)，再利用式(7-48)，测定任一时刻各支反应产物的浓度比，即可求得 k_1 和 k_2。

平行反应的上述规律也可以推广到其它情况。例如对于两个支反应皆为二级的平行反应：

$$A+B \begin{cases} \xrightarrow{k_1} E \\ \xrightarrow{k_2} F \end{cases}$$

$$r_1=\frac{\mathrm{d}c_E}{\mathrm{d}t}=k_1c_Ac_B$$

$$r_2=\frac{\mathrm{d}c_F}{\mathrm{d}t}=k_2c_Ac_B$$

$$r=r_1+r_2=-\frac{dc_A}{dt}=(k_1+k_2)c_Ac_B$$

设 $t=0$ 时 $c_A=c_{A0}$，$c_B=c_{B0}$，$c_{A0}\neq c_{B0}$，$c_E=c_F=0$，由式(7-22a)，可以得到

$$\ln\frac{c_A}{c_B}=\ln\frac{c_{A0}}{c_{B0}}+(c_{A0}-c_{B0})(k_1+k_2)t \tag{7-51}$$

且产物浓度与支反应速率常数有类似式(7-48) 的关系；

$$\frac{c_E}{c_F}=\frac{k_1}{k_2} \tag{7-52}$$

由式(7-51) 求出总反应速率常数（k_1+k_2）后与式(7-52) 联立，可解出 k_1 和 k_2。

7.5.4 连串反应

如果一个反应物的产物成为下一个反应的反应物，由此组合的一组反应称为连串反应。最简单的连串反应可表示为

$$A\xrightarrow{k_1}B\xrightarrow{k_2}C \tag{7-53}$$

其中 1、2 两个步骤皆为一级反应。对反应中的三种物质，可分别写出：

$$-\frac{dc_A}{dt}=k_1c_A \tag{7-54}$$

$$\frac{dc_B}{dt}=k_1c_A-k_2c_B \tag{7-55}$$

$$\frac{dc_C}{dt}=k_2c_B \tag{7-56}$$

假定反应开始时只有 A，其浓度为 c_{A0}，则反应的任何时刻必有

$$c_{A0}=c_A+c_B+c_C \tag{7-57}$$

由于

$$\frac{dc_A}{dt}+\frac{dc_B}{dt}+\frac{dc_C}{dt}=0$$

因此，式(7-54)～式(7-56) 三个微分方程中只有两个是独立的。式(7-54) 的积分形式是

$$c_A=c_{A0}e^{-k_1t} \tag{7-58}$$

代入式(7-55) 得

$$\frac{dc_B}{dt}+k_2c_B=k_1c_{A0}e^{-k_1t}$$

这是一个一阶线性微分方程，可用相关公式(见附录Ⅰ) 求解，得

$$c_B=c_{A0}\frac{k_1}{k_2-k_1}(e^{-k_1t}-e^{-k_2t}) \tag{7-59}$$

将 c_A、c_B 的表示式代入式(7-57)，整理后得

$$c_C=c_{A0}\left(1-\frac{k_2}{k_2-k_1}e^{-k_1t}+\frac{k_1}{k_2-k_1}e^{-k_2t}\right) \tag{7-60}$$

根据式(7-58)～式(7-60) 绘图，得到连串反应中 A、B、C 三种物质浓度随时间的变化关系，如图 7-6 所示。由图可见反应物 A 的浓度随时间单调减少，产物 C 的浓度随时间单

调增加，但是中间产物 B 的浓度开始时随时间增加，以后又随时间减少，中间出现极大值。中间产物的浓度在反应中有极大值出现是连串反应的特征。为求得极值参数，可将式(7-59) 对 t 求导，并令

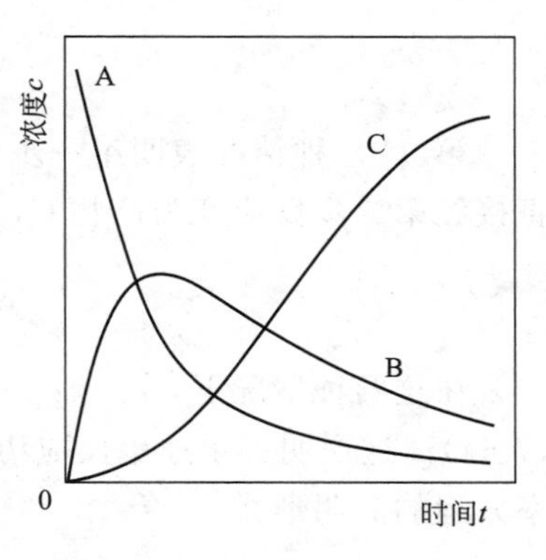

图 7-6 连串反应中浓度随时间变化关系图

$$\frac{dc_B}{dt}=c_{A0}\frac{k_1}{k_2-k_1}(k_2e^{-k_2t}-k_1e^{-k_1t})=0$$

由此解得 c_B 取得极大值 $c_{B,m}$ 时的反应时间 t_m 为

$$t_m=\frac{1}{k_2-k_1}\ln\frac{k_2}{k_1} \tag{7-61}$$

将 t_m 代入式(7-59)，得

$$c_{B,m}=c_{A0}\left(\frac{k_1}{k_2}\right)^{k_2/(k_2-k_1)} \tag{7-62}$$

在连串反应中，如果中间产物 B 是希望得到的主要产品，最终产物 C 是副产物，这时将反应时间控制在 t_m 附近产物 B 的浓度才能达到最大值 $c_{B,m}$。

7.6 复合反应速率的近似方法

前面讨论了三种典型的复合反应，一般地，复合反应不外乎这三种类型，或者是它们的组合。已知复合反应的机理，原则上可以导出反应的速率方程。然而我们已经看到，当反应是由连串反应组成时，即便反应是 $A \longrightarrow B \longrightarrow C$ 的最简单形式，反应的速率方程及其积分也是相当复杂的。如果连串反应的步骤或参与反应的组分有所增加，速率方程的形式及其求解过程会变得更加复杂。精确计算需从数学上求解多个联立的微分方程，这在高速计算机出现之前是十分困难甚至是不可能的。即使有了高速计算机，模拟计算常常也是不经济和费时的。因此，实践上要求人们对复合反应的速率方程采用近似处理的方法，以便能够容易地获得速率方程的简明表达式。常用的近似方法有以下几种。

7.6.1 控制步骤近似法

在连串反应中，如果有一步反应的速率特别慢，整个反应的速率将受这一步最慢反应的控制，这个最慢步骤称为总反应的控制步骤或速控步。在存在控制步骤的连串反应中，将控制步骤的速率作为总反应的速率，这种近似方法称为控制步骤近似法。以前面讨论的连串反应 $A \xrightarrow{k_1} B \xrightarrow{k_2} C$ 为例，如果 k_1 和 k_2 相差悬殊，就会出现下列两种极端情况。这时由式(7-60) 可近似得到：

$$(1)\ k_1 \ll k_2 \text{ 时，}\quad c_C=c_{A0}(1-e^{-k_1t}) \tag{7-63}$$

$$(2)\ k_2 \ll k_1 \text{ 时，}\quad c_C=c_{A0}(1-e^{-k_2t}) \tag{7-64}$$

以上两式是在求得微分方程精确解的基础上得到的结果。如果采用控制步骤近似法，第(1) 种情况表明第二步反应极快，第一步为速控步，整个连串反应相当于反应物 A 经第一步反应直接变为产物 C，即

$$A \xrightarrow{k_1} C \quad 所以 \quad -\frac{dc_A}{dt}=k_1c_A$$

第（2）种情况表明第一步反应极快，第二步为速控步，整个连串反应相当于反应物 A 直接经第二步反应变为产物 C，即

$$A \xrightarrow{k_2} C \quad 所以 \quad -\frac{dc_A}{dt}=k_2c_A$$

在这两种情况下，$c_C=c_{A0}-c_A$，所以不必作复杂的数学计算即可导出式(7-63) 和式(7-64)。这说明如果连串反应历程中有速控步存在，采用控制步骤近似法容易得到总反应速率方程的简明形式。

【例 7-8】 已知气相反应 $2NO_2+F_2 = 2NO_2F$ 的反应历程是：

$$NO_2+F_2 \xrightarrow{k_1} NO_2F+F \quad （慢）$$

$$NO_2+F \xrightarrow{k_2} NO_2F \quad （快）$$

试导出总反应的速率方程。

解 该反应为连串反应，第一步为速控步，其速率即为总反应的速率，设以 NO_2 消耗的速率表示，则

$$-\frac{d[NO_2]}{dt}=2k_1[NO_2][F_2]$$

式中乘以 2 是因为每有 1 个 NO_2 分子在速控步中消耗掉必引起另一个 NO_2 分子在第二步反应中被消耗。总反应的速率方程为

$$r=-\frac{d[NO_2]}{2dt}=k_1[NO_2][F_2]$$

7.6.2 平衡态近似法

假如复合反应具有如下反应历程：

$$A+B \underset{k_{-1}}{\overset{k_1}{\rightleftharpoons}} C \xrightarrow{k_2} D \tag{7-65}$$

（快速平衡）（慢）

该历程的特点是反应物与中间产物 C 之间发生快速对峙反应，中间产物变为产物的反应是整个反应的控制步骤，因其速率很慢，反应物和中间产物可认为近似处于平衡。因此

$$k_1c_Ac_B=k_{-1}c_C$$

即

$$\frac{c_C}{c_Ac_B}=\frac{k_1}{k_{-1}}=K_c \quad 或 \quad c_C=K_cc_Ac_B \tag{7-66}$$

K_c 为对峙反应的平衡常数。总反应速率等于速控步速率，故其速率方程为

$$r=\frac{dc_D}{dt}=k_2c_C=k_2K_cc_Ac_B \tag{7-67}$$

这就是用平衡态近似法导出的速率方程。

前面曾指出反应 $H_2+I_2 = 2HI$ 为二级反应，但并不是基元反应，其反应历程为

$$I_2+M \underset{k_{-1}}{\overset{k_1}{\rightleftharpoons}} 2I+M \qquad \text{（快速平衡）}$$

$$H_2+2I \xrightarrow{k_2} 2HI \qquad \text{（慢）}$$

由平衡态近似法

$$\frac{[I]^2}{[I_2]}=\frac{k_1}{k_{-1}}=K_c \quad \text{或} \quad [I]^2=K_c[I_2]$$

总反应速率受慢步骤控制，其速率方程为

$$r=-\frac{d[H_2]}{dt}=k_2[H_2][I]^2=k[H_2][I_2]$$

所以总反应为二级反应，速率常数 $k=k_2K_c$。

7.6.3 稳态近似法

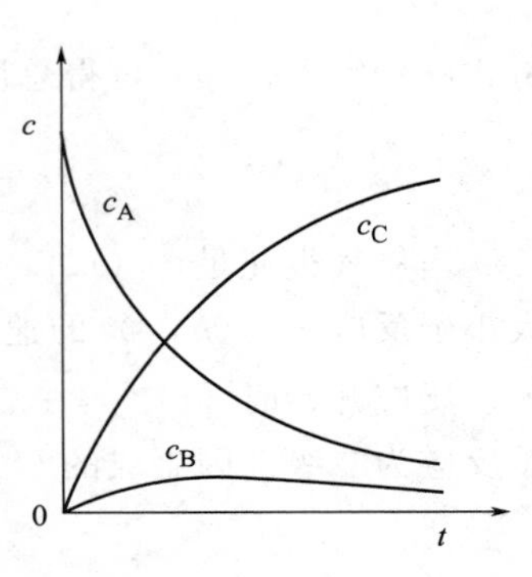

图 7-7 $k_1 \ll k_2$ 的连串反应示意图

在连串反应中，有些中间产物的活性很高，一旦生成，便立即在下一步反应中被消耗掉，反应进行时，这些物质不会积累，其浓度始终维持很低水平。如前面讨论的连串反应 $A \xrightarrow{k_1} B \xrightarrow{k_2} C$，如果 $k_1 \ll k_2$，即意味着中间产物 B 属于这类物质。由式(7-62) 知此时 $c_{B,m} \to 0$，其 c-t 曲线如图 7-7 所示，c_B 为一条紧靠横轴的扁平曲线。对这类中间产物可假定其浓度不随时间改变，即

$$\frac{dc_B}{dt}=0 \tag{7-68}$$

上述假定称为稳态近似法。适用稳态近似的中间产物常常是新生态原子、自由基或激发态分子等活性粒子。

【例 7-9】 已知反应 $2O_3 = 3O_2$ 具有以下历程：

$$O_3+M \underset{k_{-1}}{\overset{k_1}{\rightleftharpoons}} O_2+O+M$$

$$O+O_3 \xrightarrow{k_2} 2O_2$$

M 是任意分子，O 是活性产物。分别按（1）平衡态近似法；（2）稳态近似法导出总反应的速率方程。

解 （1）平衡态近似法。设对峙反应近似处于平衡态，则

$$k_1[O_3]=k_{-1}[O_2][O] \tag{a}$$

反应 2（k_2）是速控步，因此 O_3 分解的速率为

$$-\frac{d[O_3]}{dt}=2k_2[O_3][O] \tag{b}$$

右边乘以 2 是因为反应 2（k_2）中的 O 来自反应 1（k_1），速控步中每有 1 个 O 反应掉，共有两个 O_3 被消耗。将式(a) 代入式(b)，消去 [O]，可得总反应的速率方程为

$$r=-\frac{1}{2}\frac{d[O_3]}{dt}=\frac{k_1k_2}{k_{-1}}\frac{[O_3]^2}{[O_2]} \tag{c}$$

（2）稳态近似法。对中间产物 O 作稳态假定，即

$$\frac{d[O]}{dt}=k_1[O_3][M]-k_{-1}[O_2][O][M]-k_2[O_3][O]=0 \tag{d}$$

$$[O]=\frac{k_1[O_3][M]}{k_{-1}[O_2][M]+k_2[O_3]} \tag{e}$$

O_3 的消耗速率为

$$-\frac{d[O_3]}{dt}=k_1[O_3][M]-k_{-1}[O_2][O][M]+k_2[O_3][O] \tag{f}$$

式(f) 右边与式(d) 相减，得

$$-\frac{d[O_3]}{dt}=2k_2[O_3][O] \tag{g}$$

将式(e) 代入式(g) 可得总反应速率方程为

$$r=-\frac{1}{2}\frac{d[O_3]}{dt}=\frac{k_1k_2[O_3]^2[M]}{k_{-1}[O_2][M]+k_2[O_3]} \tag{h}$$

当氧气很充足，$[O_2]\gg[O_3]$ 时，分母中的 $k_2[O_3]$ 可忽略，这意味着反应 2 的速率大大小于反应－1（k_{-1}）的速率时，稳态近似的结果与平衡态近似相一致。如果是纯 O_3 分解，反应开始时 $[O_2]\approx 0$，反应－1 可不考虑，此时 M 即 O_3，式(h) 变为 $r=k_1[O_3]^2$，总反应为二级。因生成的 O 很快在反应 2 中消耗掉，反应 1 成为控制步骤。

7.7 温度对反应速率的影响

7.7.1 温度对反应速率影响的经验规律

化学反应速率受温度的影响。大多数化学反应的速率随温度升高而加快。反应速率的变化主要是通过温度对速率常数的影响引起的。范托夫曾总结出以下经验规律：在室温附近，温度每升高 10℃，一般化学反应的速率常数约增至原来的 2～4 倍，即

$$\frac{k_{t+10℃}}{k_t}=2\sim 4 \tag{7-69}$$

这个规律称为范托夫规则。根据范托夫规则可以粗略估计温度对反应速率的影响。

1889 年，阿伦尼乌斯通过实验证明速率常数随温度的变化与平衡常数随温度的变化有类似的规律性，即

$$\frac{d\ln\{k\}}{dT}=\frac{E_a}{RT^2} \tag{7-70}$$

式中，E_a 与 RT 具有相同的量纲，称为阿伦尼乌斯活化能，简称活化能。如果在研究的温度范围内 E_a 可认为与 T 无关，式(7-70) 的积分形式为

$$\ln\{k\}=-\frac{E_a}{RT}+\ln\{A\} \tag{7-71}$$

或者重排为

$$k=Ae^{-E_a/(RT)} \tag{7-72}$$

式(7-71)或式(7-72)即著名的阿伦尼乌斯方程式。式中的积分常数 $\ln\{A\}$ 与 T 无关，A 称为指前因子或频率因子。指前因子 A 与速率常数 k 有相同的量纲，它与活化能 E_a 是两个重要的动力学参数。实验表明，对于基元反应和大多数复合反应，阿伦尼乌斯方程都是可以适用的。由实验测得不同温度时的速率常数，以 $\ln\{k\}$ 对 $1/T$ 作图可得一条直线，直线斜率等于 $-E_a/R$，截距为 $\ln\{A\}$，从而可求得 E_a 和 A。表 7-1 是 N_2O_5 分解反应 $N_2O_5 \longrightarrow N_2O_4 + (1/2)O_2$ 的实验数据，图 7-8 是根据实验数据所作的 $\ln\{k\}$-$(1/T)$ 图。可见图形是一条很好的直线，斜率为 -1.24×10^4K，截距为 31.36。活化能和指前因子分别为 $E_a = 1.24\times10^4\text{K}\times R = 103.1\text{kJ}\cdot\text{mol}^{-1}$，$A = e^{31.36}\text{s}^{-1} = 4.16\times10^{13}\text{s}^{-1}$。

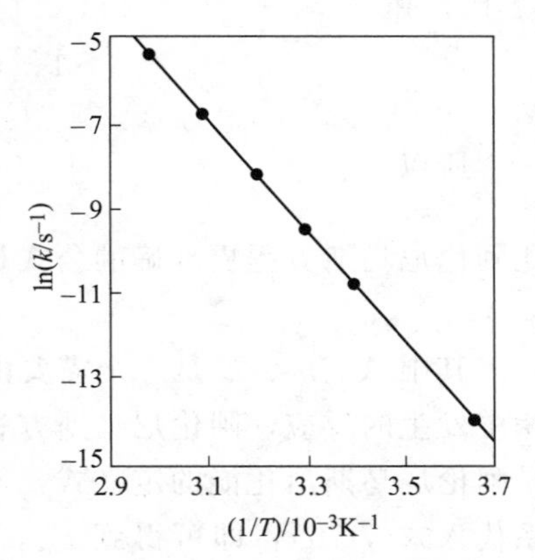

图 7-8　N_2O_5 分解反应的 $\ln\{k\}$-$(1/T)$图

表 7-1　N_2O_5 在各种温度下分解反应的速率常数

T/K	273	298	303	313	328	338
$k/10^{-5}\text{s}^{-1}$	0.0787	3.46	13.5	49.8	150	487
$T^{-1}/10^{-3}\text{K}^{-1}$	3.663	3.357	3.247	3.145	3.048	2.959
$\ln(k/\text{s}^{-1})$	−14.05	−10.27	−8.910	−7.605	−6.502	−5.325

将 T_1 时的速率常数 k_1，T_2 时的速率常数 k_2 分别代入式(7-71)，消去 $\ln\{A\}$ 后，可得

$$\ln\frac{k_2}{k_1} = \frac{E_a}{R}\left(\frac{1}{T_1} - \frac{1}{T_2}\right) \tag{7-73}$$

利用上式可由两个不同温度下的速率常数计算活化能 E_a；或者已知 E_a，可由一个温度下的速率常数计算另一个温度下的速率常数。

【例 7-10】 实验测得水溶液中 $CO(CH_2COOH)_2$ 的分解反应在 60℃和 10℃的速率常数分别为 $5.484\times10^{-2}\text{s}^{-1}$ 和 $1.080\times10^{-4}\text{s}^{-1}$。(1) 求该反应速率常数与温度的关系；(2) 计算反应在 30℃进行 1000s 时反应物的转化率为若干?

解　(1) 将已知数据代入式(7-73)，即

$$\ln\frac{1.080\times10^{-4}}{5.484\times10^{-2}} = \frac{E_a}{8.314\text{J}\cdot\text{mol}^{-1}}\left(\frac{1}{333.15\text{K}} - \frac{1}{283.15\text{K}}\right)$$

解出 $E_a = 97720\text{J}\cdot\text{mol}^{-1}$，将 E_a 和 10℃的 k 值代入式(7-72)，即

$$1.080\times10^{-4}\text{s}^{-1} = A\exp\left(-\frac{97720}{8.314\times283.15}\right)$$

解出 $A = 1.151\times10^{14}\text{s}^{-1}$，将 E_a 和 A 代入式(7-72)，可得速率常数与温度的关系为

$$k = 1.151\times10^{14}\text{s}^{-1}\exp\frac{-11754\text{K}}{T}$$

(2) 30℃时，$T = 303.15$K，代入上式求得该温度下速率常数 $k = 1.67\times10^{-3}\text{s}^{-1}$。由速率常数的量纲可知该反应为一级反应，设反应物的转化率为 x，由一级反应的速率方程式

(7-15) 知

$$\frac{1-x}{1}=\exp(-1.67\times10^{-3}\times1000)$$

所以
$$x=0.812=81.2\%$$

比阿伦尼乌斯方程更准确的公式是以下具有三参数的经验方程；

$$k=AT^{m}\mathrm{e}^{-E/(RT)} \tag{7-74}$$

其中 A、m、E 是三个需要由实验确定的常数。对于精确度高的动力学实验，特别是液相中发生的反应，阿伦尼乌斯方程显得不够准确，常以上式表示 k 与 T 的关系。式(7-70)是阿伦尼乌斯活化能的定义式，不管反应是否复合阿伦尼乌斯方程，将实验测得的 k-T 关系代入式(7-70)，即可得到 E_a，所以 E_a 亦称为实验活化能。将式(7-74) 代入式(7-70)，可得到

$$E_a=E+mRT \tag{7-75}$$

这说明反应符合式(7-74) 时，其实验活化能是温度的函数。一般化学反应的 E_a 介于 $40\sim400\mathrm{kJ\cdot mol^{-1}}$ 范围之间，如果 m 不大（如 $m=1$、2 或 1/2)，式(7-74) 与式(7-72) 区别不大。除非实验精确度高或 m 较大，一般反应仍采用阿伦尼乌斯方程。

以上讨论的是速率常数随温度呈指数关系升高的情况，如图 7-9 中的类型（1)，这是最为常见的情况。此外尚有图 7-9 中所示的其它类型。类型（2）的特点是温度上升到某值时速率常数急剧增大，这类反应为爆炸反应。类型（3）的特点是速率常数随温度升高先增大，而后又减小，典型例子是酶催化反应。类型（4）的特点是反应的速率常数随温度升高而减小，这种情况很少见，NO 与 O_2 化合生成 NO_2 的反应属于这种类型。

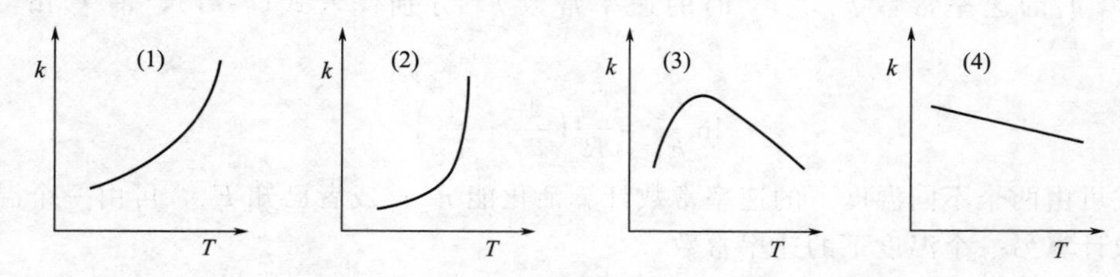

图 7-9 速率常数随温度变化的几种类型

7.7.2 活化能

7.7.2.1 基元反应的活化能

对于基元反应，阿伦尼乌斯活化能具有明确的物理意义。反应物分子发生反应的必要条件是进行“接触”或“碰撞”，但并不是每次碰撞都能引起反应，只有能量足够高的反应物分子在碰撞中才能引起反应，这些分子称为活化分子，活化分子间的碰撞称为有效碰撞。E_a 代表了反应物分子发生有效碰撞的能量要求。托尔曼（Tolman）曾用统计力学证明，对基元反应而言活化能就是活化分子的平均能量与反应物分子的平均能量之差。可用下式表示，即

$$E_a=\langle E^*\rangle-\langle E_r\rangle \tag{7-76}$$

$\langle E^*\rangle$、$\langle E_r\rangle$ 分别表示活化分子和反应物分子的平均能量，单位是 $\mathrm{kJ\cdot mol^{-1}}$。反应物分子吸收能量变为活化分子的过程相当一个反应过程，E_a 就是该过程中反应进度为 1mol 时

的能量变化。

以基元反应 $A+BC \xrightarrow{k_1} AB+C$ 为例，反应过程是 BC 分子化学键断裂和 AB 分子化学键形成的过程。反应物分子 A 和 BC 在碰撞时必须吸收活化能 E_{a1} 才能克服 B、C 原子间的引力和 A、B 原子间的斥力，达到如图 7-10 所示的活化状态 $[A\cdots B\cdots C]^*$，再由活化状态变为产物 AB 和 C，同时释放出能量 E_{a-1}。根据基元反应的可逆性，E_{a-1} 即逆反应 $AB+C \xrightarrow{k_{-1}} A+BC$ 的活化能。设 $\langle E_p \rangle$ 代表产物分子的平均能量，则有

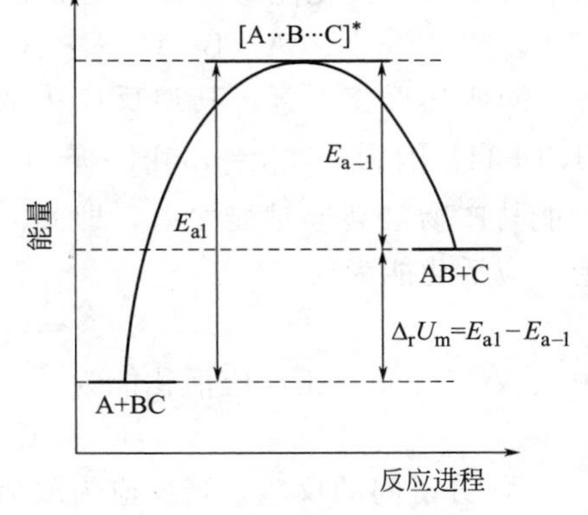

图 7-10　活化能示意图

$$\langle E_p \rangle - \langle E_r \rangle = \Delta_r U_m$$

$\Delta_r U_m$ 为摩尔反应热力学能。

根据平衡常数 K_c 与 T 的关系，对于气相反应（参阅第 5 章习题 19），有

$$\frac{d\ln\{K_c\}}{dT} = \frac{\Delta_r U_m}{RT^2} = \frac{\langle E_p \rangle - \langle E_r \rangle}{RT^2}$$

对于凝聚相反应，有

$$\frac{d\ln\{K_c\}}{dT} = \frac{\Delta_r H_m}{RT^2} \approx \frac{\Delta_r U_m}{RT^2} = \frac{\langle E_p \rangle - \langle E_r \rangle}{RT^2}$$

将 $K_c = k_1/k_{-1}$ 代入以上两式左边，由活化能的定义可得：

$$\frac{d\ln\{K_c\}}{dT} = \frac{d\ln\{k_1\}}{dT} - \frac{d\ln\{k_{-1}\}}{dT} = \frac{E_{a1} - E_{a-1}}{RT^2}$$

比较以上式子右边，有

$$\Delta_r U_m = \langle E_p \rangle - \langle E_r \rangle = E_{a1} - E_{a-1} \tag{7-77}$$

因此

$$\langle E_r \rangle + E_{a1} = \langle E_p \rangle + E_{a-1} = \langle E^* \rangle \tag{7-78}$$

$\langle E^* \rangle$ 是活化分子的平均能量。上面提及的基元反应活化能的概念通过式(7-78) 清楚地表示出来，无论正、逆反应，化学反应总要有一个活化过程，即反应物分子吸收活化能克服反应能垒的过程。一般条件下，活化能主要来源于分子热运动中的相互碰撞，此外还有靠吸收光能或电能的光活化或电活化等。活化能越大，能垒越高，反应物分子在碰撞中越过能垒的概率越小，反应速率越慢。若温度升高，由于分子热运动加剧，具有高能量的分子数增多，反应物分子越过能垒的概率增加，则反应速率加快。

活化能 E_a 的值除通过实验直接测定外，对于基元反应还可以从反应涉及的化学键的键能进行估算，尽管估算结果比较粗糙，但有助于对反应速率问题的分析和讨论。估算依据的经验规则主要有以下几条：

① 分子裂解为自由基，这时活化能等于破裂键的键能。例如

$$Cl—Cl + M \longrightarrow Cl + Cl + M \quad E_a = \varepsilon_{Cl—Cl}$$

ε 表示键能；$\varepsilon_{Cl—Cl}$ 为打破 1mol Cl—Cl 键所需要的能量。

② 自由基复合为分子，复合时不需要额外吸收能量，$E_a = 0$。例如

$$Cl + Cl + M \longrightarrow Cl_2 + M \quad E_a = 0$$

③ 自由基与分子的反应，由于反应中有活性很高的自由原子或自由基参与，当反应为放热反应时，活化能约为破裂键键能的5%。例如

$$A+B—C \longrightarrow A—B+C(放热反应) \quad E_a=\varepsilon_{B—C}\times 5\%$$

对吸热反应而言，其逆反应为放热反应，上述规则对逆反应适用。例如 $Cl+H_2 \longrightarrow HCl+H$，因为 $\varepsilon_{H—H}=435kJ\cdot mol^{-1}$，$\varepsilon_{H—Cl}=431kJ\cdot mol^{-1}$，反应热等于反应物破裂键键能与产物破裂键键能之差，即 $Q_V=\varepsilon_{H—H}-\varepsilon_{H—Cl}=4kJ\cdot mol^{-1}>0$，为吸热反应。所以逆反应活化能为

$$E_{a-1}=\varepsilon_{H—Cl}\times 5\%=21.5kJ\cdot mol^{-1}$$

由式(7-77) 知，正反应活化能为

$$E_{a1}=Q_V+E_{a-1}=25.5kJ\cdot mol^{-1}$$

④ 分子间的反应，当反应为放热反应时活化能约为破裂键键能的30%。例如

$$A—A+B—B \longrightarrow 2(A—B)(放热反应) \quad E_a=(\varepsilon_{A—A}+\varepsilon_{B—B})\times 30\%$$

7.7.2.2 非基元反应的活化能

对于非基元反应，E_a 可由实验测定，但没有明确的物理意义，它实际上是组成复合反应的各基元反应活化能的综合表现，称为表观活化能。例如前面提及的二级反应

$$H_2+I_2 = 2HI$$

并不是基元反应，其反应机理为

$$I_2+M \underset{k_{-1}}{\overset{k_1}{\rightleftharpoons}} 2I+M \qquad (快速平衡)$$

$$H_2+2I \xrightarrow{k_2} 2HI \qquad (慢)$$

由平衡态近似法得到总反应的速率方程为：

$$r=-\frac{d[H_2]}{dt}=k[H_2][I_2]$$

总反应的速率常数 $k=(k_1k_2/k_{-1})$。根据阿伦尼乌斯方程式(7-72)，

$$k=A\exp\left(-\frac{E_a}{RT}\right)$$

即

$$\frac{k_1k_2}{k_{-1}}=\left[A_1\exp\left(-\frac{E_{a1}}{RT}\right)\right]\left[A_2\exp\left(-\frac{E_{a2}}{RT}\right)\right]\left[A_{-1}\exp\left(-\frac{E_{a-1}}{RT}\right)\right]^{-1}$$

$$=\frac{A_1A_2}{A_{-1}}\exp\left[-\frac{(E_{a1}+E_{a2}-E_{a-1})}{RT}\right]$$

两式相比

$$E_a=E_{a1}+E_{a2}-E_{a-1}, \quad A=\frac{A_1A_2}{A_{-1}}$$

E_a 为总反应的表观活化能；A 为总反应的表观指前因子。

7.7.3 复合反应的适宜温度

式(7-70) 表明 $\ln\{k\}$ 随 T 的变化率与 E_a 有关。在一定温度下，E_a 越大，变化率越大。这时若升高温度，k 将快速增大，若降低温度，k 将快速减小。所以，反应的活化能越

大，速率常数对温度的变化越敏感。在复合反应中，有时某些反应步骤有利于人们希望的反应，另一些反应步骤却不利于人们希望的反应，为了加快有利反应、抑制不利反应，常常涉及如何选择适宜反应温度的问题。

7.7.3.1　平行反应的适宜温度

例如某一级平行反应有两个支反应

$$\mathrm{A}\begin{cases}\xrightarrow{k_1,\,E_{a1}} \mathrm{P}(\text{产物})\\ \xrightarrow{k_2,\,E_{a2}} \mathrm{S}(\text{副产物})\end{cases}$$

在总反应的产物中，希望得到的产物 P 与副产物 S 的浓度比等于 k_1/k_2，为提高 P 在产物总浓度中的份额，应使反应在 k_1/k_2 等于较大值的温度下进行。因为

$$\frac{\mathrm{d}\ln\{k_1\}}{\mathrm{d}T}=\frac{E_{a1}}{RT^2},\qquad \frac{\mathrm{d}\ln\{k_2\}}{\mathrm{d}T}=\frac{E_{a2}}{RT^2}$$

所以

$$\frac{\mathrm{d}\ln(k_1/k_2)}{\mathrm{d}T}=\frac{E_{a1}-E_{a2}}{RT^2}\tag{7-79}$$

若 $E_{a1}>E_{a2}$，上式右边为正，欲使 k_1/k_2 增大，应升高温度；若 $E_{a1}<E_{a2}$，上式右边为负，欲使 k_1/k_2 增大，应降低温度。

如果上述一级平行反应机理中有三个支反应，即

$$\mathrm{A}\begin{cases}\xrightarrow{k_1,\,E_{a1}} \mathrm{P}(\text{产物})\\ \xrightarrow{k_2,\,E_{a2}} \mathrm{S}_1(\text{副产物})\\ \xrightarrow{k_3,\,E_{a3}} \mathrm{S}_2(\text{副产物})\end{cases}$$

且各支反应活化能有以下关系：$E_{a2}<E_{a1}<E_{a3}$，这时反应的最适宜温度是使 $k_1/(k_2+k_3)$ 取得极大值的温度。将各反应的速率常数用阿伦尼乌斯经验方程式(7-72) 表示为 T 的函数，则 $k_1/(k_2+k_3)=f(T)$仍为 T 的函数，令 $\mathrm{d}f(T)/\mathrm{d}T=0$，运用复合函数求导法则，求得极值点温度 T_m，即最适宜温度，结果为

$$RT_m=\frac{E_{a3}-E_{a2}}{\ln\{[A_3(E_{a3}-E_{a1})]/[A_2(E_{a1}-E_{a2})]\}}\tag{7-80}$$

A_2、A_3 为两个支反应的指前因子。

7.7.3.2　放热对峙反应的适宜温度

设一级对峙反应

$$\mathrm{A}\underset{k_{-1},E_{a-1}}{\overset{k_1,E_{a1}}{\rightleftharpoons}}\mathrm{B}$$

为放热反应，平衡常数 $K_c=k_1/k_{-1}$ 随温度升高而减小。总反应速率为

$$r=-\frac{\mathrm{d}c_A}{\mathrm{d}t}=k_1c_A-k_{-1}c_B=k_1\left(c_A-\frac{c_B}{K_c}\right)$$

当 c_A、c_B 一定，即转化率一定条件下，由于 k_1 总随温度升高而增加，但在低温时，K_c 很大，右边小括号内第一项是主要的，其值为正，r 随 T 增大而增加；在高温时，K_c 很小，小括号内第二项是主要的，其值为负，r 随 T 增大而减小。因此，必存在最适宜温度

问题。将上式对 T 求导，并令一阶导数等于 0，即

$$\frac{\mathrm{d}r}{\mathrm{d}T}=\frac{c_{\mathrm{A}}\mathrm{d}k_1}{\mathrm{d}T}-\frac{c_{\mathrm{B}}\mathrm{d}k_{-1}}{\mathrm{d}T}=0$$

因为

$$\frac{\mathrm{d}k_1}{\mathrm{d}T}=\frac{k_1E_{\mathrm{a1}}}{RT^2},\ \frac{\mathrm{d}k_{-1}}{\mathrm{d}T}=\frac{k_{-1}E_{\mathrm{a-1}}}{RT^2}$$

代入上式后，有

$$k_1E_{\mathrm{a1}}c_{\mathrm{A}}=k_{-1}E_{\mathrm{a-1}}c_{\mathrm{B}}$$

令 $c_{\mathrm{A}}=c_{\mathrm{A0}}(1-\alpha_{\mathrm{A}})$，$c_{\mathrm{B}}=c_{\mathrm{A0}}\alpha_{\mathrm{A}}$，$\alpha_{\mathrm{A}}$ 为 A 的转化率，k_1、k_{-1} 用式(7-72) 表示，上式可变为

$$\frac{\alpha_{\mathrm{A}}}{1-\alpha_{\mathrm{A}}}=\frac{E_{\mathrm{a1}}A_1}{E_{\mathrm{a-1}}A_{-1}}\exp\left(-\frac{E_{\mathrm{a1}}-E_{\mathrm{a-1}}}{RT}\right) \tag{7-81}$$

此即转化率与最适宜反应温度间的函数关系。根据上式可算出 α_{A} 为定值时的最适宜温度。

对于其它类型的放热对峙反应，亦可进行类似处理。图 7-11 是放热对峙反应 $SO_2+(1/2)O_2 = SO_3$ 的最适宜温度图，图中同时给出平衡转化率与温度的关系曲线。由图 7-11 可见最适宜温度随转化率增加而降低。为了使反应尽可能在最接近最适宜温度的条件下进行，生产中常采用分段进行的方式，a_1b_1、a_2b_2……分别表示第一段、第二段……反应。体系经第一段反应到达 b_1 时，因已接近平衡，反应速率显著降低。为使反应快速进行，b_1a_2 表示体系经换热器的冷却过程，体系温度降低后，从 a_2 开始进入第二段反应 a_2b_2。这样，体系温度围绕最适宜温度曲线不断下降，转化率则不断升高。

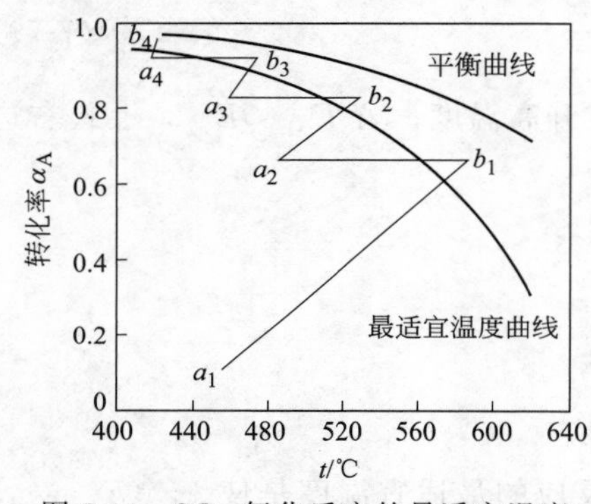

图 7-11　SO_2 氧化反应的最适宜温度

7.8 碰撞理论

碰撞理论建立与有效碰撞分数

研究化学反应速率理论的目的是从分子水平阐明基元反应的本质，由分子参数预测反应的活化能和指前因子，从理论上得到反应的速率常数。随着对基元反应过程认识的不断深化，人们相继建立了碰撞理论、过渡状态理论和态-态反应理论。下面首先介绍气相双分子反应的碰撞理论。

气相双分子反应的碰撞理论是 20 世纪初在气体分子运动论的基础上发展起来的反应速率理论。该理论忽略分子的内部结构，把分子视为简单硬球，认为分子间要发生反应必须相互碰撞，但并不是每次碰撞都能引起反应，只有那些碰撞时能量足够大的分子才会发生反应，这种碰撞称为有效碰撞。以基元反应 $A+B \longrightarrow P$ 为例，设单位时间、单位体积内 A 分子与 B 分子的碰撞次数以 Z_{AB} 表示，Z 称为碰撞频率。有效碰撞数在总碰撞数中占有的份额为一分数，称为有效碰撞分数，以 q 表示。则上述反应的速率（以单位时间、单位体积中反应掉的 A 分子个数表示）应为

$$-\frac{\mathrm{d}c_{\mathrm{A}}^{*}}{\mathrm{d}t}=Z_{\mathrm{AB}}q$$

其中 c_{A}^{*} 是 A 分子的数密度。因 $c_{\mathrm{A}}=c_{\mathrm{A}}^{*}/L$，$L$ 是阿伏伽德罗常数，所以反应速率可表示为

$$-\frac{\mathrm{d}c_{\mathrm{A}}}{\mathrm{d}t}=\frac{Z_{\mathrm{AB}}q}{L} \tag{7-82}$$

7.8.1 气体分子的碰撞频率

分子的运动是相对的，为使问题简化假定 B 分子处于静止，A 分子以速度 $\boldsymbol{u}_{\mathrm{r}}$ 相对 B 分子运动，u_{r} 为相对速率，即 $\boldsymbol{u}_{\mathrm{r}}$ 的大小。$\langle u_{\mathrm{r}}\rangle$ 称为平均相对速率，根据气体分子运动论

$$\langle u_{\mathrm{r}}\rangle=\sqrt{\frac{8k_{\mathrm{B}}T}{\pi\mu}}=\sqrt{\frac{8RT}{\pi\mu_{\mathrm{M}}}} \tag{7-83}$$

式中，k_{B} 即玻尔兹曼常数，下标 B 表示与速率常数 k 相区别；$\mu=m_{\mathrm{A}}m_{\mathrm{B}}/(m_{\mathrm{A}}+m_{\mathrm{B}})$，为分子的折合质量，$\mu_{\mathrm{M}}=M_{\mathrm{A}}M_{\mathrm{B}}/(M_{\mathrm{A}}+M_{\mathrm{B}})=L\mu$，为分子的摩尔折合质量。

现考虑 1 个 A 分子与 B 分子的碰撞。设 A、B 分子的直径分别是 d_{A} 和 d_{B}，碰撞时两分子中心间的距离 $d_{\mathrm{AB}}=(d_{\mathrm{A}}+d_{\mathrm{B}})/2$，两分子连心线与相对速度 $\boldsymbol{u}_{\mathrm{r}}$ 间的夹角为 θ，如图 7-12 所示。假定 A 分子的运动轨迹是一条直线，擦边碰撞时 B 分子中心与直线的距离最长，等于 d_{AB}。若以 A 分子中心为圆心，以 d_{AB} 为半径，作一个与 A 分子运动轨迹相垂直的圆形截面，该截面称为碰撞截面，其面积 $\sigma_{\mathrm{AB}}=\pi d_{\mathrm{AB}}^{2}$。单位时间内碰撞截面扫过的空间范围是一个长度为 $\langle u_{\mathrm{r}}\rangle$，截面积为 σ_{AB} 的圆柱，凡中心位于此圆柱体内的 B 分子必与 A 分子碰撞。圆柱体的体积为 $\sigma_{\mathrm{AB}}\langle u_{\mathrm{r}}\rangle$，单位体积中 B 分子的数目为 c_{B}^{*}，所以单位时间内 1 个 A 分子与 B 分子的碰撞次数为 $\sigma_{\mathrm{AB}}\langle u_{\mathrm{r}}\rangle c_{\mathrm{B}}^{*}$。由于单位体积中有 c_{A}^{*} 个 A 分子，故单位时间、单位体积中 A、B 分子间的碰撞总数，即 A、B 分子的碰撞频率为

$$Z_{\mathrm{AB}}=\sigma_{\mathrm{AB}}\langle u_{\mathrm{r}}\rangle c_{\mathrm{A}}^{*}c_{\mathrm{B}}^{*} \tag{7-84}$$

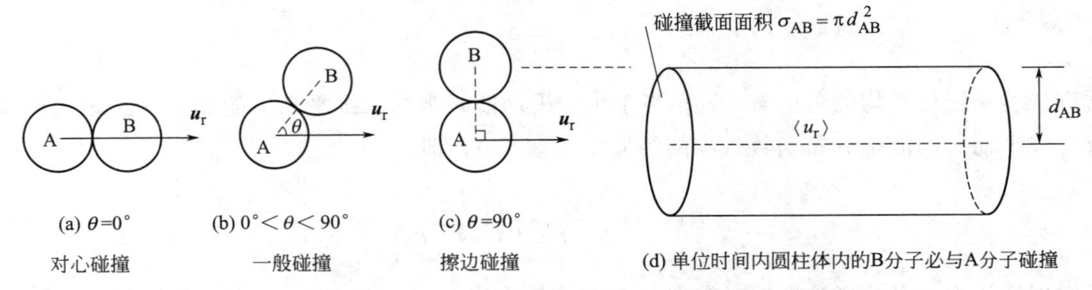

图 7-12 相对速度 $\boldsymbol{u}_{\mathrm{r}}$ 与分子连心线的夹角及分子的碰撞截面

如果 A、B 系同一种分子，$c_{\mathrm{A}}^{*}=c_{\mathrm{B}}^{*}$，则碰撞频率为

$$Z_{\mathrm{AA}}=(1/2)\sigma_{\mathrm{AA}}\langle u_{\mathrm{r}}\rangle c_{\mathrm{A}}^{*2} \tag{7-85}$$

由于每次碰撞有两个 A 分子参与，为避免重复计算碰撞次数，所以上式右边除以 2。

【例 7-11】 300K、100kPa 下，求氧气分子的碰撞频率。已知氧分子直径为 0.36nm，摩尔质量为 0.032kg·mol^{-1}。

解 因为 $pV=Nk_{\mathrm{B}}T$，所以

$$c^* = \frac{N}{V} = \frac{p}{k_B T} = \frac{100 \times 10^3}{1.38 \times 10^{-23} \times 300} \text{m}^{-3} = 2.41 \times 10^{25} \text{m}^{-3}$$

摩尔折合质量为 $\mu_M = \frac{MM}{M+M} = \frac{M}{2} = 0.016\text{kg} \cdot \text{mol}^{-1}$，碰撞截面 $\sigma_{AA} = \pi d_A^2$，所以

$$Z = \left[\frac{1}{2} \times 3.14 \times (0.36 \times 10^{-9})^2 \times \left(\frac{8 \times 8.314 \times 300}{3.14 \times 0.016}\right)^{1/2} \times (2.41 \times 10^{25})^2\right] \text{m}^{-3} \cdot \text{s}^{-1}$$
$$= 7.45 \times 10^{34} \text{m}^{-3} \cdot \text{s}^{-1}$$

7.8.2 有效碰撞分数

两分子碰撞时的相对平动能 $\varepsilon_r = \mu u_r^2/2$，相当于1个质量为 μ，速度（矢量）为 $\boldsymbol{u}_r$ 的平动子的能量。碰撞发生时，ε_r 可分为两部分，一部分 ε_r' 引起对心碰撞，另一部分 ε_r'' 引起擦边碰撞。碰撞理论认为，能够引起有效碰撞的能量并不是 ε_r 的全部，而是其中能引起对心碰撞的部分 ε_r'，即相对速度 $\boldsymbol{u}_r$ 在分子连心线上的分量引起的相对平动能。相对速度 $\boldsymbol{u}_r$ 引起擦边碰撞的另一分量与连心线垂直，且与速度 $\boldsymbol{u}_r$ 及连心线共面。若以A分子中心建立空间直角坐标系，以连心线AB作为 x 轴，并将 y 轴置于速度 $\boldsymbol{u}_r$ 和连心线AB确定的平面内，由于碰撞时 $\boldsymbol{u}_r$ 在 z 轴上的分量为0，因此 $\boldsymbol{u}_r$ 可视为 xy 平面内的二维向量。如图7-13所示，设 $\boldsymbol{u}_r$ 与 x 轴的夹角为 θ（$0 \leqslant \theta \leqslant \pi/2$），$\boldsymbol{u}_r$ 在 x、y 轴上的分量即其在轴上的投影，由它们引起的相对平动能 $\varepsilon_r' = \mu(u_r\cos\theta)^2/2$ 和 $\varepsilon_r'' = \mu(u_r\sin\theta)^2/2$ 分别是引起对心碰撞和擦边碰撞的能量，二者之和 $\varepsilon_r' + \varepsilon_r'' = \varepsilon_r$。对一次碰撞而言，$\varepsilon_r$ 在 x、y 轴上的分配是随机的，但对大数目的碰撞事件而言，ε_r 在 x、y 轴上的分配是平权的。所以

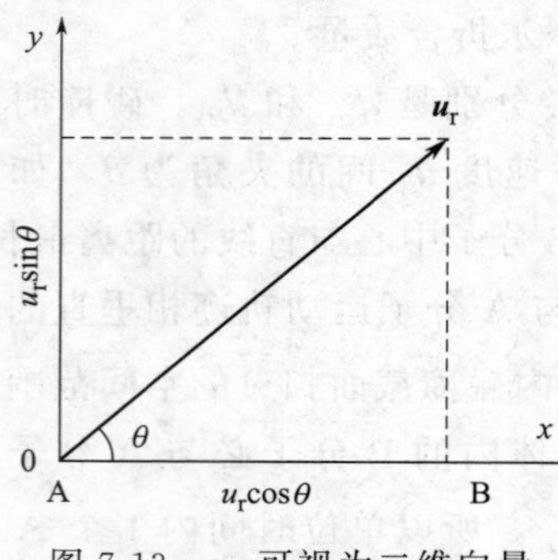

图 7-13　$\boldsymbol{u}_r$ 可视为二维向量

$$\langle \varepsilon_r' \rangle = \langle \varepsilon_r'' \rangle = \langle \frac{\varepsilon_r}{2} \rangle \tag{7-86}$$

这意味着从统计平均的角度看，ε_r' 相当于1个平动能减半的二维平动子的能量。因此 ε_r' 应具有二维平动子的能量分布函数（参阅第6章习题15），即

$$P(\varepsilon_r') = \frac{1}{k_B T} \exp\left(-\frac{\varepsilon_r'}{k_B T}\right) \tag{7-87}$$

碰撞理论认为，有效碰撞发生时存在一个 ε_r' 的最小值 ε_c，ε_c 或者 $L\varepsilon_c = E_c$ 称为反应的阈能。有效碰撞分数 q 代表 $\varepsilon_r' > \varepsilon_c$ 的有效碰撞数占总碰撞数的份额，也就是二维平动子的能量 ε_r' 超过 ε_c 的概率。即

$$q = \int_{\varepsilon_c}^{\infty} p(\varepsilon_r') \text{d}\varepsilon_r'$$

将式(7-87) 代入后，得

$$q = \exp\left(-\frac{\varepsilon_c}{k_B T}\right) = \exp\left(-\frac{E_c}{RT}\right) \tag{7-88}$$

7.8.3 碰撞理论与阿伦尼乌斯方程的比较

将 Z_{AB} 和 q 的表示式式(7-84) 和式(7-88) 代入式(7-82)，注意式(7-84) 中 $c^*=Lc$，可得基元反应 A+B ⟶ P 的速率为

$$r=-\frac{dc_A}{dt}=kc_Ac_B$$

其中

$$k=\pi d_{AB}^2L\sqrt{\frac{8RT}{\pi\mu_M}}\exp\left(-\frac{E_c}{RT}\right) \tag{7-89}$$

同样，对于基元反应 2A ⟶ P，其速率方程为 $r=Z_{AA}q/L$，将式(7-85) 和式(7-88) 代入可得

$$r=\frac{dc_P}{dt}=kc_A^2$$

其中

$$k=2\pi d_A^2L\sqrt{\frac{RT}{\pi M_A}}\exp\left(-\frac{E_c}{RT}\right) \tag{7-90}$$

因为对于同种分子间的反应，$d_A=d_{AA}$，为 A 分子直径，且有 $\mu_M=M_A/2$。

根据阿伦尼乌斯活化能的定义

$$E_a=RT^2\frac{d\ln\{k\}}{dT}$$

将式(7-89) 和式(7-90) 的速率常数代入，得到反应阈能 E_c 与 E_a 的关系为：

$$E_a=E_c+\frac{1}{2}RT \tag{7-91}$$

由于 E_c 与温度无关，对于常温下的反应，$E_c\gg RT/2$，$RT/2$ 可以忽略，$E_a\approx E_c$，所以一般反应的 E_a 可认为是与温度无关的常数。

对于反应 A+B ⟶ P，式(7-91) 代入式(7-89) 后，可得

$$k=\pi d_{AB}^2L\sqrt{\frac{8RTe}{\pi\mu_M}}\exp\left(-\frac{E_a}{RT}\right) \tag{7-92}$$

其中，令

$$A_{理论}=\pi d_{AB}^2L\sqrt{\frac{8RTe}{\pi\mu_M}} \tag{7-93}$$

为指前因子的理论值。

上式表明阿伦尼乌斯方程中的指前因子是一个与双分子碰撞频率有关的物理量，其值可通过式(7-93) 计算出来。在碰撞理论中，阈能 E_c 虽有明确物理意义，但并不能进行理论预测，只有用实验测定的 E_a 通过式(7-91) 进行推算。因而，将理论计算的 A 值与实验测定的 A 值相比较成为对碰撞理论的检验方法。表 7-2 给出一些反应的检验结果，其中 P 的定义是

$$P=\frac{A_{实验}}{A_{理论}} \tag{7-94}$$

可以看出，多数反应指前因子的理论值大于实验值，即 $P<1$。这是由于碰撞理论将分

子视为简单硬球，没有考虑分子的内部结构。实际上，化学反应的发生往往是分子中特定部位化学键的断裂和重组引起的，碰撞时若不是这些特定部位相接触，即使碰撞能量超过 E_c，也不会引起反应。因此 $P<1$ 是由于碰撞时方位不对造成的，故将 P 称为方位因子。实验表明 P 的数量级可在 $1\sim10^{-8}$ 间大幅度变化。式(7-92) 经方位因子校正后碰撞理论与实验相符的速率常数可表示为

$$k=PA_{理论}\exp\left(-\frac{E_a}{RT}\right) \tag{7-95}$$

表 7-2 气相双分子反应的动力学参量

反应	$E_a/kJ\cdot mol^{-1}$	$A/10^9 dm^3\cdot mol^{-1}\cdot s^{-1}$		P
		$A_{实验}$	$A_{理论}$	
$2NOCl \longrightarrow 2NO+Cl_2$	102.5	9.4	59	0.16
$2NO_2 \longrightarrow 2NO+O_2$	111.0	2.0	40	5×10^{-2}
$2ClO \longrightarrow Cl_2+O_2$	0.0	0.058	26	2.2×10^{-3}
$H+CCl_4 \longrightarrow HCl+CCl_3$	16.0	7.0	1400	5×10^{-3}
$H_2+C_2H_4 \longrightarrow C_2H_6$	180.0	0.0012	730	1.6×10^{-6}
$K+Br_2 \longrightarrow KBr+Br$	0.0	1000	210	4.8

碰撞理论的成功之处在于从理论上导出了阿伦尼乌斯方程，并对指前因子、指数项和反应阈能赋予明确的物理意义。然而，由于模型过于简单，反应阈能和方位因子都不能进行理论预测。尽管如此，碰撞理论关于分子必须碰撞且必须是有效碰撞才能引起反应的假设反映了双分子反应的实质，对以后反应速率理论的发展有重要影响。

7.9 过渡状态理论

过渡状态理论又称活化络合物理论，是 20 世纪 30 年代在统计力学和量子力学基础上发展起来的反应速率理论。过渡状态理论认为，反应物分子要发生反应，必须经过有足够能量的碰撞，首先形成高势能的活化络合物，再经活化络合物变为产物。过渡状态理论假定活化络合物与反应物之间处于快速平衡，基元反应的速率由活化络合物转变为产物的速率所控制。根据这些假定，原则上由分子的基本物性，如质量、核间距、振动频率、解离能等即可计算反应的速率常数，故这个理论也称为绝对反应速率理论。

7.9.1 势能面

过渡状态理论

反应物分子经碰撞变为产物分子的过程是分子中旧化学键断裂和新化学键形成的过程。在这个过程中分子构型（各原子的相对位置）不断变化，原子间的势能作为核间距离的函数也不断变化，整个多原子体系的势能作为分子构型的函数也随之改变。欲从能量角度研究反应机理，需建立体系势能与分子构型的函数关系。由于描述多原子体系构型的独立变量不止一个，这种函数关系可用多维坐标系中的曲面表

示，这就是势能面。理论上势能面可通过求解量子力学方程得到，实用中常采用半经验的方法进行计算。1931 年艾林（Eying）和波兰尼（Polanyi）计算出世界上第一张 $H+H_2$ 反应的势能面。过渡状态理论就是在研究势能面的基础上发展起来的。

以基元反应 $A+BC \longrightarrow AB+C$ 为例，这是一个由 A、B、C 三个原子构成的体系。各原子在空间的相对位置由 A 和 B 间的距离 r_{AB}，B 和 C 间的距离 r_{BC} 以及 A-B 连线和 B-C 连线的夹角 θ 三个独立变量确定，因而整个体系的势能是 r_{AB}、r_{BC} 和 θ 的三元函数，需用四维坐标系中的曲面表示。由于四维坐标系无法直观表达，通常作法是固定 θ，用三维坐标系中的曲面表示势能与 r_{AB} 和 r_{BC} 的关系，完整的势能面由不同 θ 的曲面集合而成。

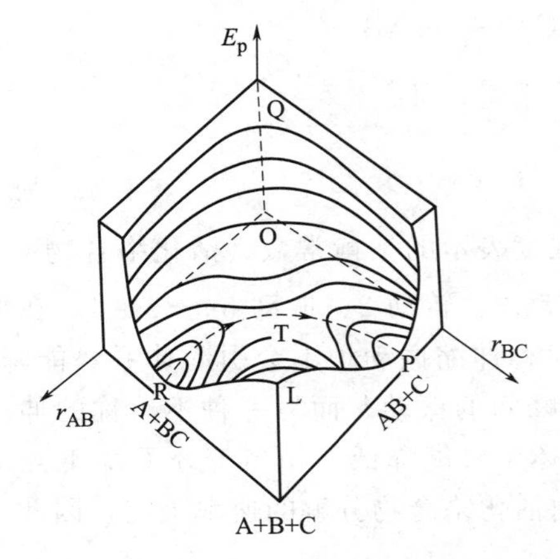

图 7-14 $A+BC \longrightarrow AB+C$ 反应势能面示意图

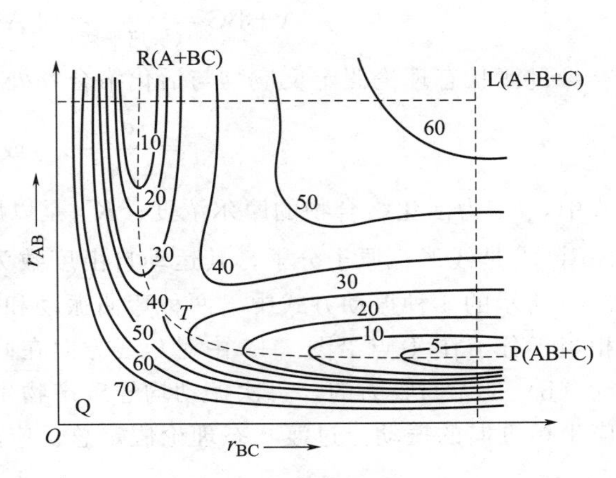

图 7-15 势能示意图

图 7-14 是一个势能面的示意图，r_{AB}、r_{BC} 和势能 E_p 是三个相互垂直的坐标轴，体系的势能面是三维坐标系中的曲面。如用垂直 E_p 轴但势能不同的平面去截势能面，所得截痕即图中的一条条等势能线。这些空间曲线在 r_{AB}-r_{BC} 平面内的投影即图 7-15 中的一簇等高线，每条线的数字表示势能的高低，数字越大，势能越高。可以看出，图 7-15 中 L 和 Q 两点代表相互远离和紧密靠拢的三个原子 A+B+C 和 ABC，体系在这两点的势能很高。R 是水平虚线 LR 上势能的极小点，代表自由原子 A 和稳定分子 BC，为反应物的状态；同样，P 是竖直虚线 LP 上势能的极小点，代表自由原子 C 和稳定分子 AB，为产物的状态。图中从 R 至 P 的虚线 RTP 相当于山谷中的一条小道，两边是陡峭的山坡，小道的最高点 T 处的位置虽然较高，但它是从 R 到 P 必须跨过的最低高度。在 T 点时，A 与 B 两原子的电子云已发生重叠，A-B 键即将形成，B 与 C 两原子间的化学键已被拉长，B-C 键即将断裂。这时体系的构型相当于一个不稳定的活化络合物，亦称为过渡状态。T 是虚线途径的最高点，同时在与虚线垂直的对角线方向上，T 又是一个势能的最低点，所以 T 是一个鞍点，整个势能面宛如一个人坐在 T 点，两腿伸向 R 和 P 的马鞍面。

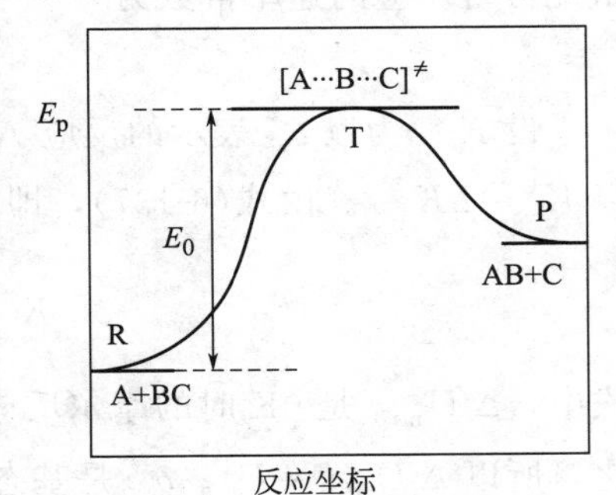

图 7-16 反应能垒示意图

从反应物到产物，虚线 RTP 是势能增加最小的途径，也是可能性最大的途径，这条途径称为反应坐标。如果将反应坐标“扳直”投影到一个平面上，所得图形为一个从反应物到产物必须翻越的能垒，如图 7-16 所示。能垒的高度为活化络合物与反应物的势能之差，严格而言，应等于二者基态能量之差 $\Delta\varepsilon_0$。当反应进度为 1mol 时，用 E_0（$E_0=L\Delta\varepsilon_0$）表示，单位为 $kJ \cdot mol^{-1}$。E_0 称为零点能或摩尔能垒，大体相当碰撞理论中的阈能 E_C。反应物必须具有足够的能量才能翻越能垒，能量来源通常为碰撞中的相对平动能。

7.9.2 过渡状态理论对速率常数的计算

根据对势能面的研究可知，由反应物 A+BC 变为产物 AB+C 能量上最有利的途径是沿反应坐标经活化络合物变为产物的途径，即

$$A+BC \underset{(快速平衡)}{\rightleftharpoons} [A\cdots B\cdots C]^{\neq} \xrightarrow[(慢)]{} AB+C$$

过渡状态理论假定反应物与活化络合物处于快速平衡，即

$$K_c=\frac{c_{\neq}}{c_A c_{BC}}, \quad 或 \quad c_{\neq}=K_c c_A c_{BC} \tag{7-96}$$

式中，$c_{\neq}$ 为活化络合物的摩尔浓度；K_c 是以摩尔浓度表示的平衡常数。活化络合物 $[A\cdots B\cdots C]^{\neq}$ 是线形三原子分子，其运动自由度数为：平动 3、转动 2、振动 $3n-5=4$。在如图 7-17 所示的 4 种振动方式中，两种弯曲振动和一种对称伸缩振动均不会引起体系势能降低，相当于分子在 T 点沿图 7-15 中对角线方向在两座山峰间的振动。而另一种不对称的伸缩振动（b）是无回收力的，每次振动均导致产物生成，体系势能降低，相当于分子在 T 点沿反应坐标方向的振动。过渡状态理论假定总反应速率由活化络合物分解的速率决定，因此

$$r=-\frac{dc_A}{dt}=\nu c_{\neq} \tag{7-97}$$

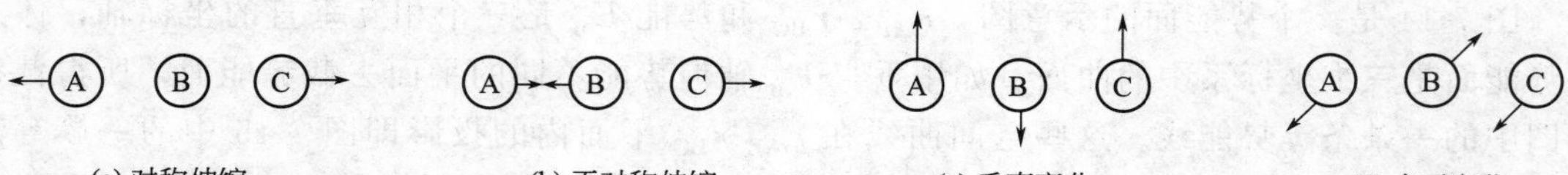

(a) 对称伸缩　(b) 不对称伸缩　(c) 垂直弯曲　(d) 水平弯曲

图 7-17　三原子体系的振动方式

式中，ν 是活化络合物沿反应坐标方向的振动频率，$1/\nu$ 则为活化络合物分子的平均寿命，所以 $\nu c_{\neq}$ 是单位时间活化络合物浓度的减少值，即反应的速率。式(7-96) 代入式(7-97)，得

$$r=\nu K_c c_A c_{BC} \tag{7-98}$$

由此可得反应的速率常数为

$$k=\nu K_c \tag{7-99}$$

设 K_{c^*} 为以 c^* 表示的反应 $A+BC \rightleftharpoons [A\cdots B\cdots C]^{\neq}$ 的平衡常数，由于 $c=c^*/L$，所以 $K_c=LK_{c^*}$。由式(6-137)，即 K_{c^*} 的统计力学表示式，可得

$$K_c=L\frac{q_{\neq}^*}{q_A^* q_{BC}^*}\exp\left(-\frac{\Delta_r U_{m,0}}{RT}\right) \tag{7-100}$$

式中，$\Delta_r U_{m,0}$ 是 0K 时的摩尔反应热力学能，即反应物和活化络合物皆处于基态的能量变化，所以 $\Delta_r U_{m,0}=E_0$。q^* 是基态能量为零时单位体积的分子配分函数，式(6-136) 曾给出其定义：

$$q^* = \left(\frac{2\pi m k_B T}{h^2}\right)^{3/2} q_{0,\text{in}}$$

设活化络合物沿反应坐标方向的振动对分子配分函数 $q_{\neq}^*$ 的贡献是 $f_v^{\neq}$，由于该振动无回收力，其频率很低，$h\nu \ll k_B T$，故 $f_v^{\neq}$ 可取经典值，即

$$f_v^{\neq} = \left[1 - \exp\left(-\frac{h\nu}{k_B T}\right)\right]^{-1} \approx \frac{k_B T}{h\nu} \tag{7-101}$$

根据配分函数的析因子性质，将 $f_v^{\neq}$ 从 $q_{\neq}^*$ 中分离出来，即

$$q_{\neq}^* = q_{\neq}^{*\prime} \frac{k_B T}{h\nu} \tag{7-102}$$

$q_{\neq}^{*\prime}$ 为不包括上述特定振动方式的活化络合物分子的配分函数。将式(7-102) 代入式(7-100)，再代入式(7-99)，可得

$$k = \frac{RT}{h} \frac{q_{\neq}^{*\prime}}{q_A^* q_{BC}^*} \exp\left(-\frac{E_0}{RT}\right) \tag{7-103}$$

上式称为艾林方程，是过渡状态理论的基本方程。根据艾林方程，原则上只要知道反应物和活化络合物分子的微观结构就可以计算反应的速率常数，而不必做动力学测定，所以，过渡状态理论也被称为绝对反应速率理论。令

$$K_c^{\neq} = L \frac{q_{\neq}^{*\prime}}{q_A^* q_{BC}^*} \exp\left(-\frac{E_0}{RT}\right) \tag{7-104}$$

艾林方程也可表示为

$$k = \frac{k_B T}{h} K_c^{\neq} \tag{7-105}$$

显然，$K_c^{\neq}$ 与式(7-100) 中 K_c 的区别是 $K_c^{\neq}$ 不包括以上特定振动方式对平衡常数的贡献。

【例 7-12】 试用过渡状态理论导出两个单原子分子 A 与 B 间下列反应

$$A + B \rightleftharpoons [A \cdots B]^{\neq} \longrightarrow P$$

的速率常数，并与碰撞理论相比较。

解 单原子分子 A、B 只有平动，活化络合物分子除沿反应坐标方向的振动外，尚有平动和转动，活化络合物为非对称线形分子，转动配分函数按式(6-61) 计算，所以

$$q_A^* = \left(\frac{2\pi m_A k_B T}{h^2}\right)^{3/2}, \quad q_B^* = \left(\frac{2\pi m_B k_B T}{h^2}\right)^{3/2}$$

$$q_{\neq}^{*\prime} = \left[\frac{2\pi(m_A + m_B) k_B T}{h^2}\right]^{3/2} \frac{8\pi^2 I k_B T}{h^2}$$

$q_{\neq}^{*\prime}$ 中的转动惯量 $I = \mu d_{AB}^2$，$\mu = \dfrac{m_A m_B}{m_A + m_B}$。将以上三式代入式(7-103)，整理后得

$$k = \pi d_{AB}^2 L \sqrt{\frac{8RT}{\pi \mu_M}} \exp\left(-\frac{E_0}{RT}\right)$$

所得结果与碰撞理论速率常数表示式(7-89) 完全相同。单原子分子可视为简单硬球，完全符合碰撞理论的假设，过渡状态理论却能从完全不同的角度得出相同的结果，说明过渡状态理论是成功的。同时也说明对于硬球分子反应零点能相当于阈能。

根据式(7-103)，可大致估计反应指前因子的数量级。其中 E_0 可近似为 E_a，所以

$$A \approx \frac{RT}{h} \frac{q_{\neq}^{*\prime}}{q_{A}^{*} q_{BC}^{*}} \tag{7-106}$$

设每个平动、转动、振动自由度对 q^* 的贡献用 f_t、f_r、f_v 表示，估算时各配分函数的数量级可采用下列数值：

$$f_t \approx 10^{10}\ \mathrm{m}^{-1},\ f_r \approx 10,\ f_v \approx 1$$

且可近似取

$$\frac{RT}{h} \approx 10^{36}\ \mathrm{mol}^{-1} \cdot \mathrm{s}^{-1}$$

【例 7-13】 试用过渡状态理论估算下列反应指前因子的数量级。

A(a 原子线形分子)+B(b 原子非线形分子)$\rightleftharpoons X^{\neq}$($a+b$ 原子非线形分子)$\longrightarrow P$

解 A、B、$X^{\neq}$ 的自由度数和配分函数为：

	平动	转动	振动	配分函数
A	3	2	$3a-5$	$q_A^* = f_t^3 f_r^2 f_v^{3a-5}$
B	3	3	$3b-6$	$q_B^* = f_t^3 f_r^3 f_v^{3b-6}$
$X^{\neq}$	3	3	$3(a+b)-7$	$q_{\neq}^{*\prime} = f_t^3 f_r^3 f_v^{3(a+b)-7}$

其中 $q_{\neq}^{*\prime}$ 扣除了 $X^{\neq}$ 沿反应坐标方向的振动对配分函数的贡献。将配分函数代入式(7-106)，得

$$A \approx \frac{RT}{h} \frac{f_v^4}{f_t^3 f_r^2} \approx 10^{36} \times 10^{-30} \times 10^{-2}\ \mathrm{m^3 \cdot mol^{-1} \cdot s^{-1}}$$

$$= 10^7\ \mathrm{dm^3 \cdot mol^{-1} \cdot s^{-1}}$$

【例 7-14】 试用过渡状态理论估算上题中反应的方位因子。

解 碰撞理论中的方位因子 $P = A_{实验}/A_{理论}$。上题用艾林方程估算的 A 可作为 $A_{实验}$，因为 $f_v \approx 1$，即

$$A_{实验} = \frac{RT}{h} \frac{1}{f_t^3 f_r^2}$$

碰撞理论为简单硬球模型，假定 A、B 分子皆为简单硬球，A、B 皆只有 3 个平动自由度，$X^{\neq}$ 除了 3 个平动自由度外，还有 3 个转动自由度和若干振动自由度，由艾林方程估算出的 $A_{硬球}$ 相当于由碰撞理论所得的 $A_{理论}$，因此

$$A_{理论} = \frac{RT}{h} \frac{f_t^3 f_r^3}{f_t^3 f_t^3} = \frac{RT}{h} \frac{f_r^3}{f_t^3}$$

$$P = \frac{A_{实验}}{A_{理论}} = \frac{1}{f_r^5} = 10^{-5}$$

7.9.3 艾林方程的热力学表示式

过渡状态理论不仅可用于气相反应，也能用于凝聚相反应。凝聚相中由于分子间存在不可忽略的相互作用，分子的能量受到其它分子运动的影响，分子配分函数中的玻尔兹曼因子与其它分子的运动有关，因此单个分子的配分函数无法计算。这时可将艾林方程用热力学函数的形式表示出来。

以反应 $A+B+\cdots \rightleftharpoons [X]^{\neq} \longrightarrow P$ 为例，反应物与活化络合物之间的平衡常数 $K_c^{\neq}$ 可用标准平衡常数 $K^{\neq\ominus}$ 表示。假定反应体系是理想稀溶液或理想气体，其中 i 组分的化学势均可表示为

$$\mu_i=\mu_i^{\ominus}+RT\ln\frac{c_i}{c^{\ominus}}$$

这时气体的标准态是浓度等于 $c^{\ominus}$ 的理想气体，溶液组分的标准态是浓度等于 $c^{\ominus}$ 的理想稀溶液。各组分活度皆为 $a_i=c_i/c^{\ominus}$，所以

$$K^{\neq\ominus}=\left(\frac{a_{\neq}}{a_A a_B\cdots}\right)_e=K_c^{\neq}(c^{\ominus})^{n-1}$$

故有

$$K_c^{\neq}=K^{\neq\ominus}(c^{\ominus})^{1-n}$$

上式中 n 为反应分子数。由热力学知：

$$K^{\neq\ominus}=\exp\left(-\frac{\Delta_r^{\neq}G_m^{\ominus}}{RT}\right)$$

$$\Delta_r^{\neq}G_m^{\ominus}=\Delta_r^{\neq}H_m^{\ominus}-T\Delta_r^{\neq}S_m^{\ominus}$$

所以

$$K_c^{\neq}=(c^{\ominus})^{1-n}\exp\frac{\Delta_r^{\neq}S_m^{\ominus}}{R}\exp\left(-\frac{\Delta_r^{\neq}H_m^{\ominus}}{RT}\right)$$

$\Delta_r^{\neq}G_m^{\ominus}$、$\Delta_r^{\neq}H_m^{\ominus}$ 和 $\Delta_r^{\neq}S_m^{\ominus}$ 分别称为反应的标准摩尔活化吉布斯函数、标准摩尔活化焓和标准摩尔活化熵。将 $K_c^{\neq}$ 的表示式代入艾林方程式(7-105)，得

$$k=\frac{k_B T}{h}(c^{\ominus})^{1-n}\exp\frac{\Delta_r^{\neq}S_m^{\ominus}(c^{\ominus})}{R}\exp\left(-\frac{\Delta_r^{\neq}H_m^{\ominus}}{RT}\right) \tag{7-107}$$

式(7-107) 即艾林方程的热力学表示式，可用于稀溶液或理想气体中的化学反应，其中 $\Delta_r^{\neq}S_m^{\ominus}(c^{\ominus})$是标准态浓度为 $c^{\ominus}$时的标准摩尔活化熵。根据选定的标准状态，该式用于液相反应时，$\Delta_r^{\neq}H_m^{\ominus}$ 等于极稀溶液的活化焓；用于气相反应时，$\Delta_r^{\neq}H_m^{\ominus}$ 等于理想气体的活化焓，皆与浓度 $c^{\ominus}$的取值无关，但 $\Delta_r^{\neq}S_m^{\ominus}(c^{\ominus})$ 却与 $c^{\ominus}$的取值有关。对于气相反应而言，若取 $c^{\ominus}=1\text{mol}\cdot\text{dm}^{-3}$，因气体组分的 $p_i=c_iRT$，此时相应的标准态压力为$c^{\ominus}RT$。设 $\Delta_r^{\neq}S_m^{\ominus}$ 表示标准态压力等于 $p^{\ominus}$（即 100kPa）时的活化熵，此时相应的标准态浓度就是 $p^{\ominus}/(RT)$，由于标准态不同，$\Delta_r^{\neq}S_m^{\ominus}$ 与 $\Delta_r^{\neq}S_m^{\ominus}(c^{\ominus})$ 的数值并不相等。然而，速率常数 k 与标准态浓度的取值无关，式(7-107) 中若以 $p^{\ominus}/(RT)$代替 $c^{\ominus}$，$\Delta_r^{\neq}S_m^{\ominus}$ 代替 $\Delta_r^{\neq}S_m^{\ominus}(c^{\ominus})$，公式仍应成立，这说明气相反应的 $\Delta_r^{\neq}S_m^{\ominus}$ 与 $\Delta_r^{\neq}S_m^{\ominus}(c^{\ominus})$ 有以下关系：

$$(c^{\ominus})^{1-n}\exp\frac{\Delta_r^{\neq}S_m^{\ominus}(c^{\ominus})}{R}=\left(\frac{p^{\ominus}}{RT}\right)^{1-n}\exp\frac{\Delta_r^{\neq}S_m^{\ominus}}{R}$$

即

$$\Delta_r^{\neq}S_m^{\ominus}(c^{\ominus})=\Delta_r^{\neq}S_m^{\ominus}-(1-n)R\ln\frac{c^{\ominus}RT}{p^{\ominus}} \tag{7-108}$$

式(7-107) 说明，反应速率不仅取决于活化焓，还与活化熵有关。二者对反应速率的影响是相反的，活化焓越大，反应速率常数越小；活化熵越大，反应速率常数越大。有些反应，例如蛋白质的变性反应，由于活化熵很大，尽管 $\Delta_r^{\neq}H_m^{\ominus}$ 高达 $420\text{kJ}\cdot\text{mol}^{-1}$，反应仍

能以较快的速率进行。

将艾林方程式(7-105)代入阿伦尼乌斯活化能的定义式，可得

$$E_a = RT^2 \frac{\mathrm{dln}\{k\}}{\mathrm{d}T} = RT^2\left(\frac{1}{T} + \frac{\mathrm{dln}\{K_c^{\neq}\}}{\mathrm{d}T}\right)$$

上式右边括号中第二项对于气相反应和凝聚相反应结果不同。对于气相反应，有

$$\frac{\mathrm{dln}\{K_c^{\neq}\}}{\mathrm{d}T} = \frac{\Delta_r^{\neq} U_m^{\ominus}}{RT^2}$$

因为 $\Delta_r^{\neq} U_m^{\ominus} = \Delta_r^{\neq} H_m^{\ominus} - (1-n)RT$，所以

$$E_a = \Delta_r^{\neq} H_m^{\ominus} + nRT \tag{7-109}$$

式(7-109)为气相反应 E_a 与活化焓的关系。对于凝聚相反应，则有

$$\frac{\mathrm{dln}\{K_c^{\neq}\}}{\mathrm{d}T} = \frac{\Delta_r^{\neq} H_m^{\ominus}}{RT^2}$$

所以

$$E_a = \Delta_r^{\neq} H_m^{\ominus} + RT \tag{7-110}$$

式(7-110)为凝聚相反应 E_a 与活化焓的关系。

将活化焓与 E_a 的关系式代入式(7-107)，并与阿伦尼乌斯方程相比较，可得指前因子与活化熵的关系：

$$A = \frac{k_B T}{h} e^n (c^{\ominus})^{1-n} \exp \frac{\Delta_r^{\neq} S_m^{\ominus}(c^{\ominus})}{R} \quad (n\text{ 分子气相反应}) \tag{7-111}$$

$$A = \frac{k_B T}{h} e (c^{\ominus})^{1-n} \exp \frac{\Delta_r^{\neq} S_m^{\ominus}(c^{\ominus})}{R} \quad (n\text{ 分子液相反应}) \tag{7-112}$$

可见，指前因子与反应物形成活化络合物过程的熵效应有关而与能量效应无关。除单分子反应外，反应物形成活化络合物时，由于分子数减少，对熵贡献最大的平动自由度也减少，故活化熵一般小于零。

7.9.4 过渡状态理论的讨论与态-态反应

从以上介绍的过渡状态理论计算速率常数的两种方法可以看出，该理论一方面与物质的微观结构相联系，另一方面也与热力学建立了联系。通过量子力学和统计力学的计算，原则上可由分子参数预测阿伦尼乌斯活化能和指前因子，得到反应的速率常数，而不再需要引入方位因子，这是过渡状态理论的巨大贡献。然而，欲从理论上作定量计算，必须已知活化络合物的构型，这就要求有真实、准确的势能面。目前除少数极为简单的体系外，势能面的计算还面临许多困难。由于活化络合物很不稳定（寿命$\leqslant 10^{-14}$ s），其结构参数也不能像稳定分子那样可从光谱实验中得到，通常只能推测一个可能的结构，然后进行计算。此外过渡状态理论的一些假设，如反应物与活化络合物间的平衡关系也不一定确切。总之，为使反应速率理论更加完善，在化学动力学领域仍需做大量的实验和理论探索工作。

20 世纪 60 年代以来，随着激光、交叉分子束技术的发展和应用，反应速率理论的研究进入分子反应动态学领域。分子反应动态学研究反应物分子相互碰撞发生的位置、空间取向以及分子内部运动（转动、振动、电子运动）状态随时间的变化，概括地说，研究态-态反应的规律，即处于一定量子态的反应物分子是如何在一次碰撞中变为处于一定量子态的产物

分子的。在基元反应中，反应物和产物的分子可以处于各种不同的量子态，它们服从玻尔兹曼分布律，因而，基元反应仍是一个宏观概念，基元反应的速率实际上是各种态-态反应速率的统计平均。分子反应动态学将态-态反应和宏观的基元反应联系起来，目前虽然尚未得到反应速率常数的解析表示，但它开辟的研究途径却完整地反映了化学反应的微观本质，从而成为当代反应速率理论研究的主要方向。

思考题

1. 反应 $2O_3 \longrightarrow 3O_2$ 的速率方程为 $r=k[O_3]^2$。如果用 O_3 消耗或 O_2 生成的速率表示反应速率，相应的速率常数 k_{O_3}、k_{O_2} 与 k 有何关系？

2. 一定温度下，反应 $A+B \longrightarrow P$ 在稀溶液中进行，测得体系某物理性质 Y 在 $t=0$、t、∞时的值分别为 Y_0、Y_t、Y_∞，已知 $[A]_0>[B]_0$，t 时刻 A、B 浓度与 Y_t 间有何关系？

3. 如何区分反应级数与反应分子数两个不同概念？二级反应一定是双分子反应吗？双分子反应是否一定是二级反应？

4. 试归纳零级、一级、二级、n 级反应的特征。

5. 一定温度下，H_2O_2 在 KI 催化下的分解反应 $H_2O_2(aq) \longrightarrow H_2O(aq)+(1/2)O_2(g)$是一级反应，实验中仅测得如下数据：

时间 t/s	0	10	20	30
放出氧气体积（任意单位）	20	120	200	264

能否由此计算速率常数？

6. 能否将基元反应 $A+B \longrightarrow C$ 写成 $2A+2B \longrightarrow 2C$？下列反应有无可能是基元反应？
(1) $A+(1/2)B \longrightarrow P$　　(2) $A(g) \longrightarrow 3B(g)+C(g)$

7. 设 k_1 和 k_{-1} 是正、逆反应皆为一级的对峙反应的速率常数，若反应从纯 A（浓度 $c_A=c_{A0}$）开始生成 B，当 $c_A=(1/2)c_{A0}$ 时，反应时间为多少？

8. 根据范托夫规则，室温（约 300K）时，$k_{T+10K}/k_T=2\sim4$，服从该规则的化学反应的活化能 E_a 的范围是多少？

9. 举例说明什么条件下稳态近似与平衡态近似的结果相同？什么条件下与速控步近似的结果相同？

10. 什么是弛豫时间？怎样从对峙反应的速率方程导出弛豫时间与正逆反应速率常数的关系？

11. 碰撞理论的基本假设是什么？反应阈能 E_c 与活化能 E_a 有何关系？为什么方位因子 P 总小于 1？

12. 过渡状态理论的基本假设是什么？活化焓 $\Delta_r^{\neq}H_m^{\ominus}$ 与活化能 E_a 有何关系？为什么该理论被称为绝对反应速率理论？

习　题

1. 气相反应 $A+B \longrightarrow P$ 为二级反应。25℃，当 $c_A=0.01\text{mol}\cdot\text{dm}^{-3}$，$c_B=$

$0.02mol \cdot dm^{-3}$ 时，测得产物 P 的分压随时间变化率为 $0.25kPa \cdot s^{-1}$，分别写出以浓度和压力表示的速率方程并求反应的速率常数。

2. 放射性同位素 $^{32}_{15}P$ 的蜕变过程为 $^{32}_{15}P \longrightarrow ^{32}_{16}S + \beta$，经测定其活性在 10d 后降低了 34.82%，求蜕变速率常数、半衰期及经多长时间蜕变 99%？

3. 设反应 $A \longrightarrow P$ 从反应开始到 A 物质浓度剩余为起始浓度 1/2、1/4 的时间为 $t_{1/2}$、$t_{1/4}$，问当反应级数为零级、一级、二级、三级时，$t_{1/2} : t_{1/4} = ?$

4. 在四氯化碳溶剂中，反应 $N_2O_5 \longrightarrow 2NO_2 + (1/2)O_2$ 为一级反应，用量气管测量溢出 $O_2(g)$ 的体积，$t=0$ 时 $V_0=10.75mL$，$t=2400s$ 时 $V_t=29.65mL$，反应完成后 $V_\infty=45.50mL$，求速率常数和半衰期。

5. 一定温度下，测得恒容反应器中气相反应 $A \longrightarrow 2B + C$ 在不同时刻的总压如下，已知记时开始时容器中只有反应物 A，求反应级数和速率常数。

t/min	0.0	2.5	5.0	10.0	15.0	20.0
$p_{总}$/kPa	1.00	1.36	1.67	2.11	2.39	2.59

6. 25℃时，溶液中 $CH_3COOC_2H_5 + NaOH \longrightarrow CH_3COONa + C_2H_5OH$ 为二级反应，速率常数为 $6.47dm^3 \cdot mol^{-1} \cdot min^{-1}$，将等体积的酯液和碱液混合，求混合后多长时间 90%的酯被皂化？

（1）酯液和碱液混合前的浓度均为 $0.02mol \cdot dm^{-3}$；

（2）混合前酯液浓度为 $0.02mol \cdot dm^{-3}$，碱液浓度为 $0.04mol \cdot dm^{-3}$。

7. 400K 时，在抽空的容器中按化学计量比引入反应物 A 和 B，进行如下气相反应 $A + 2B \longrightarrow C$。反应开始时，容器内总压为 3.36kPa，反应进行到 1000s 时，总压降为 2.12kPa，已知该反应速率方程为 $-dp_A/dt = k p_A^{0.5} p_B^{1.5}$，求速率常数 k。

8. 气相反应 $2NO + 2H_2 \longrightarrow N_2 + 2H_2O$ 在恒温恒容反应器中进行，反应开始时容器中只有 NO 和 H_2，且它们的分压相同，测得在不同的起始压力下，相应的半衰期有如下结果，求该反应级数。

p_0/kPa	47.20	45.40	38.40	33.46	26.93
$t_{1/2}$/min	81	102	140	180	224

9. 298K 时研究反应 $A + 2B \longrightarrow C + D$，已知其速率方程为 $r = k[A]^x[B]^y$。

（1）当 A、B 的起始浓度分别为 $0.010mol \cdot dm^{-3}$ 和 $0.020mol \cdot dm^{-3}$ 时，测得如下数据，求反应总级数；

t/h	0	90	217
[B]/$mol \cdot dm^{-3}$	0.020	0.010	0.005

（2）当 A、B 起始浓度均为 $0.020mol \cdot dm^{-3}$ 时，测得反应初始速率为上述实验的 1.4 倍，求 x、y 及速率常数 k。

10. 一定温度下，用分光光度法对溶液中二级反应 $Np^{3+} + Fe^{3+} \longrightarrow Np^{4+} + Fe^{2+}$ 进行动力学研究，Np^{3+} 和 Fe^{3+} 的起始浓度分别为 $1.58 \times 10^{-4} mol \cdot dm^{-3}$ 和 $2.24 \times 10^{-4} mol \cdot dm^{-3}$，

实验中溶液吸光系数随反应进度呈线性变化，测得溶液在不同时刻的吸光系数 l 如下：

t/min	0	2.5	3.0	4.0	5.0	7.0	10.0	15.0	20.0	∞
l	0.100	0.228	0.242	0.261	0.277	0.300	0.316	0.332	0.341	0.351

(1) 证明反应速率方程为：

$$\ln\left(1+\frac{\Delta_0}{[Np^{3+}]_0}\frac{l_0-l_\infty}{l_t-l_\infty}\right)-\ln\frac{[Fe^{3+}]_0}{[Np^{3+}]_0}=\Delta_0 kt \quad (\Delta_0=[Fe^{3+}]_0-[Np^{3+}]_0)$$

(2) 求速率常数 k。

11. 设有如下平行反应：(1) $A \xrightarrow{k_1} P_1$，(2) $A+B \xrightarrow{k_2} P_2$；反应 (1) 为一级，反应 (2) 为二级。某温度下，当 A、B 的起始浓度分别为 $2.0\times10^{-5}mol\cdot dm^{-3}$ 和 $0.5mol\cdot dm^{-3}$ 时，反应物 A 浓度减少一半所需时间为 100min；当 B 的起始浓度减少一半，A 的起始浓度不变时，反应物 A 浓度减少一半所需时间为 150min。计算 k_1 和 k_2，以及第一次实验中产物 P_1 与 P_2 的浓度比为若干？

12. 一定温度下，气相反应 $A+B \longrightarrow P$ 在恒容条件下进行，其速率方程为 $-dp_A/dt=kp_A^\alpha p_B^\beta$。实验测得在不同起始压力下反应的半衰期和初始速率有如下数据：

$p_{A0}=p_{B0}$ 时	$p_{总0}$/kPa	47.4	32.4
	$t_{1/2}$/s	84	176
p_{B0} 恒定且大大超过 p_{A0}	p_{A0}/kPa	2.0	1.0
	$r_0/kPa\cdot s^{-1}$	0.137	0.034

求反应级数 α、β 和速率常数 k。

13. 某天然矿含放射性元素 U，其蜕变过程为 $U \longrightarrow Ra \longrightarrow Pb$，设蜕变已达稳态，测得镭与铀的浓度比为 $[Ra]/[U]=3.47\times10^{-7}$，铅与铀的浓度比为 $[Pb]/[U]=0.1792$，已知镭的半衰期是 1580 年，计算铀蜕变的半衰期，并估计此地矿的年龄。

14. 水溶液中，β-葡萄糖 $\underset{k_{-1}}{\overset{k_1}{\rightleftharpoons}}$ α-葡萄糖是正、逆反应均为一级的对峙反应。20℃时反应从纯 β-葡萄糖的水溶液开始，测得溶液旋光度 α 与时间的关系如下：

t/min	20	40	60	80	100	120	∞
α/(°)	10.81	13.27	15.10	16.42	17.47	18.20	20.39

已知反应的平衡常数 $K_c=0.557$，求 k_1 和 k_{-1}。

15. 一定温度下，对峙反应 $2A \underset{k_{-1}}{\overset{k_1}{\rightleftharpoons}} B$ 的正反应为二级，逆反应为一级。达平衡时 $[B]_e=1.0mol\cdot dm^{-3}$，平衡常数 $K_c=1.0\times10^8 dm^3\cdot mol^{-1}$，测得弛豫时间为 2.0×10^{-3}s。

(1) 证明 $\tau^{-1}=4k_1[A]_e+k_{-1}$；

(2) 求 k_1 和 k_{-1}。

16. 假定对峙反应 $aA+bB \underset{k_{-1}}{\overset{k_1}{\rightleftharpoons}} gG+hH$ 正、逆反应速率方程分别为 $r_1=k_1[A]^a[B]^b$，

$r_{-1}=k_{-1}[G]^g[H]^h$，

证明：$\tau^{-1}=k_1(a^2[A]_e^{a-1}[B]_e^b+b^2[A]_e^a[B]_e^{b-1})+k_{-1}(g^2[G]_e^{g-1}[H]_e^h+h^2[G]_e^g[H]_e^{h-1})$

17. 某连串反应 $A \xrightarrow{k_1} B \xrightarrow{k_2} C$ 两步骤的速率常数 $k_1=0.45\text{min}^{-1}$，$k_2=0.75\text{min}^{-1}$；$t=0$ 时 $c_{B0}=c_{C0}=0$，$c_{A0}=1.50\text{mol}\cdot\text{dm}^{-3}$。

（1）反应经多长时间B的浓度达到最大值？

（2）此时A、B、C的浓度各为若干？

18. 一定温度下，当有碘存在作催化剂时，氯苯与氯在二硫化碳溶液中发生二级平行反应如下：

$$C_6H_5Cl+Cl_2 \xrightarrow{k_1} HCl+o\text{-}C_6H_4Cl_2$$

$$C_6H_5Cl+Cl_2 \xrightarrow{k_2} HCl+p\text{-}C_6H_4Cl_2$$

反应过程中 C_6H_5Cl 和 Cl_2 的起始浓度均为 $0.5\text{mol}\cdot\text{dm}^{-3}$，30min 后 15％的 C_6H_5Cl 转变为邻二氯苯，25％的 C_6H_5Cl 转变为对二氯苯，求两个二级反应的速率常数 k_1 和 k_2。

19. 用滴定液滴定溶液中的某物质A，$t=0$ 时 $[A]_0=0.5\text{mol}\cdot\text{dm}^{-3}$，滴定液以 $2.0\text{mL}\cdot\text{min}^{-1}$ 的流量匀速滴入溶液，每1mL滴定液可使A物质浓度减少 $0.05\text{mol}\cdot\text{dm}^{-3}$。已知A物质被滴定过程中还按一级反应发生分解，分解反应速率常数为 0.012min^{-1}，问多长时间后可达滴定终点？（忽略滴定过程中溶液体积的变化）

20. N_2O_5 分解反应 $2N_2O_5 \longrightarrow 4NO_2+O_2$ 的历程如下：

$$N_2O_5 \xrightarrow{k_1} NO_2+NO_3$$

$$NO_2+NO_3 \xrightarrow{k_2} N_2O_5$$

$$NO_2+NO_3 \xrightarrow{k_3} NO+NO_2+O_2$$

$$NO+NO_3 \xrightarrow{k_4} 2NO_2$$

NO_3 和 NO 为活性中间产物，可作稳态近似处理。试导出反应的速率方程

$$-\frac{d[N_2O_5]}{dt}=2k_1k_3(k_2+2k_3)^{-1}[N_2O_5]$$

21. 光气分解反应 $COCl_2 \longrightarrow CO+Cl_2$ 的历程为

（1）$Cl_2 \underset{k_{-1}}{\overset{k_1}{\rightleftharpoons}} 2Cl$

（2）$COCl_2+Cl \xrightarrow{k_2} CO+Cl_3$

（3）$Cl_3 \underset{k_{-3}}{\overset{k_3}{\rightleftharpoons}} Cl_2+Cl$

其中反应（2）是速控步，反应（1）和反应（3）是快速对峙反应，Cl、Cl_3 是活性中间产物，导出反应的速率方程：

$$\frac{d[CO]}{dt}=k_2\left(\frac{k_1}{k_{-1}}\right)^{1/2}[COCl_2][Cl_2]^{1/2}$$

22. 反应 $C_2H_6+H_2 \longrightarrow 2CH_4$ 的历程被推测为：

(1) $C_2H_6 \underset{k_{-1}}{\overset{k_1}{\rightleftharpoons}} 2CH_3$

(2) $CH_3 + H_2 \xrightarrow{k_2} CH_4 + H$

(3) $H + C_2H_6 \xrightarrow{k_3} CH_4 + CH_3$

设反应（1）为快速对峙反应，对 H 可作稳态近似处理，导出反应的速率方程：

$$\frac{d[CH_4]}{dt} = 2k_2\left(\frac{k_1}{k_{-1}}\right)^{1/2}[C_2H_6]^{1/2}[H_2]$$

23. 已知反应 $2NO + O_2 \longrightarrow 2NO_2$ 的速率方程为 $r = k[NO]^2[O_2]$，试推测一种反应历程与所得速率方程相一致。

24. 测得乙醇溶液中反应 $CH_3I + C_2H_5ONa \longrightarrow CH_3OC_2H_5 + NaI$ 在不同温度下的速率常数如下，求反应的活化能和指前因子

$t/℃$	0	6	12	18	24	30
$k/10^{-5}dm^3 \cdot mol^{-1} \cdot s^{-1}$	5.60	11.8	24.5	48.8	100	208

25. 实验测得 N_2O 初始压力 p_0 不同时其热分解反应 $2N_2O(g) \longrightarrow 2N_2(g) + O_2(g)$ 的半衰期数据如下，推测反应级数，设以 $-d[N_2O]/dt$ 表示反应速率，计算各温度下的速率常数和实验活化能。

T/K	967	1030	1030
p_0/kPa	39.2	48.0	96.0
$t_{1/2}/s$	1520	212	106

26. 溶液中某反应 $A + B \longrightarrow C + D$ 是对 A、B 皆为一级的二级反应，反应开始时溶液中 A 和 B 的浓度均为 $0.01mol \cdot dm^{-3}$，在 298K 时，10min 后有 39% 的 A 发生了反应，在 308K 时，10min 后 A 反应了 55%，求反应的指前因子和实验活化能。

27. 气相反应 $NO_2 \longrightarrow NO + (1/2)O_2$ 的速率方程为 $r = k[NO_2]^2$，k 与温度的关系是

$$\ln(k/dm^3 \cdot mol^{-1} \cdot s^{-1}) = -(12886.7K/T) + 20.27$$

(1) 求反应的指前因子和实验活化能；

(2) 在 673K 时将 $NO_2(g)$ 通入抽空的反应器，使其初始压力为 26.66kPa，计算反应器中气体压力达到 32.0kPa 时所需的时间。

28. 从下列总反应速率常数与各基元反应速率常数的关系，导出总反应表观活化能与基元反应活化能的关系。

(1) $k = k_2(k_1/k_{-1})^{1/2}$　　$E_a = E_{a2} + (E_{a1} - E_{a-1})/2$

(2) $k = k_1 + k_2$　　$E_a = (k_1E_{a1} + k_2E_{a2})/(k_1 + k_2)$

(3) $k = k_1k_2/(k_2 + k_3)$　　$E_a = E_{a1} + k_3(E_{a2} - E_{a3})/(k_2 + k_3)$

29. 估计下列基元反应正、逆方向的活化能。已知 $\varepsilon_{I-I} = 151kJ \cdot mol^{-1}$，$\varepsilon_{H-I} = 297kJ \cdot mol^{-1}$，$\varepsilon_{H-H} = 435kJ \cdot mol^{-1}$。

(1) $H_2 + I \Longrightarrow HI + H$

(2) $H+I_2 \!=\!=\!= HI+I$

30. 气相反应 $2NO+H_2 \longrightarrow N_2O+H_2O$ 以压力表示的速率方程为 $r=kp^{\alpha}(NO)p^{\beta}(H_2)$，实验测得在给定温度和反应物的初始压力下，分压小的组分压力减小为初始压力 1/2 的时间如下：

T/K	1093	1093	1093	1093	1113
$p_0(NO)$/kPa	80	80	1.3	2.6	80
$p_0(H_2)$/kPa	1.3	2.6	80	80	1.3
$t_{1/2}$/s	19.2	19.2	830	415	10

求 α、β、E_a 及 $T=1093K$ 时的 k。

31. 25℃，气相反应 $N_2O_5+NO \longrightarrow 3NO_2$ 以压力表示的速率方程为 $r=kp^x(N_2O_5)p^y(NO)$，在 N_2O_5 和 NO 的初始压力分别是 133.32Pa 和 13332Pa 时，实验发现 $\lg p(N_2O_5)$ 对时间 t 作图为一直线，$p(N_2O_5)$ 减少一半的时间为 2.0h；当 N_2O_5 和 NO 的初始压力均为 6666Pa 时，测得总压与时间关系如下

t/h	0	1	2	∞
$p_总$/Pa	13332	15332	16665	19998

(1) 求 x、y、k 的值；

(2) 若 N_2O_5 和 NO 的初始压力分别为 13332Pa 和 133.32Pa，NO 剩余一半需多长时间？

32. 平行反应 (1)$A \xrightarrow{k_1} B$，(2)$A \xrightarrow{k_2} C$ 皆为一级，活化能分别为 $E_{a1}=100kJ \cdot mol^{-1}$，$E_{a2}=90kJ \cdot mol^{-1}$。两反应指前因子 $A_1 : A_2=100:1$。

(1) 25℃时，求两反应产物 B 与 C 的浓度之比；

(2) 欲使[B]：[C]>5：1，应如何控制反应温度？此时总反应表观活化能为若干？

33. 推导本章中公式(7-80)。

34. 一级对峙反应 $A \underset{k_{-1}}{\overset{k_1}{\rightleftharpoons}} B$ 正反应速率常数 k_1 及平衡常数 K_c 与温度的关系分别为：

$$\lg(k_1/s^{-1})=4.0-2000K/T$$
$$\lg K_c=2000K/T-4.0$$

(1) 求正、逆反应的实验活化能；

(2) 若反应从纯 A 开始，当 A 的转化率达 25%时，反应温度应为多少可使反应速率达到最大？

35. 从双分子反应的阈能计算下列各值（q 为有效碰撞分数）。

(1) $T=300K$，$E_{c1}=100kJ \cdot mol^{-1}$，$E_{c2}=120kJ \cdot mol^{-1}$，求 $q_1=$？$q_2=$？

(2) $T=500K$，$\Delta E_c=E_{c2}-E_{c1}=10kJ \cdot mol^{-1}$，求 $q_2 : q_1=$？

36. 320K 时测得气相自由基反应 $O+OH \longrightarrow O_2+H$ 的速率常数 $k=3.0 \times 10^{10} dm^3 \cdot mol^{-1} \cdot s^{-1}$，已知 O 和 OH 的碰撞半径分别为 0.14nm 和 0.15nm，假定自由基复合反应

$E_c=0$。用碰撞理论计算反应的指前因子，该反应方位因子为若干？

37. 实验测得气相丁二烯（C_4H_6）二聚反应的速率常数为：

$$k/\mathrm{dm^3\cdot mol^{-1}\cdot s^{-1}}=9.2\times10^6\exp[-100.3\mathrm{kJ\cdot mol^{-1}}/(RT)]$$

用碰撞理论计算 600K 时反应的阈能、指前因子和方位因子，已知丁二烯的碰撞直径为 0.5nm。

38. 用过渡状态理论估算下列双分子反应指前因子、方位因子的数量级。

（1）单原子分子＋双原子分子 $\rightleftharpoons$ 线形过渡态 $\longrightarrow$ 产物

（2）双原子分子＋双原子分子 $\rightleftharpoons$ 非线形过渡态 $\longrightarrow$ 产物

39. F_2 与 IF_5 气相双分子缔合反应的活化能 $E_a=58.6\mathrm{kJ\cdot mol^{-1}}$，65℃时速率常数 $k=7.84\times10^{-3}\mathrm{kPa^{-1}\cdot s^{-1}}$，计算反应的 $\Delta_r^{\neq}H_m^{\ominus}$，$\Delta_r^{\neq}S_m^{\ominus}$ 和 $\Delta_r^{\neq}S_m^{\ominus}(c^{\ominus})$。

40. 溶液中某基元反应 $A^-+H^+\longrightarrow P$ 的速率常数可表示为：

$$k/\mathrm{dm^3\cdot mol^{-1}\cdot s^{-1}}=2.05\times10^{10}\exp(-8681\mathrm{K}/T)$$

求 300K 时该反应的 $\Delta_r^{\neq}H_m^{\ominus}$ 和 $\Delta_r^{\neq}S_m^{\ominus}(c^{\ominus})$。

41. 25℃时，某反应在催化剂作用下其标准活化焓和标准活化熵分别减少 $10\mathrm{kJ\cdot mol^{-1}}$ 和 $10\mathrm{J\cdot K^{-1}\cdot mol^{-1}}$，其速率常数增加多少倍？

第8章

特殊反应的动力学

8.1 单分子反应

顾名思义，单分子反应是指基元反应 $A \longrightarrow P$。然而，一个孤立的处于基态的反应物分子是不会自动发生反应的。实际上，为使这类反应发生，必须使反应物分子获得足够的能量。如果反应物分子不是以其它方式(例如通过吸收辐射能) 获得能量，那只有通过分子间的碰撞来获得。因为每次碰撞至少有两个分子，因此，严格而论它并不是单分子反应，而应称为准单分子反应。例如某些分子的分解或异构化均属这种单分子反应。

1922 年林德曼 (Lindemann) 等人提出如下单分子反应的机理：反应物分子在碰撞中吸收能量成为活化分子，并不立即反应变为产物，而是需要一段停滞时间，以便将吸收的能量传递到需要断裂的化学键上，才能发生反应；如果在这段停滞时间内，活化分子又与其它分子碰撞，也可能将能量传递出去而失活，变为普通分子；单分子反应的速率即活化分子生成产物的速率。上述机理可表示为

$$A+A \underset{k_{-1}}{\overset{k_1}{\rightleftharpoons}} A^* + A \qquad A^* \xrightarrow{k_2} P$$

$$r=\frac{d[P]}{dt}=k_2[A^*] \tag{8-1}$$

由于活化分子 A^* 是活泼的中间产物，可用稳态近似处理，所以有

$$\frac{d[A^*]}{dt}=k_1[A]^2-k_{-1}[A][A^*]-k_2[A^*]=0$$

$$[A^*]=\frac{k_1[A]^2}{k_2+k_{-1}[A]} \tag{8-2}$$

式(8-2) 代入式(8-1)，可得

$$r=\frac{d[P]}{dt}=k[A] \tag{8-3}$$

其中

$$k=\frac{k_2k_1[A]}{k_2+k_{-1}[A]} \tag{8-4}$$

为单分子反应的速率常数。当气体压力较高时，$k_{-1}[A] \gg k_2$，所以

$$k=\frac{k_2k_1}{k_{-1}} \tag{8-5}$$

这时单分子反应表现为一级反应，活化分子的失活速率大大超过反应速率，可以认为反应物分子的活化与失活处于快速平衡。当气体压力降低时，$k_2 \gg k_{-1}[A]$，则有

$$k=k_1[A] \tag{8-6}$$

这时单分子反应表现为二级反应。这是由于气体稀薄，分子间碰撞机会减少，分子活化后很难失活，分子活化成为反应的控制步骤。

图 8-1 是 603K 时偶氮甲烷热分解反应速率常数 k 随初始压力 p_0 的变化关系图，试验结果表明，该反应高压下为一级反应，低压下为二级反应，压力介于 1.3～26.7kPa 之间为过渡区。

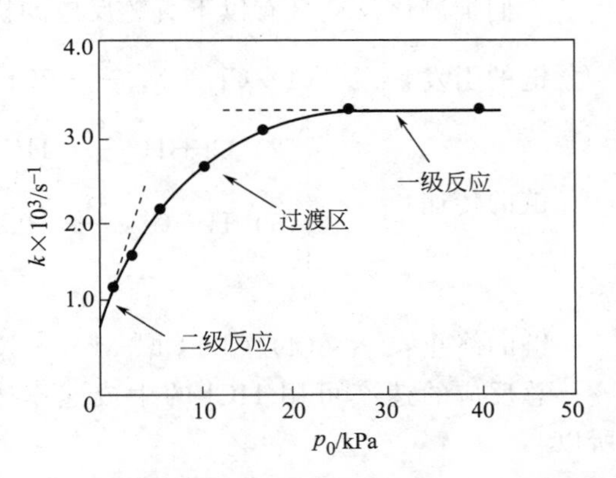

图 8-1　603K 时偶氮甲烷的热分解

林德曼机理概括了单分子反应的主要动力学特征，定性上基本符合实际。例如，对于结构复杂的分子，活化后停滞时间较长，容易失活，反应多为一级；对于结构简单的分子，活化后停滞时间较短，即刻便发生反应，反应多为二级。然而定量上看，该理论与实验尚有偏差，后经不少学者进行进一步修正，目前已被广泛接受和采用。

8.2　链反应

链反应是气相或液相中发生的一种特殊的复杂反应，反应一经引发，便能通过活性组分（自由基或活性原子）在反应中的不断再生使反应像链条一样自动发展下去，这类反应称为链反应。工业中常见的热解反应、聚合反应、燃烧和爆炸反应等都与链反应有关。链反应的机理包括以下三个基本步骤：

（1）链的引发　由稳定分子裂解出活性原子或自由基的过程。该过程所需的活化能大约为断裂键的键能，常用加热、光照或加入引发剂的方式进行引发。

（2）链的传递　自由基或活性原子称为链的传递物，它们具有很强的反应能力（活化能一般小于 40kJ·mol^{-1}），极易与反应物分子发生反应，同时又再生出链的传递物，这样不断交替，若不受阻，反应物可被消耗殆尽。

（3）链的终止　链的传递物被销毁，链就终止。断链的方式可以是两个自由基与第三体碰撞生成分子，也可以是传递物与器壁碰撞而终止。如

$$\text{H}+\text{器壁}\longrightarrow\text{终止}$$

改变反应器的形状或器壁的表面涂层都会影响反应速率，这种器壁效应是链反应的特点之一。

按照链的传递方式，链反应分为直链反应和支链反应两种。在直链反应中每个传递物消失时仅再生出一个传递物，在支链反应中每个传递物消失时可再生出两个或多个传递物。

8.2.1 直链反应

例如 H_2 与 Cl_2 的化合反应

$$H_2 + Cl_2 = 2HCl$$

经实验测定，该反应的速率方程为

$$r = k[Cl_2]^{1/2}[H_2]$$

人们推测该反应具有以下直链反应的机理

链的引发：　(1) $Cl_2 + M \xrightarrow{k_1} 2Cl + M \qquad E_a = 243 kJ \cdot mol^{-1}$

链的传递：
(2) $Cl + H_2 \xrightarrow{k_2} HCl + H \qquad E_a = 25 kJ \cdot mol^{-1}$
(3) $H + Cl_2 \xrightarrow{k_3} HCl + Cl \qquad E_a = 12.6 kJ \cdot mol^{-1}$
……

链的终止：　(4) $Cl + Cl + M \xrightarrow{k_4} Cl_2 + M \qquad E_a = 0$

总反应的速率可用 HCl 的生成速率表示，在反应（2）和反应（3）都有 HCl 生成，所以

$$\frac{d[HCl]}{dt} = k_2[Cl][H_2] + k_3[H][Cl_2] \tag{a}$$

H 和 Cl 为活性中间产物，对它们可采用稳态近似处理，即

$$\frac{d[Cl]}{dt} = 2k_1[Cl_2][M] - k_2[Cl][H_2] + k_3[H][Cl_2] - 2k_4[Cl]^2[M] = 0 \tag{b}$$

$$\frac{d[H]}{dt} = k_2[Cl][H_2] - k_3[H][Cl_2] = 0 \tag{c}$$

将式(b) 与式(c) 联立，可得

$$[Cl] = \left(\frac{k_1}{k_4}\right)^{1/2}[Cl_2]^{1/2} \tag{d}$$

将式(c) 代入式(a)，消去 [H]，再将式(d) 代入，可得到

$$\frac{d[HCl]}{dt} = 2k_2\left(\frac{k_1}{k_4}\right)^{1/2}[Cl_2]^{1/2}[H_2] \tag{e}$$

式(e) 表示总反应是 1.5 级，与实验结果相符。且知实验所得速率常数 $k = k_2(k_1/k_4)^{1/2}$。将 k 代入 E_a 的定义式(7-70)，有

$$E_a = E_{a2} + \frac{1}{2}(E_{a1} - E_{a4}) = [25 + (243 - 0) \times 0.5] kJ \cdot mol^{-1}$$
$$= 146.5 kJ \cdot mol^{-1}$$

因为 $\varepsilon_{H-H} = 435 kJ \cdot mol^{-1}$，若 H_2 和 Cl_2 的反应是基元反应而不是依链反应方式进行，按 30%规则估计其活化能将增加为

$$E_a = 0.3(\varepsilon_{H-H} + \varepsilon_{Cl-Cl}) = 0.3 \times (435 + 243) kJ \cdot mol^{-1}$$
$$= 203 kJ \cdot mol^{-1}$$

从反应物到产物往往有多种途径，实际的反应历程总是采取活化能最低的途径。正因为如此，链的引发反应（1）不是断裂键能较大的 H—H 键而是断裂键能较小的 Cl—Cl 键。

8.2.2 支链反应与爆炸

图 8-2 是 1 个自由基再生出 2 个自由基的支链反应示意图。由于自由基呈几何级数增长，如不能及时销毁，将导致反应速率急剧增加而引起爆炸，这种爆炸称为支链爆炸。另一种爆炸是热爆炸，起因是在一个有限空间内发生剧烈的放热反应，因不能及时散热导致温度急剧升高，升温促使反应速率加快，如此恶性循环从而引起爆炸。

H_2 与 O_2 的化合反应常引起爆炸，该反应具有以下支链反应机理

链的引发：（1） $H_2+M \longrightarrow 2H+M$

（2） $H_2+O_2 \longrightarrow 2OH$

直链传递：（3） $OH+H_2 \longrightarrow H_2O+H$

（4） $HO_2+H_2 \longrightarrow H_2O+OH$

支链传递：（5） $H+O_2 \longrightarrow OH+O$

（6） $O+H_2 \longrightarrow OH+H$

链在气相中终止：（7） $2H+M \longrightarrow H_2+M$

（8） $H+O_2+M \longrightarrow HO_2+M$

（HO_2 不如其它自由基活泼，故列为终止反应）

链在器壁上终止：（9） H＋壁 ⟶ 销毁

（10） OH＋壁 ⟶ 销毁

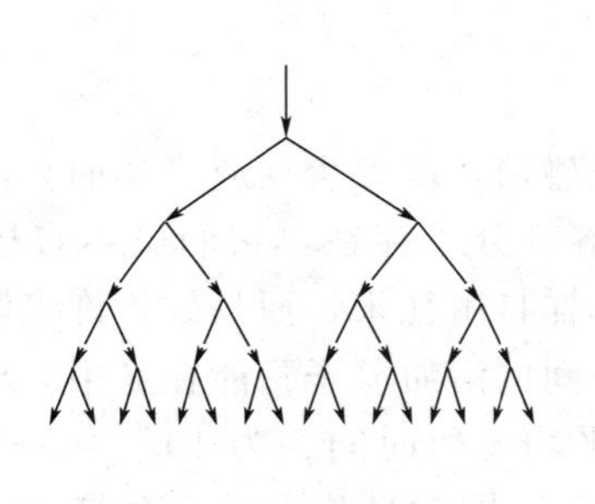

图 8-2　支链反应示意图

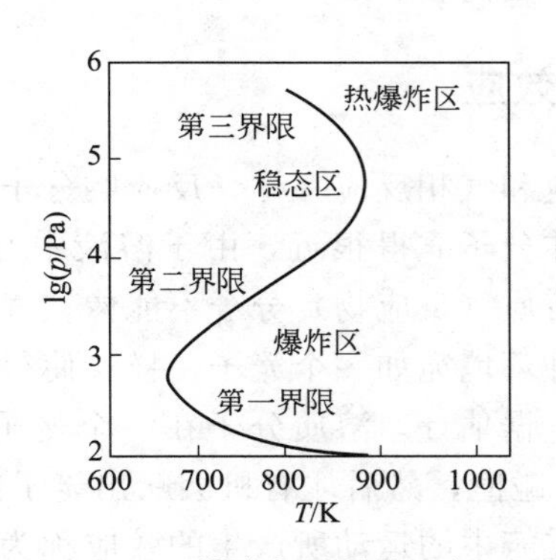

图 8-3　爆鸣气的爆炸区间

图 8-3 表示体积比为 2∶1 的 H_2 和 O_2 的混合物（爆鸣气）发生爆炸时的温度、压力范围。由图 8-3 可见 H_2 的氧化反应并非在任何情况下都发生爆炸，只有当温度、压力位于图中爆炸区内时才发生爆炸。在 673K 以下，反应可平稳进行，不发生爆炸；在 873K 以上，任何压力下都发生爆炸；在 673～873K 之间，有三条界限将稳态区与爆炸区隔开。在第一界限以下，气体压力低，分子平均自由程长，自由基易与器壁碰撞而销毁，链反应终止占优势，故为稳态区。在第一界限与第二界限之间，气体浓度增大，碰撞频率增加，支链反应速率加快，且超过链在器壁上的终止速率，因而为爆炸区。在第二界限以上，气体浓度更高，气相中易发生三分子碰撞反应［反应(7) 和反应(8)］，使链终止速率加快，结果不发生爆炸。压力超过第三界限后又发生爆炸，这时的爆炸是热爆炸。

除温度、压力外，气体组成也是影响爆炸的重要因素。当氢气按体积分数 4%～94%与氧气混合时就成为可爆气体，而在 4%以下、94%以上则不会爆炸。表 8-1 列出若干常见可

燃性气体在空气中的爆炸界限。

表 8-1　可燃性气体在空气中的爆炸界限（体积分数）

气体	爆炸界限/%	气体	爆炸界限/%
H_2	4～74	C_6H_6	1.4～6.7
NH_3	16～27	CH_3OH	7.3～36
CO	12.5～74	C_2H_5OH	4.3～19
CH_4	5.3～14	$(CH_3)_2CO$	2.5～13
C_2H_2	2.5～80	$(C_2H_5)_2O$	1.9～48
C_2H_6	3.2～12.5		

8.3　溶液中的反应

溶液中的反应与气相反应相比最大的不同是体系中有大量溶剂分子存在。溶剂既是反应体系的介质，又能通过与溶质（各反应组分）间的物理和化学作用，如溶剂化作用、传能作用、催化作用等影响反应的动力学性质。因此，研究溶剂对化学反应速率的影响成为溶液反应动力学的主要内容。

8.3.1　笼效应

液相反应和气相反应一样，反应物分子必须经碰撞才能发生反应。然而，液体比气体稠密得多，液体分子靠得很近。由于溶液中有大量溶剂分子存在，它们虽不直接参与化学反应，却使得溶质（反应物）分子不能像在气体中那样自由往来，而是处于许多溶剂分子的包围之中。这种环境宛如一个笼子一样，使得一段时间内溶质分子只能在笼中与周围的溶剂分子相互碰撞。据估计，溶质分子在一个笼子中的平均逗留时间约为 10^{-10} s，这期间约发生 100～1000 次碰撞，然后才有机会跃出笼子向外扩散，同时又陷入另一个笼子中。反应物分子由于这种在笼中的运动所产生的效应称为笼效应。如果两个反应物分子 A 和 B 扩散到同一个笼子中相互接触，称为偶遇。反应物分子偶遇之前只与溶剂分子发生碰撞，一旦偶遇，因陷入同一笼子中，它们可频繁地发生碰撞。所以反应物分子间的碰撞在溶液中是分批进行的，然而就总的碰撞频率而言与气相中大体相同，它主要取决于温度和反应物的摩尔浓度。

由以上讨论可知，反应物分子扩散到同一笼子中发生偶遇，以及偶遇后发生化学反应是溶液反应的两个串联步骤。如果反应的活化能很小，一旦偶遇可很快发生反应，而从一个笼子向另一个笼子的扩散相对较慢，这时溶液反应表现为扩散控制。例如酸碱中和反应及自由基复合反应多为扩散控制。反之，如果反应活化能很大，有效碰撞分数很小，扩散步骤相对较快，溶液反应则表现为活化控制。

8.3.2　活化控制的溶液反应

8.3.2.1　溶剂与溶质无明显相互作用的情况

这时，溶剂仅仅作为反应体系的介质而存在，由于溶液反应的碰撞频率及活化能与气相中大体相同，因而反应速率也大体相同。例如环戊二烯的二聚反应 $2C_5H_6 \longrightarrow C_{10}H_{12}$ 和 N_2O_5 的分解反应 $N_2O_5 \longrightarrow N_2O_4 + (1/2)O_2$，以不同溶剂作介质时反应的指前因子、活化能和速率常数都与气相反应大体相同。表 8-2 给出不同溶剂中 N_2O_5 分解反应的动力学数据，数据表明在各种溶剂中反应的动力学参数与气相反应非常接近。

表 8-2 N_2O_5 分解反应的动力学数据（25℃）

溶剂	$k/10^{-5}\,s^{-1}$	$\lg(A/s^{-1})$	$E_a/kJ \cdot mol^{-1}$
气相	3.38	13.6	103.3
四氯化碳	4.69	13.6	101.3
二氯化碳	5.54	13.7	102.9
1,2-二氯乙烷	4.79	13.6	102.1
硝基甲烷	3.13	13.5	102.5
溴	4.27	13.3	100.4

表 8-3 $(C_2H_5)_4NBr$ 形成反应的速率常数（100℃）

溶剂	$k/10^{-5}\,dm^3 \cdot mol^{-1} \cdot s^{-1}$	ε_r(介电常数)
正己烷	0.5	1.9
苯	39.8	2.23
对二氯苯	70	2.86
溴苯	166.0	4.6
丙酮	265.0	4.4
硝基苯	1383.0	4.9

8.3.2.2 溶剂对反应速率的影响

在许多情况下，溶剂与溶质确有相互作用，从而对反应速率产生显著影响。例如，表 8-3 中季铵盐 $(C_2H_5)_4NBr$ 形成反应 $(C_2H_5)_3N + C_2H_5Br \longrightarrow (C_2H_5)_4N^+Br^-$ 的速率常数表明，在不同溶剂中速率常数可相差千倍。有些平行反应，常通过采用更换溶剂的方法以加速主反应，抑制副反应。一般说来，溶剂对反应速率的影响比较复杂，可用过渡状态理论对溶剂的影响进行定性讨论。根据式(7-107)，反应的速率常数可表示为

$$k = \frac{k_B T}{h}(c^\ominus)^{1-n}\exp\left(-\frac{\Delta_r^{\neq} G_m^\ominus}{RT}\right) \tag{8-7}$$

式中，$\Delta_r^{\neq} G_m^\ominus$ 等于活化络合物与反应物的标准摩尔吉布斯函数之差。标准态下如果由于溶剂与溶质的相互作用使得反应物化学势越低，活化络合物化学势越高，则 $\Delta_r^{\neq} G_m^\ominus$ 越大，k 越小；反之则 $\Delta_r^{\neq} G_m^\ominus$ 越小，k 越大。

（1）溶剂介电常数的影响　就离子间的化合反应而言，溶剂介电常数越大，由于异号离子间相互吸引越弱，过渡态的势能越高，化学势越高，速率常数越小；由于同号离子间相互排斥越弱，过渡态的势能越低，化学势越低，速率常数越大。

（2）溶剂极性的影响　随着溶剂极性的增强，极性溶质受到的相互作用增强，势能降低越多。因此，如果反应物比活化络合物极性强，反应物化学势降低较多，则速率常数减小；反之，速率常数增加。例如表 8-3 中的 $(C_2H_5)_4NBr$ 是一种季铵盐，其极性远比反应物极性强，因此季铵盐形成反应的速率常数随溶剂极性增强（介电常数增大）而增加。

（3）溶剂化的影响　溶质的溶剂化过程是 $\Delta G < 0$ 的过程，溶质被溶剂化后化学势降低。因此，若改变溶剂后，活化络合物比反应物易溶剂化，则反应速率增加；反之，反应物比活化络合物易溶剂化，反应速率减小。

8.3.2.3 原盐效应

溶液中，一些有离子参加的反应其速率常数与溶液的离子强度有关，离子强度对反应速率的影响称为原盐效应。原盐效应起因于离子强度对离子活度因子的影响。对于电解质稀溶液而言，可导出速率常数与离子强度的定量关系。

设溶液中双分子反应的反应物 A^{z_A}、B^{z_B} 是具有电荷 z_A、z_B 的两种离子，根据过渡状

态理论，反应历程为：

$$A^{z_A}+B^{z_B}\rightleftharpoons[(A\cdots B)^{z_A+z_B}]^{\neq}\longrightarrow P$$

反应物与活化络合物间的平衡常数 $K_a^{\neq}$ 与 $K_c^{\neq}$ 有以下关系：

$$K_a^{\neq}=\frac{a^{\neq}}{a_A a_B}=\frac{c_{\neq}/c^{\ominus}}{(c_A/c^{\ominus})(c_B/c^{\ominus})}\frac{\gamma_{\neq}}{\gamma_A\gamma_B}=K_c^{\neq}c^{\ominus}\frac{\gamma_{\neq}}{\gamma_A\gamma_B} \tag{8-8}$$

由艾林方程知

$$k=\frac{k_B T}{h}K_c^{\neq}=\frac{k_B T}{hc^{\ominus}}K_a^{\neq}\frac{\gamma_A\gamma_B}{\gamma_{\neq}} \tag{8-9}$$

$K_a^{\neq}$ 是与浓度无关的常数，故上式可写为

$$k=k_0\frac{\gamma_A\gamma_B}{\gamma_{\neq}} \tag{8-10}$$

其中，$k_0=[k_B T/(hc^{\ominus})]K_a^{\neq}$，即离子强度等于0（$\gamma_i=1$）时的速率常数。

将式(8-10)取对数后，得

$$\lg\frac{k}{k_0}=\lg\gamma_A+\lg\gamma_B-\lg\gamma_{\neq}$$

稀溶液中，离子活度因子与离子强度的关系适用德拜-休克尔极限公式(参阅9.7节)：$\lg\gamma_i=-Az_i^2\sqrt{I/b^{\ominus}}$，将极限公式代入上式，有

$$\lg\frac{k}{k_0}=-A\left[z_A^2+z_B^2-(z_A+z_B)^2\right]\sqrt{\frac{I}{b^{\ominus}}}$$

所以

$$\lg\frac{k}{k_0}=2Az_A z_B\sqrt{\frac{I}{b^{\ominus}}} \tag{8-11}$$

对于25℃的水溶液，$A=0.509$，以 $\lg(k/k_0)$ 对 $\sqrt{I/b^{\ominus}}$ 作图，应得一直线，直线斜率与 z_A、z_B 有关。图8-4给出若干反应的实验结果，它表明若两种离子电性相同，$z_A z_B>0$，

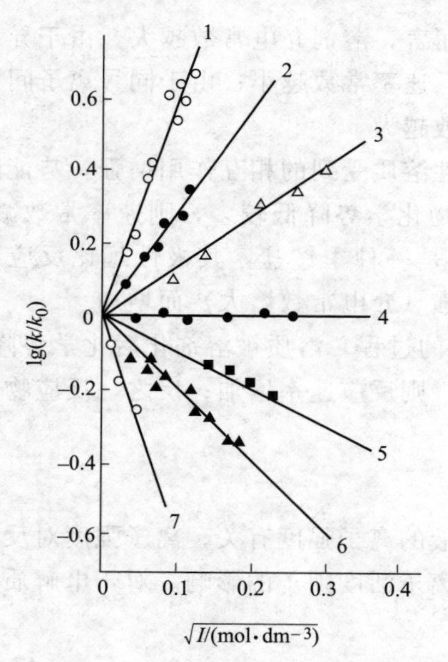

1. $Co(NH_3)_5Br^{2+}+Hg^{2+}+H_2O\longrightarrow[Co(NH_3)_5H_2O]^{3+}+HgBr^+$
2. $S_2O_8^{2-}+3I^-\longrightarrow I_3^-+2SO_4^{2-}$
3. $[O_2N—NCO_2Et]^-+OH^-\longrightarrow N_2O+CO_3^{2-}+EtOH$
4. 蔗糖 $+OH^-\longrightarrow$ 转化糖
5. $H_2O_2+2H^++2Br^-\longrightarrow 2H_2O+Br_2$
6. $Co(NH_3)_5Br^{2+}+OH^-\longrightarrow Co(NH_3)_5OH^{2+}+Br^-$
7. $Fe^{2+}+Co(C_2O_4)_3^{3-}\longrightarrow Fe^{3+}+Co(C_2O_4)_3^{4-}$

图8-4 离子强度对反应速率的影响

$k>k_0$，产生正原盐效应；若两种离子电性相反，$z_Az_B<0$，$k<k_0$，产生负原盐效应；若两种反应物有一种或两种是中性分子，$z_Az_B=0$，$k=k_0$，这时无原盐效应，上述结论与式(8-11) 相符。

式(8-11) 是由德拜-休克尔极限公式得到的，显然只能用于极稀的电解质溶液。

8.3.3 扩散控制的溶液反应

在扩散控制条件下，双分子反应 $A+B \longrightarrow (A\cdots B) \longrightarrow P$ 的速率即单位时间、单位体积内偶遇对（A…B）形成的速率。为计算反应速率，假定 A 分子处于静止，周围的 B 分子向 A 分子扩散。由于反应很快，A 分子周围的 B 分子形成球形对称的浓度梯度，如图 8-5 所示，B 分子通过球面向 A 分子扩散。根据菲克（Fick）扩散第一定律，一定温度下，i 物质单位时间内通过与扩散方向垂直的某截面扩散的物质的量（dn_i/dt）正比于截面面积 S 和截面处的浓度梯度 dc_i/dx，即

$$\frac{dn_i}{dt}=-D_iS\frac{dc_i}{dx} \tag{8-12}$$

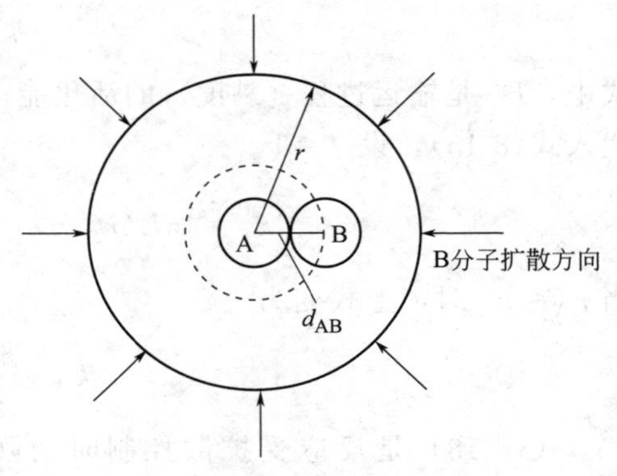

图 8-5 B 分子向 A 分子的扩散

比例系数 D_i 称为 i 物质在溶剂中的扩散系数，单位是 $m^2\cdot s^{-1}$。x 表示 i 物质沿扩散方向的位移。因扩散总是朝着浓度减小的方向，所以 $dc_i/dx<0$，故式(8-12) 右边出现负号，以保证扩散量恒为正值。设 A、B 皆为球形分子，以 A 分子中心为球心，在距球心半径等于 r 的球面上 B 分子沿扩散方向的浓度梯度皆相等。在单位时间内，B 分子通过球面从外向内对于 1 个静止 A 分子的扩散量以 I_B 表示，根据式(8-12)，I_B 可表示为

$$I_B=D_B4\pi r^2\frac{dc_B}{dr} \tag{8-13}$$

因 r 与扩散方向相反，$dr=-dx$，上式右边不再有负号。当反应处于稳态时，I_B 不随 r 而变化。将式(8-13) 分离变量积分，因反应很快，边界条件取 $r=d_{AB}$（d_{AB} 为 AB 相撞时两分子中心的距离）时，$c_B=0$；$r=\infty$时，$c_B=c_{B0}$（为 B 物质的宏观浓度）。即

$$\int_{d_{AB}}^{\infty}(I_B/r^2)dr=\int_0^{c_{B0}}4\pi D_B dc_B$$

结果为

$$I_B=4\pi D_B d_{AB}c_{B0} \tag{8-14}$$

欲得到反应速率，对上式可作如下处理：①单位体积中有 Lc_{A0} 个 A 分子，将上式右边乘以 Lc_{A0}，得到单位时间、单位体积内 B 分子向 A 分子的扩散量；②因 A 分子也在向 B 分子扩散，再将上式右边的 D_B 用 D_A+D_B 代替，得到单位时间、单位体积内 A 和 B 分子相互间的总扩散量，即双分子反应的速率 r_d。所以

$$r_d=4\pi Ld_{AB}(D_A+D_B)c_{A0}c_{B0}$$

根据上式，双分子反应受扩散控制时的速率常数 k_d 可表示为

$$k_d=4\pi Ld_{AB}(D_A+D_B)f \tag{8-15}$$

式(8-15) 右边的 f 称为静电引力因子。对于扩散控制下离子间的反应尚须考虑静电引

力对反应速率的影响，异号离子间的反应，由于相互吸引，$f>1$；同号离子间的反应，由于相互排斥，$f<1$；中性分子间或中性分子与离子间的反应，$f=1$。例如，对于常温下水溶液中的离子复合反应，当为异号离子时，$f\approx 2\sim 10$；当为同号离子时，$f\approx 0.01\sim 0.5$。

溶质的扩散系数可由斯托克斯-爱因斯坦（Stokes-Einstein）扩散系数公式计算，即

$$D_i=\frac{k_B T}{6\pi\eta r_i} \tag{8-16}$$

式中，r_i 是粒子半径；η 是溶剂黏度。η 与温度有类似阿伦尼乌斯方程的如下关系：

$$\eta=A\exp\frac{E_a}{RT} \tag{8-17}$$

式中，E_a 是输运过程（黏度）的活化能；A 是与温度无关的常数。将式(8-17）和式(8-16）代入式(8-15)，设 $f=1$，有

$$k_d=4\pi L(r_A+r_B)\frac{k_B T}{6\pi A}\left(\frac{1}{r_A}+\frac{1}{r_B}\right)\exp\left(-\frac{E_a}{RT}\right)$$

当 $r_A\approx r_B$ 时，上式变为

$$k_d=\frac{8RT}{3A}\exp\left(-\frac{E_a}{RT}\right) \tag{8-18}$$

式(8-18）是反应受扩散控制时的阿伦尼乌斯方程。由于黏度的活化能很小，$E_a<20\text{kJ}\cdot\text{mol}^{-1}$，所以低活化能是扩散控制反应的特点。

【例 8-1】 估计室温下水溶液中双分子反应在扩散控制下速率常数的数量级，室温下水的黏度可取 $1.0\times10^{-3}\text{Pa}\cdot\text{s}$。

解 由式(8-18）与式(8-17）联立知：$k_d=8RT/(3\eta)$

将 $T=300\text{K}$，$\eta=1.0\times10^{-3}\text{Pa}\cdot\text{s}$ 代入，得

$$k_d=\frac{8\times8.314\times300}{3\times1.0\times10^{-3}}\text{m}^3\cdot\text{mol}^{-1}\cdot\text{s}^{-1}\approx0.7\times10^{10}\text{dm}^3\cdot\text{mol}^{-1}\cdot\text{s}^{-1}$$

所以 k_d 的数量级为 $10^{10}\text{dm}^3\cdot\text{mol}^{-1}\cdot\text{s}^{-1}$。

通常当 $k\geqslant10^{10}\text{dm}^3\cdot\text{mol}^{-1}\cdot\text{s}^{-1}$ 时，可以认为反应受扩散控制。例如酸碱中和反应 $H^++OH^-\longrightarrow H_2O$ 的 $k=1.4\times10^{11}\text{dm}^3\cdot\text{mol}^{-1}\cdot\text{s}^{-1}$，为典型的扩散控制反应。

8.4 光化学反应

8.4.1 光化学基本概念和光化学定律

8.4.1.1 光化学反应基本概念

在光辐射作用下发生的化学反应称为光化学反应。光是一种电磁波，能引起化学反应的光是可见光和紫外光，波长范围为 150～800nm。光具有波粒二象性，光束亦可视为光子流，1 个光子的能量可表示为

$$\varepsilon=h\nu=h\,\frac{c}{\lambda}=hc\tilde{\nu} \tag{8-19}$$

式中，h 为普朗克常数；$c=2.9979\times10^{8}\mathrm{m\cdot s^{-1}}$，为光在真空中的传播速度；$\nu$、$\lambda$、$\tilde{\nu}$ 分别为光的频率、波长和波数，单位分别是 $\mathrm{s^{-1}}$、m 和 $\mathrm{m^{-1}}$。光的强度即单位时间内辐射光子的数目。在光化学中，将单位时间、单位体积中反应物分子吸收光子的数量称为吸收光强度，以 I_a 表示，单位常用 $\mathrm{mol\cdot dm^{-3}\cdot s^{-1}}$。

一般化学反应所需的活化能来自分子热运动中的相互碰撞，故称为热反应或黑暗反应。在光化学反应及电化学反应中反应物可通过吸收光能和电能使反应物得以活化。在热化学反应中，反应进行的方向是 $\Delta_r G_m<0$ 的方向。在光化学反应和电化学反应中，反应可以向着 $\Delta_r G_m>0$ 的方向进行。例如在光的作用下，氧转变为臭氧，氨的分解，植物中 CO_2 和 H_2O 反应生成碳水化合物并放出氧气等都是 $\Delta_r G_m>0$ 的反应。在这些反应中光能转变为化学能。

光能可以变为化学能，化学能也可以变为光能。常温下有些化学反应发射的冷光，例如萤火虫中的荧光素及黄磷在氧化时的发光，与物体被加热后的发光不同，是将化学能直接转变为光能，称为化学发光。

热化学反应的温度越高，有效碰撞分数越大，反应速率越快，所以热化学反应速率对温度变化非常敏感，适用范托夫规则。光化学反应中，分子被活化的速率取决于吸收光强度，与温度无关。所以光化学反应速率受温度影响很小，但并非绝对无关，这是因为分子被光活化后继续进行的次级反应具有热反应的性质。这些次级反应常有自由基参与，因而光化学反应的活化能不大，一般为 $30\mathrm{kJ\cdot mol^{-1}}$ 左右，温度升高 10℃，速率常数增加 0.1～1 倍。

光化学活化是一种可利用的技术手段，采用单色光辐射可以有目的地使混合物中某组分的分子得到活化，从而大大提高反应的选择性。

8.4.1.2 光化学定律

19 世纪，格罗杜斯（Grotthus）和德拉波（Draper）提出：只有被物质吸收的光才能有效地引起光化学反应。此即光化学第一定律。

20 世纪初，爱因斯坦提出；一个分子吸收一个光子而被活化。此即光化学第二定律，又称光化当量定律。该定律可表示为：

$$A+h\nu \longrightarrow A^{*} \tag{8-20}$$

反应物分子 A 吸收光子后，电子被激发到高能级状态，A^{*} 为激发态分子。式(8-20)称为爱因斯坦过程。

根据光化学第二定律，活化 1mol 分子需要吸收 1mol 光子，1mol 光子的能量称为爱因斯坦，用符号 E_λ 表示。即

$$E_\lambda=\frac{Lhc}{\lambda}=\frac{0.1196}{(\lambda/\mathrm{m})}\mathrm{J\cdot mol^{-1}} \tag{8-21}$$

对于光化学反应使用的光，其爱因斯坦值 $E_\lambda=150\sim800\mathrm{kJ\cdot mol^{-1}}$，大致与化学键的键能相当。

8.4.1.3 光化学过程

光化学反应从反应物吸收光能开始，反应物分子吸收光子的过程称为光化学初级过程。爱因斯坦过程是光化学初级过程。初级过程有光子参加，如果光子能量很高，分子吸收光子后可立即解离或异构化，例如

$$Cl_2+h\nu \longrightarrow 2Cl$$

也属于初级过程。

由初级过程的活性产物引起的一系列过程称为光化学次级过程。例如 Hg 被光子活化后，激发态 Hg^* 分子可引起以下反应：

$$Hg^* + H_2 \longrightarrow Hg + 2H$$

$$Hg^* + O_2 \longrightarrow HgO + O$$

生成的活性原子还可继续引起新的反应，这些反应均属光化学次级过程。次级过程无光子参加，因而具有热反应的性质。但由于次级过程多涉及活性组分参与，其活化能比热反应低得多。

被光激发的反应物分子寿命很短，约为 10^{-8}s。这期间如未能引起化学反应，常通过以下光物理过程失去激发能：

① 辐射跃迁，即激发态分子发出荧光或磷光后返回基态。

② 无辐射跃迁，即激发态分子以内部传能的方式将激发能变为分子的平动能，在碰撞中被介质吸收。

③ 分子间传能，即激发态分子在与其它分子的碰撞中将激发能传给低能分子而失活。

8.4.1.4 量子产率

根据光化学第二定律，在初级过程中 1 个光子活化 1 个反应物分子。但在次级过程中，活化分子有可能直接变为产物，也可能在碰撞中失活，或者引发其它的化学反应。为了衡量光化学反应的效率，对于指定光化学反应中的某种产物，定义

$$\phi = \frac{\text{产物分子生成的数目}}{\text{吸收光子的数目}} = \frac{\text{产物生成的物质的量}}{\text{吸收光子的物质的量}} \tag{8-22}$$

ϕ 称为该光化学反应的量子产率。

【例 8-2】 用波长 253.7nm 的光分解气体 HI，反应为

$$2HI \xrightarrow{h\nu} H_2 + I_2$$

实验表明吸收 307J 光能可分解 1.30×10^{-3}mol HI 气体，求光分解反应的量子产率。

解 被吸收光的爱因斯坦值：

$$E_\lambda = [0.1196/(253.7 \times 10^{-9})]\text{J} \cdot \text{mol}^{-1} = 4.714 \times 10^5 \text{J} \cdot \text{mol}^{-1}$$

被吸收光子的物质的量：

$$n(\text{光子}) = [307/(4.714 \times 10^5)]\text{mol} = 6.51 \times 10^{-4}\text{mol}$$

每分解 2 个 HI 分子可生成 1 个 I_2 分子，I_2 分子生成的物质的量为

$$n(I_2) = [(1.30 \times 10^{-3})/2]\text{mol} = 0.65 \times 10^{-3}\text{ mol}$$

光化反应的量子产率为

$$\phi = n(I_2)/n(\text{光子}) = (0.65 \times 10^{-3})/(6.51 \times 10^{-4}) = 1.0$$

量子产率等于 1，这是因为以上反应具有以下机理。初级反应是

$$HI + h\nu \longrightarrow H + I$$

次级反应是活性产物引发的两个快速反应：

$$H + HI \longrightarrow H_2 + I$$

$$I + I + M \longrightarrow I_2 + M$$

总反应是

$$2HI + h\nu \longrightarrow H_2 + I_2$$

所以量子产率为 1。

量子产率也可以用指定光化学反应中某种产物生成的速率 r_P 与吸收光强度 I_a 之比表示，即

$$\phi = \frac{r_P}{I_a} \tag{8-23}$$

爱因斯坦过程的量子产率显然等于 1。然而，由于反应物分子活化后经历的次级过程不同，ϕ 可以小于 1，也可以大于 1。如果活化分子极易经传能猝灭或经辐射跃迁而失活，或者由分子解离出的活性原子难以引起下一步反应，又立即化合成分子，光化学反应的量子产率可能会很低。如果活化分子能引发出链反应，则量子产率可大大超过 1，甚至高达 10^6。

8.4.2 光化学反应动力学

8.4.2.1 光化学反应的速率方程

根据光化学第二定律，在光化学初级过程中 1 个分子吸收 1 个光子，因此初级过程的反应速率等于吸收光强度 I_a。I_a 与反应物浓度无关，但与入射光强度有关，对于固定的反应池，入射光强度越大，透射光和反射光强度越小，吸收光强度越大。因此，光化学初级过程具有零级反应的特征。

以光解离反应 $A_2 \xrightarrow{h\nu} 2A$ 为例，设其历程为：

初级过程：(1) $A_2 + h\nu \xrightarrow{I_a} A_2^*$ （活化）

次级过程：(2) $A_2^* \xrightarrow{k_2} 2A$ （解离）

(3) $A_2^* + A_2 \xrightarrow{k_3} 2A_2$ （失活）

反应 (2) 中产物生成的速率为，即

$$r_P = 2k_2[A_2^*] \tag{a}$$

对活性分子 A_2^* 采用稳态近似，在初级过程中 A_2^* 的生成速率等于 I_a，于是

$$\frac{d[A_2^*]}{dt} = I_a - k_2[A_2^*] - k_3[A_2^*][A_2] = 0$$

即

$$[A_2^*] = \frac{I_a}{k_2 + k_3[A_2]} \tag{b}$$

将式(b) 代入式(a)，得到

$$r_P = \frac{2k_2 I_a}{k_2 + k_3[A_2]} \tag{c}$$

由式(8-23)，对于上述光解离反应，量子产率为

$$\phi = \frac{r_P}{I_a} = \frac{2k_2}{k_2 + k_3[A_2]} \tag{d}$$

式(d) 表明，量子产率与反应物浓度有关，$[A_2]$ 越大，活化分子越容易失活，ϕ 越小。

8.4.2.2 光稳定态

当反应达到平衡时，如果正反应或逆反应中至少有一个是光化学反应，由于光化学反应的速率与吸收光强度有关，所以平衡状态也与吸收光强度有关。这时反应物与产物的浓度虽

不再改变，但这样的平衡不是热力学意义上的平衡，被称为光稳定态。

有以下两种形式的光稳定态：

①$A+B \underset{热反应}{\overset{h\nu}{\rightleftharpoons}} C+D$　　　②$A+B \underset{h\nu}{\overset{h\nu}{\rightleftharpoons}} C+D$

例如，苯溶液中的蒽在紫外线照射下的二聚反应（以 A 表示 $C_{14}H_{10}$，A_2 表示 $C_{28}H_{20}$）：

$$2A \underset{热}{\overset{h\nu}{\rightleftharpoons}} A_2$$

反应机理为

(1) 光的吸收　　$A+h\nu \xrightarrow{I_a} A^*$　　$r_1=I_a$

(2) 二聚反应　　$A^*+A \xrightarrow{k_2} A_2$　　$r_2=k_2[A^*][A]$

(3) 荧光失活　　$A^* \xrightarrow{k_3} A+h\nu_f$　　$r_3=k_3[A^*]$

(4) 逆向解聚　　$A_2 \xrightarrow{k_4} 2A$　　$r_4=k_4[A_2]$

A_2 生成的速率为

$$\frac{d[A_2]}{dt}=k_2[A_2^*][A]-k_4[A_2] \tag{a}$$

对 A^* 作稳态近似，即

$$\frac{d[A^*]}{dt}=I_a-k_2[A^*][A]-k_3[A^*]=0$$

因此

$$[A^*]=\frac{I_a}{k_2[A]+k_3} \tag{b}$$

式(b) 代入式(a)，得

$$\frac{d[A_2]}{dt}=\frac{k_2I_a[A]}{k_2[A]+k_3}-k_4[A_2]$$

达到光稳定态时上式右边等于 0，所以

$$\frac{1}{[A_2]}=\frac{k_4}{I_a}\left(1+\frac{k_3}{k_2[A]}\right) \tag{c}$$

式(c) 说明，在光稳定态，$[A_2]$ 随 $[A]$ 的增加有所增加。这是因为 $[A]$ 很小时，被光活化的 A^* 几乎完全被溶剂包围，很难发生二聚反应，大部分 A^* 以荧光形式失活。随着 $[A]$ 的增加，荧光减弱。当 $k_2[A] \gg k_3$ 时，荧光几乎消失，这时 $[A_2]=I_a/k_4$。即在此条件下达到光稳定态时，二蒽浓度既与吸收光强度有关，也与温度有关。因为二蒽解聚是热反应，受温度的影响。

对于第②种形式的光稳定态，例如

$$2SO_3 \underset{h\nu}{\overset{h\nu}{\rightleftharpoons}} 2SO_2+O_2$$

热力学计算表明，在 900K、101.3kPa 下，反应达平衡时有 30% 的 SO_3 分解。但在光辐射条件下，318K 时就有 35% 的 SO_3 分解。而且吸收光强度一定时，光稳定态在 323～1073K 的温度范围内几乎不受影响。

8.4.2.3 光敏反应

有些反应物不能直接吸收某种波长的光，但体系中另一些物质可以吸收这种波长的光并能将光能传递给反应物，使之发生化学反应，且自身在反应前后不发生变化，这样的物质称为光敏剂，这种反应称为光敏反应。

例如，用波长 253.7nm 的紫外线照射氢气。辐射光的爱因斯坦值为 $472kJ \cdot mol^{-1}$，H_2 的解离能为 $436kJ \cdot mol^{-1}$，但 H_2 并不发生解离。若将少量汞蒸气混入氢气，H_2 分子立即分解。这里汞蒸气就是光敏剂。光敏反应是

$$Hg + h\nu \longrightarrow Hg^*$$

$$Hg^* + H_2 \longrightarrow Hg + 2H$$

又如叶绿素是植物光合作用的光敏剂。CO_2 和 H_2O 并不能在可见光照射下合成碳水化合物，但叶绿素可吸收可见光并通过释放光能使下列光合作用得以进行：

$$CO_2 + H_2O \xrightarrow[h\nu]{\text{叶绿素}} \frac{1}{6n}(C_6H_{12}O_6)_n + O_2$$

在紫外线照射下，二氧铀离子（UO_2^{2+}）是草酸分解的光敏剂。在一定浓度的草酸溶液中加入 UO_2SO_4，UO_2^{2+} 可吸收紫外线并将光能传递给草酸，使草酸分解，从草酸分解的数量即可测得通过溶液的紫外线强度，这就是化学露光计的制作原理。采用对不同波长敏感的光敏剂，可制得测定不同波长辐射光强度的化学露光计。

8.5 催化反应

8.5.1 催化反应的基本特征

反应体系中的某种物质，能显著加快反应速率，但反应前后自身的数量和化学性质均不改变，这种物质称为催化剂，在催化剂作用下的反应称为催化反应。催化反应具有以下特征：

① 在催化反应中，催化剂与反应物作用生成不稳定的中间产物，从而改变了反应历程，降低了活化能，使反应得以加快进行。

以如下催化反应为例，设反应在催化剂 K 的作用下进行。即

$$A + B \xrightarrow{K(\text{催化})} AB$$

假定催化反应的历程为：

$$A + K \underset{k_{-1}(E_{-1})}{\overset{k_1(E_1)}{\rightleftharpoons}} AK$$

$$AK + B \xrightarrow{k_2(E_2)} AB + K$$

设反应 1 和反应 −1 可达快速平衡，反应 2 为慢步骤，采用平衡态近似，可得总反应速率方程为

$$r = \frac{k_1 k_2}{k_{-1}}[K][A][B] = k[A][B] \tag{8-24}$$

因 [K] 在反应中保持不变，可并入速率常数，即 $k = (k_1 k_2 / k_{-1})[K]$，为催化反应的表观

速率常数。E_1、E_{-1}、E_2 分别为相应基元反应的活化能，由阿伦尼乌斯方程知

$$k=\frac{A_1A_2}{A_{-1}}[\mathrm{K}]\exp\left(-\frac{E_1+E_2-E_{-1}}{RT}\right) \tag{8-25}$$

其中 $E_{催化}=E_1+E_2-E_{-1}$，为催化剂的表观活化能。

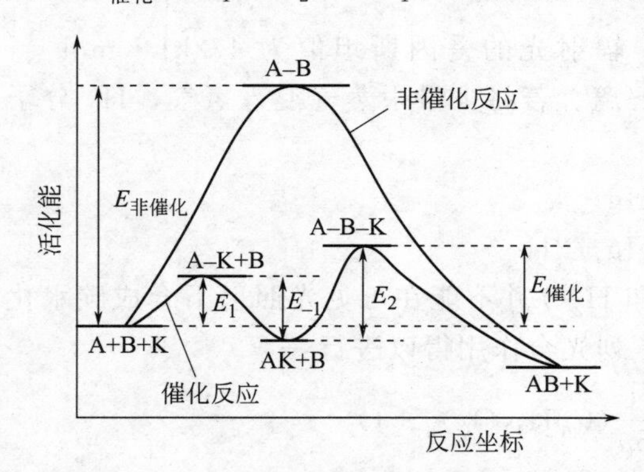

图 8-6　催化反应和非催化反应的活化能

催化反应与非催化反应的比较如图 8-6 所示。图中非催化反应要克服较高的能垒，催化反应由于改变了反应历程，只需克服两个较低的能垒，且克服第二个能垒所需的能量尚可从翻越第一个能垒后释放的能量中得到补偿，致使总反应的表观活化能 $E_{催化}<E_{非催化}$。

由于反应历程的改变，催化反应的表观指前因子与非催化反应也会有所不同。然而，由于活化能位于速率常数的指数项中，常温下活化能从 $75\mathrm{kJ\cdot mol^{-1}}$ 降为 $25\mathrm{kJ\cdot mol^{-1}}$ 所产生的效果相当于指前因子增大 10^9 倍。因此，一般而言，反应速率常数的增加主要是活化能降低引起的。表 8-4 给出反应 $2H_2O_2 \longrightarrow 2H_2O+O_2$ 在不同催化剂作用下的活化能。

表 8-4　H_2O_2 催化分解的活化能

催化剂	无	I^-	Pt(胶态)	酶
$E_a/\mathrm{kJ\cdot mol^{-1}}$	75	59	50	25

② 催化剂可加快反应速率，但不影响反应的热力学性质。

催化剂可在反应中得到再生，且其数量和化学性质均不改变，因而不会在总反应的计量方程中出现，这样，反应的热力学性质，如 $\Delta_r G_m$、$\Delta_r G_m^\ominus$、$\Delta_r H_m^\ominus$、$K^\ominus$ 等均不改变。因此：

a. 催化剂不能改变反应进行的方向，即催化剂能使 $\Delta_r G_m<0$ 的反应加快进行，但不会使 $\Delta_r G_m>0$ 的反应发生。

b. 催化剂不会改变反应的平衡常数。

c. 正反应的催化剂必是逆反应的催化剂。这是因为平衡常数等于正、逆反应速率常数之比，在催化作用下正、逆反应速率常数必增加同样的倍数。但应注意速率常数与反应速率的区别，只有在平衡条件下正、逆反应的速率才会被同样加速。在远离平衡条件下，正、逆反应速率常数虽增加同样倍数，但反应速率可相差很大。对正反应具有活性的催化剂对逆反应可能不具有活性。

③ 催化剂具有特殊的选择性。这是由于不同的催化剂参与反应后可以引起不同的反应历程，从而得到不同的产物。

④ 催化反应速率与催化剂用量有关。

在相同条件下使用少量催化剂时，反应速率与催化剂用量成正比。对于均相催化（气相催化或液相催化）而言，可用生成中间化合物的数量成比例增加来解释。对于复相催化，如气固催化反应，反应被局限在气-固界面上进行，增加催化剂用量或增大催化剂的比表面积

都会使单位时间内的反应量成比例增加。

⑤ 在催化剂或反应体系内加入少量杂质可强烈影响催化作用，这些杂质可起助催化剂或毒物作用。

8.5.2 酸碱催化反应

溶液中的许多反应，如酯的水解、蔗糖转化、醇醛缩合、有机化合物的卤化和异构化等反应常在酸碱催化作用下进行，称为均相酸碱催化反应。催化作用是通过质子转移完成的。反应物接受质子形成质子化物称为酸催化，失去质子形成去质子化物称为碱催化。由于质子转移过程的活化能较低，质子容易接近极性分子带负电的一端，形成新键，从而使反应容易进行。

按照广义酸碱理论，凡能给出质子的物质称为广义酸，凡能接受质子的物质称为广义碱。例如

$$HAc+H_2O \rightleftharpoons H_3O^+ +Ac^-$$

$$H_2O+NH_3 \rightleftharpoons NH_4^+ +OH^-$$

所以 HAc、NH_4^+ 是广义酸，Ac^-、NH_3 是广义碱。H_2O 在酸性溶液里是广义碱，在碱性溶液里是广义酸。广义酸和 H^+ 一样可起酸催化作用，广义碱和 OH^- 一样可起碱催化作用，称为广义酸碱催化。

以反应 $S \longrightarrow P$ 受酸催化作用为例。一般机理是：S 先与广义酸 HA 作用，生成质子化物 SH^+，然后再经质子转移得到产物，并产生新质子。即

$$S+HA \underset{k_{-1}}{\overset{k_1}{\rightleftharpoons}} SH^+ +A^-$$

$$SH^+ +H_2O \xrightarrow{k_2} P+H_3O^+$$

质子化物 SH^+ 为活性中间产物，可采用稳态近似处理：

$$\frac{d[SH^+]}{dt}=k_1[S][HA]-k_{-1}[SH^+][A^-]-k_2[SH^+]=0$$

所以

$$[SH^+]=\frac{k_1[S][HA]}{k_2+k_{-1}[A^-]} \tag{8-26}$$

稀溶液中 $[H_2O]$ 为常量，可并入 k_2。反应速率 $r=d[P]/dt=k_2[SH^+]$，将式(8-26)代入，可得

$$r=k[S] \tag{8-27}$$

其中表观速率常数 k 为

$$k=\frac{k_1k_2[HA]}{k_2+k_{-1}[A^-]} \tag{8-28}$$

① 若 $k_2 \gg k_{-1}[A^-]$，$[A^-]$ 较小时可出现这种情况，此时反应 2 很快。由式(8-28) 得

$$k=k_1[HA] \tag{8-29}$$

反应由反应 1 控制，表观速率常数正比于广义酸浓度，反应受广义酸催化，比例系数 k_1 称为广义酸催化常数。

② 若 $k_2 \ll k_{-1}[A^-]$，$[A^-]$ 较大时可出现这种情况。此时反应 1 的逆反应很快。由式(8-28) 得

$$k=\frac{k_1 k_2 [HA]}{k_{-1}[A^-]}$$

由于溶液中有广义酸的解离平衡 $HA+H_2O \rightleftharpoons H_3O^+ + A^-$，所以

$$K_c=\frac{[H^+][A^-]}{[HA]}$$

将以上两式联立，得

$$k=\frac{k_1 k_2}{k_{-1}K_c}[H^+] \tag{8-30}$$

表观速率常数 k 正比于氢离子浓度，反应受氢离子催化，比例系数$[k_1k_2/(k_{-1}K_c)]$称为氢离子催化常数。

一般地，广义酸和氢离子都能起酸催化作用。有些反应，如丙酮卤化、乙醛水合等还能同时被酸和碱催化，甚至无催化作用下反应也能一定程度地进行。所以若用式(8-27) 表示一般酸碱催化反应的速率方程时，其中的表观速率常数可表示为

$$k=k_0+k_a[H^+]+k'_a[HA]+k_b[OH^-]+k'_b[A^-] \tag{8-31}$$

式中，k_0 为非催化反应的速率常数；k_a、k'_a、k_b、k'_b分别为氢离子、广义酸、氢氧根离子和广义碱的催化常数。对于特定反应，式(8-31) 中可能只有某一项或某几项起主要作用。例如，当反应只受氢离子和氢氧根离子催化时，表观速率常数为

$$k=k_0+k_a[H^+]+k_bK_W[H^+]^{-1} \tag{8-32}$$

其中 $K_W=[H^+][OH^-]$，为水的离子积。

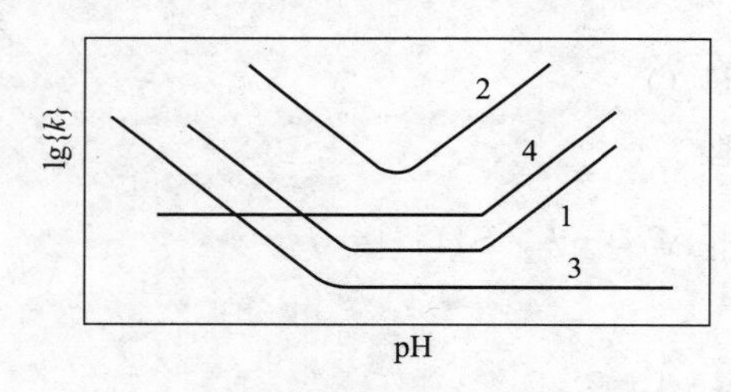

图 8-7 酸碱催化反应表观速率常数与 pH 的关系

将式(8-32) 中 $\lg\{k\}$ 对 pH 作图，得到图 8-7 中的曲线。pH 很小时，$[H^+]$ 很大，k 中第二项是主要的，其它两项可忽略，式(8-32) 变为 $\lg\{k\}=\lg\{k_a\}-\text{pH}$，曲线斜率为$-1$；pH 很大时，$[H^+]$ 很小，k 中第三项是主要的，式(8-32) 变为 $\lg\{k\}=\lg\{k_b\}-14+\text{pH}$，曲线斜率为 1；在这两个区域之间，$k_0$ 起主要作用，式(8-32) 变为 $\lg\{k\}=\lg\{k_0\}$，曲线斜率为 0，此即图中曲线 1。当 $k_0\approx 0$ 时，非催化反应可略去不计，此即曲线 2。曲线 3 和 4 则分别是反应不受氢氧根离子催化 ($k_b\approx 0$) 和氢离子催化 ($k_a\approx 0$) 的情况。

8.5.3 酶催化反应

酶是一种由氨基酸按一定顺序聚合而成的蛋白质大分子，尺寸范围为 3～100nm，故酶催化介于均相催化与多相催化之间。酶能催化各种生物化学反应，与生命现象密切相关。酶催化具有以下显著特点：

① 具有高的催化专一性。即一种酶只能催化一种特定的反应，这与酶具有特殊的分子结构有关。

② 具有高的催化活性。酶比一般无机或有机催化剂具有高得多的催化活性，如表 8-4

所示，H_2O_2 的催化分解采用酶作催化剂时可使活化能降低最多。

③ 酶催化反应一般在常温常压下进行。酶对温度非常敏感，温度过高或过低都会引起蛋白质变性而使酶失活。

对于酶催化反应 $S \longrightarrow P$，米凯利斯（Michaelies）和门顿（Menten）提出如下机理：

$$S+E \underset{k_{-1}}{\overset{k_1}{\rightleftharpoons}} ES \qquad ES \xrightarrow{k_2} P+E$$

E、S、P 分别代表酶、底物（反应物）和产物；ES 是酶与底物形成的中间产物。反应稳态进行时，对 ES 采用稳态近似可求得其浓度。即

$$\frac{d[ES]}{dt}=k_1[S][E]-k_{-1}[ES]-k_2[ES]=0$$

$$[ES]=\frac{k_1[S][E]}{k_{-1}+k_2}=\frac{[S][E]}{K_M} \tag{8-33}$$

$K_M=(k_{-1}+k_2)/k_1$，称为米凯利斯常数。反应速率为

$$r=k_2[ES]=\frac{k_2}{K_M}[E][S] \tag{8-34}$$

以 $[E]_0$、$[E]$ 分别代表酶的原始浓度和游离态浓度，反应稳定进行时有以下关系：

$$[E]_0=[E]+[ES] \tag{8-35}$$

所以

$$[E]=[E]_0-\frac{r}{k_2}$$

上式代入式(8-34)，可解得

$$r=\frac{k_2[E]_0[S]}{K_M+[S]} \tag{8-36}$$

式(8-36) 表明 $[E]_0$ 一定时，r 随 $[S]$ 增加而增大。如图 8-8 所示，当 $[S] \ll K_M$，即底物浓度很低时

$$r=\frac{k_2}{k_M}[E]_0[S] \tag{8-37}$$

反应速率与酶浓度和底物浓度成正比。当 $[S] \gg K_M$，即底物浓度很高时

$$r_{max}=k_2[E]_0 \tag{8-38}$$

此时反应速率与酶浓度成正比，与底物浓度无关，为反应的最大速率 r_{max}。当 $r=r_{max}/2$ 时，由式(8-36) 知此时底物浓度 $[S]=K_M$。

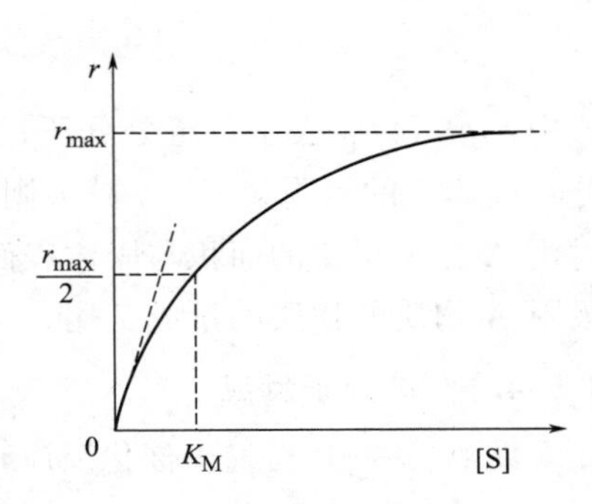

图 8-8　酶催化反应速率与底物浓度之间的关系

将式(8-36) 两边取倒数，酶催化速率方程可化为线性形式：

$$\frac{1}{r}=\frac{K_M}{r_{max}}\frac{1}{[S]}+\frac{1}{r_{max}} \tag{8-39}$$

以 $1/r$ 对 $1/[S]$ 作图，应为直线。以此可对米凯利斯机理进行检验。由直线的截距（$1/r_{max}$）和斜率（K_M/r_{max}）可求得 r_{max} 和 K_M。

8.5.4 多相催化反应

常见的多相催化反应，如氨的合成，氨和二氧化硫的氧化，有机化合物的加氢、脱氢、裂解、聚合等都是用固体催化剂催化的气相反应或液相反应。催化反应在固体表面进行，固体表面有许多活性中心，可对反应物进行化学吸附。吸附过程涉及活性中心与反应物分子间化学键的形成，即催化剂参与反应的过程。产物从活性中心脱附的过程即催化剂再生的过程。催化剂的活性与其化学吸附能力有关，吸附太弱对反应不利；吸附太强，产物难以脱附，对反应也不利。良好的催化活性应与适度的化学吸附能力相适应。

多相催化反应由下列基本步骤组成：

① 反应物从体相向固体催化剂表面扩散；

② 反应物被催化剂表面吸附；

③ 反应物在催化剂表面发生化学反应生成产物；

④ 产物从催化剂表面脱附；

⑤ 产物脱附后从催化剂表面向体相扩散。

其中①、⑤是扩散过程，②、④是吸附与脱附过程，③是表面反应过程。每种过程都有各自的动力学规律。反应稳态进行时，五个串联步骤的速率相同。但相对而言，其中总有某个步骤阻力较大，其它步骤阻力较小。为简化计算，可将阻力较大的步骤作为控制步骤，其它步骤则认为可随时达到平衡，总的催化反应的动力学特征由控制步骤决定。以下仅对气固催化反应受表面反应控制的情况进行讨论。

在表面反应为控制步骤的情况下，可忽略扩散的影响，即各物质在催化剂表面的浓度与本体浓度相同，且吸附与脱附处于快速平衡。吸附量可用朗格缪尔（Langmuir）等温吸附方程式(参阅 12.5 节）表示，即

$$\theta_A=\frac{b_A p_A}{1+b_A p_A+b_B p_B+\cdots} \tag{8-40}$$

式中，p_A、p_B 表示各组分分压；b_A、b_B 为吸附系数或吸附平衡常数，b 越小表示相应组分在固体上的吸附越弱，b 越大则吸附越强；θ 为覆盖度，θ_A 等于固体表面被单分子层吸附时由 A 分子覆盖的面积与固体表面总面积之比。显然，θ_A 与 A 的表面浓度即单位固体表面吸附 A 物质的物质的量成正比。

8.5.4.1 单分子反应

设 A $\longrightarrow$ P 为气固催化反应，机理如下：

$$A + -\overset{|}{S}- \underset{脱附}{\overset{吸附}{\rightleftharpoons}} -\overset{\overset{A}{|}}{S}- \xrightarrow[表面反应]{k} -\overset{\overset{P}{|}}{S}- \underset{吸附}{\overset{脱附}{\rightleftharpoons}} -\overset{|}{S}- + P$$

其中表面反应为控制步骤，该步骤的速率即气固催化反应的速率。表面反应为基元反应，根据质量作用定律，表面反应速率与 A 的表面浓度或 θ_A 成正比。因此气固催化反应的速率方程可表示为

$$r=-\frac{dp_A}{dt}=k\theta_A$$

即

$$r=\frac{kb_A p_A}{1+b_A p_A+b_P p_P} \tag{8-41}$$

① 若产物为弱吸附，$b_P\approx 0$。可区别下列情况：

a. 气体 A 吸附很弱，$1+b_A p_A\approx 1$。则式(8-41) 变为

$$r=k'p_A, \quad k'=kb_A \tag{8-42}$$

反应为 1 级。例如 900℃时 N_2O 在 Au 表面上的分解。

b. 气体 A 吸附很强，$b_A p_A\gg 1$。则式(8-41) 变为

$$r=k \tag{8-43}$$

反应为 0 级。例如 NH_3 在钨、钼、锇表面上的分解。

c. 气体 A 的吸附介于强弱之间，式(8-41) 可变为

$$r=k''p_A^n \quad (0<n<1) \tag{8-44}$$

反应为分数级。例如锑化氢在锑表面上的分解，常温下为 0.6 级。

② 反应物为弱吸附，产物为强吸附，$b_P p_P\gg 1+b_A p_A$。此时 $\theta_A=b_A p_A/(b_P p_P)$，式(8-41) 变为

$$r=k'p_A p_P^{-1}, \quad k'=k\frac{b_A}{b_P} \tag{8-45}$$

反应对 A 为 1 级，对 P 为 −1 级。例如反应 $2NH_3 \longrightarrow N_2+3H_2$，以 Pt 为催化剂时，反应对 NH_3 为 1 级，对 H_2 为 −1 级。因为 H_2 可强烈吸附在催化剂表面，阻滞了 NH_3 在催化剂表面上的反应。

8.5.4.2 双分子反应

设反应 $A+B \longrightarrow P$ 为气固催化反应，且受表面反应控制。反应机理有下列两种情况。

① 朗格缪尔-欣希伍德（Langmuir-Hinshelwood）机理：

$$\mathrm{A+B+{-S-S-}} \underset{\text{脱附}}{\overset{\text{吸附}}{\rightleftharpoons}} \mathrm{-\overset{A}{\overset{|}{S}}-\overset{B}{\overset{|}{S}}-} \xrightarrow[\text{表面反应}]{k} \mathrm{-\overset{P}{\overset{|}{S}}-} \underset{\text{吸附}}{\overset{\text{脱附}}{\rightleftharpoons}} \mathrm{-\overset{|}{S}-+P}$$

根据表面反应质量作用定律，反应速率为

$$r=-\frac{dp_A}{dt}=k\theta_A\theta_B$$

若产物 P 为弱吸附，则

$$r=\frac{kb_A b_B p_A p_B}{(1+b_A p_A+b_B p_B)^2} \tag{8-46}$$

这时若固定一种反应物的分压，例如 p_A，改变另一种反应物的分压，例如 p_B，反应速率随 p_B 的变化会出现极大值。例如，在 1000℃，反应 $H_2+CO_2 \longrightarrow CO+H_2O$ 在铂丝上进行，当 $p(H_2)=1.3\times 10^4$ Pa 保持恒定时，反应速率随 CO_2 压力而变化，如图 8-9 所示，在 $p_{CO_2}=3\times 10^4$ Pa 时反应速率出现极大值。

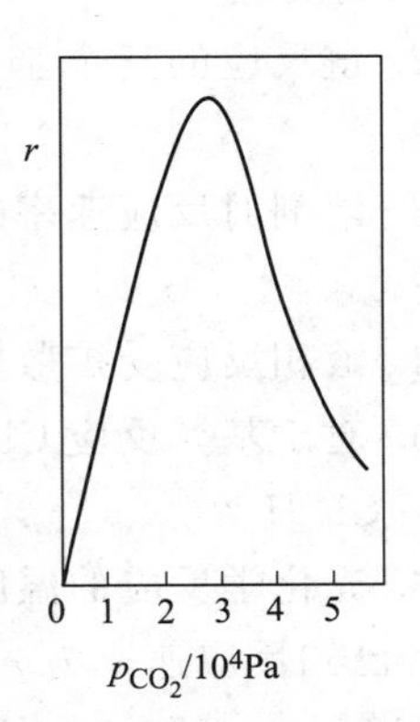

图 8-9 在铂丝上 CO_2 压力对 H_2+CO_2 反应速率的影响

式(8-46) 的两种特定情况是

a. A、B 两种气体皆为弱吸附，$1+b_A p_A+b_B p_B\approx 1$。

此时

$$r=k'p_A p_B,\quad k'=kb_A b_B \tag{8-47}$$

反应为 2 级。

b. 气体 A 是弱吸附，气体 B 是强吸附，$1+b_A p_A+b_B p_B \approx b_B p_B$。此时

$$r=k'p_A p_B^{-1},\quad k'=k\frac{b_A}{b_B} \tag{8-48}$$

反应对 A 是 1 级，对 B 是 −1 级。

② 里迪尔（Rideal）机理：

$$A + -\underset{}{\overset{|}{S}}- \underset{\text{脱附}}{\overset{\text{吸附}}{\rightleftharpoons}} -\overset{\overset{A}{|}}{S}-$$

$$+$$

$$B \xrightarrow[\text{表面反应}]{k} -\overset{\overset{P}{|}}{S}- \underset{\text{吸附}}{\overset{\text{脱附}}{\rightleftharpoons}} -\overset{|}{S}- + P$$

此时反应物 B 为气体分子，根据表面反应质量作用定律，反应速率与 p_B 成正比，即

$$r=-\frac{dp_A}{dt}=k\theta_A p_B$$

若产物 P 及反应物 B 皆为弱吸附，则

$$r=\frac{kb_A p_A p_B}{1+b_A p_A} \tag{8-49}$$

这时，若 p_B 固定，r 随 p_A 的不断增大而趋于极限值 $r_{max}=kp_B$；若 p_A 固定，r 与 p_B 成正比；均不再有图 8-9 中的极大值出现。以此可推测双分子气固催化反应是里迪尔机理或是朗格缪尔-欣希伍德机理。

思考题

1. 气相单分子反应为何在反应物压力高时常表现为一级反应？在反应物压力低时常表现为二级反应？

2. 链反应的三个基本步骤是什么？可燃性气体发生支链爆炸时为什么有一定的压力界限？

3. 溶剂对反应速率的影响主要表现在哪些方面？如何用过渡状态理论对这些影响进行分析？

4. 液相反应受扩散控制时有何特点？如何判断反应受扩散控制或活化控制？

5. 对于基元反应 $Cl_2+h\nu \longrightarrow 2Cl$，可否根据质量定律将其速率方程表示为 $d[Cl_2]/dt=k[Cl_2]I_a$？

6. 光化学反应的温度系数为什么比热反应小？在光的作用下 O_3 的分解反应为 $2O_3 \longrightarrow 3O_2$，已知反应速率为 r，吸收光强度为 I_a，分解反应的量子效率为多少？

(1) $\phi=r/I_a$　　(2) $\phi=2r/I_a$　　(3) $\phi=3r/I_a$

7. 催化反应的基本特征有哪些？为什么说正反应的催化剂也是逆反应的催化剂？为什

么对正反应具有活性的催化剂对逆反应可以不具有活性？

8. 根据下列实验事实，可对气-固表面催化反应的机理作哪些推测？

(1) HI在铂催化剂表面上的分解速率与HI的分压成正比：在金催化剂表面上的分解速率与HI的分压无关。

(2) 在铜催化剂表面上乙烯加氢反应的速率低温时对 H_2 为一级，对 C_2H_4 为负一级；高温时对 H_2 和 C_2H_4 均为一级。

习题

1. 在一定温度下，实验测得气相单分子反应 $A \longrightarrow P$ 在反应物初始压力 p_{A0} 不同时的速率常数有以下结果：

p_{A0}/kPa	1.3	1.2×10^{-3}
k/s^{-1}	1.0×10^{-2}	2.5×10^{-4}

设反应适用林德曼机理，计算A分子活化步骤的速率常数 k_1，以及不同 p_{A0} 时活化分子失活速率 $k_{-1}p_A$ 与反应速率 k_2 之比。

2. CH_3NC 气相异构化反应 $CH_3NC \longrightarrow CH_3CN$ 符合林德曼机理。当反应物压力 $p_A \to \infty$ 时，速率常数为 k_∞，已知 $T=500K$，$p_A=9.33kPa$ 时 $k=0.5k_\infty$。假定失活过程的阈能 $E_c=0$，失活过程速率常数可用碰撞理论计算，设反应物直径为0.45nm，求失活过程的速率常数 k_{-1} 和活化分子反应的速率常数 k_2。

3. 反应 $H_2+Br_2 \longrightarrow 2HBr$ 具有以下链反应机理：

(1) $Br_2+M \xrightarrow{k_1} 2Br+M$

(2) $Br+H_2 \xrightarrow{k_2} HBr+H$

(3) $H+Br_2 \xrightarrow{k_3} HBr+Br$

(4) $H+HBr \xrightarrow{k_4} H_2+Br$

(5) $Br+Br+M \xrightarrow{k_5} Br_2+M$

试导出反应的速率方程：

$$\frac{d[HBr]}{dt}=\frac{2k_2(k_1/k_5)^{1/2}[Br_2]^{1/2}[H_2]}{1+(k_4/k_3)[HBr]/[Br_2]}$$

如果反应 (1) 为光引发过程：$Br_2+h\nu \xrightarrow{I_a} 2Br$，证明：

$$\frac{d[HBr]}{dt}=\frac{2k_2(I_a/k_5)^{1/2}[H_2]}{[M]^{1/2}\{1+(k_4/k_3)[HBr]/[Br_2]\}}$$

4. 600K时，已知反应 $I_2+C_2H_6 \longrightarrow C_2H_5I+HI$ 具有链反应机理：

(1) $I_2+M \xrightarrow{k_1} I+I+M$

(2) $I+C_2H_6 \xrightarrow{k_2} C_2H_5+HI$

(3) $C_2H_5 + I_2 \xrightarrow{k_3} C_2H_5I + I$

(4) $I + I + M \xrightarrow{k_4} I_2 + M$

求：(1) 导出反应的速率方程：$d[HI]/dt = k_2(k_1/k_4)^{1/2}[C_2H_6][I_2]^{1/2}$；

(2) 测得反应的表观活化能为 $180kJ \cdot mol^{-1}$，已知反应 $I_2 = 2I$ 的 $\Delta_r U_m = 138kJ \cdot mol^{-1}$，求第二步反应的活化能 E_{a2}；

(3) 如果反应中 I_2 和 C_2H_6 的浓度相等，实验中发现稳态时 I 与 C_2H_5 的浓度比高达 10^6，假定第二、三步反应的指前因子相同，求第三步反应的活化能 E_{a3}。

5. 25℃，水溶液中有下列反应发生，当溶液的离子强度从 $I_1 = 0.01mol \cdot kg^{-1}$ 变为 $I_2 = 0.001mol \cdot kg^{-1}$ 时，计算变化后与变化前速率常数之比 $k_2/k_1 = ?$

(1) $A^- + B^{2+} \longrightarrow P^+$　　　(2) $2A^- + B^{2+} \longrightarrow P$

6. 碘原子在正己烷中的复合反应 $2I \longrightarrow I_2$ 为扩散控制，已知 298K 时正己烷的黏度 $\eta = 3.24 \times 10^{-4} Pa \cdot s$，计算该温度下碘原子复合反应的速率常数。

7. 298K 时，中和反应 $H_3O^+ + OH^- \longrightarrow 2H_2O$ 的速率常数 $k_d = 1.3 \times 10^{11} dm^3 \cdot mol^{-1} \cdot s^{-1}$，已知 H_3O^+ 和 OH^- 的扩散系数分别是 $9.31 \times 10^{-5} cm^2 \cdot s^{-1}$ 和 $5.30 \times 10^{-5} cm^2 \cdot s^{-1}$，静电引力因子 $f = 1.9$，试计算 $r(H_3O^+) + r(OH^-)$的值。

8. 用波长 313nm 的单色光可使气态丙酮活化，并按下式分解：

$$(CH_3)_2CO \xrightarrow{h\nu} C_2H_6 + CO$$

反应温度为 840K，反应室容积为 $59cm^3$，单位时间辐射能为 $4.81 \times 10^{-3} J \cdot s^{-1}$，丙酮蒸气可吸收 91.5%的辐射能，辐射时间为 7h，反应室内气体起始压力为 102.16kPa，终态压力为 104.42kPa，求丙酮分解反应的量子产率 ϕ。

9. 在光照下反应物 A 发生二聚反应 $2A \longrightarrow A_2$ 时有荧光 $h\nu_f$ 发射，机理为：

$$A + h\nu \xrightarrow{I_a} A^*$$

$$A^* + A \xrightarrow{k_2} A_2$$

$$A^* \xrightarrow{k_3} A + h\nu_f$$

求 (1) 二聚反应 $2A \longrightarrow A_2$ 的量子产率 ϕ_1；

(2) 发射荧光 $A^* \longrightarrow A + h\nu_f$ 的量子产率 ϕ_2。

10. O_3 的光分解反应 $2O_3 \longrightarrow 3O_2$ 有以下机理：

(1) $O_3 \xrightarrow[I_a]{h\nu} O_2 + O^*$

(2) $O^* + O_3 \xrightarrow{k_2} 2O_2$

(3) $O^* \xrightarrow{k_3} O + h\nu_f$

(4) $O + O_2 + M \xrightarrow{k_4} O_3 + M$

设光化学反应 (1) 的量子产率为 ϕ，光分解反应 $2O_3 \longrightarrow 3O_2$ 的量子产率为 Φ，

(1) 证明 $\frac{1}{\Phi} = \frac{1}{3\phi}\left(1 + \frac{k_3}{k_2[O_3]}\right)$

(2) 若以波长为 250.7nm 的光照射时，$\Phi^{-1}=0.588+0.81c^{\ominus}/[O_3]$，求 ϕ 及 k_3/k_2 的值。

11. 溶液中反应物 A 在 H^+ 作用下发生催化反应，速率方程为 $-d[A]/dt=k[A]^{\alpha}[H^+]^{\beta}$，实验测得在不同温度及 A 的不同初始浓度下，反应物 A 剩余初始浓度 1/2、1/4 的时间如下：

$[A]_0/mol\cdot dm^{-3}$	$[H^+]_0/mol\cdot dm^{-3}$	T/℃	$t_{1/2}$/h	$t_{1/4}$/h
0.1	0.01	25	1	2
0.2	0.02	25	0.5	1
0.1	0.01	35	0.5	1

求 (1) α、β；(2) 反应的实验活化能 E_a。

12. 溶液中反应 $AH+B\longrightarrow P$ 具有以下机理：

$$AH+B\xrightarrow{k_0}P$$

$$AH+OH^-\underset{k_{-1}}{\overset{k_1}{\rightleftharpoons}}A^-+H_2O \qquad \text{（快速平衡）}$$

$$A^-+B+H_2O\xrightarrow{k_2}P+OH^- \qquad \text{（慢）}$$

试导出反应的速率方程 $r=k[AH][B]$，并证明表观速率常数 $k=k_0+(k_2k_1/k_{-1})[OH^-]$。

13. 溶液中反应 $CH_3COCH_3+I_2\xrightarrow{H^+}CH_3COCH_2I+H^++I^-$ 为 H^+ 的自催化反应，速率方程为 $r=k[CH_3COCH_3][H^+]$。293K 时，在初始浓度 $[CH_3COCH_3]_0=0.683mol\cdot dm^{-3}$ 的条件下测得如下数据：

t/h	24	46	65
$[H^+]/mol\cdot dm^{-3}$	0.000196	0.000602	0.00492

$[H^+]$ 是反应中生成的 H^+ 的浓度。

(1) 试导出 $\ln([H^+]/\ln[H^+]_0)=k[CH_3COCH_3]_0t$；

(2) 求反应的速率常数 k；

(3) 求反应开始时溶液的 pH 值；

(4) 溶液 pH 值每减少 1 需多长时间？

14. 25℃，pH=7.6 时，在糜蛋白酶作用下实验测得 3-苯基甲酸甲酯水解反应初始速率 r_0 与底物初始浓度 $[S]_0$ 的关系有如下数据：

$[S]_0/10^{-3}mol\cdot dm^{-3}$	30.8	14.6	8.57	4.60	2.24	1.28	0.32
$r_0/10^{-8}mol\cdot dm^{-3}\cdot s^{-1}$	20.0	17.5	15.0	11.5	7.5	5.0	1.5

求米凯利斯常数 k_M 和反应的最大速率 r_{max}。

15. 一定温度下，气相反应 $A+B\longrightarrow C$ 在固体催化剂作用下进行，实验测得速率方程为：

$$-\frac{\mathrm{d}p_A}{\mathrm{d}t}=\frac{ap_Bp_A}{(1+bp_B)^2}$$

a、b 是仅与 T 有关的常数。

(1) 推测反应机理，A、B、C 何者是强吸附？何者是弱吸附？

(2) 设 B 为廉价原料，现安排反应在一流动反应器中进行（如图 8-10 所示），A 气自入口一次注入，B 气自反应器周围多次注入，以维持反应器中 p_B 恒定。反应器净的容积为 V，稳态时反应器的体积流量为 U，欲使 A 的转化率为最大，p_B 应保持何值？此时出口处 A 气的转化率 α 为多少？

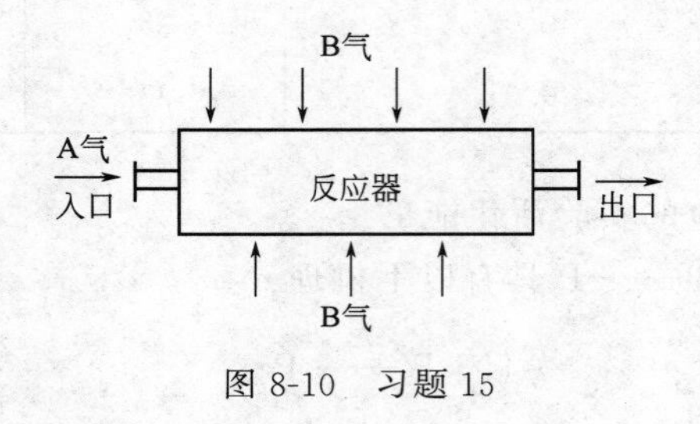

图 8-10　习题 15

第9章
电解质溶液

电化学是研究电能与化学能之间转化规律的科学。很多化学反应涉及电子或者离子的转移，然而这种电荷转移过程通常是在个别分子间进行的，不会引起宏观的电流。体系的化学能以热的形式耗散了。电化学体系是体系与环境间有电能传递的多相反应体系。在电化学体系中，电子得失等电荷转移过程分别在不同的相界面上进行，从而导致相间电势差的产生。关于电化学体系的热力学、动力学及组成体系的电解质溶液性质的研究成为电化学研究内容的几个重要方面。

电化学是一门与生产实际密切联系的学科。电解、电镀、电合成、电分离、电催化、材料保护、化学电源等在生产中得到广泛应用，同时，生产实际中提出的问题又在不断开拓、丰富着电化学的研究内容。当前电化学的发展非常迅速，对应用电化学的研究成为电化学研究内容的另一个重要方面。

本书将电化学部分分为电解质溶液、可逆电池、电解与极化三个部分，着重介绍电化学的基本概念和原理，并介绍一些电化学在实际生活及生产实践中的应用。

9.1 电解质溶液的导电机理与法拉第定律

9.1.1 电解质溶液的导电机理

电解质溶液是指溶质在溶剂中溶解后能解离成离子的溶液。常见的电解质溶液是电解质的水溶液。强酸、强碱、可溶性无机盐等在水中几乎全部解离成离子，习惯上，称为强电解质。弱酸、弱碱，如乙酸、碳酸、亚硫酸、氢氧化铵等在水中部分解离成离子，溶液中有尚未解离的溶质分子存在，这类电解质称为弱电解质。

导体导电的机理是导体中存在大量可以自由移动的带电粒子，称为载流子。电解质溶液的导电机理与金属、石墨等导体不同。金属和石墨的载流子是自由电子，电解质溶液中没有自由电子，载流子是溶液中的正、负离子，在外加电场的作用下，离子的定向移动形成电流。像金属、石墨等依靠自由电子的定向移动而导电的导体，称为电子类导体。而将依靠离子的定向移动而导电的导体，如电解质溶液称为离子类导体。

如图 9-1(a) 所示，将两个金属铂片作为电极插入稀盐酸中并与直流电源连接，电路接通后即有电流（正电荷流动方向）从右至左流过电解质溶液。电流通过时，右边 Pt 与溶液

的界面上 Cl^- 失去电子被氧化成 Cl_2(g) 从 Pt 表面析出，电子从 Pt 表面流向电源正极；左边 Pt 与溶液的界面上 H^+ 得到电子被还原成 H_2(g) 从 Pt 表面析出，电子从电源负极流向 Pt 表面；同时溶液中 Cl^- 向右边 Pt 迁移，H^+ 向左边 Pt 迁移，体系中各部分都呈电中性。每个电极的金属-溶液界面上发生的伴有电子得失的氧化或还原反应称为电极反应。电解质溶液的导电过程包括两个电极反应和溶液中离子的定向迁移，由正、负离子共同完成导电任务。

图 9-1(a) 所示的装置称为电解池，电解池是电能转化为化学能的装置。图 9-1(b) 所示的装置称为原电池，原电池是化学能转化为电能的装置。将金属锌和金属铜分别浸入硫酸锌和硫酸铜溶液构成两个电极，中间用一个允许离子通过但可阻止溶液混合的多孔膜（图中虚线）将两液相隔开，两电极与负载相连接。电路接通后，即有电流经过负载从 Cu 向 Zn 流动。电流通过时溶液中 Cu^{2+} 从铜电极上得电子被还原成 Cu，并在电极上沉积，锌电极上 Zn 失电子被氧化成 Zn^{2+} 进入溶液。外电路中电子经过负载从 Zn 向 Cu 流动，溶液中 Cu^{2+}、Zn^{2+} 向铜电极迁移，SO_4^{2-} 向锌电极迁移，形成完整的回路，此种电池称为丹尼尔 (Daniel) 电池。

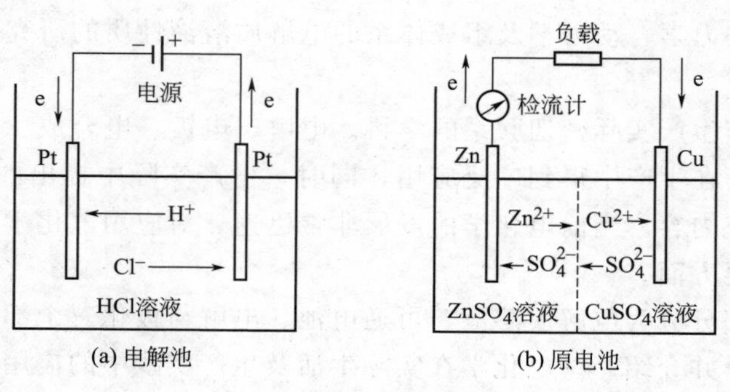

图 9-1　电化学装置示意图

电化学中规定，不论电解池或原电池，发生氧化反应的电极为阳极，发生还原反应的电极为阴极；电势高的电极为正极，电势低的电极为负极。因此，电解池中正极发生氧化反应，为阳极；负极发生还原反应，为阴极。原电池中正极发生还原反应，为阴极；负极发生氧化反应，为阳极。在电解池中离子在电场力作用下迁移，在原电池中离子在化学力作用下逆电场力迁移。不论电解池或原电池，正离子（阳离子）总是从阳极向阴极迁移，负离子（阴离子）总是从阴极向阳极迁移。在电解池或原电池中各个电极反应及离子迁移所引起变化的总和称为电池反应。上述电解池与原电池中的电极反应和电池反应可表示为：

电解池　阳极（正极）反应：　$Cl^- \longrightarrow \frac{1}{2}Cl_2(g) + e$

　　　　阴极（负极）反应：　$H^+ + e \longrightarrow \frac{1}{2}H_2(g)$

　　　　电池反应：　$H^+ + Cl^- \longrightarrow \frac{1}{2}H_2(g) + \frac{1}{2}Cl_2(g)$

原电池　阳极（负极）反应：　$Zn(s) \longrightarrow Zn^{2+} + 2e$

　　　　阴极（正极）反应：　$Cu^{2+} + 2e \longrightarrow Cu(s)$

　　　　电池反应：　$Zn(s) + Cu^{2+} \longrightarrow Cu(s) + Zn^{2+}$

严格而论，丹尼尔电池中离子透过多孔膜引起的变化也应包括在电池反应之内。

9.1.2 法拉第定律

当电流通过电解质溶液时，电极反应可表示为

$$0=\sum_{B}\nu_{B}B+\nu_{e}e$$

式中，ν_e 为电子的计量系数，ν_e 为正表示氧化，ν_e 为负表示还原。无论氧化反应或还原反应，电流通过电极时，反应进度皆可表示为

$$\xi=\frac{|\Delta n(e)|}{|\nu_e|}$$

其中

$$|\Delta n(e)|=\frac{Q}{F}$$

式中，Q 为通过的电量（绝对值）；$F=96485C\cdot mol^{-1}$，称为法拉第（Faraday）常数，即 1mol 电子携带的电量（绝对值）。令 $|\nu_e|=z$，为电极反应得失电子数，则反应进度可表示为

$$\xi=\frac{Q}{zF}\quad 或\quad Q=zF\xi \tag{9-1}$$

以阴极析出金属 B 的还原反应 $B^{z+}+ze\longrightarrow B$ 为例，$\xi=\Delta n(B)$，所以析出 B 的物质的量 $\Delta n(B)=Q/(zF)$，析出 B 的质量 $W_B=M_B\Delta n(B)$，M_B 是 B 物质的摩尔质量。即

$$W_B=\frac{M_BQ}{zF} \tag{9-2}$$

在使用 mol 计算物质的量时，与指定的基本单元有关。设以 $[(1/z)B]$，即通过元电荷电量的析出物为基本单元，由于 $\Delta n[(1/z)B]=z\Delta n(B)$，则析出 $[(1/z)B]$ 的物质的量为

$$\Delta n\left(\frac{1}{z}B\right)=\frac{Q}{F} \tag{9-3}$$

式(9-2) 和式(9-3) 表明：①在电解过程中，电极上析出物质的质量与电路中通过的电量成正比；②在串联电路中，若以通过元电荷电量时电极反应中的析出物为基本单元，每个电极上析出的物质的量皆相等。以上两个结论是法拉第最早（1833 年）从实验中发现的，被称为法拉第定律。

【例 9-1】 用电流强度为 0.025A（$1A=1C\cdot s^{-1}$）的电流通过 $CuCl_2$ 溶液，当阴极上有 0.001kg Cu(s) 析出时，试计算 (1) 通过多少电量？(2) 需要通电多长时间？(3) 阳极上有多少 $Cl_2(g)$ 析出（以标准状况下体积表示）？Cu(s) 的摩尔质量为 $0.0635kg\cdot mol^{-1}$。

解 电极反应可表示为

阴极：$(1/2)Cu^{2+}+e\longrightarrow(1/2)Cu(s)$

阳极：$Cl^{-}\longrightarrow(1/2)Cl_2(g)+e$

两电极反应中得失电子数 z 皆为 1，由式(9-1) 知，它们的反应进度相同，即

$$\xi=\Delta n\left(\frac{1}{2}Cu\right)=2\Delta n(Cu)=\left(2\times\frac{0.001}{0.0635}\right)mol=0.0315mol$$

(1) 通过电量为 $Q=zF\xi=(1\times96485\times0.0315)C=3039C$

(2) 通电时间为 $t=Q/I=(3039/0.025)s=1.22\times10^{5}s$

(3) $\Delta n[(1/2)Cl_2]=\xi=0.0315\text{mol}$，析出 $Cl_2(g)$ 的体积（标准状况下）为

$$V=\left(0.0315\times\frac{22.4}{2}\right)\text{dm}^3=0.353\text{dm}^3$$

9.2 离子的电迁移

9.2.1 离子的迁移数和电迁移率

离子在电场力作用下的定向移动称为离子的电迁移。前已述及，电解质溶液的导电过程包括电极反应和正、负离子的电迁移，即在电场力的作用下，溶液中正离子向阴极迁移，负离子向阳极迁移，由正、负离子共同完成导电任务。溶液中可以有多种离子存在，由于每种离子的浓度、电荷及迁移速率各不相同，它们传输的电量也不相同。其中某种离子 B 传输的电量 Q_B 与通过电解质溶液的总电量 Q 之比称为该离子的迁移数 t_B，即

$$t_B=\frac{Q_B}{Q} \tag{9-4}$$

显然，t_B 表示 B 离子在完成溶液导电任务中承担的份额，故有

$$\sum_B t_B=1 \tag{9-5}$$

即溶液中各种离子迁移数的总和等于 1。

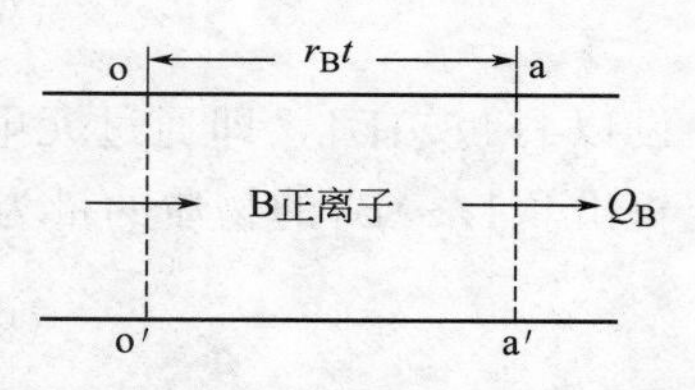

图 9-2　t 时间内离子迁移的电量

如图 9-2 所示，设溶液中某一横截面 aa′的面积为 A，B 正离子在电场作用下从左至右迁移过 aa′，设其摩尔浓度为 c_B，离子电荷为 z_B，迁移速率为 r_B，在 t 时间内 B 正离子迁移过 aa′的电量即图中柱体内 B 离子携带的电荷，应为

$$Q_B=c_Bz_BFAr_Bt \tag{9-6}$$

在相同时间内各种离子迁移过 aa′的总电量（负离子向左迁移的电量等价于正离子向右迁移的电量）为

$$Q=\sum_B Q_B=FAt\sum_B c_Bz_Br_B \tag{9-7}$$

所以

$$t_B=\frac{c_Bz_Br_B}{\sum_B c_Bz_Br_B} \tag{9-8}$$

离子的电迁移受到电场力的推动，电势梯度越大，推动力越大。离子迁移时还受到液体的阻滞作用，离子迁移越快，阻力越大。通常所指离子的迁移速率，即离子匀速迁移时的速率，与电势梯度间有以下关系：

$$r_B=U_B\frac{V}{l} \tag{9-9}$$

式中，V 为电压；l 为电路长度；V/l 表示电势梯度；比例系数 U_B 称为离子的电迁移率，SI 单位为 $\text{m}^2\cdot\text{s}^{-1}\cdot\text{V}^{-1}$，数值上等于单位电势梯度（$1\text{V}\cdot\text{m}^{-1}$）下离子的迁移速率。

离子的电迁移率除与离子本性（包括离子半径、电荷等）有关外，还与溶液中其它离子

的种类以及溶液浓度、温度和溶剂性质有关，但与电势梯度无关。将式(9-9) 代入式(9-8)，有

$$t_{\mathrm{B}}=\frac{c_{\mathrm{B}}z_{\mathrm{B}}U_{\mathrm{B}}}{\sum_{\mathrm{B}}c_{\mathrm{B}}z_{\mathrm{B}}U_{\mathrm{B}}} \tag{9-10}$$

对于单一电解质溶液，即溶液中仅有一种正离子和一种负离子的情况，则

$$t_{+}=\frac{Q_{+}}{Q_{+}+Q_{-}},\quad t_{-}=\frac{Q_{-}}{Q_{+}+Q_{-}} \tag{9-11}$$

由于溶液受电中性限制，这时 $c_{+}z_{+}=c_{-}z_{-}$，根据式(9-10)，两种离子的迁移数可表示为

$$t_{+}=\frac{U_{+}}{U_{+}+U_{-}},\quad t_{-}=\frac{U_{-}}{U_{+}+U_{-}} \tag{9-12}$$

式(9-12) 表明，此时两种离子的迁移数仅取决于离子电迁移率的相对大小。

在无限稀溶液中离子的电迁移率称为离子的极限电迁移率，记为 U^{∞}。这时离子间的互吸作用可以忽略，可认为离子在溶剂中是独立移动的。因此，离子的极限电迁移率仅取决于离子本性、溶剂性质和温度，与溶液中其它离子的种类无关。表 9-1 给出了 25℃时，水溶液中若干离子的极限电迁移率。

表 9-1　25℃时，水溶液中一些离子的极限电迁移率

正离子	$U_{+}^{\infty}\times10^{8}/\mathrm{m^{2}\cdot s^{-1}\cdot V^{-1}}$	负离子	$U_{-}^{\infty}\times10^{8}/\mathrm{m^{2}\cdot s^{-1}\cdot V^{-1}}$
H^{+}	36.25	OH^{-}	20.52
Li^{+}	4.01	F^{-}	5.74
Na^{+}	5.19	Cl^{-}	7.91
K^{+}	7.62	Br^{-}	8.09
NH_4^{+}	7.61	I^{-}	7.96
Ba^{2+}	6.59	SO_4^{2-}	8.27
Ag^{+}	6.42	CH_3COO^{-}	4.24

9.2.2　离子迁移数的测定

9.2.2.1　希托夫（Hittorf）法

图 9-3 为希托夫法测定离子迁移数的实验装置图。实验装置为一个电解池，电解过程中正离子从阳极管经过中间管迁移向阴极管，负离子从阴极管经过中间管迁移向阳极管。由于迁入、迁出中间管的正、负离子数皆相等，因此中间管的浓度没有变化。但随着两极上化学反应的进行及溶液中离子的电迁移，两极附近的溶液浓度在不断变化。电解结束后取出阳极管或阴极管中的溶液作物料衡算，根据式(9-11) 可计算出离子迁移数。

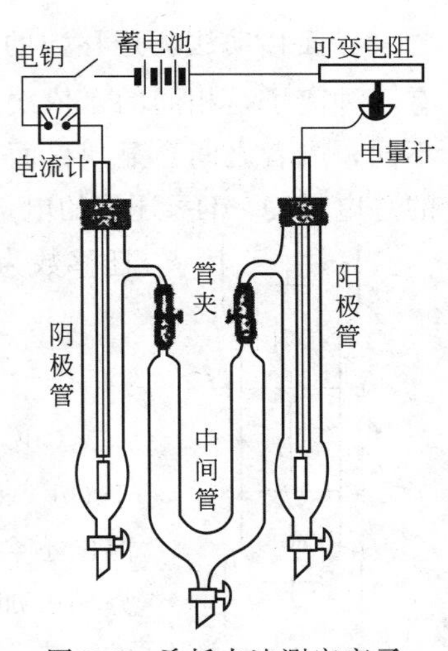

图 9-3　希托夫法测定离子迁移数装置图

计算时可将携带元电荷电量的离子，如 H^{+}、$(1/2)Cu^{2+}$、$(1/2)SO_4^{2-}$ 等，或元电荷电量通过时电极反应的析出物，如

Ag、(1/2)H_2、(1/2)Cu 等作为基本单元，使得 1mol 离子迁移的电量或 1mol 物质析出时通过的电量皆等于 1F，这样式(9-11) 可表示为

$$t_+=\frac{\text{正离子迁入阴极区或迁出阳极区的物质的量}}{\text{电极反应中析出的物质的量}} \tag{9-13a}$$

$$t_-=\frac{\text{负离子迁入阳极区或迁出阴极区的物质的量}}{\text{电极反应中析出的物质的量}} \tag{9-13b}$$

【例 9-2】 用 Cu 电极电解 $CuSO_4$ 溶液，电解前 1000g 水中含有 $CuSO_4$ 31.93g，电解后测得阴极区的溶液中含水 35.31g，含 $CuSO_4$ 1.109g，串联在电路中的银电量计中有 0.0405g 银析出。求 Cu^{2+} 和 SO_4^{2-} 的迁移数。

解 阴极反应为：$\frac{1}{2}Cu^{2+}+e \longrightarrow \frac{1}{2}Cu$

以 [(1/2)Cu^{2+}] 为基本单元，阴极区内其物质的量有以下关系：

$$n_{终}=n_{始}+n_{迁移}-n_{反应}$$

因为 $M[(1/2)CuSO_4]=79.75g\cdot mol^{-1}$，所以

$$n_{终}=(1.109/79.75)mol=1.3906\times10^{-2}mol$$

$$n_{始}=[35.31\times(31.93/1000)/79.75]mol=1.4137\times10^{-2}mol$$

根据法拉第定律，$n_{反应}$ 等于库仑计中析出 Ag 的物质的量，由于 $M_{Ag}=107.88g\cdot mol^{-1}$，所以

$$n_{反应}=(0.0405/107.88)mol=0.0375\times10^{-2}mol$$

$$n_{迁移}=n_{终}-n_{始}+n_{反应}=(1.3906-1.4137+0.0375)\times10^{-2}mol=0.0144\times10^{-2}mol$$

故 $t_+=n_{迁移}/n_{反应}=0.0144/0.0375=0.384$

$t_-=1-t_+=1-0.384=0.616$

希托夫法原理简单，但未考虑由于离子水化引起的少量水分子随离子的迁移，实验中溶液的浓度受扩散、对流、振动的影响，不易获得准确结果。

9.2.2.2 界面移动法

界面移动法测迁移数的装置如图 9-4 所示。其原理为：两种电解质，如 $CdCl_2$ 和 HCl，有一种离子是相同的，依次小心地将 $CdCl_2$ 和 HCl 加入到迁移管内，由于两种溶液折射率不同，二者之间会显现界面 aa′，通电后，aa′移至 bb′，测量管内两界面间的体积 V 及通过的总电量 Q，H^+ 迁移的电量即体积 V 内的 H^+ 所携带的电量 $c(H^+)VF$，于是可得 H^+ 的迁移数为

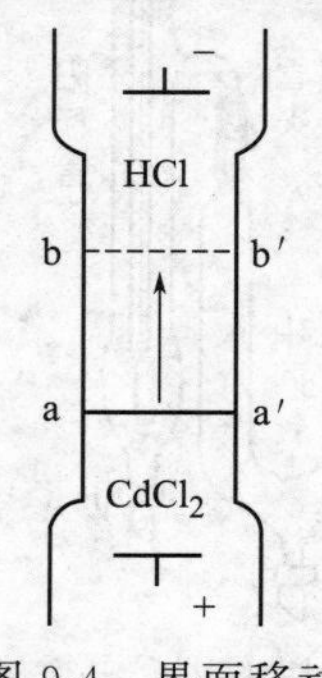

图 9-4 界面移动法示意图

$$t(H^+)=\frac{c(H^+)VF}{Q} \tag{9-14}$$

$CdCl_2$ 溶液的作用是作为指示溶液。Cd^{2+} 和 H^+ 在向阴极迁移时由于 Cd^{2+} 的电迁移率低于 H^+，在界面处 Cd^{2+} 迁移慢，不会超过 H^+，但也不会落后很远，因为一旦落后，界面附近溶液变稀，电阻增加，电势梯度加大，推动 Cd^{2+} 快速跟上。这个过程极快，瞬间（约 10^{-13}s）即可完成，以致实验中始终保持清晰界面。界面移动法通过直接测定离子的迁移速率测定迁移数，具有较高的准确度。

表 9-2 给出若干电解质溶液的正离子迁移数。数据表明，离子迁移数与溶液中共存离子的种类、溶液浓度、温度、溶剂性质皆有关系。对 1 价阳离子而言，离子越小，离子迁移数越小（H^+除外）。因阳离子越小，离子溶剂化程度越高，迁移速率越慢。对不对称电解质而言，浓度增加，高价离子迁移数越小，因高价离子受到的离子互吸作用比低价离子强。

表 9-2　25℃时，水溶液中一些正离子的迁移数

盐类	$c/\mathrm{mol\cdot dm^{-3}}$					
	0	0.01	0.05	0.10	0.50	1.00
LiCl	0.3364	0.3289	0.3211	0.3168	0.300	0.287
NaCl	0.3963	0.3918	0.3876	0.3854		
KCl	0.4906	0.4902	0.4899	0.4898	0.4888	0.488
KNO_3	0.5072	0.5084	0.5093	0.5103		
HCl	0.8209	0.8251	0.8292	0.8314		
$BaCl_2$	0.4400	0.4317	0.4253	0.3980	0.3792	
$LaCl_3$	0.4625	0.4482	0.4375	0.3958		

电导率、摩尔电导率及离子电迁移率

9.3 电解质溶液的电导

9.3.1 电导率与摩尔电导率的定义

电导即电阻的倒数，表示物质的导电能力。电导以 G 表示，$G=1/R$，R 表示电阻。欧姆定律可以表示为：

$$G=\frac{I}{V} \tag{9-15}$$

式中，V 为加在导体两端的电压；I 为通过导体的电流。电阻的单位是欧姆（Ω），电导的单位是西门子（S），$1\mathrm{S}=1\Omega^{-1}$。

电导 G 或电阻 R 与导体的几何形状有关。设一长方体电导池的长度为 l，截面积为 A，其中装入电解质溶液时，电解质溶液的电导为

$$G=\kappa\frac{A}{l} \tag{9-16}$$

即溶液的电导与电导池截面积成正比，与电导池长度成反比，比例系数 κ 称为电导率，单位是 $\mathrm{S\cdot m^{-1}}$。

假定电导池是一个边长为 1m 的正方体，由于每个物理量都包括数值和单位两部分，式(9-16) 中 $G=\{G\}\cdot\mathrm{S}$、$\kappa=\{\kappa\}\cdot\mathrm{S\cdot m^{-1}}$、$A=1\mathrm{m}^2$、$l=1\mathrm{m}$，代入后即有$\{G\}=\{\kappa\}$。这说明溶液的电导率与其电导之间有如下关系：在一个两极间相距为 1m 的正方体电导池中放入电解质溶液，该电导池的电导数值上就是溶液的电导率。电解质溶液的电导率是溶液的强度性质，与电导池的几何形状无关。

设长方体电导池两端电压为 V，溶液电导率 κ 与 t 时间内通过电导池电量 Q 的关系为

$$\kappa=\frac{G}{A/l}=\frac{I}{V(A/l)}=\frac{Q}{At(V/l)} \tag{9-17}$$

V/l 是电势梯度。上式表明溶液电导率与 t 时间内通过给定电导池的电量成正比。

电解质溶液的导电任务是由正、负离子共同完成的，每种离子迁移的电量与其迁移数成正比，因此溶液中 B 离子对溶液电导率的贡献 κ_B 也与其迁移数成正比，即

$$\kappa_B=t_B\kappa \tag{9-18}$$

显然，$\kappa=\sum_B\kappa_B$。对于单一电解质溶液，则有 $\kappa=\kappa_+ +\kappa_-$。

对于单一电解质溶液，溶液摩尔电导率的定义是

$$\Lambda_m=\frac{\kappa}{c} \tag{9-19}$$

κ 是溶液的电导率；c 是溶液中电解质的摩尔浓度。摩尔电导率的单位是 $S\cdot m^2\cdot mol^{-1}$。

假定长方体电导池的长度为 1m，其中放入含有 1mol 溶质的电解质溶液，因为溶液的摩尔电导率与溶液的电导之间有如下关系：

$$\Lambda_m=\frac{\kappa}{c}=\kappa\frac{Al}{n}=\kappa\frac{A}{l}\times\frac{l^2}{n}=G\frac{l^2}{n}$$

其中 l、A、Al 分别是电导池的长度、截面积和体积，$c=n/(Al)$，n 是溶质的物质的量。将 $\Lambda_m=\{\Lambda_m\}\cdot S\cdot m^2\cdot mol^{-1}$、$G=\{G\}\cdot S$、$l=1m$、$n=1mol$，代入上式后即有 $\{\Lambda_m\}=\{G\}$。这说明溶液的摩尔电导率与其电导之间有如下关系：在一个两极间相距为 1m 的长方体电导池中，放入含有 1mol 溶质的电解质溶液，该电导池的电导数值上就是溶液的摩尔电导率。摩尔电导率也是溶液的强度性质，与电导池几何形状无关。

溶液中 B 离子摩尔电导率的定义是

$$\lambda_{m,B}=\frac{\kappa_B}{c_B} \tag{9-20}$$

c_B 是溶液中以解离态存在的 B 离子的摩尔浓度，溶液中电解质分子内未解离的 B 离子不计算在内。

对于单一电解质溶液，如果以具有元电荷电量的正、负离子及由它们组成的电解质为基本单元，设 c 为电解质的摩尔浓度，α 为其解离度，则解离出的正、负离子浓度可表示为 $c_+=c_-=c\alpha$。例如对于电解质 $Al_2(SO_4)_3$，有

$$c\left(\frac{1}{3}Al^{3+}\right)=c\left(\frac{1}{2}SO_4^{2-}\right)=\alpha c\left[\frac{1}{6}Al_2(SO_4)_3\right]$$

此时，根据式(9-20)，有

$$\kappa_+=c_+\lambda_{m,+}=\alpha c\lambda_{m,+},\quad \kappa_-=c_-\lambda_{m,-}=\alpha c\lambda_{m,-}$$

所以

$$\kappa=\kappa_+ +\kappa_-=\alpha c(\lambda_{m,+}+\lambda_{m,-})$$

由定义式(9-19) 知

$$\Lambda_m=\alpha(\lambda_{m,+}+\lambda_{m,-}) \tag{9-21}$$

式(9-21) 表示单一电解质溶液摩尔电导率与正、负离子摩尔电导率的关系。

9.3.2 电导率、摩尔电导率与离子电迁移率的关系

将式(9-17) 代入式(9-18)，并与式(9-6) 联立，注意到 $r_B/(V/l)=U_B$，可得

$$\kappa_B = c_B z_B F U_B \tag{9-22}$$

由式(9-20)得

$$\lambda_{m,B} = z_B F U_B \tag{9-23}$$

如果正、负离子皆为具有元电荷电量的基本单元，即 $z_B=1$，这时，对单一电解质溶液 $c_+=c_-=c\alpha$，故有以下结果

$$\kappa_+ = c_+ F U_+,\quad \kappa_- = c_- F U_-,\quad \kappa = \alpha c F(U_+ + U_-) \tag{9-24}$$

$$\lambda_{m,+} = F U_+,\quad \lambda_{m,-} = F U_-,\quad \Lambda_m = \alpha F(U_+ + U_-) \tag{9-25}$$

由式(9-12)且有

$$U_+ = t_+(U_+ + U_-) = \frac{t_+\Lambda_m}{\alpha F},\quad U_- = t_-(U_+ + U_-) = \frac{t_-\Lambda_m}{\alpha F} \tag{9-26}$$

在溶液极稀的条件下，$\alpha=1$，测定 Λ_m 和迁移数，由上式可计算出离子的极限电迁移率。表 9-1 中的值就是通过这种方法得到的。

9.3.3 电导的测定

测量电解质溶液的电导即测量其电阻，可采用惠斯通（Wheastone）电桥法，其装置如图 9-5 所示。当直流电流通过溶液时，溶液组成会因电极反应而改变，因而图中 I 为具有适当频率的交流电源。BD 之间为电导池，内盛电解质溶液，待测电阻为 R_x。电导池的两个电极用铂片制成，铂片上镀有铂黑以增大电极面积。R_1 为可变电阻，可变电容 K 与 R_1 并联，目的是平衡电导池的容抗。AB 之间为滑线电阻，T 是验零装置，当 T 中无电流通过时，表示电桥平衡。此时桥式电路各段电阻有以下关系：

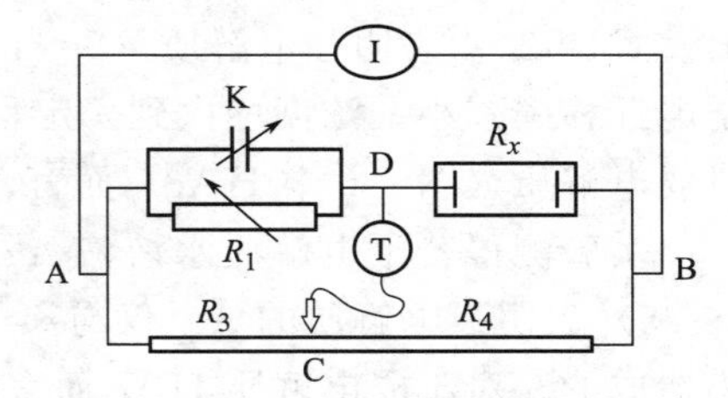

图 9-5　溶液电导的测定装置

$$R_1 : R_x = R_3 : R_4$$

所以

$$\frac{1}{R_x} = \frac{R_3}{R_4 \times R_1}$$

R_3、R_4 分别是 AC、BC 段电阻。

设 l、A 分别表示电导池的长度和截面积，则

$$\kappa = \frac{1}{R_x}\frac{l}{A} \tag{9-27}$$

对于一个固定的电导池，(l/A) 为定值，称为电导池的电池常数。式(9-27) 表示测得溶液的电阻或电导，由电池常数可计算出 κ。在实用上常用已知 κ 的 KCl 溶液（表 9-3）对电导池进行标定，从测得的电阻计算出所用电导池的电池常数。

表 9-3　25℃ 时 KCl 溶液的电导率

c / mol·dm^{-3}	0	0.001	0.01	0.1	1.0
κ / S·m^{-1}	0	0.0147	0.1411	1.289	11.2

【例 9-3】 已知 25℃某 KCl 溶液的电导率 $\kappa=1.164\text{S}\cdot\text{m}^{-1}$，用平衡电桥法测得该溶液在某电导池中的电阻为 24.96Ω，再用同一电导池测定浓度为 $0.0100\text{mol}\cdot\text{dm}^{-3}$ 的 HAc 溶液的电阻，结果为 $R=1982\Omega$，求电池常数、HAc 溶液的 κ 及 Λ_m。

解 因为 $1/R=\kappa(A/l)$，所以

电池常数 $l/A=\kappa R=(1.164\times24.96)\text{m}^{-1}=29.053\text{m}^{-1}$

电导率 $\kappa(\text{HAc})=\dfrac{1}{R}\times\dfrac{l}{A}=\dfrac{29.053}{1982}\text{S}\cdot\text{m}^{-1}=0.01466\text{S}\cdot\text{m}^{-1}$

摩尔电导率 $\Lambda_m(\text{HAc})=\dfrac{\kappa}{c}=\dfrac{0.01466}{0.0100\times10^3}\text{S}\cdot\text{m}^2\cdot\text{mol}^{-1}$

$=1.466\times10^{-3}\text{S}\cdot\text{m}^2\cdot\text{mol}^{-1}$

9.4 离子独立移动定律

实验测得若干电解质水溶液 κ 与 c 的关系如图 9-6 所示，一些强电解质的曲线出现极大值。式(9-24) 表明强电解质（$\alpha=1$）的 κ 随 c 而增加，但 c 越大，离子互吸作用越强，离子电迁移率减小。浓度增大到一定程度，第二种因素成为主要时，导致 κ 由增加变为减小。对弱电解质（图 9-6 中 HAc）而言，由于 c 增加时 α 减小，κ 随浓度无显著变化。

实验测得若干电解质水溶液 Λ_m 与 c 的关系如图 9-7 所示，Λ_m 皆随 c 增加而减小。式(9-25) 表明强电解质的 Λ_m 仅与离子电迁移率有关，这是由于离子电迁移率随 c 增大而减小造成的。对于弱电解质 HAc 而言，c 增加时还引起 α 减小，从而导致 Λ_m 迅速减小。

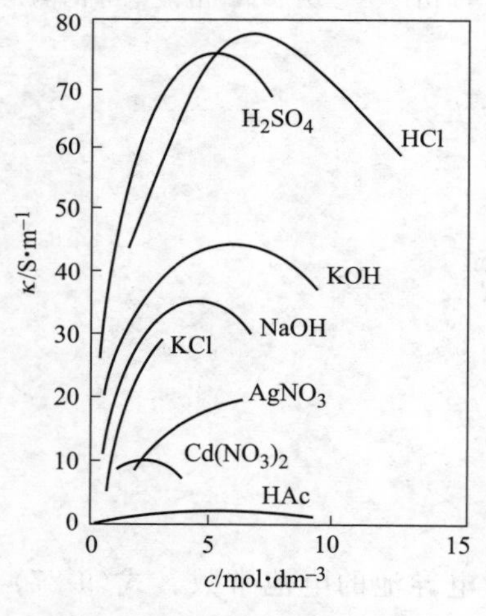

图 9-6 电导率与浓度的关系

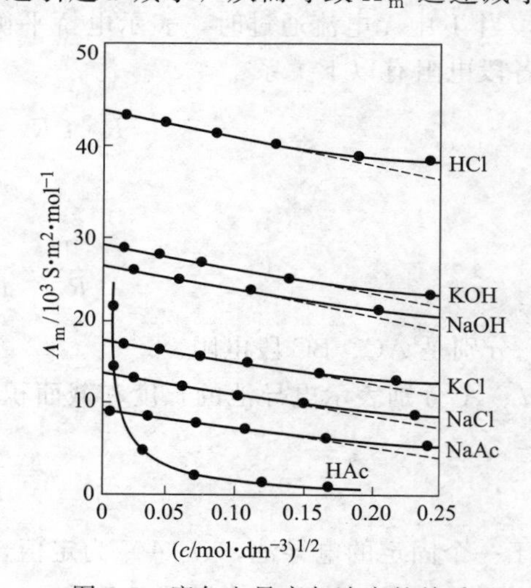

图 9-7 摩尔电导率与浓度的关系

科尔劳施（Kohlrausch）根据实验结果发现，强电解质稀溶液的 Λ_m 与$\sqrt{c}$之间存在线性关系，即

$$\Lambda_m=\Lambda_m^{\infty}-\beta\sqrt{\frac{c}{c^{\ominus}}} \tag{9-28}$$

一定温度下，式中β仅与电解质的价型（如1∶1型，1∶2型……）有关，Λ_m^∞是强电解质的极限摩尔电导率，对于给定的强电解质，Λ_m^∞为常数。式(9-28) 称为科尔劳施定律。

式(9-21) 表明电解质完全解离（$\alpha=1$）时溶液摩尔电导率与正、负离子摩尔电导率有以下关系：

$$\Lambda_m=\lambda_{m,+}+\lambda_{m,-} \tag{9-29}$$

在$c\to0$的极限条件下，

$$\Lambda_m^\infty=\lambda_{m,+}^\infty+\lambda_{m,-}^\infty \tag{9-30}$$

$\lambda_{m,+}^\infty$，$\lambda_{m,-}^\infty$是正、负离子的极限摩尔电导率。根据式(9-25)

$$\lambda_{m,+}^\infty=FU_+^\infty,\quad \lambda_{m,-}^\infty=FU_-^\infty \tag{9-31}$$

在一定温度下，极限电迁移率仅取决于溶剂性质和离子本性，与溶液中共存的其它离子无关，因而离子的极限摩尔电导率也只与溶剂和离子本性有关。式(9-30) 及式(9-31) 表明：在无限稀溶液中，电解质溶液的摩尔电导率等于正、负离子的极限摩尔电导率之和；每种离子的极限摩尔电导率只与溶剂和离子本性有关，与溶液中共存的其它离子无关。上述结论称为离子独立移动定律。

表9-4中给出的实验结果为离子独立移动定律提供了有力的证明。表中左边三组电解质因各组皆有相同的负离子，数据表明它们的极限摩尔电导率之差相同，皆等于$\lambda_{m(K^+)}^\infty-\lambda_{m(Li^+)}^\infty$；右边三组电解质因各组都有相同的正离子，数据表明它们极限摩尔电导率之差也相同，皆等于$\lambda_{m(Cl^-)}^\infty-\lambda_{m(NO_3^-)}^\infty$。

表9-4　25℃时一些强电解质的极限摩尔电导率

电解质	$\Lambda_m^\infty/S\cdot m^2\cdot mol^{-1}$	差值	电解质	$\Lambda_m^\infty/S\cdot m^2\cdot mol^{-1}$	差值
KCl	0.014986	3.483×10^{-3}	HCl	0.042616	4.9×10^{-4}
LiCl	0.011503		HNO_3	0.04213	
$KClO_4$	0.014004	3.506×10^{-3}	KCl	0.014986	4.9×10^{-4}
$LiClO_4$	0.010598		KNO_3	0.014496	
KNO_3	0.01450	3.49×10^{-3}	LiCl	0.011503	4.9×10^{-4}
$LiNO_3$	0.01101		$LiNO_3$	0.01101	

根据科尔劳施定律，强电解质的Λ_m^∞可通过测定不同浓度下的Λ_m，在稀溶液的范围内以Λ_m对$\sqrt{c/c^\ominus}$作图，外推到纵坐标的方法得到。但是这个方法对弱电解质不能适用。对于弱电解质，例如HAc，可借助相关强电解质，如HCl、NaCl、NaAc的Λ_m^∞运用离子独立移动定律计算得到。在无限稀溶液中HAc也完全解离，所以

$$\begin{aligned}\Lambda_{m(HAc)}^\infty&=\lambda_{m(H^+)}^\infty+\lambda_{m(Ac^-)}^\infty\\&=\lambda_{m(H^+)}^\infty+\lambda_{m(Cl^-)}^\infty+\lambda_{m(Na^+)}^\infty+\lambda_{m(Ac^-)}^\infty-\lambda_{m(Cl^-)}^\infty-\lambda_{m(Na^+)}^\infty\\&=\Lambda_{m(HCl)}^\infty+\Lambda_{m(NaAc)}^\infty-\Lambda_{m(NaCl)}^\infty\end{aligned}$$

表 9-5　25℃时水溶液中一些离子的极限摩尔电导率

正离子	$\lambda_m^\infty \times 10^3/S \cdot m^2 \cdot mol^{-1}$	负离子	$\lambda_m^\infty \times 10^3/S \cdot m^2 \cdot mol^{-1}$
H^+	34.98	OH^-	19.8
Li^+	3.87	Cl^-	7.64
Na^+	5.01	Br^-	7.81
K^+	7.35	I^-	7.68
NH_4^+	7.34	NO_3^-	7.14
Ag^+	6.19	CN^-	8.2
$(1/2)Mg^{2+}$	5.31	HCO_3^-	4.45
$(1/2)Ca^{2+}$	5.95	CH_3COO^-	4.09
$(1/2)Ba^{2+}$	6.36	ClO_3^-	6.46
$(1/2)Sr^{2+}$	5.95	ClO_4^-	6.74
$(1/2)Cu^{2+}$	5.36	$(1/2)SO_4^{2-}$	7.98
$(1/2)Zn^{2+}$	5.28	$(1/2)CO_3^{2-}$	6.93
$(1/2)Cd^{2+}$	5.40	$(1/3)PO_4^{3-}$	8.0
$(1/2)Pb^{2+}$	5.94	$(1/3)Fe(CN)_6^{3-}$	10.10
$(1/3)La^{3+}$	6.96		

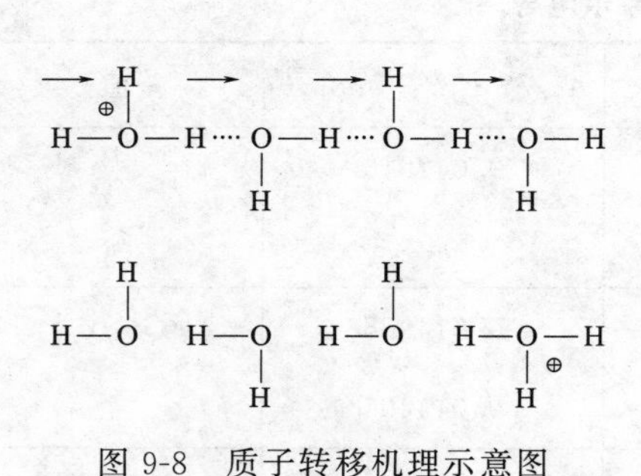

图 9-8　质子转移机理示意图

表 9-5 给出了一些离子的极限摩尔电导率。表中数据表明 H^+ 和 OH^- 的极限摩尔电导率比其它离子大得多，究其原因是氢键使它们的迁移具有独特的机理。H^+ 在电场作用下迁移的机理如图 9-8 所示，H^+ 通过水分子中氢键的不断形成实现从左向右的传递（图上一排），传递后的水分子（图下一排）向右翻转后就能继续传递质子，分子转向所需要的能量比离子自身迁移要低得多，以致 H^+ 得以快速传递。OH^- 的迁移与 H^+ 有类似的机理。

9.5　电导测定的应用

测定电解质溶液的电导率在实际中有许多应用，举例介绍如下。

9.5.1　测定弱电解质的解离度和解离常数

弱电解质在水中不完全解离，分子与离子间存在解离平衡。以 1∶1 型电解质 AB 为例，设 AB 的起始浓度为 c，则

$$
\begin{array}{llll}
 & AB & \rightleftharpoons & A^{+} + B^{-} \\
\text{起始时} & c & & 0 \quad\quad 0 \\
\text{平衡时} & c(1-\alpha) & & c\alpha \quad c\alpha
\end{array}
$$

α 为解离度，由式(9-21) 知

$$\alpha=\frac{\Lambda_{m}}{\lambda_{m,+}+\lambda_{m,-}}$$

$\lambda_{m,+}$，$\lambda_{m,-}$ 是从电解质中解离出的正、负离子的摩尔电导率，在稀溶液中

$$\lambda_{m,+}\approx\lambda_{m,+}^{\infty}, \quad \lambda_{m,-}\approx\lambda_{m,-}^{\infty}, \quad \lambda_{m,+}+\lambda_{m,-}\approx\Lambda_{m}^{\infty}$$

弱电解质溶液为稀溶液，其解离度可表示为

$$\alpha=\frac{\Lambda_{m}}{\Lambda_{m}^{\infty}} \tag{9-32}$$

解离平衡常数为

$$K_{c}=\frac{(c\alpha)^{2}}{c(1-\alpha)}=\frac{c\alpha^{2}}{1-\alpha}$$

将式(9-32) 代入上式，得

$$K_{c}=\frac{c\Lambda_{m}^{2}}{\Lambda_{m}^{\infty}(\Lambda_{m}^{\infty}-\Lambda_{m})} \tag{9-33}$$

上式可重排为

$$\frac{1}{\Lambda_{m}}=\frac{1}{\Lambda_{m}^{\infty}}+\frac{c\Lambda_{m}}{K_{c}(\Lambda_{m}^{\infty})^{2}} \tag{9-34}$$

测定弱电解质不同浓度时的 Λ_{m}，以 $1/\Lambda_{m}$ 对 $c\Lambda_{m}$ 作图，可得一直线，从其斜率 $[K_{c}^{-1}(\Lambda_{m}^{\infty})^{-2}]$ 和截距（$1/\Lambda_{m}^{\infty}$）可求得 Λ_{m}^{∞} 和 K_{c}。这个结论称为奥斯特瓦尔德（Ostwald）稀释定律。对强电解质（如 HCl）而言，因其在水中完全解离，无解离度可言，实验结果表明以上图形不成直线，说明稀释定律只适用于弱电解质溶液。

【例 9-4】 在 25℃时，测得浓度为 $0.00591\text{mol}\cdot\text{dm}^{-3}$ 的 HAc 水溶液在一电导池中的电阻为 2961Ω，电池常数为 36.7m^{-1}，求 HAc 溶液的解离度和解离常数。

解 $\Lambda_{m(HAc)}=\frac{\kappa}{c}=\frac{1}{R}\frac{l}{A}\frac{1}{c}=\frac{36.7}{2961\times0.00591\times10^{3}}\text{S}\cdot\text{m}^{2}\cdot\text{mol}^{-1}$

$=2.097\times10^{-3}\text{S}\cdot\text{m}^{2}\cdot\text{mol}^{-1}$

查表知该温度下 $\Lambda_{m}^{\infty}(\text{HAc})=\lambda_{m}^{\infty}(\text{H}^{+})+\lambda_{m}^{\infty}(\text{Ac}^{-})$

$=(34.98+4.09)\times10^{-3}\text{S}\cdot\text{m}^{2}\cdot\text{mol}^{-1}$

$=39.07\times10^{-3}\text{S}\cdot\text{m}^{2}\cdot\text{mol}^{-1}$

所以 $\alpha=\Lambda_{m}(\text{HAc})/\Lambda_{m}^{\infty}(\text{HAc})=2.097/39.07=0.0537$

且 $K_{c}=\frac{0.00591\times0.0537^{2}}{1-0.0537}\text{mol}\cdot\text{dm}^{-3}=1.801\times10^{-5}\text{mol}\cdot\text{dm}^{-3}$

9.5.2 检验水的纯度

纯水由于仍能解离出少量的 H^{+} 和 OH^{-}，理论上其电导率为 $5.5\times10^{-6}\text{S}\cdot\text{m}^{-1}$。普通蒸馏水的电导率约为 $1\times10^{-3}\text{S}\cdot\text{m}^{-1}$，重蒸馏水（蒸馏水经 $KMnO_4$ 和 KOH 溶液处理除

去CO_2和有机质后，再次蒸馏1～2次）的电导率可小于$1\times10^{-4}\mathrm{S\cdot m^{-1}}$。在对水的纯度有较高要求的情况下，通过测量水的电导率即可知道其纯度是否符合要求。

9.5.3 测定难溶盐的溶解度

难溶盐在水中的溶解度很小，设盐未溶解前水的电导率为κ（水），难溶盐饱和溶液的电导率为κ（溶液），溶解在水中的难溶盐对溶液电导率的贡献κ（难溶盐）应为：

$$\kappa(\text{难溶盐})=\kappa(\text{溶液})-\kappa(\text{水}) \tag{9-35}$$

由于难溶盐浓度很稀，可以认为$\Lambda_m(\text{难溶盐})=\Lambda_m^\infty(\text{难溶盐})$，所以

$$c(\text{难溶盐})=\kappa(\text{难溶盐})/\Lambda_m^\infty(\text{难溶盐}) \tag{9-36}$$

式中Λ_m^∞（难溶盐）可由离子独立移动定律计算。实验测定出κ（溶液）和κ（水），通过以上两式可计算出饱和盐溶液的浓度c，从而可进一步计算出难溶盐的溶解度或溶度积。

【例9-5】 25℃时测得$SrSO_4$饱和水溶液的电导率为$1.482\times10^{-2}\mathrm{S\cdot m^{-1}}$，水的电导率为$1.5\times10^{-4}\mathrm{S\cdot m^{-1}}$，求该温度下$SrSO_4$在水中的溶度积。

解 查表知 $\Lambda_m^\infty\left(\frac{1}{2}SrSO_4\right)=\lambda_m^\infty\left(\frac{1}{2}Sr^{2+}\right)+\lambda_m^\infty\left(\frac{1}{2}SO_4^{2-}\right)$

$$=(5.95+7.98)\times10^{-3}\mathrm{S\cdot m^2\cdot mol^{-1}}$$
$$=1.393\times10^{-2}\mathrm{S\cdot m^2\cdot mol^{-1}}$$

所以 $\Lambda_m^\infty(SrSO_4)=2\Lambda_m^\infty\left(\frac{1}{2}SrSO_4\right)=2.786\times10^{-2}\mathrm{S\cdot m^2\cdot mol^{-1}}$

$$\kappa(SrSO_4)=\kappa(\text{溶液})-\kappa(\text{水})=(1.482-0.015)\times10^{-2}\mathrm{S\cdot m^{-1}}=1.467\times10^{-2}\mathrm{S\cdot m^{-1}}$$

$$c(SrSO_4)=\frac{\kappa(SrSO_4)}{\Lambda_m^\infty(SrSO_4)}=\frac{1.467}{2.786}\mathrm{mol\cdot m^{-3}}=5.266\times10^{-4}\mathrm{mol\cdot dm^{-3}}$$

溶度积为 $K_{sp}=c(Sr^{2+})c(SO_4^{2-})=(5.226\times10^{-4}\mathrm{mol\cdot dm^{-3}})^2$

$$=2.73\times10^{-7}\mathrm{mol^2\cdot dm^{-6}}$$

9.5.4 电导滴定

与通常的化学滴定分析方法不同，电导滴定不需要使用指示剂，在有色溶液和极稀溶液中也能进行，且在滴定过程中可以追踪反应进程。电导滴定时每次加入滴定液后测定体系电导率，将体系电导率对滴入液体体积作图得到电导滴定曲线，如图9-9所示。图中曲线形状与溶液中一些离子被其它具有不同电迁移率的离子取代有关。用强碱（NaOH）滴定强酸（HCl）时，溶液中H^+不断被Na^+取代，电导率沿AB下降，过终点后，随着碱的加入，电导率沿BC迅速增加，两曲线的交点B即滴定终点（等当点）。用强碱（NaOH）滴定弱酸（HAc）时，溶液中未解离的HAc分子逐渐被Na^+和Ac^-取代，电导率沿A′B′逐渐增大，过终点后过量碱液使电导率沿B′C′较快增大。转折点B′即为滴定终点。在B′点附近由于盐的水解作用，可能使终点不很明确，但可通过两直线交点求得。

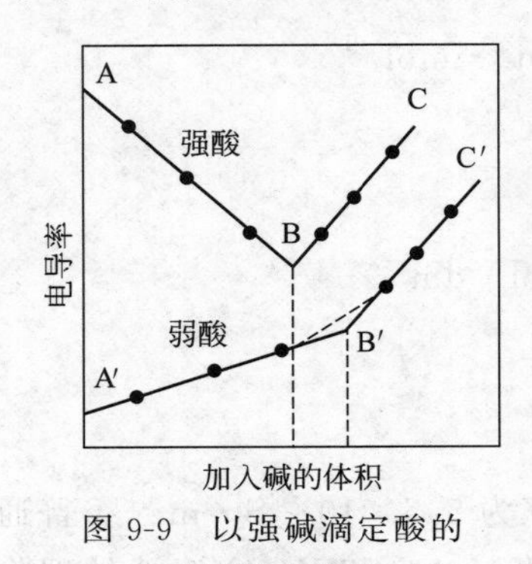

图9-9 以强碱滴定酸的电导滴定曲线

由于溶液中离子的种类在滴定终点前后发生变化，以致溶

液电导率随滴定液数量的变化率在终点时发生突变，突变越显著，电导滴定的灵敏度越高。

9.6 电解质溶液的热力学性质

9.6.1 离子的平均活度与平均活度因子

在非电解质溶液中，由于溶质分子间的相互作用，使得溶质化学势与其浓度间的关系与理想稀溶液不同。溶质的化学势可用其活度表示，以溶质采用质量摩尔浓度为例，则

$$\mu_{\rm B}=\mu_{\rm B}^{\ominus}+RT\ln\left(\frac{b_{\rm B}}{b^{\ominus}}\gamma_{\rm B}\right) \tag{9-37}$$

其中溶质B的活度 $a_{\rm B}=(b_{\rm B}/b^{\ominus})\gamma_{\rm B}$，溶质B的活度因子 $\gamma_{\rm B}$ 反映了实际溶液对理想稀溶液的偏差，当溶液无限稀释时，$\gamma_{\rm B}=1$。

在电解质溶液中，离子作为溶质，其化学势可采用与非电解质同样的方法用其活度表示，即

$$\mu_{+}=\mu_{+}^{\ominus}+RT\ln\left(\frac{b_{+}}{b^{\ominus}}\gamma_{+}\right) \tag{9-38a}$$

$$\mu_{-}=\mu_{-}^{\ominus}+RT\ln\left(\frac{b_{-}}{b^{\ominus}}\gamma_{-}\right) \tag{9-38b}$$

其中 $a_{+}=(b_{+}/b^{\ominus})\gamma_{+}$，$a_{-}=(b_{-}/b^{\ominus})\gamma_{-}$ 分别为正、负离子的活度；γ_{+}、γ_{-} 分别为正、负离子的活度因子，它们反映了实际溶液中由于离子间相互作用引起的对理想稀溶液的偏差。

然而，在电解质溶液中，离子不能作为一个独立的组分。由于溶液受电中性原理的限制，只含正离子或只含负离子的溶液是不存在的。单个离子的化学势及其活度与活度因子都是不能通过实验测定的。我们必须把正、负离子作为一个整体，计算它们对体系热力学性质贡献的平均效果。

设溶液中正、负离子由强电解质 i 的解离产生，i 的化学式为 $\rm M_{\nu_+}A_{\nu_-}$，解离过程为

$$\rm M_{\nu_+}A_{\nu_-}(s) \longrightarrow \nu_+ M^{z+}+\nu_- A^{z-} \tag{9-39}$$

式中，ν_+、ν_- 分别为 i 分子解离出的正、负离子个数；z_+、z_- 分别为正、负离子的价数。设溶液中 i 组分的物质的量为 n_i，根据集合公式，体系的吉布斯函数可表示为

$$G=\sum\nolimits_j n_j\mu_j+n_i\mu_i \tag{9-40}$$

下标 j 表示溶液中除 i 之外的其它组分。由于强电解质 i 完全解离为正、负离子，它们的物质的量分别为 ν_+n_i 和 ν_-n_i，同样由集合公式，体系的吉布斯函数也可表示为

$$G=\sum\nolimits_j n_j\mu_j+\nu_+n_i\mu_+ +\nu_-n_i\mu_- \tag{9-41}$$

显然，以上两式仅是看问题的角度不同，实质上是完全等价的。比较两式右边，有

$$\mu_i=\nu_+\mu_+ +\nu_-\mu_- \tag{9-42}$$

将式(9-38) 代入上式，得

$$\mu_i=(\nu_+\mu_+^{\ominus}+\nu_-\mu_-^{\ominus})+RT\ln(a_+^{\nu_+}a_-^{\nu_-})$$

令

$$\mu_i^\ominus=\nu_+\mu_+^\ominus+\nu_-\mu_-^\ominus \tag{9-43}$$

且

$$a_i=a_+^{\nu_+}a_-^{\nu_-} \tag{9-44}$$

则强电解质的化学势可表示为

$$\mu_i=\mu_i^\ominus+RT\ln a_i \tag{9-45}$$

式中，a_i 为强电解质 i 的活度；$\mu_i^\ominus$ 为其标准态化学势。

由于单个离子的活度及活度因子不能用实验测定，故按照几何平均值作以下定义：

$$a_\pm=(a_+^{\nu_+}a_-^{\nu_-})^{1/\nu} \tag{9-46}$$

$$\gamma_\pm=(\gamma_+^{\nu_+}\gamma_-^{\nu_-})^{1/\nu} \tag{9-47}$$

$$b_\pm=(b_+^{\nu_+}b_-^{\nu_-})^{1/\nu} \tag{9-48}$$

其中 $\nu=\nu_++\nu_-$，为1个电解质分子解离出正、负离子的数目之和；$a_\pm$、$\gamma_\pm$、$b_\pm$ 分别称为离子的平均活度、平均活度因子和平均质量摩尔浓度。根据离子活度与浓度的关系，有

$$a_\pm=\frac{b_\pm}{b^\ominus}\gamma_\pm \tag{9-49}$$

由于 $a_i=a_\pm^\nu$，强电解质的化学势通常用下式表示

$$\mu_i=\mu_i^\ominus+\nu RT\ln a_\pm \tag{9-50}$$

离子的 $b_\pm$ 可根据溶液中的 b_+ 和 b_- 由定义式(9-48）计算，对单一强电解质溶液，$b_+=\nu_+b$，$b_-=\nu_-b$，b 为电解质的质量摩尔浓度，所以

$$b_\pm=(\nu_+^{\nu_+}\nu_-^{\nu_-})^{1/\nu}b \tag{9-51}$$

离子的 $\gamma_\pm$ 在无限稀溶液中等于1，实际溶液中的 $\gamma_\pm$ 可通过实验测定，从而可计算出 $a_\pm$。

9.6.2 离子强度

离子平均活度因子有多种测定方法，常用的有电动势法（参看10.6节)、溶解度法、汽液平衡法等。表9-6给出25℃若干电解质水溶液离子平均活度因子的测定结果，实验数据表明：①$\gamma_\pm$ 与溶液浓度有关，在稀溶液范围内 $\gamma_\pm$ 随浓度增大而减小。②在稀溶液范围内，浓度相同，$\gamma_\pm$ 与电解质价型有关，价型相同，$\gamma_\pm$ 近乎相等；价型不同，高价型的 $\gamma_\pm$ 较小。路易斯分析了实验测定的结果，发现在很稀的溶液中 $\gamma_\pm$ 与溶液中各种离子的总浓度及离子价数有关，据此提出了离子强度的概念，其定义是

$$I=\frac{1}{2}\sum_i b_iz_i^2 \tag{9-52}$$

i 遍及溶液中所有离子，z_i 是离子电荷数。离子强度是溶液中离子电荷形成的静电场强度的度量。

【例9-6】 求 $0.1\text{mol}\cdot\text{kg}^{-1}$ KCl 和 $0.2\text{mol}\cdot\text{kg}^{-1}$ $BaCl_2$ 溶液的离子强度。

解 溶液中 $b(K^+)=0.1\text{mol}\cdot\text{kg}^{-1}$

$b(Ba^{2+})=0.2\text{mol}\cdot\text{kg}^{-1}$

$b(Cl^-)=(0.1+2\times0.2)\text{mol}\cdot\text{kg}^{-1}=0.5\text{mol}\cdot\text{kg}^{-1}$

所以 $I=[(0.1\times1^2+0.2\times2^2+0.5\times1^2)/2]\text{mol}\cdot\text{kg}^{-1}=0.7\text{mol}\cdot\text{kg}^{-1}$

路易斯还根据实验结果总结出 $\gamma_{\pm}$ 与 I 之间相互关系的经验公式：

$$\lg\gamma_{\pm}=-A'\sqrt{\frac{I}{b^{\ominus}}} \tag{9-53}$$

在水溶液中 A' 是与温度及电解质价型有关的经验常数，该式适用于离子强度很低的电解质溶液。

表 9-6　25℃时，一些电解质水溶液的离子平均活度因子（$\gamma_{\pm}$）

$b/b^{\ominus}$	LiBr	HCl	$CaCl_2$	$Mg(NO_3)_2$	Na_2SO_4	$CuSO_4$	$CaSO_4$
0.001	0.97	0.96	0.89	0.88	0.89	0.74	0.74
0.01	0.91	0.90	0.73	0.71	0.71	0.44	0.41
0.1	0.80	0.80	0.52	0.52	0.44	0.15	0.16
1	0.80	0.81	0.50	0.54	0.20	0.04	0.65
10	20	10	43				

9.7　德拜-休克尔极限公式

1923 年，德拜（Debye）和休克尔（Hückel）建立了强电解质离子互吸理论，从理论上导出了式(9-53)，因此式(9-53) 也被称为德拜-休克尔极限公式。

德拜-休克尔强电解质离子互吸理论的要点可概括为：

① 溶质在溶液中完全解离为离子，离子可视为均匀带电的球体，在溶液极稀的条件下，可视为点电荷；

② 溶剂为无结构的连续介质；

③ 离子间的相互作用力主要是库仑力；

④ 溶液中每个离子与其它离子的相互作用可归结为中心离子与其离子氛之间的相互作用。

德拜和休克尔认为溶液中离子有两种对立的相互作用：库仑力使离子成为有序结构，热运动则阻止这种结构的形成。根据玻尔兹曼分布律，某个中心正离子周围负电荷出现的概率大于正电荷；反之，某个中心负离子周围正电荷出现的概率大于负电荷。因此中心离子总是被符号相反、电量相等、成球形对称的异号电荷层包围着，这层异号电荷层称为中心离子的离子氛，如图 9-10 所示。离子氛是个统计平均的概念，每个离子都可以成为中心离子，同时也可以成为其它离子的离子氛的成员。由于中心离子和离子氛所带电量相等、符号相反，整体呈电中性，这个整体不再与溶液的其它部分有静电作用。因此中心离子与其离子氛的相互作用可以代替中心离子与溶液中其它离子的相互作用，从而使理论推导得以大大简化。

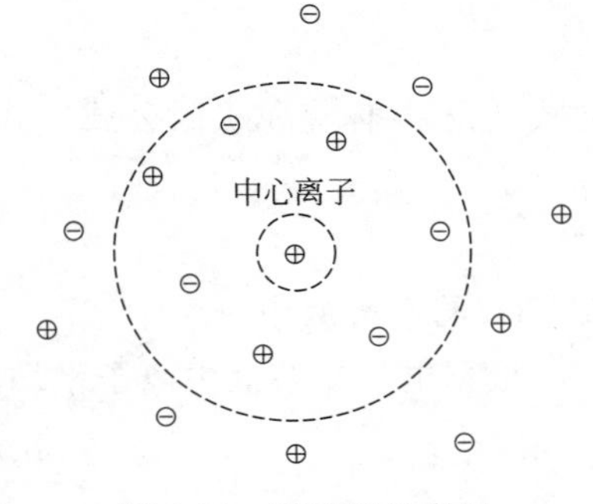

图 9-10　离子氛示意图

离子活度因子等于1的状态是溶液具有理想稀溶液性质的状态，在此状态下离子间无相互作用力。假定离子间仅有库仑力的情况下，这意味着中心离子不受离子氛的影响。在恒温恒压条件下，如果将1mol该状态下的中心离子 j 变为受离子氛影响的实际溶液的状态，该过程中体系吉布斯函数的增量 $\Delta\mu_j=RT\ln\gamma_j$。根据吉布斯函数降低原理［参阅式(2-25)］，其值应等于环境对体系所做的最小非体积功，即

$$RT\ln\gamma_j=-W' \tag{9-54}$$

为了计算 $-W'$，德拜和休克尔运用统计力学和静电学原理导出在极稀的溶液中（即离子可视为点电荷时），离子氛作用于中心离子的电势是

$$\Psi_{(离子氛)}=-\frac{z_j e}{4\pi D}K \tag{9-55}$$

式中，z_j 为中心离子价数；e 为电子电量（绝对值）；D 为溶剂介电常数，$D=\varepsilon_r\varepsilon_0$，其中 $\varepsilon_0=8.854\times10^{-12}\mathrm{F\cdot m^{-1}}$，为真空介电常数，$\varepsilon_r$ 为溶剂的相对介电常数；K 为与离子强度 I 有关的参数，表示式为

$$K=\left(\frac{2F^2\rho}{DRT}\right)^{1/2}\sqrt{I} \tag{9-56}$$

式中，ρ 为溶剂密度；F 为法拉第常数；K^{-1} 为具有长度的量纲。根据静电学原理，式(9-55）表示在离子可视为点电荷的极稀溶液中，离子氛作用在中心离子上的电势相当于其周围一个半径为 K^{-1}，荷电量为 $-z_je$ 的带电球体的电势。因此 K^{-1} 被称为离子氛半径。溶液的离子强度越小，离子氛半径越大。若 $I\to0$，即 $K^{-1}\to\infty$ 时，$\Psi_{(离子氛)}\to0$，表示离子不受静电引力作用。

设中心离子从不受离子氛影响的初态变为受离子氛影响的终态，该过程中环境对1mol中心离子所做的最小非体积功等于其在离子氛电场作用下拥有的电势能，即

$$-W'=\frac{1}{2}Lz_je\Psi_{(离子氛)}=-\frac{Lz_j^2e^2}{8\pi D}K \tag{9-57}$$

式中乘1/2是因为电势能为中心离子与离子氛所共有，每个中心离子既是离子氛的中心，又是其它离子的离子氛成员，因此重复计算了一次。上式代入式(9-54）并结合式(9-56)，可得到

$$\lg\gamma_j=-Az_j^2\sqrt{\frac{I}{b^\ominus}} \tag{9-58}$$

此式即德拜-休克尔极限公式，式中

$$A=\frac{1}{2.303}\frac{F^3(\rho b^\ominus)^{1/2}}{4\sqrt{2}\pi L(DRT)^{3/2}} \tag{9-59}$$

在25℃的水溶液中 $A=0.509$。

根据电解质溶液中离子平均活度因子的定义，有

$$\lg\gamma_\pm=\frac{\nu_+\lg\gamma_++\nu_-\lg\gamma_-}{\nu_++\nu_-}=-\frac{\nu_+z_+^2+\nu_-z_-^2}{\nu_++\nu_-}A\sqrt{\frac{I}{b^\ominus}}$$

根据电中性条件：$\nu_+Z_+=\nu_-|Z_-|$，所以

$$\frac{\nu_+z_+^2+\nu_-z_-^2}{\nu_++\nu_-}=\frac{\nu_-|z_-|z_++\nu_+z_+|z_-|}{\nu_++\nu_-}=|z_+z_-|$$

因此，德拜-休克尔极限公式的常用形式可表示为

$$\lg\gamma_{\pm}=-A\left|z_{+}z_{-}\right|\sqrt{\frac{I}{b^{\ominus}}} \qquad (9\text{-}60)$$

图 9-11 给出若干电解质 $\gamma_{\pm}$ 实验值与公式预测值（图中虚线）的比较，结果表明，这个公式约在 $I<0.01b^{\ominus}$ 的极稀溶液中是适用的。在较浓的溶液中，离子氛半径减小，离子有一定体积，不能用点电荷处理，离子间除库仑力之外，其它作用力亦不容忽视，公式的偏差增大。

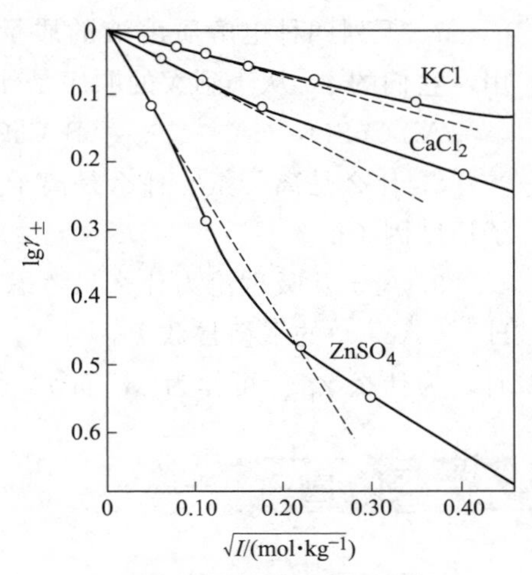

图 9-11 电解质活度因子与离子强度的关系

【例 9-7】 用德拜-休克尔极限公式计算 25℃时，$0.005\mathrm{mol\cdot kg^{-1}}$ $BaCl_2$ 水溶液中 $BaCl_2$ 的平均活度。

解 $I=\frac{1}{2}\sum_i b_i z_i^{\,2}$

$=[(0.005\times2^2+0.005\times2\times1^2)/2]\mathrm{mol\cdot kg^{-1}}$

$=0.015\mathrm{mol\cdot kg^{-1}}$

$\lg\gamma_{\pm}=-A\left|z_{+}z_{-}\right|\sqrt{\frac{I}{b^{\ominus}}}=-0.509\times2\times1\times\sqrt{0.015}=-0.1246$，所以 $\gamma_{\pm}=0.75$

$b_{\pm}=(\nu_{+}^{\nu_{+}}\nu_{-}^{\nu_{-}})^{1/\nu}b=[(1^1\times2^2)^{1/3}\times0.005]\mathrm{mol\cdot kg^{-1}}=7.937\times10^{-3}\mathrm{mol\cdot kg^{-1}}$

故 $a_{\pm}=(b_{\pm}/b^{\ominus})\gamma_{\pm}=7.937\times10^{-3}\times0.75=5.953\times10^{-3}$

思考题

1. 电池中阳极、阴极，正极、负极的定义分别是什么？为什么原电池中正离子向正极迁移？负离子向负极迁移？

2. 离子对溶液电导率的贡献与离子的电迁移率有何关系？κ_B 最大，U_B 是否最大？t_B 是否最大？离子的摩尔电导率与离子的电迁移率有何关系？$\lambda_{m,B}$ 最大，U_B 是否最大？对单一电解质溶液，在什么条件下下式成立？

$$t_{+}=\frac{\lambda_{m,+}}{\lambda_{m,+}+\lambda_{m,-}}, \qquad t_{-}=\frac{\lambda_{m,-}}{\lambda_{m,+}+\lambda_{m,-}}$$

3. 强电解质溶液的电导率和摩尔电导率随溶液浓度的变化关系有何不同？其原因何在？

4. 采用什么方法可以求得强电解质与弱电解质的极限摩尔电导率？

5. 水溶液中，为何 1 价阳离子 Li^+，Na^+，K^+……的半径越小，离子的电迁移率也越小？H^+ 的半径最小，为何电迁移率最大？

6. 影响难溶盐溶解度的主要因素有哪些？AgCl 在下列溶液中溶解度从小到大的顺序是什么？

A. $0.1c^{\ominus}$ $NaNO_3$　　B. $0.1c^{\ominus}$ NaCl　　C. 纯水　　D. $0.1c^{\ominus}$ $Ca(NO_3)_2$

7. 下列四种电解质溶液的质量摩尔浓度均相同，假定德拜-休克尔极限公式对它们适用，它们的 $\gamma_{\pm}$ 从小到大的顺序是什么？

A. $CuSO_4$　　B. $CaCl_2$　　C. KCl　　D. $LaCl_3$

8. 什么是离子氛？什么是离子氛半径？简述德拜-休克尔是如何利用离子氛模型计算离子活度因子的？

9. 离子互吸理论为什么只考虑库仑力而忽略其它作用力？弱电解质解离（如 $HAc \rightleftharpoons H^+ + Ac^-$）的平衡常数 K_c 与 K_a 的关系为 $K_a = (K_c/c^{\ominus})(\gamma_{\pm}^2/\gamma_{HAc})$，在由 K_c 计算 K_a 时，为什么 γ_{HAc} 可作为 1，而 $\gamma_{\pm}$ 通常则必须考虑？

习　题

1. 电解 $CuSO_4$ 溶液时，电流强度为 5A，通电时间为 7min，阴极上除观察到有 0.01mol Cu 析出外，尚有少量 $H_2(g)$ 析出，问析出 $H_2(g)$ 的体积（标准状况下）是多少？

2. 用银电极电解 $AgNO_3$ 溶液，通电一段时间后，测得在阴极上析出 1.15g 银，并知阴极区溶液中 Ag^+ 的总量减少了 0.605g。求硝酸银溶液中 Ag^+ 和 NO_3^- 的迁移数。

3. 用 Pb(s) 作电极电解 $Pb(NO_3)_2$ 溶液。电解前溶液浓度为每 1000g 水中含有 16.64g $Pb(NO_3)_2$。当与电解池串联的银库仑计中有 0.1658g Ag 沉积时电解结束，经分析阳极区溶液质量为 62.50g，其中含有 $Pb(NO_3)_2$ 1.151g，求 Pb^{2+} 和 NO_3^- 的迁移数。

4. 以银为电极通电于氰化银钾（KCN＋AgCN）溶液时，银在阴极上沉积。每通过 1mol 电子的电量，阴极部失去 1.4mol Ag^+ 和 0.8mol CN^-，得到 0.6mol K^+。求：(1) 氰化银钾配合物的化学式；(2) 正、负离子迁移数。

5. 25℃时，在毛细管中先注入浓度为 $33.27\times10^{-3}mol\cdot dm^{-3}$ 的 $GdCl_3$ 水溶液，再在其上小心注入 $7.3\times10^{-2}mol\cdot dm^{-3}$ 的 LiCl 水溶液，使其间有明显的分界面。然后通过 5.594mA 的电流，通电 3976s 后界面向下移动的距离相当于 $1.002\times10^{-3}dm^3$ 的 $GdCl_3$ 溶液在管中所占有的长度，求 Gd^{3+} 的迁移数。

6. 某电导池内有两个相互平行的半径为 2cm 的圆形银电极，电极之间相距 0.120m，在电解池内装满 $0.100mol\cdot dm^{-3}$ 的 $AgNO_3$ 溶液，两极间电压为 20.0V，测得此时电流强度为 0.1976A。计算电池常数及该溶液的电导、电导率与摩尔电导率。

7. 25℃时，实验测得 $0.01mol\cdot dm^{-3}$ $BaCl_2$ 溶液的摩尔电导率为 $2.76\times10^{-2}S\cdot m^2\cdot mol^{-1}$，$Ba^{2+}$ 的迁移数为 0.455，求 Ba^{2+}、Cl^- 两种离子对溶液电导率的贡献以及在 $1.2\times10^3V\cdot m^{-1}$ 的电场中离子迁移的速率。

8. 291K 时水溶液中 HCl 和 KCl 的摩尔浓度皆为 $0.01mol\cdot dm^{-3}$，该溶液中 H^+、K^+、Cl^- 的摩尔电导率分别为 $278\times10^{-4}S\cdot m^2\cdot mol^{-1}$、$48\times10^{-4}S\cdot m^2\cdot mol^{-1}$、$49\times10^{-4}S\cdot m^2\cdot mol^{-1}$，求三种离子的电迁移率、迁移数及电解质溶液的电导率。

9. 25℃，实验测得 LiCl 水溶液浓度为 $0.5mol\cdot m^{-3}$ 及 $0.1mol\cdot m^{-3}$ 时其电导率分别为 $5.658\times10^{-3}S\cdot m^{-1}$ 及 $1.142\times10^{-3}S\cdot m^{-1}$，假定科尔劳施定律对上述溶液适用，计算 LiCl 的极限摩尔电导率。

10. 25℃时，某电导池中充以 $0.1mol\cdot dm^{-3}$ 的 KCl 溶液（$\kappa=0.1414S\cdot m^{-1}$），测得

电阻为 525Ω，若在电导池中充以 $0.1mol \cdot dm^{-3}$ 的 $NH_3 \cdot H_2O$ 溶液时，测得电阻为 2030Ω。已知 OH^- 和 NH_4^+ 的极限摩尔电导率分别为 $1.98 \times 10^{-2} S \cdot m^2 \cdot mol^{-1}$ 和 $7.34 \times 10^{-3} S \cdot m^2 \cdot mol^{-1}$。求

（1）$NH_3 \cdot H_2O$ 的解离度；

（2）$NH_3 \cdot H_2O \rightleftharpoons NH_4^+ + OH^-$ 的解离平衡常数 K_c。

11. 291.2K 时，已知 $Ba(OH)_2$、$BaCl_2$ 和 NH_4Cl 溶液在无限稀释时的摩尔电导率分别是 $0.04576S \cdot m^2 \cdot mol^{-1}$、$0.02406S \cdot m^2 \cdot mol^{-1}$ 和 $0.01298S \cdot m^2 \cdot mol^{-1}$，求该温度下 NH_4OH 溶液的极限摩尔电导率。

12. 291.2K 时，测得 CaF_2 饱和水溶液及配制该溶液所用纯水的电导率分别为 $3.86 \times 10^{-3} S \cdot m^{-1}$ 和 $1.50 \times 10^{-4} S \cdot m^{-1}$。已知该温度下 $CaCl_2$、NaCl 及 NaF 的极限摩尔电导率分别为 $0.02334S \cdot m^2 \cdot mol^{-1}$、$0.01089S \cdot m^2 \cdot mol^{-1}$ 和 $0.00902S \cdot m^2 \cdot mol^{-1}$，求 291.2K 时 CaF_2 的溶度积。

13. 25℃，测得高纯蒸馏水的电导率为 $5.80 \times 10^{-6} S \cdot m^{-1}$，已知 HAc、NaOH 及 NaAc 的极限摩尔电导率分别为 $0.03907S \cdot m^2 \cdot mol^{-1}$、$0.02481S \cdot m^2 \cdot mol^{-1}$ 和 $0.00910S \cdot m^2 \cdot mol^{-1}$，求该温度下水的离子积。

14. 25℃时，某水溶液中有 $CaCl_2$、$LaCl_3$ 和 $ZnSO_4$ 三种电解质，其浓度分别为 $0.002mol \cdot kg^{-1}$、$0.001mol \cdot kg^{-1}$ 和 $0.002mol \cdot kg^{-1}$，计算该溶液的离子强度，$CaCl_2$ 的离子平均活度因子及离子平均活度。假定德拜-休克尔公式可以适用。

15. 25℃，Ag_2CrO_4 在水中达饱和时的浓度为 $1.30 \times 10^{-4} mol \cdot dm^{-3}$，求 Ag_2CrO_4 的溶度积并用德拜-休克尔公式计算其活度积。

16. 25℃时，AgCl 在水中饱和溶液浓度为 $1.27 \times 10^{-5} mol \cdot kg^{-1}$，根据德拜-休克尔公式计算反应 $AgCl(s) \rightleftharpoons Ag^+(aq) + Cl^-(aq)$ 的 $\Delta_r G_m^{\ominus}$，并计算 AgCl 在 KNO_3 溶液（混合溶液离子强度为 $0.010mol \cdot kg^{-1}$）中的饱和浓度。

17. 25℃时，$AgBrO_3$ 在水溶液中的活度积 $K_a = 5.77 \times 10^{-5}$，试用德拜-休克尔公式计算 $AgBrO_3$ 在（1）纯水中；（2）$0.01mol \cdot kg^{-1}$ $KBrO_3$ 中的溶解度（以溶质与水的质量比表示）。

18. 25℃时，TiCl 在纯水中饱和时的浓度为 $1.607 \times 10^{-2} mol \cdot kg^{-1}$，水中有 $0.1000mol \cdot kg^{-1}$ NaCl 时，TiCl 饱和时的浓度为 $3.95 \times 10^{-3} mol \cdot kg^{-1}$，TiCl 的活度积 $K_a = 2.022 \times 10^{-4}$，求 TiCl 饱和溶液的离子平均活度因子，（1）在纯水中；（2）在 $0.1000mol \cdot kg^{-1}$ NaCl 水溶液中。

19. 25℃时，实验测得氯代乙酸（$b = 0.590 \times 10^{-3} mol \cdot kg^{-1}$）的解离度 $\alpha = 0.759$，用德拜-休克尔公式计算解离反应 $CH_2ClCOOH \rightleftharpoons CH_2ClCOO^- + H^+$ 的平衡常数 K_a。

20. 25℃时，某有机银盐 AgA（A 表示弱有机酸根）在浓度为 $1.0 \times 10^{-3} mol \cdot dm^{-3}$ 的 HNO_3 溶液中达饱和时的浓度为 $1.3 \times 10^{-4} mol \cdot dm^{-3}$，溶液中 A^- 可水解成 HA，用德拜-休克尔公式计算弱有机酸解离反应 $HA \rightleftharpoons H^+ + A^-$ 的平衡常数 K_a，已知 AgA 的活度积为 1.0×10^{-8}。

21. 将书中式(9-57)、式(9-56) 代入式(9-54) 导出 A 的表示式(9-59)，并将 25℃时水

溶液的 $\varepsilon_r = 78.5$，$\rho = 997\text{kg}\cdot\text{m}^{-3}$ 代入，计算出 A 的值。

22. 强电解质稀溶液的渗透压可表示为 $\pi = icRT$，试导出

$$i = \nu\left(1 + \frac{1}{b}\int_0^b b\,\mathrm{d}\ln\gamma_{\pm}\right)$$

ν 为一个电解质分子解离的离子数。并证明

(1) 对于理想稀溶液（即 $\gamma_{\pm} = 1$ 时），$i = \nu$；

(2) 溶液服从德拜-休格尔极限定律时，$i = \nu\left(1 + \frac{1}{3}\ln\gamma_{\pm}\right)$。

第10章 可逆电池

10.1 可逆电池的概念

可逆电池

10.1.1 可逆电池的条件及符号表示

可逆电池是电池的放电与充电过程皆为热力学可逆过程的电池。可逆原电池充电时就是可逆电解池，统称可逆电池。可逆电池是一个重要概念，因为只有可逆电池才能进行严格的热力学处理。根据可逆过程的定义，可逆电池必须具备以下条件。

① 通过电池的电流必须无限小。因为电池总有一定的内阻，当有限大小的电流通过电池时必将使一部分电能以热的形式耗散掉，从而导致整个过程的不可逆。

② 电极反应及整个电池反应必须是可逆的，即当电流改变方向时电极反应及电池中发生的所有变化都随之逆向进行。这样当放电、充电过程完成后电池才能回复原来的状态。

例如将金属 Cu 和 Zn 插入稀 H_2SO_4 溶液中组成的电池，放电时的电极反应和电池反应为

负极（Zn 电极）： $Zn \longrightarrow Zn^{2+} + 2e$

正极（Cu 电极）： $2H^+ + 2e \longrightarrow H_2$

电池反应： $Zn + 2H^+ \longrightarrow Zn^{2+} + H_2$

充电时的电极反应和电池反应为

负极（Zn 电极）： $2H^+ + 2e \longrightarrow H_2$

正极（Cu 电极）： $Cu \longrightarrow Cu^{2+} + 2e$

电池反应： $Cu + 2H^+ \longrightarrow Cu^{2+} + H_2$

该铜-锌电池的电极反应，电池反应都是不可逆的，因而是不可逆电池。图 9-1 中丹尼尔电池放电时 Zn 电极上的 Zn 被氧化成 Zn^{2+}，Cu^{2+} 被还原成 Cu 沉积在 Cu 电极上。充电时的变化恰与放电过程相反，因而其电极反应是可逆的。但是整个电池反应不仅包括电极反应而且包括溶液中的其它变化过程，如离子的迁移过程。丹尼尔电池放电时 Zn^{2+} 通过多孔膜向 $CuSO_4$ 溶液迁移，充电时 Cu^{2+} 通过多孔膜向 $ZnSO_4$ 溶液迁移，放电与充电过程中离子的迁移过程是不可逆的，因此，图 9-1 中的丹尼尔电池也是不可逆电池。可逆过程要求体系状态无限接近平衡，事实上在电池开路的条件下上述铜-锌电池中的 Zn 就能从 H_2SO_4 中

置换出 H_2(g)，丹尼尔电池中 $ZnSO_4$ 和 $CuSO_4$ 就能通过多孔膜相互扩散，因此，凡开路条件下电池中就有化学反应和扩散等不可逆过程发生的电池皆为不可逆电池。对于丹尼尔电池这种有液体接界的双液电池，通常用盐桥将两液相相连。盐桥与两液相间虽仍有扩散作用，但它可以大大减小液体接界的电势差，使电池的电动势近似等于无液体接界电池的电动势（参看 10.2 节），如果忽略盐桥扩散造成的影响，可近似将电池视为可逆电池。

可逆电池，确切地说，是可逆程度高的电池，应是无液体接界的单液电池。例如将金属 Zn 和表面沉积有银盐（AgCl）的金属 Ag 插入 $ZnCl_2$ 溶液中组成的电池，放电、充电时的电极反应和电池反应为

负极（Zn 电极）： $$Zn \underset{充电}{\overset{放电}{\rightleftharpoons}} Zn^{2+} + 2e$$

正极（Ag+AgCl 电极）： $$2AgCl + 2e \underset{充电}{\overset{放电}{\rightleftharpoons}} 2Ag + 2Cl^-$$

电池反应： $$Zn + 2AgCl \underset{充电}{\overset{放电}{\rightleftharpoons}} 2Ag + Zn^{2+} + 2Cl^-$$

当无限小的电流通过时，该电池可视为可逆电池。

可逆电池既是可逆原电池，也是可逆电解池。可逆电池的符号按可逆原电池表示，规定如下：

① 负极（发生氧化反应）写在左边，正极（发生还原反应）写在右边；

② 从左至右按电流流动方向依次用化学符号表示组成电池的各种物质；

③ 各物质间的相界面用“|”或“,”表示，如果两液相之间放置有盐桥，则用“‖”表示；

④ 标明组成电池的各种物质所处的状态，如聚集状态、温度、压力、浓度等，若不注明温度与压力，通常指 25℃、100kPa。

例如，在液体接界处放置盐桥的丹尼尔电池可表示为

$$Zn(s)\,|\,ZnSO_4(aq)\,\|\,CuSO_4(aq)\,|\,Cu(s)$$

10.1.2 可逆电池的热力学

根据吉布斯函数降低原理，恒温恒压下可逆原电池对外所做电功等于其吉布斯函数的减少值，即

$$-dG = \delta W'_R \tag{10-1}$$

$\delta W'_R$ 为可逆原电池对外所做电功。可逆电池放电时对外所做电功等于电池电动势 E 与通过电量的乘积。设电池反应进度为 $d\xi$，由式(9-1) 知，通过电量 $dQ = zF\,d\xi$，因此

$$\delta W'_R = zFE\,d\xi$$

上式代入式(10-1)，注意到 $dG/d\xi = (\partial G/\partial \xi)_{T,p} = \Delta_r G_m$，为电池反应的摩尔吉布斯函数变，可得到

$$\Delta_r G_m = -zFE \tag{10-2}$$

由热力学关系

$$\Delta_r S_m = -\left(\frac{\partial \Delta_r G_m}{\partial T}\right)_p$$

将式(10-2) 代入，有

$$\Delta_r S_m = zF\left(\frac{\partial E}{\partial T}\right)_p \tag{10-3}$$

$(\partial E/\partial T)_p$ 为电池反应的温度系数。另由热力学关系

$$\Delta_r G_m = \Delta_r H_m - T\Delta_r S_m$$

将式(10-2)、式(10-3) 代入，得到

$$\Delta_r H_m = -zFE + zFT\left(\frac{\partial E}{\partial T}\right)_p \tag{10-4}$$

式(10-2)、式(10-3) 和式(10-4) 表明测定可逆原电池的电动势及其温度系数可以计算电池反应的摩尔吉布斯函数变、摩尔熵变和摩尔焓变。应当指出，可逆电池放电时的热效应 Q_R 并不等于 $\Delta_r H_m$，而须根据熵的定义，由下式计算：

$$Q_R = T\Delta_r S_m = zFT\left(\frac{\partial E}{\partial T}\right)_p \tag{10-5}$$

T 为电池放电时的温度。

假定电池反应的各反应物与产物皆处于标准状态，此时电池的电动势以 $E^{\ominus}$ 表示，称为电池的标准电动势。由式(10-2) 知

$$\Delta_r G_m^{\ominus} = -zFE^{\ominus} \tag{10-6}$$

将式(10-2)、式(10-6) 代入化学反应等温方程式：$\Delta_r G_m = \Delta_r G_m^{\ominus} + RT\ln J_a$，可以得到

$$E = E^{\ominus} - \frac{RT}{zF}\ln J_a \tag{10-7}$$

式(10-7) 表示电动势 E 与电池反应活度商 J_a 之间的关系，称为电池反应的能斯特 (Nernst) 方程。将式(10-6) 代入 $\Delta_r G_m^{\ominus}$ 与标准平衡常数的关系式：$\Delta_r G_m^{\ominus} = -RT\ln K^{\ominus}$，则有

$$E^{\ominus} = \frac{RT}{zF}\ln K^{\ominus} \tag{10-8}$$

式(10-8) 将电池反应的标准平衡常数与电池的标准电动势联系起来。

【例 10-1】 在 298K 和 313K 分别测定丹尼尔电池的电动势，得到 $E_1(298\text{K}) = 1.1030\text{V}$，$E_2(313\text{K}) = 1.0961\text{V}$，电池反应为

$$Zn(s) + CuSO_4(a=1) \Longrightarrow Cu(s) + ZnSO_4(a=1)$$

并设 298～313K 之间电池的温度系数为常数，求 298K 时电池反应的 $\Delta_r G_m$、$\Delta_r H_m$、$\Delta_r S_m$，可逆放电过程热效应 Q_R 及电池反应的平衡常数 $K^{\ominus}$。

解 因为：$\left(\frac{\partial E}{\partial T}\right)_p = \frac{E_2 - E_1}{T_2 - T_1} = \frac{(1.0961 - 1.1030)\text{V}}{(313 - 298)\text{K}} = -4.6\times 10^{-4}\text{V}\cdot\text{K}^{-1}$

在 298K 时，$\Delta_r G_m = -zFE = (-2\times 1.1030\times 96485)\text{J}\cdot\text{mol}^{-1} = -212.8\text{kJ}\cdot\text{mol}^{-1}$

$$\Delta_r S_m = zF\left(\frac{\partial E}{\partial T}\right)_p = [2\times 96485\times(-4.6\times 10^{-4})]\text{J}\cdot\text{K}^{-1}\cdot\text{mol}^{-1}$$
$$= -88.77\text{J}\cdot\text{K}^{-1}\cdot\text{mol}^{-1}$$

$$\Delta_r H_m = \Delta_r G_m + T\Delta_r S_m$$
$$= (-212.8 - 298\times 88.77\times 10^{-3})\text{kJ}\cdot\text{mol}^{-1} = -239.3\text{kJ}\cdot\text{mol}^{-1}$$

$$Q_R = T\Delta_r S_m = [298\times(-88.77)]\times 10^{-3}\text{kJ}\cdot\text{mol}^{-1}$$
$$= -26.45\text{kJ}\cdot\text{mol}^{-1}$$

因反应中各物质活度皆为1，$J_a=1$，所以 $E_1=E_1^{\ominus}$，由式(10-8) 知

$$K^{\ominus}=\exp\frac{zFE^{\ominus}}{RT}=\exp\frac{2\times96485\times1.1030}{8.314\times298}=2.04\times10^{37}$$

【例 10-2】 求25℃时电池 Pt,H_2(g,0.15MPa)|H_2SO_4(aq,稀溶液)|O_2(g,0.15MPa),Pt 的电动势及电动势的温度系数。已知该温度下 H_2O(l) 的标准摩尔生成吉布斯函数为 $-237.14\text{kJ}\cdot\text{mol}^{-1}$，标准摩尔生成焓为 $-285.85\text{kJ}\cdot\text{mol}^{-1}$。气体可视为理想气体，溶剂水的活度为1。

解 负极：$H_2(g,0.15MPa)\longrightarrow 2H^+(aq)+2e$

正极：$(1/2)O_2(g,0.15MPa)+2H^+(aq)+2e\longrightarrow H_2O(l)$

电池反应：$H_2(g,0.15MPa)+(1/2)O_2(g,0.15MPa)=\!=\!=H_2O(l)$

电池反应的 $\Delta_r G_m^{\ominus}=-237.14\text{kJ}\cdot\text{mol}^{-1}$，$\Delta_r H_m^{\ominus}=-285.85\text{kJ}\cdot\text{mol}^{-1}$，所以

$$E^{\ominus}=-\Delta_r G_m^{\ominus}/(zF)=[-(-237.14\times10^3)/(2\times96485)]\text{V}=1.229\text{V}$$

故 $$E=E^{\ominus}-\frac{RT}{zF}\ln J_a=\left[1.229-\frac{8.314\times298.15}{2\times96485}\ln\frac{1}{(0.15/0.1)\times(0.15/0.1)^{1/2}}\right]\text{V}$$

$$=1.237\text{V}$$

因为 $$\Delta_r G_m=-zFE=(-2\times96485\times1.237\times10^{-3})\text{kJ}\cdot\text{mol}^{-1}=-238.70\text{kJ}\cdot\text{mol}^{-1}$$

$$\Delta_r H_m=\Delta_r H_m^{\ominus}=-285.85\text{kJ}\cdot\text{mol}^{-1}$$

$$\Delta_r S_m=\frac{\Delta_r H_m-\Delta_r G_m}{T}=\frac{[-285.85-(-238.70)]\times10^3}{298.15}\text{J}\cdot\text{K}^{-1}\cdot\text{mol}^{-1}$$

$$=-158.14\text{J}\cdot\text{K}^{-1}\cdot\text{mol}^{-1}$$

故 $$\left(\frac{\partial E}{\partial T}\right)_p=\frac{\Delta_r S_m}{zF}=\frac{-158.14}{2\times96485}\text{V}\cdot\text{K}^{-1}=-8.20\times10^{-4}\text{V}\cdot\text{K}^{-1}$$

10.2 可逆电池的电动势

10.2.1 电动势产生的机理

电化学体系是两相或数相间存在电势差的复相体系。电池就是由两个电极和电解质溶液等物质组成的电化学体系。可逆电池的电动势是通过电池的电流趋于0时两极间的电势差，它是电池内各相界面间电势差的代数和。当体系中有化学反应发生时，伴随反应发生的电荷转移过程分别在不同的相界面间进行，从而导致电动势的产生。电池内不同相界面间的电势差有以下几种。

10.2.1.1 电极与溶液的界面电势差

将金属 M 浸入到含有该金属离子 M^{z+} 的溶液中，由于金属离子在固、液两相化学势不等，离子将在两相间迁移。若金属离子在固相的化学势大于其在液相的化学势，离子将从金属迁移向溶液，同时将电子留在金属，使金属表面带负电。由于静电引力作用，进入溶液的金属离子聚集在金属表面附近，形成双电层，如图10-1所示。双电层形成的电场阻止金属

离子进一步进入溶液，平衡时金属与溶液本体间呈现出稳定的电势差。由于离子的热运动，金属正离子不可能整齐排列在金属表面，而是逐渐扩散形成紧密层（厚度约为 10^{-10} ～ 10^{-9}m）和扩散层（厚度约为 10^{-9}～10^{-6}m）两部分。与此相反，若金属离子在液相中的化学势大于其在固相中的化学势，金属离子则从溶液迁移至金属表面，使金属表面带正电并吸引溶液中的负离子在其表面聚集，形成方向相反的双电层。平衡时金属与溶液本体间也呈现出稳定的电势差。

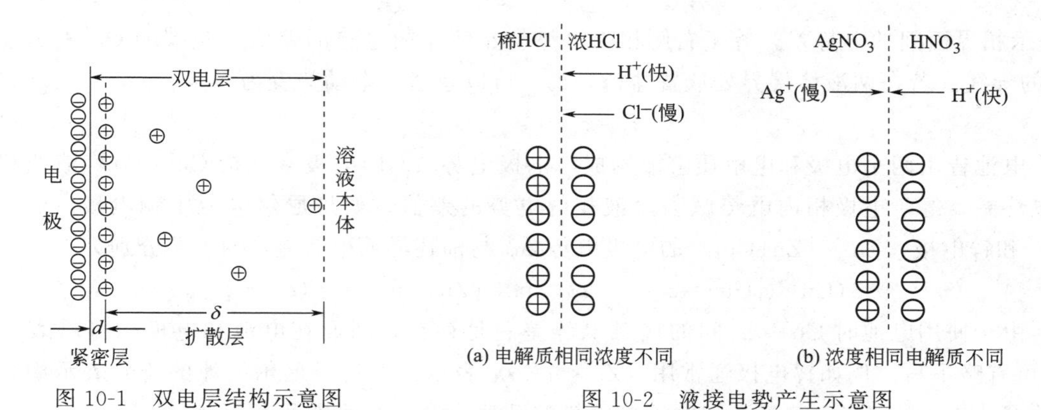

图 10-1 双电层结构示意图

图 10-2 液接电势产生示意图

10.2.1.2 金属与金属的接触电势差

导线与金属电极相接触时，例如 Cu|Zn 界面上也会产生电势差。这是由于不同金属中电子的逸出功不同，在接触时相互逸出的电子数目不等，在界面上形成双电层，由此产生两相间的电势差，称为接触电势差。接触电势差很小，可以忽略，但精确计算必须计入。

10.2.1.3 液接电势

在两种不同溶质或溶质相同而浓度不同的溶液界面上存在着微小的电势差，称为液接电势或扩散电势。如图 10-2(a) 所示，在两种不同浓度的 HCl 溶液接界处，HCl 从浓的一边向稀的一边扩散，由于 H^+ 迁移速率比 Cl^- 快得多，所以在稀的一边将出现过剩的 H^+ 而带正电，浓的一边有过剩的 Cl^- 而带负电，从而导致 H^+ 扩散速率减慢，Cl^- 扩散速率加快。两种离子扩散速率相同时，界面上形成稳定的双电层，相应的电势差称为液接电势。又如图 10-2(b) 所示，在浓度相同的 $AgNO_3$ 溶液与 HNO_3 溶液接界处，由于 H^+ 和 Ag^+ 分别向对方扩散，但 H^+ 扩散快，Ag^+ 扩散慢，使得 $AgNO_3$ 一边带正电，HNO_3 一边带负电，同样形成双电层和液接电势。

10.2.1.4 盐桥

液接电势一般不超过 30mV，在测定电动势时不可忽略。且由于扩散是不可逆过程，液接电势的存在使电动势的测定难以得到稳定值，所以测定电池电动势时总是力图消除或尽量减小液接电势。通常采用的方法是在液体接界处放置盐桥，使两液相不直接接触。盐桥一般为装有饱和 KCl 溶液或 NH_4NO_3 溶液的 U 形玻璃管。为防止溶液倒出，常用凝胶例如琼脂等将溶液凝结在管内。盐桥中 KCl 浓度很高，在盐桥与溶液接界处，盐桥中 K^+ 和 Cl^- 向溶液的扩散成为主导方向。由于这两种离子的迁移速率非常接近，所以盐桥-溶液界面上的液接电势很小。而且盐桥两端形成的液接电势方向相反，相互抵消，使用盐桥后液接电势虽不能完全消除，但可使液接电势显著降低到几毫伏。

10.2.1.5 可逆电池的电动势

可逆电池的电动势等于组成电池的各相界面间所产生的电势差的代数和。以图 9-1(b) 中的丹尼尔电池为例

$$(-)\mathrm{Cu}'|\mathrm{Zn}|\mathrm{ZnSO_4}(b_1)|\mathrm{CuSO_4}(b_2)|\mathrm{Cu}(+)$$

$$\varepsilon_{接触}\ \varepsilon_{-}\qquad\qquad \varepsilon_{液接}\qquad\qquad \varepsilon_{+}$$

$$E=\varepsilon_{+}+\varepsilon_{-}+\varepsilon_{接触}+\varepsilon_{液接} \tag{10-9}$$

ε 表示相界面间的电势差，等于右侧相内电势与左侧相内电势的差值。左端的 Cu′表示连接 Zn 的导线。若在两液体接界处放置盐桥，$\varepsilon_{液接}$ 可以忽略，电动势变为

$$E=\varepsilon_{+}+\varepsilon_{-}+\varepsilon_{接触} \tag{10-10}$$

电池皆由两个电极和电解质溶液构成，电极电势 $\Delta\phi$ 即电极（包括 Cu′）与溶液两相间的电势差，等于电极相内电势减去溶液相内电势的差值。如丹尼尔电池中铜电极（$\mathrm{Cu^{2+}}|\mathrm{Cu}$）和锌电极（$\mathrm{Zn^{2+}}|\mathrm{Zn}|\mathrm{Cu}'$）的电极电势 $\Delta\phi$ 与前述界面电势差 ε 的关系分别为

$$\Delta\phi(\mathrm{Cu^{2+}}|\mathrm{Cu})=\varepsilon_{+},\quad \Delta\phi(\mathrm{Zn^{2+}}|\mathrm{Zn}|\mathrm{Cu}')=-(\varepsilon_{-}+\varepsilon_{接触})$$

由于使用电池时 Cu′|Zn 间的接触电势差总是存在，因而在电池和电极的符号表示中 Cu′可省略不写。例如锌电极通常用（$\mathrm{Zn^{2+}}|\mathrm{Zn}$）表示，上述丹尼尔电池的符号表示中，左端的 Cu′也可以省略。若溶液间的液接电势差已被消除，电动势可表示为

$$E=\Delta\phi_{+}-\Delta\phi_{-} \tag{10-11}$$

即可逆电池的电动势等于正、负两极的电极电势之差。

10.2.2 电动势的测定与标准电池

可逆电池的电动势不能用伏特计测量，因为这时电路中仍有有限大小的电流通过，不符合可逆电池的要求。用伏特计测量的是闭合回路中两电极间的电势差而非可逆电池的电动势。波根多夫（Poggendorff）设计了对消法测量电动势的装置，如图 10-3 所示。工作电池与均匀电阻 AB 构成工作电路，电阻 AB 上形成均匀的电势降。待测电池的正极连接电键，经过检流计和工作电池的正极相连，负极连接到一个滑动触点 C 上，这样在待测电池的外电路中加上了一个与电池电动势方向相反的电势差，它的大小由滑动触点 C 的位置决定。若电键闭合时，检流计中无电流通过，则 C 点位置即被确定，待测电池电动势 E_{X} 等于 AC 段的电势差。为求得 AC 段的电势差，可用标准电池代换待测电池，采用同样的方法测得检流计无电流通过时的另一点 C′，标准电池的电动势 E_{N} 是已知的，故 AC′段的电势差等于 E_{N}。由于两段电阻上的电势降与电阻线的长度成正比，因此待测电池的电动势为

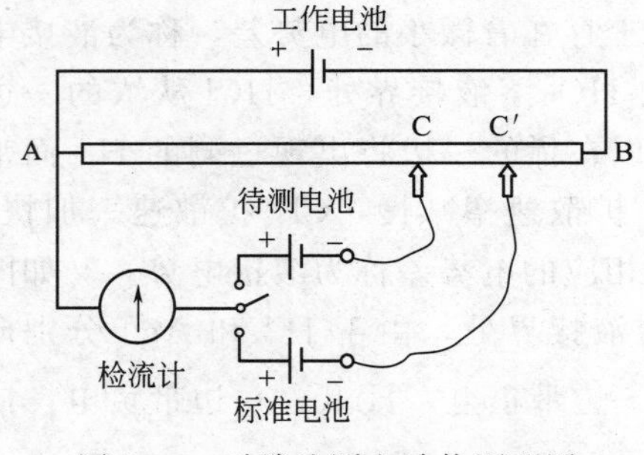

图 10-3 对消法测电动势原理图

$$E_{\mathrm{X}}=E_{\mathrm{N}}\frac{\overline{\mathrm{AC}}}{\overline{\mathrm{AC'}}} \tag{10-12}$$

电动势测量中所用的标准电池即韦斯顿（Weston）电池，其装置如图 10-4 所示。电池的负极是含 12.5%镉的镉汞齐，一定温度下镉汞齐形成的固溶体与液态溶液成两相平衡

[参阅图 4-18(b)]，电池使用中两相组成可保持恒定。正极是汞与硫酸亚汞的糊状体，糊状体与镉汞齐均浸于 $CdSO_4 \cdot (8/3)H_2O$ 晶体的饱和溶液中，糊状体下面放少许水银。韦斯顿电池是一个高度可逆的电池，具有稳定的电动势，很小的温度系数，在 293.15K 时，$E=1.018646V$；298.15K 时，$E=1.018421V$。其电池符号与电池反应为

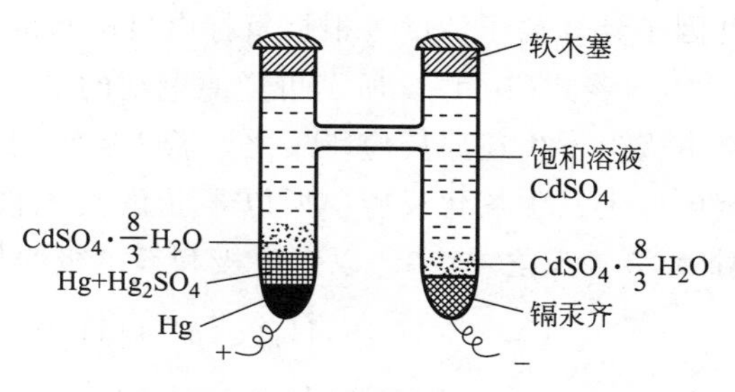

图 10-4　韦斯顿标准电池简图

$$Cd(Hg)|CdSO_4 \cdot (8/3)H_2O(\text{饱和溶液})|Hg_2SO_4(s),Hg(l)$$

负极：　$Cd(Hg)+SO_4^{2-}+(8/3)H_2O \longrightarrow CdSO_4 \cdot (8/3)H_2O(s)+2e$

正极：　$Hg_2SO_4(s)+2e \longrightarrow 2Hg(l)+SO_4^{2-}$

电池反应：$Cd(Hg)+Hg_2SO_4(s)+(8/3)H_2O = 2Hg(l)+CdSO_4 \cdot (8/3)H_2O(s)$

10.3　电极电势

式(10-11) 表明在消除液接电势后，可逆原电池的电动势等于正、负两极电极电势之差。可惜，单个电极电势的绝对值 $\Delta\phi$ 目前尚不能通过实验测定。例如当用两根导线分别连接电极和溶液测定它们的电势差时，一根导线与溶液形成了新的电极，测定结果仍是电池的电动势。然而，在实际应用中我们所需要测定和计算的总是电池的电动势，即两个电极电势的相对值。因此，只要选定某个电极作为比较标准，通过测量其它电极与该标准电极组成的电池的电动势，则其它电极的电极电势就有了统一基础上的相对值，这就是氢标电极电势。

1953 年国际纯粹与应用化学联合会（IUPAC）建议采用标准氢电极作为标准电极。对于任意给定电极，使其与标准氢电极组成原电池，并规定标准氢电极为负极，给定电极为正极，且已消除液接电势，即

$$(-)\text{标准氢电极} \parallel \text{给定电极}(+) \qquad (10\text{-}13)$$

该电池的电动势 E 规定为给定电极的氢标电极电势，以 φ 表示，简称电极电势。

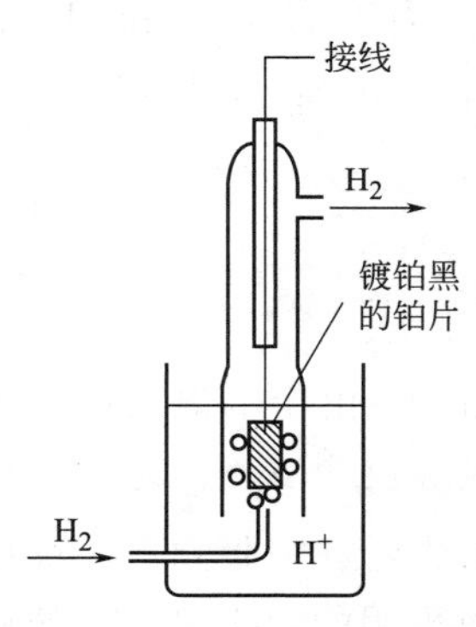

图 10-5　氢电极简图

氢电极是一种气体电极，由于 H_2 不导电，需要将 $H_2(g)$ 吸附在镀有铂黑的铂片上，电极由铂片插入含有 H^+ 的溶液中构成，如图 10-5 所示。氢电极可表示为 $(H^+|H_2,Pt)$，相应的电极反应为

$$H^+(a_+)+e \longrightarrow \frac{1}{2}H_2(g,p_{H_2})$$

当电极中 $H_2(g)$ 和 H^+ 皆处于标准状态时称为标准氢电极，此时 $H_2(g)$ 若视为理想气体，其压力 $p_{H_2}=p^\ominus$，溶液中 H^+ 活度为 1。尽管单个离子的活度不能测定，但在可逆电池电动势的表示式中，总会出现正、负离子活度的乘积，所以可用离子的平均活

度因子计算离子活度。根据氢标电极电势的规定，可得到以下几点推论：

① 若式(10-13) 所示可逆原电池的电动势 $E>0$，则给定电极的电极电势 $\varphi>0$，此时给定电极上发生还原反应。反之，若 $E<0$，则 $\varphi<0$，此时电池的实际正极为标准氢电极，给定电极上发生氧化反应。所以 φ 指的是电极的还原电势。电极的还原能力大于标准氢电极时 $\varphi>0$，反之 $\varphi<0$。以铜电极和锌电极为例：

$$\mathrm{Pt,H_2}(\mathrm{g},p^{\ominus})\,|\,\mathrm{H^+}(a=1)\,\|\,\mathrm{Cu^{2+}}(a=1)\,|\,\mathrm{Cu(s)} \tag{a}$$

$$\mathrm{Pt,H_2}(\mathrm{g},p^{\ominus})\,|\,\mathrm{H^+}(a=1)\,\|\,\mathrm{Zn^{2+}}(a=1)\,|\,\mathrm{Zn(s)} \tag{b}$$

25℃，实际测定电池（a）的电动势为 0.337V，电池（b）的电动势为 0.763V，电池（a）的实际正极为铜电极，电池（b）的实际正极为标准氢电极，因此铜电极的电极电势 $\varphi^{\ominus}(\mathrm{Cu^{2+}}\,|\,\mathrm{Cu})=0.337\mathrm{V}$，锌电极的电极电势 $\varphi^{\ominus}(\mathrm{Zn^{2+}}\,|\,\mathrm{Zn})=-0.763\mathrm{V}$。符号 $\varphi^{\ominus}$ 表示以上两个给定电极中各物质皆处于标准状态时的电极电势，称为标准电极电势。标准电极电势与温度有关，表 10-1 给出一些电极 25℃的 $\varphi^{\ominus}$ 及其温度系数。由于表中给出的电极电势为还原电势，因此在书写电极符号时总是从溶液到电极书写，在书写电极反应时总是写出还原反应。

② 标准氢电极的电极电势等于 0，即 $\varphi^{\ominus}(\mathrm{H^+}\,|\,\mathrm{H_2,Pt})=0$。

③ 氢标电极电势是在统一规定的标准氢电极基础上电极电势的相对值，因此式(10-11) 中电极电势 $\Delta\phi$ 的绝对值均采用氢标电极电势时仍然成立。即

$$E=\varphi_{+}-\varphi_{-} \tag{10-14}$$

且

$$E^{\ominus}=\varphi_{+}^{\ominus}-\varphi_{-}^{\ominus} \tag{10-15}$$

此处 φ 及 $\varphi^{\ominus}$ 皆为氢标电极电势。

④ 式(10-13) 所示的可逆原电池的电池反应为

负极： $(z/2)\mathrm{H_2}(p^{\ominus}) \longrightarrow z\mathrm{H^+}(a_{+}=1)+z\mathrm{e}$

正极： $\text{氧化态}+z\mathrm{e} \longrightarrow \text{还原态}$

电池反应： $(z/2)\mathrm{H_2}(p^{\ominus})+\text{氧化态} = z\mathrm{H^+}(a_{+}=1)+\text{还原态}$

电池反应的能斯特方程为

$$E=E^{\ominus}-\frac{RT}{zF}\ln J_a$$

其中 $E=\varphi$，$E^{\ominus}=\varphi^{\ominus}$，分别为给定电极的电极电势及标准电极电势，由于 $\mathrm{H_2(g)}$ 和 $\mathrm{H^+}$ 的活度皆为1，因此 J_a 为给定电极上发生还原反应的 J_a，即 $J_a=a_{\text{还原态}}/a_{\text{氧化态}}$，所以

$$\varphi=\varphi^{\ominus}-\frac{RT}{zF}\ln\frac{a_{\text{还原态}}}{a_{\text{氧化态}}} \tag{10-16}$$

式(10-16) 称为电极反应的能斯特方程，它表示给定电极 φ 与 $\varphi^{\ominus}$ 的关系。

⑤ 对于式(10-13) 所示的可逆原电池，电池反应的 $\Delta_r G_m=-zF\varphi$。由于电池反应等于正、负两极上电极反应的加和，所以电池反应的 $\Delta_r G_m$ 也等于两个电极反应 $\Delta_r G_m$ 之和。负极反应为标准态下 $\mathrm{H^+}$ 的生成反应，由于单个离子的热力学函数值无法通过实验测定，欲使离子的热力学函数有确定值必须规定某种离子的热力学函数值。目前采用的规定是 $\mathrm{H^+}$ 的标

准生成焓，标准生成吉布斯函数及标准熵[1]皆为0，即

$$\Delta_f H_m^\ominus(H^+, aq)=0 \quad (10\text{-}17)$$

$$\Delta_f G_m^\ominus(H^+, aq)=0 \quad (10\text{-}18)$$

$$S_m^\ominus(H^+, aq)=0 \quad (10\text{-}19)$$

根据式(10-18)的规定，负极反应的 $\Delta_r G_m=0$。正极反应即给定电极上发生的还原反应，因此

$$\Delta_r G_{m(还原)}=-zF\varphi \quad (10\text{-}20)$$

$\Delta_r G_{m(还原)}$ 为给定电极发生还原反应的 $\Delta_r G_m$。例如25℃时 $\varphi^\ominus(Zn^{2+}|Zn)=-0.763V$，意味着该温度下还原反应

$$Zn^{2+}(aq)+2e \longrightarrow Zn(s)$$

的 $\Delta_r G_m^\ominus=-2F\times(-0.763V)=147.2kJ\cdot mol^{-1}$，或 Zn^{2+} 的 $\Delta_f G_m^\ominus=-147.2kJ\cdot mol^{-1}$。

【例 10-3】 计算电池 $Sn|Sn^{2+}(a_1)\|Pb^{2+}(a_2)|Pb$ 在25℃的电动势，已知 $a_1=0.1$，$a_2=0.01$。

解 电动势的计算有两种方法：(1) 首先计算 $E^\ominus$，然后根据电池反应的能斯特方程计算 E；(2) 根据电极反应的能斯特方程分别计算 φ_+ 和 φ_-，然后由 $E=\varphi_+-\varphi_-$ 求得电动势。计算 φ_- 时应当注意，尽管负极发生氧化反应，但 φ_- 的值仍应根据式(10-16)，即电极发生还原反应时计算。

(1) 查表（表10-1）知 $\varphi^\ominus(Sn^{2+}|Sn)=-0.1366V$，$\varphi^\ominus(Pb^{2+}|Pb)=-0.1265V$，所以

$$E^\ominus=\varphi_+^\ominus-\varphi_-^\ominus=[-0.1265-(-0.1366)]V=0.0101V$$

电极反应：负极 $Sn \longrightarrow Sn^{2+}(a_1)+2e$

正极 $Pb^{2+}(a_2)+2e \longrightarrow Pb$

电池反应：$Sn+Pb^{2+}(a_2) = Pb+Sn^{2+}(a_1)$

由能斯特方程 $E=E^\ominus-\frac{RT}{2F}\ln\frac{a_1}{a_2}=\left(0.0101-\frac{0.05916}{2}\lg\frac{0.1}{0.01}\right)V$

$$=-0.0195V$$

[说明：25℃时，$\frac{RT}{F}\ln x=\frac{2.303RT}{F}\lg x=(0.05916V)\lg x$]

(2) $\varphi_+=\varphi_+^\ominus-\frac{RT}{2F}\ln\frac{1}{a_2}=\left(-0.1265-\frac{0.05916}{2}\lg\frac{1}{0.01}\right)V=-0.1857V$

$\varphi_-=\varphi_-^\ominus-\frac{RT}{2F}\ln\frac{1}{a_1}=\left(-0.1366-\frac{0.05916}{2}\lg\frac{1}{0.1}\right)V=-0.1662V$

$E=\varphi_+-\varphi_-=[-0.1857-(-0.1662)]V=-0.0195V$

---

[1] 因为 $\Delta_f G_m^\ominus=\Delta_f H_m^\ominus-T\Delta_f S_m^\ominus$，将式(10-17)、式(10-18)代入，得 $\Delta_f S_m^\ominus=0$，即 H^+ 的标准生成熵等于0，这意味着 $S_m^\ominus(H^+)=(1/2)S_m^\ominus(H_2,g)$，即25℃时 $S_m^\ominus(H^+)=65.34J\cdot K^{-1}\cdot mol^{-1}$。这是关于 H^+ 熵值的又一种规定。由于正、负离子的熵值是相对的，例如25℃，$S_m^\ominus(HCl,aq)=S_m^\ominus(H^+)+S_m^\ominus(Cl^-)=55.20J\cdot K^{-1}\cdot mol^{-1}$，规定了 $S_m^\ominus(H^+)$ 的值，$S_m^\ominus(Cl^-)$ 即有相应的确定值，但 $S_m^\ominus(HCl,aq)$ 不受影响。虽然采用何种规定皆无不可，然而目前被普遍接受并采用的关于 H^+ 熵函数值的规定是式(10-19)。

【例 10-4】 25℃时已知 $H_2O(l)$ 的 $\Delta_f G_m^{\ominus} = -237.19 kJ \cdot mol^{-1}$，$H_2O$ 的解离常数 $K_a = a(H^+)a(OH^-) = 1.0\times10^{-14}$，求电极反应 $O_2(g)+2H_2O(l)+4e \longrightarrow 4OH^-$ 和 $O_2(g)+4H^+ +4e \longrightarrow 2H_2O(l)$ 的 $\varphi^{\ominus}$。

解 (1) $O_2(g)+2H_2O(l)+4e \longrightarrow 4OH^-$，$\Delta_r G_{m(1)}^{\ominus} = -4F\varphi_1{}^{\ominus}$

(2) $O_2(g)+4H^+ +4e \longrightarrow 2H_2O(l)$，$\Delta_r G_{m(2)}^{\ominus} = -4F\varphi_2{}^{\ominus}$

且 $\Delta_r G_{m(2)}^{\ominus} = 2\Delta_f G_m^{\ominus}[H_2O(l)]$，所以

$$\varphi_2^{\ominus} = [2\times(-237.19\times10^3)/(-4\times96485)]V = 1.229V$$

反应(1)－反应(2)，可得

(3) $4H_2O(l) \longrightarrow 4H^+ +4OH^-$，$\Delta_r G_{m(3)}^{\ominus} = -RT\ln K_a{}^4$

因为 $$\Delta_r G_{m(1)}^{\ominus} - \Delta_r G_{m(2)}^{\ominus} = \Delta_r G_{m(3)}^{\ominus}$$

所以 $$-4F(\varphi_1^{\ominus} - \varphi_2^{\ominus}) = -4RT\ln K_a$$

故 $$\varphi_1^{\ominus} = \varphi_2^{\ominus} + \frac{RT}{F}\ln K_a$$

$$= (1.229 + 0.05916\lg10^{-14})V = 0.401V$$

表 10-1 298.15K 时标准电极电势及其温度系数

电 极	电极反应	$\varphi^{\ominus}$/V	$(d\varphi^{\ominus}/dT)\times10^3/V\cdot K^{-1}$
$Li^+ \mid Li$	$Li^+ + e \longrightarrow Li$	−3.045	−0.534
$K^+ \mid K$	$K^+ + e \longrightarrow K$	−2.925	−1.245
$Ba^{2+} \mid Ba$	$Ba^{2+} + 2e \longrightarrow Ba$	−2.906	−0.395
$Ca^{2+} \mid Ca$	$Ca^{2+} + 2e \longrightarrow Ca$	−2.866	−0.175
$Na^+ \mid Na$	$Na^+ + e \longrightarrow Na$	−2.714	−0.772
$Mg^{2+} \mid Mg$	$Mg^{2+} + 2e \longrightarrow Mg$	−2.363	+0.103
$Al^{3+} \mid Al$	$Al^{3+} + 3e \longrightarrow Al$	−1.662	+0.504
$Mn^{2+} \mid Mn$	$Mn^{2+} + 2e \longrightarrow Mn$	−1.180	−0.08
$OH^- \mid H_2, Pt$	$2H_2O + 2e \longrightarrow H_2 + 2OH^-$	−0.828	
$Zn^{2+} \mid Zn$	$Zn^{2+} + 2e \longrightarrow Zn$	−0.7628	+0.091
$Fe^{2+} \mid Fe$	$Fe^{2+} + 2e \longrightarrow Fe$	−0.4402	+0.052
$Cd^{2+} \mid Cd$	$Cd^{2+} + 2e \longrightarrow Cd$	−0.4029	−0.093
$SO_4^{2-} \mid PbSO_4, Pb$	$PbSO_4 + 2e \longrightarrow Pb + SO_4^{2-}$	−0.359	
$Ni^{2+} \mid Ni$	$Ni^{2+} + 2e \longrightarrow Ni$	−0.250	+0.06
$I^- \mid AgI, Ag$	$AgI + e \longrightarrow Ag + I^-$	−0.152	
$Sn^{2+} \mid Sn$	$Sn^{2+} + 2e \longrightarrow Sn$	−0.1366	−0.282
$Pb^{2+} \mid Pb$	$Pb^{2+} + 2e \longrightarrow Pb$	−0.1265	−0.451
$H^+ \mid H_2, Pt$	$2H^+ + 2e \longrightarrow H_2$	0.000	0.000
$Br^- \mid AgBr, Ag$	$AgBr + e \longrightarrow Ag + Br^-$	+0.07103	

续表

电　极	电极反应	$\varphi^{\ominus}/V$	$(d\varphi^{\ominus}/dT)\times10^3/V\cdot K^{-1}$
$Sn^{4+},Sn^{2+}\mid Pt$	$Sn^{4+}+2e = Sn^{2+}$	+0.15	
$Cu^{2+},Cu^{+}\mid Pt$	$Cu^{2+}+e = Cu^{+}$	+0.153	+0.073
$Cl^{-}\mid AgCl,Ag$	$AgCl+e = Ag+Cl^{-}$	+0.2224	
$Cu^{2+}\mid Cu$	$Cu^{2+}+2e = Cu$	+0.337	+0.008
$OH^{-}\mid Ag_2O,Ag$	$Ag_2O+H_2O+2e = 2Ag+2OH^{-}$	+0.344	
$OH^{-}\mid O_2,Pt$	$(1/2)O_2+H_2O+2e = 2OH^{-}$	+0.401	−0.44
$Cu^{+}\mid Cu$	$Cu^{+}+e = Cu$	+0.521	−0.058
$I^{-}\mid I_2,Pt$	$I_2+2e = 2I^{-}$	+0.5355	−0.148
$H^{+},Q\cdot H_2Q\mid Pt$	$C_6H_4O_2+2H^{+}+2e = C_6H_4(OH)_2$	+0.6995	
$Fe^{3+},Fe^{2+}\mid Pt$	$Fe^{3+}+e = Fe^{2+}$	+0.771	+1.188
$Hg_2^{2+}\mid Hg$	$Hg_2^{2+}+2e = 2Hg$	+0.788	
$Ag^{+}\mid Ag$	$Ag^{+}+e = Ag$	+0.7991	+1.000
$Br^{-}\mid Br_2$	$Br_2+2e = 2Br^{-}$	+1.0652	−0.629
$H^{+}\mid O_2,Pt$	$O_2+4H^{+}+4e = 2H_2O$	+1.229	−0.661
$Cl^{-}\mid Cl_2,Pt$	$Cl_2+2e = 2Cl^{-}$	+1.3595	−1.260
$Au^{3+}\mid Au$	$Au^{3+}+3e = Au$	+1.498	
$Au^{+}\mid Au$	$Au^{+}+e = Au$	+1.691	

10.4　电极的种类

能够组成可逆电池的电极可分为以下几种类型。

(1) 金属电极　由金属插入含有该金属离子的溶液中构成。如锌电极（$Zn^{2+}\mid Zn$），铜电极（$Cu^{2+}\mid Cu$），钠（汞齐）电极［$Na^{+}\mid Na(Hg)$］等。对于 Na、K 等能与水反应的活泼金属，必须制成汞齐，电极电势与金属在汞齐中的活度有关。以钠（汞齐）电极为例，电极反应及电极电势分别为

$$Na^{+}(a_{+})+e \longrightarrow Na(Hg)(a),\qquad \varphi=\varphi^{\ominus}-\frac{RT}{F}\ln\frac{a}{a_{+}}$$

(2) 非金属电极　由非金属（包括气体）物质浸入含有该物质离子的溶液构成。如溴电极［$Br^{-}\mid Br_2(l),Pt$］，氢电极［$H^{+}\mid H_2(g),Pt$］，氧电极［$OH^{-}\mid O_2(g),Pt$］等，非金属物质为气体时称为气体电极。由于非金属导电性能差，需要借助惰性金属（通常用 Pt）作为电极载体并起导电作用。因水中既有 H^{+}，也有 OH^{-}，所以氢电极和氧电极也可以分别表示为［$OH^{-}\mid H_2(g),Pt$］和［$H^{+}\mid O_2(g),Pt$］。电极表示式不同，电极反应就不同。以

氧电极为例：

① 氧电极 $[OH^- | O_2(g), Pt]$ 的电极反应为

$$2H_2O + O_2 + 4e \longrightarrow 4OH^-$$

② 氧电极 $[H^+ | O_2(g), Pt]$ 的电极反应为

$$4H^+ + O_2 + 4e \longrightarrow 2H_2O$$

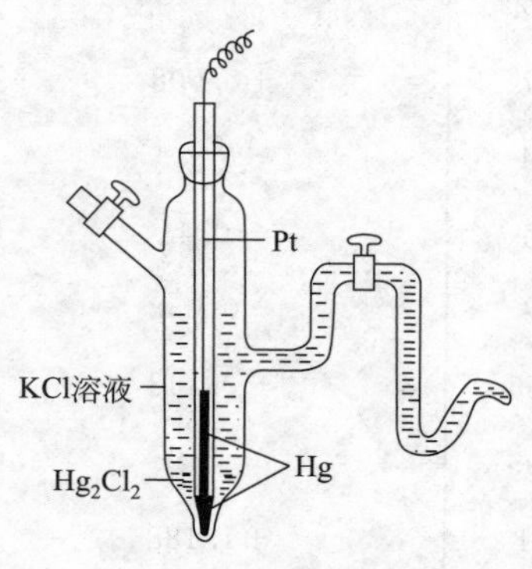

图 10-6 甘汞电极简图

由于电极反应不同，当一个电极处于标准态时，另一个电极处于非标准态，因此同为氧电极，用不同符号表示时，两电极的 $\varphi^{\ominus}$ 不同（参看【例 10-4】）。

(3) 金属-难溶盐电极　由金属表面覆盖一层该金属的难溶盐，然后插入含有该难溶盐的负离子的溶液中构成。如氯化银电极 $[Cl^- | AgCl(s), Ag(s)]$，甘汞电极 $[Cl^- | Hg_2Cl_2(s), Hg(l)]$ 等。甘汞电极制作简单，电极电势稳定，使用方便，常用作参比电极，其构造如图 10-6 所示。甘汞电极的电极反应为

$$Hg_2Cl_2(s) + 2e \longrightarrow 2Hg(l) + 2Cl^-(a_-)$$

甘汞电极的电极电势与 KCl 溶液浓度有关，常用的甘汞电极有三种，其电极电势见表 10-2。

表 10-2　甘汞电极的电极电势

$c(KCl)/mol \cdot dm^{-3}$	$\varphi_{(t)}/V$	$\varphi_{(25℃)}/V$
0.1	$0.3337 - 7\times10^{-5}(t/℃ - 25)$	0.3337
1	$0.2801 - 2.4\times10^{-4}(t/℃ - 25)$	0.2801
饱和溶液	$0.2412 - 7.6\times10^{-4}(t/℃ - 25)$	0.2412

氯化银电极的电极反应和电极电势表示式为

$$AgCl(s) + e \longrightarrow Ag(s) + Cl^-(a_-), \qquad \varphi = \varphi^{\ominus} - \frac{RT}{F}\ln a_-$$

25℃时，$\varphi^{\ominus} = 0.2224V$。氯化银电极在较高温度下比甘汞电极还要稳定，常被选作参比电极，如玻璃电极或其它离子选择性电极的内参比电极常采用氯化银电极。

(4) 金属-难溶氧化物电极　由金属表面覆盖一层该金属的难溶氧化物，然后插入含 OH^- 或 H^+ 的溶液中构成。如氧化银电极，可写为 $[OH^- | Ag_2O(s), Ag(s)]$ 或 $[H^+ | Ag_2O(s), Ag(s)]$。其电极反应分别为

$$Ag_2O(s) + H_2O + 2e \longrightarrow 2Ag(s) + 2OH^-(a_-)$$

$$Ag_2O(s) + 2H^+(a_+) + 2e \longrightarrow 2Ag(s) + H_2O$$

(5) 氧化还原电极　由惰性金属铂（Pt）插入含有两种不同价态离子的溶液中构成。如 $[Fe^{3+}(a'_+), Fe^{2+}(a''_+) | Pt]$，氧化还原反应在 Pt 表面进行，由 Pt 起输送电子作用。电极反应及电极电势表示式为

$$Fe^{3+}(a'_+) + e \longrightarrow Fe^{2+}(a''_+), \qquad \varphi = \varphi^{\ominus} - \frac{RT}{F}\ln\frac{a''_+}{a'_+}$$

类似的氧化还原电极还有 $(Sn^{4+}, Sn^{2+} | Pt)$、$(S_2O_8^{2-}, SO_4^{2-} | Pt)$ 等。

（6）离子选择性电极　如果两液体接界处为一个只允许 M^+（或 X^-）透过的半透膜，由于膜两边离子活度不同，离子将从活度高的一边向活度低的一边迁移，稳态时膜两边呈现出液接电势，称为膜电势。利用膜电势可制成各种离子选择性电极，离子选择性电极可表示为

$$M^+(\text{或}\ X^-)(\text{膜外溶液})\overset{\text{膜}}{\underset{E_j}{\vdots}}M^+(\text{或}\ X^-)(\text{膜内溶液})\underset{\varphi_{\text{内参}}}{|}\text{内参比电极}$$

在电极制作时膜内溶液和内参比电极被固定在电极内部，离子选择性电极的电极电势 $\varphi_{\text{选}}$ 等于膜电势 E_j 和内参比电极电势 $\varphi_{\text{内参}}$ 的代数和，即

$$\varphi_{\text{选}}=E_j+\varphi_{\text{内参}} \tag{10-21}$$

因此，$\varphi_{\text{选}}$ 取决于膜外溶液中 M^+（或 X^-）离子的活度。离子选择性电极的电极反应为

$$M^+(a_+,\text{外})\longrightarrow M^+(a_+,\text{内})\quad(\text{阳离子选择性电极})$$

或

$$X^-(a_-,\text{内})\longrightarrow X^-(a_-,\text{外})\quad(\text{阴离子选择性电极})$$

根据氢标电极电势的规定，离子迁移方向应与电极为正极时电池内电路中的电流方向相同。因此正离子从膜外向膜内迁移，负离子从膜内向膜外迁移。膜电势是一种浓差电势，膜内外离子活度相同时膜电势为 0，因而标准膜电势 $E_j^{\ominus}$（即 $a_{\text{外}}=a_{\text{内}}=1$ 时的电势）等于 0，故 E_j 可表示为：

$$E_{j\text{阳离子}}=-\frac{RT}{F}\ln\frac{a_{+,\text{内}}}{a_{+,\text{外}}} \tag{10-22a}$$

$$E_{j\text{阴离子}}=-\frac{RT}{F}\ln\frac{a_{-,\text{外}}}{a_{-,\text{内}}} \tag{10-22b}$$

在离子选择性电极中 $a_{\text{内}}$ 为定值，式(10-21) 中 $\varphi_{\text{内参}}$ 也为定值。式(10-22) 代入式(10-21)，因此离子选择性电极的电极电势为：

$$\varphi_{\text{选},\text{阳离子}}=\varphi^{\ominus}_{\text{选},\text{阳离子}}+\frac{RT}{F}\ln a_{+,\text{外}} \tag{10-23a}$$

$$\varphi_{\text{选},\text{阴离子}}=\varphi^{\ominus}_{\text{选},\text{阴离子}}-\frac{RT}{F}\ln a_{-,\text{外}} \tag{10-23b}$$

当电极处于标准态，即 $a_{+,\text{外}}$ 或 $a_{-,\text{外}}$ 等于 1 时，$\varphi_{\text{选}}=\varphi^{\ominus}_{\text{选}}$。$\varphi^{\ominus}_{\text{选}}$ 与离子选择性电极的固有特性（包括膜内溶液和内参比电极）有关，使用时可用已知离子活度的膜外溶液进行标定。

玻璃电极即 H^+ 的离子选择性电极，如图 10-7 所示。电极电势为

$$\varphi_{\text{玻璃}}=\varphi^{\ominus}_{\text{玻璃}}-2.303\frac{RT}{F}\text{pH} \tag{10-24}$$

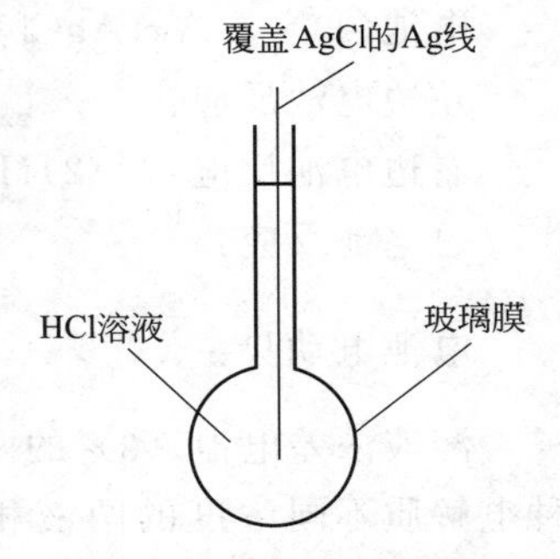

图 10-7　玻璃电极示意图

通过改变玻璃膜的成分，或利用固态膜、高分子膜等，目前人们已制成 Na^+、K^+、NH_4^+、Ag^+、F^-、Cl^-、NO_3^-、ClO_4^- 等各种离子选择性电极。离子选择性电极的电极电势与待测溶液中某种特定离子的浓度有关，因此可作为专门测量溶液中特定离子浓度的指示电极。

10.5 浓差电池

以上讨论的原电池，其电池反应都是化学变化，称为化学电池。还有一类原电池，电池中发生的净变化是物质浓度的变化，称为浓差电池。浓差电池的标准电动势 $E_c^\ominus$ 等于 0，电能的来源是物质从高活度状态到低活度状态的迁移能，通常分为两种类型。

10.5.1 电极浓差电池

电极浓差电池的特点是电解质溶液相同但电极材料的浓度不同，例如下列两个电池：

电池(1)　$Pt, Cl_2(p_1) | HCl(b) | Cl_2(p_2), Pt$

电池(2)　$Cd(Hg)(a_1) | CdSO_4(b) | Cd(Hg)(a_2)$

它们的电池反应和电动势表示式分别为：

电池(1)　$Cl_2(p_2) = Cl_2(p_1)$　　$E_c = -\frac{RT}{2F}\ln\frac{p_1}{p_2}$

电池(2)　$Cd(a_1) = Cd(a_2)$　　$E_c = -\frac{RT}{2F}\ln\frac{a_2}{a_1}$

10.5.2 溶液浓差电池

溶液浓差电池的特点是两个电极的材料相同，但电解质溶液的浓度不同，例如

电池(3)　$Ag(s) | AgNO_3(b_1) \| AgNO_3(b_2) | Ag(s)$

其电池反应和电动势表示式为

$$Ag^+(a_{+,2}) = Ag^+(a_{+,1}) \qquad E_c = -\frac{RT}{F}\ln\frac{a_{+,1}}{a_{+,2}}$$

计算单个离子的活度时，可用离子浓度与离子平均活度因子的乘积代替。

另外一种复合型电池也属于此类浓差电池，例如：

电池(4)　$Ag, AgCl | HCl(a_1) | H_2(p^\ominus), Pt\text{-}Pt, H_2(p^\ominus) | HCl(a_2) | AgCl, Ag$

左边电池反应：　$Ag + HCl(a_1) \longrightarrow AgCl + (1/2)H_2(p^\ominus)$

右边电池反应：$(1/2)H_2(p^\ominus) + AgCl \longrightarrow HCl(a_2) + Ag$

总电池反应：　$HCl(a_1) = HCl(a_2)$

电池电动势：　$E_c = -\frac{RT}{F}\ln\frac{a_2}{a_1} = -\frac{2RT}{F}\ln\frac{a_{\pm,2}}{a_{\pm,1}}$

溶液浓差电池（3）的两溶液界面上存在液接电势，采用盐桥后可基本消除。以下就同种电解质不同浓度的两液相间的液接电势 E_j 给出其计算方法。以电池（3）的液接电势为例：

$$\underset{E_j}{AgNO_3(b_1) \mid AgNO_3(b_2)}$$

当有 1mol 元电荷电量从电池内电路可逆通过时，则有 t_+ mol Ag^+ 和 t_- mol NO_3^- 分别

向右、向左迁移过界面，即

$$t_+ Ag^+(a_{+,1}) \longrightarrow t_+ Ag^+(a_{+,2})$$

$$t_- NO_3^-(a_{-,2}) \longrightarrow t_- NO_3^-(a_{-,1})$$

迁移过程的摩尔吉布斯函数变化值为

$$\Delta_r G_{m,j} = t_+ RT\ln\frac{a_{+,2}}{a_{+,1}} + t_- RT\ln\frac{a_{-,1}}{a_{-,2}}$$

且有

$$\Delta_r G_{m,j} = -zFE_j$$

式中 $z=1$，E_j 为液接电势，设离子迁移数不随浓度变化，单个离子活度近似用离子平均活度代替，即 $a_{+,1}=a_{-,1}=a_{\pm,1}$，$a_{+,2}=a_{-,2}=a_{\pm,2}$，可得

$$E_j = (2t_- - 1)\frac{RT}{F}\ln\frac{a_{\pm,2}}{a_{\pm,1}} \tag{10-25}$$

$a_{\pm,2}$、$a_{\pm,1}$ 分别表示液界右边和左边溶液中离子的平均活度。

上式表明若正、负离子迁移数接近于 0.5，则 $E_j \approx 0$，这是制作盐桥的必要条件。此外盐桥还必须能制成较高的浓度，这样在溶液与盐桥的界面处盐桥向溶液的扩散才能成为主导方向。饱和 KCl 溶液符合以上条件，正因为如此，通常采用饱和 KCl 制作盐桥。如果溶液中有能与 KCl 反应的离子，如 Ag^+、Hg_2^{2+} 等离子时，就不能采用 KCl 盐桥，这时可改用饱和 NH_4NO_3 或 KNO_3 制作盐桥。

电池（3）中无盐桥时的电动势等于浓差电池电动势与液接电势之和，即

$$E = E_c + E_j = 2t_-\frac{RT}{F}\ln\frac{a_{\pm,2}}{a_{\pm,1}}$$

根据上式测定电池（3）中无盐桥时的电动势 E，如果已知 $a_{\pm,2}/a_{\pm,1}$，可计算离子的迁移数。

【例 10-5】 试计算如下电池 25℃时的电动势

$$Pt, H_2(p^\ominus) \mid HCl\begin{pmatrix} b_1 = 0.01 mol \cdot kg^{-1} \\ \gamma_\pm = 0.904 \end{pmatrix} \mid HCl\begin{pmatrix} b_2 = 0.1 mol \cdot kg^{-1} \\ \gamma_\pm = 0.796 \end{pmatrix} \mid H_2(p^\ominus), Pt$$

已知 $t(H^+) = 0.829$。

解 该电池为存在液接电势的溶液浓差电池，先计算无液接电势的浓差电池的电动势，电池反应为

$$H^+(a_{+,2}) = H^+(a_{+,1})$$

以离子平均活度代替单个离子活度，则

$$E_c = -\frac{RT}{F}\ln\frac{a_{\pm,1}}{a_{\pm,2}}$$

该电池的液接电势为

$$E_j = (2t_- - 1)\frac{RT}{F}\ln\frac{a_{\pm,2}}{a_{\pm,1}}$$

含液接电势的浓差电池的电动势为

$$E = E_c + E_j = 2t_-\frac{RT}{F}\ln\frac{a_{\pm,2}}{a_{\pm,1}} = \left(2\times 0.171\times 0.05916\lg\frac{0.1\times 0.796}{0.01\times 0.904}\right)V = 0.0191V$$

10.6 电动势测定的应用

前面已讨论过可逆电池电动势及其温度系数与电池反应 $\Delta_r G_m$、$\Delta_r H_m$、$\Delta_r S_m$ 的关系，标准电动势与 $K^{\ominus}$ 的关系，电动势与电极电势的关系以及电极电势与电极反应 $\Delta_r G_m$（还原）的关系。通过测定电池的电动势，借助于电池反应或电极反应的能斯特方程可以计算反应体系的各种热力学性质，例如平衡常数、溶解度、蒸气压、热力学函数、电解质平均活度因子，判断反应方向等。下面简要介绍电动势测定在若干方面的应用。

10.6.1 电解质平均活度因子的测定

用氢电极和氯化银电极组成以下原电池，可以测定不同浓度 HCl 溶液的平均活度因子。

$$\mathrm{Pt, H_2}(p^{\ominus})\,|\,\mathrm{HCl}(b)\,|\,\mathrm{AgCl(s), Ag}$$

该电池的电池反应和能斯特方程为

$$(1/2)\mathrm{H_2}(p^{\ominus}) + \mathrm{AgCl} = \mathrm{Ag} + \mathrm{HCl}(b), \qquad E = E^{\ominus} - \frac{RT}{F}\ln a(\mathrm{HCl})$$

其中 $a(\mathrm{HCl}) = a_{\pm}^2 = (b/b^{\ominus})^2\gamma_{\pm}^2$，电池电动势可表示为

$$E = E^{\ominus} - \frac{2RT}{F}\ln\frac{b}{b^{\ominus}} - \frac{2RT}{F}\ln\gamma_{\pm} \tag{10-26}$$

如果已知 $E^{\ominus}$ 和 HCl 浓度 b，测定电动势 E，根据上式可以计算出 $\gamma_{\pm}$；如果 $E^{\ominus}$ 未知，测定不同浓度 b 时的电动势 E，可计算出 $E^{\ominus}$。方法如下：因为该溶液 $I=b$，当 $b\to 0$ 时，由德拜-休克尔极限公式

$$\ln\gamma_{\pm} = -2.303A\sqrt{b/b^{\ominus}}$$

式(10-26) 可变为如下形式：

$$E + \frac{2RT}{F}\ln\frac{b}{b^{\ominus}} = E^{\ominus} + \frac{2RT}{F}(2.303A)\sqrt{\frac{b}{b^{\ominus}}} \tag{10-27}$$

左边是 b 的函数，令 $f(b) = E + \frac{2RT}{F}\ln\frac{b}{b^{\ominus}}$，上式表明 $f(b)$ 是 $\sqrt{b/b^{\ominus}}$ 的线性函数，将不同 b 时测得的 E 值代入左边，算出 $f(b)$，并以 $f(b)$ 对 $\sqrt{b/b^{\ominus}}$ 作图，外推到纵坐标，如图 10-8 所示，可得 $f(0) = E^{\ominus}$。

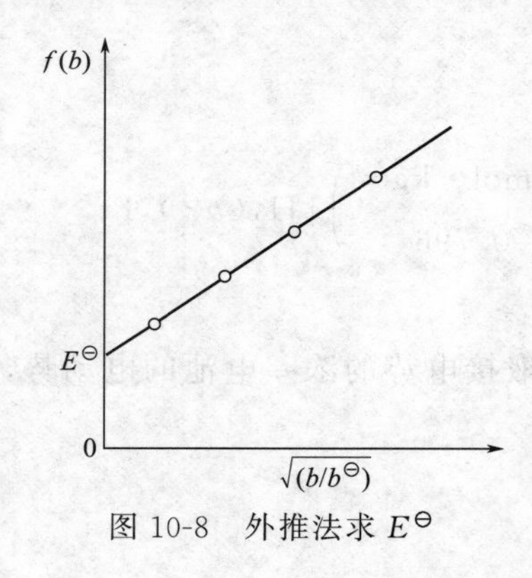

图 10-8 外推法求 $E^{\ominus}$

10.6.2 难溶盐活度积的测定

以 AgCl 的活度积为例，其值即下列解离反应的平衡常数 K_a。

$$\mathrm{AgCl} = \mathrm{Ag^+} + \mathrm{Cl^-}$$

设计如下电池，使电池反应为以上解离反应，即

$$\mathrm{Ag}\,|\,\mathrm{Ag^+}(a_{+,1})\,\|\,\mathrm{Cl^-}(a_{-,2})\,|\,\mathrm{AgCl(s), Ag}$$

电池电动势为

$$E=E^{\ominus}-\frac{RT}{F}\ln(a_{+,1}a_{-,2})$$

如果已知溶液中 Ag^+ 和 Cl^- 的活度（离子活度因子可用 $\gamma_\pm$ 代替），测得电动势 E，可由上式计算出 $E^{\ominus}$。实验测定时如果发现电池的实际正极为银电极，说明所测得的 E 为负值。

根据式(10-8) 因为 $z=1$，由测得的 $E^{\ominus}$可计算 AgCl 的活度积，即

$$K_a=\exp\frac{FE^{\ominus}}{RT} \tag{10-28}$$

AgCl 电极的溶液中因有 Ag^+ 存在，因而右边的 AgCl 电极也可视为将 Ag 插入含有 Ag^+ 的溶液中构成的银电极，这时以上电池即成为电解质溶液浓差电池，电池反应及电动势为

$$Ag^+(a_{+,2}) \longrightarrow Ag^+(a_{+,1}), \qquad E=-\frac{RT}{F}\ln\frac{a_{+,1}}{a_{+,2}}$$

$a_{+,2}$ 为 AgCl 电极的溶液中 Ag^+ 的活度，由于该溶液为 AgCl 的饱和溶液，所以 $a_{+,2}=K_a/a_{-,2}$，代入电动势的表示式，得

$$E=\frac{RT}{F}\ln K_a-\frac{RT}{F}\ln(a_{+,1}a_{-,2}) \tag{10-29}$$

将 $a_{+,1}$，$a_{-,2}$ 和 E 代入上式可求得活度积 K_a。显然，两种方法的计算结果是相同的。

采用类似的方法也可以测定弱酸的解离常数、水的解离常数和络合物的不稳定常数等。

10.6.3 溶液 pH 值的测定

10.6.3.1 用氢电极测定溶液的 pH 值

用氢电极和甘汞电极组成以下原电池：

$$Pt,H_2(p^{\ominus})\,|\,待测溶液\ (pH=?)\,\|\,甘汞电极$$

该电池负极为氢电极，因 $\varphi^{\ominus}(H^+|H_2)=0$，且 $a(H_2)=1$，所以

$$\varphi(H^+|H_2)=-\frac{RT}{F}\ln\frac{1}{a(H^+)}=-2.303\frac{RT}{F}pH$$

$$E=\varphi_{甘汞}-\varphi(H^+|H_2)=\varphi_{甘汞}+2.303\frac{RT}{F}pH$$

因此

$$pH=\frac{F(E-\varphi_{甘汞})}{2.303RT} \tag{10-30}$$

测定上述电池的电动势，若知 $\varphi_{甘汞}$，通过上式可以求得待测溶液的 pH 值。

10.6.3.2 用玻璃电极测定溶液的 pH 值

实验中常以玻璃电极代替上述电池中的氢电极进行 pH 值的测量，此时电池的电动势

$$E=\varphi_{甘汞}-\varphi^{\ominus}_{玻璃}+2.303\frac{RT}{F}pH$$

实验时用已知 pH 的缓冲溶液对玻璃电极进行标定，即

$$E(s)=\varphi_{甘汞}-\varphi^{\ominus}_{玻璃}+2.303\frac{RT}{F}pH(s)$$

s 表示缓冲溶液。以上两式相减，可得

$$\text{pH}=\frac{F[E-E(\text{s})]}{2.303RT}+\text{pH(s)} \tag{10-31}$$

测定 E 和 $E(\text{s})$，因 pH(s) 为已知，由上式可计算待测溶液的 pH 值。

10.6.3.3 用醌·氢醌电极测定溶液的 pH 值

醌·氢醌电极是一种氧化还原电极，可用于 pH 值的测定。醌·氢醌是等分子的醌和氢醌（对苯二酚）形成的化合物，微溶于水，在水中按下式分解：

$$\underset{\text{醌·氢醌}(Q\cdot H_2Q)}{C_6H_4O_2\cdot C_6H_4(OH)_2} \rightleftharpoons \underset{\text{醌}(Q)}{C_6H_4O_2}+\underset{\text{氢醌}(H_2Q)}{C_6H_4(OH)_2}$$

醌·氢醌电极的电极反应为

$$C_6H_4O_2+2H^++2e \longrightarrow C_6H_4(OH)_2$$

稀溶液中醌·氢醌解离出醌与氢醌，二者浓度相等，活度比为 1，电极电势为

$$\varphi_{Q\cdot H_2Q}=\varphi^{\ominus}_{Q\cdot H_2Q}-2.303\frac{RT}{F}\text{pH}$$

以摩尔甘汞电极和醌·氢醌电极组成以下电池：

摩尔甘汞电极 ‖ Q·H_2Q 饱和溶液(pH<7.1) | Pt

25℃时，$\varphi_{\text{摩尔甘汞}}=0.2801\text{V}$，$\varphi^{\ominus}_{Q\cdot H_2Q}=0.6995\text{V}$，所以

$$E=(0.6995-0.05916\text{pH}-0.2801)\text{V}$$

因此

$$\text{pH}=\frac{0.4194-E/\text{V}}{0.05916} \tag{10-32}$$

当待测溶液的 pH>7.1 时，醌·氢醌电极变为负极，摩尔甘汞电极变为正极，此时 pH 值与电动势 E 的关系为

$$\text{pH}=\frac{0.4194+E/\text{V}}{0.05916}$$

在溶液 pH>8.5 的碱性溶液中，由于氢醌大量电离，氢醌与醌的浓度不等，会使测定结果不准确。

【例 10-6】 25℃时，已知 $\varphi^{\ominus}(OH^-|O_2)=0.401\text{V}$，$\varphi^{\ominus}(OH^-|Ag_2O,Ag)=0.344\text{V}$，空气中氧的分压为 21.27kPa。判断空气中金属银能否被氧化成氧化银？

解 在碱溶液中设计如下电池 $Ag(s),Ag_2O(s)|OH^-(aq)|O_2(g,p=21.27\text{kPa}),Pt$

正极（阴极）： $H_2O+(1/2)O_2(g,p=21.27\text{kPa})+2e \longrightarrow 2OH^-$

负极（阳极）： $2Ag(s)+2OH^- \longrightarrow H_2O+Ag_2O(s)+2e$

电池反应： $2Ag(s)+(1/2)O_2(g,p=21.27\text{kPa}) = Ag_2O(s)$

电动势为 $E=[\varphi^{\ominus}(OH^-|O_2)-\varphi^{\ominus}(OH^-|Ag_2O,Ag)]-\frac{RT}{2F}\ln\left(\frac{p_{O_2}}{p^{\ominus}}\right)^{-1/2}$

$$=\left[0.401-0.344-\frac{0.05916}{2}\lg\left(\frac{21.27}{100}\right)^{-1/2}\right]\text{V}$$

$$=0.047\text{V}>0$$

$E>0$ 说明上述电池反应的 $\Delta_rG_m=-2FE<0$，故空气中银能被氧化成氧化银。

【例 10-7】 25℃时测得以下电池的电动势为 1.0278V，电池中 b_1、b_2 分别为 0.0050 $mol \cdot kg^{-1}$、0.0117$mol \cdot kg^{-1}$。

$$Pt, H_2(p^{\ominus}) | Ba(OH)_2(b_1), \quad BaCl_2(b_2) | AgCl(s), Ag(s)$$

已知 $\varphi^{\ominus}(Cl^- | AgCl, Ag) = 0.2224V$，假定离子活度因子为 1，求水的解离常数 $K_a = a_{H^+} a_{OH^-} = ?$

解 电极反应：正极（阴极） $AgCl(s) + e \longrightarrow Ag(s) + Cl^-$

负极（阳极） $(1/2)H_2(p^{\ominus}) \longrightarrow H^+ + e$

电池反应： $(1/2)H_2(p^{\ominus}) + AgCl(s) = Ag(s) + H^+ + Cl^-$

能斯特方程为 $E = E^{\ominus} - \frac{RT}{F}\ln(a_{H^+} a_{Cl^-})$，其中 $E^{\ominus} = \varphi^{\ominus}(Cl^- | AgCl, Ag)$

因为 $K_a = a_{H^+} a_{OH^-}$，所以 $a_{H^+} a_{Cl^-} = \frac{K_a a_{Cl^-}}{a_{OH^-}} = \frac{K_a(2b_2)}{2b_1}$

代入能斯特方程，即 $1.0278 = 0.2224 - 0.05916\lg(0.0117/0.0050) - 0.05916\lg K_a$

解得 $K_a = 1.04 \times 10^{-14}$

思考题

1. 什么是可逆电池的电动势？测定电动势为什么不能使用伏特计？试用 Hg-Cd 相图说明韦斯顿标准电池的负极采用含有 12.5%Cd 的 Cd 汞齐制作有何优点？

2. 因为 $E^{\ominus} = [RT/(zF)]\ln K^{\ominus}$，可否认为 $E^{\ominus}$ 是电池反应达到平衡时的电动势？电池反应达平衡时的电动势是多少？

3. 在恒温（300K）、恒压条件下某可逆原电池放电时对外做电功 1000J，电池与环境的总熵变是多少？若在同样温度、压力下电池发生短路（即不做电功），但电池中发生的化学变化与可逆放电时相同，此时电池与环境的总熵变又是多少？

4. 什么是（氢标）电极电势？对可逆电池的负极而言，为何电极电势仍需用还原反应的能斯特方程计算？氧化反应的 $\Delta_r G_m$ 是否仍等于 $-zF\varphi$？

5. 可逆电极有哪几种？每种电极的电极反应和电极电势的表示式是什么？各举一例加以说明。

6. 用电解质溶液制作盐桥时，电解质溶液应具备哪些必要条件？

7. 什么是液接电势？它是怎样产生的？为什么盐桥可以减小液接电势？如何通过测量液接电势计算离子迁移数？

8. 氯化银电极（Cl^- | AgCl，Ag）中 AgCl 在水中有一定溶解度，溶液中有 Ag^+ 存在，因此氯化银电极也可视为银电极（Ag^+ | Ag），这说明氯化银电极和银电极有相同的 φ 和 $\varphi^{\ominus}$，以上说法是否正确？

9. 为什么书写离子选择性电极的电极反应时，对阳离子而言是从膜外溶液向膜内溶液迁移，对阴离子而言是从膜内溶液向膜外溶液迁移？

10. 试说明如何通过测量电池的电动势计算下列热力学性质？

(1) $H_2O(l)$ 的 $\Delta_f G_m^\ominus$；

(2) 反应 $2Ag(s)+Hg_2Cl_2(s) \longrightarrow 2AgCl(s)+2Hg(l)$的 $\Delta_r H_m^\ominus$；

(3) H_2O 的解离常数 K_a；

(4) Hg_2SO_4 的活度积；

(5) HCl(aq) 的平均活度因子；

(6) HgO(s) 分解压力及分解温度；

(7) 反应 $Hg_2Cl_2+H_2(g) \longrightarrow 2Hg(l)+2HCl(aq)$的平衡常数 K_a；

(8) HAc 的解离常数 K_a。

习 题

1. 写出下列电池中的电极反应、电池反应和电池电动势的能斯特方程。

(1) $Pt,H_2(p_1)|HCl(a)|Cl_2(p_2),Pt$

(2) $Pt,H_2(p_1)|KOH(aq)|O_2(p_2),Pt$

(3) $Pt,H_2(p)|H^+(a_1)\|Ag^+(a_2)|Ag(s)$

(4) $Ag(s),AgI(s)|I^-(a_1)\|Cl^-(a_2)|AgCl(s),Ag(s)$

(5) $Pb(s),PbSO_4(s)|SO_4^{2-}(a_1)\|Cu^{2+}(a_2)|Cu(s)$

(6) $Pt,H_2(p)|NaOH(aq)|HgO(s),Hg(l)$

(7) $Pt,|Sn^{4+}(a_1''),Sn^{2+}(a_1')\|Tl^{3+}(a_2''),Tl^+(a_2')|Pt$

(8) $Na(Hg)(a)|Na^+(a_1)\|OH^-(a_2)|HgO(s),Hg(l)$

2. 25℃时电池 Ag，AgCl(s)|HCl (aq)|Cl_2 (0.1MPa)，Pt 的电动势为 1.1362V，电动势的温度系数为$-5.95\times10^{-4}V\cdot K^{-1}$。计算电池反应 $Ag(s)+(1/2)Cl_2(0.1MPa) \longrightarrow AgCl(s)$在 25℃时的 $\Delta_r G_m^\ominus$、$\Delta_r S_m^\ominus$ 和 $\Delta_r H_m^\ominus$。

3. 25℃时，电池 Zn|$ZnCl_2$ ($0.005mol\cdot kg^{-1}$)|Hg_2Cl_2(s)，Hg(l) 的电动势为 1.227V，其中 $ZnCl_2$ 溶液的 $\gamma_\pm=0.789$，计算 25℃时电池的标准电势。

4. 25℃时电池 Pt，$H_2(p^\ominus)$|$H_2SO_4(0.01mol\cdot kg^{-1})$‖$O_2(p^\ominus)$，Pt 的电动势为 1.228V，$H_2O(l)$ 的标准生成焓为$-286.1kJ\cdot mol^{-1}$，求该电池的温度系数及 0℃时电池的电动势（设电池反应的 $\Delta_r H_m$ 在该区间内为常数）。

5. 将下列反应设计成原电池，并计算 25℃时电池的电动势。所需数据查标准电极电势表。

(1) $Ag(s)+Br^-(a=0.3)+Fe^{3+}(a=0.1) \longrightarrow AgBr(s)+Fe^{2+}(a=0.2)$

(2) $Pb(s)+H_2SO_4(a_\pm=0.1) \longrightarrow PbSO_4(s)+H_2(0.1MPa)$

(3) $H_2(0.1MPa)+Ag_2O(s) \longrightarrow 2Ag(s)+H_2O(l)$

(4) $Ag^+(a=0.1)+Br^-(a=0.2) \longrightarrow AgBr(s)$

6. 将下列反应：$Cd(s)+I_2(s) \longrightarrow Cd^{2+}(a=1)+2I^-(a=1)$设计成原电池。求电池 25℃时的 $E^\ominus$，反应的 $\Delta_r G_m^\ominus$ 和平衡常数 $K^\ominus$。如将反应写为$(1/2)Cd(s)+(1/2)I_2(s) \longrightarrow (1/2)Cd^{2+}(a=1)+I^-(a=1)$，所得结果有何变化？所需 $\varphi^\ominus$ 可查标准电极电势表。

7. 电池 Pt，$H_2(p^\ominus)$|$HCl(0.1mol\cdot kg^{-1},\gamma_\pm=0.796)$|$Hg_2Cl_2$(s)，Hg(l) 的电动势与温度的关系为：

$$E/V=0.0694+1.881\times10^{-3}(T/K)-2.9\times10^{-6}(T/K)^2$$

(1) 求 25℃电池可逆输出 1mol 电子的电量时电池的 ΔG、ΔH、ΔS 和过程中吸收的热；

(2) 求 25℃反应 $H_2(g)+Hg_2Cl_2(s) \longrightarrow 2Hg(s)+2HCl(aq)$ 的标准平衡常数，若电池中溶液浓度为 $1mol \cdot kg^{-1}$ （$\gamma_{\pm}=0.809$），当电动势为 0 时负极上 $H_2(g)$ 压力为若干？

8. 查标准电极电势表，计算 25℃以下各值：

(1) 反应 $Fe^{2+}+Ag^{+} \longrightarrow Fe^{3+}+Ag$ 的标准平衡常数；

(2) $PbSO_4(s)$ 的活度积；

(3) H_2O 的解离常数 K_a；

(4) Ag_2O 的分解压力；

(5) $Cl^-(aq)$ 的 $\Delta_f G_m^{\ominus}$、$\Delta_f H_m^{\ominus}$ 和 $S_m^{\ominus}$。[$H_2(g)$ 和 $Cl_2(g)$ 的 $S_m^{\ominus}$ 分别为 $130.59J \cdot K^{-1} \cdot mol^{-1}$ 和 $222.95J \cdot K^{-1} \cdot mol^{-1}$]

9. 25℃时，测得下列电池：

$$Ag(s),AgI(s)|KI(1mol \cdot kg^{-1},\gamma_{\pm}=0.65) \| AgNO_3(0.001mol \cdot kg^{-1},\gamma_{\pm}=0.95)|Ag(s)$$

的电动势为 0.760V，试计算 AgI 的活度积。

10. 25℃时，测得下列电池：

$$Pt,H_2(p^{\ominus})|NaOH(0.01mol \cdot kg^{-1},\gamma_{\pm}=0.904) \| HCl(0.01mol \cdot kg^{-1},\gamma_{\pm}=0.904)|H_2(p^{\ominus}),Pt$$

的电动势为 0.587V，求 H_2O 的解离常数 K_a。

11. 25℃时在电池：玻璃电极|溶液‖饱和甘汞电极中，当溶液是 pH=6.86 的缓冲溶液时，测得电动势为 0.7409V，当溶液是 pH 未知的待测溶液时，测得电动势为 0.6097V，求待测溶液的 pH 值。

12. 25℃时，将 $0.1mol \cdot dm^{-3}$ 甘汞电极与醌·氢醌电极组成电池，

(1) 测得电池电动势为 0，被测溶液的 pH=？

(2) pH 为何值时醌·氢醌电极为正极？

(3) pH 为何值时醌·氢醌电极为负极？

13. 25℃时，测得电池：$Cu|Cu^{2+}(0.02mol \cdot kg^{-1})$，$NH_3(0.5mol \cdot kg^{-1})$‖饱和甘汞电极的电动势为 0.226V，饱和甘汞电极的 φ 和铜电极的 $\varphi^{\ominus}$ 分别为 0.241V 和 0.337V，水溶液中有平衡 $Cu^{2+}+4NH_3 \longrightarrow Cu(NH_3)_4^{2+}$ 存在，计算配合物离子 $Cu(NH_3)_4^{2+}$ 的不稳定常数 K_a。(设活度系数均为 1)

14. 25℃时把 HCl 的水溶液与 Hg 和 HgO 混合，溶液中生成了 Hg_2Cl_2，摇动达到平衡时溶液中 Cl^- 和 OH^- 的浓度分别为 $9.948\times10^{-2}mol \cdot dm^{-3}$ 和 $1.409\times10^{-4}mol \cdot dm^{-3}$。已知 OH^- 和 Cl^- 的活度因子之比为 0.993，该温度下，下列电池：

(1) $Pt,H_2(p^{\ominus})|KOH(aq)|HgO(s),Hg(l)$ $\quad E_1^{\ominus}=0.9264V$

(2) $Pt,H_2(p^{\ominus})|HCl(aq)|Hg_2Cl_2(s),Hg(l)$ $\quad E_2^{\ominus}=0.2676V$

求 25℃，H_2O 的解离常数 K_a。

15. 25℃时测得电池：$Pt,H_2(p^{\ominus})|HA(b_1),NaA(b_2),NaCl(b_3)|AgCl(s)$，$Ag(s)$ 的电动势为 0.6339V，其中 HA 代表丁酸，NaA 代表丁酸钠，b_1、b_2、b_3 分别为 $0.00717mol \cdot kg^{-1}$、$0.00687mol \cdot kg^{-1}$、$0.00706mol \cdot kg^{-1}$，氯化银电极的 $\varphi^{\ominus}$ 为 0.2224V，设活度因子为 1，求 HA 的解离常数 K_a。

16. 25℃电池：$Pt, H_2(p^\ominus) | H_2SO_4(aq, 稀) | Au_2O_3(s), Au(s)$ 的电动势为 1.362V，已知该温度下 $\Delta_f G_m^\ominus[H_2O(g)] = -228.6 kJ \cdot mol^{-1}$，水的饱和蒸气压为3168Pa，求25℃使 Au_2O_3 与 Au 呈平衡时氧气的逸度。

17. 已知 25℃时浓度为 $7.0 mol \cdot kg^{-1}$ 的 HCl 水溶液中，$\gamma_\pm = 4.66$，该溶液上方 HCl(g) 的平衡分压为 46.40Pa，电极 $[Cl^- | Cl_2(g)]$ 的 $\varphi^\ominus = 1.3595V$，求该温度下，反应 $2HCl(g) \Longrightarrow Cl_2(g) + H_2(g)$ 的标准平衡常数。

18. 电池 $Pt, H_2(p_1) | HCl(aq) | H_2(p_2)$，Pt 中氢气服从状态方程：$pV_m = RT + \alpha p$，其中 $\alpha = 1.48 \times 10^{-5} m^3 \cdot mol^{-1}$，且与温度、压力无关。(1) 导出电池电动势的表示式；(2) 当 $p_1 = 20p^\ominus$，$p_2 = p^\ominus$ 时计算电池 20℃时的电动势；(3) 此时若电池可逆放电，电池吸热还是放热？

19. 25℃时电池 $Pt, H_2(p^\ominus) | HI(b) | AuI(s), Au(s)$ 中当 HI 浓度 $b = 1 \times 10^{-4} mol \cdot kg^{-1}$ 时，$E = 0.97V$；当 $b = 3.0 mol \cdot kg^{-1}$ 时，$E = 0.41V$；电极 $(Au^+ | Au)$ 的 $\varphi^\ominus$ 为 1.691V；求 (1) HI 溶液为 $3.0 mol \cdot kg^{-1}$ 时的 $\gamma_\pm$，(2) AuI(s) 的活度积。

20. 25℃时测得电池 $Pt, H_2(p^\ominus) | HBr(b) | AgBr(s), Ag(s)$ 的电动势 E 与 HBr 浓度 b 的关系有如下数据。计算该温度下 (1) 溴化银电极的 $\varphi^\ominus$，(2) $0.1 mol \cdot kg^{-1}$ HBr 溶液的 $\gamma_\pm$。

$b/mol \cdot kg^{-1}$	0.01	0.02	0.05	0.10
E/V	0.3127	0.2786	0.2340	0.2005

21. 已知 25℃时电池 $Pt, H_2(p^\ominus) | NaOH(稀溶液) | HgO(s), Hg(l)$ 的电动势 $E = 0.9265V$，$H_2O(l)$ 的 $\Delta_f H_m^\ominus$ 为 $-285.85 kJ \cdot mol^{-1}$，$H_2O(l)$、$H_2(g)$ 和 $O_2(g)$ 的 $S_m^\ominus$ 分别为 $70.08 J \cdot K^{-1} \cdot mol^{-1}$、$130.7 J \cdot K^{-1} \cdot mol^{-1}$ 和 $205.1 J \cdot K^{-1} \cdot mol^{-1}$，计算该温度下 HgO(s) 的分解压力。

22. 写出下列电池的电极反应和电池反应，并计算电池 18℃时的电动势。

(1) $Zn | Zn^{2+}(a = 0.1) \| Zn^{2+}(a = 0.5) | Zn$

(2) $Pt, H_2(0.1MPa) | HCl(aq) | H_2(0.01MPa), Pt$

23. 已知 25℃电池 $Ag(s), AgCl(s) | KCl(0.5 mol \cdot kg^{-1}) | KCl(0.05 mol \cdot kg^{-1}) | AgCl(s), Ag(s)$ 的电动势为 0.0536V，$0.5 mol \cdot kg^{-1}$ 和 $0.05 mol \cdot kg^{-1}$ KCl 溶液的离子平均活度因子分别为 0.649 和 0.812，求 K^+ 的迁移数和电池的液接电势。

24. 试导出下列电解质相同、浓度不同的溶液间液接电势的计算公式，假设离子迁移数不随浓度变化。即

$$M_{\nu_+}^{z_+} X_{\nu_-}^{z_-}(b_1, \gamma_\pm) \underset{E_j}{|} M_{\nu_+}^{z_+} X_{\nu_-}^{z_-}(b_2, \gamma_\pm)$$

的液接电势为

$$E_j = \left(\frac{t_+}{z_+} - \frac{t_-}{z_-}\right)\frac{RT}{F}\ln\frac{b_1\gamma_{\pm,1}}{b_2\gamma_{\pm,2}}$$

25. 25℃时有下列两个电池

(a) $Ag(s), AgCl(s) | HCl$ 乙醇溶液$(b_1) | H_2(p^\ominus), Pt$-$Pt, H_2(p^\ominus) | HCl$ 乙醇溶液，$(b_2) | AgCl(s), Ag(s)$

(b) $Ag(s), AgCl(s) | HCl$ 乙醇溶液$(b_1) | HCl$ 乙醇溶液$(b_2) | AgCl(s), Ag(s)$

其中 b_1 和 b_2 分别为 8.238×10^{-2} mol·kg^{-1} 和 8.224×10^{-3}mol·kg^{-1}，两电池的电动势分别为 $E_a=8.22\times10^{-2}$V 和 $E_b=5.77\times10^{-2}$V，已知 HCl 在乙醇溶液中的 $\Lambda_m^\infty=8.38\times10^{-3}$S·m^2·mol^{-1}。试计算

(1) 两种 HCl 乙醇溶液平均活度因子之比 $\gamma_{\pm,1}/\gamma_{\pm,2}$；

(2) H^+ 在乙醇溶液中的迁移数 t_+；

(3) H^+ 和 Cl^- 的无限稀释摩尔电导率 $\lambda_m^\infty(H^+)$ 和 $\lambda_m^\infty(Cl^-)$。

26. 25℃时已知电池 Pt，$H_2(p^\ominus)$|NaCl(0.0100mol·kg^{-1})|AgCl(s)，Ag(s) 的电动势为 0.7580V，Ag^+ 的标准生成吉布斯函数 $\Delta_f G_m^\ominus=77.11$kJ·mol^{-1}，$H_2O$ 的解离常数 $K_a=1.0\times10^{-14}$。求该温度下 AgCl(s) 的活度积。

27. 已知 H_2O 的解离常数 K_a 在 20℃ 和 30℃ 分别为 0.67×10^{-14} 和 1.45×10^{-14}，25℃时电池 Pt，$H_2(p^\ominus)$|KOH(aq)|Ag_2O(s)，Ag(s) 的电动势 $E=1.174$V，Ag_2O(s) 的标准摩尔生成吉布斯函数 $\Delta_f G_m^\ominus=-10.82$kJ·mol^{-1}，试计算 25℃时

(1) 中和反应 $H^+(aq)+OH^-(aq)$══$H_2O(l)$的 $\Delta_r H_m^\ominus$ 和 $\Delta_r S_m^\ominus$ 值（设 $\Delta_r H_m^\ominus$ 不随温度变化）；

(2) OH^- 的标准摩尔生成吉布斯函数。

28. 25℃时已知下列数据

物质	AgCl(s)	HCl(g)	Cl^-(aq)
$\Delta_f G_m^\ominus$/kJ·mol^{-1}	−109.71	−95.26	−131.17

(1) 求电池 Pt，$H_2(p^\ominus)$|HCl(b)|AgCl(s)，Ag 电动势与 HCl 溶液液面上 HCl 气体分压间的关系；

(2) 当 HCl 溶液浓度 $b=4.0$mol·kg^{-1} 时，液面上 HCl 的平衡分压为 2.54Pa，求 HCl 溶液的 $\gamma_\pm$。

29. 25℃已知反应 $4HCl(g)+O_2(g)$══$2H_2O(g)+2Cl_2(g)$的标准平衡常数 $K^\ominus=1.0\times10^{13}$，求该温度下下列电池的电动势。已知该电池 HCl 溶液液面上 H_2O 和 HCl 气体的平衡分压分别是 1.25kPa 和 0.56kPa。

$$Pt,Cl_2(p^\ominus)|HCl(10mol\cdot kg^{-1})|O_2(p^\ominus),Pt$$

30. 25℃时测得电池 Pb(s)，$PbSO_4$(s)|$H_2SO_4(b)$|$H_2(p^\ominus)$，Pt 的电动势有以下结果：

b/mol·kg^{-1}	0.0010	0.0020	0.0050	0.0100
E/V	0.1017	0.1248	0.1533	0.1732

(1) 用外推法求该电池的 $E^\ominus$；

(2) 计算 $PbSO_4$ 的活度积，已知 $\varphi^\ominus(Pb^{2+}|Pb)=-0.126$V。

31. 25℃，溴化铊（TlBr）的活度积为 1.0×10^{-4}，电极（Tl^+|Tl）的 $\varphi^\ominus=-0.34$V，$d\varphi^\ominus/dT=-0.0013$V·K^{-1}。

(1) 计算下列电池在 25℃的电动势：Tl,TlBr(s)|HBr(a=1)|$H_2(0.5p^\ominus)$,Pt

(2) 计算下列反应在 25℃的 $\Delta_r G_m$，$\Delta_r H_m$ 和 $\Delta_r S_m$

$$Tl+H^+(a=1) = Tl^+(a=1)+(1/2)H_2(0.5p^\ominus)$$

第11章

电解与极化

11.1 不可逆电极过程

电极的极化与超电势

11.1.1 电极的极化与超电势

在可逆电池中通过电池的电流等于0，电极反应处于平衡状态，此时的电极电势称为平衡电极电势。前面我们所讨论的电极电势皆为平衡电极电势。在实际的电解过程或原电池的放电过程中，通过电极的电流不为0，电极处于不可逆电极过程中，此时的电极电势 $\varphi_{不可逆}$ 与平衡电极电势 $\varphi_{平}$ 发生偏离，这种现象称为电极的极化。偏离的绝对值 η 被定义为电极的超电势。即

$$\eta=|\varphi_{不可逆}-\varphi_{平}| \tag{11-1}$$

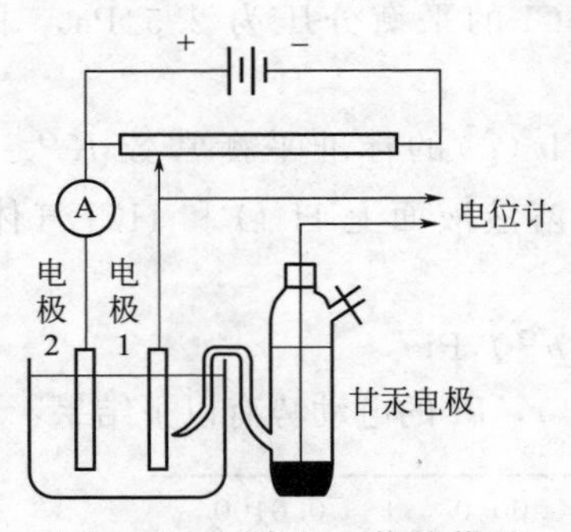

图 11-1　测定超电势的装置

图11-1是测定超电势装置的示意图。图中电极1为待测电极，电极2为辅助电极，电极1、2组成一个电解池。待测电极的面积为已知，通过调节可变电阻的大小调节通过电解池的电流，其数值由安培计A读出，从而得到通过待测电极的电流密度 j。为了测量待测电极在不同 j 时的电极电势，需在待测电极近旁安放一个参比电极（通常用电势比较稳定的甘汞电极，甘汞电极的一端拉成毛细管，使其靠近电极1的表面），参比电极与待测电极组成一个原电池，由电位计测出不同电流密度下的电动势。由于已知参比电极的电极电势，故可得到不同电流密度下待测电极的电极电势。将电极电势对电流密度作图，所得 φ-j 曲线称为电极的极化曲线。当电极1、2组成原电池向外放电时，取消图11-1中的外加电源，图中的电阻即外电路中的负载，通过调节负载电阻的大小调节放电电流，采用同样装置亦可测定原电池中待测电极的极化曲线。

图11-2给出电解池和原电池的极化曲线示意图，其中极化曲线与横轴的交点表示通过电极的 $j=0$，相应的电极电势为平衡电势。实验结果表明，电极电势与 j 有关，随着电流密度的增加，不论电解池或原电池，阴极的电极电势总是变得更负，阳极的电极电势总是变得更正。在不可逆电极过程中，电极反应的产物不断从电极上析出，$\varphi_{不可逆}$ 也称为电极的析出电势。根据式(11-1)，超电势总是正值，因此

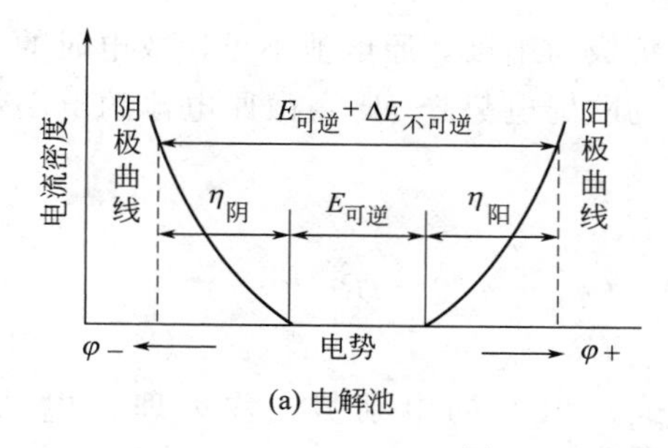

(a) 电解池

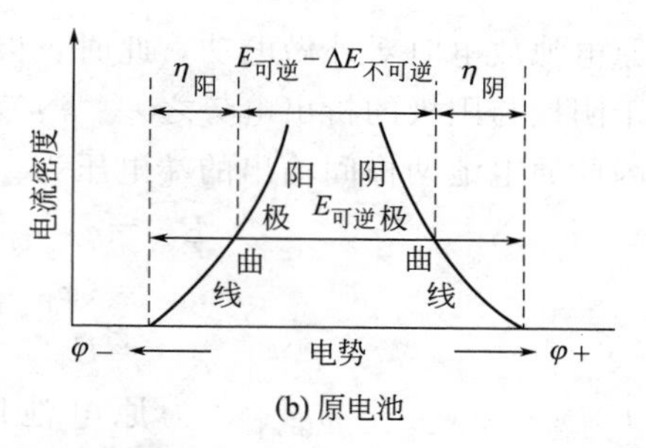

(b) 原电池

图 11-2 电解池与原电池的极化曲线

$$\varphi_{阴,析}=\varphi_{阴,平}-\eta_{阴} \tag{11-2}$$

$$\varphi_{阳,析}=\varphi_{阳,平}+\eta_{阴} \tag{11-3}$$

11.1.2 电解池与原电池的端电压

当电流通过电解池时，正、负两极上的析出物质组成一个原电池。以图 9-1 中的电解池为例，正极析出的氯气与负极析出的氢气组成以下原电池

$$(-)\mathrm{Pt},\mathrm{H_2(g)}\,|\,\mathrm{HCl(aq)}\,|\,\mathrm{Cl_2(g)},\mathrm{Pt}(+)$$

电解时外加电源对电解池做电功，外加电压须克服电解池的反电动势及溶液电阻引起的欧姆电势降 IR。电解池的反电动势即在不可逆电极过程中上述原电池的电动势，它等于阳极与阴极析出电势之差。因此加在电解池两极间的端电压为

$$\begin{aligned}E_{端}&=\varphi_{阳,析}-\varphi_{阴,析}+IR\\&=(\varphi_{阳,平}-\varphi_{阴,平})+(\eta_{阳}+\eta_{阴})+IR\\&=E_{可逆}+\Delta E_{不可逆}+IR\end{aligned} \tag{11-4}$$

其中 $E_{可逆}=\varphi_{阳,平}-\varphi_{阴,平}$，为可逆条件下电解池的反电动势，$\Delta E_{不可逆}=\eta_{阳}+\eta_{阴}$，为电极极化造成的影响。如果电解以可逆方式进行，$\Delta E_{不可逆}\to 0$，$IR\to 0$，$E_{端}$ 比 $E_{可逆}$ 大无限小，所以 $E_{可逆}$ 为电解池的理论分解电压。在实际电解过程中，$\Delta E_{不可逆}>0$，$IR>0$，$E_{端}>E_{可逆}$。

使电解过程能在两极不断进行的最小端电压称为电解池的分解电压。采取适当措施，如在溶液中加入支持电解质以减小溶液的电阻，可使式(11-4) 中的 IR 减小以致忽略不计，因此分解电压可认为是两极析出电势之差。其值大于理论分解电压的主要原因是由于电极的极化引起的。分解电压在实验上难以精确测定，且实验数据常不能重复。表 11-1 列出一些电解质溶液分解电压的实验值，结果表明所测得的分解电压一般总是大于 $E_{可逆}$。

表 11-1 几种电解质溶液的分解电压（室温，铂电极）

电解质	$c/\mathrm{mol\cdot dm^{-3}}$	电解产物	$E_{分解}/\mathrm{V}$	$E_{可逆}/\mathrm{V}$
HCl	1	H_2 和 Cl_2	1.31	1.37
HNO_3	1	H_2 和 O_2	1.69	1.23
H_2SO_4	0.5	H_2 和 O_2	1.67	1.23
$NaOH$	1	H_2 和 O_2	1.69	1.23
$CdSO_4$	0.5	Cd 和 O_2	2.03	1.26
$NiCl_2$	0.5	Ni 和 Cl_2	1.85	1.64

原电池放电时对外做电功，此时正极为阴极，负极为阳极，原电池不可逆放电时的电动势等于阴极与阳极的析出电势之差。溶液电阻引起的欧姆电势降 IR 需由原电池的电动势克服，因此原电池两极间输出的端电压为

$$
\begin{aligned}
E_{\text{端}} &= \varphi_{\text{阴,析}} - \varphi_{\text{阳,析}} - IR \\
&= (\varphi_{\text{阴,平}} - \varphi_{\text{阳,平}}) - (\eta_{\text{阴}} + \eta_{\text{阳}}) - IR \\
&= E_{\text{可逆}} - \Delta E_{\text{不可逆}} - IR
\end{aligned} \tag{11-5}
$$

其中 $E_{\text{可逆}} = \varphi_{\text{阴,平}} - \varphi_{\text{阳,平}}$，为原电池以可逆方式放电时的电动势，称为理论电动势，$\Delta E_{\text{不可逆}} = \eta_{\text{阴}} + \eta_{\text{阳}}$，为电极极化造成的影响。由于 $\Delta E_{\text{不可逆}} > 0$，$IR > 0$，原电池的端电压总小于理论电动势。

式(11-5) 和式(11-4) 表明电极的极化作用越强，原电池的端电压越低，输出电能越少；电解池的端电压越高，消耗电能越多。从节能的观点看，无论原电池或电解池，电极的极化作用都是不利的。

11.1.3 浓差极化与电化学极化

为什么有限大小的电流通过电极时会产生极化作用呢？就极化产生的原因来区分主要有浓差极化和电化学极化两种。

11.1.3.1 浓差极化

当有限大小的电流通过电极时，如果电极-溶液界面处发生化学反应的速度较快，而离子在溶液中扩散的速度较慢，则会造成电极表面与溶液本体中离子浓度的差异。以铜电极（$Cu^{2+}|Cu$）为例，当它作为阴极时，电极表面的 Cu^{2+} 能很快沉积到阴极上，但本体中的 Cu^{2+} 却来不及扩散到电极附近，使阴极附近 Cu^{2+} 的浓度 c 小于本体中 Cu^{2+} 的浓度 c_0，其结果好像把 Cu 电极插入一个 Cu^{2+} 浓度较小的溶液中。于是有

$$\varphi_{\text{阴,析}} = \varphi^{\ominus}_{\text{阴}} - \frac{RT}{2F}\ln\frac{1}{c}$$

$$\varphi_{\text{阴,平}} = \varphi^{\ominus}_{\text{阴}} - \frac{RT}{2F}\ln\frac{1}{c_0}$$

所以

$$\varphi_{\text{阴,析}} - \varphi_{\text{阴,平}} = \frac{RT}{2F}\ln\frac{c}{c_0} < 0$$

从而导致阴极的析出电势更负。若铜电极为阳极，由于从阳极溶入溶液中的 Cu^{2+} 不能很快从电极附近扩散到本体中，致使电极附近 Cu^{2+} 浓度大于本体中 Cu^{2+} 浓度，其结果好像把 Cu 电极插入到 Cu^{2+} 浓度较大的溶液中，于是导致阳极的析出电势更正。这种由于电极附近浓度与溶液本体浓度的差异而产生的极化称为浓差极化，由此产生的超电势称为浓差超电势。

浓差极化可用加强溶液搅拌的方法减小，但由于电极表面有扩散层存在，所以不可能把浓差极化完全消除。有时人们也利用浓差极化现象，例如极谱分析就是利用滴汞电极上所形成的浓差超电势进行化学分析的一种方法。

11.1.3.2 电化学极化

当有限大小的电流通过电极时，如果扩散速度较快，电极-溶液界面处发生化学反应的

速度较慢，则会改变电极的带电程度，从而引起电极的极化。以氢电极（$H^+ | H_2$）为例，当它作为阴极时，由于 H^+ 得电子变为 H_2 的速度较慢，流到阴极的电子不能及时被消耗掉，致使电极上带有比可逆电极更多的负电荷，从而导致析出电势比平衡电势更负。当它作为阳极时，由于 H_2 失电子变为 H^+ 的速度较慢，阳极因缺少适当的电子而常有比可逆电极更多的正电荷，从而导致析出电势比平衡电势更正。这种由于电极反应的迟缓性造成电极带电程度不同而引起的极化称为电化学极化。电极反应的迟缓性源于反应进程中的一个或几个步骤需要较高的活化能，故又称为活化极化。相应的超电势称为电化学超电势或活化超电势。

除活化极化和浓差极化外，还有一种极化作用是由于电极反应时在电极表面生成一层氧化物薄膜或其它物质，增大了电阻，电流经过时必须克服由此产生的欧姆阻力引起的，故称为电阻极化。相应的超电势称为电阻超电势。电阻极化不具有普遍意义，在有搅拌的条件下浓差极化可以忽略，因此通常所指的超电势主要是活化超电势。

11.2 氢超电势

11.2.1 塔菲尔公式

影响活化超电势的因素很多，如电极材料、电极表面状态、电流密度、电解质性质、温度、浓度及溶液中杂质等。一般说来析出金属的超电势较小，析出气体，特别是析出氢气、氧气的超电势较大。

氢超电势是指 H^+ 在阴极上发生还原反应时的超电势。图 11-3 是氢在几种电极上析出时的超电势，其中氢在镀铂黑的铂片上析出时超电势很小，电极几乎不极化，但在汞上析出时，超电势小于 1.0V 不会发生析氢反应，说明氢超电势受电极材料的影响显著。

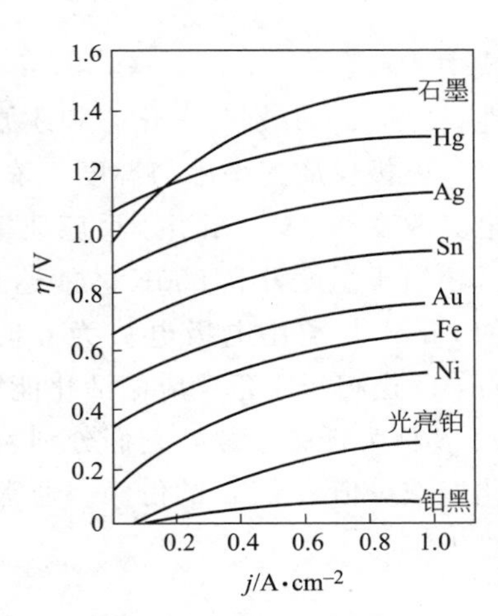

图 11-3　氢在几种电极上析出时的超电势

1905 年，塔菲尔（Tafel）提出一个经验公式表示氢超电势与电流密度的关系，称为塔菲尔公式。即

$$\eta = a + b\ln\frac{j}{[j]} \tag{11-6}$$

式中，j 为电流密度；$[j]$ 为电流密度的单位，常用单位是 $A\cdot cm^{-2}$；a，b 为经验常数，b 对大多数金属电极相差不多，约为 0.05V；a 等于单位电流密度时的超电势值，它与电极材料、电极表面状态、溶液组成及温度有关。氢超电势的大小基本决定于 a 的数值，a 值越大，氢超电势越大，电极越容易极化。因为 $j\to 0$ 时，$\eta\to 0$，所以电流密度很小时塔菲尔公式与实验不符。此时超电势与电流密度成正比，即 $\eta=\omega j$，比例系数 ω 是与金属材料性质有关的经验常数。

塔菲尔公式不仅对研究电极反应动力学有重要意义，而且在电化学工业的生产过程中具有指导作用。

11.2.2 电极过程动力学

电极反应发生在电极与溶液的界面处，是一个包括多个反应步骤的复相反应。根据化学动力学原理，其中最慢的步骤决定反应的速率。欲有效控制电极反应，需要了解反应机理。目前人们对阴极析氢反应的研究有以下两种意见，一是认为在阴极上 $H^+ + e \longrightarrow H$ 是整个反应的慢步骤，称为迟缓放电理论；另一种意见认为阴极上 $H^+ + H + e \longrightarrow H_2$ 是整个反应的慢步骤，称为复合放电理论。根据这两种理论，最后都可以导出塔菲尔公式。

一般电极反应可表示为

$$\mathrm{O(氧化态)} + ze \underset{j_{-1}}{\overset{j_1}{\rightleftharpoons}} \mathrm{R(还原态)}$$

j_1 和 j_{-1} 分别为正、逆反应引起的电流密度。若正反应速率大于逆反应速率，净反应为阴极上的还原反应，反之，为阳极上的氧化反应。若正、逆反应速率相等，电极反应达到平衡状态。由式(9-1) 知，反应进度与通过电极的电量有关，即 $Q = zF\xi$，因此电极反应的速率可用通过电极的电流密度表示，即

$$j = \frac{I}{A} = \frac{\mathrm{d}Q}{A\,\mathrm{d}t} = \frac{zF}{A}\frac{\mathrm{d}\xi}{\mathrm{d}t} = zFr$$

式中，A 为电极面积；$r = (1/A)(\mathrm{d}\xi/\mathrm{d}t)$，为电极的表面反应速率。由于 $r = r_+ - r_-$，正、逆反应引起的电流密度可表示为

$$j_1 = zFk_1c_\mathrm{O} = zFk_{10}c_\mathrm{O}\exp\left(-\frac{E_1}{RT}\right) \tag{11-7a}$$

$$j_{-1} = zFk_{-1}c_\mathrm{R} = zFk_{-10}c_\mathrm{R}\exp\left(-\frac{E_{-1}}{RT}\right) \tag{11-7b}$$

式中，k_1、k_{-1}，k_{10}、k_{-10}，E_1、E_{-1} 分别为正、逆反应的速率常数，指前因子和活化能；c_O，c_R 分别为氧化态和还原态浓度。

电极反应速率除与温度、浓度、溶剂等条件有关外，更与电极电势有关。计算表明电极电势改变 0.6V，相当于反应速率改变 10^5 倍。对一个活化能为 $40\mathrm{kJ \cdot mol^{-1}}$ 的反应来说，这相当于温度升高 800K 才能达到的效果。在以上电极反应中，当电极电势为 φ 时，电极上的 $z$mol 电子比电极电势为 0 时多具有 $-zF\varphi$ 的能量，即正反应过程的能量增量增大了 $zF\varphi$。这相当于正反应的活化能增加了 $\alpha zF\varphi$，逆反应的活化能减少了 $\beta zF\varphi$。这里 $\alpha + \beta = 1$，α、β 称为迁越系数，它们分别表示电极电势不为 0 时上述正反应活化能增加值、逆反应活化能减少值占 $zF\varphi$ 的份额。通常 α、β 大约接近 0.5。电极电势为 φ 时正、逆反应的活化能可表示为

$$E_1 = E'_1 + \alpha zF\varphi \tag{11-8a}$$

$$E_{-1} = E'_{-1} - \beta zF\varphi \tag{11-8b}$$

E'_1、E'_{-1} 分别是 $\varphi = 0$ 时正、逆反应的活化能。将上式代入式(11-7)，有

$$j_1 = k'_{10}c_\mathrm{O}\exp\frac{-\alpha zF\varphi}{RT} \tag{11-9a}$$

$$j_{-1} = k'_{-10}c_\mathrm{R}\exp\frac{\beta zF\varphi}{RT} \tag{11-9b}$$

其中 $k'_{10} = zFk_{10}\exp[-E'_1/(RT)]$，$k'_{-10} = zFk_{-10}\exp[-E'_{-1}/(RT)]$。若 $\varphi = \varphi_平$，表示电

极反应处于平衡，此时 $j_1=j_{-1}=j_0$，j_0 称为交换电流密度，则

$$j_0=k'_{10}c_{\rm O}\exp\frac{-\alpha zF\varphi_{平}}{RT}=k'_{-10}c_{\rm R}\exp\frac{\beta zF\varphi_{平}}{RT} \tag{11-10}$$

若 $\varphi\neq\varphi_{平}$，表示电极发生了极化。设 $\varphi<\varphi_{平}$，将式(11-9) 与式(11-10) 相比较知，$j_1>j_0>j_{-1}$，即净反应为阴极的还原反应。这时用 $\varphi_{阴,析}=\varphi_{平}-\eta$ 代入式(11-9) 的 φ，利用式(11-10)，可得阴极过程的电流密度为

$$j=j_1-j_{-1}=j_0\left[\exp\frac{\alpha zF\eta}{RT}-\exp\left(-\frac{\beta zF\eta}{RT}\right)\right] \tag{11-11a}$$

式中，η 为阴极超电势。若 $\varphi>\varphi_{平}$，则有 $j_{-1}>j_0>j_1$，即净反应为阳极的氧化反应，这时用 $\varphi_{阳,析}=\varphi_{平}+\eta$ 代入式(11-9) 的 φ，同法可得阳极过程的电流密度为

$$j=j_{-1}-j_1=j_0\left[\exp\frac{\beta zF\eta}{RT}-\exp\left(-\frac{\alpha zF\eta}{RT}\right)\right] \tag{11-11b}$$

式中，η 为阳极超电势。式(11-11) 称为巴特勒-伏尔默（Butler-Volmer）方程，是电极过程动力学的基本方程。在特殊情况下由该方程可得到以下结论：

① 当 $\eta=0$ 即 $\varphi=\varphi_{平}$ 时，$j_1=j_{-1}=j_0$，净电流密度等于 0，电极反应处于平衡，由式(11-10)，可得

$$\varphi_{平}=\frac{RT}{zF}\left(\ln\frac{k'_{10}}{k'_{-10}}+\ln\frac{c_{\rm O}}{c_{\rm R}}\right)$$

设 $c_{\rm O}=c_{\rm R}=c^{\ominus}$ 时，上式左边以 $\varphi^{\ominus}_{平}$ 表示，即 $\varphi^{\ominus}_{平}=[RT/(zF)]\ln(k'_{10}/k'_{-10})$，所以

$$\varphi_{平}=\varphi^{\ominus}_{平}-\frac{RT}{zF}\ln\frac{c_{\rm R}}{c_{\rm O}} \tag{11-12}$$

此即电极电势的能斯特方程。

② 若 η 很小，如 $\eta<5\text{mV}$，根据 $e^{\pm x}\approx1\pm x$，以阴极过程为例，式(11-11a) 化为

$$j=j_0\left[\left(1+\frac{\alpha zF\eta}{RT}\right)-\left(1-\frac{\beta zF\eta}{RT}\right)\right]=j_0\frac{zF}{RT}\eta$$

即

$$\eta=\left(\frac{RT}{zFj_0}\right)j \tag{11-13}$$

式(11-13) 表明 η 很小时，η 与 j 成正比，比例系数与 j_0 有关。对于阳极过程也可得到同样的结果。

③ η 较大时，正、逆反应速率相差较大，巴特勒-伏尔默公式中总有一项可以忽略，以阴极过程为例，j_{-1} 与 j_1 相比可忽略不计，则

$$j\approx j_1=j_0\exp\frac{\alpha zF\eta}{RT}$$

故有

$$\eta=\frac{RT}{\alpha zF}\ln\left(\frac{j_0}{[j]}\right)^{-1}+\frac{RT}{\alpha zF}\ln\frac{j}{[j]} \tag{11-14}$$

此即塔费尔公式。与式(11-6) 相比，$b=RT/(\alpha zF)$，若取 $\alpha=0.5$，可算出常温（298K）下 b 约为 0.05V，与实验相符；$a=b\ln(j_0/[j])^{-1}$，与交换电流密度 j_0 有关，j_0 越小，a 值越大，电极越容易极化；j_0 越大，a 值越小，电极越难极化。

在 HCl 的水溶液中，以阴极析氢为例，若用汞为电极，j_0 很小，约为 $2.0\times10^{-8}\text{A}\cdot$

m^{-2}；若用铂为电极，j_0 很大，约为 $10A \cdot m^{-2}$。因此汞电极的氢超电势高，铂电极的氢超电势低。

【例 11-1】 25℃，Ag 电极上电流密度为 $0.1A \cdot cm^{-2}$ 和 $0.01A \cdot cm^{-2}$ 时的氢超电势分别为 0.875V 和 0.761V，假定塔菲尔公式适用，求（1）电流密度为 $0.05A \cdot cm^{-2}$ 时的氢超电势；（2）电极过程的迁越系数和交换电流密度。

解 （1）以 $A \cdot cm^{-2}$ 为电流密度的单位，将已知数据代入塔菲尔公式：$\eta = a + b\ln(j/A \cdot cm^{-2})$，即

$$0.875V = a - 2.303b$$

$$0.761V = a - 4.605b$$

两式联立解得：$b = 0.0495V$，$a = 0.989V$。$j = 0.05A \cdot cm^{-2}$ 时，由塔菲尔公式知

$$\eta = (0.989 + 0.0495\ln 0.05)V = 0.841V$$

（2）由式(11-14) 知 $b = RT/(\alpha zF)$，$a = b\ln(j_0/A \cdot cm^{-2})^{-1}$，所以

还原过程迁越系数 $\alpha = (8.314 \times 298.15)/(1 \times 0.0495 \times 96485) = 0.519$

氧化过程迁越系数 $\beta = 1 - \alpha = 0.481$

因为 $\ln(j_0/A \cdot cm^{-2}) = -a/b = -0.989/0.0495 = -19.98$

故 $j_0 = 2.1 \times 10^{-9} A \cdot cm^{-2}$

11.3 电解时的电极反应

电解时，加在电解池两极间的外加电压由低向高逐渐增加，达到分解电压时电解即开始进行。分解电压等于阳极与阴极的析出电势之差，因此，在同一电极上有可能发生两个以上的电极反应时，在阳极上必然是析出电势最低的反应优先进行，在阴极上必然是析出电势最高的反应优先进行。

电解质水溶液中含有 H^+ 和 OH^-，当考虑溶液中其它离子在电极上析出时，需要考虑 H^+ 在阴极、OH^- 在阳极的析出问题。例如用锌电极电解锌盐的中性溶液，溶液中 $a(H^+) = 10^{-7}$，取 $p_{H_2} = 100kPa$，25℃时氢在阴极析出（$2H^+ + 2e \longrightarrow H_2$）的平衡电势为 −0.41V，但此时氢在锌电极上析出有较高的超电势，设为 0.7V，因此氢的析出电势为 −1.11V。若溶液中 Zn^{2+} 的活度等于 1，Zn^{2+} 在阴极析出（$Zn^{2+} + 2e \longrightarrow Zn$）的平衡电势为 −0.763V，金属离子析出时超电势很低，一般可不考虑，因此这时在阴极析出的物质是锌而不是氢。随着溶液中 Zn^{2+} 的不断析出，Zn^{2+} 的浓度不断减小，阴极的析出电势也不断减小，当减小至 −1.11V 时，氢才能从阴极析出。

当二价金属离子从阴极析出时，离子浓度每减小一个数量级，析出电势约减小 0.03V。当离子浓度减为原浓度的 $1/10^7$ 时，可认为离子全部析出。因此，如果溶液中两种二价金属离子的析出电势相差 0.2V 以上，当第一种离子析出完毕后，调换电极，增大电压，可使另一种离子析出，从而实现离子的有效分离。

实用中有时需要两种离子在阴极上同时析出，例如合金电镀。这时可调整溶液中两种离子的浓度，使其具有相同的析出电势。例如当 Cu^{2+} 与 Zn^{2+} 的浓度相同时，它们的析出电势

大约相差 1V，此时在溶液中加入 CN^- 使其与 Cu^{2+} 形成络离子，这些络离子的形成调整了溶液中两种离子的浓度比，使它们的析出电势较为接近，就可以使锌和铜同时析出形成黄铜合金镀层。

氢超电势受电极材料的影响显著。在氯碱工业中常用汞作阴极，由于汞电极上氢超电势很高，以致析出电势很负的 Na^+ 仍可优先于 H^+ 在阴极上析出，生成钠汞齐，即 $Na^+ + e \longrightarrow Na(Hg)$。然后使钠汞齐进入“解汞室”与水反应生成烧碱和氢气，即 $2Na(Hg) + 2H_2O \longrightarrow 2NaOH + H_2$。这样制得的烧碱几乎不含 NaCl，纯度很高，无需进行后处理就能直接作为产品。在电解制氢时，如果采用难极化电极如镀铂黑的铂片作阴极，可减小极化使电解池的端电压降低，既节约能源又增加了产量。

电解时阴极上的反应并不限于金属离子的析出，任何得电子的还原反应都可能在阴极进行；阳极上的反应也不限于阴离子的析出或阳极的溶解，任何失电子的氧化反应都可能在阳极进行。溶液中的某些离子如果具有比 H^+ 较正的析出电势，氢就不再从阴极析出而发生该物质的还原，这种物质通常称为阴极去极化剂。同样，如果要避免 O_2 或 Cl_2 等在阳极析出，则可加入析出电势较负的某种物质，使其比 OH^- 或 Cl^- 优先在阳极氧化，这种物质称为阳极去极化剂。例如电解 HCl 时，在阴极区加入一些 $FeCl_3$，由于 Fe^{3+} 的析出电势比 H^+ 高，所以 Fe^{3+} 在阴极还原为 Fe^{2+}，而避免了阴极析出 H_2；在阳极区加入一些 $FeCl_2$，则阳极反应将是 $Fe^{2+} \longrightarrow Fe^{3+} + e$，而不是 $Cl^- \longrightarrow (1/2)Cl_2 + e$。最简单的去极化剂是具有不同价态的物质，如铁和锡的不同价态的离子，其作用相当一个氧化还原电极，有较恒定的电极电势，其值取决于高、低价离子的活度比。去极化剂在工业上有着广泛的用途，例如电镀工艺中常用去极化剂防止因 H_2 的析出使镀层表面出现孔隙或疏松现象。

【例 11-2】 某电解液中含有 $Ag^+(a=0.05)$、$Fe^{2+}(a=0.01)$、$Cd^{2+}(a=0.001)$、$Ni^{2+}(a=0.1)$、$H^+(a=0.001)$，已知 H_2 在 Ag、Fe、Cd、Ni 上的超电势分别为 0.20V、0.18V、0.30V、0.24V，若不考虑金属析出的超电势，电解时控制溶液的 pH 值恒定。25℃时，端电压从零开始增加，在阴极上会发生什么变化？

解 根据能斯特方程，计算出各种正离子在阴极析出的平衡电势：

$$\varphi_{平}(Ag^+|Ag) = (0.7991 + 0.05916\lg 0.05)V = 0.722V$$

$$\varphi_{平}(Fe^{2+}|Fe) = \left(-0.440 + \frac{0.05916}{2}\lg 0.01\right)V = -0.499V$$

$$\varphi_{平}(Cd^{2+}|Cd) = \left(-0.403 + \frac{0.05916}{2}\lg 0.001\right)V = -0.492V$$

$$\varphi_{平}(Ni^{2+}|Ni) = \left(-0.250 + \frac{0.05916}{2}\lg 0.1\right)V = -0.280V$$

$$\varphi_{平}(H^+|H_2) = (0.05916\lg 0.001)V = -0.177V$$

$a_{H^+} = 0.001$ 时，在 Ag、Fe、Cd、Ni 上 H^+ 的析出电势为

$$\varphi_{析}(H^+|H_2, Ag) = (-0.177 - 0.20)V = -0.38V$$

$$\varphi_{析}(H^+|H_2, Fe) = (-0.177 - 0.18)V = -0.36V$$

$$\varphi_{析}(H^+|H_2, Cd) = (-0.177 - 0.30)V = -0.48V$$

$$\varphi_{析}(H^+|H_2, Ni) = (-0.177 - 0.24)V = -0.42V$$

金属离子的平衡电势即其析出电势，依析出电势从大到小，阴极上的变化为：Ag 析出→Ni 析出→Ni 上 H_2 析出→Cd 析出且同时析出 H_2→Fe 析出且同时析出 H_2。在 Cd、Fe 未析出之前，H_2 不可能在 Cd、Fe 上析出。

11.4 金属的电化学腐蚀与防腐

11.4.1 金属的电化学腐蚀

金属在电解质溶液中因形成微电池（或局部电池）而引起的腐蚀称为电化学腐蚀。电化学腐蚀是微电池放电的结果。金属上微电池的形成必须有阴极、阳极并与电解质溶液相接触。例如铜和锌两块金属相接触，接触处若存在电解质溶液，即形成了微电池，如图 11-4 所示。微电池的阳极过程是金属的溶解。锌的电势低成为阳极（即负极），阳极过程是 $Zn \longrightarrow Zn^{2+} + 2e$，从而使锌受到腐蚀。铜的电势高成为阴极（即正极），阴极过程是 H^+ 或 O_2 的还原，即 $2H^+ + 2e \longrightarrow H_2$，或 $O_2 + 2H_2O + 4e \longrightarrow 4OH^-$（在中性或碱性介质中），或 $O_2 + 4H^+ + 4e \longrightarrow 2H_2O$（在酸性介质中）。以氢离子还原为阴极过程的腐蚀称为析氢腐蚀。以氧还原为阴极过程的腐蚀称为吸氧腐蚀。发生析氢腐蚀与吸氧腐蚀时阴极的电势不同，吸氧腐蚀时，特别是在酸性介质中，阴极电势更高（参看【例 10-4】）。因此，当电解质溶液中溶解有氧时金属更容易受到腐蚀。

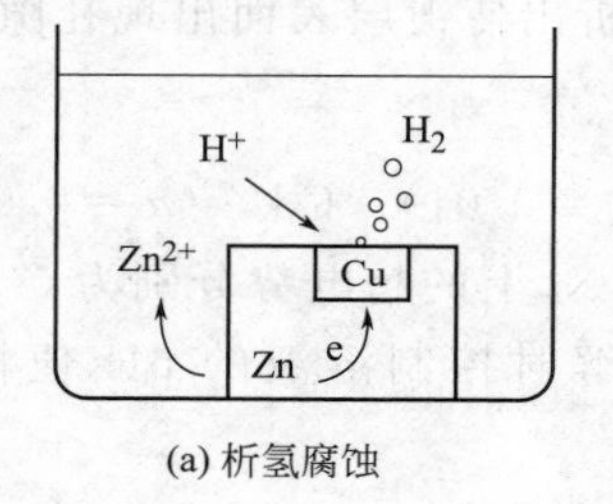

(a) 析氢腐蚀

(b) 吸氧腐蚀(中性或碱性介质)

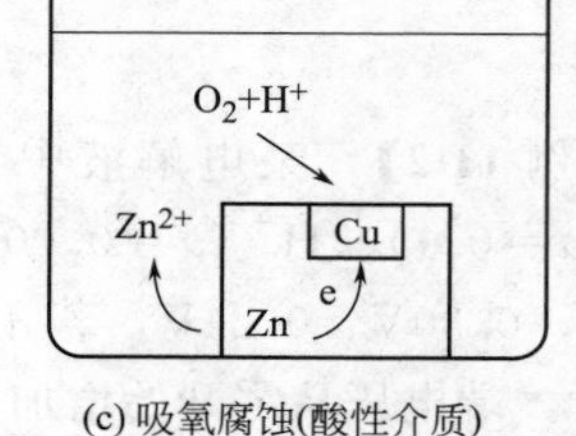

(c) 吸氧腐蚀(酸性介质)

图 11-4　电化学腐蚀示意图

单一金属在电解质溶液中也会发生腐蚀，这是由于金属中含有杂质或者金属中不同部位的结晶结构之间存在差别。例如碳钢中的渗碳体 Fe_3C，铸铁中的石墨，工业用铝中的铁和铜等，这些杂质的电势都比基体金属的电势正，从而成为微电池的阴极，基体金属在电化学腐蚀中作为微电池的阳极而遭到腐蚀。

电化学腐蚀的热力学条件是金属的电势低于阴极析氢或吸氧时的电势，腐蚀的速度受电极极化的影响。图 11-5 是微电池放电过程的极化曲线示意图，微电池短路的结果使得图中阴极极化曲线与阳极极化曲线交于一点（忽略溶液的电阻），该点对应的电势 $\varphi_{腐}$ 称为金属的腐蚀电势，对应的电流 $I_{腐}$ 称为金属的腐蚀电流。$I_{腐}$ 的大小代表金属腐蚀的速度。图 11-6 表示在阴极极化曲线保持不变条件下金属的腐蚀电流随金属电势的增高而减小，说明金属的电势越高，抗腐蚀的能力越强。图 11-7 中的虚线（1）为阴极极化作用增强后的极化曲线，虚线（2）为阳极极化作用增强后的极化曲线，阴极极化作用增强使得 $I_1 < I_{腐}$，阳极极化作用增强后使得 $I_2 < I_{腐}$，极化作用增强均会导致金属腐蚀电流减小。

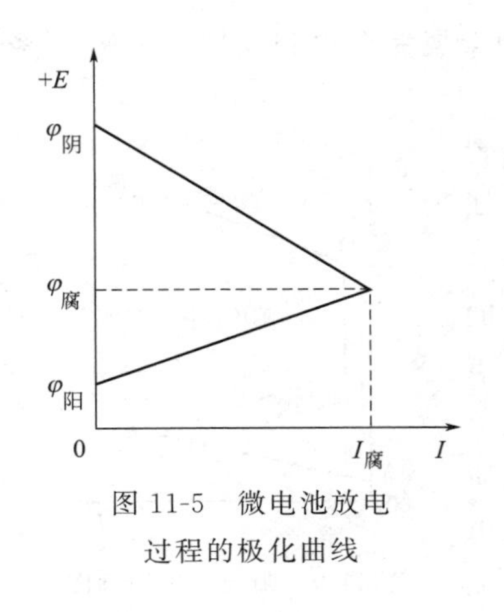

图 11-5　微电池放电过程的极化曲线

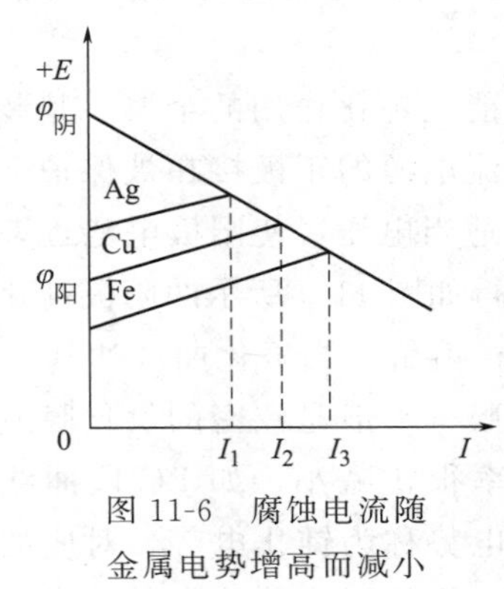

图 11-6　腐蚀电流随金属电势增高而减小

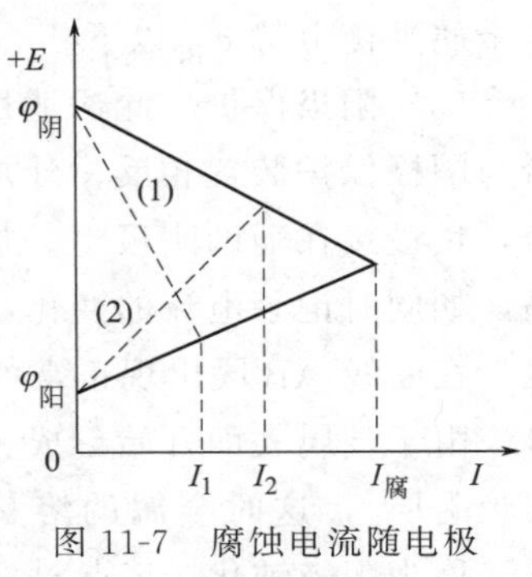

图 11-7　腐蚀电流随电极极化作用增强而减小

11.4.2　电化学腐蚀的防护

为使金属免遭电化学腐蚀常采取以下保护措施。

（1）涂层保护　即在金属表面涂敷油漆、搪瓷、沥青、高分子材料等耐腐蚀物质，或用电镀的方法在金属表面镀一层其它金属。各种涂层的防护作用是将被保护金属与环境中的腐蚀介质隔开。电镀时金属镀层比被保护金属有更负的电势时称为阳极保护层，如铁上镀锌，反之为阴极保护层，如铁上镀锡。当镀层被破坏时阳极保护层下受到腐蚀的首先是金属镀层，而阴极保护层下受到腐蚀的首先是被保护金属，它们皆形成微电池的阳极。

（2）提高金属本身的耐蚀性　例如镍中加铜，铬钢中加镍（不锈钢），铜锌合金中加锡等，可改变金属晶体的结构，形成合金。合金化可使基体金属的电势升高，增强金属的抗氧化能力。

（3）改变腐蚀环境　例如将介质除氧脱盐，添加缓蚀剂等。一些含磷、砷、锑的物质常能使氢超电势增加，阻滞氢的析出，称为阴极缓蚀剂；一些芳胺、脂肪胺、含硫和含羰基的化合物常能吸附于金属表面，延缓金属的溶解，称为阳极缓蚀剂。缓蚀剂的作用是增强电极的极化而使腐蚀电流减小。如图 11-7 中虚线（1）、（2）分别表示加入阴极缓蚀剂和阳极缓蚀剂后的极化曲线，它们均引起腐蚀电流减小。

（4）阴极保护　阴极保护是使被保护的金属表面通过足够大的阴极电流，以增加阴极的极化作用，使金属的腐蚀电势降低。根据阴极电流的来源分为牺牲阳极法和外加电源法。牺牲阳极法是将电势更负的金属与被保护金属连接，电势更负的金属为阳极，被保护的金属为阴极，当电池放电时，被保护金属表面即有阴极电流通过，同时阳极逐渐溶解被牺牲掉。外加电源法是将被保护金属与直流电源负极连接，电源正极与辅助阳极连接，依靠电源放电使阴极电流从被保护金属表面通过。阴极电流通过被保护金属表面时微电池阴极的极化作用增加，如图 11-8 所示，金属的腐蚀电势从 $\varphi_{腐}$ 降为 φ'。这时的阴极电流 I'' 由两部分组成，一部分是 I'，由微电池的阳极即被保护金属的溶解提供，另一部分为 $I''-I'$，由牺牲阳极或辅助阳极

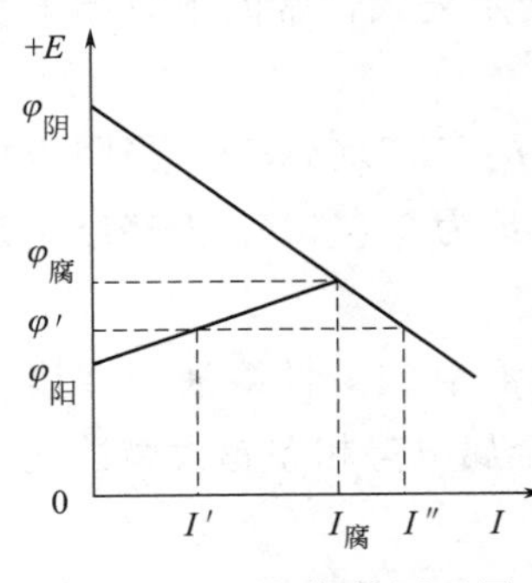

图 11-8　阴极保护原理图

的溶解提供。由于 $I' < I_{腐}$，因此被保护金属得到保护。欲使金属完全得到保护，须使 φ' 降至金属平衡电势 $\varphi_{阳}$ 以下。

(5) 阳极保护　此法适用于能起钝化作用的金属。其装置恰与阴极保护装置相反，外加直流电源的正极接在被保护金属上，负极接在辅助阴极上。加上适当电压，使阳极电势逐渐升高，如同时记录电流的变化，可得如图 11-9 所示的阳极钝化曲线。在曲线 AB 段出现正常的阳极溶解，当极化曲线达到 B 点时，由于金属表面开始形成钝化膜（一般是致密的氧化膜或氧的吸附层），这时金属的溶解速率很快减小，如 BC 段曲线所示，称为阳极钝化。B 点对应的电势称为钝化电势，对应的电流称为临界钝化电流。在 CD 段电极处于比较稳定的钝态，相应的电流称为钝化电流，由于钝化电流很小，金属得到有效保护。在 DF 段电流再度随电极电势的升高而增大，表示电极上又发生了新的氧化过程，称为超钝化现象。

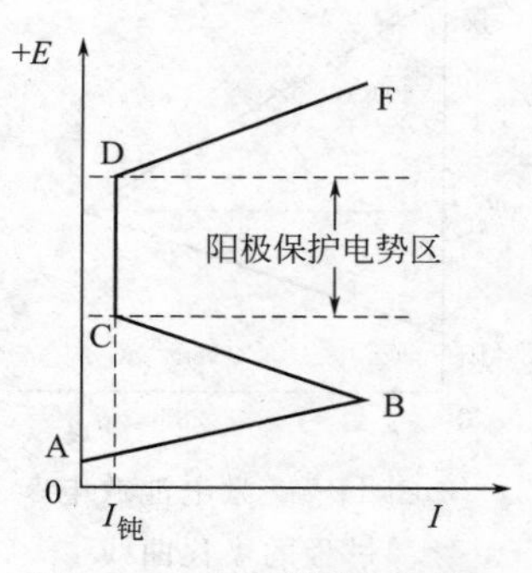

图 11-9　阳极保护原理图

思考题

1. 什么是极化？什么是超电势？阴、阳两极极化的规律是什么？产生极化的原因有哪些？极化在工业生产中有何利弊？举例说明。

2. 电解池和原电池的端电压与可逆电池的电动势有何不同？为什么电解池的端电压总大于可逆电动势？原电池的端电压总小于可逆电动势？

3. 什么是氢超电势？氢超电势与哪些因素有关？

4. 什么是交换电流密度？什么是迁越系数？在塔费尔公式 $\eta = a + b\ln(j/[j])$ 中，为何电极材料不同 a 值可以相差很大，但 b 值一般约为 0.05V？

5. 电解时阴、阳两极发生电化学反应的先后次序是什么？采用电解方法使不同金属离子得到有效分离时，需控制什么条件？

6. 根据巴特勒-伏尔默方程，电极过程中正、逆方向电流密度之比与超电势间有何关系？如果二者之比大于 10：1 时巴特勒-伏尔默方程可简化为塔费尔公式，常温下氢超电势至少应为多少塔费尔公式才能成立？

7. 根据电极过程动力学，塔费尔公式 $\eta = a + b\ln(j/[j])$ 中 $b = RT/(\alpha zF)$，当阴极析氢时，电极反应为 $2H^+ + 2e \longrightarrow H_2$，由于 $z=2$，所以常温下 b 约为 0.025V。上述结论是否正确？为什么？

8. 金属发生电化学腐蚀的热力学条件是什么？为什么在溶解有氧的酸性溶液中金属更容易受到腐蚀？当金属发生电化学腐蚀时，可否认为阴极电势与金属电势相差越大腐蚀速度一定越快？

9. 金属防腐有哪些方法？这些方法的理论依据是什么？

习题

1. 25℃，$p^\ominus$压力下，用Pt电极电解0.5mol·kg^{-1}的H_2SO_4溶液，计算

(1) 所需理论分解电压；

(2) 若两电极面积皆为1cm^2，电解质溶液电阻为100Ω，H_2和O_2的超电势分别可表示为：

$$\eta(H_2)/V = 0.472 + 0.118\lg[j/(A \cdot cm^{-2})]$$

$$\eta(O_2)/V = 1.062 + 0.118\lg[j/(A \cdot cm^{-2})]$$

当通过1mA电流时，求电解池的端电压。所需$\varphi^\ominus$可查标准电极电势表。

2. 25℃，$p^\ominus$压力下，用Pb电极电解0.10mol·kg^{-1}的H_2SO_4溶液（$\gamma_\pm = 0.265$），若在电解过程中把Pb阴极与另一摩尔甘汞电极（$\varphi = 0.2802V$）组成原电池，测得其电动势为1.0685V，试求$H_2(g)$在Pb阴极上的超电势（只考虑H_2SO_4的一级电离）。

3. 在锌电极上析出H_2的塔费尔公式为：$\eta/V = 0.72 + 0.116\lg[j/(A \cdot cm^{-2})]$，25℃，$p^\ominus$压力下，用Zn(s)作阴极，惰性物质作阳极，电解浓度为0.1mol·kg^{-1}的$ZnSO_4$溶液，设溶液pH值为7.0，离子活度因子为1，已知$\varphi^\ominus(Zn^{2+}|Zn) = -0.763V$，若使$H_2(g)$不和Zn同时析出应如何控制电流密度？

4. 25℃，$p^\ominus$压力下，用Pb作电极电解pH=4.76的硫酸溶液。当阴极电流密度为1A·cm^{-2}时，测得铅阴极的电极电势为−1.5416V；阴极电流密度为0.01A·cm^{-2}时，测得铅阴极的电极电势为−1.3216V。设塔菲尔公式可以适用，求

(1) 阴极电流密度为0.1A·cm^{-2}时，氢在铅阴极上的超电势；

(2) 阴极过程中正、逆反应的迁越系数和铅阴极的交换电流密度。

5. 25℃，$p^\ominus$压力下，电解含有Cd^{2+}的溶液，要求当Cd^{2+}浓度降至1.00×10^{-4}mol·kg^{-1}时仍无$H_2(g)$析出，已知$H_2(g)$在Cd上析出的超电势为0.38V，$\varphi^\ominus(Cd^{2+}|Cd) = -0.403V$，假定离子活度因子为1，试问溶液的pH值应控制在何值？

6. 25℃，$p^\ominus$压力下，用Ag(s)电极插入0.01mol·kg^{-1}的NaOH溶液中进行电解。当电流密度为0.1A·cm^{-2}时，$H_2(g)$和$O_2(g)$在Ag(s)电极上的超电势分别为0.87V和0.98V，设活度因子均为1，问该条件下两个银电极上首先发生什么反应？此时的端电压至少为多少？所需数据可查标准电极电势表。

7. 当超电势较小时，电极界面的等效电阻r与超电势存在下列关系：$\eta = Ir$，相当于欧姆定律。根据电极过程动力学，(1) 证明r与电极面积A成反比；(2) 已知$H_2(g)$在Pt和Hg表面析出时的交换电流密度分别为7.9×10^{-4}A·cm^{-2}和7.9×10^{-13}A·cm^{-2}，设$T = 298.15K$，电极面积皆为1cm^2，分别计算Pt和Hg电极界面的等效电阻。

8. 25℃，$p^\ominus$压力下，用电解沉积法分离Cd^{2+}、Zn^{2+}混合溶液，已知Cd^{2+}、Zn^{2+}的浓度均为0.10mol·kg^{-1}，设活度因子皆为1，$H_2(g)$在Cd(s)和Zn(s)上的超电势分别为0.48V和0.70V，$\varphi^\ominus(Zn^{2+}|Zn) = -0.763V$，$\varphi^\ominus(Cd^{2+}|Cd) = -0.403V$，若电解质溶液的pH保持为7.0，试问：

(1) 阴极上首先析出何种金属？

(2) 第二种金属析出时第一种析出离子的残留浓度为多少？

(3) 氢气是否可能析出而影响分离效果？

9. 25℃，$p^{\ominus}$压力下，用铜作阴极，石墨作阳极电解浓度为 0.10mol·kg^{-1} 的 $ZnCl_2$ 溶液，问在阴极上首先析出什么物质？在阳极上又析出什么物质？已知 $H_2(g)$ 在 Cu 上的超电势为 0.58V，$O_2(g)$ 在石墨上的超电势为 0.90V，假定 Cl_2 在石墨上的超电势可以忽略不计，活度可用浓度代替，所需 $\varphi^{\ominus}$ 数据可查表。

10. 25℃，$p^{\ominus}$压力时，某混合溶液中 $CuSO_4$ 浓度为 0.50mol·kg^{-1}，H_2SO_4 浓度为 0.01mol·kg^{-1}，用 Pt 电极进行电解，首先 Cu 沉积到 Pt 上，若 $H_2(g)$ 在 Cu 上的超电势为 0.23V，问当外加电压增加到有 $H_2(g)$ 在电极上析出时，溶液中所余 Cu^{2+} 浓度为多少？设活度因子均为 1，H_2SO_4 作一级电离处理，已知 $\varphi^{\ominus}(Cu^{2+}|Cu)=0.337V$。

11. 25℃，$p^{\ominus}$压力下，以 Pt 为阳极，Fe 为阴极电解浓度为 1.00mol·kg^{-1} 的 NaCl 水溶液，其 $\gamma_{\pm}=0.658$。设电解池金属电极间距离为 2.00cm，溶液电导率 $\kappa=0.10S\cdot cm^{-1}$，通过电流密度为 0.10A·cm^{-2}，Fe 阴极上的氢超电势为 0.62V，Pt 阳极上 Cl_2 的超电势忽略不计，$\varphi^{\ominus}(Cl^{-}|Cl_2,Pt)=1.360V$，求电解池的端电压。

12. 实验测得 25℃时铁电极上 H_2 析出的超电势及电流密度数据如下表，根据电极过程动力学

$j/A\cdot m^{-2}$	10	100	1000	10000
η/V	0.40	0.53	0.64	0.77

(1) 计算交换电流密度和正、逆反应的迁越系数；

(2) 当 $\eta=15mV$ 时，求电极反应正向电流密度与逆向电流密度之比，设铁阴极表面积为 5cm^2，此时通过电极净的电流强度为多少？

13. 金属的电化学腐蚀是金属作为原电池的阳极而被氧化，原电池中有可能发生的还原反应有下列几种：

酸性条件：　$2H^{+}+2e \longrightarrow H_2(p^{\ominus})$

$O_2(p^{\ominus})+4H^{+}+4e \longrightarrow 2H_2O$

碱性条件：　$O_2(p^{\ominus})+2H_2O+4e \longrightarrow 4OH^{-}$

所谓金属腐蚀是指金属表面能形成的离子浓度至少为 1×10^{-6} mol·kg^{-1}。现有如下 6 种金属：Au、Ag、Cu、Fe、Pb 和 Al，试问在下列 pH 条件下哪些金属会被腐蚀？所需 $\varphi^{\ominus}$ 可查表。

(1) pH=1　(2) pH=6　(3) pH=8　(4) pH=14

14. 25℃，$p^{\ominus}$压力下，铁在脱气酸溶液（pH=3）中发生析 H_2 腐蚀，$H_2(g)$ 在 Fe 上析出的超电势服从塔费尔公式 $\eta=a+b\ln(j/[j])$，其中 $b=0.055V$，铁阴极的交换电流密度 $j_0=0.10\times10^{-6}A\cdot cm^{-2}$，溶液中 Fe^{2+} 浓度为 1mol·kg^{-1}，设离子活度因子为 1。阳极不发生极化，$\varphi^{\ominus}(Fe^{2+}|Fe)=-0.440V$，计算 1cm^2 铁的表面每天有多少铁被腐蚀掉。

第12章 界面现象

两相间相互接触的界面（凝聚相与气相间的界面也称为表面），是一个厚度约为几个分子大小的范围。由于相界面上分子所处的环境与相本体中不同，界面上可以发生复杂的物理现象和化学现象，总称界面现象。界面化学是研究界面现象的一门学科。

将一种物质分散在另一种均匀介质中形成的体系称为分散体系。例如，涂料是将颜料粒子分散在油中形成的分散体系，云雾是小水滴分散在空气中形成的分散体系。颜料粒子、小水滴等被分散的物质称为分散相，油、空气等均匀介质称为分散介质。胶体是分散相大小介于1～100nm的分散体系，如果分散相大小扩大为$1\sim10^4$nm，称为粗分散体。胶体体系（包括粗分散体）是物质存在的一种特定状态。胶体化学是研究胶体的形成、稳定、破坏及其物理化学性质的科学。胶体体系的重要特点之一是具有很大的界面面积。可以说胶体化学的问题总与界面化学有关，因而界面化学可作为胶体化学的一个重要分支。

界面与胶体化学是一门与生产、生活实际有着密切联系的科学，在工农业生产或日常生活的各个方面都会遇到涉及界面与胶体化学的问题。本书第12章界面现象和第13章胶体化学两部分分别介绍界面与胶体化学的基础知识。

12.1 表面张力

液体分子在相本体与在相表面（假定相邻相为气体）的受力情况是不同的。如图12-1所示，分子在体相中受到周围分子对它的吸引作用是对称的，净的合力为0。但是处于表面的分子受到气、液两相分子对它的吸引力是不对称的。液相分子的密度比气相大，表面分子受到液相一侧分子净的吸引作用，有被拉入液体内部的趋势。如果使液面扩大，相当于将更多液体分子从内部推向表面，必须外力做功。因此，液体表面宛如一个张紧了的弹力膜，有自动收缩的趋势。垂直作用在液体表面单位长度上的收缩张力称为表面张力，用σ表示，单位是$N\cdot m^{-1}$。液体的表面张力是切向力，其方向是经过垂足与液面相切的方向。

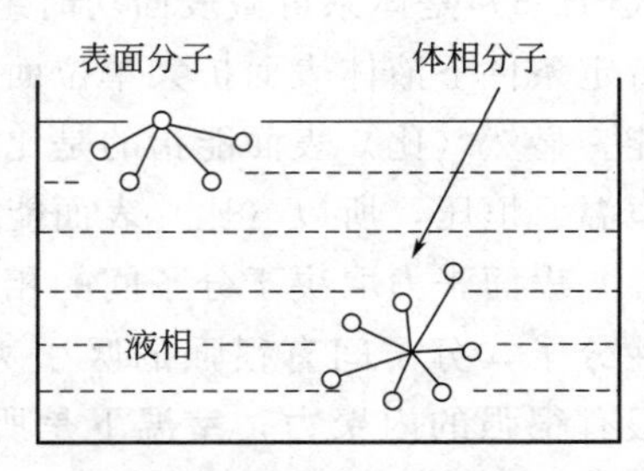

图12-1 液体分子的受力

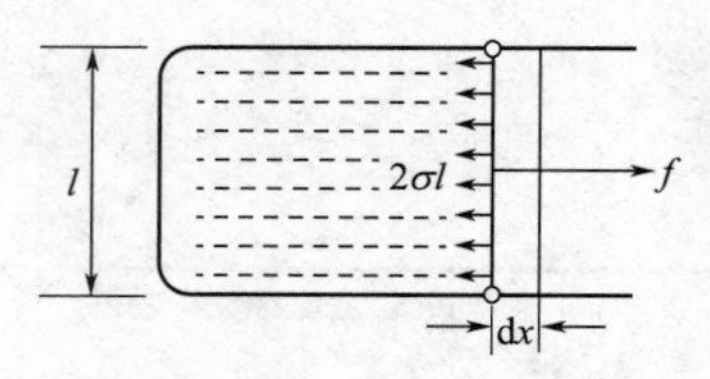

图 12-2　表面张力与表面功

图 12-2 是一个蘸有肥皂水的矩形金属框，右边是一个可水平滑动的金属丝，当金属丝在框上滑动时，可在框上形成一层薄薄的液膜，液膜与空气接触有前、后两个表面。根据表面张力的定义，液体作用在金属丝上的收缩张力等于 $2l\sigma$。欲使液膜的表面扩大，需在外力 f 作用下使金属丝向右移动，此时外力对液体所做的功称为表面功，表面功属非体积功。在恒温恒压下，可逆地拉动金属丝向右移动距离 $\mathrm{d}x$，此时 $f=2l\sigma$，外力所做表面功为

$$-\delta W'_{\mathrm{R}}=2l\sigma\mathrm{d}x=\sigma\mathrm{d}A$$

其中 $\mathrm{d}A=2l\mathrm{d}x$，为液体表面积的增量。由热力学关系，此时 $\mathrm{d}G=-\delta W'_{\mathrm{R}}$，所以

$$\sigma=\left(\frac{\partial G}{\partial A}\right)_{T,p,n} \tag{12-1}$$

下标 n 表示液体中各组分的物质的量不变。在温度、压力不变条件下，液体表面扩大单位面积时体系热力学函数的增量称为体系的比表面热力学函数。所以式(12-1) 表示表面张力即液体的比表面吉布斯函数，单位用 $\mathrm{J\cdot m^{-2}}$ 表示，显然，这与单位 $\mathrm{N\cdot m^{-1}}$ 完全相同。

本书 3.2 节曾给出多组分组成可变体系的热力学基本方程，在体系可做表面功的情况下，需增加表面积 A 为体系的状态参量，以吉布斯函数为例

$$G=G(T,p,A,n_1,n_2\cdots n_K\cdots)$$

两边全微分，即将 $\mathrm{d}G$ 表示成对各自变量偏微分之和。注意到式(12-1) 的关系，有

$$\mathrm{d}G=-S\mathrm{d}T+V\mathrm{d}p+\sigma\mathrm{d}A+\sum\nolimits_{i=1}^{K}\mu_i\mathrm{d}n_i \tag{12-2}$$

利用 G 与 U、H、F 各热力学函数的关系，可以得到

$$\mathrm{d}U=T\mathrm{d}S-p\mathrm{d}V+\sigma\mathrm{d}A+\sum\nolimits_{i=1}^{K}\mu_i\mathrm{d}n_i \tag{12-3}$$

$$\mathrm{d}H=T\mathrm{d}S+V\mathrm{d}p+\sigma\mathrm{d}A+\sum\nolimits_{i=1}^{K}\mu_i\mathrm{d}n_i \tag{12-4}$$

$$\mathrm{d}F=-S\mathrm{d}T-p\mathrm{d}V+\sigma\mathrm{d}A+\sum\nolimits_{i=1}^{K}\mu_i\mathrm{d}n_i \tag{12-5}$$

式(12-2)～式(12-5) 是表面热力学的基本方程。由以上基本方程可知

$$\mu_i=\left(\frac{\partial U}{\partial n_i}\right)_{S,V,A,n_j}=\left(\frac{\partial H}{\partial n_i}\right)_{S,p,A,n_j}=\left(\frac{\partial F}{\partial n_i}\right)_{T,V,A,n_j}=\left(\frac{\partial G}{\partial n_i}\right)_{T,p,A,n_j} \tag{12-6}$$

及

$$\sigma=\left(\frac{\partial U}{\partial A}\right)_{S,V,n}=\left(\frac{\partial H}{\partial A}\right)_{S,p,n}=\left(\frac{\partial F}{\partial A}\right)_{T,V,n}=\left(\frac{\partial G}{\partial A}\right)_{T,p,n} \tag{12-7}$$

式(12-6) 是体系可做表面功时组分化学势的定义。式(12-7) 表明，表面张力等于式中各种特定条件下液体表面扩大单位面积时相应热力学函数的增量，因此 σ 通常也称为（比）表面能。显然（比）表面能指的是比表面吉布斯函数，因为其它热力学函数增加的特定条件不是恒温、恒压，所以（比）表面能不是它们的比表面热力学函数。

表面张力取决于分子间的相互作用和表面层的微观结构，与液体本性有关。水是强极性分子，分子间有很强的吸引力，水的表面张力比一般有机液体的表面张力都要大。水银有很强的内聚力，室温下是所有液体中表面张力最大的物质。表 12-1 给出若干液体的表面张力。

表 12-1　液体的表面张力

液体	$\sigma/10^{-3}\text{N}\cdot\text{m}^{-1}$	$t/℃$	液体	$\sigma/10^{-3}\text{N}\cdot\text{m}^{-1}$	$t/℃$
水	72.75	20	四氯化碳	26.8	20
苯	28.88	20	汞	486	20
乙醇	22.27	20	铜(l)	1160	1200
乙醚	17.7	18	铁(l)	950	1500

表面张力是液体的强度性质，与液体的温度、压力、浓度有关。表面张力随温度升高而减小。这是由于随着温度升高，分子间距离增大，分子间引力减小的缘故。当温度升至临界温度时，表面张力减小为0。已有实验表明，当压力有大的增加时，表面张力也有所减小。如果压力变化不大，一般可忽略压力的影响。

液体的表面张力通常是指该液体与含有自身蒸气的空气相接触时的界面张力。当与液体相接触的另一相的性质改变时，界面张力也会改变。表12-2给出水与若干液体间的界面张力。

表 12-2　20℃时水与若干液体间的界面张力

相邻液体	$\sigma/10^{-3}\text{N}\cdot\text{m}^{-1}$	相邻液体	$\sigma/10^{-3}\text{N}\cdot\text{m}^{-1}$
苯	35.0	正丁醇	8.5
四氯化碳	45.1	正己烷	51.1
乙醚	10.6	正辛烷	50.8
氯仿	33.3	汞	375

式(12-2)表示dG是一个线性微分式，根据全微分条件（参阅附录Ⅰ）可得

$$\left(\frac{\partial S}{\partial A}\right)_{T,p,n}=-\left(\frac{\partial \sigma}{\partial T}\right)_{A,p,n}\qquad \left(\frac{\partial V}{\partial A}\right)_{T,p,n}=\left(\frac{\partial \sigma}{\partial p}\right)_{T,A,n}$$

因$U=G-pV+TS$，所以

$$\left(\frac{\partial U}{\partial A}\right)_{T,p,n}=\left(\frac{\partial G}{\partial A}\right)_{T,p,n}-p\left(\frac{\partial V}{\partial A}\right)_{T,p,n}+T\left(\frac{\partial S}{\partial A}\right)_{T,p,n}$$

$$=\sigma-p\left(\frac{\partial \sigma}{\partial p}\right)_{T,A,n}-T\left(\frac{\partial \sigma}{\partial T}\right)_{A,p,n}\tag{12-8}$$

式(12-8)表明一定T、p下液体表面积增加时，其热力学能的增加一部分来自环境对体系所做的功（右边第一项是可逆表面功，第二项是可逆体积功，因表面张力随压力变化很小，体积功可视为零），另一部分（右边第三项）是体系为保持恒温自环境吸收的可逆热。由于表面张力的温度系数为负值，表明过程吸热。这意味着在绝热过程中，如果表面积增大，体系温度将要下降，这与实验结果是一致的。

【例 12-1】 293K时，乙醇的表面张力$\sigma=22.27\times10^{-3}\text{N}\cdot\text{m}^{-1}$，表面张力的温度系数为$-0.87\times10^{-4}\text{N}\cdot\text{m}^{-1}\cdot\text{K}^{-1}$，假定表面张力不随压力变化。在常压及293K时将乙醇的表面积可逆地扩大10m^2，求W，Q，ΔU，ΔH，ΔS，ΔF和ΔG。

解　因为

$$\Delta V=\left(\frac{\partial V}{\partial A}\right)_{T,p}\Delta A=\left(\frac{\partial \sigma}{\partial p}\right)_{T,A}\Delta A=0$$

所以 $\Delta G=\Delta F=\sigma\Delta A=(22.27\times10^{-3}\times10)\text{J}=0.223\text{J}$

$$\Delta S=\left(\frac{\partial S}{\partial A}\right)_{T,p}\Delta A=-\left(\frac{\partial \sigma}{\partial T}\right)_{p,A}\Delta A=(0.87\times10^{-4}\times10)\text{J}\cdot\text{K}^{-1}$$

$$=0.87\times10^{-3}\text{J}\cdot\text{K}^{-1}$$

$$\Delta U=\Delta H=\Delta G+T\Delta S=(0.223+293\times0.87\times10^{-3})\text{J}=0.478\text{J}$$

该过程无体积功，W 即体系对环境所做的可逆表面功，所以 $W=-\Delta G=-0.223\text{J}$，且 $Q=T\Delta S=(293\times0.87\times10^{-3})\text{J}=0.255\text{J}$，为体系自环境吸收的可逆热。

12.2 弯曲液面下的界面现象

12.2.1 弯曲液面的附加压力

液体表面宛如一个张紧的弹力膜，当液面是平面时，液面两侧的流体不会受到液面的压力，平衡时两侧流体的压力相等。当液面弯曲时，如图 12-3 所示，对右侧流体而言，液面为凸面；对左侧流体而言，液面为凹面。凸面流体受到弯曲液面的压力，致使平衡时两侧流体的压力不等，$p_{凸}-p_{凹}=\Delta p$，称为弯曲液面对凸面流体的附加压力。

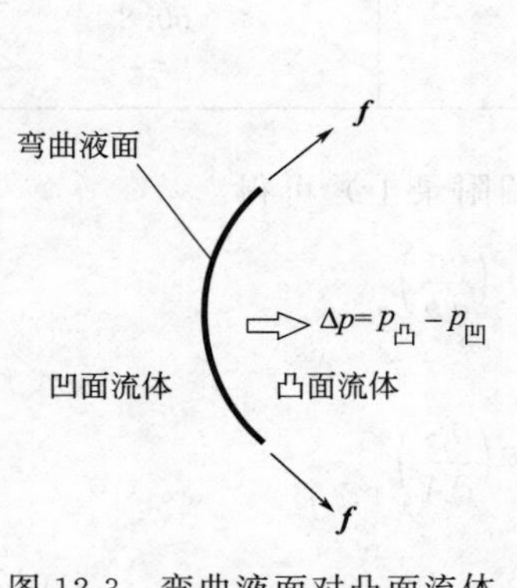

图 12-3 弯曲液面对凸面流体的附加压力

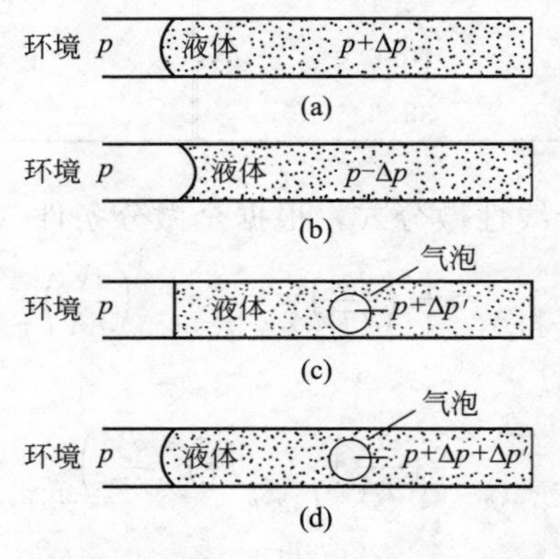

图 12-4 各种弯曲液面下流体的附加压力

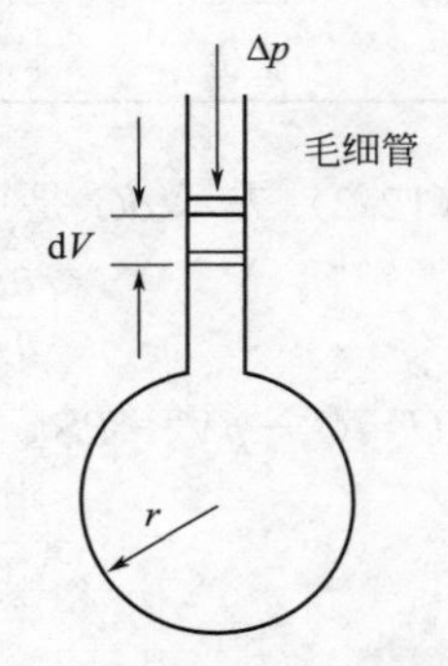

图 12-5 球形液面的附加压力

在弯曲液面附加压力的作用下，流体的压力常常不等于环境压力。图 12-4 表示环境中各种弯曲液面下流体的压力与环境压力的关系。图 12-4(a) 中液体为凸面液体，受到弯曲液面的附加压力，其压力比环境压力高；图 12-4(b) 中液体为凹面液体，因附加压力指向环境，致使液体压力比环境压力低；图 12-4(c)、(d) 中的气泡为凸面气体，泡内气体因受到弯曲液面的附加压力，其压力皆大于周围液体的压力。但图 12-4(c) 中液体与环境间界面为平面，液体压力等于环境压力；(d) 中液体压力则与 (a) 同。例如环境中大量液体中的小气泡，其受力情况与 (c) 同；空气中的小气泡，其受力情况则与 (d) 同。

如图 12-5 所示，在毛细管的一端有一个半径为 r 的球形液滴，由于受到球形液面的附加压力，平衡时作用于管中活塞上的压力等于 Δp。恒温恒压下，可逆地推动活塞向前移动少许，致使液滴体积增加 $\text{d}V$。该过程中环境对体系所做的可逆表面功 $-\delta W'=\Delta p\,\text{d}V=\text{d}G$，

又由式(12-2)知 $dG=\sigma dA$，所以

$$\Delta p dV=\sigma dA$$

式中 $A=4\pi r^2$，$V=(4/3)\pi r^3$，分别为球的面积和体积。因 $dA/dV=2/r$，所以球形液面的附加压力可表示为

$$\Delta p=\frac{2\sigma}{r} \tag{12-9}$$

如果液面不是球面而是任意曲面，设曲面的主曲率半径是 r_1 和 r_2，则弯曲液面对流体的附加压力可表示为

$$\Delta p=\sigma\left(\frac{1}{r_1}+\frac{1}{r_2}\right) \tag{12-10}$$

式(12-10)称为杨-拉普拉斯（Young-Laplace）方程。

12.2.2 开尔文方程

3.3节曾讨论过液体的蒸气压与液体压力的关系。一定温度下，当液体的压力从 p 变为 p'，设其蒸气压从 p_0 变为 p_r。由式(3-36)可知

$$\ln\frac{p_r}{p_0}=\frac{V_m^l}{RT}(p'-p)$$

式中，$V_m^l=M/\rho$ 为液体的摩尔体积，M 和 ρ 分别表示液体的摩尔质量和密度。

假定环境的压力为 p，环境中平面下液体的压力也为 p，同一环境中某球形小液滴受到液面的附加压力，压力为 p'，则 $p'-p=\Delta p$。将式(12-9)代入上式，可得

$$\ln\frac{p_r}{p_0}=\frac{2\sigma M}{RT\rho r} \tag{12-11}$$

式(12-11)称为开尔文方程，它表示小液滴蒸气压与曲率半径的关系。表12-3列出20℃时不同半径小水滴与平面水的蒸气压之比。可见当小水滴半径缩短为1nm，相当于一个水滴大约包含几十个水分子时，其蒸气压可增加2倍，是相当可观的。

表12-3　20℃水滴半径与相对蒸气压的关系

水滴半径 r/nm	1000	100	10	1
p_r/p_0	1.001	1.011	1.111	2.95

对于固体小颗粒，其蒸气压与曲率半径之间也有式(12-11)的关系，其中 σ 是固体的表面张力。

类似地，假设 σ 表示固液间的界面张力，可以导出固体小颗粒的溶解度 c_r 与曲率半径 r 之间有类似开尔文方程的如下关系：

$$\ln\frac{c_r}{c_0}=\frac{2\sigma M}{RT\rho r} \tag{12-12}$$

式中，c_0 表示大块固体的溶解度；M、ρ 分别表示固体的摩尔质量与密度。

12.2.3 亚稳状态

自然界或实验室中常遇到处于亚稳状态的物质，如过饱和蒸气、过热液体、过冷液体、

过饱和溶液等，它们皆是由弯曲界面引起的界面现象。

（1）过饱和蒸气　一定温度下，蒸气的压力超过该温度下液体的饱和蒸气压，但仍没有液体凝结，这样的蒸气称为过饱和蒸气。蒸气过饱和的原因是新生的液相总是先以小液滴的状态出现，小液滴的蒸气压大于平面液体的蒸气压，蒸气对于平面液体虽已饱和，但对于小液滴并未饱和。可以设想，这时若在体系中植入一些细微粒子作为凝结核心，使新生液滴的初始半径加大，蒸气压降低，蒸气将迅速凝结成液体。人工降雨就是根据这个原理进行的。

（2）过热液体　一定压力下，将液体加热，如果温度超过沸点仍未沸腾，这样的液体称为过热液体。液体过热的原因是新生的气相总是先以小气泡的状态出现，气泡中的蒸气不仅要克服环境压力，而且要克服弯曲液面的附加压力。液体温度超过沸点，其蒸气虽可克服环境压力，但若克服不了弯曲液面的附加压力，就不能沸腾。液体过热严重时容易发生暴沸，造成事故。为防止暴沸，蒸馏液体时常加入沸石。多孔的沸石中有许多气泡存在，液体可先向气泡汽化，气泡中已有部分气体，且曲率半径较大，附加压力较小，蒸气容易借助这些气泡迅速沸腾而不致过热。

（3）过冷液体　一定压力下，液体被冷却到凝固点以下仍未凝固，这样的液体称为过冷液体。液体中新生的固相总是先以小晶粒的状态出现，小晶粒比大块固体有更高的蒸气压。液体在凝固点时其蒸气压虽与大块固体的蒸气压相同，但仍低于小晶粒的蒸气压，因而不能凝固。随着温度的降低，固体的蒸气压比液体降低得更快，直至过冷到小晶粒与液体的蒸气压相等时凝固才能发生，这就是液体过冷的原因。在测定液体凝固点的实验中，为避免液体过冷常采用剧烈搅拌的方法，目的在于向体系中植入空气或其它物质的微小粒子，使其成为凝固核心，以减轻过冷程度。

（4）过饱和溶液　一定温度、压力下，溶液浓度超过溶质的溶解度仍未有溶质析出，这样的溶液称为过饱和溶液。溶液过饱和的原因是析出的溶质总是先以小晶粒的状态出现，小晶粒比大块固体有更高的溶解度，只有溶质浓度达到小晶粒的溶解度时溶质才能析出，因而出现过饱和现象。在制取晶体的实验中，常将溶质析出后的溶液长期放置一段时间，称为陈化。因为刚析出的溶质颗粒大小不一，颗粒越大，溶解度越小，在陈化中小颗粒不断溶解，大颗粒不断长大，从而可制得颗粒较大的晶体。

从以上各种亚稳状态的成因可以看到，新相的产生需要提供较大的表面能，各种亚稳状态的出现都是由于新相难以产生引起的。在适当的条件下亚稳状态可暂时存在一段时间，一旦被破坏，积蓄的能量得以释放，体系立即恢复到稳定的平衡状态。

12.3 液固界面现象

12.3.1 润湿

润湿是液体与固体相接触，固液界面形成时体系吉布斯函数降低的现象。如图 12-6 所示，润湿有沾湿、浸湿和铺展三种形式。

（1）沾湿　沾湿是固液界面自动取代气液界面和气固界面的现象。以单位表面积计算，沾湿的热力学条件是

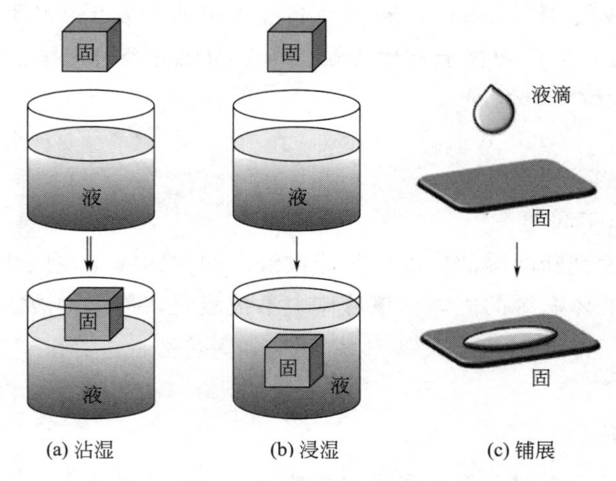

图 12-6　润湿的三种形式

$$W_a = -\Delta G = \sigma_{g-l} + \sigma_{g-s} - \sigma_{s-l} > 0 \tag{12-13}$$

（2）浸湿　浸湿是固液界面自动取代气固界面的现象。浸湿的热力学条件是

$$W_i = -\Delta G = \sigma_{g-s} - \sigma_{s-l} > 0 \tag{12-14}$$

（3）铺展　铺展是固液界面和气液界面自动取代气固界面的现象。铺展的热力学条件是

$$S = -\Delta G = \sigma_{g-s} - \sigma_{g-l} - \sigma_{s-l} > 0 \tag{12-15}$$

W_a、W_i、S 分别称为黏附功、浸润功和铺展系数，它们分别等于上述润湿现象发生时体系可对外做的最大功。比较以上结果，对于同一体系：$W_a > W_i > S$，因此若 $S > 0$，W_a、W_i 也一定大于零。这说明凡液体能在固体上铺展，必能发生沾湿和浸湿。

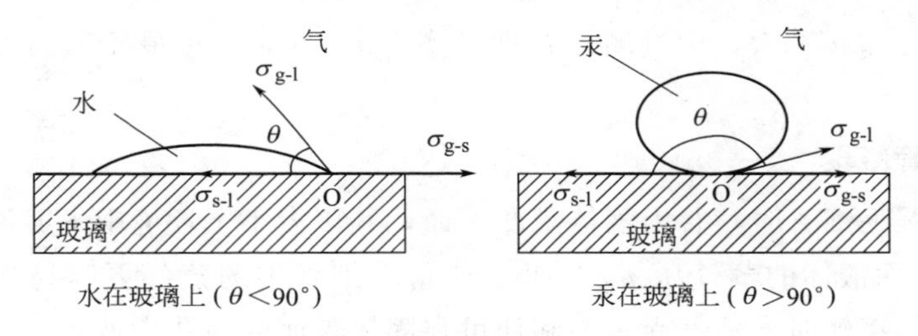

图 12-7　接触角示意图

如果使液体在固体表面形成液滴，如图 12-7 所示，平衡时在气、液、固三相交界处（即图中 O 点），三种界面张力平衡。其中固液界面与气液界面切线间的夹角称为接触角，以 θ 表示。因此

$$\sigma_{g-s} = \sigma_{s-l} + \sigma_{g-l}\cos\theta \tag{12-16}$$

式(12-16) 称为杨氏（T. Young）方程。将上式代入式(12-13)～式(12-15) 三式，上述三种润湿现象发生的热力学条件可表示为

润湿形式	热力学条件判据	接触角判据
沾湿	$W_a = \sigma_{g-l}(1+\cos\theta) \geqslant 0$	$\theta \leqslant 180°$
浸湿	$W_i = \sigma_{g-l}\cos\theta \geqslant 0$	$\theta \leqslant 90°$
铺展	$S = \sigma_{g-l}(\cos\theta - 1) \geqslant 0$	$\theta = 0°$

目前 σ_{g-s}、σ_{s-l} 尚不能实验测定，而 σ_{g-l} 和 θ 皆可由实验测定。根据以上判据可用 σ_{g-l} 和

θ 的实验数据计算出 W_a、W_i 和 S，判断各种润湿现象能否发生。由接触角判据可以看到，θ 越小，润湿情况越好，因此习惯上常用接触角作为润湿可否的判据。即

① $\theta=0°$　完全润湿（可铺展）；

② $\theta<90°$　润湿；

③ $\theta>90°$　不润湿；

④ $\theta=180°$　完全不润湿。

这里能否浸湿成为判断润湿的标准。凡能被液体润湿的固体在该液体中可被浸湿，称为亲液固体；凡不能被液体润湿的固体在该液体中不被浸湿，称为憎液固体。

12.3.2 毛细现象

12.3.2.1 毛细管上升

水可润湿玻璃但不能润湿石蜡，将很细的玻璃管和石蜡管插入水中，水面在玻璃管中上升，在石蜡管中下降。如图 12-8 所示，水与玻璃的接触角 $\theta<90°$，水面为凹液面，附加压力指向空气，使得液面下水的压力小于环境压力，因而小于环境中平面水的压力，致使水被压入管内。平衡时水柱产生的压力与附加压力 Δp 相等，即 $\Delta p=\rho gh$，ρ 为液体密度，g 为重力加速度。由于 $\Delta p=2\sigma/r$，且 $R/r=\cos\theta$，R 为毛细管半径，于是有

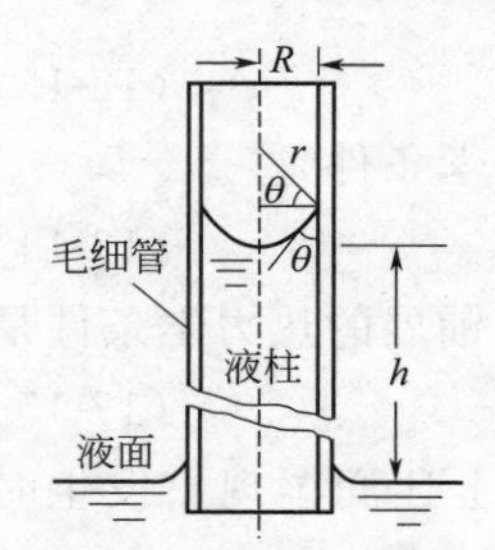

图 12-8　毛细管升高

$$h=\frac{2\sigma\cos\theta}{\rho gR} \tag{12-17}$$

液面上升高度 h 与管径 R 和 θ 有关，θ 越小，液体润湿情况越好，h 越大。液体不润湿毛细管时公式同样适用，此时 $\theta>90°$，$h<0$，表示液面下降。如果已知 θ 和 R，通过测定 h 即可测得 σ，这是一种最简单的测定液体表面张力的方法。

12.3.2.2 毛细管凝聚

当液体可润湿毛细管时，管内液体呈凹液面，其压力小于环境中平面液体的压力，因而其蒸气压 p_r 比平面液体的蒸气压 p_0 要低，使得毛细管中的蒸气更容易冷凝。例如，有些多孔性固体与蒸气接触时，蒸气尚未饱和便可在固体表面的微孔内液化，这种现象称为毛细管凝聚。毛细管内液体的饱和蒸气压可利用开尔文方程计算，此时管内液体比平面液体压力低 $\Delta p=2\sigma/r$，设毛细管直径为 d，接触角为 θ，液体摩尔质量为 M，由式(3-36) 知

$$\ln\frac{p_r}{p_0}=\frac{V_m^l}{RT}(-\Delta p)=-\frac{4\sigma M\cos\theta}{RT\rho d} \tag{12-18}$$

12.4 溶液表面的吸附

12.4.1 吉布斯吸附等温方程式

溶液的表面张力与溶液浓度有关。图 12-9 表示一定温度下水的表面张力 σ 随其中溶液浓度 c 的变化关系。图中曲线 Ⅰ 表示 σ 随 c 增加而减小，一些非离子型有机物，如脂肪酸、

醇、醛、醚、酮等属于这类溶质；曲线Ⅱ表示 σ 随 c 增加而增大，这类溶质多为无机盐或 H_2SO_4、NaOH 等不挥发的酸、碱；曲线Ⅲ表示 σ 随 c 增加急剧下降，达到一定浓度后趋于稳定值，洗衣粉、肥皂属这类物质。能使液体表面张力减小的物质称为表面活性物质，反之称为表面惰性物质。像洗衣粉、肥皂这类在很小浓度就能使液体表面张力急剧降低的物质称为表面活性剂。经研究发现，溶质在溶液表面层的浓度与在本体中不同，表面活性物质在表面层的浓度大于本体中的浓度，表面惰性物质在表面层的浓度小于本体中的浓度。从能量的观点看，两种浓度分布均能最大限度地降低体系的表面能。

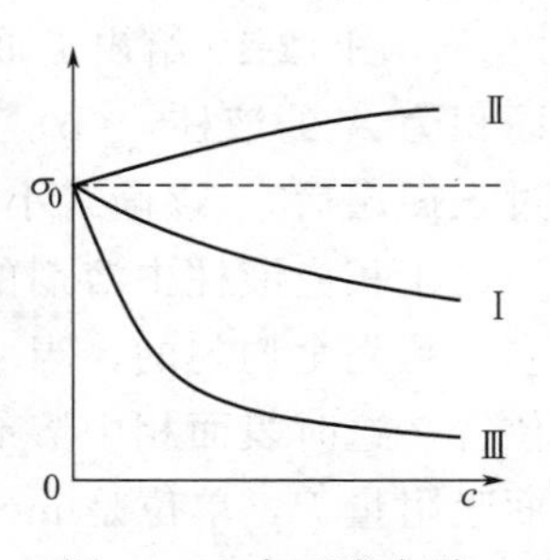

图 12-9　表面张力随溶液浓度的变化

吸附是物质在两相界面发生富集的现象。对表面活性物质而言，溶质在溶液表面发生正吸附；对表面惰性物质而言，溶质在溶液表面发生负吸附。以下用表面热力学基本方程讨论溶液的表面吸附量与溶液浓度的定量关系。

在一定温度、压力下，表面热力学基本方程（12-2）可表示为

$$dG=\sigma dA+\sum_{i=1}^{K}\mu_i dn_i \tag{12-19}$$

设将体系分为表面相（s）和体相（b）两部分，并假定表面相为几何平面，没有体积，体相则没有表面。因 G 是体系的广度性质，所以

$$dG=dG^s+dG^b \tag{12-20}$$

其中

$$dG^s=\sigma dA+\sum_{i=1}^{K}\mu_i^s dn_i^s \tag{12-21}$$

$$dG^b=\sum_{i=1}^{K}\mu_i^b dn_i^b \tag{12-22}$$

平衡条件下 $\mu_i^s=\mu_i^b$，故以上两式中 μ_i^s、μ_i^b 可用同一符号 μ_i 表示。因 σ、μ_i 皆为体系的强度性质，一定 T、p、浓度条件下 σ、μ_i 保持不变。此时将式(12-21) 两边作定积分，令 A 从 0 变为 A，G^s 和 n_i^s 皆随 A 成比例扩大，它们也分别从 0 变为 G^s 和 n_i^s。因此可得

$$G^s=\sigma A+\sum_{i=1}^{K}\mu_i n_i^s \tag{12-23}$$

式(12-23) 称为表面相的集合公式。将上式两边全微分，并与式(12-21) 相比较，可得

$$A d\sigma+\sum_{i=1}^{K}n_i^s d\mu_i=0 \tag{12-24}$$

式(12-24) 称为表面相的吉布斯-杜亥姆方程。对于溶剂（1）-溶质（2）的两组分体系，有

$$A d\sigma=-n_1^s d\mu_1-n_2^s d\mu_2$$

一定 T、p 下体相的吉布斯-杜亥姆方程可表示为

$$n_1^b d\mu_1+n_2^b d\mu_2=0$$

假定以上两式中 $n_1^b=n_1^s$，将以上两式代联立，消去 $d\mu_1$，可得

$$d\sigma=-\Gamma d\mu_2 \tag{12-25}$$

其中

$$\Gamma=\frac{n_2^s-n_2^b}{A} \tag{12-26}$$

Γ 称为溶质的表面吸附量。其物理意义是：在单位面积的表面层溶液中，其中溶剂的物质的量与本体内一部分溶液中所含溶剂的物质的量相等时，前者与后者所含溶质的物质的量

之差。图 12-10 给出 Γ 的物理意义示意图，图中（a）表示从溶液体相垂直至表面的一个截面积为 A 的液柱，（b）表示液柱中溶剂的浓度 c_1 与体相到表面的纵向距离 h 间的关系，经过表面层后 c_1 逐渐减小为 0。若将（b）中溶剂浓度曲线与水平虚线围成的曲边梯形的面积正比于相应液柱中溶剂的物质的量。虚线 ss′代表表面相，假定 ss′以下溶液浓度与本体相同，是完全均匀的，当 ss′与溶剂浓度曲线围成的两块阴影的面积相等时就是表面相所处的位置。这时表面相中溶剂的剩余量为 0，其中溶质的剩余量与溶液表面积之比就是溶质的表面吸附量 Γ，单位是 $\mathrm{mol \cdot m^{-2}}$。

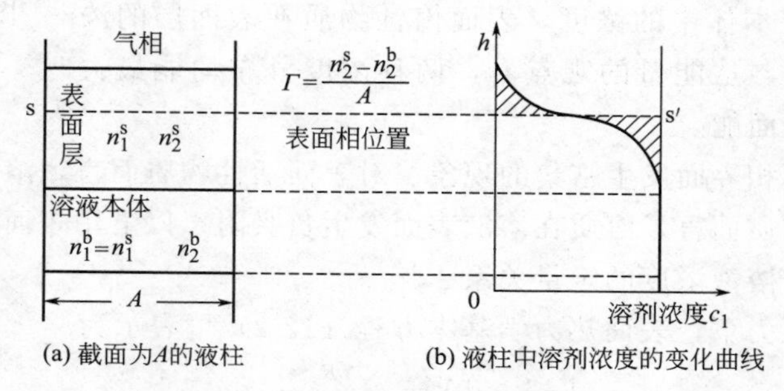

(a) 截面为A的液柱 (b) 液柱中溶剂浓度的变化曲线

图 12-10 表面吸附量及表面相位置示意图

一定温度、压力下，$\mathrm{d}\mu_2=RT\mathrm{dln}a$，$a$ 为溶质活度，式(12-25) 可重排为

$$\Gamma=-\frac{a}{RT}\frac{\mathrm{d}\sigma}{\mathrm{d}a} \tag{12-27}$$

当溶液浓度很稀时，$a=c/c^{\ominus}$，故有

$$\Gamma=-\frac{c}{RT}\frac{\mathrm{d}\sigma}{\mathrm{d}c} \tag{12-28}$$

式(12-27) 或式(12-28) 称为吉布斯吸附等温方程式，它表示溶质吸附量与溶液浓度的关系。若 $\mathrm{d}\sigma/\mathrm{d}c<0$，$\Gamma>0$，表示正吸附；若 $\mathrm{d}\sigma/\mathrm{d}c>0$，$\Gamma<0$，表示负吸附。

溶液的表面是一个厚度约为几个分子大小的范围，其中体系的性质是连续变化的。表面相是一个科学的假定，它假定表面相下的溶液与体相一样具有完全均匀的性质，表面相的位置则由分布在其中的溶剂的剩余量为 0 来决定，这样溶质的表面过剩就有了严格的定义。表面相的假定不仅可用于溶液表面，也可用于任何其它两相的界面。

12.4.2 表面活性分子在溶液表面的定向排列

根据吉布斯吸附等温方程式，由实验测定的 σ-c 曲线可计算 Γ。希什科夫斯基（Szyszkowski）在总结大量实验结果的基础上，提出有机同系物水溶液表面张力 σ 与浓度 c 的关联方程：

$$\sigma=\sigma_0-b\ln(1+Kc) \tag{12-29}$$

式中，b、K 是经验常数；σ_0 是纯水的表面张力。由上式知，$\mathrm{d}\sigma/\mathrm{d}c=-bK/(1+Kc)$，代入式(12-28) 后，有

$$\Gamma=\Gamma_\infty\frac{Kc}{1+Kc} \tag{12-30}$$

其中 $\Gamma_\infty=b(RT)^{-1}$。图 12-11 表示上式中 Γ 与 c 的关系，其中的两个极限情况是：

① 对于稀溶液，$Kc\ll1$，$\Gamma=\Gamma_\infty Kc$，吸附量与溶质浓度成正比。

② 对于浓溶液，$Kc \gg 1$，$\Gamma = \Gamma_{\infty}$，为定值。说明溶质在表面吸附已达饱和，所以 Γ_{∞} 也称为饱和吸附量。

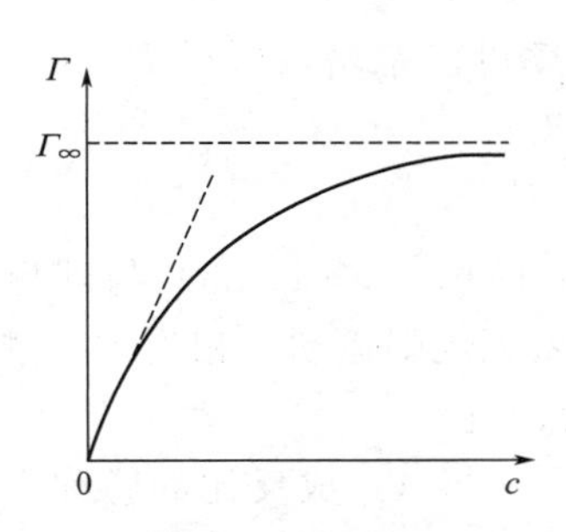

图 12-11　表面吸附量与浓度的关系

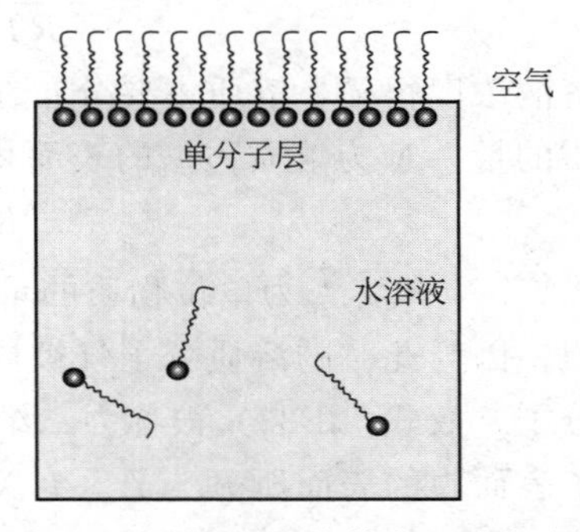

图 12-12　两亲分子在液体表面的定向排列

实验发现，对于同一系列的有机同系物，如直链脂肪酸（RCOOH）、醇（ROH）、胺（RNH_2）等，不管碳链长度（$C_2 \sim C_8$）如何，经验常数 b 基本相同，即它们有相同的 Γ_{∞}。然而，同一系列有机物中，经验常数 K 随分子中 C 原子数增多而增加。K 越大，说明溶液达到饱和吸附时的浓度越小，溶质分子的表面活性越强。一般情况下，表面活性物质的表面浓度比本体浓度大得多，若将本体浓度忽略不计，表面过剩可近似看作溶质的表面浓度，相同的 Γ_{∞} 值说明饱和吸附时每个分子占据的表面积 a_0 是相同的。由 Γ_{∞} 可计算出 a_0，即

$$a_0 = \frac{1}{L\Gamma_{\infty}} \tag{12-31}$$

例如，RCOOH 的 $a_0 = 0.302 \sim 0.310\text{nm}^2$，ROH 的 $a_0 = 0.274 \sim 0.289\text{nm}^2$，$RNH_2$ 的 $a_0 = 0.27\text{nm}^2$，这些结果说明饱和吸附时溶质分子在表面是定向排列的。因为各个系列都是一些直链型的两亲分子，分子中的羟基、羰基和氨基等极性基团是亲水基，非极性的碳氢链是憎水基（亲油基），饱和吸附时亲水基插入水中，憎水基指向空气，分子直立在液体表面，如图 12-12 所示。否则无法解释尽管一系列同系物分子的碳氢链长短不同，但所占据的面积基本相同这个事实。此外，由 Γ_{∞} 还可以计算出吸附层的厚度 δ，即

$$\delta = \frac{\Gamma_{\infty} M}{\rho} \tag{12-32}$$

M、ρ 分别为溶质的摩尔质量和密度。实验表明分子的碳氢链中每增加一个 CH_2，δ 约增厚 0.13～0.15nm，这与 X 射线结构分析的结果相符。

12.4.3　单分子表面膜

在水面上放一支火柴梗，一边滴上油，由于火柴梗两边液体的表面张力不同，火柴梗就从油面被推向水面。垂直作用于单位长度火柴梗上的推力等于水面与油面表面张力之差，即 $\pi = \sigma_0 - \sigma$，称为油膜的表面压。如图 12-13 所示，表面压可用膜天平实验测定。

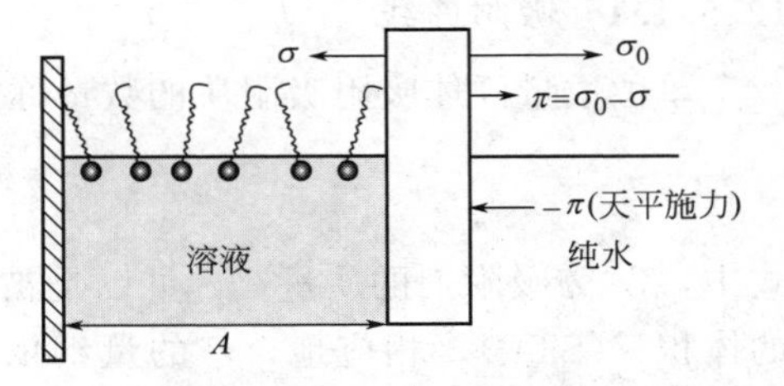

图 12-13　表面压测定（膜天平）示意图

当表面活性物质浓度很小时，表面张力随浓度呈线性递减，即

$$\sigma = \sigma_0 - \alpha c$$

递减斜率，$\alpha=-\mathrm{d}\sigma/\mathrm{d}c$ 与浓度无关，一定温度下为常数。由式(12-28) 知

$$\Gamma=-\frac{c}{RT}(-\alpha)=\frac{\sigma_0-\sigma}{RT}=\frac{\pi}{RT}$$

由于溶液浓度很稀，溶质主要分布在表面，体相浓度可以忽略，所以 $\Gamma=n^{\mathrm{s}}/A$，n^{s} 为溶质的物质的量，A 为溶质占据的表面积。代入上式可得

$$\pi A=n^{\mathrm{s}}RT \quad 或 \quad \pi A_{\mathrm{m}}=RT \tag{12-33}$$

其中 $A_{\mathrm{m}}=A/n^{\mathrm{s}}=1/\Gamma$，为单位物质的量的溶质占据的表面积。式(12-33) 与理想气体状态方程式相似，因为此时的溶质分子仅被局限在液体表面做无规则运动，相当于二维空间中运动的气体分子，故式(12-33) 被称为二维理想气体的状态方程。

单分子表面膜的表面压 π 与 A_{m} 有关。一定温度下，π 与 A_{m} 成反比的膜称为理想气态膜或气态膜。与将气体压缩可得液体或固体相似，将表面膜压缩到一定程度，π 几乎不随 A_{m} 而变化，这样的表面膜称为液态膜或固态膜。

对单分子表面膜的研究有许多重要应用。例如，式(12-33) 可表示为

$$\pi A=\frac{W}{M}RT \tag{12-34}$$

其中 W 和 M 分别是溶质的质量和摩尔质量，因此，测定一定质量成膜物质形成的气态膜的面积和表面压可计算出其分子量。另外，经研究，高级脂肪醇的单分子膜能抑制水的蒸发，这项成果已被用于减少储水池、水库和农田的蒸发量。将不溶性单分子凝聚态膜转移到固体基板上，组建成的单分子层或多分子层膜称为 LB（Langmuir-Blodgett）膜。LB 膜厚度从零点几纳米至几纳米，具有高度各向异性的层状结构，可用于制作具有实用功能的分子电子器件和仿生原件。

12.5 固体表面的吸附

固体表面与液体表面一样，表面上的分子受到周围分子对它的作用力是不对称的，同样有剩余力场存在。固体表面的吸附就是液体或气体中的分子受到剩余力场的作用在固体表面富集的现象。吸附它物的固体称为吸附剂，被吸附的物质称为吸附质。吸附的应用遍及生产与生活的各个方面，如多相催化，废水处理，产品除杂，空气净化，色谱分析，石油加工，天然产物的分离、提纯等皆与吸附有关。以下首先讨论气体在固体表面的吸附。

12.5.1 气固吸附的一般概念

12.5.1.1 吸附曲线

单位质量固体吸附吸附质的数量称为吸附量，以 Γ 表示，即

$$\Gamma=\frac{x}{W} \tag{12-35}$$

式中，W 为吸附剂的质量；x 可以是被吸附气体的质量 W、物质的量 n，或在标准状况下的体积 V(STP)。相应地，Γ 的量纲依次是 1、［物质的量］［质量］$^{-1}$、［体积(STP)］［质量］$^{-1}$。在吸附达到平衡的条件下，吸附量 Γ 与温度和压力有关。即

$$\Gamma=f(T,p) \tag{12-36}$$

实验时，通常固定上式中的一个变量，测定另外两个变量间的函数关系。例如

$$T=\text{定值} \quad \Gamma=f(p) \quad \text{称为吸附等温线} \tag{12-37}$$

$$p=\text{定值} \quad \Gamma=f(T) \quad \text{称为吸附等压线} \tag{12-38}$$

$$\Gamma=\text{定值} \quad p=f(T) \quad \text{称为吸附等量线} \tag{12-39}$$

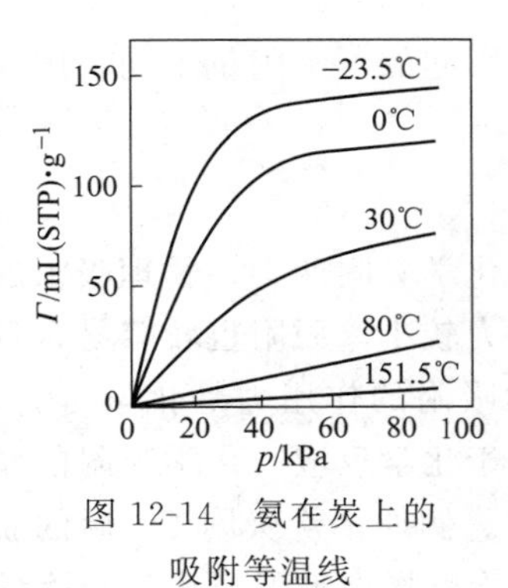

图 12-14 氨在炭上的吸附等温线

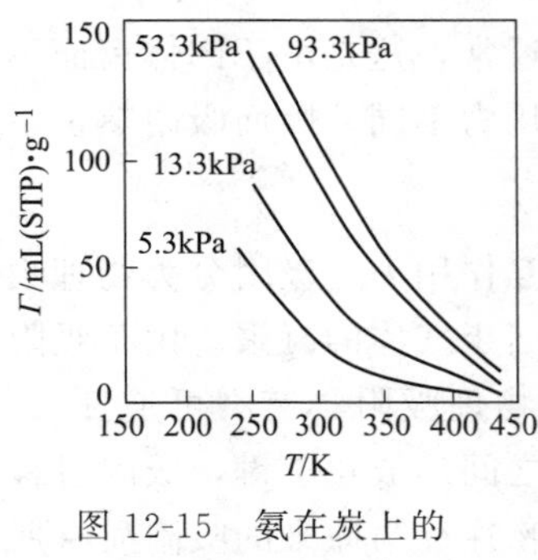

图 12-15 氨在炭上的吸附等压线

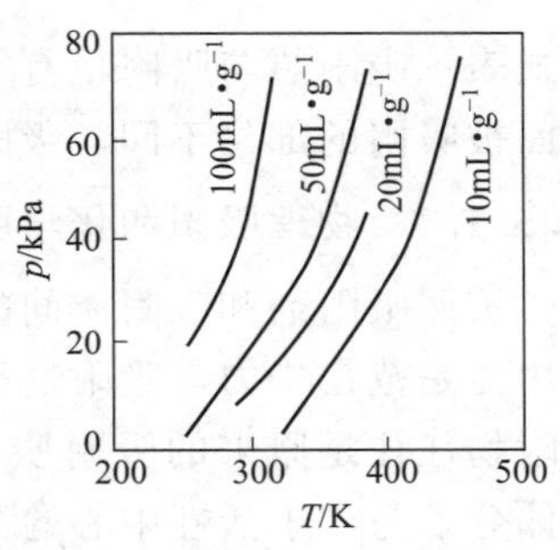

图 12-16 氨在炭上的吸附等量线

图 12-14～图 12-16 分别表示氨（NH_3）在炭上吸附的等温线、等压线和等量线。三种吸附曲线中，吸附等温线是最常用的一种。不同类型的吸附体系，如图 12-17 所示，其吸附等温线的形状各不相同。曲线Ⅰ称为朗格缪尔（Langmuir）型，类似表面活性剂在溶液中的吸附，是最有代表性的一种。其特点是吸附作用力较强，表面呈单层吸附，当气体压力远低于该温度下的饱和蒸气压 p_0 时，吸附已达饱和。室温下 NH_3、氯乙烷在炭上，低温下 N_2 在细孔硅胶上的吸附表现为曲线Ⅰ。曲线Ⅱ有一个拐点 B，B 点之前情况与Ⅰ类似，B 点之后，随着压力增加固体表面逐渐发生多层吸附，吸附量又开始增加，当压力趋于 p_0 时，气体在表面开始凝聚为液体，吸附量急剧上升。室温下水蒸气在粗孔硅胶上的吸附属于曲线Ⅱ。曲线Ⅲ与曲线Ⅱ中拐点以后的情况类似，说明低压下吸附作用力较弱，低温下 Br_2 在硅胶上的吸附属于这种情况。曲线Ⅳ也有一个拐点 B，B 点之前类似于曲线Ⅰ，B 点之后，随着压力增加，不仅发生多层吸附，而且气体在固体表面的细孔内发生毛细管凝聚，所以吸附量又迅速增加。当毛细孔充满液体后，吸附量不再增加，曲线趋于平缓。室温下苯蒸气在氧化铁凝胶或硅胶上的吸附属于这种情况。曲线Ⅴ与曲线Ⅳ中拐点以后的情况类似，100℃水蒸气在活性炭上的吸附表现为曲线Ⅴ。

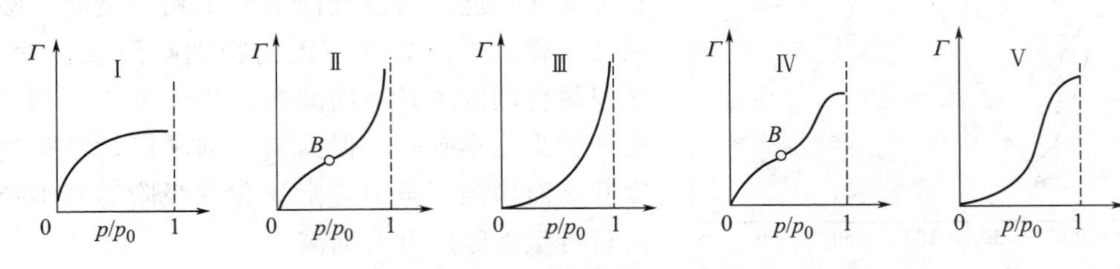

图 12-17 五种类型的吸附等温线

12.5.1.2 吸附热

吸附过程也有热效应发生。一定温度下，吸附可自发进行，体系的 $\Delta G<0$。气体分子被吸附后运动自由度减少，体系的 $\Delta S<0$。根据热力学公式，$\Delta G=\Delta H-T\Delta S$，所以

$\Delta H < 0$，即吸附为放热过程。单位物质的量的气体被固体吸附时所放出的热称为吸附热。吸附过程类似于气体液化。根据克-克方程，由不同温度下液体的饱和蒸气压可以求得蒸发焓。蒸发过程吸收的热即液化过程放出的热，因此，根据实验测定的等量线可以求得吸附焓 $\Delta_{ads}H_m$（即吸附热），用公式表示即

$$\left[\frac{\partial \ln\{p\}}{\partial T}\right]_{\Gamma} = \frac{\Delta_{ads}H_m}{RT^2} \tag{12-40}$$

上式表示吸附热与吸附量有关。通常，这是由于固体表面不均匀引起的。吸附量不同，固体表面被吸附的部位不同，吸附作用力不同，因而吸附热也不同。

12.5.1.3 物理吸附和化学吸附

按照吸附剂和吸附质间的相互作用力，吸附分为物理吸附和化学吸附两类。物理吸附的作用力是范德华力，吸附过程相当于气体的凝聚。由于吸附作用力较小，脱附也较容易，且脱附物往往是原来的吸附质，即物理吸附具有“可逆性”。化学吸附的作用力是化学键力，气体分子与位于活性中心的原子之间形成化学键，吸附过程相当于化学反应。化学吸附的作用力很强，不容易脱附，且脱附物往往与原来的吸附质有所不同。例如木炭吸附 O_2 后的脱附物中有 CO 和 CO_2，说明化学吸附不具有“可逆性”。表 12-4 给出物理吸附与化学吸附的比较。

表 12-4 物理吸附与化学吸附的比较

吸附特性	物理吸附	化学吸附
作用力	范德华力	化学键力
吸附程度	弱吸附,类似气体液化,易脱附	强吸附,类似化学反应,难脱附
选择性	无	有
吸附层	单层或多层	单层
吸附热	近于液化热($0 \sim 20 kJ \cdot mol^{-1}$)	近于反应热($80 \sim 400 kJ \cdot mol^{-1}$)
吸附速率	快,易达平衡,不需活化能	慢,难达平衡,需要活化能
可逆性	可逆	不可逆

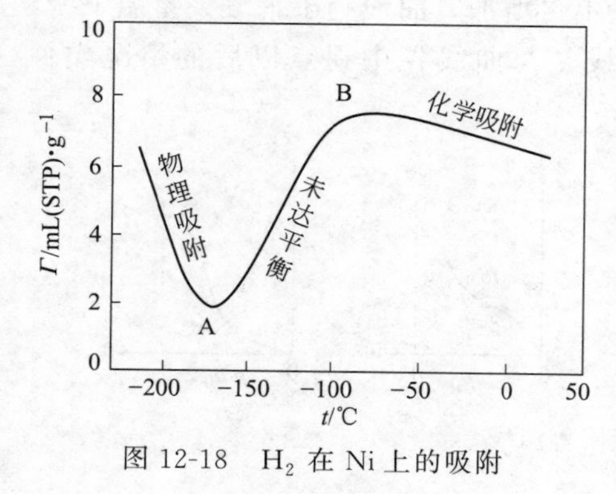

图 12-18 H_2 在 Ni 上的吸附

应当指出，物理吸附与化学吸附常常相伴发生。图 12-18 是 H_2 在 Ni 上的吸附曲线。因化学吸附需要活化能，所以低温下发生物理吸附。吸附为放热过程，平衡条件下无论物理吸附或化学吸附，吸附量皆随温度升高而减小。从 A 至 B，物理吸附逐渐转为化学吸附，但尚未达到平衡，吸附量随温度升高而增加。至 B 点后，化学吸附达到平衡，吸附量再次随温度升高而减小。

12.5.2 气固吸附等温方程式

人们在总结、分析气固吸附实验结果的基础上，建立了一些经验、半经验的吸附等温方程式，其中常用的有下列几种。

12.5.2.1 朗格缪尔吸附等温方程式

1916年，朗格缪尔建立了一个理想的气固吸附模型：①固体表面是均匀的，每个活性中心与气体分子的作用力皆相同；②吸附层是单分子层；③吸附是独立进行的，活性中心与气体分子间的吸附作用与邻近部位上发生的变化无关；④吸附平衡是吸附与脱附之间的动态平衡，并由此导出吸附等温方程式。

固体表面被单分子层覆盖的面积与总面积之比称为覆盖度，以θ表示。未被覆盖的面积所占的份额称为空白度，其值等于$1-\theta$。吸附与脱附皆为基元过程，根据质量作用定律，吸附速率r_1与气体压力和空白度成正比，脱附速率r_{-1}与覆盖度成正比。即

$$r_1=k_1 p(1-\theta), \quad r_{-1}=k_{-1}\theta \tag{12-41}$$

式中，k_1和k_{-1}分别表示吸附与脱附的速率常数。达吸附平衡时$r_1=r_{-1}$，所以

$$\theta=\frac{bp}{1+bp} \tag{12-42}$$

其中$b=k_1/k_{-1}$，称为吸附平衡常数（或吸附系数），仅与温度有关。b越大，气体越容易被吸附。设Γ_∞表示固体表面被单分子层完全覆盖时的饱和吸附量，则$\theta=\Gamma/\Gamma_\infty$，代入上式，有

$$\Gamma=\Gamma_\infty\frac{bp}{1+bp} \tag{12-43}$$

式(12-42)或式(12-43)称为朗格缪尔吸附等温方程式，其吸附曲线如图12-17的曲线Ⅰ所示。

由式(12-43)知

① 当气体压力低或弱吸附时，$bp\ll 1$，则$\Gamma=\Gamma_\infty bp$，吸附量与压力成正比；

② 当气体压力足够高或强吸附时，$bp\gg 1$，则$\Gamma=\Gamma_\infty$，吸附量为常数。

式(12-43)可重排为

$$\frac{p}{\Gamma}=\frac{1}{\Gamma_\infty b}+\frac{p}{\Gamma_\infty} \tag{12-44}$$

若以(p/Γ)对p作图，可得一直线，由其斜率$(1/\Gamma_\infty)$和截距$(1/\Gamma_\infty b)$可求得Γ_∞和b。

如果气体混合物中多个组分可在表面发生混合吸附，设其中某组分B的覆盖度为θ_B，吸附系数为b_B，则朗格缪尔吸附等温方程式可表示为

$$\theta_B=\frac{b_B p_B}{1+\sum_B b_B p_B} \tag{12-45}$$

如果一个分子被吸附时解离成两个粒子，并各占一个吸附中心，而脱附时两个粒子皆可脱附，则吸附与脱附速率分别为

$$r_1=k_1 p(1-\theta)^2, \quad r_{-1}=k_{-1}\theta^2$$

吸附平衡时$r_1=r_{-1}$，则有

$$\theta=\frac{b^{1/2}p^{1/2}}{1+b^{1/2}p^{1/2}} \tag{12-46}$$

式中，$b=k_1/k_{-1}$，为吸附平衡常数。低压下式(12-46)可简化为$\theta=b^{1/2}p^{1/2}$，θ与$p^{1/2}$成正比，由此可判断是否发生了解离吸附。

朗格缪尔吸附等温方程式是单分子层的吸附理论，适用于大多数化学吸附以及高温低压

下的物理吸附。

12.5.2.2 弗伦德利希吸附等温方程式

弗伦德利希（Freundlich）吸附等温方程式可表示为

$$\Gamma = K\{p\}^{\alpha} \quad (0<\alpha<1) \tag{12-47}$$

式中，K 和 α 是两个经验参数，α 为纯数，K 的量纲与 Γ 同，相当于单位压力下的吸附量。一定温度下，对于给定的吸附体系，K 和 α 为常数。上式也可重排为

$$\ln\{\Gamma\} = \ln\{K\} + \alpha \ln\{p\} \tag{12-48}$$

以 $\ln\{\Gamma\}$ 对 $\ln\{p\}$ 作图，由直线的截距和斜率可求得经验参数 K 和 α。

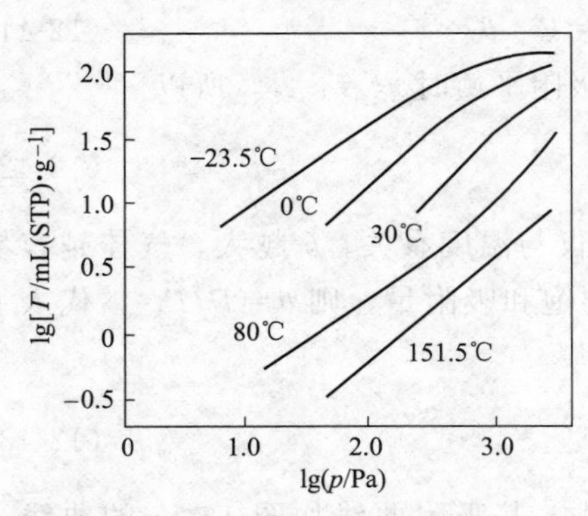

图 12-19　NH_3 在木炭上的吸附

弗伦德利希吸附等温式原为纯经验式，后来，人们从固体表面不均匀的观点出发，假设吸附热随覆盖度增加呈指数下降，则可导出式(12-48)。该式广泛应用于各种物理吸附和化学吸附，在中压范围内能很好符合实际。图 12-19 是 NH_3 在木炭上的吸附结果，中压范围内 $\lg\{\Gamma\}$ 和 $\lg\{p\}$ 成很好的直线关系，温度越高，K 值越小，说明吸附量随温度升高而减小。

12.5.2.3 BET 吸附等温方程式

1938 年，布龙瑙尔（Brunauer）-埃梅特（Emmett）-特勒尔（Teller）三人在朗格缪尔吸附模型基础上，对单分子层吸附的假定进行修改，提出多分子层吸附理论。他们认为固体表面吸附一层分子之后，被吸附分子因具有范德华引力，还可以继续发生多分子层吸附。但第一层分子与固体间的作用力与以上各层分子间的作用力不同，因而第一层的吸附热与以上各层的吸附热也不同。吸附平衡时，用朗格缪尔模型处理各层的吸附量并将其累加后，导出以下 BET 吸附等温方程式。

$$\frac{p}{\Gamma(p_0-p)} = \frac{1}{\Gamma_\infty C} + \frac{C-1}{\Gamma_\infty C}\frac{p}{p_0} \tag{12-49}$$

式中，p_0 是吸附温度下气体的饱和蒸气压；Γ_∞ 是固体表面被单分子层盖满时的吸附量；C 是与吸附热有关的特性参数。

BET 吸附等温式能较好地表达图 12-17 中五种吸附等温线的中间部分，以相对压力 $p/p_0=0.05\sim0.35$ 为最佳。相对压力低于 0.05，固体表面被吸附的部位很少，表面不均匀性显得突出；相对压力高于 0.35，固体表面可能出现显著的毛细凝聚现象，偏离多层吸附平衡的假设，皆会引起偏差。若以上式左边对 p/p_0 作图，从所得直线的截距 $(1/\Gamma_\infty C)$ 和斜率 $[(C-1)/(\Gamma_\infty C)]$ 可以求得 Γ_∞，即

$$\Gamma_\infty = (\text{截距}+\text{斜率})^{-1} \tag{12-50}$$

利用 Γ_∞ 可计算固体的比表面积，这是 BET 公式在实际中的一项重要应用。例如，若吸附量中吸附质的数量用物质的量表示，设每个被吸附分子的截面积为 a_0，则固体的比表面积 A_W（即单位质量固体具有的表面积）可表示为

$$A_W = \Gamma_\infty L a_0 \tag{12-51}$$

12.5.3 固体自溶液中的吸附

固体自溶液中的吸附是常见的吸附现象，当固体与溶液接触时，由于溶液中的溶剂和溶质皆可被固体吸附，情况变得较为复杂，迄今尚未有完整的理论。人们在长期实践中总结出一些经验规律，发现在溶液浓度较稀的情况下，前面给出的一些气固吸附等温方程式常常也可用于固体对溶液的吸附。在使用这些公式时，气体压力 p 需改为溶液浓度 c，相对压力 p/p_0 需改为相对浓度 c/c_0（c_0 为饱和溶液浓度），气体的吸附量需用溶质的吸附量代替，其表示式为

$$\Gamma=\frac{n}{W}=\frac{V(c_1-c)}{W} \tag{12-52}$$

式中，V 是溶液的体积；c_1 和 c 分别是吸附前后溶液中溶质的摩尔浓度。这样计算的吸附量未考虑溶剂的吸附，称为表观吸附量。当溶剂也可被吸附时，式中 c 有所偏高，表观吸附量略低于溶质的实际吸附量，但对于稀溶液影响不大。作以上代换后，例如，常用的弗伦德利希吸附等温方程式可表示为

$$\Gamma=K\{c\}^{\alpha} \quad (0<\alpha<1) \tag{12-53}$$

该式被广泛应用于固体对溶液的吸附。应当指出，这些被“借用”的公式，纯粹是经验性的，公式中经验常数的含义并不明确，目前理论上尚未能导出这些公式。

固体自浓溶液中吸附时，若溶剂也可被吸附，式(12-52) 中的 c 可能大于 c_1，此时 Γ 为负值。这意味着在固体表面溶质的浓度减少，溶剂的浓度增加，即溶质发生了负吸附。当溶质发生负吸附时溶剂发生正吸附。图 12-20 表示在不同吸附剂上乙醇-苯溶液的吸附量随溶液浓度的变化。在硅胶（极性吸附剂）上，主要是乙醇发生正吸附，当乙醇很浓时，苯被正吸附；在活性炭（非极性吸附剂）上，主要是苯发生正吸附，当苯很浓时，乙醇被正吸附。

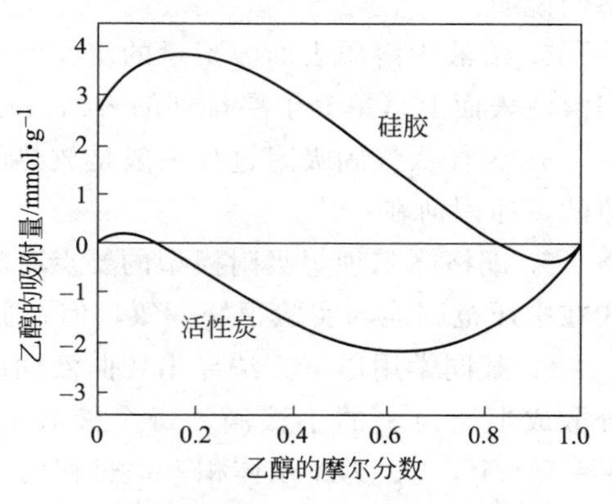

图 12-20　乙醇-苯溶液的吸附等温线

影响固体自溶液中吸附的因素很多，虽无完善理论，但经验上可总结出一些定性规律：

① 溶质使固体表面张力降低得越多，越容易被吸附。

② 极性吸附剂易自非极性溶剂中吸附极性溶质，非极性吸附剂易自极性溶剂中吸附非极性溶质。例如，活性炭自水溶液中吸附脂肪酸时，在相同浓度条件下吸附量的顺序为：丁酸＞丙酸＞乙酸＞甲酸，溶质极性越小越容易被吸附。

③ 溶解度小的溶质容易被吸附。例如苯甲酸在四氯化碳中的溶解度比在苯中小，用硅胶分别从四氯化碳和苯溶液中吸附苯甲酸时，在相同浓度下，四氯化碳中的吸附量大于苯中的吸附量。

④ 固体自电解质溶液中吸附离子时，有如下法扬斯（Fajans）规则：即能与晶格上的离子形成难溶物的离子优先被吸附。例如 AgI 晶体容易吸附水溶液中的 Ag^+、I^-、Br^- 或 Cl^-。

表面活性剂的分类及应用

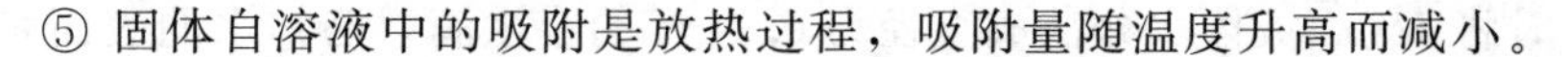
⑤ 固体自溶液中的吸附是放热过程，吸附量随温度升高而减小。

思考题

1. 比表面热力学能，比表面焓，比表面赫姆霍兹函数，比表面吉布斯函数与（比）表面能是否为同一概念？它们之间的关系如何？

2. 解释下列现象的成因。

（1）夏季，傍晚时荷叶包中的几个小水珠到次日清晨会变为一个大水珠。

（2）在河边的沙滩上，轻轻拍打沙土表面，水会从下面渗上来。

（3）两块玻璃板之间放一些水，玻璃板不易拉开，若改放成石蜡则容易拉开。

（4）细微颗粒状固体比大块固体的分解压力高。

3. 说明下列做法依据的原理。

（1）人工降雨

（2）蒸馏时加沸石

（3）喷洒农药时加入少量表面活性剂

（4）浮游选矿

4. 凹面液体是否一定比平面液体的压力小？凸面液体是否一定比平面液体的压力大？举例说明。

5. 溶液中溶质表面吸附量的定义是什么？为什么表面活性剂的吸附量可认为是单位面积溶液表面上呈单分子层排列的表面活性剂的物质的量？

6. 为什么气固吸附过程一般是放热的？但有些气固吸附（如 H_2 在 Au 上的吸附）是吸热的，原因何在？

7. 朗格缪尔理想吸附模型的要点有哪些？BET 模型对此做了哪些修改？为什么 BET 公式在中压范围能与实验很好一致，但在低压和高压会出现偏差？

8. 某同学用以下方法导出弯曲液面的附加压力：一定温度、压力下，将 1mol 大块液体分散成半径为 r 的小液滴，每个液滴的表面积 $A=4\pi r^2$，体积 $V=(4/3)\pi r^3$，液滴个数 $N=V_m/V$，V_m 为摩尔体积，该过程的

$$\Delta G_m = NA\sigma = A\sigma V_m/V = 3\sigma V_m/r \tag{1}$$

由于小液滴受到弯曲液面的附加压力，其压力比大块液体高 Δp，所以

$$\Delta G_m = V_m \Delta p \tag{2}$$

比较以上两式，得

$$\Delta p = 3\sigma/r$$

这个结论是否正确？为什么？

习题

1. 证明 （1）$\left(\dfrac{\partial S}{\partial A}\right)_{T,V,n} = -\left(\dfrac{\partial \sigma}{\partial T}\right)_{V,A,n}$ （2）$\left(\dfrac{\partial p}{\partial A}\right)_{T,V,n} = -\left(\dfrac{\partial \sigma}{\partial V}\right)_{T,A,n}$

（3）$\left(\dfrac{\partial U}{\partial A}\right)_{T,V,n} = \sigma - T\left(\dfrac{\partial \sigma}{\partial T}\right)_{V,A,n}$

2. 常压下，298K 时将 $1cm^3$ 液体水分散成直径为 $0.1\mu m$ 的小水滴，已知水的表面张力

与温度的关系为：$\sigma/\mathrm{J\cdot m^{-2}}=71.97\times10^{-3}-1.57\times10^{-4}(T/\mathrm{K}-298)$，$\sigma$ 随压力的变化可忽略不计，水的密度、比热容分别取 $1.0\times10^3\mathrm{kg\cdot m^{-3}}$ 和 $4.18\mathrm{J\cdot K^{-1}\cdot g^{-1}}$。计算

（1）体系表面积增加多少？

（2）ΔU，ΔH，ΔS，ΔF，ΔG 各为多少？环境至少做多少功，体系至多吸多少热？

（3）常压下，若分散以绝热可逆方式进行，小水滴直径仍为 $0.1\mu\mathrm{m}$，体系温度如何变化？

3. 293K，云层中水蒸气的饱和度（p_r/p_0）等于4时开始下雨，此时水的表面张力等于 $0.0729\mathrm{N\cdot m^{-1}}$，密度为 $997\mathrm{kg\cdot m^{-3}}$，计算最初生成的小雨滴半径和每个雨滴中的水分子数。

4. 某固体吸附剂表面上的细孔直径为10nm，293K时苯的表面张力等于 $0.0289\mathrm{N\cdot m^{-1}}$，密度为 $0.879\mathrm{g\cdot cm^{-3}}$，接触角为0°，求该温度下苯在吸附剂表面发生毛细凝聚时的相对压力 p_r/p_0 是多少？

5. 101.3kPa下，将水加热至沸腾时，假设水中最初生成的气泡半径为0.1mm，气泡内水蒸气的压力是多少？水过热了多少度？沸腾时水的表面张力为 $0.0589\mathrm{J\cdot m^{-2}}$，汽化焓为 $40.6\mathrm{kJ\cdot mol^{-1}}$。

6. 298K时，将半径为0.1mm和0.2mm的两支毛细管插入 H_2O_2(l) 中，管中液面上升高度相差5.5cm，已知 H_2O_2(l) 的密度为 $1.41\mathrm{g\cdot cm^{-3}}$，重力加速度为 $9.8\mathrm{m\cdot s^{-2}}$，接触角为0°，求 H_2O_2(l) 的表面张力。

7. (1) 小颗粒固体溶解平衡的条件是：$\mu^{s}(T,p+\Delta p)=\mu^{l}(T,p,c)$，$\mu^{s}$、$\mu^{l}$ 分别是溶质在固液两相的化学势，Δp 是小固体的附加压力，c 是其液相浓度，在 T，p 不变时将平衡条件全微分，导出小颗粒固体溶解度与曲率半径的关系，即书中公式(12-12)；

(2) 298K时，半径为 $0.3\mu\mathrm{m}$ 的 $CaSO_4$ 微粒在水中的饱和度(c_r/c_0)等于1.187，固体 $CaSO_4$ 的密度为 $2.96\times10^3\mathrm{kg\cdot m^{-3}}$，计算 $CaSO_4$ 与水的界面张力。

8. 小颗粒固体熔化时，固液平衡的条件是：$\mu^{s}(T,p+\Delta p)=\mu^{l}(T,p)$。$\Delta p$ 是小颗粒固体的附加压力，当环境压力 p 一定时，将平衡条件全微分，导出熔化温度 T 与固体小微粒半径 r 间的关系式：

$$\ln\frac{T}{T_0}=-\frac{2\sigma_{s\text{-}l}V_m}{r\Delta_f H_m}$$

V_m、$\Delta_f H_m$ 分别是固体的摩尔体积和摩尔熔化焓，$\sigma_{s\text{-}l}$ 是固液界面张力，T_0 是大块固体的熔点。

9. 298K时，乙醇水溶液的表面张力与乙醇浓度的关系为：

$$\sigma/\mathrm{N\cdot m^{-1}}=0.072-0.5\times10^{-3}(c/c^{\ominus})+0.2\times10^{-3}(c/c^{\ominus})^2 \qquad (c^{\ominus}=1\mathrm{mol\cdot kg^{-1}})$$

求乙醇浓度等于 $0.5\mathrm{mol\cdot kg^{-1}}$ 时的表面吸附量。

10. 293K时，乙醚-水、汞-乙醚、汞-水的界面张力分别是 $0.0107\mathrm{N\cdot m^{-1}}$、$0.379\mathrm{N\cdot m^{-1}}$、$0.375\mathrm{N\cdot m^{-1}}$。如果在乙醚与汞的界面上滴一滴水，求水与汞的接触角。

11. 293K时，在水面上滴一滴苯，根据下列表面张力数据，分别计算刚滴上时和饱和后的铺展系数，说明将会看到什么现象？（饱和）表示水和苯相互饱和后的表面张力。

界面	水-气	水(饱和)-气	苯-气	苯(饱和)-气	水-苯
$\sigma/10^{-3}\mathrm{N\cdot m^{-1}}$	72.8	62.2	28.9	28.8	35.0

12. 292K时，丁酸水溶液表面张力与浓度的关系为：$\sigma=\sigma_0-b\ln(1+Kc)$，$\sigma_0$ 为纯水

的表面张力，b、K 为经验常数。已知 $b=0.0131\text{N}\cdot\text{m}^{-1}$，$K=19.62\text{dm}^3\cdot\text{mol}^{-1}$。

(1) 求丁酸浓度为 $0.2\text{mol}\cdot\text{dm}^{-3}$ 时的表面吸附量；

(2) 假定饱和吸附时丁酸在表面呈单分子层紧密排列，求丁酸分子的截面积。

13. 有一浓度很稀的表面活性剂的水溶液，298K 时表面张力等于 $0.0622\text{N}\cdot\text{m}^{-1}$。用快速移动的刀片刮取溶液表面，测得其中表面活性剂的含量为 $0.496\times10^{-6}\text{kg}\cdot\text{m}^{-2}$，已知该温度下纯水的表面张力为 $0.0721\text{N}\cdot\text{m}^{-1}$，求该表面活性剂的摩尔质量。

14. $CHCl_3$ 在活性炭上的吸附符合朗格缪尔吸附等温式，273K 时的饱和吸附量是 93.8dm^3(STP)$\cdot\text{kg}^{-1}$，$CHCl_3$ 分压为 13.4kPa 时的吸附量是 82.5dm^3(STP)$\cdot\text{kg}^{-1}$，求：

(1) 朗格缪尔吸附等温式中的吸附系数；

(2) 吸附量达饱和吸附量一半时 $CHCl_3$ 的平衡压力。

15. N_2(g) 在炭上吸附量为 $0.145\text{mL(STP)}\cdot\text{g}^{-1}$ 时，吸附温度与压力的对应关系如下，计算吸附热。

T/K	195	244	273
$p/10^{-5}$Pa	0.152	0.379	0.567

16. 当混合气体中有多个组分在固体表面发生朗格缪尔吸附时，设 b_B 为某组分 B 的吸附平衡常数，证明其覆盖度为

$$\theta_B=\frac{b_B p_B}{1+\sum_B b_B p_B}$$

17. 77.2K 时，N_2 在某催化剂上的吸附符合 BET 公式，测得每克吸附剂上的吸附量与 N_2 的平衡压力有以下数据，计算催化剂的比表面积。该温度下 N_2 的饱和蒸气压为 99.10kPa，N_2 分子截面积为 0.162nm^2。

p/kPa	8.70	13.64	22.11	29.93	38.91
$\Gamma/\text{cm}^3(\text{STP})\cdot\text{g}^{-1}$	115.6	126.3	150.7	166.4	184.4

18. 用 MgO 微粒作为吸附剂可吸附水中的硅酸盐，以减少锅炉结垢。已知每 1kg 锅炉用水中硅酸盐含量为 26.2mg，用 MgO 吸附后每 1kg 水中剩余硅酸盐的量与 MgO 微粒的用量有以下数据：

MgO/mg	0	75	100	126	160	200
剩余硅酸盐/mg·kg^{-1}	26.2	9.2	6.2	3.6	2.0	1.0

(1) 以单位质量 MgO 吸附硅酸盐的质量为吸附量 Γ，求 Γ 与硅酸盐浓度 c（以 $\text{mg}\cdot\text{kg}^{-1}$ 表示）的函数关系；

(2) 欲使每 1kg 锅炉用水中的硅酸盐减少为 2.9mg，需加入多少吸附剂?

19. 证明：当相对压力 $p/p_0\rightarrow0$ 时，BET 公式退化为朗格缪尔等温吸附方程式。

第13章 胶体化学

13.1 胶体体系的分类和制备

13.1.1 胶体体系的分类

历史上，格雷姆（Graham）最早使用胶体的概念。1861年，他把在水中扩散慢、不透过半透膜、蒸发后析出胶状物的物质，如蛋白质、$Fe(OH)_3$、阿拉伯树胶等称为胶体，以区别在水中扩散快、可透过半透膜、蒸发后析出晶状物的NaCl、蔗糖等晶体。后经科学家研究发现，胶体并非某一类物质的固有特性，而是物质以一定分散度存在的状态。例如NaCl分散在水中成为真溶液，若用适当方法分散在苯或乙醚中，则形成胶体溶液。同样，硫黄分散在乙醇中成为真溶液，若分散在水中则成为胶体溶液。扩散慢、不透过半透膜，以及后来发现的丁达尔（Tyndall）效应等皆是由于分散相大小处于一定范围时引起的尺寸效应。

前已述及，胶体是分散相大小介于1～100nm的分散体系。除高分子化合物之外，一般分子的大小皆小于1nm。若分散相小于1nm，这样的分散体系称为分子分散体系，即一般的溶液。溶液中溶质和溶剂之间没有宏观意义上的界面，是宏观性质均匀的均相体系，因而称为真溶液。胶体中的分散相粒子由许多分子聚集而成，是物质存在的微小聚集状态，因而胶体是多相体系。由于胶体的分散度很高，分散相的表面积很大。通常将单位体积或单位质量分散相具有的表面积称为比表面积，胶体是比表面积很大的体系。例如，当把$1cm^3$的立方体分散成边长1nm的小颗粒时，体系的总表面积将增加10^7倍，体系的表面能也增加相应的倍数。因此多相性、高分散性、热力学不稳定性是胶体的基本特性，这是由于胶体分散体系所具有的特殊的分散度范围决定的。

表13-1和表13-2分别给出按分散相尺寸范围和分散相与分散介质的聚集状态对胶体体系的分类。

表13-1 按分散相尺寸范围对胶体体系的分类

名称	分散相尺寸范围	主要特征
真溶液	<1nm	扩散快，能透过滤纸和半透膜，超显微镜下不可见
胶体分散体系（溶胶）	1～100nm	扩散慢，能透过滤纸，不能透过半透膜，超显微镜下可见，光学显微镜下不可见
粗分散体（悬浊液、乳状液）	100～10^4 nm	扩散慢，不能透过滤纸和半透膜，光学显微镜下可见

表 13-2 按分散相和分散介质的聚集状态对胶体体系的分类

分散介质	分散相		
	气态	液态	固态
气态(气溶胶)	—	云、雾	烟、尘
液态(液溶胶)	泡沫	乳状液(牛奶,人造黄油)	金溶胶、墨汁、牙膏
固态(固溶胶)	泡沫塑料、沸石、冰淇淋	珍珠、水凝胶	红宝石、合金

胶体分散体系因有很高的表面能，极易被破坏而聚沉，习惯上称为疏液溶胶，简称溶胶。高分子化合物在适当的溶剂中溶解虽可形成分子分散体系，但溶质分子的大小已达到胶体的范围，因而表现出胶体的一些特征，如扩散慢、不透过半透膜、有丁达尔效应等。高分子溶液属真溶液，是热力学上稳定、可逆的体系，分散相与分散介质间有很强的亲和力，故被称为亲液溶胶。高分子溶液过去一直被纳入胶体化学的范围进行讨论，近些年来，由于科学的迅速发展，它实际上已成为一个新的科学分支——高分子物理化学，目前胶体化学所研究的胶体分散体系主要是指疏液溶胶。本章在阅读材料中对高分子溶液的性质作简要介绍。

13.1.2 溶胶的制备和净化

既然溶胶是具有一定分散度的分散体系，其制备方法既可以由大块物质分散而成，也可以由分子或离子聚集而成。在制备过程中需加入稳定剂（如电解质和表面活性剂），以使制得的溶胶具有足够的稳定性。

13.1.2.1 分散法

常用的分散方法有下列几种。

(1) 研磨法　用胶体磨、球磨机等将大块固体颗粒磨细，研磨时加入稳定剂。

(2) 胶溶法　在新生成并经过洗涤的沉淀中加入适当电解质作稳定剂，经过搅拌，沉淀会重新分散成溶胶。例如

$$\mathrm{Fe(OH)_3}(\text{新鲜沉淀}) \xrightarrow{\text{加 } \mathrm{FeCl_3}} \mathrm{Fe(OH)_3}(\text{溶胶})$$

(3) 超声波分散法　用频率大于 16000Hz 的超声波所产生的高频机械振动，可将大块液体震碎，制成溶胶。此法主要用于制备乳状液。

(4) 电弧分散法　用金属（Au，Pt，Ag 等）作为电极，浸在不断冷却的水中，通以直流电（电流 5～10A，电压 40～60V），使电极间产生电弧。在电弧作用下，电极表面的金属气化，遇水冷却成胶粒，水中常加入少量 NaOH 作稳定剂。此法主要用于制备金属水溶胶。

13.1.2.2 凝聚法

(1) 化学凝聚法　即通过化学反应先制备出难溶物的过饱和溶液，再使难溶物聚集成溶胶。例如：

① 氧化反应　把氧气通入 H_2S 水溶液，H_2S 被氧化后可制得硫溶胶。

$$2\mathrm{H_2S}(\text{水溶液}) + \mathrm{O_2} \longrightarrow 2\mathrm{S}(\text{溶胶}) + 2\mathrm{H_2O}$$

② 还原反应　用碱性甲醛作还原剂，在加热条件下可将 $HAuCl_4$ 溶液还原成金溶胶。

$$2\mathrm{HAuCl_4} + 3\mathrm{HCHO}(\text{少量}) + 11\mathrm{KOH} \longrightarrow 2\mathrm{Au}(\text{溶胶}) + 3\mathrm{HCOOK} + 8\mathrm{H_2O} + 8\mathrm{KCl}$$

③ 水解反应　将 $FeCl_3$ 溶液逐滴加入沸腾的水中可制得红棕色 $Fe(OH)_3$ 溶胶。

$$FeCl_3(\text{稀溶液}) + 3H_2O \longrightarrow Fe(OH)_3(\text{溶胶}) + 3HCl$$

④ 复分解反应　水溶液中 $AgNO_3$ 与 KI 反应可制得 AgI 溶胶。

$$AgNO_3 + KI \longrightarrow AgI(\text{溶胶}) + KNO_3$$

(2) 物理凝聚法　通过降温、改换溶剂的方法使难溶物的溶解度减小，聚集成溶胶。例如将汞蒸气通入冷水可得汞溶胶；将松香的乙醇溶液滴入水中，由于松香在水中的溶解度很小，松香聚集成胶粒析出，形成松香水溶胶。

13.1.2.3　溶胶的净化

新制备的溶胶分散相粒子大小不一，而且溶胶中常含有过多的电解质。虽然适量的电解质可作为溶胶的稳定剂，但过多的电解质又会降低溶胶的稳定性。因此，为了得到均一、稳定的溶胶，必须将制得的溶胶加以净化。溶胶中的粗粒子可用过滤（胶体颗粒可通过普通滤纸）、沉降的方法除去。过多的电解质需用渗析（亦称透析）的方法除去。渗析就是用半透膜（由羊皮纸、火胶棉或动物膀胱膜制成，胶体粒子不能透过）将溶胶与纯分散介质分开，使溶胶中的离子透过半透膜而被除去的方法。为加快渗析速度，常使渗析置于电场作用之下，称为电渗析。如图 13-1 所示，溶胶中的电解质离子分别向带异电的电极移动，能较快除去溶胶中过多的电解质。

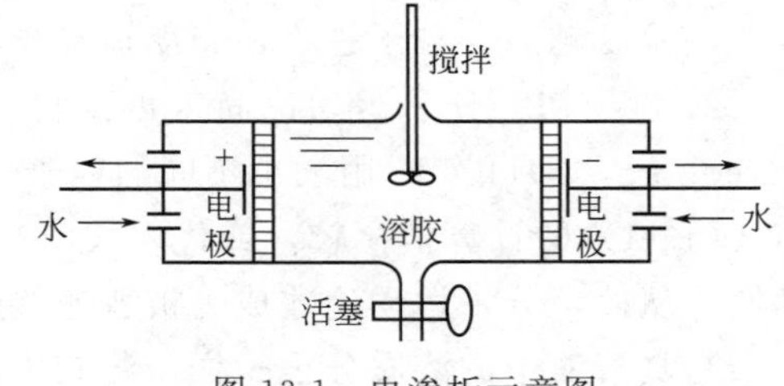

图 13-1　电渗析示意图

渗析技术已应用于环境、化工、医药、食品等各个领域。医院里治疗肾病患者采用的人工肾就是一套替代排泄功能的血液渗析设备，可除去血液中的尿酸、尿素等代谢废物。在电渗析中若采用离子交换膜，则可用于制备高纯水，或处理含盐废水和进行海水淡化。

13.2　溶胶的运动性质

溶胶中的粒子和溶液中的溶质分子一样，总是处于永不停息的、无规则的运动之中。从微小颗粒的无规则运动角度看，二者之间并无本质区别。不同的是溶胶粒子比分子大得多，因而运动的剧烈程度相对减弱了。布朗（Brown）运动、扩散、沉降等问题属于溶胶的运动性质，体现了溶胶粒子的运动特点。

13.2.1　布朗运动与扩散

胶体的运动性质

1827 年，植物学家布朗（Brown）在显微镜下观察到悬浮在水中的花粉颗粒总处于不停息的无规则运动之中，后来发现其它物质的微粒也有这种现象。如果在一定时间间隔内观察某一微粒的位置，可将其连接成如图 13-2 所示的无规则曲线，这种现象称为布朗运动。

关于布朗运动的起因，经过几十年的研究，才在分子运动论的基础上得到正确解释。悬浮在液体中的微粒处于液体分子的包围之中，由于液体分子杂乱无章的热运动，某一瞬间微粒受到液体分子的撞击不能互相抵消，在合力的推动下使得微粒向某个方向运动。另一时

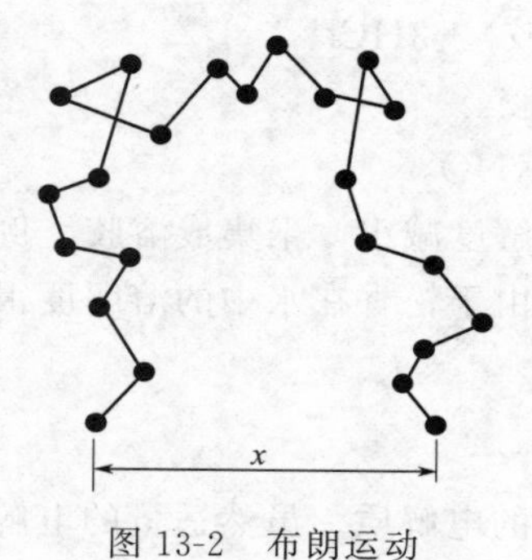

图 13-2　布朗运动

刻，合力又将微粒推向另一方向运动。这说明布朗运动与分子的热运动相同，只不过微粒比分子大得多，可同时与多个分子碰撞而已。布朗运动的本质就是微粒的热运动。爱因斯坦（1905 年）和斯莫鲁霍夫斯基（Smoluchowski，1906 年）运用分子运动论的概念和公式研究布朗运动。例如，他们认为每个粒子的平均平动能与一般分子一样，等于 $(3/2)kT$。在假定粒子是球体的基础上，导出悬浮粒子在时间 t 内沿 x 方向平均位移 $\langle x\rangle$ 的布朗运动公式：

$$\langle x\rangle=\left(\frac{RT}{L}\frac{t}{3\pi\eta r}\right)^{1/2} \tag{13-1}$$

式中，η、r 分别是介质黏度和粒子半径；T 是热力学温度；L 是阿伏伽德罗常数。式(13-1) 表明，温度越高，粒子越小，布朗运动越剧烈。

20 世纪初，分子运动论尚未得到科学界公认。珀林（Perrin，1908 年）和斯威德伯格（Svedberg，1911 年）用大小不同的粒子，黏度不同的介质，取不同时间间隔测定 $\langle x\rangle$，并与式(13-1) 的计算值比较，或代入式(13-1) 计算 L，所得结果都证明了布朗运动公式的正确性。从此，分子运动论才成为被普遍接受的科学理论。

与真溶液中的溶质分子一样，溶胶中的粒子也具有从高浓度区域向低浓度区域的扩散作用。这是因为粒子的布朗运动是无规则的，就单个粒子而言，它向各个方向运动的机会均等。但在高浓度区域，单位体积内的粒子数较多，因而必定是“出多进少”，在低浓度区域，单位体积内的粒子数较少，必定是“出少进多”，这就表现为扩散。所以，布朗运动是扩散的微观基础，扩散是布朗运动的宏观表现。

粒子 t 时间内在 x 方向上的平均位移 $\langle x\rangle$ 反映了粒子布朗运动的剧烈程度，而扩散系数 D 则代表了粒子的扩散能力，基于上述认识，可导出二者间有如下关系（参见习题 8）：

$$\langle x\rangle^2=2Dt \tag{13-2}$$

上式称为爱因斯坦-布朗位移公式。式(13-2) 代入式(13-1)，得到与式(8-16) 类似公式，即

$$D=\frac{RT}{L}\frac{1}{6\pi\eta r}$$

这就是斯托克斯-爱因斯坦扩散系数公式。公式表明，粒子半径越小，温度越高，介质黏度越低，粒子扩散能力越强。根据该式由 η 和 r 可计算扩散系数 D，反之，由 D 和 η 也可求出粒子半径 r。如果已知粒子密度 ρ，尚可计算出胶体粒子的摩尔质量 M。即

$$M=\frac{4}{3}\pi r^3\rho L \tag{13-3}$$

13.2.2　沉降与沉降平衡

沉降是胶体粒子在重力作用下下沉的现象。下沉过程中粒子受到①重力（包括浮力）F_1；②介质阻力 F_2，两种力的作用。假定粒子为球形，半径为 r，密度为 ρ，介质密度为 ρ_0，介质黏度为 η，重力加速度为 g，沉降速度为 v，则重力 $F_1=\frac{4}{3}\pi r^3(\rho-\rho_0)g$，方向向下；根据斯托克斯定律，介质阻力与粒子运动速度 v 成正比，对于球形粒子，阻力系数为 $6\pi\eta r$，阻力 $F_2=6\pi\eta rv$，方向向上。匀速沉降时，$F_1=F_2$，所以粒子沉降速度为

$$v=\frac{2r^2(\rho-\rho_0)g}{9\eta} \tag{13-4}$$

式(13-4) 称为斯托克斯沉降速度公式。在其它条件相同的情况下，沉降速度与粒子半径平方成正比，粒子越大沉降越快，据此通过测定不同大小粒子的沉降速度可用来测定粒子的粒度分布，称为沉降分析。反之，若已知粒子大小，测定沉降速度可求得介质黏度，落球式黏度计就是根据这个原理设计的。

溶胶的沉降一方面受重力作用的影响，另一方面，由于沉降过程中溶胶出现由下向上的浓度梯度，溶胶的沉降还受到布朗运动引起的扩散作用的影响。当两种方向相反的作用达到平衡时，同一高度处粒子的浓度保持不变，这种现象称为沉降平衡。

溶胶的扩散作用可用渗透压计算。溶胶与真溶液一样也有渗透压，由于溶胶的摩尔浓度很低，渗透压很小，适用公式 $\pi=cRT$。溶胶的渗透压起源于溶胶粒子在布朗运动中施于器壁的压力。在有半透膜的情况下，胶粒的运动受到膜的阻碍，这部分压力不能用于平衡膜另一侧纯溶剂的压力，因而平衡时出现渗透压。如图 13-3 所示，一个具有单位截面积的圆筒中盛有溶胶，现考虑其中某高度元 $\mathrm{d}h$ 内胶粒的受力情况：①重力，$F_1=(4/3)\pi r^3(\rho-\rho_0)gcL\mathrm{d}h$；②扩散力，等于下部溶胶与上部溶胶的渗透压之差，因二者间的浓度差等于 $-\mathrm{d}c$，所以 $F_2=\mathrm{d}\pi=-RT\mathrm{d}c$，平衡时 $F_1=F_2$，故有

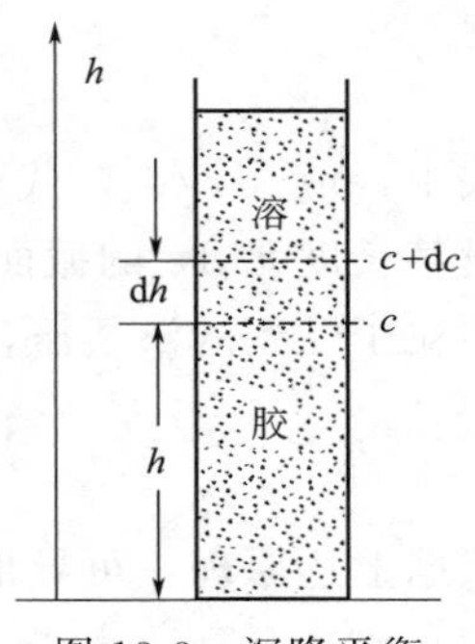

图 13-3　沉降平衡

$$\frac{\mathrm{d}c}{c}=-\frac{(4/3)\pi r^3(\rho-\rho_0)gL}{RT}\mathrm{d}h$$

积分上式，令 c_1、c_2 分别是溶胶在高度 h_1、h_2 处的摩尔浓度，可得

$$\frac{c_2}{c_1}=\exp\left[-\frac{4}{3}\pi r^3(\rho-\rho_0)g(h_2-h_1)L\frac{1}{RT}\right] \tag{13-5}$$

将式(13-3) 代入，式(13-5) 可重排为

$$\frac{c_2}{c_1}=\exp\left[-Mg\left(1-\frac{\rho_0}{\rho}\right)(h_2-h_1)\frac{1}{RT}\right] \tag{13-6}$$

以上两式为粒子的摩尔浓度（或数密度）随高度的分布公式。由以上两式可知，粒子半径越大，或摩尔质量越大，ρ_0/ρ 越小，浓度随高度变化越敏感。表 13-3 为若干分散体系中粒子浓度随高度变化的情况。数据表明，直径为 186nm 的金溶胶达沉降平衡时，高度每上升 0.2μm，粒子浓度就减少一半，实际上已完全沉降。这说明粗分散体的布朗运动非常微弱，动力学稳定性差。溶胶的分散度越高，布朗运动越剧烈，动力学稳定性越好。

表 13-3　粒子浓度随高度的变化

分散体系	粒子直径/nm	粒子浓度降低 1/2 时的高度/m
氧气	0.27	5000
高度分散的金溶胶	1.86	2.15
粗分散的金溶胶	186	2×10^{-7}
藤黄悬浮体	230	2×10^{-5}

在重力场中，当溶胶中粒子尺寸小至 1μm 时，沉降速度就十分缓慢。1924 年，斯威德伯格发明了超离心机，在超离心机中，溶胶绕转轴高速旋转，如图 13-4 所示，其所受到的

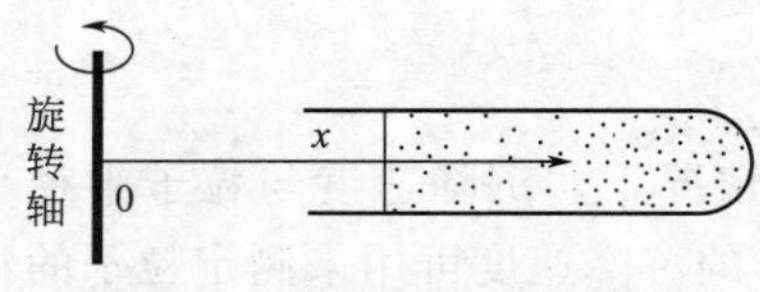

图 13-4　超离心机中转轴与粒子的距离

向心力可达重力的100万倍。在这样强大的力场中，胶体粒子可快速沉降。超离心机附有光学仪器可测定溶胶沿 x 方向的沉降速度或达平衡时溶胶沿 x 方向的浓度分布。与重力场中的沉降类似，测定粒子的沉降速度或沉降平衡时溶胶的浓度分布皆可求得粒子的摩尔质量，前者称为沉降速度法，后者称为沉降平衡法。所不同的是，重力加速度 g 需用向心加速度 a 代替，$a=\omega^2 x$，ω 是转速，x 是粒子到转轴的距离。沉降速度法的原理是向心力来自斯托克斯阻力与浮力的合力。假定粒子是球体，以1mol粒子计，可表示为

$$M\left(1-\frac{\rho_0}{\rho}\right)a=6\pi\eta rvL$$

式中，$v=\mathrm{d}x/\mathrm{d}t$，代表沉降速度。沉降平衡法的原理是向心力来自渗透压力与浮力的合力。设某长度元 $\mathrm{d}x$ 的截面为单位面积，其中粒子的物质的量 $\mathrm{d}n=c\,\mathrm{d}x$，下式左边即长度元 $\mathrm{d}x$ 中粒子受到的渗透压，长度元两端浓度差为 $\mathrm{d}c$，渗透压为 $RT\mathrm{d}c$，故有

$$M\left(1-\frac{\rho_0}{\rho}\right)ac\,\mathrm{d}x=RT\mathrm{d}c$$

根据上述原理，可导出如下计算公式：

（1）沉降速度法

$$M=\frac{RTS}{D(1-\rho_0/\rho)} \tag{13-7}$$

$$r=\left(\frac{9}{2}\frac{\eta S}{\rho-\rho_0}\right)^{1/2} \tag{13-8}$$

其中

$$S=\frac{v}{a}\quad \text{或者}\quad S=\frac{\ln(x_2/x_1)}{\omega^2(t_2-t_1)} \tag{13-9}$$

S 称为沉降系数，单位是秒（s），相当于单位向心加速度引起的沉降速度。右边是它的积分形式，式中 t_1 和 t_2 分别是粒子运动到距离转轴 x_1 和 x_2 处的时间。

（2）沉降平衡法

$$M=\frac{2RT\ln(c_2/c_1)}{(1-\rho_0/\rho)\omega^2(x_2^2-x_1^2)} \tag{13-10}$$

式中，c_1 和 c_2 分别是沉降平衡时距离转轴 x_1 和 x_2 处粒子的摩尔浓度。

13.3 溶胶的光学性质

在暗室里，使一束可见光从溶胶中通过，在与入射光垂直的方向上观察，可以看到一条明亮的光带，如图13-5所示，这种现象1869年由丁达尔（Tyndall）发现，称为丁达尔效应。丁达尔效应是溶胶的光学性质，它是溶胶高分散性和非均匀性的反映。

当一束光射入分散体系时，只有一部分光能从体系中透过，其余部分则被体系吸收、散

射或反射。对光的吸收主要取决于体系的化学组成，而散射和反射的强弱则与分散相粒子的大小有关。光是一种电磁波，当粒子的尺寸大于入射光波长时，只会发生光的反射；当粒子尺寸小于波长时，粒子中的电子在光波作用下发生受迫振动，使粒子成为发射同频率子波的波源，这就是光的散射。可见光波长约为400～700nm，胶体粒子尺寸范围为1～100nm，因而被可见光照射时可看到明亮的散射光（亦称乳光）。粗分散体（例如乳状液）粒子的尺寸范围可达1000～5000nm，被可见光照射时，看到的是浑浊的反射光。所以，丁达尔效应是溶胶的显著特征。

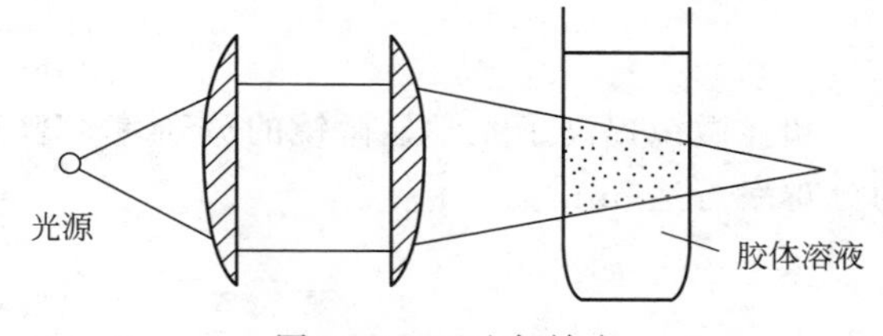

图 13-5　丁达尔效应

瑞利（Rayleigh）用光的电磁理论研究丁达尔效应，发现非导电性球形粒子散射时，单位体积溶胶的散射光强度 I 与入射光强度 I_0 之间有如下关系：

$$I=\frac{9\pi^2 c^* \upsilon^2}{2\lambda^4 R^2}\left(\frac{n_2^2-n_1^2}{n_2^2+2n_1^2}\right)^2(1+\cos^2\theta)I_0 \tag{13-11}$$

式中，λ 是入射光波长；c^* 是粒子的数密度；υ 是单个粒子的体积；n_2、n_1 分别是分散相和分散介质的折射率；R 是观察者与溶胶间的距离；θ 是观察方向与入射光方向的夹角。式(13-12) 称为瑞利散射定律，它表明：

① 散射光强度与入射光波长的4次方成反比，即波长越短，越容易被散射。可见光被散射时，蓝光波长最短，被散射得最多、透过得最少，红光波长最长，被散射得最少、透过得最多。故在侧面观察时，看到的主要是散射光，溶胶呈浅蓝色；在正面观察时，看到的主要是透射光，溶胶呈浅红色。这就是天空呈蓝色，朝霞和晚霞呈红色的原因。

② 散射光强度与粒子的数密度成正比。当测定两个分散度相同而浓度不同的溶胶的散射光强度时，若已知一种溶胶的浓度 c_1^*，由测定结果（I_1/I_2 的值）即可算出另一种溶胶的浓度 c_2^*。测定污水中悬浮杂质的"浊度计"就是根据这个原理设计的。

③ 散射光强度与粒子体积的平方成正比。低分子溶液的溶质，因体积甚小，故散射光极弱，因此，利用丁达尔效应可以鉴别溶胶和真溶液。

④ 分散相与分散介质的折射率相差越大，散射光越强。高分子溶液中分散相与分散介质的折射率相差很小，尽管溶质分子与溶胶粒子的大小相近，但高分子溶液的丁达尔效应比溶胶要弱得多。若分散相与分散介质的折射率相同，例如纯气体或纯液体，实际上也有微弱的散射，这是由于分子热运动引起的密度涨落造成的。局部区域的密度涨落，会引起折射率的差异，从而发生光的散射。因此光的散射是一种普遍现象，只是溶胶的光散射现象特别显著而已。

超显微镜是一套用普通光学显微镜在黑暗背景下观察丁达尔效应的仪器。图13-6是超显微镜的示意图。在超显微镜中所看到的是胶体粒子因散射光而呈现的闪烁光点，并非实际粒子的像。但超显微镜能测定出一定体积中光点的数目，即粒子的数密度 c^*（单位：m^{-3}），配合其它数据的测定，例如溶胶的质量浓度 c'（单位：$kg \cdot m^{-3}$）和粒子的密度 ρ，在假定粒子是球形的条件下，就可计算出粒子半径 r。因为一个粒子的质量可表示为 $c'/c^*=\frac{4}{3}\pi r^3\rho$，所以

$$r=\left(\frac{3c'}{4\pi c^{*}\rho}\right)^{1/3} \tag{13-12}$$

超显微镜提高了光学显微镜的分辨率，普通光学显微镜的分辨率是 200nm，超显微镜的分辨率可达 5nm。

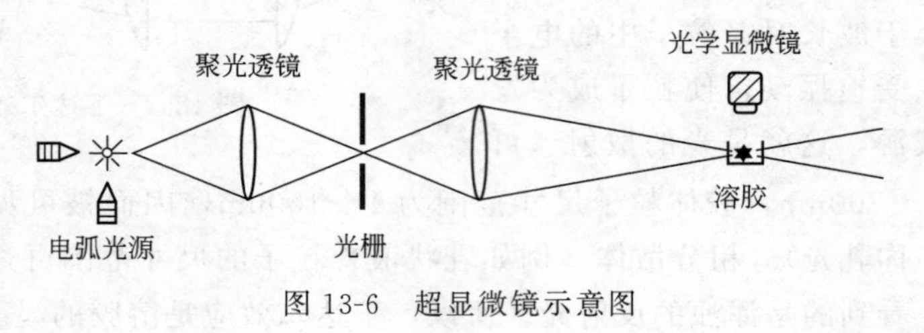

图 13-6　超显微镜示意图

13.4　溶胶的电学性质

13.4.1　电动现象

电动现象属溶胶的电学性质，包括电泳、电渗、流动电势和沉降电势。

(1) 电泳　在外加电场作用下，溶胶粒子在分散介质中的定向移动现象称为电泳。图 13-7 是一种界面移动电泳测量仪，其中放入溶胶和辅助电解质溶液，使二者之间保持清晰界面，通电一段时间后，从两边界面位置的变化可测量胶粒的电泳速度。

电泳有许多实际应用。例如生物化学中利用各种氨基酸和蛋白质电泳速度的不同将其分离；医院里利用血清的纸上电泳可协助诊断疾病；工业上利用电泳使黏土与杂质分离，可制得高纯黏土；电泳除尘、电泳电镀、电泳涂漆等技术在工业上也有广泛应用。

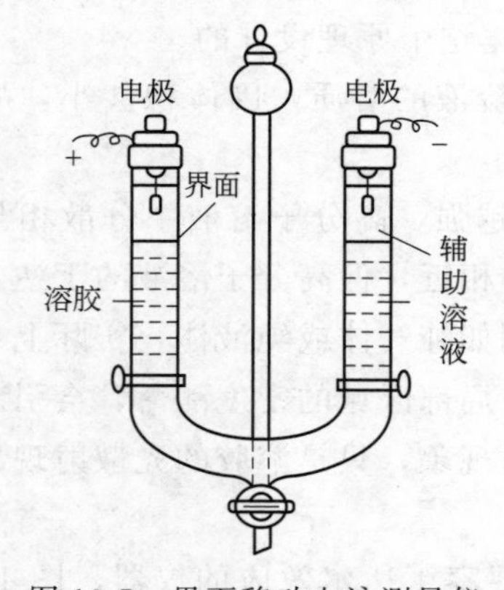

图 13-7　界面移动电泳测量仪

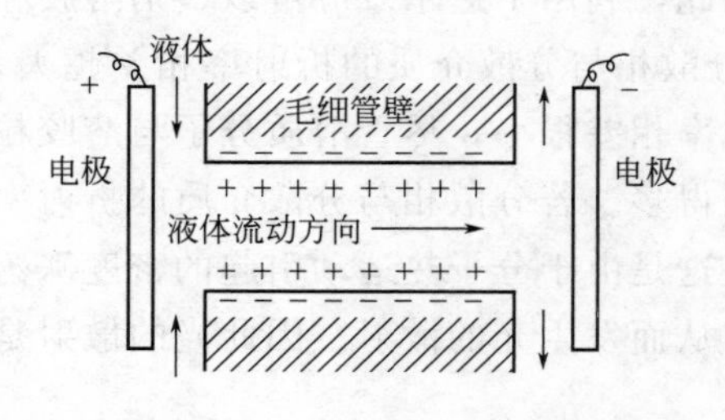

图 13-8　毛细管中的电渗现象

(2) 电渗　在多孔塞或毛细管两端加上一定电压，多孔塞或毛细管内的液体将产生定向移动，这种现象称为电渗。图 13-8 表示毛细管中的电渗现象。

工业上利用电渗可使难于过滤的浆液（纸浆、黏土浆等）脱水。

(3) 流动电势　与电渗现象相反，用外力使液体从多孔塞或毛细管中通过时，多孔塞或毛细管两端产生电势差的现象称为流动电势，如图 13-9 所示。

（4）沉降电势　与电泳现象相反，在重力作用下，胶体粒子在分散介质中下沉时溶胶上下两端产生电势差的现象称为沉降电势，如图 13-10 所示。

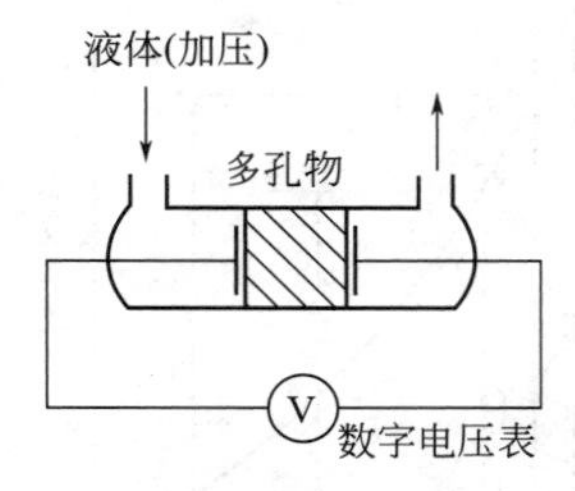

图 13-9　流动电势的测量

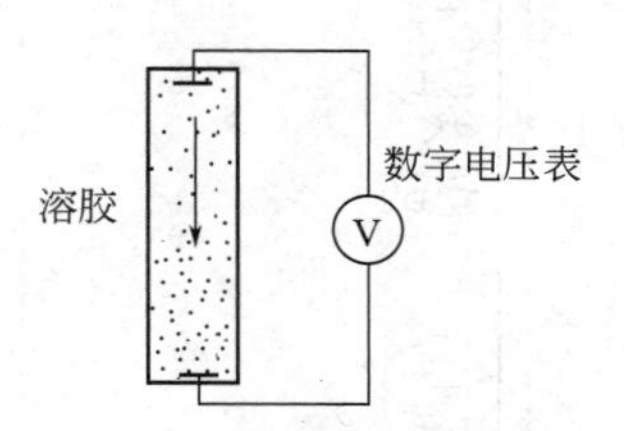

图 13-10　沉降电势的测量

为避免生产设备中分散相与分散介质相对运动（如液体通过黏土、硅藻土的过滤床，水滴在储油罐中沉降）时因流动电势和沉降电势引发的事故，常采用将设备接地的方法。

电动现象起因于分散相与分散介质、固相与液相之间存在着双电层，两相相对静止时呈电中性，发生相对运动时，由于表面电荷分离使固液两相分别带电。电泳和电渗是电能转变为机械能的过程，流动电势和沉降电势是机械能转变为电能的过程。

13.4.2　胶团的双电层结构

对胶体粒子的微观结构进行研究发现，其核心部分是许多分散相分子或原子组成的胶核。胶核通常为固体物质，胶核表面容易吸附介质中的离子以减小界面能。这些离子可以是溶液中的，也可以是固体表面分子解离出来的。胶核包括固体表面吸附的离子。固体表面吸附离子后，溶液中多余的反号离子在固液界面间形成扩散双电层。当固液两相发生相对运动时，紧贴固相表面的紧密层随固相一起运动，胶核连同紧密层一起称为胶粒。胶粒连同扩散层一起称为胶团。胶粒带电，但胶团呈电中性。

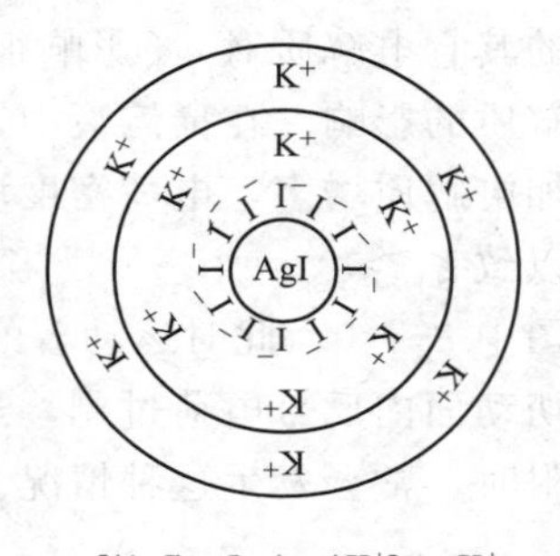

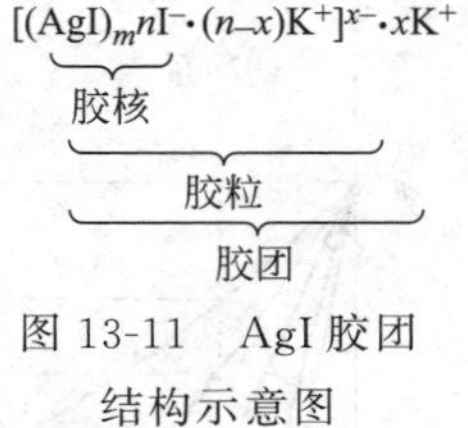

图 13-11　AgI 胶团结构示意图

以 AgI 溶胶为例，胶核是 AgI 晶体。根据法扬斯规则，AgI 容易吸附 Ag^+ 和 I^-。用 $AgNO_3$ 和 KI 溶液反应制得 AgI 溶胶时，如果反应时 $AgNO_3$ 过量，则晶体表面就吸附 Ag^+，NO_3^- 在固液界面间形成扩散双电层；反之，如果反应时 KI 过量，晶体表面就吸附 I^-，K^+ 在固液界面间形成扩散双电层。图 13-11 是负溶胶（即胶粒带负电）AgI 的胶团结构示意图，胶团结构式中的 m、n、x 是未定值，对不同的胶团其值不同。

图 13-12 的扩散双电层示意图，是根据古艾-恰普曼-斯特恩（Gouy-Chapman-Stern）提出的扩散双电层模型绘制的，该模型能解释观察到的实验事实，因而被普遍接受。模型认为，双电层中离子皆是溶剂化的，紧密层（亦称吸附层）中不仅有反号离子，而且有参与溶剂化的水分子（水溶液中），其中反号离子中心所处的位置称为斯特恩平面，该平面与固体表面的距离 δ 为紧密层厚度，δ 大约有一两个分子大小。固液两相发生相对运动时，切动面并非斯特恩平面，而是位于斯特恩平面附近，靠近扩散层一侧的位置（图中虚线）。

假定溶液本体的电势为 0，在固体表面，斯特恩平面以及切动面处的电势分别用 φ_0，

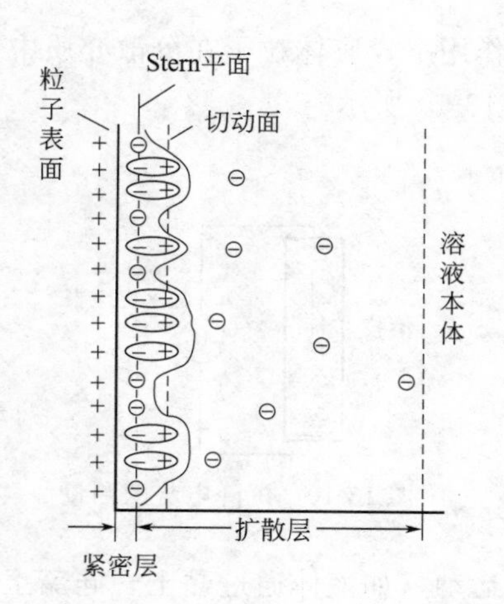

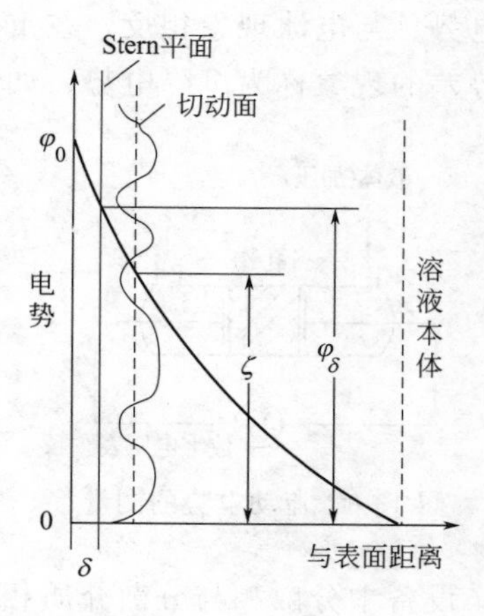

图 13-12　扩散双电层模型

φ_δ 和 ζ 表示，依次称为表面电势（亦称热力学电势）、斯特恩电势和电动电势（ζ 电势）。图 13-13 绘出双电层中的电势变化曲线。表面电势 φ_0（相当于电极电势）取决于固体本性及与固体平衡的离子浓度。例如 AgI 溶胶的 φ_0 与溶液中 Ag^+ 或 I^- 浓度有关，溶液中外加的其它电解质对 φ_0 影响很小。φ_δ 和 ζ 不仅与平衡离子浓度有关，还受溶液中外加的其它电解质的影响。在稀溶液中，扩散层很厚，φ_δ 与 ζ 可视为相同。图 13-13 表示随着溶液中外加电解质增多，电荷密度增大，被挤入紧密层的反号离子越多，扩散层越薄，ζ 电势越低，以致 $\zeta_1 > \zeta_2 > \zeta_3 > \cdots$。当溶液中有足够多的外加电解质时，扩散层被压入切动面内，以致图中 $\zeta_4 = 0$，此时运动着的胶粒不再带电，称为胶粒的等电状态。图中 ζ_5 与 φ_0 反号，说明切动面内反号电荷过剩，当溶液中某些高价反号金属离子或有机离子在紧密层内发生特性吸附时，常会发生这种情况。

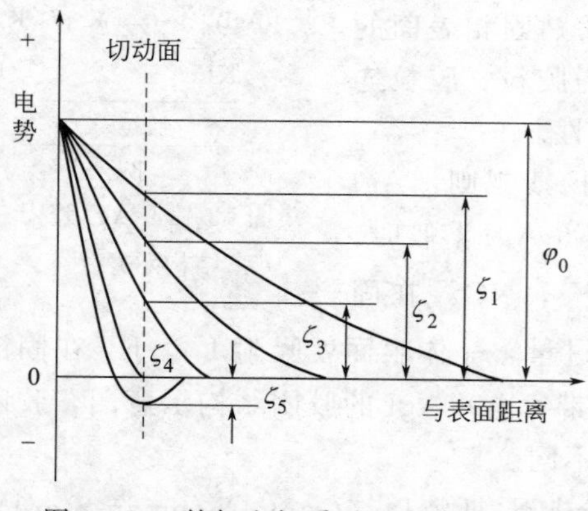

图 13-13　外加电解质对 ζ 电势的影响

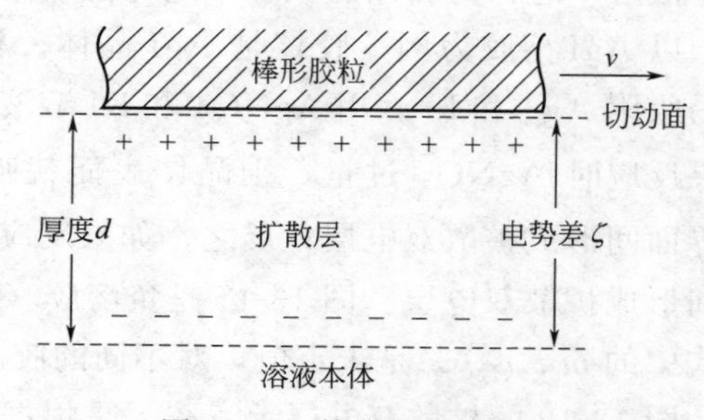

图 13-14　棒形胶粒的电泳

13.4.3　ζ 电势的计算

设棒形胶粒以速度 v 在介质中电泳。胶粒受到的电场力 $f = qE$，E 为电场强度；q 为胶粒所带电荷。黏滞阻力 $f' = \eta Sv/d$，η 为介质黏度；S 为固液两相接触面积；d 为扩散层厚度。如图 13-14 所示，两相间的扩散层可视为一个平板电容器，因切动面与溶液本体间的电势差为 ζ，故其电容 $C = q/\zeta$。根据静电学，平板电容器的电容 $C = DS/d$，D 为介质的介电常数（$D=\varepsilon_r\varepsilon_0$，$\varepsilon_r$ 为相对介电常数；$\varepsilon_0=8.854\times10^{-12}\mathrm{F}\cdot\mathrm{m}^{-1}$，为真空介电常数），所以 $q=DS\zeta/d$，即 $f=DS\zeta E/d$。电泳时胶粒受力平衡，$f=f'$，所以

$$\zeta=\frac{\eta v}{DE}\ （棒形胶粒）\tag{13-13}$$

对于球形胶粒可导出以下公式(参见习题 13)：

$$\zeta=\frac{3\eta v}{2DE}\ （球形胶粒）\tag{13-14}$$

式(13-13) 也可用于电渗的计算，其中 v 为液体在毛细管中的流速，$v=Q/A$，Q 为液体的体积流量，可由实验测定；A 为毛细管截面积。实验中尚可测得通过电渗池的电流 I 和液体的电导率 κ，它们与电场强度的关系为

$$E=\frac{V}{l}=\frac{I}{Gl}=\frac{I}{\kappa A}=\frac{Iv}{\kappa Q}$$

l、V 分别为毛细管的长度和两端电压；G 为管内液体的电导，代入式(13-13) 可得

$$\zeta=\frac{\eta\kappa Q}{DI}\tag{13-15}$$

在电渗实验中，测定体积流量和电渗电流可由上式计算 ζ 电势。

【例 13-1】 20℃时，在 $Fe(OH)_3$ 溶胶（棒形）的电泳实验中，电极间距 30cm，电压 150V，通电 20min，溶胶界面在阴极处上升 2.4cm，已知溶液相对介电常数为 81，黏度为 0.001Pa・s，计算 ζ 电势。

解 电泳速度 $v=[(2.4\times10^{-2})/(20\times60)]\mathrm{m}\cdot\mathrm{s}^{-1}=2.0\times10^{-5}\ \mathrm{m}\cdot\mathrm{s}^{-1}$

电场强度 $E=[150/(30\times10^{-2})]\mathrm{V}\cdot\mathrm{m}^{-1}=500\mathrm{V}\cdot\mathrm{m}^{-1}$

介电常数 $D=\varepsilon_r\varepsilon_0=81\times8.854\times10^{-12}\mathrm{F}\cdot\mathrm{m}^{-1}=7.17\times10^{-10}\ \mathrm{F}\cdot\mathrm{m}^{-1}$

所以 $\zeta=(\eta v)/(DE)=[(0.001\times2.0\times10^{-5})/(500\times7.17\times10^{-10})]\mathrm{V}=0.056\mathrm{V}=56\mathrm{mV}$

13.5 溶胶的稳定性和聚沉

13.5.1 溶胶的稳定性

溶胶是高度分散的多相体系，有很大的界面能，属热力学不稳定体系。当胶粒因热运动而相互接触时，会相互吸引并合并成较大颗粒以减少界面能，这种过程称为聚结。当颗粒聚结到一定大小，会因重力作用而沉降，聚结和沉降合称聚沉。聚沉作用使稳定的溶胶遭到破坏。

虽然溶胶本质上属于热力学不稳定体系，但实际上制备好的溶胶常常可以稳定存在相当长时间而不聚沉，说明溶胶具有稳定存在的因素。这些因素包括：①布朗运动引起的扩散作用可阻止胶粒在重力场中的沉降，布朗运动是溶胶稳定的动力学因素。分散度越高，布朗运动越剧烈，溶胶的动力学稳定性越好。②由于胶粒表面紧密层中的离子被溶剂化，胶粒表面形成一层溶剂化的保护膜（水化膜），它不仅降低了界面张力，且具有一定的机械强度，增大了胶粒碰撞时的机械阻力，被称为水化膜斥力。③胶粒带电是溶胶稳定的主要因素。由于胶粒与溶液界面存在扩散双电层，当胶粒相互接近时，首先是反号离子的扩散层发生重叠，

这时同种电荷间的静电斥力将阻止胶粒的进一步靠近和聚结。

关于溶胶稳定性的研究，最初人们只注意到离子间的静电作用，后来才发现溶胶粒子间也有范德华引力，这就使人们对溶胶稳定性的概念有了更深入的认识。20 世纪 40 年代，苏联学者捷亚金（Derjaguin）、兰道（Landau）与荷兰学者维韦（Verwey）、欧弗比克（Overbeek）提出的关于溶胶稳定性的理论，简称 DLVO 理论，是目前能对溶胶稳定性和电解质的影响给出最好解释的理论。该理论的要点是：

① 胶粒间既有静电斥力势能 E_R（>0），也有范德华引力势能 E_A（<0）。E_R 随粒子间距离增加呈指数递减，E_A 与粒子间距离的 2～3 次方成反比。胶粒间的总势能 E_T 是引力势能和斥力势能的代数和，即 $E_T=E_A+E_R$。溶胶的稳定或聚沉取决于总势能 E_T 的大小。

② 总势能 E_T 随胶粒间距离的变化曲线如图 13-15 所示，中间有一能峰 E_0 存在。两胶粒靠近时必须越过能峰，体系能量才能迅速下降，发生聚结作用。否则，若不能越过能峰，胶粒将重新分离开来，不会发生聚结。能峰 E_0 的存在是溶胶具有聚结稳定性的原因。

③ 外界因素（如溶液中的电解质浓度）对引力势能影响很小，但能强烈影响斥力势能，从而影响能峰 E_0 的高低，即对溶胶的聚结稳定性产生显著影响。如图 13-16 所示，从 1 至 3，随着溶胶 ζ 电势的减小，能峰高度逐渐降低，溶胶的聚结稳定性逐渐减弱。当能峰降到横轴以下（图中曲线 3，$E_0=0$），溶胶将很快聚沉。

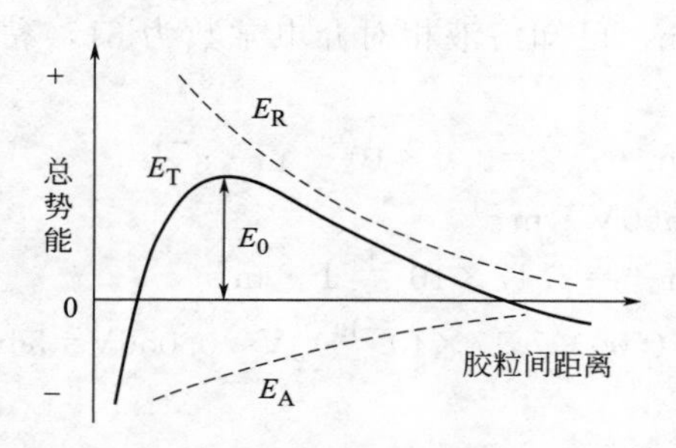

图 13-15　胶粒间势能和距离的关系

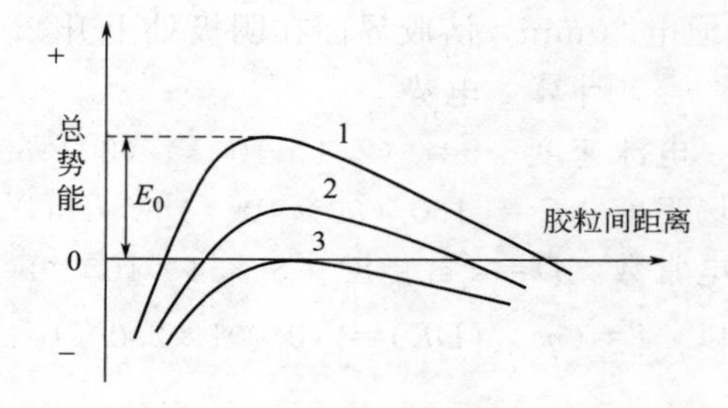

图 13-16　能峰 E_0 随 ζ 电势降低而减小（$\zeta_1>\zeta_2>\zeta_3$）

13.5.2　溶胶的聚沉

影响溶胶聚沉的因素很多，如加入电解质、加热、微波辐射等均能引起溶胶聚沉，其中加入电解质对溶胶聚沉的影响被研究得最多，实验发现有如下规律。

溶胶中加入电解质时，电解质中与扩散层内反离子同号的离子将把反离子排挤到紧密层内，从而减小胶粒的带电量，使 ζ 电势降低，E_0 减小，故溶胶容易聚沉。通常用聚沉值表示溶胶的聚沉能力，聚沉值是在一定时间内使一定量溶胶明显聚沉所需外加电解质的最小浓度，常以单位 $mol\cdot dm^{-3}$ 表示。电解质的聚沉值越小，聚沉能力越大。电解质的聚沉能力被定义为聚沉值的倒数。

① 电解质中起主要聚沉作用的是与胶粒电性相反的离子，而且这种离子的价数越高，聚沉能力越大，聚沉能力大约与离子价数的 6 次方成正比。例如一价、二价、三价离子的聚沉能力之比为 $1:2^6:3^6$。这个规律称为舒尔策-哈迪（Schulze-Hardy）规则。

② 价数相同的离子，其聚沉能力相近，但也有差别。例如同价阳离子对负溶胶的聚沉

能力随离子半径增大而增强：

$$H^+ > Cs^+ > Rb^+ > NH_4^+ > K^+ > Na^+ > Li^+$$

阳离子容易水化，除 H^+ 外，离子半径越小，水化作用越强，水化层越厚，越难进入紧密层，从而聚沉作用减弱。

阴离子不易水化，一价阴离子对正溶胶的聚沉能力一般随离子半径增大而减弱，例如

$$F^- > Cl^- > Br^- > NO_3^- > I^-$$

上述同价离子聚沉能力的次序称为感胶离子序。

③ 一般而言，任何价数的有机离子都有很强的聚沉能力，这可能与有机离子容易在胶粒表面发生特性吸附有关。

④ 与胶粒电性相同的离子对聚沉也有一定影响。若不同电解质中与胶粒电性相反的离子相同，则与胶粒电性相同的离子价数越高，电解质的聚沉能力越低（稳定作用越强）。

⑤ 电性相反的溶胶可以发生相互聚沉作用。例如，明矾的净水作用就是利用明矾［$KAl(SO_4)_2 \cdot 12H_2O$］在水中水解生成的 $Al(OH)_3$ 正溶胶使江河水（SiO_2 负溶胶）聚沉，从而使水得到净化的。

⑥ 欲使溶胶聚沉所加入电解质的量并非越多越好，过多的电解质会使胶粒超过等电状态而重新带电，溶胶反而不易聚沉。

13.5.3 高分子化合物的絮凝和稳定作用

13.5.3.1 高分子化合物对溶胶的稳定作用

溶胶中加入一定量的高分子化合物，能显著提高溶胶对电解质的稳定性。例如，制造墨汁时就是利用动物胶使炭黑稳定地悬浮在水中，古埃及壁画上的颜色也是用酪素使之稳定的。稳定作用的原因是高分子化合物能吸附在胶粒表面，形成一种高分子保护膜，把亲液性基团伸向水中，既降低了界面张力，而且保护膜具有一定厚度，当粒子相互接近时增加了粒子间的相互排斥力，因而增加了溶胶的稳定性。这种稳定作用称为空间稳定作用。

实验表明，良好的高分子稳定剂一方面必须与胶粒有强的结合力，易被胶粒表面吸附；另一方面又要与分散介质有良好的亲和性，以使分子链能充分伸展，形成较厚的吸附层。而且，溶液中只有高分子稳定剂达到一定浓度，以致被胶粒吸附的高分子物质能完全覆盖粒子表面时，才能起到稳定作用。否则，若加入的高分子物质小于起稳定作用所需的数量，非但不能起稳定作用，往往还会使溶胶容易发生沉淀，即起到高分子化合物的絮凝作用。实验还表明，一旦胶粒表面形成了完整的高分子吸附层，过多的高分子化合物并不能使溶胶的稳定性增加。

13.5.3.2 高分子化合物对溶胶的絮凝作用

在溶胶中加入极少量可溶性高分子化合物，可导致溶胶迅速沉淀，沉淀呈疏松的棉絮状，这类沉淀称为絮凝物，这种现象称为絮凝作用，能产生絮凝作用的高分子物质称为絮凝剂。

絮凝与聚沉不同，絮凝物中颗粒的结构并未改变，但被高分子链段缔合在一起，一般絮凝之后还可发生聚沉。聚沉与絮凝在现象上的差别是聚沉过程缓慢，所得沉淀颗粒紧密，体积小；而絮凝作用具有迅速、彻底、沉淀疏松、絮凝剂用量少等优点，对于颗粒较大的悬浮体尤为有效。

絮凝作用的机理是链状高分子化合物的“桥联作用”，即当高分子化合物浓度较稀时，被同一高分子链段吸附的多个粒子，在链段的旋转和运动中会聚集在一起而产生沉淀。絮凝的必要条件是粒子表面有未被高分子物质覆盖的空白，否则，如果高分子物质浓度很高，粒子表面完全被高分子物质覆盖，此时高分子物质对溶胶起着保护作用，即便发生桥联也不会絮凝。

高分子溶液

絮凝作用与高分子化合物的分子结构，分子量以及絮凝剂用量等因素有关。良好的絮凝剂分子一般要具有链状结构，分子中有既能被固体表面吸附，又能在水中溶解的基团，如：—COONa、—$CONH_2$、—OH、—SO_3Na 等。絮凝剂分子量越大，链段越长，桥联越有利，絮凝效果越好。絮凝剂的用量不大，但有一最佳值。据研究分析，最佳值大约为固体粒子表面达到饱和吸附时所需数量的一半。超过此值絮凝效果就下降，若超出很多，反而起到稳定作用。

思考题

1. 溶胶的基本特性是什么？溶胶属热力学不稳定体系，为什么有的溶胶能稳定存在相当长时间而不聚沉？

2. 少量的电解质可作为溶胶的稳定剂，但过多的电解质反而容易引起溶胶聚沉，为什么？

3. 用 $AgNO_3$ 和 KBr 溶液制备溶胶时，分别写出当 $AgNO_3$ 和 KBr 过量时的两种胶团结构。

4. 为什么说丁达尔效应是溶胶的特性？即通过丁达尔效应可以鉴别溶胶与真溶液、粗分散体以及高分子溶液。

5. 利用超显微镜能否测定胶体颗粒的大小？

6. 电泳、电渗、流动电势和沉降电势四种电动现象之间有何区别与联系？

7. 溶胶的胶团结构式为：$\{[Fe(OH)_3]_m \cdot nFeO^+ \cdot (n-x)Cl^-\}xCl^-$，电泳时胶体粒子向何方向运动？比较下列电解质对溶胶的聚沉能力。

(1) NaCl　(2) Na_2SO_4　(3) $MgSO_4$　(4) $K_3[Fe(CN)_6]$

8. 什么是 ζ 电势？表面电势一定时 ζ 电势会改变吗？如何改变？ζ 电势与溶胶的聚结稳定性有何关系？

9. 为什么高分子化合物有时能对溶胶起稳定作用，有时又能起絮凝作用？

习题

1. 某溶胶中胶粒平均直径为 4.2nm，25℃时分散介质黏度为 1.0×10^{-3} Pa·s，求该温度下溶胶的扩散系数以及布朗运动中粒子每间隔 1s 在 x 方向上的平均位移。

2. 20℃时肌红朊在水中的扩散系数为 $1.24\times10^{-10}\,m^2\cdot s^{-1}$，水的黏度为 1.005×10^{-3} Pa·s，肌红朊的密度为 $1.335\times10^3\,kg\cdot m^{-3}$，求肌红朊颗粒的平均半径及其摩尔质量。

3. 某固体微粒半径等于0.01mm，固体密度为$10g \cdot cm^{-3}$，水的密度为$1g \cdot cm^{-3}$，黏度为$1.15\times10^{-3}Pa \cdot s$，求微粒在水中的沉降速度。重力加速度取$9.8m \cdot s^{-2}$。

4. 珀林在研究中使用半径为$2.15\times10^{-5}cm$的粒子，17℃时测得在30s时间内粒子沿x方向的平均位移$\langle x\rangle^2=50.2\times10^{-8}cm^2$，该温度下分散介质黏度$\eta=1.10\times10^{-3}Pa \cdot s$，计算阿伏伽德罗常数。

5. 超离心机的向心加速度$a=1.20\times10^5 g$（g为重力加速度），将某蛋白质溶液放入离心机液槽中旋转，测得液面向外移动速度为$5.10\times10^{-5}cm \cdot s^{-1}$，实验温度为25℃，蛋白质密度为$1.334g \cdot cm^{-3}$，蛋白质溶液的扩散系数为$7\times10^{-11}m^2 \cdot s^{-1}$，分散介质密度为$1g \cdot cm^{-3}$，求蛋白质的摩尔质量。

6. 离心机转速为$1000r \cdot min^{-1}$，溶胶在离心机中沉降10min，溶胶界面与转轴的距离从$x_1=0.09m$移动到$x_2=0.14m$的位置。已知分散相和分散介质密度分别是$5.6\times10^3 kg \cdot m^{-3}$和$1.0\times10^3 kg \cdot m^{-3}$，介质黏度是$0.001Pa \cdot s$，计算粒子半径及其摩尔质量。

7. 293K时，血红蛋白溶液在超离心机中达沉降平衡时离心机转速为$8700r \cdot min^{-1}$，血红蛋白的比容是$0.749\times10^{-3}m^3 \cdot kg^{-1}$，溶剂密度为$1.008\times10^3 kg \cdot m^{-3}$，在距转轴$x_1$和$x_2$处，测得血红蛋白的浓度$c_1$和$c_2$（以质量分数计）列于下表，计算血红蛋白的摩尔质量。

x_1/cm	x_2/cm	c_1/%	c_2/%
4.46	4.51	0.832	0.930
4.16	4.21	0.398	0.437
4.31	4.36	0.564	0.639

8. 如图13-17所示，在横截面积为S的水平管道中溶胶浓度从左向右均匀减少，ABDC和CDFE中的平均浓度分别为c_1和c_2，$\langle x\rangle$是胶粒t时间内在水平方向上的平均位移，证明

(1) 胶粒单位时间内从左向右通过截面CD净的扩散量等于$(c_1-c_2)\langle x\rangle S/2t$；

(2) t时间内平均位移与扩散系数的关系：$\langle x\rangle^2=2Dt$。

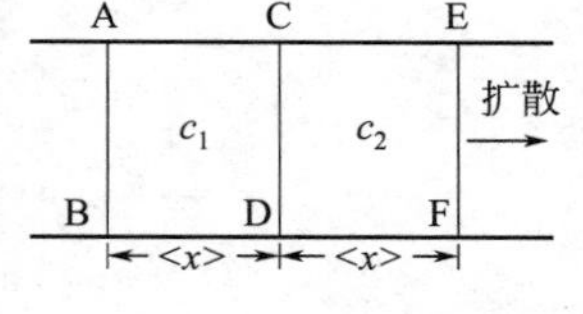

图13-17 第8题

9. 扩散时粒子受到介质的阻力可由斯托克斯定律计算，即$f_{阻}=6\pi\eta r(dx/dt)$，dx/dt是粒子运动的速度，推动力可用化学势的负梯度，即$f_{推}=-L^{-1}(d\mu/dx)$表示，由此导出斯托克斯-爱因斯坦扩散系数公式，即书中公式(8-16)。

10. 293K时粒子直径为10nm的Al_2O_3溶胶中，高度每增加多少粒子密度减少一半？已知Al_2O_3的密度为$4.0\times10^3 kg \cdot m^{-3}$，分散介质密度为$1.0\times10^3 kg \cdot m^{-3}$。重力加速度取$9.8m \cdot s^{-2}$。

11. $Fe(OH)_3$溶胶的质量浓度为$1.5kg \cdot m^{-3}$，先将溶液稀释10^4倍，再在超显微镜下观察，在直径和深度各为0.04mm的视野内测得胶粒数目平均值为4.1，设粒子为球形，密度为$5.2\times10^3 kg \cdot m^{-3}$，求粒子平均直径。

12. 电泳实验中Sb_2S_3溶胶（球形胶粒）在210V电压下，溶胶界面向正极移动3.2cm，通电时间为36.2min，两电极间距离为38.5cm，介质黏度$\eta=1.03\times10^{-3}Pa \cdot s$，相对介电常数$\varepsilon_r=81.1$，真空介电常数$\varepsilon_0=8.854\times10^{-12}F \cdot m^{-1}$，求$\zeta$电势。

13. 电泳时球形胶粒受到的介质阻力可由斯托克斯定律计算，球体电容 $C=4\pi Dr$，r 为球体半径，D 为介质介电常数，由此导出球形胶粒电泳时 ζ 电势的计算公式，即书中式(13-14)。

14. 在电渗实验中，KCl 溶液通过石英隔膜的体积流量是 $1.63\text{cm}^3\cdot\text{min}^{-1}$，电渗电流为 20mA，溶液黏度 $\eta=1.0\times10^{-3}\text{Pa}\cdot\text{s}$，电导率 $\kappa=0.02\text{S}\cdot\text{m}^{-1}$，介电常数 $D=7.17\times10^{-10}\text{F}\cdot\text{m}^{-1}$，计算 ζ 电势。

15 在流动电势中机械能转变为电能。设施于多孔膜两边的压力差为 Δp，体积流量为 Q，引起的电流强度为 I，流动电势为 V，由 $Q\Delta p=IV$ 导出

(1) $V=\dfrac{\zeta D}{\eta\kappa}\Delta p$

(2) 计算 NaCl 水溶液在 3.5kPa 压力差下通过石英隔膜时形成的流动电势，已知 $\zeta=0.04\text{V}$，分散介质的 $\varepsilon_r=81$，$\varepsilon_0=8.854\times10^{-12}\text{F}\cdot\text{m}^{-1}$，$\eta=1\times10^{-3}\text{Pa}\cdot\text{s}$ $\kappa=1.8\times10^{-2}\text{S}\cdot\text{m}^{-1}$。

16. 在沉降电势中，作用于分散介质与分散相间的压力差等于单位面积的液柱中分散相所受到的重力，即 $\Delta p=c'(1-\rho_0/\rho)gh$，$c'$ 为溶胶的质量浓度，h 为液柱高度。利用上题导出的公式，计算 $h=20\text{cm}$ 的 $BaCO_3$ 溶胶开始沉降时的沉降电势。已知 $BaCO_3$ 粒子在 NaCl 溶液中的质量浓度 $c'=620\text{kg}\cdot\text{m}^{-3}$，密度 $\rho=3.1\times10^3\text{kg}\cdot\text{m}^{-3}$，介质密度 $\rho_0=1.0\times10^3\text{kg}\cdot\text{m}^{-3}$，黏度 $\eta=1\times10^{-3}\text{Pa}\cdot\text{s}$，电导率 $\kappa=1\times10^{-2}\text{S}\cdot\text{m}^{-1}$，相对介电常数 $\varepsilon_r=81$，$\varepsilon_0=8.854\times10^{-12}\text{F}\cdot\text{m}^{-1}$，$\zeta=40\text{mV}$，重力加速度取 $9.8\text{m}\cdot\text{s}^{-2}$。

附录

附录Ⅰ 数学基础知识

A 全微分

设 z 是独立变量 x_1、$x_2\cdots$的连续可微函数，即

$$z=z(x_2,x_2\cdots x_n) \tag{1-1}$$

其全微分可表示为如下线性微分式：

$$\mathrm{d}z=\sum_{i=1}^{n}\left(\frac{\partial z}{\partial x_i}\right)_{x_{j\neq i}}\mathrm{d}x_i \tag{1-2}$$

定理：线性微分式

$$\mathrm{d}z=\sum_{i=1}^{n}M_i(x_1,x_2\cdots x_n)\mathrm{d}x_i \tag{1-3}$$

是全微分的充分必要条件是：

① 对于沿任意闭合路线的曲线积分，有

$$\oint\sum_{i=1}^{n}M_i(x_1,x_2\cdots x_n)\mathrm{d}x_i=0 \tag{1-4}$$

或者

② $$\frac{\partial M_i}{\partial x_j}=\frac{\partial M_j}{\partial x_i}\quad(i,j=1,2\cdots n) \tag{1-5}$$

此种关系共有$\frac{1}{2}n(n-1)$个。

物理化学中，状态函数的变化相当于数学上的全微分，可表示为状态参量的线性微分式，对于双变量体系而言，式(1-5) 即第 1 章中的式(1-3)。

B 偏导数关系

设 x，y，z，w 4 个变量互为函数关系，其中仅有两个独立变量。令 $x=f(y,z)$，则

$$\mathrm{d}x=\left(\frac{\partial x}{\partial y}\right)_z\mathrm{d}y+\left(\frac{\partial x}{\partial z}\right)_y\mathrm{d}z \tag{2-1}$$

在 x 不变时两边同除以 dz，可得

$$0=\left(\frac{\partial x}{\partial y}\right)_z\left(\frac{\partial y}{\partial z}\right)_x+\left(\frac{\partial x}{\partial z}\right)_y$$

移项后，经重排可得

$$\left(\frac{\partial x}{\partial y}\right)_z\left(\frac{\partial z}{\partial x}\right)_y\left(\frac{\partial y}{\partial z}\right)_x=-1 \tag{2-2}$$

式(2-1) 两边在 w 不变时同除以 $\mathrm{d}y$，可得

$$\left(\frac{\partial x}{\partial y}\right)_w=\left(\frac{\partial x}{\partial y}\right)_z+\left(\frac{\partial x}{\partial z}\right)_y\left(\frac{\partial z}{\partial y}\right)_w \tag{2-3}$$

在物理化学中 x，y，z，w 可视为双变量体系的 4 个性质，式(2-2) 可用于改变求偏导的次序，式(2-3) 可用于改变求偏导的条件。

C　齐函数

定义：若函数 $y=f(x_1,x_2\cdots x_n)$对任何 λ，x_1，$x_2\cdots x_n$ 都能满足

$$f(\lambda x_1,\lambda x_2\cdots\lambda x_n)=\lambda^m f(x_1,x_2\cdots x_n) \tag{3-1}$$

则称 f 是关于 x_1，$x_2\cdots x_n$ 的 m 次齐函数。不言而喻，λ 所取之值应使 λ^m 有确定的意义，例如，当 $m<0$ 时应有 $\lambda\neq 0$，当 $m=1/2$ 时应有 $\lambda\geqslant 0$。

欧拉（Euler）定理：函数 f 是关于 x_1，$x_2\cdots x_n$ 的 m 次齐函数的充分必要条件是

$$\sum_{i=1}^n x_i\frac{\partial f}{\partial x_i}=mf \tag{3-2}$$

物理化学中，对于无其它功的 K 组分均相体系，在 T、p 不变时其广度性质是各组分物质的量 n_1，$n_2\cdots n_K$ 的一次齐函数，强度性质是 n_1，$n_2\cdots n_K$ 的零次齐函数。在 T、p、组成不变时其广度性质是体系物质的量 n 的一次齐函数，强度性质是体系物质的量 n 的零次齐函数。

例如，在 T、p、组成不变时，由欧拉定理知体系的广度性质 z 满足

$$n\frac{\mathrm{d}z}{\mathrm{d}n}=z \tag{3-3}$$

两边对 n 求导，得

$$\frac{\mathrm{d}z}{\mathrm{d}n}+n\frac{\mathrm{d}^2z}{\mathrm{d}n^2}=\frac{\mathrm{d}z}{\mathrm{d}n}$$

令 $z_m=\frac{z}{n}$，由式(3-3) 知 $z_m=\frac{\mathrm{d}z}{\mathrm{d}n}$，上式即

$$n\frac{\mathrm{d}z_m}{\mathrm{d}n}=0 \tag{3-4}$$

根据欧拉定理，上式表明 z_m 是 n 的零次齐函数，即 T、p、组成一定时 z_m 与 n 无关，所以 $z_m=f(T,p,x_1,x_2\cdots x_{K-1})$，为体系的强度性质。

例如，T、p、组成不变时溶液体积 V 是 n_1，$n_2\cdots n_K$ 的一次齐函数，根据欧拉定理知

$$\sum_{i=1}^K n_i\frac{\partial V}{\partial n_i}=\sum_{i=1}^K n_iV_i=V \tag{3-5}$$

此即溶液偏摩尔体积的集合公式。

D　雅各比（Jacobi）函数行列式

雅各比函数行列式是偏微商运算的有力工具。以双变量函数为例，设 $f(x,y)$，$\varphi(x,$

y)皆为两个独立变量 x、y 的函数，以下行列式被定义为雅各比函数行列式。即

$$\frac{\partial(f,\varphi)}{\partial(x,y)}=\begin{vmatrix}\frac{\partial f}{\partial x} & \frac{\partial f}{\partial y}\\ \frac{\partial \varphi}{\partial x} & \frac{\partial \varphi}{\partial y}\end{vmatrix}=\left(\frac{\partial f}{\partial x}\right)_y\left(\frac{\partial \varphi}{\partial y}\right)_x-\left(\frac{\partial f}{\partial y}\right)_x\left(\frac{\partial \varphi}{\partial x}\right)_y \tag{4-1}$$

其中$\frac{\partial(f,\varphi)}{\partial(x,y)}$是雅各比函数行列式的符号。雅各比函数行列式具有以下重要性质：

$$(1)\quad \left(\frac{\partial f}{\partial x}\right)_y=\frac{\partial(f,y)}{\partial(x,y)} \tag{4-2}$$

$$(2)\quad \frac{\partial(f,\varphi)}{\partial(x,y)}=-\frac{\partial(\varphi,f)}{\partial(x,y)}=\frac{\partial(-\varphi,f)}{\partial(x,y)} \tag{4-3}$$

设 f，φ，u，v 都是独立变量 x、y 的函数，则

$$(3)\quad \frac{\partial(f,\varphi)}{\partial(x,y)}=\frac{\partial(f,\varphi)}{\partial(u,v)}\frac{\partial(u,v)}{\partial(x,y)} \tag{4-4}$$

$$(4)\quad \frac{\partial(f,\varphi)}{\partial(x,y)}=\frac{1}{\frac{\partial(x,y)}{\partial(f,\varphi)}} \tag{4-5}$$

如同 $\mathrm{d}x$、$\mathrm{d}y$ 是一维空间中的微分元一样，$\partial(x,y)$、$\partial(f,\varphi)$、$\partial(u,v)$皆可作为二维空间的微分元。每个一维微元相当于直线上的长度元，每个二维微元相当于平面上的面积元。以上性质表明，Jacobi 函数行列式等于两个二维微元的商，每个二维微元可单独参与微商的计算，因此性质（2）也表示二维微元具有以下性质：

$$\partial(f,\varphi)=-\partial(\varphi,f)=\partial(-\varphi,f) \tag{4-6}$$

第 2 章中式(2-30）表明，若关闭体系经历任一可逆循环过程，必有$\oint T\,\mathrm{d}S=\oint p\,\mathrm{d}V$。这个结果意味着在 T-S 图与 p-V 图上任意两个彼此相应的面积元大小相等，这就是麦克斯韦关系式$\partial(T,S)=\partial(p,V)$内涵的物理意义。

麦克斯韦关系式的简明形式可证明如下：假定体系经历一个无限微小的可逆循环过程，当分别用 T、S 和 p、V 为状态参量时，循环过程分别在 T-S 图和 p-V 图中围成两个面积元，其面积可分别表示为 $\mathrm{d}T\times\mathrm{d}S$ 和 $\mathrm{d}p\times\mathrm{d}V$。这里 $\mathrm{d}T$、$\mathrm{d}S$ 和 $\mathrm{d}p$、$\mathrm{d}V$ 皆为平面内的二维向量，由于

$$\mathrm{d}T=\left(\frac{\partial T}{\partial p}\right)_V\mathrm{d}p+\left(\frac{\partial T}{\partial V}\right)_p\mathrm{d}V,\quad \mathrm{d}S=\left(\frac{\partial S}{\partial p}\right)_V\mathrm{d}p+\left(\frac{\partial S}{\partial V}\right)_p\mathrm{d}V$$

根据向量叉积的运算规则（即 $\mathrm{d}p\times\mathrm{d}p=0$，$\mathrm{d}V\times\mathrm{d}V=0$，$\mathrm{d}p\times\mathrm{d}V=-\mathrm{d}V\times\mathrm{d}p$），有

$$\mathrm{d}T\times\mathrm{d}S=\left[\left(\frac{\partial T}{\partial p}\right)_V\left(\frac{\partial S}{\partial V}\right)_p-\left(\frac{\partial T}{\partial V}\right)_p\left(\frac{\partial S}{\partial p}\right)_V\right]\mathrm{d}p\times\mathrm{d}V$$

因为两个面积元大小相等，即 $\mathrm{d}T\times\mathrm{d}S=\mathrm{d}p\times\mathrm{d}V$，上式中的方括号值用 Jacobi 函数行列式表示，可得到

$$\frac{\mathrm{d}T\times\mathrm{d}S}{\mathrm{d}p\times\mathrm{d}V}=\frac{\partial(T,S)}{\partial(p,V)}=1$$

或表示为

$$\partial(T,S)=\partial(p,V)$$

此即麦克斯韦关系式的简明形式。

E　拉格朗日（Lagrange）乘数法

设 n 元函数 $f(x_1,x_2\cdots x_n)$ 在 $m(m<n)$ 个附加条件：

$$\varphi_i(x_1,x_2\cdots x_n)=0,\quad (i=1,2\cdots m) \tag{5-1}$$

之下具有极值。用常数 $\lambda_1,\lambda_2\cdots\lambda_m$ 依次乘 $\varphi_1,\varphi_2\cdots\varphi_m$ 并与 f 相加，得函数

$$F(x_1,x_2\cdots x_n)=f+\sum\nolimits_{i=1}^{m}\lambda_i\varphi_i$$

在极值点，函数 F 必满足

$$\frac{\partial F}{\partial x_j}=\frac{\partial f}{\partial x_j}+\sum_{i=1}^{m}\lambda_i\frac{\partial\varphi_i}{\partial x_j}=0\quad (j=1,2\cdots n) \tag{5-2}$$

将方程组（5-2）的 n 个方程与方程组（5-1）的 m 个方程联立，解出 x_1，$x_2\cdots x_n$ 及 λ_1，$\lambda_2\cdots\lambda_m$ 共 $m+n$ 个未知数，其中 x_1，$x_2\cdots x_n$ 即为极值点坐标。

F　斯特林（Stirling）公式

当 n 较大时，采用以下斯特林公式，便于计算 $n!$ 的近似值。

$$n!=\sqrt{2\pi n}\left(\frac{n}{\mathrm{e}}\right)^n\mathrm{e}^{\frac{\theta}{12n}}\quad (0<\theta<1) \tag{6-1}$$

由斯特林公式知

$$\sqrt{2\pi n}\left(\frac{n}{\mathrm{e}}\right)^n<n!<\sqrt{2\pi n}\left(\frac{n}{\mathrm{e}}\right)^n\mathrm{e}^{\frac{1}{12n}}$$

如果取

$$n!\approx\sqrt{2\pi n}\left(\frac{n}{\mathrm{e}}\right)^n \tag{6-2}$$

相对误差小于

$$\mathrm{e}^{\frac{1}{12n}}-1=\frac{1}{12n}+\frac{1}{2!(12n)^2}+\frac{1}{3!(12n)^3}+\cdots$$

实际计算 $n!$ 时，要利用对数，即

$$\ln n!\approx\ln\sqrt{2\pi}+\left(n+\frac{1}{2}\right)\ln n-n \tag{6-3}$$

当很大时，可取

$$\ln n!\approx n\ln n-n\quad 即\quad n!\approx\left(\frac{n}{e}\right)^n \tag{6-4}$$

G　Γ函数

Γ函数的定义：

$$\Gamma(m)=\int_0^{\infty}\mathrm{e}^{-t}t^{m-1}\,\mathrm{d}t\quad (m>0) \tag{7-1}$$

Γ函数的重要性质：

$$\Gamma(m+1)=m\Gamma(m) \tag{7-2}$$

Γ函数的特殊值：

$$\Gamma(1)=1 \tag{7-3}$$

$$\Gamma\left(\frac{1}{2}\right)=\sqrt{\pi} \tag{7-4}$$

在Γ函数中作变量代换，令 $t=a^2x^2$，其中 x 为变量，则

$$\Gamma(m)=2\alpha^{2m}\int_0^{\infty}e^{-\alpha^2x^2}x^{2m-1}dx$$

令 $n=2m-1$，即 $m=\frac{n+1}{2}$，上式可重排为

$$\int_0^{\infty}e^{-\alpha^2x^2}x^n dx=\frac{1}{2\alpha^{n+1}}\Gamma\left(\frac{n+1}{2}\right) \tag{7-5}$$

在统计力学中，式(7-5) 常被用于广义积分的计算。

H 数学公式

（1）泰勒（Taylor）级数：设 $y=f(x)$是 x 的连续函数，并有直到$(n+1)$阶导数。若 Δx 是 x 的微小增量，则函数值 $f(x+\Delta x)$可表示为以下 Δx 的 n 次多项式，由此产生的误差是一个比 Δx 高 n 阶的无穷小。即

$$f(x+\Delta x)=f(x)+f'(x)\Delta x+\frac{1}{2!}f''(x)\Delta x^2+\cdots+\frac{1}{n!}f^{(n)}(x)\Delta x^n \tag{8-1}$$

（2）函数展开为级数：

（1）$(1+x)^n=1+nx+\frac{n(n-1)}{2!}x^2+\frac{n(n-1)(n-2)}{3!}x^3+\cdots$ (8-2)

（2）$(1-x)^{-1}=1+x+x^2+x^3+\cdots$ (8-3)

（3）$\ln(1+x)=x-\frac{1}{2}x^2+\frac{1}{3}x^3-\frac{1}{4}x^4+\cdots$ (8-4)

（4）$e^x=1+x+\frac{x^2}{2!}+\frac{x^3}{3!}+\cdots$ (8-5)

（3）二项式公式：

$$(x+y)^n=\sum_{m=0}^{n}C_n^m x^{n-m}y^m \tag{8-6}$$

$$\sum_{m=0}^{n}\frac{n!}{(n-m)!\ m!}=2^n \tag{8-7}$$

（4）一阶线性微分方程$\frac{dy}{dx}+p(x)y=q(x)$的通解：

$$y=e^{-\int p(x)dx}\left[\int q(x)e^{\int p(x)dx}dx+C\right] \tag{8-8}$$

I 向量的线性相关性

定义：设 α_1、$\alpha_2\cdots\alpha_s$ 是 m 维空间中的向量组，如果有一组不全为 0 的数 $k_i(i=1、2\cdots s)$，使

$$k_1\alpha_1+k_2\alpha_2+\cdots+k_s\alpha_s=0$$

则称该向量组是线性相关的，否则，称该向量组是线性无关的。

定义：设 α_1、$\alpha_2\cdots\alpha_s$ 是 m 维空间中的向量组，如果它的一个部分向量组 α_{i1}、$\alpha_{i2}\cdots\alpha_{is}$ 线性无关，且向量组中其余每个向量皆可由 α_{i1}、$\alpha_{i2}\cdots\alpha_{is}$ 的线性组合表示，则称 α_{i1}、$\alpha_{i2}\cdots\alpha_{is}$ 是向量组 α_1、$\alpha_2\cdots\alpha_s$ 中的一个极大线性无关组。

定理：一个向量组的极大线性无关组都含有相同个数的向量。

定义：向量组 α_1、$\alpha_2\cdots\alpha_s$ 的极大线性无关组所含向量的个数称为该向量组的秩，记为 $r\{\alpha_1、\alpha_2\cdots\alpha_s\}$。

定理：如果向量组 α_1、$\alpha_2\cdots\alpha_s$ 可由向量组 β_1、$\beta_2\cdots\beta_t$ 线性表示，则

$$r\{\alpha_1、\alpha_2\cdots\alpha_s\}\leqslant r\{\beta_1、\beta_2\cdots\beta_t\}$$

物理化学中体系的每个组分都可视为由 m 个基本单元线性表示的向量，体系中的 K 个组分可视为由 K 个向量组成的向量组。向量组中独立向量的个数即向量组的秩。独立向量中的每个向量都不能用其余向量线性表示，独立向量之外的每个向量都可以用独立向量唯一线性表示，每个线性表示相当于组分间的一个独立反应，因此，组分数 K 与独立反应数 R 之差 $K-R$ 就是向量组的秩。

因为 K 个向量组成的向量组可由 m 个基本单元线性表示。基本单元的数目欲为最少，其间必不能有化学反应发生，因而必为一组独立向量，其秩就是 m。根据上述定理，向量组的秩不大于 m，所以 $K-R\leqslant m$。因为子向量组恒可由向量组线性表示，所以子向量组的秩恒不大于向量组的秩。如果体系中能找到 m 个独立组分，相当于向量组中有 m 个独立向量，m 个独立向量就是一个秩为 m 的子向量组，因此 $m\leqslant K-R$，必有 $K-R=m$。

附录Ⅱ　物理化学中常用的法定计量单位

表 1　SI 的基本单位

量的名称	单位名称	单位符号
长度	米	m
质量	千克	kg
时间	秒	s
电流	安[培]	A
热力学温度	开[尔文]	K
物质的量	摩[尔]	mol
发光强度	坎[德拉]	cd

表 2　包括 SI 辅助单位在内的具有专门名称的 SI 导出单位

量的名称	SI 导出单位		
	名称	符号	用 SI 基本单位和 SI 导出单位表示
[平面]角	弧度	rad	$1\text{rad}=1\text{m/m}=1$
立体角	球面度	sr	$1\text{sr}=1\text{m}^2/\text{m}^2=1$
频率	赫[兹]	Hz	$1\text{Hz}=1\text{s}^{-1}$
力	牛[顿]	N	$1\text{N}=1\text{kg}\cdot\text{m/s}^2$
压力,压强,应力	帕[斯卡]	Pa	$1\text{Pa}=1\text{N/m}^2$
能[量],功,热量	焦[耳]	J	$1\text{J}=1\text{N}\cdot\text{m}$
功率,辐射能通量	瓦[特]	W	$1\text{W}=1\text{J/s}$
电荷量	库[仑]	C	$1\text{C}=1\text{A}\cdot\text{s}$
电位;电压;电位;电势	伏[特]	V	$1\text{V}=1\text{W/A}$

续表

量的名称	SI 导出单位		
	名称	符号	用 SI 基本单位和 SI 导出单位表示
电容	法[拉]	F	1F=1C/V
电阻	欧[姆]	Ω	1Ω=V/A
电导	西[门子]	S	$1S=1\Omega^{-1}$
磁通量	韦[伯]	Wb	1Wb=1V·s
磁通[量]密度(磁感应强度)	特[斯拉]	T	$1T=1Wb/m^2$
电感	亨[利]	H	1H=1Wb/A
摄氏温度	摄氏度	℃	1℃=1K
光通量	流[明]	lm	1lm=1cd·sr
光照度	勒[克斯]	lx	$1lx=1lm/m^2$

表 3　SI 词头

因数	词头名称	符号	因数	词头名称	符号
10^{-1}	分	d	10	十	da
10^{-2}	厘	c	10^2	百	h
10^{-3}	毫	m	10^3	千	k
10^{-6}	微	μ	10^6	兆	M
10^{-9}	纳[诺]	n	10^9	吉[咖]	G
10^{-12}	皮[可]	p	10^{12}	太[拉]	T
10^{-15}	飞[母托]	f	10^{15}	拍[它]	P
10^{-18}	阿[托]	a	10^{18}	艾[可萨]	E

表 4　可与国际单位制单位并用的一些法定计量单位

量的名称	单位名称	单位符号	与 SI 单位的关系
时间	分	min	1min=60s
	[小]时	h	1h=60min=3600s
	日(天)	d	1d=24h=86400s
[平面]角	度	°	$1°=(\pi/180)rad$
	[角]分	′	$1'=(1/60)°=(\pi/10800)rad$
	[角]秒	″	$1''=(1/60)'=(\pi/648000)rad$
体积	升	L(l)	$1L=1dm^3=10^{-3}m^3$
质量	原子质量单位	u	$1u\approx1.660540\times10^{-27}kg$
旋转速度	转每分	r/min	$1r/min=(1/60)s^{-1}$
能	电子伏	eV	$1eV\approx1.602177\times10^{-19}J$

注：1. 平面角单位度、分、秒的符号在组合单位中采用（°）、（′）、（″）的形式。例如，不用°/s 而用（°）/s。

2. 升的符号中，小写字母 l 为备用符号。

附录Ⅲ 基本物理常数表

量的名称	符号	数值	单位
重力加速度	g	9.80665(准确值)	$m \cdot s^{-2}$
真空光速	c	2.99792458×10^{8}	$m \cdot s^{-1}$
真空介电常数	ε_0	$8.854187817 \times 10^{-12}$	$F \cdot m^{-1}$
普朗克常数	h	$6.62606876 \times 10^{-34}$	$J \cdot s$
阿伏伽德罗常数	L, N_A	$6.02214199 \times 10^{23}$	mol^{-1}
气体常数	R	8.314472	$J \cdot K^{-1} \cdot mol^{-1}$
玻尔兹曼常数	$k, R/L$	$1.3806503 \times 10^{-23}$	$J \cdot K^{-1}$
法拉第常数	F	96485.3415	$C \cdot mol^{-1}$
基本电荷	e	$1.602176462 \times 10^{-19}$	C
电子静止质量	m_e	$9.10938188 \times 10^{-31}$	kg
质子静止质量	m_p	$1.67262158 \times 10^{-27}$	kg

附录Ⅳ 元素的原子量[①]表

元素	次序号	原子量	元素	次序号	原子量	元素	次序号	原子量
O	1	15.9994	Cu	36	63.54	Sm	71	150.35
H	2	1.0080	Ag	37	107.870	Pm	72	146.915
He	3	4.0026	Au	38	196.967	Nd	73	144.24
Ne	4	20.183	Ni	39	58.71	Pr	74	140.907
Ar	5	39.948	Co	40	58.9332	Ce	75	140.12
Kr	6	83.80	Fe	41	55.847	La	76	138.91
Xe	7	131.30	Pd	42	106.4	Lw	77	257
Rn	8	222	Rh	43	102.905	No	78	255
F	9	18.9984	Ru	44	101.07	Md	79	258.10
Cl	10	35.453	Pt	45	195.09	Fm	80	257.10
Br	11	79.909	Ir	46	192.2	Es	81	254.09
I	12	126.9044	Os	47	190.2	Cf	82	251.08
At	13	210	Mn	48	54.9380	Bk	83	249.075
S	14	32.064	Tc	49	98.906	Cm	84	247.07

续表

元素	次序号	原子量	元素	次序号	原子量	元素	次序号	原子量
Se	15	78.96	Re	50	186.2	Am	85	241.06
Te	16	127.60	Cr	51	51.996	Pu	86	239.05
Po	17	210	Mo	52	95.94	Np	87	237.05
N	18	14.0067	W	53	183.85	U	88	238.029
P	19	30.9738	V	54	50.942	Pa	89	231.0359
As	20	74.9216	Nb	55	92.9060	Th	90	232.0381
Sb	21	121.75	Ta	56	180.948	Ac	91	227.028
Bi	22	208.980	Ti	57	47.90	Be	92	9.0122
C	23	12.0112	Zr	58	91.22	Mg	93	24.312
Si	24	28.086	Hf	59	178.49	Ca	94	40.08
Ge	25	72.59	Sc	60	44.956	Sr	95	87.62
Sn	26	118.69	Y	61	88.905	Ba	96	137.34
Pb	27	207.19	Lu	62	174.97	Ra	97	226.025
B	28	10.811	Yb	63	173.04	Li	98	6.941
Al	29	26.9815	Tm	64	168.934	Na	99	22.9898
Ga	30	69.72	Er	65	167.26	K	100	39.102
In	31	114.82	Ho	66	164.930	Rb	101	85.4678
Tl	32	204.37	Dy	67	162.50	Cs	102	132.9054
Zn	33	65.37	Tb	68	158.924	Fr	103	223
Cd	34	112.40	Gd	69	157.25			
Hg	35	200.59	Eu	70	151.96			

① 元素的平均原子质量与核素 ^{12}C 的原子质量的 1/12 之比。

附录Ⅴ　25℃时某些物质的标准热力学函数表

（标准态压力 $p^{\ominus}=100kPa$）

物 质	$\Delta_f H_m^{\ominus}/kJ \cdot mol^{-1}$	$\Delta_f G_m^{\ominus}/kJ \cdot mol^{-1}$	$S_m^{\ominus}/J \cdot mol^{-1} \cdot K^{-1}$	$C_{p,m}^{\ominus}/J \cdot mol^{-1} \cdot K^{-1}$
(1)无机物质				
Ag(s)	0	0	42.55	25.351
AgCl(s)	−127.068	−109.789	96.2	50.79
Ag_2O(s)	−31.05	−11.20	121.3	65.86
Al(s)	0	0	28.33	24.35
Al_2O_3(α,刚玉)	−1675.7	−1582.3	50.92	79.04
Br_2(l)	0	0	152.231	75.689

续表

物质	$\Delta_f H_m^\ominus$/kJ·mol^{-1}	$\Delta_f G_m^\ominus$/kJ·mol^{-1}	$S_m^\ominus$/J·mol^{-1}·K^{-1}	$C_{p,m}^\ominus$/J·mol^{-1}·K^{-1}
Br_2(g)	30.907	3.110	245.463	36.02
HBr(g)	−36.40	−53.45	198.695	29.142
Ca(s)	0	0	41.42	25.31
CaC_2(s)	−59.8	−64.9	69.96	62.72
$CaCO_3$(方解石)	−1206.92	−1128.79	92.9	81.88
CaO(s)	−635.09	−604.03	39.75	42.80
$Ca(OH)_2$(s)	−986.09	−898.49	83.39	87.49
C(石墨)	0	0	5.740	8.527
C(金刚石)	1.895	2.900	2.377	6.113
CO(g)	−110.525	−137.168	197.674	29.142
CO_2(g)	−393.509	−394.359	213.74	37.11
CS_2(l)	89.70	65.27	151.34	75.7
CS_2(g)	117.36	67.12	237.84	45.40
CCl_4(l)	−135.44	−65.21	216.40	131.75
CCl_4(g)	−102.9	−60.59	309.85	83.30
HCN(l)	108.87	124.97	112.84	70.63
HCN(g)	135.1	124.7	201.78	35.86
Cl_2(g)	0	0	223.066	33.907
Cl(g)	121.679	105.680	165.198	21.840
HCl(g)	−92.307	−95.299	186.908	29.12
Cu(s)	0	0	33.150	24.435
CuO(s)	−157.3	−129.7	42.63	42.30
Cu_2O(s)	−168.6	−146.0	93.14	63.64
F_2(g)	0	0	202.78	31.30
HF(g)	−271.1	−273.2	173.779	29.133
Fe(s)	0	0	27.28	25.10
$FeCl_2$(s)	−341.79	−302.30	117.95	76.65
$FeCl_3$(s)	−399.49	−334.00	142.3	96.65
Fe_2O_3(赤铁矿)	−824.2	−742.2	87.40	103.85
Fe_3O_4(磁铁矿)	−1118.4	−1015.4	146.4	143.43
$FeSO_4$(s)	−928.4	−820.8	107.5	100.58
H_2(g)	0	0	130.684	28.824
H(g)	217.965	203.247	114.713	20.784
H_2O(l)	−285.830	−237.129	69.91	75.291

续表

物 质	$\Delta_f H_m^\ominus$/kJ·mol^{-1}	$\Delta_f G_m^\ominus$/kJ·mol^{-1}	$S_m^\ominus$/J·mol^{-1}·K^{-1}	$C_{p,m}^\ominus$/J·mol^{-1}·K^{-1}
$H_2O(g)$	−241.818	−228.572	188.825	33.577
$I_2(s)$	0	0	116.135	54.438
$I_2(g)$	62.438	19.327	260.69	36.90
$I(g)$	106.838	70.250	180.791	20.786
$HI(g)$	26.48	1.70	206.594	29.158
$Mg(s)$	0	0	32.68	24.89
$MgCl_2(s)$	−641.32	−591.79	89.62	71.38
$MgO(s)$	−601.70	−569.43	26.94	37.15
$Mg(OH)_2(s)$	−924.54	−833.51	63.18	77.03
$Na(s)$	0	0	51.21	28.24
$Na_2CO_3(s)$	−1130.68	−1044.44	134.98	112.30
$NaHCO_3(s)$	−950.81	−851.0	101.7	87.61
$NaCl(s)$	−411.153	−384.138	72.13	50.50
$NaNO_3(s)$	−467.85	−367.00	116.52	92.88
$NaOH(s)$	−425.609	−379.494	64.455	59.54
$Na_2SO_4(s)$	−1387.08	−1270.16	149.58	128.20
$N_2(g)$	0	0	191.61	29.125
$NH_3(g)$	−46.11	−16.45	192.45	35.06
$NO(g)$	90.25	86.55	210.761	29.844
$NO_2(g)$	33.18	51.31	240.06	37.20
$N_2O(g)$	82.05	104.20	219.85	38.45
$N_2O_3(g)$	83.72	139.46	312.28	65.61
$N_2O_4(g)$	9.16	97.89	304.29	77.28
$N_2O_5(g)$	11.3	115.1	355.7	84.5
$HNO_3(l)$	−174.10	−80.71	155.60	109.87
$HNO_3(g)$	−135.06	−74.72	266.38	53.35
$NH_4NO_3(s)$	−365.56	−183.87	151.08	139.3
$O_2(g)$	0	0	205.138	29.355
$O(g)$	249.170	231.731	161.055	21.912
$O_3(g)$	142.7	163.2	238.93	39.20
P(α-白磷)	0	0	41.09	23.840
P(红磷,三斜晶系)	−17.6	−12.1	22.80	21.21
$P_4(g)$	58.91	24.44	279.98	67.15

续表

物质	$\Delta_f H_m^{\ominus}$/kJ·mol^{-1}	$\Delta_f G_m^{\ominus}$/kJ·mol^{-1}	$S_m^{\ominus}$/J·mol^{-1}·K^{-1}	$C_{p,m}^{\ominus}$/J·mol^{-1}·K^{-1}
PCl_3(g)	−287.0	−267.8	311.78	71.84
PCl_5(g)	−374.9	−305.0	364.58	112.80
H_3PO_4(s)	−1279.0	−1119.1	110.50	106.06
S(正交晶系)	0	0	31.80	22.64
S(g)	278.805	238.250	167.821	23.673
S_8(g)	102.30	49.63	430.98	156.44
H_2S(g)	−20.63	−33.56	205.79	34.23
SO_2(g)	−296.830	−300.194	248.22	39.87
SO_3(g)	−395.72	−371.06	256.76	50.67
H_2SO_4(l)	−813.989	−690.003	156.904	138.91
Si(s)	0	0	18.83	20.00
$SiCl_4$(l)	−687.0	−619.84	239.7	145.31
$SiCl_4$(g)	−657.01	−616.98	330.73	90.25
SiH_4(g)	34.3	56.9	204.62	42.84
SiO_2(α石英)	−910.94	−856.64	41.48	44.43
SiO_2(s,无定形)	−903.49	−850.70	46.9	44.4
Zn(s)	0	0	41.63	25.40
$ZnCO_3$(s)	−812.78	−731.52	82.4	79.71
$ZnCl_2$(s)	−415.05	−369.398	111.46	71.34
ZnO(s)	−348.28	−318.30	43.64	40.25
(2)有机物质				
CH_4(g)甲烷	−74.81	−50.72	186.264	35.309
C_2H_6(g)乙烷	−84.68	−32.82	229.60	52.63
C_2H_4(g)乙烯	52.26	68.15	219.56	43.56
C_2H_2(g)乙炔	226.73	209.20	200.94	43.93
CH_3OH(l)甲醇	−238.66	−166.27	126.8	81.6
CH_3OH(g)甲醇	−200.66	−161.96	239.81	43.89
C_2H_5OH(l)乙醇	−277.69	−174.78	160.7	111.46
C_2H_5OH(g)乙醇	−235.10	−168.49	282.70	65.44
$(CH_2OH)_2$(l)乙二醇	−454.80	−323.08	166.9	149.8
$(CH_3)_2O$(g)二甲醚	−184.05	−112.59	266.38	64.39
$(CH_3)_2CO$(l)丙酮	−248.283	−155.33	200.0	124.73
$(CH_3)_2CO$(g)丙酮	−216.69	−152.2	296.00	75.3

续表

物质	$\Delta_f H_m^\ominus$/kJ·mol^{-1}	$\Delta_f G_m^\ominus$/kJ·mol^{-1}	$S_m^\ominus$/J·mol^{-1}·K^{-1}	$C_{p,m}^\ominus$/J·mol^{-1}·K^{-1}
HCHO(g)甲醛	−108.57	−102.53	218.77	35.40
CH_3CHO(g)乙醛	−166.19	−128.86	250.3	57.3
HCOOH(l)甲酸	−424.72	−361.35	128.95	99.04
CH_3COOH(l)乙酸	−484.5	−389.9	159.8	124.3
CH_3COOH(g)乙酸	−432.25	−374.0	282.5	66.5
C_4H_6(g)1,3-丁二烯	111.90	150.74	278.85	79.54
$(CH_2)_2O$(l)环氧乙烷	−77.82	−11.76	153.85	87.95
$(CH_2)_2O$(g)环氧乙烷	−52.63	−13.01	242.53	47.91
$CHCl_3$(l)氯仿	−134.47	−73.66	201.7	113.8
$CHCl_3$(g)氯仿	−103.14	−70.34	295.71	65.69
C_2H_5Cl(l)氯乙烷	−136.52	−59.31	190.79	104.35
C_2H_5Cl(g)氯乙烷	−112.17	−60.39	276.00	62.8
C_2H_5Br(l)溴乙烷	−92.01	−27.70	198.7	100.8
C_2H_5Br(g)溴乙烷	−64.52	−26.48	286.71	64.52
CH_2CHCl(g)氯乙烯	35.6	51.9	263.99	53.72
CH_3COCl(l)氯乙酰	−273.80	−207.99	200.8	117
CH_3COCl(g)氯乙酰	−243.51	−205.80	295.1	67.8
CH_3NH_2(g)甲胺	−22.97	32.16	243.41	53.1
$(NH_3)_2CO$(s)尿素	−333.51	−197.33	104.60	93.14
C_6H_6(g)苯	82.927	129.723	269.31	81.67
C_6H_6(l)苯	49.028	124.597	172.35	135.77
$C_6H_5CH_3$(g)甲苯	49.999	122.388	319.86	103.76
$C_6H_5CH_3$(l)甲苯	11.995	114.299	219.58	157.11
(3)水中离子				
Ag^+	105.58	77.12	73.93	
Al^{3+}	−531	−485	−312.8	
Ba^{2+}	−537.65	−561.5	9.6	
Br^-	−121.54	−103.97	82.71	
CH_3COO^-	−486.01	−369.40	86.61	
CN^-	150.6	172.4	94.1	
CO_3^{2-}	−677.1	−527.9	−56.9	
Ca^{2+}	−542.83	−553.54	−53.2	
Cd^{2+}	−72.4	−77.73	−61.1	

续表

物 质	$\Delta_f H_m^{\ominus}$/kJ·mol^{-1}	$\Delta_f G_m^{\ominus}$/kJ·mol^{-1}	$S_m^{\ominus}$/J·mol^{-1}·K^{-1}	$C_{p,m}^{\ominus}$/J·mol^{-1}·K^{-1}
Cl^-	−167.16	−131.07	56.5	
ClO^-	−107.1	−36.8	41.8	
ClO_3^-	−99.16	−3.34	162	
Cr^{2+}	−143.5	−164.8	−73.6	
Cu^+	71.9	50.0	−40.5	
Cu^{2+}	64.76	65.52	−99.58	
F^-	−329.11	−276.94	−9.6	
Fe^{2+}	−89.1	−84.94	−113.4	
Fe^{3+}	−48.53	10.54	−315.4	
H^+	0	0	0	
H_3O^+	−289.89	−241.9	79.29	
$HCOO^-$	−425.6	−351.04	92	
Hg^{2+}	174.01	164.77	−26.4	
Hg_2^{2+}	168.2	153.93	74	
I^-	−55.94	−51.59	111.29	
K^+	−251.21	−282.27	102.5	
Li^+	−278.44	−293.80	14.2	
Mg^{2+}	−461.95	−456.01	−118.0	
NH_4^+	−132.50	−79.37	113.39	
NO_2^-	−104.6	−37.24	140.2	
NO_3^-	−207.36	−111.59	146.4	
Na^+	−239.66	−261.88	60.2	
OH^-	−229.99	−158.28	−10.75	
Pb^{2+}	1.63	−24.30	21.3	
S^{2-}	41.8	83.7	22.2	
SO_3^{2-}	−635.6	−482.6	43.5	
SO_4^{2-}	−907.5	−741.99	17.2	
Sn^{2+}	−8.8	−26.5	−20.5	
Sr^{2+}	−545.8	−556.9	−32.6	
Tl^+	5.77	−32.45	127.2	
Zn^{2+}	−152.42	−147.20	−106.48	

附录Ⅵ　某些气体的标准摩尔恒压热容与温度的关系

$(C_{p,m}^{\ominus}=a+bT+cT^2)$

物质		a/J·mol^{-1}·K^{-1}	b/10^{-3}J·mol^{-1}·K^{-2}	c/10^{-6}J·mol^{-1}·K^{-3}	温度范围/K
H_2	氢	26.88	4.347	−0.3265	273～3800
Cl_2	氯	31.696	10.144	−4.038	300～1500
Br_2	溴	35.241	4.075	−1.487	300～1500
O_2	氧	28.17	6.297	−0.7494	273～3800
N_2	氮	27.32	6.226	−0.9502	273～3800
HCl	氯化氢	28.17	1.810	1.547	300～1500
H_2O	水	29.16	14.49	−2.022	273～3800
CO	一氧化碳	26.537	7.6831	−1.172	300～1500
CO_2	二氧化碳	26.75	42.258	−14.25	300～1500
CH_4	甲烷	14.15	75.496	−17.99	298～1500
C_2H_6	乙烷	9.401	159.83	−46.229	298～1500
C_2H_4	乙烯	11.84	119.67	−36.51	298～1500
C_2H_2	乙炔	30.67	52.810	−16.27	298～1500
C_6H_6	苯	−1.71	324.77	−110.58	298～1500
$C_6H_5CH_3$	甲苯	2.41	391.17	−130.65	298～1500
CH_3OH	甲醇	18.40	101.56	−28.68	273～1000
C_2H_5OH	乙醇	29.25	166.28	−48.898	298～1500
$(C_2H_5)_2O$	二乙醚	−103.9	1417	−248	300～400
HCHO	甲醛	18.82	58.379	−15.61	291～1500
CH_3CHO	乙醛	31.05	121.46	−36.58	298～1500
$(CH_3)_2CO$	丙酮	22.47	205.97	−63.521	298～1500
HCOOH	甲酸	30.7	89.20	−34.54	300～700
$CHCl_3$	氯仿	29.51	148.94	−90.734	273～773

附录Ⅶ 25℃时某些有机化合物的标准摩尔燃烧焓

（标准态压力 $p^{\ominus}=100\text{kPa}$）

物质		$-\Delta_c H_m^{\ominus}/\text{kJ}\cdot\text{mol}^{-1}$	物质		$-\Delta_c H_m^{\ominus}/\text{kJ}\cdot\text{mol}^{-1}$
$CH_4(g)$	甲烷	890.31	$C_2H_5CHO(l)$	丙醛	1816.3
$C_2H_6(g)$	乙烷	1559.8	$(CH_3)_2CO(l)$	丙酮	1790.4
$C_3H_8(g)$	丙烷	2219.9	$CH_3COC_2H_5(l)$	甲乙酮	2444.2
$C_5H_{12}(l)$	正戊烷	3509.5	$HCOOH(l)$	甲酸	254.6
$C_5H_{12}(g)$	正戊烷	3536.1	$CH_3COOH(l)$	乙酸	874.54
$C_6H_{14}(l)$	正己烷	4163.1	$C_2H_5COOH(l)$	丙酸	1527.3
$C_2H_4(g)$	乙烯	1411.0	$C_3H_7COOH(l)$	正丁酸	2183.5
$C_2H_2(g)$	乙炔	1299.6	$CH_2(COOH)_2(s)$	丙二酸	861.15
$C_3H_6(g)$	环丙烷	2091.5	$(CH_2COOH)_2(s)$	丁二酸	1491.0
$C_4H_8(l)$	环丁烷	2720.5	$(CH_3CO)_2O(l)$	乙酸酐	1806.2
$C_5H_{10}(l)$	环戊烷	3290.9	$HCOOCH_3(l)$	甲酸甲酯	979.5
$C_6H_{12}(l)$	环己烷	3919.9	$C_6H_5OH(s)$	苯酚	3053.5
$C_6H_6(l)$	苯	3267.5	$C_6H_5CHO(l)$	苯甲醛	3527.9
$C_{10}H_8(s)$	萘	5153.9	$C_6H_5COCH_3(l)$	苯乙酮	4148.9
$CH_3OH(l)$	甲醇	726.51	$C_6H_5COOH(s)$	苯甲酸	3226.9
$C_2H_5OH(l)$	乙醇	1366.8	$C_6H_4(COOH)_2(s)$	邻苯二甲酸	3223.5
$C_3H_7OH(l)$	正丙醇	2019.8	$C_6H_5COOCH_3(l)$	苯甲酸甲酯	3957.6
$C_4H_9OH(l)$	正丁醇	2675.8	$C_{12}H_{22}O_{11}(s)$	蔗糖	5640.9
$CH_3OC_2H_5(l)$	甲乙醚	2107.4	$CH_3NH_2(l)$	甲胺	1060.6
$(C_2H_5)_2O(l)$	二乙醚	2751.1	$C_2H_5NH_2(l)$	乙胺	1713.3
$HCHO(g)$	甲醛	570.78	$(NH_3)_2CO(s)$	尿素	631.66
$CH_3CHO(l)$	乙醛	1166.4	$C_5H_5N(l)$	吡啶	2782.4

附录Ⅷ 某些物质的标准自由焓函数和标准焓函数

物质	$-\frac{G^{\ominus}_{m,T}-H_{m,0}}{T}$/J·K^{-1}·mol^{-1}					$H^{\ominus}_{m(298K)}-H_{m,0}$/kJ·mol^{-1}
	298K	500K	1000K	1500K	2000K	
Cl(g)	144.06	155.06	170.25	179.20	185.52	6.272
Cl_2(g)	192.17	208.57	231.92	246.23	256.65	9.180
H(g)	93.81	104.56	118.99	127.40	133.39	6.197
H_2(g)	102.17	117.13	136.98	148.91	157.61	8.468
N_2(g)	162.42	177.49	197.95	210.37	219.58	8.669
O_2(g)	175.98	191.13	212.13	225.14	234.72	8.660
CO(g)	168.41	183.51	204.05	216.85	225.93	8.673
CO_2(g)	182.26	199.45	226.40	244.68	258.80	9.364
CH_4(g)	152.55	170.50	199.37	221.08	238.91	10.029
CCl_4(g)	251.67	285.01	340.62	376.39		17.200
HCN(g)	170.79	187.65	213.43	230.75	243.97	9.25
C_2H_2(g)	167.28	186.23	271.61	239.45	256.60	10.565
C_6H_6(g)	221.46	252.04	320.37	378.44		14.230
HF(g)	144.85	159.79	179.91	191.92	200.62	8.598
HCl(g)	157.82	172.84	193.13	205.35	214.35	8.640
H_2O(g)	155.56	172.80	196.74	211.76	223.14	9.910
NH_3(g)	158.99	176.94	203.52	221.93	236.70	9.92
NO(g)	179.87	195.69	217.03	230.01	239.55	9.182

参考文献

[1] 韩德刚，高执棣，高盘良．物理化学．2 版．北京：高等教育出版社，2009.
[2] 傅献彩，侯文华．物理化学上、下册．6 版．北京：高等教育出版社，2022.
[3] 彭昌军，胡英．物理化学上、下册．7 版．北京：高等教育出版社，2021.
[4] 天津大学物理化学教研室．物理化学．5 版．北京：高等教育出版社，2011.
[5] 王竹溪．热力学．2 版．北京：北京大学出版社，2017.
[6] 李如生．非平衡态热力学和耗散结构．北京：清华大学出版社，1986.
[7] 傅鹰．化学热力学导论．北京：科学出版社，1963.
[8] 胡英．流体的分子热力学．北京：高等教育出版社，1982.
[9] 汪志诚．热力学统计物理．5 版．北京：高等教育出版社，2013.
[10] 唐有琪．统计力学及其在物理化学中的应用．北京：科学出版社，1964.
[11] 李如生．平衡和非平衡统计力学．北京：清华大学出版社，1995.
[12] 韩德刚，高盘良．化学动力学基础．北京：北京大学出版社，2000.
[13] 杨绮琴，方北龙，童叶翔．应用电化学．2 版．广州：中山大学出版社，2005.
[14] 沈钟，赵振国，康万利．胶体与表面化学．4 版．北京：化学工业出版社，2012.
[15] 陈宗淇，王光信，徐桂英．胶体与界面化学．北京：高等教育出版社，2001.
[16] 李荻，李松梅．电化学原理．4 版．北京：北京航空航天大学出版社，2021.
[17] （德）卡尔·H. 哈曼（Carl H. Hamann），（英）安德鲁·哈姆内特（Andrew Harnnett），（德）沃尔夫·菲尔施蒂希（Wolf Vielstich）．电化学．2 版．陈艳霞，夏兴华，蔡俊，译．北京：化学工业出版社，2022.
[18] 朱志昂，阮文娟，郭东升．物理化学上、下册．7 版．北京：科学出版社，2023.
[19] 万洪文，詹正坤，原弘，等．物理化学．3 版．北京：高等教育出版社，2022.
[20] 孙仁义，孙茜．不挥发溶质对混合溶剂沸点和蒸气压的影响．化工学报，2002，53（9）：885-891.
[21] 孙仁义，孙茜．非挥发溶质对共沸物沸点的影响．化学物理学报，2002，15（4）：303-306.
[22] 孙仁义，孙茜．混合溶剂沸点增高规则及其在汽液平衡中的应用．河南大学学报（自然版），2005，35（4）：27-31.